COURS ÉLÉMENTAIR[E] DE

PHYSIQUE

SUIVI DE PROBLÈMES

PAR

A. BOUTAN
INSPECTEUR GÉNÉRAL DE L'INSTRUCTION PUBLIQUE

J. CH. D'ALMEIDA
PROFESSEUR DE PHYSIQUE AU LYCÉE HENRI IV

QUATRIÈME ÉDITION

ENTIÈREMENT REVUE ET CONSIDÉRABLEMENT AUGMENTÉE

L'introduction de cet ouvrage dans les Établissements d'instruction publique
est autorisée par décision de son Exc. M. le Ministre de l'Instruction publique
en date du 8 décembre 1863

TOME SECOND

AVEC 473 FIGURES INTERCALÉES DANS LE TEXTE

PARIS

DUNOD, ÉDITEUR

LIBRAIRE DES CORPS DES PONTS ET CHAUSSÉES ET DES MINES

49, QUAI DES AUGUSTINS, 49

—

M DCCC LXXIV

COURS ÉLÉMENTAIRE

DE

PHYSIQUE

PARIS. — IMP. SIMON RAÇON ET COMP., RUE D'ERFURTH, 1.

COURS ÉLÉMENTAIRE

DE PHYSIQUE

ÉLECTRICITÉ

DEUXIÈME PARTIE

CHAPITRE PREMIER

I — PILE VOLTAÏQUE

986. Expériences de Galvani. — Les mouvements involontaires, qu'un animal exécute lorsque l'électricité traverse ses organes, les contractions spasmodiques dont ses muscles sont le siége, frappèrent vivement l'attention des savants qui en furent les premiers témoins. Au dix-huitième siècle, les esprits aventureux regardaient ces phénomènes comme une révélation inattendue de la cause des mouvements volontaires. Il se plaisaient à croire que c'est par une émission de fluides électriques, que l'homme et les animaux déterminent une excitation spéciale des fibres qui composent leurs muscles. Les nerfs n'étaient selon eux, que des conducteurs destinés à transmettre le fluide parti des centres nerveux.

Galvani, médecin de Bologne et professeur de l'université, en 1762, poursuivit cette idée ; mais au lieu de n'écouter que les rêves faciles de son imagination, il eut recours à l'expérience. Depuis six ans déjà, il étudiait l'action de l'électricité sur les animaux, en variant avec une infatigable persévérance toutes les circonstances où cette action se produit, lorsqu'il fut conduit à observer un phénomène nouveau qui devint

plus tard l'occasion d'une des plus belles découvertes de la physique ;
je veux parler de la pile voltaïque.

Pour exécuter ses expériences, il se servait d'animaux tués récemment. Il avait reconnu que, sous l'influence d'une décharge électrique,
ils éprouvent des secousses tout aussi bien que les animaux vivants ; et
comme dans ces conditions, les mouvements volontaires, qui trouble-
raient l'expérimentateur, n'existent plus, il devient facile de reconnaître
la part d'influence due à l'électricité seule.

Galvani séparait le train de derrière de la grenouille (*fig.* 400), le
dépouillait de sa peau et plantait un crochet métallique entre les nerfs
lombaires et l'extrémité de la colonne
vertébrale adhérente. Un jour, le crochet qui soutenait ainsi les troncs
nerveux de la grenouille, fût suspendu à un balcon de fer ; on reconnut avec étonnement qu'au moment
où les muscles des pattes touchèrent
le fer du balcon, des convulsions
très-vives agitèrent les membres de
l'animal et elles purent être reproduites toutes les fois que le contact
des muscles avec le métal du balcon
fut reproduit dans les conditions qui
viennent d'être indiquées. Galvani vit
le phénomène, répéta un grand nombre de fois l'expérience, et aussitôt il
rapporta l'effet à sa vraie cause :

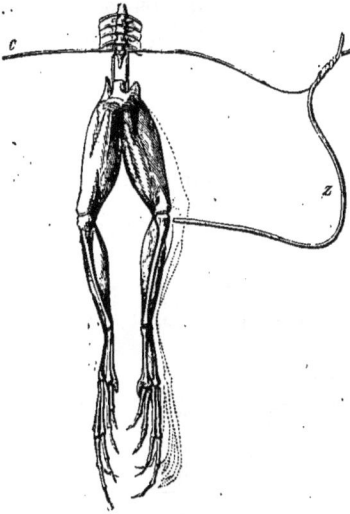

Fig. 400.

l'électricité. Il se mit bientôt à l'œuvre pour rechercher la source de
cette électricité et crut la trouver dans l'animal lui-même. Selon sa
théorie, la grenouille est toujours chargée des deux électricités comme
une espèce de bouteille de Leyde. Par l'arc métallique interposé, les
deux électricités se réunissent ; l'état électrique de l'animal étant
troublé, la contraction se produit.

Aujourd'hui, on reproduit commodément l'expérience de Galvani,
en faisant communiquer les nerfs lombaires avec les muscles de
la grenouille, par un arc métallique ZC formé de zinc et de cuivre
(*fig.* 400).

987. Discussion entre Galvani et Volta. — Volta, professeur à
l'université de Pavie, répéta les expériences de Galvani et adopta un

moment ses idées; mais il ne tarda pas à les contester et à devenir l'adversaire de Galvani. Pour lui, l'animal était un simple conducteur, et l'électricité prenait naissance dans les métaux hétérogènes qui faisaient communiquer les nerfs avec les muscles. En un mot, l'animal n'était pas à la fois *agent* et *patient*, comme le voulait Galvani : il n'était que patient, et s'agitait par l'action de l'électricité produite en dehors de lui.

Galvani soutint son opinion et exécuta, pour en démontrer la vérité, de très-belles expériences : l'une d'elles, qui est facile à répéter, consistait à isoler le nerf, à le séparer de la moelle épinière et à mettre ensuite le bout supérieur en contact avec le muscle ; la contraction eut lieu tout aussi bien que par l'emploi d'un arc métallique. « On m'objectera peut-être, dit-il, que l'hétérogénéité existe encore au point de contact du nerf et du muscle ; mais alors je demanderai si c'est parler sérieusement, si ce n'est pas exprimer en termes différents, cette vérité proclamée par moi, dès l'origine, que la condition indispensable de la production de l'électricité consiste dans la texture particulière des parties animales. » Il avait raison.

De son côté, Volta obtint des signes certains d'électricité avec un arc métallique analogue à celui qui vient d'être décrit (986). Il prit une lame de zinc soudée à une lame de cuivre. La lame de zinc Z fut tenue à la main et la lame de cuivre C posée sur le plateau supérieur de l'électroscope (*fig.* 401). Après avoir exécuté les diverses manœuvres qu'exige l'emploi de cet instrument, il trouva que le plateau supérieur s'était chargé d'électricité négative. Volta interpréta ce résultat en disant que le zinc et le cuivre en contact constituent une source constante d'électricité, et qu'en général, aux points de contact de deux métaux différents se manifeste une force particulière qui détermine la décompo-

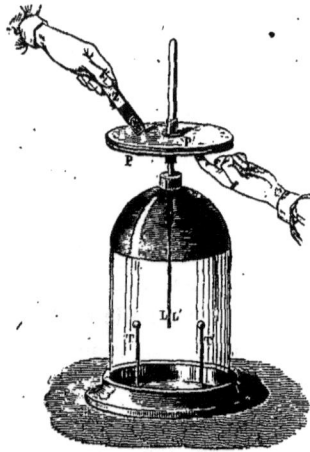

Fig. 401.

sition du fluide neutre jusqu'à une certaine limite qui dépend de la nature de ces métaux. Il lui donna le nom de *force électro-motrice*. Des objections furent faites à cette conclusion de Volta ; mais elles ont été levées, et aujourd'hui on est certain que le contact de deux métaux produit un développement d'électricité (992).

988. Découverte de la pile. — Galvani avait cessé de vivre, lorsque Volta, poursuivant ses propres idées, trouva moyen d'augmenter l'énergie de cette source d'électricité qu'il venait de découvrir. C'est en 1800 qu'il imagina la combinaison que nous allons décrire dans un instant, et à laquelle sa forme première fit donner le nom de *pile*.

A l'apparition de la découverte de Volta, l'admiration fut générale et, pendant plus de quarante ans, le nom de Galvani ne resta guère qu'à l'état de souvenir un peu vague dans la science. Depuis, les découvertes modernes ont montré que le médecin de Bologne avait raison tout aussi bien que son adversaire, et qu'en réalité, le fait découvert par Galvani devait être envisagé à un double point de vue. Les deux savants italiens ne surent voir l'un et l'autre qu'un côté de la question : le médecin, le côté physiologique ; le physicien, le côté physique ; ce fut leur tort commun ; mais la science leur doit en réalité de grandes découvertes ; elle associe leurs noms dans une égale reconnaissance.

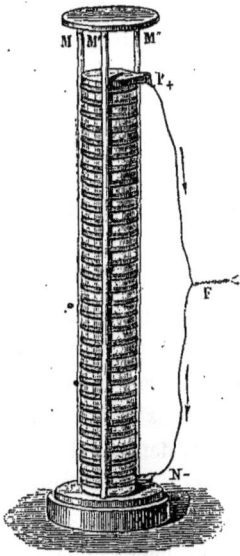

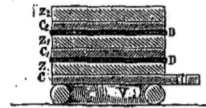

989. Pile de Volta. — La pile de Volta se compose de rondelles de cuivre, de zinc et de drap mouillé par de l'eau faiblement acidulée, qui sont placées successivement et toujours dans le même ordre, l'une au-dessus de

Fig. 402.

l'autre. La première rondelle C (*fig.* 402), la rondelle de cuivre, est placée sur une lame ou un anneau de verre V, qui sert à isoler l'appareil : au-dessus de cette rondelle on en met une de zinc Z, puis vient la rondelle de drap mouillé D ; on superpose ensuite toujours dans le même ordre : cuivre C_1, zinc Z_1, drap mouillé D_1 ; cuivre C_2, zinc Z_2, et ainsi de suite. C'est un disque de cuivre qui termine la pile à sa partie supérieure. Pour empêcher la colonne formée par les rondelles de s'écrouler accidentellement, on lui donne de la solidité à l'aide de trois montants de verre M, M′ M″.

990. Pôles. — **Courant.** — **Rhéophores.** — L'appareil ainsi construit est chargé d'électricité à peu près dans toute sa hauteur. S'il est isolé, et si toute communication avec le sol a été évitée lors de sa construction, son extrémité inférieure N est chargée d'électricité négative, on l'appelle *pôle négatif;* l'extrémité supérieure P, chargée d'électricité positive, est appelée *pôle positif.* La présence et la nature de ces électricités se constatent aisément avec tout électroscope, même avec les moins sensibles. A mesure que l'on s'éloigne des extrémités, les quantités d'électrité vont en diminuant jusqu'au milieu, qui est à l'état naturel.

Pour conduire les électricités de la pile au point où elle doivent être employées, on attache deux fils conducteurs NF, PF, presque toujours en cuivre, chacun à l'un des pôles de la pile. On dispose alors tout à son aise des deux électricités développées, et il est évident qu'on a la faculté, en mettant les fils NF ou PF en rapport avec les appareils convenables, de répéter les diverses expériences d'électricité que nous connaissons déjà : il est donc inutile d'insister sur ce sujet. Il suffit d'ajouter que le caractère essentiel, l'importance réelle de l'appareil voltaïque résultent de la continuité des effets qu'il permet d'obtenir. A peine une expérience est-elle terminée, qu'on peut la recommencer aussitôt dans les mêmes conditions, car la pile répare les pertes qu'elle subit.

Parmi les usages que l'on fait de ces fils conducteurs, le plus fréquent consiste à les réunir l'un à l'autre soit directement par leurs bouts libres, soit par l'intermédiaire d'un corps conducteur. Les deux électricités de noms contraires, dont les pôles sont chargés, provoquent dans le conducteur intermédiaire une série de décompositions et de recompositions alternatives (821), et dans l'hypothèse des deux fluides que nous avons jusqu'à présent admise, il en résulte un mouvement continu dans le fil métallique ; les électricités s'y propageent en sens inverse pour constituer deux *courants* d'électricité. L'un, de fluide négatif, chemine du pôle négatif au pôle positif, et l'autre de fluide positif marche en sens inverse. On est convenu d'appeler *sens du courant* dans le circuit extérieur, le sens de propagation du fluide positif. On dit que dans un fil le courant va de P en N quand l'électricité positive chemine du point P vers le point N, et l'on sous-entend qu'un courant d'électricité négative marche en sens contraire.

En réalité et en dehors de toute hypothèse, nous conviendrons d'appeler *courant* électrique, l'état physique spécial dans lequel se trouve constitué tout corps conducteur qui réunit les deux pôles d'une pile, état qui est caractérisé par des propriétés nouvelles que nous connaîtrons bientôt.

Les fils attachés aux pôles de la pile et employés à les réunir, s'appellent quelquefois les *fils conjonctifs*, nom qui indique leur rôle; le plus souvent, toutefois, on les nomme *rhéophores*, mot qui signifie porteur du courant,

991. Développement d'électricité par les actions chimiques. — La pile décrite, nous allons en établir la théorie. Pour y parvenir, nous devons démontrer d'abord que l'électricité ne se développe pas seulement au contact de deux métaux, mais qu'elle se dégage aussi par l'action chimique qu'un corps liquide exerce sur un métal. *Le métal attaqué se charge d'électricité négative, et le liquide se charge d'électricité positive.* Telle est le fait qu'il s'agit de démontrer. Voici à ce sujet diverses expériences :

Première expérience. — Un creuset de zinc Z contenant de l'acide sulfurique étendu d'eau est posé sur le plateau supérieur de l'électroscope condensateur; on plonge dans l'acide une lame de platine *p* tenue à la main, en prenant bien soin qu'il n'y ait pas de contact entre le platine et le creuset. Quand les opérations nécessaires à la condensa-

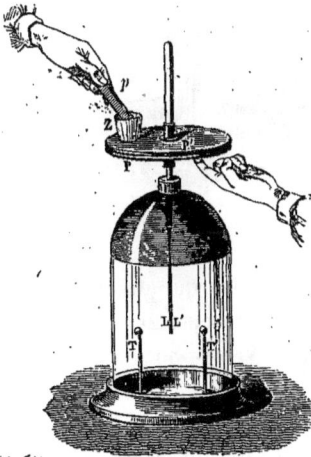

Fig. 405.

tion sont exécutées, on reconnaît que le plateau supérieur de l'électroscope est chargé d'électricité négative. Donc le zinc qui forme les parois du creuset s'est chargé d'électricité négative par suite de l'action chimique. Quel rôle la lame de platine est-elle venue jouer dans le phénomène? Elle a servi à conduire au loin l'électricité positive qui, nous l'avons toujours vu, se développe en même temps que l'électricité négative. Cette électricité positive qui se porte sur l'acide par l'effet de l'action chimique, étant enlevée, ne s'oppose pas alors par son action attractive au développement continu de l'électricité négative sur le zinc, et la condensation qui s'opère dans l'appareil devient plus sensible.

Deuxième expérience. — D'ailleurs, il est facile de démontrer directement que l'acide se charge d'électricité positive. A cet effet, on répète la même expérience en employant un creuset de platine, de l'acide sulfurique et une lame de zinc qui y plonge et que l'on tient à la main.

Les opérations étant conduites comme dans la première expérience, on reconnaît que le plateau supérieur de l'électroscope est chargé d'électricité positive. Donc, par suite de l'action chimique, l'acide, et par suite le métal non attaqué qui forme les parois du creuset, se chargent d'électricité positive.

Troisième expérience. — Voici une autre forme des expériences précédentes : Dans un verre plongent deux lames, l'une de zinc et l'autre de cuivre. Au moyen d'un fil métallique, la lame de cuivre est mise en communication avec le sol, et la lame de zinc avec le plateau supérieur de l'électroscope condensateur (*fig.* 404). Verse-t-on dans le vase

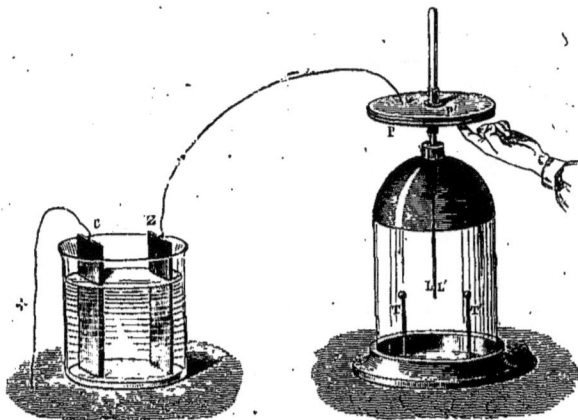

Fig. 404.

un liquide tel que l'acide sulfurique étendu d'eau qui attaque le zinc et non le cuivre? le plateau supérieur, après les opérations convenables, se trouve chargée d'électricité négative. Verse-t-on, au contraire, un liquide tel que le sulfure de potassium, qui attaque le cuivre et non le zinc? on reconnaît que le zinc non attaqué a donné de l'électricité positive au plateau de l'électroscope, électricité que ce métal passif dans la réaction chimique a reçue du liquide salin qui s'en est chargé au moment de l'action chimique exercée par lui sur le cuivre.

Quatrième expérience. — L'expérience peut être reproduite dans d'autres conditions : Au lieu de deux lames de métaux différents, si l'on introduit deux lames identiques de platine dans le vase contenant l'acide azotique qui n'attaque pas le platine, aucun dégagement d'électricité ne se manifeste. Mais si l'on fait couler le long d'une des lames quelques gouttes d'acide chlorhydrique, de l'eau régale se forme près d'elle;

une attaque de cette lame a lieu ; et l'on constate, par le procédé déjà décrit, un développement d'électricité négative sur la lame attaquée et d'électricité positive sur l'autre lame.

Cinquième expérience. — La même explication convient à une nouvelle forme de l'expérience de Volta : on tient à la main une lame de cuivre soudée à une lame de zinc ; cette dernière est posée sur un papier mouillé qu'on a appliqué sur le plateau supérieur de l'électroscope, plateau formé par du cuivre ou par tout autre métal que ne peut attaquer le liquide employé ; l'appareil se charge, et montre que le liquide dont le papier est humecté a pris de l'électricité positive.

992. Interprétation de l'expérience de Volta. — L'expérience que Volta faisait en plaçant sur le plateau de l'électroscope une lame de cuivre soudée à une lame de zinc (987), a été interprétée souvent de la manière suivante : le zinc attaqué par le liquide, dont la peau de la main est toujours imprégnée, se charge d'électricité négative ; quant à l'électricité positive, elle a disparu à cause de la communication de la main avec le sol. Toutefois, cette interprétation n'est pas suffisante, car l'expérience réussit dans des circonstances où aucune humidité n'existe, et avec des métaux or et platine, qui ne sont pas attaquables par l'air atmosphérique. Il y a donc électricité développée par le contact des deux métaux.

993. Théorie de la pile. — La pile étant montée, les pôles, avons-nous dit, sont chargés de quantités d'électricité qui vont en croissant avec le nombre des éléments : c'est là un fait que la construction de la pile nous a démontré. Mais comment cette disposition en série réalise-t-elle un tel développement d'électricité ? Nous allons l'expliquer en suivant les idées très-simples qui ont guidé Volta. Mais nous devons nous permettre, dans cette exposition, de modifier dans leurs détails les considérations sur lesquelles s'est basé l'inventeur. Les recherches, qui ont été exécutées sur ce sujet depuis l'invention de la pile, exigent ces changements. Ainsi il est reconnu aujourd'hui que le contact des métaux est une cause du développement d'électricité ; mais il est démontré aussi que les actions extérieures exercées par le courant, quelle que soit leur nature, ne s'effectuent qu'aux dépens de l'action chimique ; et nous en donnerons, dans les chapitres qui suivront (1050-1053), plusieurs des preuves expérimentales connues. Indépendamment de ces preuves, on comprend que le contact seul n'explique pas les effets de la pile, car c'est une vérité de mécanique incontestable, qu'un assemblage fixe de plusieurs corps, tels que deux métaux, dont les différentes parties ne se

modifieraient en rien, ne peut donner naissance à un courant continu
ou, ce qui revient au même, devenir une source de travail que rien
ne limite. Si le contact de deux corps hétérogènes, sans action chimique, suffisait à expliquer la production de courant, le mouvement
perpétuel se trouverait réalisé. Mais quelle que soit l'origine de l'électricité de la pile, il n'en reste pas moins vrai que les raisonnements qui
ont conduit à sa découverte sont justes; et que deux idées capitales
émises et vérifiées par Volta demeurent à l'abri de toute atteinte : 1° Il y
a un développement d'électricité par l'action de corps non homogènes
mis en contact. 2° Lorsque ces corps sont disposés en série, suivant
l'ordre indiqué, ce développement acquiert des proportions considérables.

**994. Les niveaux électriques des deux corps hétérogènes en
contact ont une différence constante.** — La loi de ce développement,
la voici telle qu'elle doit être exprimée aujourd'hui : La force électro-
motrice qui s'exerce entre deux corps donnés est constante, et elle est
mesurée par la différence des niveaux électriques (824 et 885) que possèdent les deux corps au moment où l'équilibre est atteint. Ainsi, par
exemple, on sait que de l'eau acidulée par l'acide sulfurique mouille
une lame de zinc, et l'attaque. Imaginons que le liquide et le solide en
question soient maintenus en dehors de toute communication avec le sol,
avant et après leur contact. Par l'effet de l'action chimique, une certaine
quantité de fluide neutre est décomposée, du fluide positif se porte sur
l'acide, et comme il n'y a pas de communication avec le sol, une égale
quantité de fluide négatif se développe sur la lame de zinc. La différence
des deux niveaux électriques est $+u$. Jusqu'ici rien de nouveau. Or ce
que Volta, par une véritable divination, a compris et découvert, c'est
que cette différence $+u$ ne change pas, quelle que soit la charge nouvelle que l'on donne à l'une des substances réagissantes. Ainsi, met-on
la lame de zinc en communication permanente avec le sol, de sorte
qu'elle ne puisse pas rester électrisée; son niveau électrique est zéro;
alors, d'après l'idée énoncée, l'acide doit posséder un niveau égal à $+u$.
Si la lame de zinc est mise en rapport avec une source d'électricité positive qui lui donne une charge quelconque de niveau $+nu$; l'acide se
chargera d'une quantité d'électricité dont le niveau sera $+(n+1)u$,
de telle sorte que la différence demeure bien toujours égale à $+u$.

Telle est l'idée simple de Volta, idée qui l'a mené droit à la construction de la pile, et qui, vérifiée rigoureusement par des expériences
que nous ne rapporterons pas, se trouvera ici justifiée du moins par
tous les effets de l'appareil voltaïque.

995. Théorie de la pile en communication avec le sol. — Nous n'avons jusqu'à présent supposé que deux corps en contact ; que va-t-il arriver si, comme cela a lieu dans les piles, nous avons successivement plusieurs disques superposés : cuivre C, zinc Z_1, drap mouillé D_1 et cuivre C_1 (*fig.* 405)? Évidemment à chaque contact une différence de niveau électrique s'établira : cette différence dépendra des deux corps qui se touchent. Du cuivre au zinc, ce sera une différence que nous désignerons par v, du zinc au liquide v', du drap mouillé au cuivre v''. Si, par exemple, ce commencement de pile est en communication avec le sol, le cuivre C se trouvera à l'état neutre ou au niveau électrique zéro ; alors Z_1 sera au niveau v, D_1 au niveau $v + v'$, C_1 au niveau $v + v' + v''$, somme que nous désignerons par $+ 2a$. Nous mettons le signe $+$, parce que l'expériences montre que le cuivre mis en rapport avec un électroscope est chargé d'électricité positive. Il est évident que si au-dessus de cette dernière rondelle de cuivre on place un second système de rondelles de

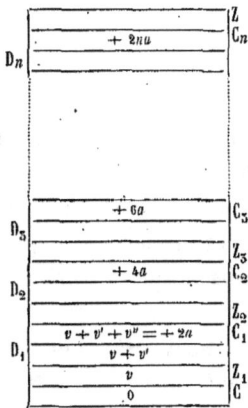

Fig. 405.

zinc, de drap, de cuivre, Z_2, D_2, C_2, le niveau électrique sera sur Z_2 $2a + v$, sur D_2 $2a + v + v'$, sur C_2 $2a + v + v' + v''$ ou $4a$. Trois rondelles étant ajoutées encore, le niveau électrique s'élèvera à $6a$ et ainsi de suite. A l'extrémité de la pile, sur le cuivre C_n, le niveau sera $2na$.

Telle est la théorie de Volta. Toutefois l'illustre physicien n'admettait de force électro-motrice qu'entre les deux métaux ; en outre, au lieu de se servir de l'expression *niveau électrique*, qui est le mot exact, mais dont l'idée n'existait pas à son époque, il employait le mot charge d'électricité, et concluait de ses raisonnements que cette charge variait selon la série des nombres 2, 4, 6, etc., comme nous venons de le montrer pour le niveau électrique. En réalité, si les disques sont égaux, il y a accord entre les deux théories. Mais il n'en est plus ainsi si les éléments de la pile sont de dimensions inégales. La loi des niveaux subsiste seule. Dans la plupart des piles, l'égalité des éléments est habituellement supposée. Le fait tel que l'avait donné Volta était donc exact.

En terminant, nous devons faire quelques observations. Il faut d'abord insister sur cette idée déjà émise, que si les divers contacts exigent et établissent à l'origine les différences de niveau signalées, ce

n'est que par les actions chimiques (1053) que s'effectue le travail de
la pile. Nous remarquerons ensuite que dans notre théorie, nous n'avons
pas fait mention du dernier zinc Z ; actuellement on le supprime : quant
au premier cuivre, il est, en général, supprimé aussi, mais il est remplacé par le fil de cuivre, qui sert de rhéophore.

996. Si, conformément à l'usage, nous appelons *un élément* de la pile
l'ensemble de trois disques successifs [Z_1, D_1, C_1], [Z_2, D_2, C_2] ou tout
autre ensemble de même indice, on peut dire que, d'un élément au sui-
vant, le niveau électrique s'élève de $+ 2a$.

Au contraire, le niveau électrique descendrait de $- 2a$, si les rondelles avaient été groupées en ordre inverse tel, que la colonne fut composée ainsi qu'il suit : zinc, cuivre, drap mouillé, zinc, cuivre, drap
mouillé, etc. Une rondelle de cuivre étant chargée au niveau V, la rondelle située au-dessus serait au niveau $V - 2a$. La colonne composée de
n éléments et communiquant par sa base avec le sol, aurait un niveau
électrique $- 2na$ à sa partie supérieure.

997. **Effet du groupement en série.** — Qu'a donc fait Volta par ce
groupement en série ? Il a réussi à charger la dernière rondelle à un
niveau électrique d'autant plus élevé que le nombre des éléments est
plus grand ; le niveau varie d'un élément à l'autre comme les termes
d'une progression arithmétique. Dès lors sa pile offre cet avantage précieux : les actions exercées par l'électricité du dernier élément, seront d'autant plus énergiques que le nombre des éléments sera plus
considérable : ce qu'on exprimait autrefois en disant que la *tension* de
l'électricité croît avec le nombre de ces éléments.

Si, au lieu d'employer la *disposition en série*, on eût posé les disques
de zinc à côté l'un de l'autre, de façon à former une seule grande
surface, et qu'on eût mis ces disques sur un support de cuivre communiquant avec le sol, si au-dessus on avait placé les rondelles de drap,
puis tous les disques de cuivre, ou mieux une plaque de cuivre de surface équivalente, que se serait-il passé ? Sur la lame de cuivre, le niveau
électrique eût été $+ 2a$, comme dans le cas où l'on n'employait qu'un
seul des disques précédents. Alors les actions extérieures ne seraient
pas plus énergiques que si les surfaces étaient de petites dimensions.
Sous ce rapport les grandes dimensions de l'appareil sont sans avantage.
Toutefois, on peut dire, en négligeant l'erreur qui provient de la distribution de l'électricité sur le contour, qu'un élément de grandeur superficielle considérable possède une charge totale proportionnelle à la
surface de l'élément. La lame de cuivre de surface n fois plus grande

renferme sur toute sa surface n fois plus d'électricité que le disque C_1 (*fig.* 405), qui nous a occupé d'abord; et quand les résistances extérieures seront négligeables, un petit nombre d'éléments pareils pourra être avantageusement employé. Dans cette disposition des éléments que l'on appelle *disposition en quantité*, le niveau électrique est faible, mais la quantité d'électricité libre devient d'autant plus considérable, qu'on augmente davantage la surface des éléments.

998. **Théorie de la pile isolée.** — Le cas qui vient d'être discuté est celui où la pile se trouve, par une de ses extrémités, en communication avec le sol. Quand la pile est isolée, et que pendant sa construction elle n'a été jamais mise, par aucune de ses parties, en communication avec le sol, quelle est la distribution de l'électricité?

Pour le reconnaître: 1° il faut se rappeler que d'un élément à l'autre il y a une différence de niveau $\pm 2a$, le signe $\pm$ dépendant de l'ordre des rondelles. De plus 2° il faut écrire dans les raisonnements que toute l'électricité qui charge la pile provient du fluide neutre décomposé dans l'appareil lui-même: aucun contact avec le sol n'ayant eu lieu, la somme des masses d'électricité positive devenues libres doit être égale et de signe contraire à celle des masses d'électricité positive. On déduit de là que si les éléments sont égaux et au nombre de n, rangés selon l'ordre déjà donné, l'une des extrémités sera chargée au niveau $-na$, et l'autre au niveau $+na$; le niveau sera nul sur l'élément de rang $\frac{n}{2}$, qui se trouve à l'état neutre; enfin il croit positivement, selon la loi indiquée, de cet élément à l'un des pôles, et décroit de ce même élément jusqu'en l'autre pôle. On remarquera que la différence des niveaux des éléments extrêmes est $+2na$, comme dans le cas où la pile communique avec le sol, et on peut vérifier que les conditions du problème sont remplies.

Pour faire comprendre comment peut être faite cette vérification,

Fig. 405 *bis.*

nous avons donné, dans la figure 405 *bis*, l'état électrique, d'une pile de deux éléments. Alors $n = 2$. On voit par cette figure que la distribution annoncée n'est qu'approchée : nous avons été obligé, pour l'obtenir, de garder le cuivre C au-dessous du zinc Z_1; en fait, nous avons une rondelle de plus que les deux éléments. Mais si la pile était composée d'un nombre considérable d'éléments, la suppression de cette rondelle ne produirait qu'une erreur relative insignifiante.

999. Si les éléments de la pile n'étaient pas égaux, la loi des niveaux se maintiendrait, mais le zéro ne se trouverait pas au milieu de la pile : il serait plus voisin de l'extrémité qui contiendrait les plus forts éléments. Mais sa position importe peu, en général, car on peut la faire varier à volonté ; il suffit de mettre en communication avec le sol le point de la pile que l'on veut amener à l'état naturel.

II. — PREMIÈRES MODIFICATIONS DE LA PILE. — DESCRIPTION DE QUELQUES-UNS DE SES EFFETS

1000. **Pile à auge.** — La pile à colonne s'affaiblit après avoir fonctionné pendant quelque temps. L'une des causes de cet affaiblissement doit être attribuée au poids des disques, qui a pour effet d'exprimer le liquide acide contenu dans les rondelles de drap placées vers le bas de la pile. Dès lors ces rondelles desséchées n'attaquent plus le zinc que faiblement et ne produisent presque plus d'électricité. En même temps,

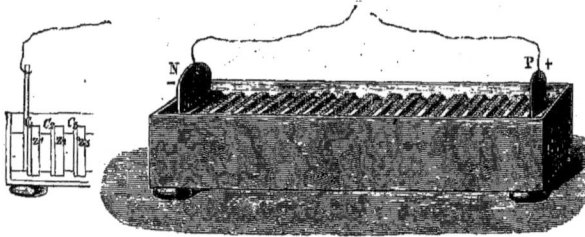

Fig. 406.

la liqueur acide, en coulant sur les bords des rondelles métalliques, établit entre elles une communication extérieure directe, analogue à celle qui serait produite par un arc métallique. Pour rendre à l'appareil sa force première, il est nécessaire de le démonter, de laver les rondelles, de reconstruire à nouveau la colonne abattue : opérations qui sont longues et assujettissantes. Afin d'éviter ses ennuis, Cruikshank eut l'idée de rendre la pile horizontale (*fig.* 406), d'enchâsser les disques C, Z de cuivre et de zinc soudés ensemble dans une auge, qui se trouve ainsi divisée en compartiments ; ces compartiments sont remplis en partie par de l'eau acidulée qui remplace dans chaque auge la rondelle de drap mouillé de la pile à colonne. Quand la pile ne marche plus bien, on lui rend promptement son énergie primitive en renouvelant l'eau acidulée qu'elle contient.

1001. Pile à couronne. — Tout assemblage qui présentera les trois substances : zinc, cuivre, eau acidulée, se succédant dans l'ordre indiqué par Volta, formera une pile où rien d'essentiel ne sera changé ; l'aspect seul aura varié. La pile à couronne que représente la figure 407

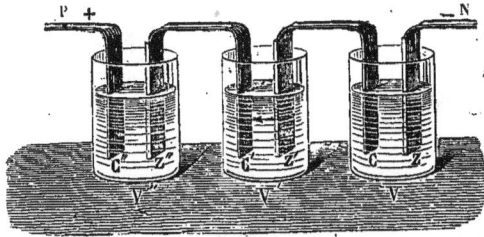

Fig. 407.

est composée de lames de cuivre C, C', C" et de zinc Z, Z', Z" soudées ensemble deux à deux et recourbées en forme de fer à cheval. Chaque couple zinc-cuivre plonge à la fois dans deux des vases consécutifs désignés par V, V', V", et ses extrémités sont baignées par l'eau acidulée qu'ils contiennent. La pile commence par un premier cuivre C" et se termine par une lame de zinc Z.

1002. En parcourant cette pile de Z en C", on voit que l'on a successivement : zinc, cuivre, eau acidulée ; zinc, cuivre, eau acidulée, et ainsi de suite, selon l'ordre que Volta avait prescrit.

1003. Règle générale pour reconnaître les pôles d'une pile. — Cette disposition ressemble tellement à celle de Volta qu'il est bien facile

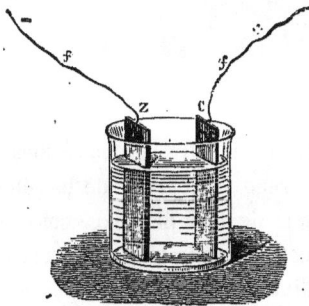

Fig 408.

de reconnaître que le pôle positif se trouve en P et le pôle négatif en N. Mais comme, au début de ces études, on éprouve souvent quelque difficulté à bien déterminer les pôles, nous donnerons une règle qui résulte des considérations théoriques établies. Elle repose sur ce fait que quels que soient les deux métaux, quelle que soit la dissolution dont on fasse usage, toujours, dans un arrangement semblable à celui de Volta, l'électricité négative s'accumule sur le métal attaqué, et l'électricité positive sur le métal non attaqué.

1004. Quand on veut déterminer les pôles d'une pile, on n'a qu'à considérer *un des éléments*, c'est-à-dire un assemblage tel que celui de la figure 408, qui comprend les deux métaux séparés par le liquide interposé; on regarde de quel côté se trouve le métal attaqué par le liquide; c'est toujours à l'extrémité de la pile qui correspond à ce côté que le pôle négatif est placé, et le pôle positif se trouve à l'extrémité opposée. Ainsi, dans la pile de Volta, décrite au n° 989, une rondelle quelconque de drap mouillé a le disque de zinc placé au-dessous d'elle; c'est donc en bas que se trouve le pôle négatif. Dans la pile à couronne de la figure 407, le zinc qui sera attaqué par l'acide dans chaque couple est à droite par rapport au lecteur, le pôle négatif est par suite à droite.

1005. **Pile de Wollaston.** — La pile à couronne a été modifiée par Wollaston et rendue très-commode et plus puissante. La pile de Wollaston (*fig.* 409) n'est autre que la précédente (1004); seulement, la lame de cuivre de chaque élément contourne la lame de zinc et l'enveloppe sans

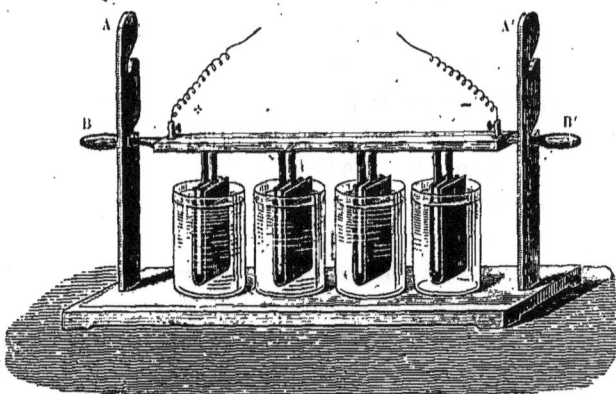

Fig 409.

la toucher : de petits tasseaux de bois, interposés entre les deux lames, empêchent tout contact. Cette disposition rend le courant de la pile plus intense. En outre, une barre transversale de bois BB', fixée convenablement, permet d'enlever à la fois les couples voltaïques des bocaux de verre dans lesquels ils plongent. Dans l'intervalle de deux expériences, on peut donc mettre l'appareil à l'abri de l'action de l'acide qui ronge le zinc : cette disposition a de l'importance, parce qu'elle rend moins prompte l'usure de la pile, et qu'il faut dès lors renouveler moins souvent et le zinc qui se dissout et l'eau acidulée qui s'affaiblit. Des appuis A, A' munis de crans reçoivent la barre pendant que la pile est inactive.

1006. Décomposition de l'eau acidulée. — Avant de poursuivre la description des piles, il est indispensable de décrire quelques effets chimiques du courant, car ces effets jouent un rôle essentiel dans les perfectionnements que nous avons à faire connaître.

Le courant de la pile, en traversant l'eau acidulée, la décompose. Pour faire l'expérience, on se sert d'un verre V (*fig.* 410), dont le fond, percé de deux trous, est traversé par deux lames L, L' ou deux fils de platine. — Ce petit appareil porte le nom de *voltamètre*. — On introduit dans le verre de l'eau acidulée, et on pose deux petites éprouvettes H, O renversées et pleines du même liquide, au-dessus des fils métalliques. L'une des lames L' est mise en communication avec le pôle positif P d'une pile, l'autre avec le pôle négatif N. Aussitôt que le courant passe dans l'eau acidulée, une décomposition a lieu ; les lames se recouvrent de nombreuses bulles de gaz, qui se dégagent dans les cloches correspondantes, et l'on ne tarde pas à reconnaître que dans l'éprouvette H, placée au-dessus de la lame négative, se trouve un volume de gaz qui, à pression égale, serait double de celui qui se rend dans l'autre éprouvette O. Au premier gaz, on reconnaît tous les caractères de l'hydrogène, à l'autre, ceux de l'oxygène.

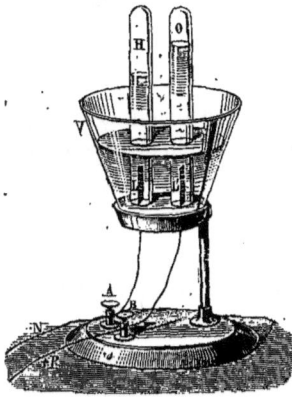

Fig. 410.

Ce mode de séparation des éléments de l'eau par le passage d'un courant peut s'exprimer d'une autre manière, et cette forme nouvelle nous sera bientôt d'une grande utilité : l'hydrogène vient toujours se déposer sur la lame par laquelle le courant *sort* du liquide, l'oxygène se dépose sur la lame, par laquelle le courant *pénètre* dans le liquide.

1007. Décomposition des sels métalliques. — Une dissolution d'un sel métallique est aussi décomposée par la pile. On fait l'expérience en plongeant deux lames de platine dans une dissolution d'un sel métallique : d'argent, de cuivre, de zinc ou de tout autre métal (*fig.* 411). Pour le moment nous préférerons une dissolution de sulfate de zinc. Chaque lame est mise en communication avec l'un des rhéophores de la pile : le courant passe et la lame B qui communique avec le pôle négatif se recouvre d'une couche de zinc qui, au bout de peu de temps, est parfaitement visible. Au contraire, l'acide et l'oxygène du sel marchent en sens inverse du courant, se portent vers la lame A par laquelle ce courant arrive, comme on peut le constater par l'analyse chimique. En somme, le résultat final est toujours celui-ci : le zinc se dépose sur la lame par laquelle le courant sort comme le faisait tout à l'heure l'hydrogène de l'eau acidulée ; l'acide et l'oxygène sur l'autre lame.

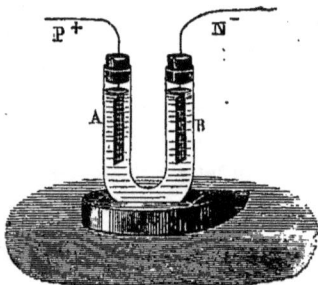

Fig. 411.

1008. Action du courant sur l'aiguille aimantée. — Il est enfin utile de savoir, avant de poursuivre, que le courant exerce une action sur l'aiguille aimantée, par exemple sur l'aiguille de déclinaison. Déjà, en étudiant la chaleur rayonnante, nous avons utilisé cette action pour la graduation du thermomètre différentiel de Nobili et Melloni. Nous reviendrons avec détail sur ce sujet au chapitre IV de ce livre ; mais à l'occasion cependant, nous nous permettrons dès à présent d'utiliser la découverte d'Œrsted, en prenant la liberté dont nous avons déjà usé pour l'étude de la chaleur rayonnante.

III. — PILES A COURANT CONSTANT

Les éléments constitutifs des piles, dont nous venons de parler, s'altèrent vite ; il en résulte un affaiblissement rapide du courant, qui bientôt devient si peu intense, que les effets que l'on avait en vue de réaliser avec l'appareil, ne se manifestent plus. Daniell est arrivé à faire disparaître ces variations du courant et à construire des piles constantes ; il y est parvenu après avoir analysé, avec soin, les influences diverses qui amenaient les modifications observées. Faisons cette analyse après lui.

1009. Zinc amalgamé. — Avant les travaux de Daniel cependant, une première découverte avait déjà rendu la pile moins variable, en même temps qu'elle procurait une grande économie.

Kemp avait reconnu que le zinc amalgamé ne s'attaque pas quand il est en contact avec l'eau acidulée ; Sturgeon proposa de substituer dans la pile le métal ainsi modifié au zinc ordinaire, et il fit voir que l'appareil étant mis en activité dans ces nouvelles conditions, le zinc s'use en moins grande quantité, tout en produisant de meilleurs effets. De là, dans toutes les piles l'emploi du zinc amalgamé : c'est une économie de zinc et d'acide, c'est aussi une économie de temps, car la pile n'a pas besoin d'être renouvelée aussi souvent.

1010. Courant intérieur de la pile. — Jusqu'ici, nous avons considéré exclusivement le mouvement de l'électricité qui s'accomplit dans le

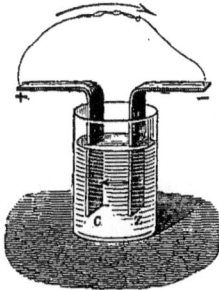
Fig. 412.

circuit extérieur de la pile ; mais, en réalité, ce mouvement est plus étendu, car à mesure que les pôles perdent leurs fluides libres par l'intermédiaire des rhéophores, de nouvelles quantités d'électricité y arrivent à tout instant, qui sont produites par les couples voltaïques. En un mot, la pile envoie, sans relâche, de l'électricité positive vers le pôle positif, de l'électricité négative vers le pôle négatif. L'intérieur de chaque couple (*fig.* 412) se trouve ainsi parcouru par les deux électricités, qui cheminent en sens contraire, il est le lieu d'un courant que nous appellerons le *courant intérieur*, et qui, en adoptant toujours la même convention (991) va du pôle négatif au pôle positif dans la pile. La pile 412, dans laquelle les flèches indiquent le sens du courant, rend sensible l'indication que nous venons de donner.

Ce courant intérieur peut être manifesté au moyen de l'aiguille aimantée. Pour y parvenir, on plonge les éléments qui forment la pile de Wollaston dans les bocaux contenant l'eau acidulée, puis on dirige la barre de bois dans la direction du méridien magnétique. Lorsque les pôles ne sont pas réunis, il n'y a pas de courant extérieur, et, par suite, pas de courant intérieur ; aussi une petite aiguille aimantée horizontale, placée sur un pivot que porte la barre, reste immobile, dirigée du sud au nord magnétique. Mais, les pôles sont-ils réunis par un fil conducteur fort éloigné de l'aiguille et ne pouvant par suite agir sur elle, aussitôt l'aiguille est déviée, et cette déviation prouve l'existence du courant intérieur et en indique le sens.

1011. Modifications subies par une pile en activité. — Le courant intérieur de la pile traverse, dans chaque cellule de la pile à auge ou dans chaque bocal de la pile de Wollaston, un liquide décomposable ; il y pénètre par une lame de métal, il en sort par une autre lame également métallique : le liquide doit donc être décomposé. Prenons comme exemple la pile à couronne : lorsque les deux pôles seront mis en communication extérieure par l'intermédiaire d'un corps conducteur, un courant cheminera, dans chaque vase, du zinc vers le cuivre, à travers le liquide, dont les éléments seront ainsi peu à peu séparés.

1012. *Dépôt d'hydrogène.* — Au début, ce liquide est de l'eau acidulée par l'acide sulfurique et l'élément de pile forme comme un voltamètre. L'hydrogène, entraîné dans le sens du courant, se dégage sur la lame de cuivre par laquelle le courant sort (1006), et l'oxygène, porté en sens inverse, vient sur la lame de zinc, se combine au métal et l'oxyde.

En observant une pile en activité, on voit, en effet, se dégager sur la lame de cuivre un gaz qu'il est aisé de recueillir et de reconnaître pour de l'hydrogène. Daniell y est parvenu en constituant un élément (*fig.* 413) dont les lames zinc et cuivre étaient disposées comme celles d'un voltamètre : au-dessus de la lame de cuivre P était maintenue une éprouvette, et aussitôt que cette pile était en activité, l'éprouvette commençait à se remplir d'hydrogène ; aucun gaz, d'ailleurs, ne se dégageait sur le zinc amalgamé Z. L'hydrogène ainsi développé produit une double modification de la pile. Il a pour premier effet de rompre, en partie, la série des corps conducteurs dont l'appareil est composé ; il recouvre le cuivre et forme à sa surface une couche gazeuse très-impropre au passage des électricités qui tendraient à continuer

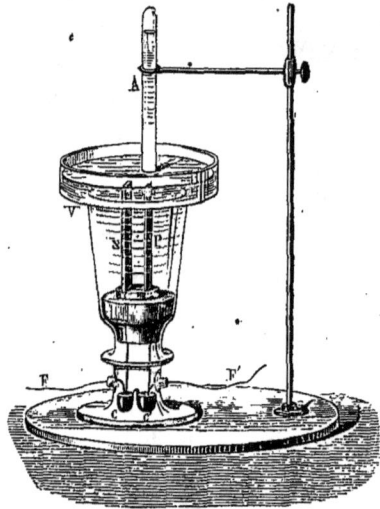

Fig. 413.

leur mouvement primitif. Mais, c'est encore là le moindre de ses inconvénients. Le cuivre qu'il revêt se trouve dans des conditions particulières, qu'on exprime en disant qu'il est *polarisé*. En effet, l'hydrogène condensé constitue une substance très-oxydable, ayant le même rôle électro-moteur que le zinc, et son action opposée à la force électro-motrice principale en détruit une partie. La pile diminue d'énergie : le courant extérieur est moins puissant.

On démontre ce rôle électro-moteur de l'hydrogène, cette *polarisation* de la lame qu'il recouvre, en décomposant l'eau par la pile au moyen de lames de platine servant d'électrodes. Si après que la décomposition a duré quelque temps, on enlève la pile et qu'on réunisse les lames du voltamètre avec le fil d'un galvanomètre, une déviation a lieu ; elle indique que la lame recouverte d'hydrogène est devenue un pôle négatif.

1013. *Affaiblissement de l'acide.* — A mesure que la pile fonctionne, l'eau acidulée, qui sans cesse attaque le zinc, va en s'affaiblissant, et quand l'appareil a été assez longtemps en activité, le liquide ne renferme plus qu'une petite proportion d'acide libre : telle est la seconde modification subie par chaque élément.

1014. *Dépôt de zinc.* — Lorsque l'acide a dissous une certaine quantité de zinc, la décomposition qui s'opère dans chaque vase ne porte plus seulement sur l'eau acidulée, elle porte sur le sulfate de zinc formé ; et le zinc entraîné par le courant vient se déposer sur la lame de cuivre. De là une altération très-grave : le liquide est de chaque côté en présence de deux lames de zinc qu'il peut attaquer. Deux forces électro-motrices agissent en sens inverse et se détruisent. La pile ne marche plus.

1015. En résumé, les parties qui composent une pile subissent trois modifications : 1° l'eau acidulée s'altère en attaquant le zinc ; elle se transforme en une dissolution de sulfate de zinc ; 2° le cuivre se recouvre d'une couche d'hydrogène doublement nuisible ; 3° le cuivre, quand la pile a déjà fonctionné depuis quelque temps, se recouvre de zinc.

On pourrait remarquer encore que le zinc en se dissolvant diminue d'épaisseur ; mais ce changement est sans importance.

1016. **Pile de Daniell.** — Pour remédier à ces altérations qui affaiblissent d'abord le courant et l'annulent ensuite, Daniell a construit le premier une pile, dont toutes les parties se reconstituent dans leur état initial, à mesure qu'une modification vient à se produire. Il est le véritable inventeur de la pile à courant constant.

Pour éviter que le cuivre ne se recouvre d'hydrogène ou de zinc, il le place en contact avec un liquide qui ne contient ni eau acidulée ni sulfate de zinc, mais bien du sulfate de cuivre. Il lui donne la forme d'un vase CC' (*fig.* 414) dans lequel ce liquide est contenu. Le zinc plonge dans de l'eau acidulée que contient un vase MM' formé par une membrane poreuse. Par suite de la porosité de ce vase, une couche continue de liquide se trouve entre le zinc et le cuivre, et l'appareil offre la série non interrompue de métaux et de liquide qui constitue une pile voltaïque. On l'a déjà compris : les inconvénients des piles anciennes seront ainsi éliminées : le courant intérieur, dans sa marche à travers le sulfate de cuivre, ne pourra avoir d'autre effet que de le décomposer, et de former un dépôt de cuivre sur la lame de cuivre qui augmentera un peu d'épaisseur; résultat sans importance. Sur cette lame on aura évité à la fois; et l'arrivée de l'hydrogène, et grâce à la cloison MM', le dépôt de zinc qui changeait l'économie intérieure de l'appareil. En même temps l'acide sulfurique provenant de la décomposition du sulfate de cuivre se portera vers le zinc pour continuer l'actio n initiale.

1017. Cependant un inconvénient évité, un autre apparaît : la dissolution de sulfate de cuivre s'appauvrit à mesure que la pile fonctionne et que le cuivre se dépose. Il faut y remédier. Daniell dispose dans ce but vers le haut du vase de cuivre CC' une galerie GG' percée de trous, et la remplit de cristaux de sulfate de cuivre. La galerie est envahie par la dissolution qui, au fur et à mesure de son appauvrissement, répare ses pertes en dissolvant les cristaux en contact avec elle.

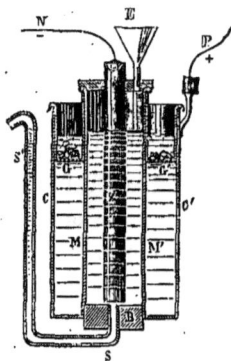

Fig. 414.

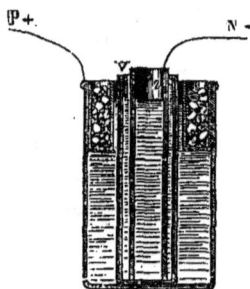

Fig. 415.

1018. Des trois altérations de la pile, deux sont déjà évitées; il en reste une troisième, celle qui tient à l'affaiblissement de l'eau acidulée. Pour la combattre, Daniell s'est résigné à renouveler peu à peu le liquide dont il est impossible de prévenir l'altération. A cet effet, un entonnoir E placé au-dessus de chaque élément laisse couler goutte à goutte de l'eau acidulée : une ouverture pratiquée au fond du bocal donne issue à la dissolution chargée de sulfate de zinc que son poids spécifique fait descendre à mesure qu'elle se forme. Afin que l'écoulement soit bien réglé et que le niveau demeure constant, à l'ouverture du fond est adapté un tube SS' recourbé comme la figure l'indique, et dont le bec laisse écouler la dissolution saline. Cette disposi-

tion n'empêche pas le zinc d'être baigné en partie par le sulfate de zinc
produit ; mais si l'écoulement est régulier, si le travail auquel la pile
est employée n'a pas de variations notables, un liquide de constitution
sensiblement constante passe et se renouvelle dans les bocaux.

1019. **Simplification de la pile de Daniell.** — La pile ainsi construite est théoriquement d'une constance parfaite ; dans la pratique,
elle demeure à peu près constante pendant plusieurs jours. Mais la nécessité de renouveler l'eau acidulée, l'embarras occasionné par le tube SS'
qui force d'avoir des tables particulières pour poser les bocaux, a
engagé les physiciens à supprimer dans la pile de Daniell les accessoires par trop gênants. L'appareil est alors simplement construit comme
l'indique la figure 415, où la membrane est d'ailleurs remplacée par
un vase poreux de porcelaine V. L'expérience a, sans doute, montré que
la pile, dont l'eau acidulée n'était pas renouvelée, fournissait un courant d'intensité un peu variable : mais elle a fait voir aussi que ces
variations sont négligeables dans la plupart des cas. Aujourd'hui, la
pile simplifiée est employée de préférence à la pile construite par l'inventeur : il n'y a d'exception que pour les recherches très-délicates de
physique, qui exigent un courant constant pendant plusieurs jours.

1020. **Modification de la pile de Daniell.** — Ainsi, l'administration des télégraphes emploie les piles de Daniell sans réservoir et sans

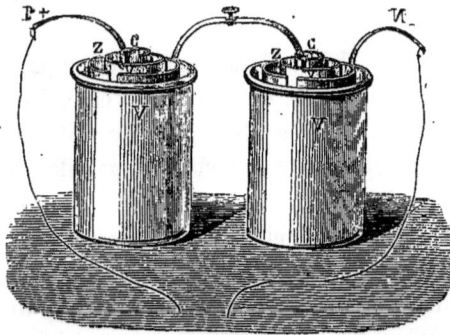

Fig. 416.

tube. D'ailleurs, rien d'essentiel n'est changé aux
dispositions que nous
avons avons fait connai-
tre ; seulement la lame de
cuivre est remplacée par
un gros fil de même métal
soudé au zinc et portant
une petite coupe percée
de trous sur laquelle on
pose les cristaux de sul-
fate de cuivre. L'eau aci-
dulée est remplacée par de l'eau ordinaire au milieu de laquelle le zinc,
même non amalgamé, n'est attaqué que très-lentement quand la pile
ne fonctionne pas.

La figure 416 représente une pile analogue : la seule différence, c'est
qu'un cylindre de cuivre tient lieu du fil de la pile des télégraphes.

1021. **Pile à sulfate de mercure de M. Marié-Davy** — La disso-

lution de sulfate de cuivre filtre toujours peu à peu à travers le vase
poreux, qui est le plus souvent constitué par de la porcelaine dégourdie, et aux points de la lame de zinc où elle parvient, elle laisse déposer une couche de cuivre. De là, les effets les plus fâcheux : une petite
pile prend naissance dans la pile même : le cuivre déposé, le zinc et
le liquide forment un élément, mais un élément dont les pôles sont
toujours réunis, et qui est par suite en activité continuelle. Le zinc se
trouve rongé sans relâche, et cela sans effet utile : le mouvement
d'électricité est absolument local.

Dans ces derniers temps, M. Marié-Davy a eu l'heureuse idée de remplacer le sulfate de cuivre par du sulfate de mercure. Lorsque la dissolution de sulfate de mercure filtre à travers le vase poreux, du mercure se dépose sur le zinc et entretient l'amalgamation que l'expérience
a montrée si avantageuse. Par ce moyen, toute filtration devient non-
seulement sans danger, mais jusqu'à un certain point profitable. Ce
perfectionnement a nécessité une modification nouvelle, car une lame
de cuivre ne peut pas être plongée dans la dissolution d'un sel de mercure sans être attaquée et dissoute ; celle des piles précédentes est remplacée par un cylindre de charbon des cornues à gaz, corps bon conducteur et sur lequel le mercure se dépose comme le cuivre se dépo-
sait dans la pile à sulfate de cuivre. Le mercure révivifié, pendant que
la pile fonctionne, coule au fond du vase poreux, où on le retrouve
pour l'utiliser de nouveau.

Le sulfate de mercure est très-peu soluble, il faut l'employer en poudre délayée dans de l'eau, celle-ci le dissout lentement et progressivement à mesure que la partie déjà dissoute se décompose par suite du
fonctionnement de la pile. Malheureusement, si l'on veut une pile un
peu active, la dissolution saline s'épuise si rapidement dans chaque
couple, que le courant intérieur ne trouve plus dans le vase poreux
que de l'eau à décomposer, et l'on n'a plus en réalité qu'une pile de
Wollaston. Mais tel n'est pas le cas quand il s'agit du fonctionnement
des télégraphes et de quelques autres appareils. Aussi la pile de
M. Marié-Davy a-t-elle été mise à l'essai par l'administration, et les
effets ont répondu aux espérances que l'on avait conçues.

1022. **Pile de Grove**. — La marche satisfaisante des piles de Daniell
simplifiées avait montré que, pour obtenir un courant constant, il fallait
surtout éviter le dépôt et l'adhérence des bulles d'hydrogène et le
dépôt de zinc sur la lame de cuivre. Dès lors, une multitude de dispositions nouvelles ont été imaginées, toutes dérivant des mêmes princi-

pes. Les inventeurs de ces appareils perfectionnés ont conservé le vase
poreux qui empêche le dépôt du zinc; ils ont tous cherché à empêcher
l'hydrogène de s'accumuler sur le cuivre, ou bien encore ils ont essayé
de l'absorber aussitôt après sa formation. Parmi eux, Grove parvint à
ce dernier résultat au moyen de l'acide azotique, dont les propriétés
oxydantes sont bien connues. Il plaça cet acide dans le vase poreux, et
et comme dans ces conditions nouvelles le cuivre eût été dissous, il lui
substitua le platine. Quand la pile est en activité, la dissolution d'acide
azotique est décomposée; l'hydrogène, entraîné dans le sens du courant, se porte vers la lame de platine, mais il ne peut pas la polariser;
car il disparaît presque aussitôt en se combinant à une partie de l'oxygène de l'acide azotique; par suite, de l'eau et des composés nitreux
prennent naissance, et tout dépôt d'hydrogène est impossible.

La pile de Grove est assez constante, un peu moins cependant que la
pile de Daniell; mais elle lui est supérieure quand un courant énergique est nécessaire.

1023. **Pile de Bunsen**. — La pile de Grove était d'un prix élevé à
cause de l'emploi du platine. M. Bunsen la rendit beaucoup moins
coûteuse en remplaçant ce métal par des cylindres de coke fabriqués à

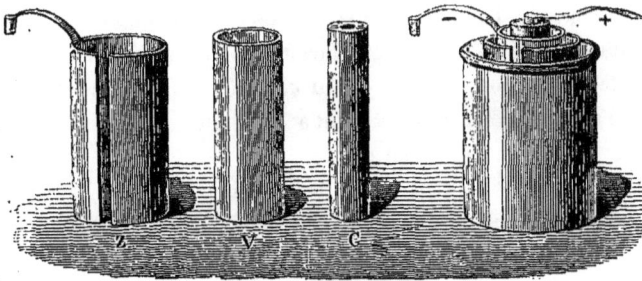

Fig. 417.

cet effet et qui remplissent l'office de conducteur de l'électricité au
même titre que le platine. Puis, comme on s'est aperçu que les cylindres de coke étaient fragiles, incommodes à manier, on leur a substitué avec avantage ce charbon compacte, que l'on trouve adhérant aux
parois des cornues employées à la fabrication du gaz de l'éclairage.

La pile dite de Bunsen, telle qu'elle est construite actuellement
(*fig.* 417), se compose d'un vase poreux V en porcelaine dégourdie qui
contient de l'acide azotique, au milieu duquel plonge un cylindre de
charbon C. Ce vase de porcelaine est au centre d'un bocal de verre ou

d'un pot de grès qui renferme de l'eau chargée d'acide sulfurique. Une lame de zinc Z épaisse, amalgamée et contournée en cylindre, entoure de près le vase poreux.

Pour réunir plusieurs éléments, on creuse les charbons d'un trou conique, dans lequel vient s'enfoncer un cône métallique K que termine une lame de cuivre soudée à la partie supérieure de chaque lame de zinc. On peut aisément, de cette manière, mettre en série continue un grand nombre d'éléments : le charbon, demeuré libre à l'une des extrémités, représente le pôle positif de la pile, et le zinc de l'élément situé à l'autre bout représente le pôle négatif.

On peut, dans la pile de Bunsen, re··· ! cer l'acide azotique par un mélange d'acide sulfurique et d'azotate de potasse, par le bichromate de potasse en dissolution et en général pour tout corps capable d'abandonner facilement de l'oxygène ; le résultat est toujours le même, et la constance du courant est produite par les mêmes causes.

1024. **Pile de Smee.** — Une pile à courant constant assez simple a été imaginée par Smee, qui s'est appuyé sur ce fait, que l'hydrogène n'adhère nullement ni au platine, ni à l'argent, quand ces métaux sont recouverts de noir de platine ; de sorte que ce gaz ne peut pas les polariser et n'a dès lors aucune fâcheuse influence pour diminuer l'intensité du courant. La pile est donc formée d'une lame de zinc amalgamé et d'une lame de platine ou d'argent recouverte de noir de platine ; toutes deux plongent dans l'eau acidulée par l'acide sulfurique. Lorsque l'auge qui contient le liquide est d'une grande capacité, la constance de la pile est remarquable.

1025. **Pile à gaz de Grove.** — Un physicien anglais, M. Grove, a mis à profit la polarisation, dont nous avons parlé (1012), pour construire une pile intéressante par son origine. Nous allons la décrire ici, afin de bien fixer dans les esprits le souvenir de l'action polarisante des gaz qui restent adhérents aux lames métalliques. Que l'on imagine une série de voltamètres (*fig.* 418) dont les lames de platine s'élèvent le plus haut possible dans les éprouvettes. Ces voltamètres étant placés en série, comme dans les expériences de Faraday, on fait passer un courant qui les traverse tous, et dès lors les éprouvettes s'emplissent de gaz. Si à un moment donné, on fait cesser le courant, la série des voltamètres forme une pile véritable : la dernière lame qui plonge dans l'hydrogène est le pôle négatif ; la première qui plonge dans l'oxygène, le pôle positif.

Avec cette pile, on peut produire tous les effets des piles ordinaires :

commotion, étincelle, décompositions chimiques, etc. A mesure qu'elle fonctionne, les gaz qui remplissaient les éprouvettes disparaissent peu à peu. Pour que la pile continue à marcher, il suffit d'introduire de

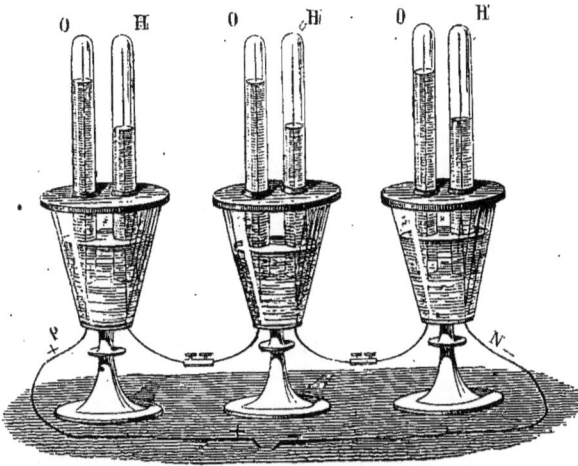

Fig. 418.

l'hydrogène et de l'oxygène dans chacune d'elles, et cela par un procédé quelconque. C'est uniquement pour rendre l'explication plus simple que nous avons supposé d'abord que les gaz provenaient de la décomposition de l'eau : quelle que fût leur origine, ils eussent donné les mêmes résultats.

CHAPITRE II

EFFETS DE LA PILE

A l'aide de la pile, on peut produire les trois grands ordres de phénomènes naturels : 1° des phénomènes physiques; 2° des phénomènes chimiques, 3° des phénomènes physiologiques. Ces trois modes d'action de l'appareil voltaïque vont être successivement examinés.

I. — EFFETS PHYSIQUES

1026. **Étincelle**. — L'étincelle jaillit lorsque les deux fils conducteurs attachés aux pôles sont mis en rapport l'un avec l'autre. Ce phénomène semble nécessaire; il est une conséquence du principe des attractions entre fluides de noms contraires, si souvent rappelé dans le livre de l'électricité statique. Toutefois, il mérite de fixer notre attention, car ce que l'on ne pouvait guère prévoir, c'est que les deux fils, approchés lentement l'un de l'autre, arrivent jusqu'au contact sans que rien se manifeste. L'étincelle ne se montre, en réalité, qu'au moment où les fils primitivement unis sont séparés l'un de l'autre. Du moins, les phénomènes se passent de cette manière avec une pile formée de 10, 20 ou 60 éléments, semblables à ceux dont on se sert habituellement.

M. Gassiot a observé ces résultats, en attachant les deux fils à deux boules A, B (*fig.* 419), portées chacune par un pied isolant. Une vis micrométrique permettait de les placer à une distance connue, et le savant observateur a constaté qu'à une distance même de $\frac{1}{2}$ millième de millimètre, il n'y avait pas d'étincelle qui apparût.

Ce résultat est la conséquence de la faible charge d'électricité qui réside à chacun des deux pôles. A un instant donné, si l'on détermine la quantité d'électricité située sur l'unité de surface de chaque fil, on trouve qu'elle est très-minime comparée à celle qui occupe une même étendue superficielle sur le cylindre d'une machine électrique faiblement électrisée. De là, une répulsion très-petite du fluide électrique sur lui-même, c'est-à-dire une faible tension aux pôles de l'appareil voltaïque. De là encore, entre les électricités de noms contraires, quand elles sont mises en présence, une attraction insuffisante pour briser la plus mince couche d'air

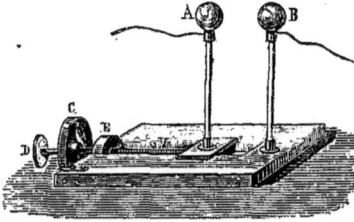

Fig. 419.

qui s'oppose à leur réunion. Mais aussitôt que les fils sont réunis, le mouvement d'électricité a lieu, et à l'instant même où les fils sont séparés, un renforcement de courant se produit (*voir* le chapitre de l'*Induction*), et l'étincelle jaillit.

Persuadé que la faiblesse de la tension électrique sur les pôles était la cause qui empêchait l'étincelle de se produire, et sachant que cette tension augmente avec le nombre des éléments, M. Gassiot résolut de construire une pile formée d'éléments assez nombreux pour que l'étincelle apparût dès que les pôles seraient approchés : il réussit complétement, avec des vases de verre, vernis extérieurement à la gomme laque et contenant de l'eau ordinaire, des lames de zinc et de cuivre, 3520 éléments furent formés ; les vases posaient d'ailleurs sur des plaques de verre sèches et vernies, afin que l'isolement fût complet. On obtint des étincelles de $\frac{1}{2}$ millimètre de longueur, et pendant cinq semaines sans interruption, nuit et jour, les étincelles continuèrent à jaillir.

1027. En présence de ces résultats, on est naturellement conduit à se poser la question suivante : La moindre machine électrique n'est-elle pas une source d'électricité plus puissante que la pile la plus énergique ? Hâtons-nous de répondre négativement, et invoquons, comme une première preuve, la continuité des phénomènes. Une pile donne, si on le désire, des centaines d'étincelles à la minute, car l'appareil régénère les électricités presque aussitôt qu'elles sont neutralisées ; elle est donc en cela incomparablement supérieure à la machine électrique la plus puissante. Mais cette première preuve est loin de nous suffire ; nous reviendrons sur la question.

1028. Chaleur produite par le courant. — Un fil métallique d'un petit diamètre A, qui est attaché aux extrémités (*fig.* 420) des fils conjonctifs et qui complète la série des conducteurs nécessaires au passage du courant, s'échauffe, rougit, arrive à la température blanche, entre en fusion, se volatilise : tout dépend des circonstances de l'expérience.

Avec une pile d'un petit nombre d'éléments, à surfaces de peu

Fig. 420.

d'étendue, il n'est possible de faire rougir qu'un fil très-fin et très-court. A mesure que le nombre et la surface des éléments augmentent; les dimensions du fil capable de rougir sous l'influence du courant croissent à leur tour. Voici, comme exemple, deux résultats extrêmes : Wollaston, avec un seul élément formé par des lames de 7 centimètres carrés de surface, a réussi à faire rougir, sur une longueur extrêmement faible, un fil de platine dit *à la Wollaston*, dont le diamètre était moindre que $\frac{1}{100}$ de millimètre. Children, avec une pile de 25 éléments formés par des lames de $3^m,50$ de surface, a fait fondre un fil de platine de 7 centimètres de longueur et de 5 millimètres de diamètre.

La nature de la substance qui compose le fil exerce une grande influence sur le phénomène. Si l'on attache, à la suite l'un de l'autre, des fils de platine et d'argent de même longueur et de même diamètre, le courant fait rougir de préférence le platine qui est, des deux métaux, celui qui conduit le moins bien l'électricité. La relation entre les deux ordres de faits, l'échauffement du fil interpolaire et son imparfaite conductibilité pour le fluide électrique, peut du reste être considérée comme générale. Enfin, si le fil fin interposé sur le passage du courant est formé d'un métal, le fer, le plomb ou tout autre, qui brûle à une haute température, la combustion a lieu ; mais elle n'est qu'un effet secondaire, conséquence de l'échauffement du fil. Enfin, les corps liquides s'échauffent aussi par le passage du courant, et l'élévation de température est aussi d'autant plus considérable que la colonne liquide traversée conduit moins bien l'électricité.

1029. Comparaison du courant de la pile avec celui d'une batterie de bouteilles de Leyde. — La décharge d'une batterie, qui traverse un fil métallique très-fin, le fait rougir pendant un instant très-court, et pour recommencer l'expérience, il faut condenser de nouveau, sur l'armure intérieure de la batterie, l'électricité qui se développe·à la suite d'un grand nombre de tours du plateau de la machine. Une pile réalise, par la décharge continue de ses pôles, ce même phénomène d'incandescence ; non pas seulement pendant le temps inappréciable que dure la décharge ou le courant de la batterie, mais elle le réalise pendant des heures entières en déversant sans relâche dans le fil des doses de fluide comparables à celles que la batterie ne peut·envoyer que par intermittence. La valeur de la pile, comme source électrique, est bien manifestée par cette comparaison que nous empruntons à Faraday.

1030. **Applications**. — Le fil de platine, rendu incandescent par l'électricité, est employé avec avantage dans certaines opérations chirurgicales. Il coupe les chairs et en même temps il cautérise la plaie ; il a de plus l'avantage de n'agir que dans une étendue restreinte ; en outre, on peut l'introduire dans les parties profondes quand il est encore froid, et cautériser la plaie au point voulu, sans qu'il y ait aucun danger pour les organes voisins de celui sur lequel il faut opérer.

On a aussi proposé d'utiliser l'incandescence du fil pour mettre le feu aux mines. Au milieu d'une cartouche spéciale viennent se réunir par un fil métallique très-fin les extrémités de deux rhéophores, dont l'un est fixé à une pile très-éloignée, et dont l'autre est d'abord libre de tout contact avec le même appareil : au moment voulu, ce dernier rhéophore est mis en communication avec la pile : le fil s'échauffe et la mine éclate. On arrive aujourd'hui à produire beaucoup plus commodément l'inflammation simultanée de plusieurs mines par un procédé tout différent, qui est fondé sur l'emploi de l'étincelle d'induction. (Voir le chap. vii de l'*Électricité*.)

1031. **Lumière électrique**. — La lumière dite électrique n'est autre que la lumière éblouissante engendrée par l'incandescence des extrémités peu distantes·de deux charbons que le courant traverse. On la produit en réunissant deux tiges minces de charbon des cornues C et C' (*fig*. 421) avec les pôles d'une pile à éléments larges et nombreux ; les deux extrémités, placées en regard, sont taillées en pointe. On fait arriver ces pointes au contact, afin que le courant s'établisse : puis on les éloigne peu à peu. Le courant continue à passer, et aussitôt les charbons deviennent éclatants de lumière ; l'existence d'un arc lumineux, d'une teinte violacée, rend manifeste le passage du courant à travers l'air atmosphérique. De temps à autre, des particules incandescentes se détachent du charbon, qui est en rapport avec le pôle positif, et rejoignent l'autre charbon qui s'accroît et bourgeonne:

Cette lumière éclatante, ce transport de particules de charbon d'une pointe à l'autre peuvent être facilement observés, quand, au moyen d'un système de lentilles analogue à celui qui constitue le microscope solaire (*Optique*, chap. IV), on projette une image agrandie du phénomène sur un écran. On observe encore ce phénomène tout à l'aise, lorsqu'on regarde directement l'arc voltaïque avec des lunettes à verres très-sombres : les yeux ne sont plus éblouis, et une observation prolongée devient possible.

1032. Les charbons incandescents brûlent au contact de l'air, et quoique, par suite de la structure compacte de la matière employée, la combustion soit lente, elle ne laisse pas que d'être très-sensible. Les extrémités C et C' (*fig.* 421) ne tardent pas à se trouver trop éloignées l'une de l'autre pour que le courant continue à passer à travers l'air ; dès lors, toute lumière disparaît jusqu'à ce que les charbons aient été remis en contact et écartés de nouveau. Cette intermittence fâcheuse doit être évitée. Foucault est parvenu à la faire cesser en se servant du courant même, qui produit la lumière, pour maintenir une distance

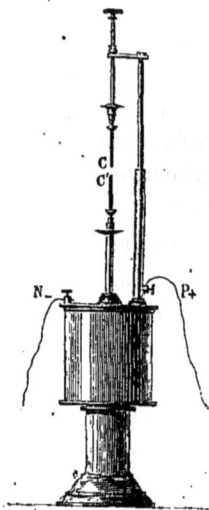

Fig. 421.

invariable entre les deux charbons. L'appareil imaginé à cet effet par Foucault porte le nom de *lampe électrique*. Il est représenté dans la figure ci-contre. Le mécanisme, qui maintient le charbon à une distance invariable, est logé dans le cylindre qui sert de base à l'appareil.

1033. **Éclairage électrique.** — La vive lumière qui émane des charbons a été bien souvent essayée pour l'éclairage des villes, et jusqu'ici elle l'a été sans succès. Il nous paraît peu probable qu'on réussisse jamais dans les conditions où l'on se place actuellement. Comme expérience d'essai, ce sera un spectacle qui plaira et émerveillera toujours que celui de l'apparition d'une lumière très-éclatante obtenue sans l'emploi apparent d'aucun combustible ; mais qu'un soir, une ville tout entière comme Paris se trouve illuminée par ces petits soleils disséminés sur les places et dans les carrefours, et les habitants, éblouis, fatigués par l'éclat insupportable d'une lumière aussi vive, demanderont à revenir immédiatement au mode actuel d'éclairage. On pourrait, à la vérité, amortir l'éclat de la lumière par des verres dépolis convenablement disposés ; mais alors la perte de lumière serait considérable, et comme la production de l'électricité est très-coûteuse, nous ne voyons pas trop l'avantage qu'il y aurait à substituer cette lumière affaiblie à celle du gaz. Il en est enfin qui ont proposé l'emploi d'une seule lumière placée sur un monument élevé. Un mot suffit pour faire comprendre la valeur d'une semblable proposition : Paris ainsi éclairé se trouverait placé dans une obscurité presque complète. Pour s'en convaincre, il suffit de se demander quelles sont les rues d'où l'on peut voir le Panthéon, qui est cependant le plus élevé de tous les monuments de la capitale.

1034. Usages de la lumière électrique. — Cependant, la lampe électrique n'est pas sans usage. Déjà elle est employée en optique pour remplacer le soleil dans les expériences qui exigent une lumière intense. Elle a rendu des services pour exécuter, pendant la nuit, des travaux de terrassement ou de déblai qu'il était nécessaire d'achever promptement. La marine a fait des essais qui paraissent heureux pour la transmission des signaux de nuit. Cette lumière a déjà été essayée pour l'éclairage des phares : ils acquerront ainsi une portée beaucoup plus considérable quand l'atmosphère que la lumière doit traverser sera exempte de brouillards. Si l'on a retardé cette application, c'est que la lumière électrique n'avait pas un éclat absolument fixe ; des intermittences fâcheuses auraient trompé le navigateur et l'auraient empêché de reconnaître la côte dont il approche : il aurait pu confondre ces intermittences accidentelles avec les éclipses qui sont combinées en nombre et en durée pour caractériser un phare et le différencier de tous les autres. Mais des régulateurs plus parfaits ont permis d'éviter ces intermittences, et aujourd'hui le Havre, par exemple, possède un phare électrique qui ne laisse rien à désirer.

L'emploi de la pile, pour obtenir cette lumière, entraînerait à des dépenses considérables. La pile brûle du zinc, et comme nous ne tarderons pas à le voir, c'est une partie de la chaleur qui se dégage dans cette combustion qui rend les charbons lumineux. Aussi a-t-on eu l'idée d'employer la force motrice d'une machine à vapeur pour réaliser la production de l'électricité nécessaire. C'est en brûlant, non du zinc, mais du charbon, qu'on donne naissance au courant : l'économie est notable. On verra, d'ailleurs, lorsque les machines d'induction (chap. VII) seront décrites, comment, par le mouvement que communique une machine à vapeur, on peut obtenir un courant électrique.

1035. Transport par le courant. — On doit à Porret d'avoir découvert que le courant, en traversant un liquide peu conducteur, entraîne ce liquide du pôle positif vers le pôle négatif. Pour faire l'expérience, on emplit à moitié, avec de l'eau ordinaire, un bocal de verre V et un vase poreux V″ (*fig.* 422) placé dans son intérieur. Les niveaux étant primitivement les mêmes, si dans l'eau du vase V plonge le pôle positif de la pile, dans l'eau du vase V″ le pôle négatif, on reconnaît, par la différence des niveaux, que le liquide passe peu à peu dans le vase qui contient le pôle négatif. Avec les liquides bons conducteurs, l'entraînement est à peine sensible.

1036. **Autres effets physiques de la pile.** — Outre les effets physiques que nous venons de signaler, la pile en produit encore plusieurs

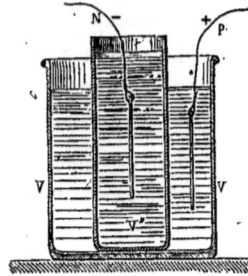

Fig. 422.

autres ; le courant agit sur les aiguilles aimantées, il agit sur les corps conducteurs dont il s'approche ou dont il s'éloigne, il attire et repousse les conducteurs traversés déjà par un autre courant. Mais ces divers effets ont une telle importance, qu'il est d'usage de les traiter à part : c'est ce que nous ferons dans des chapitres spéciaux.

II. — EFFETS CHIMIQUES

1037. **Décomposition de l'eau.** — Déjà, dans le § 1006, quelques-uns des effets chimiques de la pile ont été étudiés ; la décomposition de l'eau par le courant nous a particulièrement occupés ; nous avons employé à cet effet l'appareil que nous reproduisons ici (*fig.* 423), et qu'on appelle *voltamètre*. Il est nécessaire de revenir en ce moment sur cette action chimique. Une circonstance du phénomène mérite toute notre attention : c'est la séparation des deux gaz qui se dégagent sans mélange et isolés l'un de l'autre dans les cloches du voltamètre, et qui ne se développent que sur les lames métalliques L, L′, qu'on nomme habituellement les *électrodes*. Comment peut-on concevoir que le courant qui décompose l'eau, n'en sépare pas les éléments sur tout le trajet qu'il parcourt et

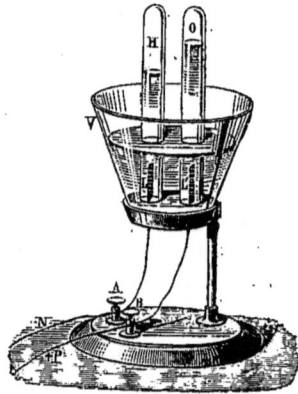

Fig. 423.

que les gaz ne s'élèvent pas de tous les points du liquide traversé? Si la
décomposition n'a lieu qu'au contact des deux lames entourées de liquide, comment ne donne-t-elle pas à la fois les deux gaz là où elle s'effectue? La séparation des gaz dégagés a beaucoup étonné tout d'abord,
et l'on a été très-embarrassé pour en trouver une explication plausible.
Grotthuss cependant y est parvenu, et son interprétation ne laisse rien à
désirer sous le rapport de la netteté. La voici :

1058. **Interprétation de Grotthuss.** — Soit entre l'électrode positive
P et la lame négative N (*fig.* 424) une file de molécules d'eau, dont l'hydrogène sera représenté par H_1, H_2, H_3, etc., et l'oxygène par O_1, O_2, O_3, etc.
Cette file de molécules est indiquée par les deux premières lignes de la
figure. Grotthuss imagine que le courant agissant sur toutes ces molécules, fait cheminer l'oxygène vers le pôle positif, l'hydrogène vers le
pôle négatif. Par suite de ce mouvement général, les molécules arrivent

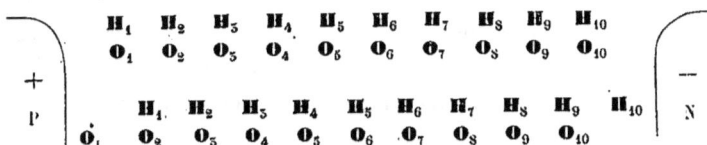

Fig. 424.

dans les positions représentées par les deux dernières lignes de la même
figure; la première molécule O_1 d'oxygène est complétement séparée de
la molécule H_1 d'hydrogène, et elle se dégage sur la lame de platine P.
De même, la dernière molécule H_{10} d'hydrogène se trouve isolée et se
dégage au pôle négatif N. Quant aux molécules intermédiaires, séparées
aussi l'une de l'autre par deux mouvements en sens inverse, elles rentrent aussitôt en combinaison. L'hydrogène H_1 de la première molécule
se dirigeant vers N rencontre l'oxygène O_2 de la seconde molécule et se
combine avec elle; H_2 s'unit avec O_3, et ainsi de suite, comme il est indiqué. Lorsque le courant continue à passer, l'effet se renouvelle, O_2 et
H_9 deviennent libres, H_1 est alors réuni à O_3 et ainsi de suite, si bien
que nous sommes en droit de dire, comme le faisait Grotthuss, que le
phénomène présente une série de décompositions et de recompositions
successives. Cette expérience de la décomposition de l'eau s'exécute toujours avec de l'eau acidulée par l'acide sulfurique ou par tout autre
acide, et l'on admet généralement que l'acide ne joue pas d'autre rôle
que celui de rendre l'eau conductrice. Toutefois, si l'on opère la décomposition dans un appareil divisé en deux compartiments, tels que celui

de la figure 411, on trouve que l'acide sulfurique chemine aussi vers le pôle positif. Ainsi ce serait ($SO^3 + O$) et non pas O seulement qu'il faudrait se représenter en mouvement.

L'eau absolument pure est-elle décomposable par le courant? Voici ce que l'expérience a indiqué à ce sujet. Quand l'eau est purifiée avec soin, il est nécessaire d'employer une pile d'autant plus puissante pour obtenir seulement des traces de décomposition, que cette purification est poussée plus loin. Que résulterait-il de l'emploi de l'eau absolument pure? Y aurait-il encore une décomposition? Il est impossible de répondre sûrement à cette question dans l'état actuel de la science.

Ce qu'il y a de certain, c'est que l'eau acidulée par l'acide sulfurique se comporte comme un sel véritable et que ce n'est pas le composé binaire qui est décomposé, mais bien le sel SO^3H.

1039. Décomposition des sels métalliques. — La décomposition des sels métalliques proprement dits a déjà été donnée dans le n° 1007, et nous avons vu les produits de la décomposition ne se déposer que sur les deux pôles, exactement comme cela a lieu dans l'électrolyse de l'eau. Il est clair que l'explication de Grotthuss conviendra dans ce cas comme

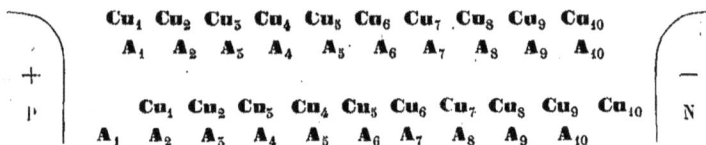

$$\text{Cu}_1 \ \text{Cu}_2 \ \text{Cu}_3 \ \text{Cu}_4 \ \text{Cu}_5 \ \text{Cu}_6 \ \text{Cu}_7 \ \text{Cu}_8 \ \text{Cu}_9 \ \text{Cu}_{10}$$
$$\text{A}_1 \ \text{A}_2 \ \text{A}_3 \ \text{A}_4 \ \text{A}_5 \ \text{A}_6 \ \text{A}_7 \ \text{A}_8 \ \text{A}_9 \ \text{A}_{10}$$

$$+ \qquad\qquad\qquad\qquad\qquad\qquad\qquad -$$
$$\text{P}$$

$$\text{Cu}_1 \ \text{Cu}_2 \ \text{Cu}_3 \ \text{Cu}_4 \ \text{Cu}_5 \ \text{Cu}_6 \ \text{Cu}_7 \ \text{Cu}_8 \ \text{Cu}_9 \ \text{Cu}_{10}$$
$$\text{A}_1 \ \text{A}_2 \ \text{A}_3 \ \text{A}_4 \ \text{A}_5 \ \text{A}_6 \ \text{A}_7 \ \text{A}_8 \ \text{A}_9 \ \text{A}_{10} \qquad \text{N}$$

Fig. 425.

dans le précédent, il est inutile d'insister sur ce point ; le métal chemine vers le pôle négatif, dans le sens du courant, et tous les éléments non métalliques marchent en sens inverse. Par exemple, si l'on décompose le sulfate de cuivre et que l'on représente la constitution d'une molécule de ce sel par la formule chimique (CuO,SO^3) ou SO^4Cu; Cu se dirige vers l'un des pôles, le pôle négatif ; ($SO^3 + O$) se rend à l'autre pôle. Dans la figure 425 ce double mouvement se trouve indiqué : les lettres A_1, A_2, etc., représentent tous les éléments du sel autre que le métal, et Cu_1, Cu_2, etc., représentent le métal.

1040. Passage du courant à travers plusieurs liquides contigus. — Un cas intéressant de décomposition est celui qui s'opère dans la pile de Daniell même. Entre le zinc et le cuivre se trouvent interposées de l'eau acidulée et une dissolution de sulfate de cuivre, séparées l'une de l'autre par le vase poreux. Le courant intérieur allant dans chaque élément du zinc au cuivre, passe successivement d'un liquide dans un autre ; il s'agit de déterminer ce que deviennent l'hydrogène de l'eau acidulée et l'acide du sulfate de cuivre cheminant, le premier vers le cuivre, l'autre en sens inverse. La figure 426 représente l'interprétation la plus simple que l'on puisse donner des phénomènes observés : KK′ est la cloison poreuse, Z la lame de zinc, C la lame de cuivre ; les indices donnent l'ordre des molécules.

L'hydrogène H_s de l'acide acidulée par l'eau sulfurique s'unit avec les éléments non métalliques A_6 du sulfate de cuivre, pour reformer le corps SO^4H (cette formule représentant la composition de l'acide, en dehors de toute idée théorique sur sa constitution) ; tandis que sur le zinc arrivent sans cesse les éléments non métalliques $SO^5 + O$ qui s'unissent à lui en donnant du sulfate de zinc. En même temps, le cuivre revivifié Cu_{10} se dépose sur la lame C. Les molécules intermédiaire se combinent d'ailleurs, comme l'indique la figure.

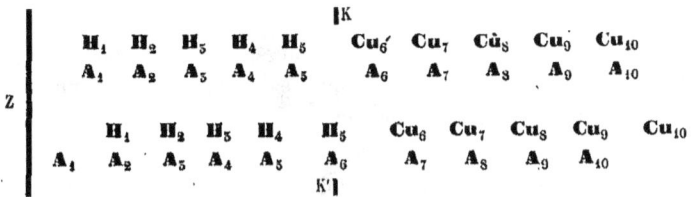

Fig. 426.

1041. Décomposition des sels alcalins et terreux. — La décomposition des sels alcalins ou terreux ne paraît pas donner les mêmes résultats que celle des sels métalliques. Ainsi, quand on décompose le sulfate de potasse par la pile, on trouve au pôle négatif de la potasse (oxyde de potassium), et cependant la décomposition du sulfate de cuivre y amène non pas l'oxyde de cuivre, mais bien le cuivre lui-même.

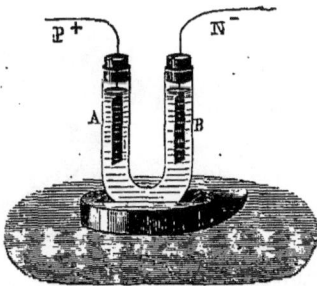

Fig. 427.

On emploie, pour opérer cette décomposition, un tube en U (*fig.* 427) dans lequel se trouve une dissolution concentrée de sulfate de potasse, colorée d'avance a cc du sirop de violettes. Dans chacune des branches du tube, on fait plonger une lame de platine, et l'on met l'une des lames en communication avec le pôle positif P, l'autre avec le pôle négatif N d'une pile. La dissolution placée au pôle positif perd sa couleur violette, elle rougit ; ce qui prouve que l'acide du sel a été rendu libre à ce pôle. La dissolution placée au pôle négatif devient verte ; ce qui témoigne de la présence de l'alcali au pôle négatif.

1042. Interprétation du résultat observé. — L'interprétation la plus directe du phénomène ferait admettre que le sulfate de potasse s'est décomposé en acide sulfurique et en potasse, et il semble que l'on devrait résumer l'action du courant sur les différents sels en deux lois distinctes : l'une convenant aux sels alcalins et terreux, l'autre aux sels métalliques proprement dits. Mais il n'en est rien : en réalité, l'oxyde de potassium, qui, dans notre expérience, est apparu au pôle négatif, n'est produit que par une action secondaire. Le potassium a été amené par le courant à l'état métallique, de la même façon que le cuivre dans la décomposition du sulfate de cuivre ; mais il a réagi aussitôt sur l'eau de la dissolution, et il s'est combiné avec l'oxygène ; l'hydrogène s'est dégagé. Une seule et même loi régit la décomposition de tous les sels.

M. Pouillet, pour démontrer l'exactitude de cette loi, plaça au pôle négatif une substance qui avait la propriété de s'unir au potassium et de le préserver immédiatement du contact de l'eau. A cet effet, le savant physicien employa le mercure à la façon d'un rhéophore négatif.

Son appareil se composait (*fig.* 428) d'un verre percé, à son fond, d'une ouverture qui laisse passer, comme dans le voltamètre, un fil de platine. Ce fil est recouvert complétement d'une couche de mercure versée au fond du verre. Au-dessus du mercure, est une dissolution concentrée de sulfate de potasse. On met le fil de platine en communication avec le pôle négatif N d'une pile ; on place dans la dissolution saline une lame de platine qui communique avec le pôle positif. La décomposition du sel a lieu, et l'on trouve après l'expérience que le mercure est chargé de potassium. Ainsi, nous pouvons dire maintenant que tous les sels se décomposent, suivant le même mode, par l'influence du courant voltaïque : le métal se rend au pôle négatif, tandis que tous les autres éléments vont au pôle positif. Toutefois, si le courant est un

Fig. 428.

peu faible, l'expérience réussit mal. — Au n° 1047, nous décrirons une méthode un peu différente des précédentes, qui établit encore mieux la généralité de la loi.

1043. Corps décomposables par le courant. — Le courant décompose les acides, les oxydes et les sels, en comprenant les sulfures, les chlorures, etc. dans la classe des sels. Pour qu'il puisse opérer les décompositions, il faut que les matières décomposables, dites les *électrolytes*, soient ou fondues ou dissoutes. Il n'y a pas d'exception à cette règle. Ainsi l'oxyde de plomb, le sulfure d'argent solides ne sont pas décomposés par le courant, que d'ailleurs ils ne conduisent pas ; mais, dès qu'ils sont fondus, ils deviennent conducteurs et décomposables.

1044. Action des différentes parties d'un courant. — Les différentes parties d'un courant ont une égale puissance pour produire une décomposition chimique. M. Faraday l'a prouvé, en faisant passer, en même temps, le courant d'une pile à travers l'eau de deux voltamètres disposés l'un à la suite de l'autre. Ainsi que l'indique la figure 429, le courant passe de P en N, en traversant d'abord le voltamètre V', puis le voltamètre V, et l'on voit alors que, dans l'un comme dans l'autre appareil, le même volume de gaz se dégage. Cela est vrai, quelle que soit la distance, quelle que soit la largeur des lames de platine de V et de V'. Les deux lames du voltamètre peuvent être très-rapprochées l'une de l'autre, tandis que les lames de V' sont très-éloignées, la même loi subsiste toujours.

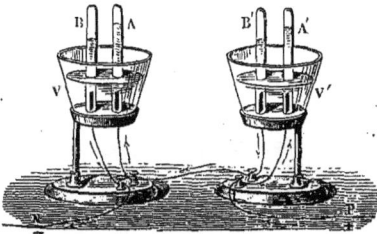

Fig. 429.

Si l'on met de même deux appareils à sulfate de cuivre, l'un à la suite de l'autre, dans chaque appareil, le même poids de cuivre se dépose au pôle négatif.

1045. Équivalents électro-chimiques. — M. Faraday eut l'idée de rechercher ce qui arriverait, si, au lieu d'une série de voltamètres, il plaçait, les uns à la suite des autres, plusieurs appareils contenant, l'un de l'eau acidulée, les autres des sels fondus et anhydres.

La figure 430 représente cette expérience : V est un voltamètre ; T, un tube chauffé par une lampe qui maintient en fusion du chlorure d'étain. Le courant de la pile pénètre dans le chlorure par un fil de platine P, sort du tube par un nouveau fil de platine, plongé, lui aussi, dans la matière en fusion, pour se rendre enfin au voltamètre qu'il traverse. Après que le courant a ainsi circulé pendant un certain temps, le poids d'hydrogène, dégagé dans le voltamètre, et celui de l'étain, déposé sur

le fil négatif du tube, sont dans le rapport de 1 à 59 : celui de leurs
équivalents chimiques. Pour un équivalent d'hydrogène, un équivalent
d'étain est donc mis en liberté.

M. Faraday a conclu, à la suite de plusieurs autres expériences du
même genre, que la loi était générale, et il a nommé *équivalents électro-chimiques* des corps les poids ainsi obtenus; l'expression est heureuse, car elle donne l'énoncé même de la loi.

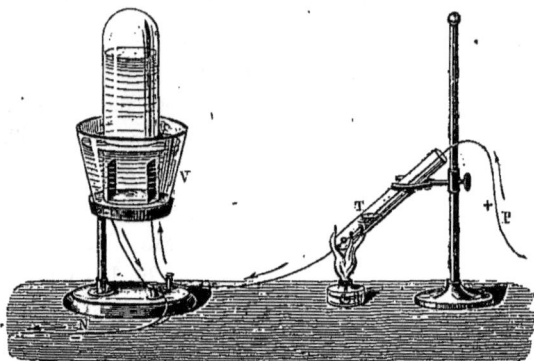

Fig. 450.

1046. Généralisation de la loi de Faraday. — Les vérifications de
la loi de Faraday ont été faites par plusieurs physiciens; M. Matteucci,
M. Buff et M. Soret, en décomposant des sels différents, dans des circonstances variées, ont confirmé, par des expériences bien conduites, cette
belle loi des équivalents électro-chimiques, qui a montré, une fois de
plus, les rapports intimes qui existent entre les phénomènes chimiques
et les phénomènes électriques. Mais une question pleine d'intérêt, et
dont la solution était difficile à prévoir, s'est posée de suite : celle de
savoir comment la loi s'appliquerait à deux sels formés tous les deux par
le même métal, combiné dans des proportions différentes avec un corps
jouant le rôle d'acide. Ainsi, deux appareils à décomposition placés à la
suite l'un de l'autre sont traversés par le même courant; l'un renferme
du protochlorure de cuivre (Cu^2Cl), l'autre du bichlorure ($CuCl$). Quel est
le poids de cuivre qui se déposera, sous l'influence du même courant,
sur l'électrode négative de chaque appareil? L'expérience a prouvé que,
dans ces conditions, c'est-à-dire lorsque les sels sont dissous dans un
liquide, ces poids étaient inégaux, mais la loi qui régit ce mode de phénomène a été rendue manifeste, lorsque M. Buff, en décomposant, par
un même courant, les deux chlorures de cuivre Cu^2Cl et $CuCl$, fondus et

anhydres, comme dans l'expérience de Faraday, a trouvé que le chlore se dégageait, en égale quantité, aux deux électrodes positives.

D'après cela, si l'on convient de représenter toujours l'équivalent d'un sel par une formule qui contienne un équivalent de l'acide ou du métalloïde jouant le rôle de l'acide, l'énoncé qui convient le mieux à la loi de Faraday est celui-ci : *Un même courant, qui traverse plusieurs sels, décompose des poids équivalents de ces sels.*

1047. **Application de la loi de Faraday.** — Cette loi a été appliquée très-heureusement, par Daniell, pour résoudre une question qui nous a déjà embarrassé (1041) : celle de la décomposition des sels alcalins et terreux. Aidé de la loi nouvelle que nous venons de formuler, Daniell a démontré, sans qu'il soit possible d'en douter, que la décomposition de tous les sels s'opère suivant le même mode : c'est toujours le métal, et

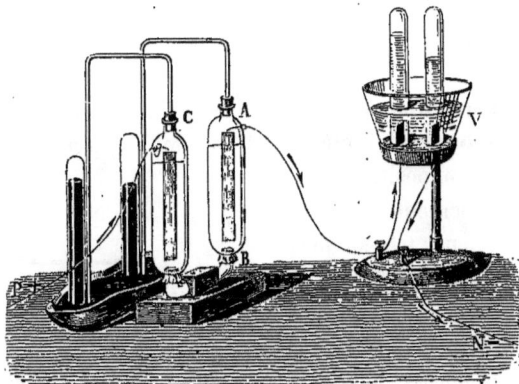

Fig. 431.

jamais l'oxyde, qui vient se déposer sur l'électrode négative. A cet effet, il fait passer le même courant *faible* ou *fort* successivement à travers un tube en U, ABC contenant une dissolution de sulfate de soude, et à travers un voltamètre V à eau acidulée (*fig. 431*). Il recueille dans des éprouvettes, posées sur la cuve à mercure, les gaz que le courant fait dégager dans le tube ABC, et mesure leurs volumes. Il trouve alors que, ramenés aux mêmes conditions de température et de pression, ces volumes sont exactement égaux à ceux que renferment les éprouvettes du voltamètre. Ainsi, quand un équivalent d'hydrogène s'est rendu dans l'éprouvette du voltamètre, un équivalent d'hydrogène est venu aussi se dégager dans l'éprouvette, qui reçoit le gaz provenant de la branche négative du tube en U. Mais, en même temps, dans ce tube en U, un autre phénomène chimique s'est accompli : un équivalent de soude libre est apparu dans la branche négative,.et un équivalent d'acide sulfurique libre dans la branche positive. En résumé, on voit donc que, dans le tube à sulfate de soude : 1° des gaz se dégagent, comme si un équivalent d'eau avait été décomposé ; 2° de la soude et de l'acide sulfurique libre apparaissent, comme si un équivalent de sulfate de soude s'était décomposé : dans le voltamètre, au contraire, la décomposition d'un équivalent d'eau a seule eu lieu. Mais la loi des équivalents électro-chimiques enseigne qu'un courant, produisant une décomposition en un point, ne peut pas en produire une double en un autre point de son trajet. Les deux effets observés dans le tube en U ne peuvent donc pas être des effets directs du courant ; et l'expérience ne comporte pas d'autre interprétation que celle que nous avons donnée plus haut : Le sel s'est décomposé en sodium (Na) d'une part, et en acide sulfurique et en oxygène $(SO^3 + O)$ de l'autre ; l'hydrogène qui se dégage et la soude qui apparaît sont les produits de la réaction ultérieure du sodium libre sur l'eau, dans laquelle ce métal est arrivé.

1048. Extension de la loi de Faraday aux actions produites à l'intérieur de la pile. — A l'intérieur de la pile, s'opèrent aussi des phénomènes de décomposition chimique, qui présentent des rapports de grandeur très-simples avec ceux qui se manifestent à l'extérieur. La relation nouvelle est encore exprimée par la loi des équivalents électrochimiques elle-même. Les expériences de Daniell mettent ce fait hors de doute. Ce physicien construisit une pile avec des lames de zinc Z et de platine P, disposées comme les lames d'un voltamètre et plongeant dans l'eau acidulée (*fig.* 432) ; si bien qu'au-dessus du platine on pouvait placer une cloche, et, dans le circuit de cette

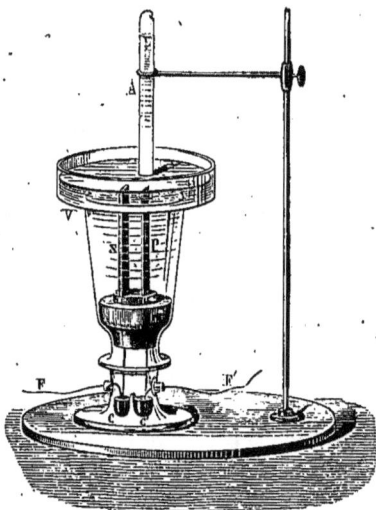

Fig. 432.

pile, introduire un voltamètre ordinaire. A mesure que le courant circulait, un dégagement de gaz avait lieu, et, dans chaque éprouvette à hydrogène, le volume de gaz était le même, soit que l'on considérât un des éléments de la pile, soit que l'on considérât le voltamètre extérieur.

Si, au lieu d'employer le courant extérieur à décomposer l'eau, on lui donne un sel à traverser, du sulfate de zinc par exemple, et si on pèse chacune des lames de zinc de la pile, on trouve que, pour un équivalent de zinc déposé sur l'électrode négative, qui plonge dans le sulfate de zinc, chacune des lames de zinc de la pile a perdu un équivalent de métal. Le poids du métal, consommé dans un des éléments de la pile, se régénère donc à l'extérieur. Mais il ne faut pas s'y tromper, la régénération extérieure ne compense nullement la perte intérieure ; car, si une pile compte cinq éléments, par exemple, la consommation du zinc s'effectue à la fois dans chacun des cinq éléments, et la reproduction n'a lieu que dans un seul appareil.

1049. Chaleur dégagée à l'intérieur de la pile. — Expériences de M. Joule. — Ces rapports si remarquables entre les actions intérieures et extérieures de la pile, établies par Faraday et par Daniell, ne sont pas les seules. D'autres relations ont été découvertes, auxquelles on a été conduit par l'étude des mêmes phénomènes faite à un point de vue tout différent. M. Joule a signalé ces relations jusqu'alors inaperçues entre deux parties de la physique : la chaleur et l'électricité. Il a montré que la puissance de la pile voltaïque est dans un rapport intime avec la chaleur qu'engendrent les réactions chimiques dans la pile elle-même, et que tout un ordre de questions relatives aux courants pouvait être traité comme s'il s'agissait de problèmes de calorimétrie. Cependant, quoique M. Joule ait saisi la liaison des deux classes de phénomènes, ses expériences manquaient de l'exactitude qui entraîne la conviction : c'est à M. Favre qu'on doit les déterminations précises que nous allons faire connaître.

1050. Expériences de M. Favre. — M. Favre mesure d'abord la quantité de chaleur qui se dégage par suite des réactions intérieures de la pile, il fait cette évaluation en enfermant la pile et les rhéophores dans le moufle M du calorimètre à mercure (*fig.* 433), qui a été décrit au chapitre de la calorimétrie. Quand les pôles sont mis en communication, le zinc se dissout en devenant sulfate de zinc : la température du calorimètre s'élève, et l'élévation de température indique la quantité de chaleur produite. C'est, en nombre rond, 18 unités de chaleur par équivalent de zinc dissous, si l'on représente l'équivalent de l'hydrogène H par 1 gramme et, par suite, celui du zinc Zn par 33 grammes. Comme nous l'avons indiqué dans le chapitre de la calométrie, nous prenons toujours comme unité de chaleur la quantité de chaleur nécessaire pour élever de 1° la température de 1 kilogramme d'eau.

Si le fil qui unit les deux pôles est gros et court, et que dès lors il ne s'échauffe pas par le courant, on peut le faire sortir ou le laisser tout entier à l'intérieur du moufle : les indications du calorimètre ne sont pas pour cela différentes. Mais, si l'on réunit les deux pôles de la pile par un fil très-fin qui s'échauffe, il en est tout autrement : quand le fil est à l'extérieur du moufle, la quantité de chaleur donnée au calorimètre par la dissolution d'un équivalent de zinc n'est plus égale à 18 calories; elle a diminué considérablement. La chaleur, qui semble perdue, se retrouve entièrement dans le fil. On le reconnaît, en reprenant l'expérience et en ayant soin de tenir la pile et le fil à la fois dans le moufle de l'instrument : les 18 calories se retrouvent intégralement.

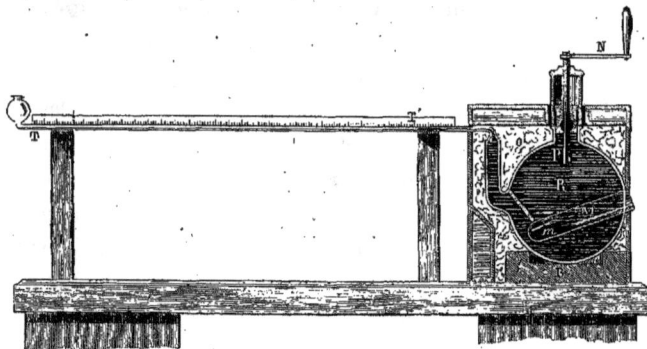

Fig. 433.

On conclut naturellement de là que la chaleur développée par le passage d'un courant traversant un fil de petit diamètre n'est autre qu'une portion de la chaleur engendrée par la dissolution du zinc qui s'est converti en sulfate : cette chaleur est déplacée par l'arrangement particulier que Volta a découvert : elle vient élever la températuree du fil : et, à ce point de vue, la pile peut être considérée comme un appareil qui transporte, en divers points du circuit, la chaleur engendrée dans l'intérieur de la pile par les réactions chimiques.

1051. Extension des principes précédents au cas de décompositions chimiques. — Ce résultat peut être généralisé, et l'on est conduit à admettre que le travail effectué par le courant en un point quelconque du circuit est emprunté aux réactions chimiques qui s'accomplissent dans la pile. Ainsi, quand le courant passe à travers un voltamètre, l'eau est décomposée ; mais elle ne peut l'être qu'en absorbant de la chaleur ; et des expériences directes de calorimétrie démontrent que chaque équivalent d'eau exige, pour sa décomposition, 34 unités de chaleur. Dans le cas qui nous occupe, cette chaleur est évidemment fournie par les actions chimiques intérieures de l'appareil voltaïque, et l'on peut dire que la quantité de chaleur dégagée par la dissolution du zinc est, sous forme d'électricité, employée à la décomposition de l'eau.

1052. **Application des lois précédentes.** — Ces expériences, combinées avec celles de Daniell, éclairent d'une vive lumière bien des questions restées jusque-là dans une obscurité complète. En voici un exemple : Pendant longtemps on a cherché à décomposer l'eau avec un seul élément, formé par du zinc, du cuivre et de l'eau acidulée par l'acide sulfurique ; on n'a pas réussi. Aujourd'hui, on peut affirmer qu'on ne réussira jamais. En effet, d'après les expériences de Daniell (1048), si un équivalent d'eau se décompose en dehors de la pile, il ne peut pas se dissoudre plus d'un équivalent de zinc dans chaque élément. Mais d'un côté la dissolution d'un équivalent de zinc dégage 18 unités de chaleur, de l'autre la décomposition d'un équivalent d'eau en absorberait 34 : donc un seul élément ne peut pas fournir la quantité de chaleur nécessaire à la décomposition de l'eau ; jamais il ne suffira pour effectuer cette décomposition. Mais que l'on emploie deux éléments au lieu d'un seul : si un équivalent de zinc se dissout dans chacun d'eux, ils dégageront deux fois 18 calories et ces 36 unités de chaleur pourront fournir les 34 calories indispensables à la séparation des éléments de l'eau.

D'où vient cependant qu'un seul élément de Bunsen puisse suffire à déterminer la décomposition de l'eau ? Ici l'hydrogène qui se dégage sur le charbon, au moment où les éléments de l'eau se séparent dans l'intérieur de la pile, se combine avec une partie de l'oxygène de l'acide azotique, et par cette combinaison 34 unités s'ajoutent aux 18 que donne la dissolution de l'équivalent de zinc : total, 52. De ces 52 calories il faut toutefois en retrancher 7, absorbées par la décomposition chimique de l'acide azotique due à l'hydrogène ; il reste encore 45 calories, plus que suffisantes pour en fournir 34 nécessaires à la décomposition d'un équivalent d'eau.

Ainsi se trouvent ramenées à des calculs de calorimétrie les questions qui concernent la pile ; ainsi se trouvent rattachées l'une à l'autre deux branches de la physique, dont la liaison intime avait échappé aux observateurs aussi longtemps qu'ils se contentèrent d'étudier séparément ces deux ordres de phénomènes.

1053. **Origine chimique de l'électricité voltaïque.** — Arrivés au point où nous sommes, il nous est impossible de ne pas remarquer que la puissance de la pile s'exerçant aux dépens des actions chimiques intérieures, on ne peut plus admettre que le contact des métaux produit les électricités mises en jeu. Déjà depuis longtemps, M. Faraday et M. de la Rive avaient montré qu'un simple assemblage de deux lames métalliques ne peut pas représenter un appareil électro-moteur. Déjà, ils avaient fait voir que le sens du courant dépend de la réaction chimique qui s'opère ; et ils en avaient conclu que la force électromotrice a son origine aux points où le liquide attaque le métal. Les expériences que nous venons de décrire, sont autant de preuves nouvelles à l'appui de cette théorie électro-chimique de la pile.

1054. Effets chimiques de la pile et de la machine électrique. — En parlant de la pile de Volta, nous avons dit qu'elle pouvait servir à produire tous les phénomènes qu'engendre l'électricité de frottement ; nous pouvons ajouter qu'inversement tous les phénomènes, observés avec le courant de la pile, seraient reproduits à leur tour avec le courant que fournit la machine électrique. Sans doute, d'après ce qui précède, la pile par son principe est un appareil producteur d'électricité essentiellement distinct des machines électriques ordinaires ; mais le mode de production seul diffère, les deux fluides devenus libres ont, dans les deux cas, des propriétés identiques. Toutefois, il est un phénomène que pendant longtemps on n'a pas su obtenir avec les machines ordinaires : ce sont les décompositions chimiques telles que la pile les opère, décompositions où les éléments qui deviennent libres demeurent séparés à chacun des pôles. Wollaston fit, dans cette voie, des tentatives infructueuses : en faisant passer des étincelles électriques à travers l'eau, il réalisa, il est vrai, la séparation de l'hydrogène et de l'oxygène, mais ces gaz se dégageaient sur tout le trajet de l'étincelle : il n'y avait donc pas là un phénomène de décomposition voltaïque. Cet insuccès, et d'autres encore, ont mis dans beaucoup d'esprits cette fausse idée : qu'une différence d'action résultait, soit du mode de production, soit même d'une qualité différente des électricités développées avec les deux appareils. En réalité, la différence tient à la manière dont les expériences ont été exécutées. Avec la pile, on ne fait pas jaillir l'étincelle dans l'intérieur du liquide à décomposer; avec la machine électrique, il faut donc, si l'on veut obtenir des résultats comparables, se placer dans des conditions d'expérience identiques et éviter les étincelles.

1055. Décompositions chimiques produites avec la machine électrique. — M. Faraday a parfaitement compris que la manière d'opérer devait être modifiée dans ce sens, et dans ce but il a disposé l'expérience représentée ici (*fig*. 434). Un papier de tournesol A, imbibé d'une dissolution de sulfate neutre de soude, est mis en rapport par des fils de platine F, F' : d'une part avec une machine électrique, d'autre part avec le sol. A cet effet, les deux fils métalliques reposent sur des lames d'étain B, B qui communiquent l'une par le fil P avec le conducteur de la machine, et l'autre par le fil N avec la terre. Si l'on fait tourner le plateau de la machine électrique, deux courants d'électricité ont lieu dans les mêmes conditions que dans le fil interpolaire d'une pile : un courant d'électricité positive va de la machine vers le sol, un courant d'électricité négative marche en sens inverse. D'ailleurs, aucune étincelle ne jaillit entre les deux fils de platine, car sur la machine en communication avec la terre, l'électricité ne peut pas acquérir une forte tension. Dès lors, le courant circule à travers le sel dissous dont le papier est imbibé, comme le fait le courant d'une pile qui traverse une dissolution saline. Dans ces conditions nouvelles indiquées par la théorie, l'expérience réussit parfaitement. Si le papier est bleu, une tache rouge se forme du côté de la machine ; s'il est rougi à l'avance par un acide, une tache bleue apparaît dans le voisinage de l'extrémité du fil qui aboutit au sol : s'il est moitié rouge, moitié bleu et que les portions ainsi colorées soient convenablement placées, les deux effets se montrent à la fois.

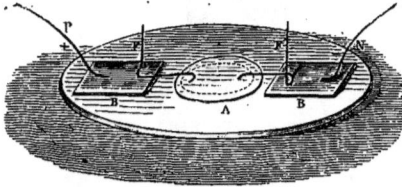

Fig. 454.

APPLICATIONS CHIMIQUES DE LA PILE

La faculté que la pile possède, d'opérer la décomposition de l'eau et des sels, a été utilisée soit en chimie, soit dans l'industrie.

1056. Découverte du potassium. — Le premier résultat important qui ait été obtenu dans cette direction, est dû à Davy. En 1807, Davy soumit à l'action d'une pile puissante la potasse, qui jusqu'alors n'avait été décomposée par aucun des agents connus ; il vit briller au pôle négatif un métal qui brûlait au contact de l'air : c'était le potassium. Si le potassium, mis en liberté par le courant, est soustrait à l'action de l'oxygène de l'air au moment de sa production, il se con-

serve à l'état métallique. Dans ce but, on creuse dans un fragment de
potasse humide une cavité que l'on remplit de mercure (*fig.* 435). On
place le fragment sur une lame de platine, mise en communication avec
le pôle positif d'une pile puissante, le pôle négatif de cette pile plonge
dans le mercure. Si la pile est très-énergique (40 à 50 grands éléments
de Bunsen), le mercure ne tarde pas à épaissir et même à se solidifier.
L'amalgame solide ainsi formé étant soumis à la distillation, suivant les
procédés que la chimie enseigne, fournit du potassium métallique.

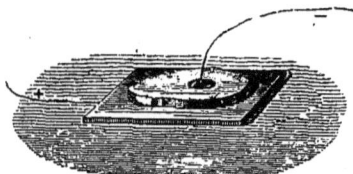

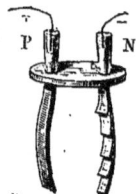

Fig. 435.   Fig. 436.

1057. Préparation des métaux terreux. — M. Bunsen, dans ces
derniers temps, s'est servi de la pile pour la préparation des métaux terreux que les actions chimiques employées jusqu'ici ne parviennent pas à
donner dans un état satisfaisant de pureté. Le magnésium est dans ce
cas. M. Bunsen emploie le chlorure de magnésium amené à l'état de
fusion sous l'influence d'un foyer de chaleur. Des tiges P, N (*fig.* 436),
faites avec le charbon des cornues, plongées dans le creuset où la
fusion s'opère, et fixées à son couvercle, sont mises en communication
avec les pôles de la pile. Le métal du chlorure décomposé vient au pôle
négatif, tandis que le chlore se dégage au pôle positif. Ce chlore au
sein de la matière fondue attaquerait le métal devenu libre, si l'on ne
prenait pas quelques dispositions protectrices. Dans ce but, un diaphragme LL′ de porcelaine sépare la partie supérieure du creuset en
deux compartiments, empêche le gaz de venir toucher le pôle négatif
et préserve ainsi le métal qui s'y trouve. Mais il est encore un inconvénient à éviter : le magnésium, plus léger que la matière fondue,
remonte à la surface et vient brûler dans l'air. Il faut le retenir par
quelque obstacle ; M. Bunsen y réussit d'une manière ingénieuse, en
adoptant la disposition que la figure indique : les dents de la lame N,
dirigées obliquement de bas en haut, empêchent l'ascension du métal
déposé, en le retenant contre leurs faces inférieures.

Par un procédé analogue, l'aluminium, le lithium, le calcium, le strontium ont été isolés à l'état de pureté, ces trois derniers par M. Matthiessen.

1058. Préparation du chrome et du manganèse. — Le chrome et le manganèse, métaux très-oxydables au contact de l'eau, ont pu cependant être obtenus au sein d'une dissolution aqueuse de leur chlorure. L'artifice employé par M. Bunsen consiste à prendre, comme pôle négatif, un fil très-fin, et comme pôle positif, un conducteur d'une surface considérable, et à se servir en outre d'une pile très-puissante. Le métal se dépose avec une telle rapidité que les couches successives dont le fil se recouvre sont défendues contre l'action de l'eau par les couches nouvelles qui se superposent aux premières, et presque tout le dépôt est ainsi préservé de l'action oxydante qu'il fallait éviter.

Les applications que nous venons de faire connaître sont purement scientifiques; elles ne sont pas encore utilisées en dehors du laboratoire. Nous devons maintenant entrer dans quelques détails sur des industries nouvelles dont le développement est déjà considérable et qui ont leur point de départ dans les belles découvertes qui viennent d'être exposées. C'est un des beaux exemples, non le plus beau, du concours désintéressé que la science, en poursuivant son but, apporte nécessairement aux arts utiles. Aussi ne craindrons-nous pas de parler un peu longuement de ces industries, telles que la dorure, l'argenture, la galvanoplastie. Leur but est la formation, au moyen de la pile, de dépôts métalliques cohérents : l'examen détaillé des méthodes qu'elles emploient rentre complétement dans notre sujet.

1059. Dorure. Principes de la méthode. — Les procédés employés autrefois pour recouvrir une surface métallique d'une couche mince et adhérente d'or, d'argent ou de tout autre métal, étaient insalubres; ils compromettaient promptement la santé des ouvriers. Un amalgame d'or était appliqué sur la pièce à dorer. Par une élévation convenable de température, le mercure était chassé à l'état de vapeur, tandis que l'or, restant déposé sur la pièce à recouvrir, y formait une couche d'un aspect mat, à laquelle le brunissoir donnait l'éclat du poli.

Le danger de cette méthode a sa cause dans la production des vapeurs mercurielles, que l'ouvrier respire sans cesse, et qui occasionnent d'affreuses maladies. Aussi, dès que la pile fut découverte et que l'on eut reconnu son action sur les dissolutions salines, des essais furent tentés pour dorer les métaux par la décomposition voltaïque d'un sel d'or, en se servant de la pièce à dorer comme d'une électrode négative pour l'établissement du courant. Malheureusement, on n'obtint pendant long-

temps qu'une lame d'or mince, irrégulière, peu compacte, peu adhérente, et la dorure au mercure resta forcément en usage.

1060. Conditions de succès. — Le peu de succès de la dorure galvanique était dû : 1° A ce que les piles primitivement employées ne
fournissaient pas un courant constant; 2° à la nature des dissolutions
auxquelles on avait recours, dissolutions qui donnaient naissance, au
moment de leur décomposition par le courant, à des corps capables
d'altérer le métal immergé dans la liqueur.

En 1840, Daniell découvrit la pile qui porte son nom, et l'on eut
dès lors un courant constant dont l'industrie put tirer parti. Ce courant, réglé avec la puissance convenable pour la meilleure exécution
du travail, conserve longtemps l'intensité voulue. Enfin, dès 1841,
MM. Elkington d'une part, et M. Ruolz d'une autre, sont parvenus à
trouver des dissolutions qui fournissent un dépôt adhérent qui ne laisse
rien à désirer. Ils en ont indiqué un très-grand nombre jouissant de
cette propriété; celle que l'on préfère est une dissolution de cyanure
d'or dans le cyanure de potassium, qui présente l'avantage d'être constamment alcaline et de fournir par sa décomposition un gaz, le cyanogène, dont l'action corrosive sur les métaux est nulle.

Voici la formule d'une liqueur avec laquelle la dorure réussit très-
bien : On fait dissoudre dans 100 grammes d'eau 10 grammes de prus-
siate jaune de potasse et 5 grammes de carbonate de potasse. On ajoute
ensuite à cette première liqueur 1 gramme de chlorure d'or dissous dans
une petite quantité d'eau, et le mélange est porté et maintenu, pendant
plusieurs heures, à la température de l'ébullition. On ajoute de temps
en temps de l'eau pure pour entretenir le sel au même degré de dilu-
tion; on filtre, et la liqueur est bonne à employer.

1061. Pratique de la dorure. — Avant d'immerger dans la dissolution la pièce à dorer, on la décape avec soin. Si elle est fortement
salie à sa surface par un dépôt de matières organiques ou par l'oxydation, on la fait rougir au feu, et on la plonge, encore chaude, dans un
mélange d'acides qui mettent à nu le métal sous-jacent. La surface est-
elle à peu près nette? on la nettoie avec l'alcool et l'eau, et on l'imprè-
gne avec une brosse douce, de tartre en poudre formant une pâte avec
l'eau. Après le décapage, le métal à dorer est lavé à l'eau distillée,
attaché au pôle négatif A (*fig.* 437) de la pile, et plongé alors dans le
bain d'or; une lame d'or P pénètre ensuite dans le même bain
et communique avec le pôle positif B. Le courant passe, la dorure
s'opère, et en même temps le cyanogène, qui vient au pôle positif.

dissout, sous l'influence du courant. la lame d'or qui s'y trouve : la solution se maintient, de cette façon, dans un état sensiblement constant.

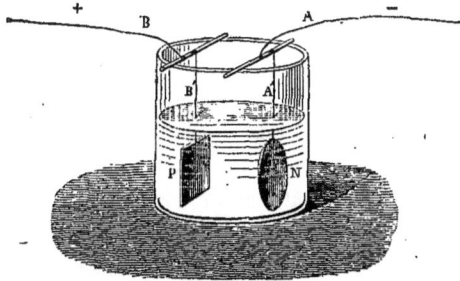

Fig. 437.

Quand on juge la couche déposée assez épaisse, on arrête l'opération, et quelques coups de brunissoir donnent à la surface le poli ordinaire.

Par cette méthode, on peut dorer le platine, l'argent, le cuivre, le laiton, le bronze et même l'acier et le fer : ces deux derniers métaux doivent toutefois être recouverts préalablement d'une couche mince de cuivre. En élevant la température du bain qui sert à la dorure, la couche d'or déposée croît plus rapidement d'épaisseur.

1062. Argenture. — Cuivrage. — L'argenture s'exécute par le même procédé que la dorure. La liqueur que l'on emploie peut être formée de 1 gramme de cyanure d'argent sec, qu'on a fait dissoudre dans 100 grammes d'eau renfermant au préalable 10 grammes de cyanure simple de potassium.

C'est également par le même procédé que le fer se recouvre industriellement d'une couche de cuivre adhérente qui le préserve de la rouille. Le fer, étant attaquable par le sulfate de cuivre que l'on décompose, doit recevoir d'abord un enduit particulier, qui est rendu conducteur par la plombagine (1065). Ainsi préparé, il est plongé dans une cuve qui renferme une dissolution de sulfate de cuivre. On réunit la pièce à recouvrir avec le pôle négatif d'une pile dont le pôle positif, terminé par une plaque de cuivre, plonge dans la dissolution, et un dépôt de métal donne à la pièce qu'elle recouvre l'aspect du bronze.

1063. Galvanoplastie. Son but. — M. Jacobi d'une part, et M. Spencer de l'autre, ont découvert en 1838, qu'au moyen de la pile, on peut aussi reproduire les médailles, les bas-reliefs, les planches gravées, les statues ou tous autres objets, quelque délicats qu'en soient les détails, et ils ont créé une industrie qui a pris de nos jours un grand développement, sous le nom de *galvanoplastie*. Le courant voltaïque est ainsi chargé de déposer, molécule à molécule, une couche de cuivre sur le moule de l'objet en question. La reproduction que l'on veut obtenir exigera donc deux sortes d'opérations : 1° il faudra se procurer un moule

qui soit à sa surface bon conducteur de l'électricité, et 2° il faudra
faire déposer le cuivre dans des conditions telles, que la lame formée
soit cohérente et puisse aisément être séparée de la surface sur laquelle
elle se sera déposée.

1064. **Moulage.** — Pour obtenir le moule de l'objet à reproduire,
on se sert de la stéarine, du plâtre, de l'alliage fusible de Darcet, et
mieux encore de la gélatine ou de la gutta-percha. Ces différentes substances sont fondues ou converties en une pâte molle, chacune selon sa
nature, puis elles sont mises en contact avec l'objet dont elles doivent
prendre l'empreinte. Afin que le moule formé puisse se détacher facilement, l'on recouvre la surface à mouler d'une couche sans épaisseur
sensible de quelque matière pulvérulente ou liquide.

Si l'alliage de Darcet doit servir à la confection du moule, on le fond
dans un vase quelconque, par exemple dans une cuiller hémisphérique
de fer. On le laisse refroidir, et quand on juge que la solidification est
prochaine, la médaille enduite d'un corps gras en couche insensible est
appliquée sur la surface du bain. L'alliage en devenant solide reproduit et conserve tous les détails du modèle. Emploie-t-on la gutta-percha? on la ramollit sous l'influence d'une température peu élevée, et
on la presse fortement contre l'objet recouvert de plombagine en poudre impalpable ; elle se moule exactement, et quand elle est durcie par
le refroidissement, elle se détache sans difficulté. Cette dernière substance offre un avantage précieux qui résulte de son élasticité. Elle peut
être séparée des statuettes, des bas-reliefs, bien qu'elle enveloppe presque
que complétement certaines parties saillantes. Dans de pareilles circonstances, le moule de métal ou de stéarine se briserait infailliblement ;
la gutta-percha plie, s'infléchit, et aussitôt qu'elle est enlevée, elle reprend la forme du modèle. Enfin, des moules s'obtiennent par la galvanoplastie elle-même, comme on le comprendra aisément par ce qui suit.

1065. **Préparation du moule obtenu.** — Le moule obtenu doit être
conducteur de l'électricité. Pour le rendre tel, quand il ne l'est pas par
lui-même, on recouvre sa surface de plombagine. A cet effet on se sert
d'une brosse douce, que l'on plonge dans de la plombagine en poudre
très-fine. Par un frottement suffisamment répété, une poussière impalpable reste adhérente à la surface du moule, et forme un enduit conducteur tellement mince, que les traits les plus fins ne sont pas altérés. Il
est clair d'ailleurs que la surface destinée à recevoir le cuivre doit seule
être ainsi recouverte. Lorsque le moule, au contraire, est formé par
une substance conduisant bien l'électricité, telle que l'alliage de Dar-

cet, on vernit à la cire toutes les parties qui ne doivent pas se recouvrir d'un dépôt métallique ; quant aux autres parties, elles sont enduites d'une couche de plombagine, afin d'empêcher le métal déposé par la pile de former, avec le moule, un tout inséparable.

1066. **Formation du dépôt**. — Le moule, préparé par l'une des méthodes indiquées plus haut, est plongé dans une dissolution de sulfate de cuivre et mis en communication avec le pôle négatif d'une pile. Dans la même dissolution plonge une lame de cuivre qui communique avec le pôle positif. Le courant passe ; le dépôt de cuivre s'opère, et, au bout d'un nombre de jours plus ou moins considérable, selon l'épaisseur qu'on veut obtenir, cette couche est détachée : le modèle est reproduit. La lame de cuivre, placée au pôle positif, joue dans cette opération le même rôle que la lame d'or employée dans le cas de la dorure. L'acide sulfurique et l'oxygène se portent au pôle positif, régénèrent, avec le cuivre, qu'ils attaquent, le sulfate de cuivre décomposé : ce qui maintient la dissolution dans son état primitif.

Pour la réussite d'une opération galvanoplastique, il importe que le dépôt métallique s'accroisse avec lenteur ; aussi le courant est-il réglé en conséquence. Lorsqu'on opère avec des courants, tels que le dépôt augmente rapidement d'épaisseur, le métal obtenu manque de cohérence, il se brise ou s'écrase sous le moindre effort, et même le métal déposé peut n'être qu'une sorte de poussière. D'autre part, si l'accroissement d'épaisseur de la lame de cuivre marche trop lentement, le dépôt tend à devenir cristallin.

En général, la pile que l'on emploie est formée d'un ou de deux éléments, dont la surface est d'autant plus étendue que les dimensions de la pièce à reproduire sont plus grandes. A la Carte de la France, où les planches gravées sont reproduites par la galvanoplastie, des piles de Smee, de plusieurs décimètres carrés de surface, servent à cet usage. Souvent on emploie une pile de Daniell, dont le zinc est plongé dans de l'eau faiblement acidulée ; on prend, d'ailleurs, des éléments de dimensions différentes, selon la grandeur de la surface à recouvrir de métal.

1067. **Appareil employé dans l'industrie**. — Dans l'industrie, on procède avec plus d'économie. On utilise le dépôt même qui se forme sur le cuivre de la pile de Daniell. Cette pile est disposée dans des conditions telles que le moule reçoive le dépôt métallique produit normalement dans chaque élément de l'appareil voltaïque, et pour cela, on le substitue à la lame de cuivre qui plonge d'habitude dans la dissolution du sulfate nécessaire pour que la pile soit en activité. Ainsi, l'appareil galvanoplastique se compose, dans ce cas, d'un vase poreux placé à l'intérieur d'un vase de terre, de grès ou de toute autre matière non conductrice. Ce vase poreux sépare deux liquides : l'un formé par une dissolution de sulfate de cuivre, et l'autre par de l'eau acidulée avec l'acide sulfurique. Le premier liquide est à l'extérieur du vase, le second à l'intérieur. Dans l'eau acidulée plonge une lame de zinc, et dans le sulfate de cuivre est disposé le moule à recouvrir de métal. En réunissant le zinc et le moule par un conducteur métallique, on complète le circuit de l'élément de Daniell : la pile est en activité et le cuivre se dépose.

1068. Cuve de galvanoplastie. — L'appareil que représente la figure 438 est construit dans ces conditions, et dans des proportions telles que l'on puisse obtenir un assez grand nombre d'épreuves à la fois. Comme on le voit, il est constitué par une auge de bois revêtue intérieurement de gutta-percha. Dans l'auge qui contient une dissolution de sulfate de cuivre saturée, plongent des vases poreux renfermant eux-mêmes l'eau acidulée et le zinc. A l'aide des pinces C, les lames de zinc sont toutes mises en communication avec une tringle NN′ ; les moules sont suspendus à deux autres tringles PP′ et P₁P₁′, et des conducteurs métalliques PN,P′N′, etc., complètent le circuit. Quand le courant passe, les moules M se recouvrent peu à peu de cuivre métallique ; et à mesure que la dissolution s'appauvrit, le sulfate de cuivre, contenu dans de petits sacs suspendus dans le liquide, se dissout et remplace le sel qui a disparu.

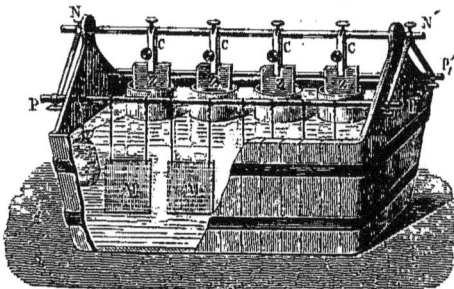

Fig. 438.

1069. Résultats obtenus. — La galvanoplastie n'est pas restée longtemps confinée dans les laboratoires : l'industrie s'est emparée de la découverte scientifique et l'a appropriée à ses besoins. Les bronzes d'art, dont la reproduction par les procédés anciens était limitée et difficile, s'obtiennent maintenant avec une facilité merveilleuse ; bientôt leur prix sera abordable aux plus modestes fortunes. Autrefois, lorsqu'un graveur avait passé dix années de sa vie à interpréter le tableau d'un grand maître, son œuvre ne pouvait se tirer qu'à un petit nombre d'exemplaires. Dès que deux mille épreuves étaient sorties des presses, la planche se trouvait hors de service; les pressions violentes que l'ouvrier est obligé d'exercer sur la planche de cuivre pour étendre l'encre, et pour nettoyer la surface, avaient usé le métal, au point qu'il n'était plus possible d'obtenir de bonnes gravures. Aujourd'hui, grâce à la galvanoplastie, une planche gravée se multiplie autant qu'on le veut. A la Carte de France, on ne manque pas, toutes les fois qu'une planche nouvelle sort des mains du graveur, de l'employer immédiatement à la reproduction de plusieurs types semblables. La finesse des traits des nouvelles planches obtenues par la galvanoplastie né le cède en rien à celle que présentent les traits du modèle. Toutes les industries analogues procèdent de la même façon. La gravure sur bois, par exemple, s'obtient, comme son nom l'indique, au moyen d'une lame de bois, sur laquelle sont faites des entailles convenables; mais le bois ne tarde pas à s'écraser en passant sous les presses de l'imprimerie, et, après un tirage de quelques milliers d'exemplaires, les traits les plus fins sont effacés et la beauté du dessin disparaît. Aussi, reproduit-on tout d'abord par la galvanoplastie le travail fait sur le bois; on obtient ce que l'on appelle des clichés, et on n'emploie plus les bois pour imprimer; ils servent seulement à la préparation de nouveaux clichés, quand les premiers sont usés. Cette méthode a été précisément suivie pour l'impression des figures que contient ce livre. Les bois ont été reproduits par la galvanoplastie, et ce sont ces épreuves galvanoplastiques qui ont servi à tirer toutes les gravures insérées dans le texte.

Fig. 439.   Fig. 440.

Du reste, pour donner un exemple de la valeur du procédé, nous faisons insérer ici, deux fois, dans le texte, le portrait de Volta. Les deux gravures, (fig. 439 et 440) sont imprimées avec deux clichés différents obtenus par la galvanoplastie. En donnant un pareil exemple, nous voulons rendre le lecteur juge de l'exactitude du procédé. Les moindres traits de l'une des figures se retrouvent dans l'autre.

1070. Application de la galvanoplastie à la gravure. — Procédé de M. Dulos. — La galvanoplastie a reçu des applications nombreuses, parmi lesquelles nous citerons celle que M. Dulos en a faite avec succès à la gravure. Le procédé est basé sur la connaissance des phénomènes capillaires. En voici le principe : Si sur une plaque d'argent recouverte de vernis on trace certaines lignes où le métal est mis à découvert, du mercure que l'on y verse glisse sur le vernis, s'attache sur les lignes où l'argent est à nu et reproduit les traits du dessin qui font alors saillie au-dessus de la plaque.

Voici comment on opère : on prend une plaque argentée de cuivre C (*fig.* 441), sur laquelle on décalque, on transporte, ou l'on trace un dessin quelconque : nous supposons que c'est un dessin à l'encre lithographique. Le travail du dessinateur terminé, la plaque est recouverte au moyen de la pile, d'une légère couche de fer, dont le dépôt ne s'opère que sur les parties non touchées par l'encre ; cette encre étant enlevée avec de l'essence de térébenthine ou avec de la benzine, les blancs du dessin se trouvent représentés par la couche de fer, et les traits par l'argent même. La plaque étant en cet état, on verse à sa surface du mercure qui ne s'attache que sur l'argent, et après avoir chassé avec un pinceau doux le mercure en excès, on voit ce métal s'élever en relief en *m* là où se trouvait précédemment l'encre lithographique. On peut alors verser une couche M de cire fondue ou de plâtre mêlé à l'eau sur la plaque, le ménisque de mercure ne se déforme pas, et l'on obtient, par la solification, une empreinte dont les creux offrent la contre-partie des saillies du mercure et figurent une sorte de gravure en taille-douce.

Fig. 441.

Cette empreinte est obtenue avec des corps trop peu résistants pour fournir une impression convenable ; mais, en métallisant le moule et en y effectuant un dépôt galvanique de cuivre, on obtiendra la reproduction exacte des saillies primitivement formées par le mercure, on aura un véritable moule au moyen duquel on pourra reproduire à l'infini des planches propres à l'impression.

S'il s'agit d'une gravure typographique qui doit être en relief, la planche de cuivre, en sortant des mains du dessinateur, reçoit une couche d'argent qui ne se dépose que sur les parties non touchées par l'encre lithographique ; on enlève cette encre avec de la benzine ; en chauffant la planche à l'air, on oxyde le cuivre recouvert primitivement par le dessin, et on continue les opérations indiquées plus haut. La planche galvanique destinée à l'impression se trouve alors avoir pour saillie les traits mêmes du dessin, et pour creux les épaisseurs formées au début par le mercure.

Le mercure peut être remplacé par un alliage fondant à une basse température, tel que le métal Darcet, auquel on ajoute une petite quantité de mercure. Le métal à clicher se comporte exactement comme le mercure dans les applications ci-dessus décrites. Toutefois avec le métal Darcet on ne doit pas opérer à air libre ; il est préférable de mettre la plaque sous une couche d'huile que l'on fait chauffer à une température de 80 degrés environ, température à laquelle l'alliage entre en fusion. On évite ainsi l'oxydation, qui nuirait au succès de l'opération.

EFFETS PHYSIOLOGIQUES

1071. Premières actions connues. — L'expérience de Galvani est la première où l'on ait observé l'action de l'électricité de la pile sur les animaux. Dans cette expérience, modifiée comme nous l'avons indiqué (986), l'arc métallique zinc et cuivre, en contact avec les liquides qui lubrifient les muscles et les nerfs, forme en réalité un couple voltaïque, qui représente la cause non pas unique, mais du moins la cause principale des mouvements de la grenouille. L'effet manifesté se produit, du reste, sur les animaux de toute taille. L'expérimentateur qui saisit les pôles d'une pile, chacun avec une main différente, reçoit une commotion et tressaille d'un mouvement involontaire, quand ses mains sont mouillées par un liquide conducteur, et que les éléments sont nombreux. Pour réussir dans ce dernier cas, et en général pour produire des secousses chez un animal de forte taille, les éléments doivent être disposés en série l'un à la suite de l'autre. S'ils sont peu nombreux, ils ne déterminent aucune commotion, quand même leur surface serait très-considérable. Nous expliquerons bientôt la raison de cette différence (chap. iv), qui ient à la faible conductibilité du corps de l'homme.

1072. Ces commotions sont des phénomènes très-complexes ; le courant traverse à la fois les nerfs, les muscles, les os, les liquides soumis à son action. Les physiologistes n'ont pu se contenter de la connaissance d'un résultat si mal déterminé ; ils se sont livrés à des études spéciales pour reconnaître le rôle que joue, dans le phénomène, chaque élément de l'organisme.

1075. Action sur le nerf. — Une grenouille, préparée selon le procédé de Galvani (*fig.* 442), est excitée par les deux pôles d'une pile, mais seulement en deux points A et B des nerfs lombaires mis à nu ; on voit les membres se contracter. Cette contraction se manifeste selon les

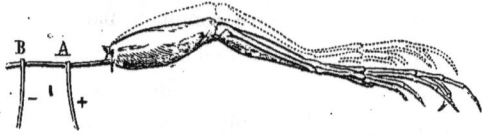

Fig. 442.

circonstances, tantôt au moment où le contact s'établit, tantôt au moment de la rupture.

Mais il y a deux espèces de nerfs : ceux du mouvement et ceux de la sensibilité. A la sortie de la moelle épinière, dans le canal rachidien, leurs fibres sont encore distinctes et séparées ; quand elles quittent la colonne vertébrale, elles sont déjà juxtaposées et confondues, au moins en apparence : l'expérience précédente était évidemment exécutée à la fois sur les deux espèces de nerfs. Il faut donc, ponr s'éclairer d'une manière complète, pousser l'analyse plus loin ; il faut agir isolément sur chacune d'elles. Cette nouvelle manière d'opérer a été pratiquée, et elle a conduit aux résultats suivants :

Si l'on excite exclusivement les nerfs du sentiment, l'animal vivant éprouve de vives douleurs. Pour que le résultat soit bien net, il faut agir, bien entendu, sur la partie du nerf qui est attachée à la moelle épinière, c'est-à-dire au centre nerveux. Si l'on excite les nerfs du mouvement, la commotion seule se produit.

1074. Action sur le muscle. — Agir sur le muscle seul n'est pas une opération facile ; car des nerfs se ramifient dans toutes les profondeurs de l'organisme, et ces nerfs sont nécessairement atteints dès que les pôles sont en contact avec les fibres musculaires. Cependant M. Cl. Bernard est parvenu à résoudre cette difficulté. Il a découvert qu'une substance, le curare, pouvait paralyser le système nerveux sans paralyser les muscles. Une grenouille qu'il empoisonne par le curare, et qu'il prépare ensuite par la méthode de Galvani, ne s'agite plus quand le courant traverse le nerf seulement : en plaçant le muscle sur le trajet du courant, on n'aura donc plus à craindre que l'effet observé se complique de l'excitation produite sur le système nerveux. Or, dans ces conditions, le muscle se contracte lorsque les deux pôles sont mis en contact avec deux points pris sur le trajet des fibres musculaires. Le mouvement cesse dès que le courant est établi, et ne recommence que si, après avoir rompu la communication, on la rétablit de nouveau.

Entre les effets produits sur les muscles et sur les nerfs il y a toutefois cette différence essentielle, que, pour faire contracter les premiers, il faut employer un courant plus énergique que pour produire une action sensible sur les seconds.

1075. Résumé. — Ainsi, dans la commotion qu'éprouvent les animaux soumis à l'action du courant voltaïque, il y a trois phénomènes à distinguer : 1° excitation des nerfs moteurs ; 2° excitation des nerfs sensitifs ; 3° excitation de la substance propre des muscles. Quant aux autres parties de l'organisme, on a reconnu qu'elles sont purement passives. Toutefois, par un courant intense, des décompositions électro-chimiques altèrent notablement les liquides de l'organisme, et des phénomènes physiologiques peuvent être la conséquence de cette modification, mais ce sont là des effets plutôt secondaires que directs des courants voltaïques.

1076. Courants des muscles et des nerfs. — C'est ici le lieu de revenir sur le courant propre des animaux, que Galvani a constaté le premier. Ce sujet a été repris, et tout ce qu'il nous semble possible d'affirmer avec quelque certitude se réduit à ceci : l'expérience a montré qu'un muscle coupé (*fig.* 443) forme comme un élément de pile ; la plaie N correspond au pôle négatif, l'endroit sain P au pôle positif. Il en est de même pour les nerfs. Ce courant propre se constate avec un galvanomètre très-sensible, qui sera décrit dans le chapitre suivant.

Fig. 443.

1077. Excitation spéciale de l'électricité. — Que sont devenues aujourd'hui ces théories hasardées qui, dans le siècle dernier, attribuaient à l'électricité la fonction de transmettre la volonté? Pures conceptions de l'esprit, dépourvues de toute base expérimentale, elles sont réduites à néant. En fait, l'excitation spéciale, produite par l'électricité sur le nerf, n'est pas différente de celle que détermine tout autre agent physique ou mécanique. La chaleur, les actions mécaniques, les actions chimiques, provoquent des contractions toutes semblables à celle que Galvani observait. Un grain de sel, par exemple, lorsqu'il est posé sur l'un des points d'un filet nerveux, cause, dans les membres de l'animal, la même agitation qu'une excitation électrique.

Mais l'électricité présente ce grand avantage : qu'un courant faible agit instantanément et n'altère pas d'une manière appréciable le tissu nerveux. Quand le courant a été interrompu un moment, il peut reproduire de nouveau l'effet qu'il a déjà donné, et les commotions peuvent se succéder à des intervalles très-rapprochés.

1078. Usage en médecine. — L'excitation que produit l'électricité a été employée en médecine. On a beaucoup tâtonné; aujourd'hui encore on fait bien des essais au hasard; cependant quelques résultats importants ont été obtenus. Ainsi, quand un nerf malade est devenu incapable de transmettre l'action du centre nerveux, on se sert avec succès de l'électricité pour provoquer les mouvements des muscles, qui, faute d'activité, menacent de dépérir. Par l'activité fréquemment donnée à la fibre musculaire, la vie des muscles est entretenue, une seconde maladie ne suit pas nécessairement la première, et le nerf, quand il guérit, se retrouve en rapport avec des organes qui se sont conservés à l'état de santé.

CHAPITRE III

EXPÉRIENCE D'ŒRSTED — GALVANOMÈTRE

I. — EXPÉRIENCE D'ŒRSTED

1079. Historique. — On avait remarqué depuis longtemps que la foudre agit sur les aiguilles aimantées dans le voisinage desquelles elle vient à tomber. Tantôt l'aiguille est brusquement déviée et revient bientôt à sa position primitive ; d'autrefois, elle perd en partie son aimantation ; tantôt, enfin, l'aimantation se manifeste en sens inverse, et les pôles se trouvent intervertis. Ces phénomènes n'ont été observés que très-rarement, car les circonstances favorables à leur production ne peuvent qu'accidentellement se trouver réunies là où un observateur compétent est prêt à les constater. Mais, avec les bouteilles de Leyde, le physicien, dans son cabinet, a pu réaliser en petit, et à volonté, des modifications du même genre, au moyen de l'étincelle électrique.

Avertis par les faits antérieurement observés, guidés d'ailleurs par des idées d'analogie entre le magnétisme et l'électricité, les physiciens, aussitôt que la pile fut découverte, ont cherché à la faire agir sur l'aiguille aimantée. Mais longtemps les tentatives furent sans résultat ; elles étaient mal dirigées ; c'étaient les pôles mêmes de la pile, ou bien l'un ou l'autre des rhéophores, dont on essayait l'action. En 1820, Œrsted, convaincu plus peut-être que tout autre de la liaison des deux ordres de phénomènes, et à coup sûr plus persévérant, parvint, un jour, par un heureux hasard, à constater la relation dont il soupçonnait la nécessité depuis de longues années. On raconte qu'à l'une de ses leçons, le physicien danois, saisissant vivement les deux rhéophores, les réunit sans intention, et, ayant ainsi établi un courant électrique, il s'écria : « Je ne puis croire que cet appareil soit sans action sur les aimants. » Par un

geste que provoquaient ses paroles, il approcha le circuit interpolaire
de l'aiguille aimantée ; il la vit aussitôt s'écarter de sa position d'équilibre et se maintenir déviée, tant que le courant demeura à une petite
distance de l'aiguille. Telle fut l'origine de l'une des découvertes les plus
importantes de notre époque.

1080. **Expériences d'Œrsted.** — Aussitôt Œrsted se mit à l'œuvre. Il
réunit d'une manière permanente les deux rhéophores de la pile, et les
plaça tantôt au-dessus, tantôt au-dessous de l'aiguille, puis en avant et
en arrière du pôle austral ; il vit que, dans tous les cas, elle se mettait
en croix avec le courant, quand la pile était suffisamment énergique.
Il nota les différentes positions données au courant, et il mit en regard
le sens des déviations correspondantes, et, dans un écrit latin de quatre
pages, il fit connaître au monde savant ces phénomènes remarquables.

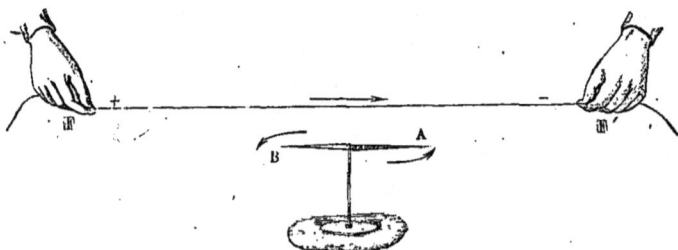

Fig. 444.

Pour répéter l'expérience d'Œrsted, on met en présence de l'aiguille,
et dans la position indiquée par la figure 444, le courant qui marche

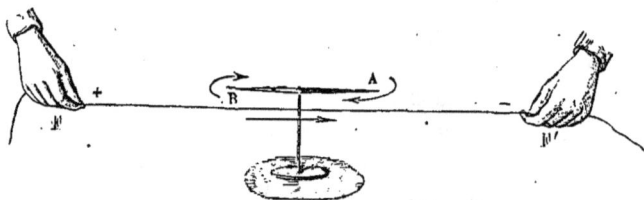

Fig. 445.

de F vers F', du sud au nord. On voit l'aiguille tourner de telle manière que son pôle austral se porte vers l'ouest. Le courant est-il placé
(*fig.* 445) dans la même direction, mais, au-dessous de l'aiguille, on
voit le pôle austral se diriger vers l'est.

1081. **Énoncé d'Ampère.** — Il était difficile de retenir de mémoire
les différents résultats de l'expérience d'Œrsted, qui sont aussi nom-

breux qu'il est possible d'imaginer de positions différentes du courant par rapport à l'aiguille ; Ampère, par une fiction ingénieuse, est parvenu à les comprendre tous dans un énoncé très-simple. Il imagine un spectateur couché dans le courant, qui regarde l'aiguille aimantée, et dont le corps est parcouru par un fluide électrique dans un sens tel que le courant lui entre par les pieds et lui sorte par la tête. Ampère appelle gauche et droite du courant la gauche et la droite du spectateur ainsi placé, et il résume toutes les expériences d'Œrsted dans ces simples mots : *Le pôle austral de l'aiguille se dirige toujours vers la gauche du courant.*

En appliquant cet énoncé, il est aisé de reconnaître qu'il se rapporte bien aux deux cas que nous avons signalés dans le n° 1080.

Si l'on place le courant verticalement, ou bien encore si on le met en présence d'une aiguille d'inclinaison, on peut observer que l'énoncé d'Ampère s'accorde, dans tous les cas, avec l'expérience.

1082. **Importance de l'expérience d'Œrsted.** — La découverte d'Œrsted fit époque dans la science. En révélant l'action réciproque des aimants et des courants, elle rapprocha deux branches distinctes de la physique, que le génie d'Ampère vint bientôt réunir et confondre en une seule. Faraday, à son tour, poursuivant, un peu plus tard, les mêmes idées, prouva la haute valeur des généralisations auxquelles l'illustre physicien français s'était hardiment élevé, et donna une preuve nouvelle de leur réalité, en exécutant les expériences qui forment un des plus beaux chapitres de l'Électricité.

Mais ce n'est pas seulement par les grandes conséquences qui en découlent que l'expérience d'Œrsted a rendu service à la science. Dans un ordre moins élevé, elle fut tout aussi utile. Grâce à sa simplicité, elle permet de reconnaître, sans recourir à de longs préparatifs, le passage d'un courant le long d'un conducteur et même le sens de ce courant. Dès lors, des essais de tout genre furent tentés, et des découvertes sans nombre vinrent dévoiler des mouvements d'électricité, qui nous seraient peut-être encore inconnus, si nous n'avions eu à notre disposition la méthode simple qu'Œrsted avait indiquée. Pour tout dire, il n'est pas un seul des cinq chapitres qui vont suivre, dans lequel les expériences décrites ou les lois formulées ne soient, directement ou indirectement, des conséquences de la découverte d'Œrsted.

1083. **Application.** — Rappelons un des exemples de la facilité que procure l'expérience d'Œrsted pour reconnaître l'existence d'un courant.

Lorsque le circuit de la pile est fermé, la pile elle-même est traversée par un courant qui se dirige du zinc de chaque élément vers le cuivre, le platine ou le charbon de l'autre élément. L'existence de ce courant a été constatée par l'emploi de l'aiguille aimantée, que l'on place sur la pile dirigée elle-même du nord au sud magnétique. Tant que les pôles ne sont pas réunis, l'aiguille reste immobile dans le méridien magnétique; mais, aussitôt que les rhéophores, qu'on a soin de tenir à une grande distance de l'aiguille, sont en contact l'un avec l'autre, l'aiguille est déviée, et le sens de la déviation prouve que le courant, dans la pile, se meut du pôle *négatif* vers le pôle *positif*.

II. — GALVANOMÈTRE

1084. Principe du galvanomètre. — L'action de la terre, qui amène l'aiguille dans le méridien magnétique, représente une force antagoniste et opposée à la manifestation du mouvement que le courant tend à imprimer ; et, tandis qu'un courant puissant peut mettre l'aiguille en croix avec lui, un courant faible ne la fait tourner que d'une petite quantité, et, s'il est très-peu énergique, il ne produit qu'un mouvement insensible ou même nul.

Schweigger, physicien allemand, eut l'idée de multiplier l'action du courant sur l'aiguille : il construisit, dans ce but, un instrument nommé *galvanomètre*, et quelquefois *multiplicateur*, à cause du principe théorique qui a servi de point de départ à sa construction. Un courant qui, dans les circonstances de l'expérience d'Œrsted, ne ferait pas dévier l'aiguille d'un angle appréciable, lui imprime un mouvement très-facile à constater, quand on se sert du nouvel instrument.

A cet effet, Schweigger emploie le courant, de la façon qui est représentée par la figure 446; il le fait circuler autour de l'aiguille aimantée AB, suspendue à un fil ou posée sur un pivot : CD, DE, EF, FG, sont les quatre parties du courant qui suit la marche CDEFG, indiquée par des

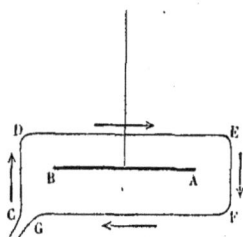

Fig. 446.

flèches. L'aiguille AB se trouve alors soumise à quatre actions distinctes, et, en appliquant l'énoncé d'Ampère, il est aisé de reconnaître que ces quatre actions concourent à diriger le pôle austral du même côté. En effet, le spectateur d'Ampère, placé en CD, la face tournée vers l'aiguille, aurait ses pieds en C, sa tête en D et sa gauche en arrière de la feuille de papier, ou, pour mieux dire, vers l'ouest magnétique ; le pôle austral ira donc vers l'ouest. Si le spectateur se place ensuite sur DE, dans la position voulue pour descendre le courant, comme le ferait un nageur le long d'une rivière, il regardera toujours l'aiguille aimantée ; sa gauche ne changera pas : donc la partie DE du courant agit encore pour porter le pôle austral vers l'ouest. Les parties EF, FG produiront évidemment leur effet dans le même sens.

1085. Construction du galvanomètre. — L'aiguille enveloppée par le courant, comme nous venons de le montrer, et soumise à quatre actions concordantes, subira des déviations plus considérables que si le courant passait en ligne droite d'un seul côté de cette aiguille ; mais les effets seront augmentés bien davantage, si, au lieu d'un seul tour, le courant en fait un grand nombre autour de l'aiguille. Le galvanomètre

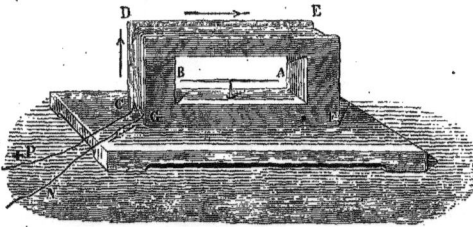

Fig. 447.

(*fig.* 447) se compose donc, en réalité, d'un fil métallique, enroulé un grand nombre de fois autour d'un cadre, au centre duquel est placée une aiguille aimantée, mobile autour d'un axe vertical. Ce fil est recouvert de soie sur toute sa longueur, afin que les différents tours juxtaposés soient isolés les uns des autres, et que le courant, entrant par l'une des extrémités du circuit, soit forcé d'en suivre toutes les circonvolutions, avant de s'échapper par l'autre extrémité.

Toutefois il est important de savoir dès à présent qu'il n'y a point avantage à multiplier indéfiniment le nombre des tours du fil d'un galvanomètre ; au delà d'une certaine limite, l'effet observé devient moindre. L'expérience a montré que, plus un courant fait de chemin, plus il s'affaiblit, et il est des cas, qui seront discutés bientôt, où l'on rendrait plus petite la déviation de l'aiguille, en multipliant avec excès le nombre des tours du fil enroulé sur le cadre.

1086. Aiguilles astatiques. — Nobili a rendu le galvanomètre beaucoup plus sensible encore, en neutralisant partiellement l'action du magnétisme terrestre, qui s'exerce constamment sur l'aiguille aimantée et s'oppose à sa déviation. Il obtient ce résultat, en employant un système de deux aiguilles AB, A'B' (*fig.* 448) égales, presque également

aimantées, et fixées à un même axe de cuivre TT′, destiné à les maintenir parallèles. Les pôles de ces deux aiguilles sont orientés en sens
contraires. Un pareil système, suspendu à l'extrémité d'un fil de soie
sans torsion F, tel qu'il sort du cocon, ne serait pas dirigé par l'action
du magnétisme terrestre, si les deux aiguilles avaient rigoureusement
le même degré d'aimantation : il s'appelle
pour ce motif *système astatique*. Il est indifférent à l'action de la terre, parce que,
sur les pôles A et A′, s'exercent deux forces
égales dont les actions se détruisent, l'une
agissant pour porter A vers le nord, et
l'autre pour y porter A′. Il en est de même
de l'action de la terre sur les pôles B
et B′.

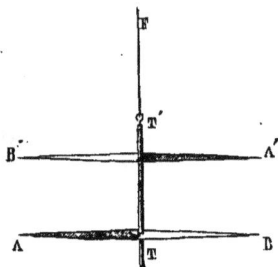

Fig. 448.

Cette démonstration s'applique seule-
ment au cas où les axes des aiguilles sont rigoureusement parallèles :
lorsqu'ils font un angle aigu, la bissectrice de cet angle se place
dans une direction autre que celle du méridien magnétique.

Il serait impossible, et d'ailleurs désavantageux, d'arriver à obtenir
deux aiguilles disposées de telle sorte que, sur leur système, formé
comme l'indique Nobili, l'action de la terre fût absolument nulle. Dans
tout galvanomètre, les aiguilles AB, A′B′, devenues solidaires l'une de
l'autre, alors même qu'elles forment par leur ensemble un appareil doué
de la plus grande sensibilité, prennent toujours une direction fixe sous
l'influence du magnétisme terrestre, et parce que leurs axes ne sont pas
exactement parallèles, et parce qu'elles ne possèdent pas la même aimantation ; mais la force qui les contraint à prendre cette direction est nécessairement très-faible, et dès lors un courant très-peu énergique est
capable de leur imprimer une déviation. Il est bon, d'ailleurs, que le
système tende à prendre de lui-même une direction fixe : par là, on peut
comparer des courants d'une faible intensité, qui produisent alors une
déviation d'autant plus considérable que cette intensité est elle-même
plus grande.

1087. **Galvanomètre à aiguilles astatiques.** — Le galvanomètre à
aiguilles astatiques se compose, en définitive, du système dont nous venons de parler (*fig.* 448), suspendu à un fil de cocon F. L'aiguille inférieure AB (*fig.* 449) est à l'intérieur d'un cadre, sur lequel s'enroule un fil
de cuivre recouvert de soie, comme dans le cas du galvanomètre précédemment décrit. L'aiguille A′B′ est à l'extérieur de ce cadre et au-dessus.

Une ouverture convenable, percée dans la traverse supérieure, laisse passer la tige de cuivre qui réunit les deux aiguilles.

Examinons maintenant quelle est l'influence des différentes parties du courant sur le système des deux aiguilles. Soit un courant circulant comme les flèches l'indiquent de C en D, de D en E, de E en F et de F en G. Nous savons déjà que toutes les actions du courant agissent pour porter le pôle A en arrière de la feuille de papier. Quant aux actions exercées sur l'aiguille A'B', celle de DE s'accorde avec les précédentes; elle tend à diriger A' en avant, B' en arrière. Le côté du système astatique formé par les pôles A et B' est donc sollicité dans le même sens par les influences déjà étudiées. Mais les actions de CD,EF,FG sur A'B' sont évidemment contraires à celle de DE, et elles tendent à faire tourner A'B', en sens inverse. Cependant, à cause de la moindre distance de DE à l'aiguille A'B', l'effet produit par cette dernière portion du courant l'emporte sur ceux des trois autres sur la même aiguille. On le reconnaît en plaçant une aiguille seule au-dessus d'un cadre tel que CDEFG; la déviation du pôle austral qui s'observe montre la prédominance du courant DE sur les trois autres CD, EF et FG. En résumé, les résultantes des actions exercées par le courant total sur chacune des deux aiguilles tendent à les faire tourner toutes les deux dans le même sens, et l'action du courant, presque deux fois répétée, s'exerce sur un système au mouvement duquel une force d'intensité minime fait seule obstacle.

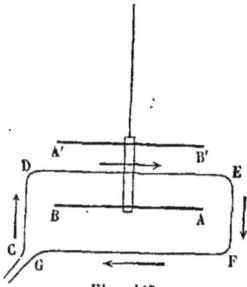

Fig. 449.

1088. Emploi du galvanomètre. — Le Galvanomètre est souvent employé à mesurer l'intensité d'un courant que l'on fait circuler dans le fil de cuivre enroulé sur le cadre. En effet, le système des deux aiguilles, n'étant pas complétement astatique, tend sans cesse à se placer dans une direction fixe et la déviation qu'il éprouve croît avec l'intensité même du courant. Cette déviation s'estime à l'aide d'un cercle de cuivre gradué et disposé horizontalement au-dessous de l'aiguille supérieure. La ligne de ce cercle 0°—180° est placée à l'avance dans la direction que prend le système des deux aiguilles sous l'influence de la terre.

Lorsque l'on veut se servir du galvanomètre, on fait donc tourner l'appareil jusqu'à ce que l'aiguille supérieure soit en équilibre devant le zéro. On fait passer le courant, et l'on estime qu'il est plus ou moins intense, selon que la déviation est plus ou moins considérable. D'ailleurs, le sens du courant est très-aisé à reconnaître, en se fondant sur l'expérience d'Œrsted. Si l'on veut déterminer son intensité, il faut recourir à une graduation préalable de l'appareil par une méthode analogue à celle qui a été décrite (452). Nous reviendrons sur cette question dans le chapitre qui va suivre.

Enfin, ajoutons que les deux bouts du fil du galvanomètre se rendent à deux petites colonnes (*fig.* 450) o, b, et c'est là qu'on fixe, au moyen de vis à bouton, les fils métalliques qui doivent amener le courant ; la cloche de verre C recouvre constamment l'appareil pour empêcher que les agitations de l'air ne fassent mouvoir l'aiguille.

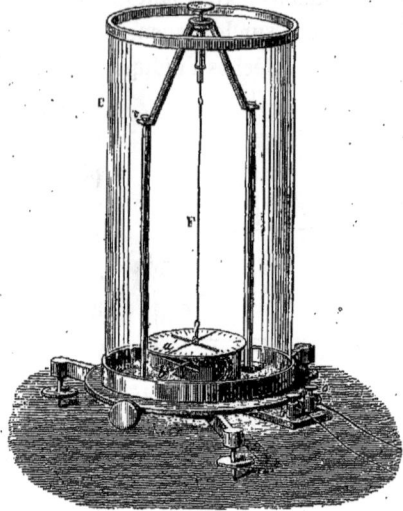

Fig. 450.

1089. Dans les conditions habituelles des expériences, l'observateur doit être placé très-près du galvanomètre pour pourvoir observer la déviation de l'aiguille et en noter exactement la grandeur. On peut, par une disposition simple, rendre les moindres déplacements angulaires de cette aiguille appréciables pour un nombreux auditoire. Il suffit (*fig.* 451) d'adapter un miroir argenté, très-léger et de très-petite dimension, au fil qui supporte l'aiguille, de manière que celle-ci soit solidaire du miroir et l'entraîne dans ses mouvements. En faisant tomber sur ce miroir

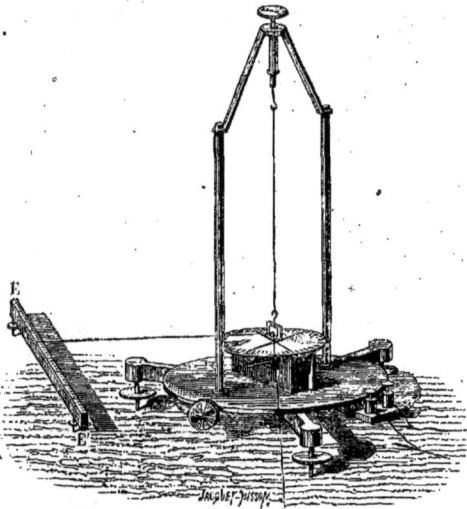

Fig. 451.

un rayon de lumière, celui-ci se réfléchit, et le rayon provenant de cette
réflexion représente comme un long levierdépourvu de pesanteur qui se
mouvrait sur une échelle fixe EE′ tracée sur un mur ou sur une tringle en
bois. Quand l'aiguille est au repos, le rayon réfléchi tombe sur le zéro
de la graduation. Si le courant vient à passer, l'aiguille se dévie dans un
sens ou dans l'autre, suivant la marche imprimée au courant, et le rayon
de lumière renvoyé par le miroir indique sur l'échelle EE′ la grandeur
de sa déviation.

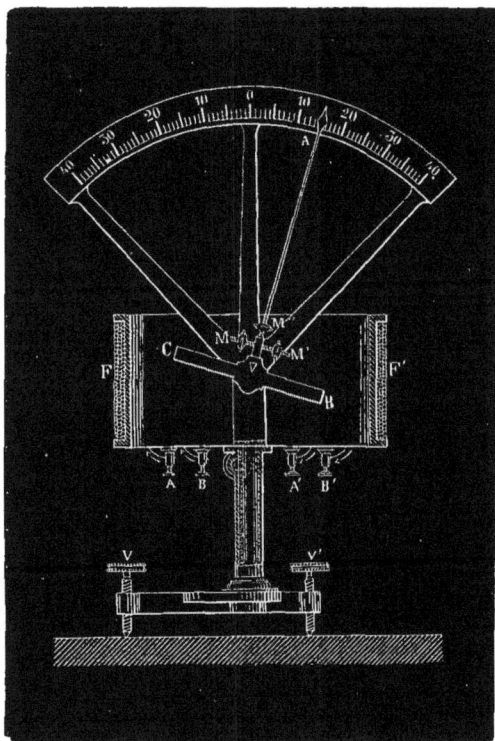

Fig. 452.

1090. Galvanomètre vertical à fléau de M. Bourbouze. — M. Bourbouze arrive au même résultat, c'est-à-dire à conserver la sensibilité du
galvanomètre, tout en rendant les indications de l'instrument visibles à
grande distance, sans recourir à l'intermédiaire de rayons lumineux
réfléchis par des miroirs. L'aiguille aimantée est représentée dans l'appareil qu'il a imaginé, par un fléau de balance en acier aimanté CB
(*fig.* 452) reposant à la façon ordinaire à l'aide d'un couteau d'acier sur

un support horizontal O. Ce fléau est muni de masses M, M', M'' mobiles, qui permettent de le rendre horizontal à un moment donné ; et, en faisant varier la position de son centre de gravité, de donner à cette sorte de balance toute la sensibilité désirable. Il porte en son milieu une longue aiguille qui sera verticale quand le fléau sera lui-même horizontal et qui indiquera sur un cadran divisé la moindre inclinaison de ce fléau. Enfin le fléau est placé à l'intérieur d'une large bobine plate (*fig.* 453), entourée d'un fil que parcourront, au moment voulu, les courants sur lesquels on expérimente.

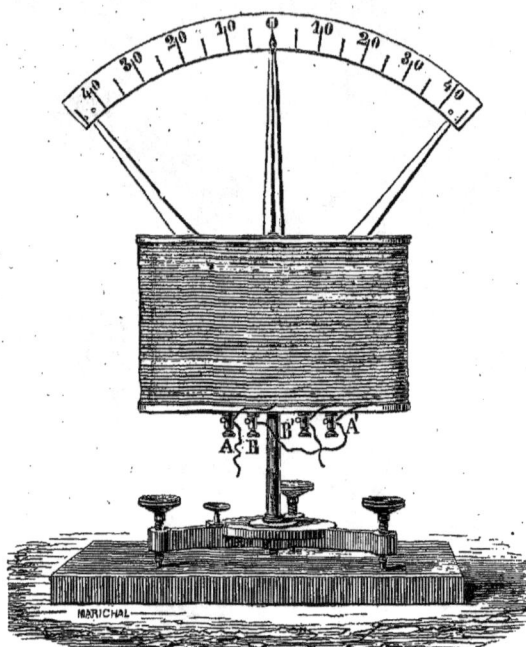

Fig. 453.

Le fléau, par cette disposition, est soumis à une action continue de la part de la bobine, quelle que soit l'amplitude de la déviation. La sensibilité de l'appareil est si grande, que le faible courant que produit l'approche de la main dans une pile thermo-électrique de Melloni se trouve accusé par lui.

1091. **Sensibilité du galvanomètre.** — La sensibilité d'un galvanomètre bien construit peut être reconnue par plusieurs expériences. Voici l'une des plus simples : deux fils, l'un de zinc, l'autre de cuivre, sont plongés dans l'eau ordinaire et forment, comme on le voit, une pile,

mais une pile très-faible. Que l'on réunisse chacun de ces fils à l'un des
bouts du fil d'un galvanomètre, et si l'instrument est bien construit, les
aiguilles seront immédiatement envoyées à 90° de leur position d'équilibre.

Un autre exemple peut être encore cité : Si l'on coupe un muscle de
grenouille, et si l'on touche la surface du muscle et la plaie qui vient
d'être faite avec deux lames de platine, bien nettoyées et communiquant
chacune avec l'un des bouts du fil du galvanomètre, l'instrument devra
accuser, s'il est très-sensible, l'existence d'un courant cheminant dans
le circuit interpolaire de la partie intacte vers la plaie.

1092. **Polarisation des électrodes.** — Afin de montrer l'utilité du
galvanomètre, nous rappellerons encore que c'est grâce à sa découverte
que Melloni a porté très-loin nos connaissances sur la chaleur rayonnante, et que d'autres savants, après lui, ont pu tenter de compléter la
science des radiations calorifiques ; nous citerons enfin un autre résultat obtenu à son aide, celui de la polarisation des électrodes de
platine qui servent à la décomposition de l'eau. La modification qu'elles
éprouvent les rend aptes à former par leur association une espèce de
pile.

Nous verrons dans le chapitre suivant quel rôle il joue dans la
détermination des lois des courants. Enfin, nous ne tarderons pas à
traiter de l'induction, que M. Faraday n'eût, certes, pas découverte, si
Schweigger et Nobili n'avaient pas imaginé les ingénieuses dispositions
qui viennent d'être décrites.

CHAPITRE IV

INTENSITÉ DES COURANTS

1093. Que l'on examine une à une les différentes expériences que nous avons exécutées avec la pile, et l'on reconnaîtra sans peine qu'elles ont toutes été réalisées en utilisant le courant d'électricité qui se manifeste alors que les pôles demeurent unis. Tantôt le courant exerçait une action extérieure, comme dans l'expérience d'Œrsted ; tantôt l'action se manifestait exclusivement sur le corps que l'électricité traversait, et c'est ainsi qu'ont été décomposés l'eau et les sels. Il n'est pas douteux que l'énergie de ces actions si diverses ne soit liée avec l'intensité même du courant, et cependant les physiciens sont restés sans connaissances précises sur les causes qui font varier cette intensité, jusqu'en 1827, époque à laquelle Ohm et Fechner, et ensuite M. Pouillet, parvinrent à déterminer les lois suivant lesquelles elle varie. Ce sont ces lois que nous allons actuellement exposer.

1094. **Sens qu'il faut attacher à cette expression : intensité d'un courant.** — Mais, avant tout, il est indispensable de s'entendre sur le sens véritable de ce mot : intensité d'un courant, qui, dans les pages précédentes, n'a pu offrir à l'esprit du lecteur qu'une signification un peu vague ; il n'a, en effet, jusqu'ici exprimé autre chose que la faculté que possède le courant de produire des effets plus ou moins considérables. Dans aucune expérience, nous n'avons donné de méthode directe pour en déterminer l'intensité, pour exprimer numériquement les valeurs différentes qu'elle peut acquérir. Il s'agit maintenant d'arriver à une notion précise ; de savoir d'abord dans quel cas on est en droit de dire que l'intensité d'un courant est double, triple de celle d'un autre courant, et ensuite dans quelles conditions on peut la faire varier ainsi. Évidemment, l'intensité d'un courant est double ou triple de celle d'un autre quand le premier courant, en agissant dans les mêmes conditions,

est capable de produire le même effet que deux, trois courants égaux à
celui qui est pris pour terme de comparaison. On définira de même un
courant d'intensité quatre fois, cinq fois plus grande, etc.

**1095. Mesure des intensités des courants. — Principe de la mé-
thode.** — L'expérience d'Œrsted donne un moyen facile d'effectuer la
comparaison dont nous venons de parler. En effet, un courant mis en
présence d'une aiguille aimantée produit-il une certaine déviation? un
second courant, mis à la place du premier, produit-il la même déviation? il est évident que ces deux courants sont égaux. Vient-on à les
faire agir simultanément sur l'aiguille en les mettant côte à côte et,
autant que possible, dans la position qu'ils occupaient d'abord,? il est
clair que la déviation devra être plus considérable qu'auparavant, sous
l'action de la force double qui intervient cette fois. Dans certains
cas, l'écart de l'aiguille sera rendu deux fois plus grand ; dans d'autres, c'est écart sera un peu moindre; mais peu nous importe : il n'en
est pas moins vrai que la déviation produite en second lieu sera l'effet
d'une action deux fois plus grande que celle qui intervenait quand le
premier courant circulait seul en présence de l'aiguille. Ceci posé, tout
courant nouveau employé seul, qui, en succédant aux deux autres, produira la déviation de l'aiguille aimantée qu'ils produisaient simultanément, aura évidemment une intensité
double de celle que possède chacun
d'eux pris isolément.

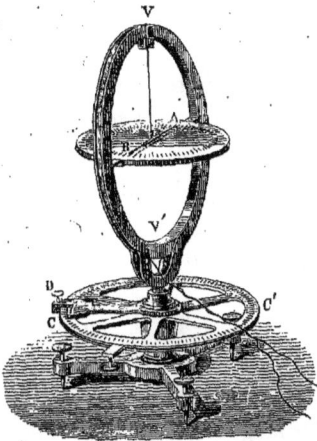

Fig. 454.

**1096. Réalisation de la méthode
précédente.** — Pour obtenir une
graduation qui rende facile la comparaison des intensités des courants,
on emploie avec avantage l'appareil
suivant : une aiguille aimantée horizontale, est suspendue par un fil au
centre d'un cercle vertical de grandes
dimensions VV' (*fig.* 454), qui est
mobile autour d'un axe vertical VV'
passant par le centre du cercle. Un
limbe horizontal gradué, placé au-
dessus de l'aiguille, permet de noter les déviations. Avant toute expérience, le cercle vertical est amené dans le plan du méridien magnétique et l'aiguille s'arrête alors au zéro. Tout étant ainsi préparé, les
deux pôles d'une pile à courant constant sont réunis par un fil F (*fig.* 455)

de plusieurs mètres de longueur et recouvert de soie. On fait faire à ce fil un tour seulement sur le cercle vertical, l'aiguille se dévie ; on note la déviation. On fait faire au même fil, dont la longueur n'est pas changée, deux tours sur le cercle vertical ; alors sur l'aiguille agissent deux courants égaux au précédent et placés dans les mêmes positions relatives ; on note la nouvelle déviation : elle correspond à une intensité double. De même on fait faire successivement 3, 4, 5, 6, 7 tours au fil, et on a des déviations qui indiquent des actions 3, 4, 5, 6, 7 fois plus intenses. Une table qui contient dans une première colonne les intensités 1, 2, 3, etc., et dans une seconde colonne placée en regard les déviations correspondantes, sera construite pour être consultée à l'avenir.

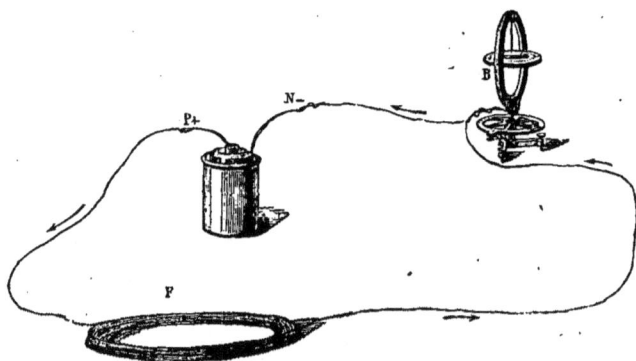

Fig. 455.

1097. Si l'on veut savoir maintenant le rapport qui existe entre les intensités de deux courants, on enroulera autour du cercle vertical une partie du circuit dans lequel chemine le premier courant, on notera la déviation de l'aiguille. On observera en second lieu la déviation produite par l'autre courant enroulé sur le même cercle et dans les mêmes conditions. Dès lors, en consultant la table déjà construite, on évaluera facilement le rapport des intensités des deux courants.

1098. **Boussole des tangentes de M. Pouillet.** — Lorsqu'on gradue l'appareil par la méthode que nous avons indiquée, si l'aiguille est très-courte et le cercle vertical d'un grand rayon, l'expérience justifie ce que le calcul indique, à savoir : que les tangentes trigonométriques des déviations sont à très-peu près proportionnelles aux intensités des courants. Nous supposerons que l'appareil qui est entre nos mains satisfasse à ces conditions ; c'est précisément celui que M. Pouillet a inventé, et qu'il a nommé *boussole des tangentes*.

Afin de pouvoir observer sans difficulté les déviations d'une aiguille aussi courte, on fixe sur elle, perpendiculairement à son axe, une lame de cuivre longue et très-légère, qui, en se déplaçant sur le cercle divisé, permet d'estimer les écarts angulaires de l'aiguille aimantée.

1099, **Mesure des intensités des courants par les décompositions chimiques,** — La boussole a été choisie tout d'abord pour résoudre la question qui nous occupe, parce qu'elle offre le moyen le plus simple et le plus rapide d'effectuer les mesures d'intensités des courants; mais d'autres appareils pourraient être utilisés dans le même but avec tout autant de sûreté et donner des résultats aussi précis. Les décompositions chimiques en particulier serviraient très-bien de base à une méthode de mesure, aussi les a-t-on quelquefois employées à cet usage. Un courant dont l'intensité est double de celle d'un autre doit, dans le même temps, décomposer une quantité d'eau deux fois plus grande. Les deux méthodes s'accordent parfaitement, et une expérience simple le démontre. Un courant circule suivant le fil d'une boussole des tangentes et en même temps traverse un voltamètre ; or on reconnaît qu'il développe toujours, en un temps donné, des quantités de gaz proportionnelles aux intensités indiquées par l'aiguille aimantée.

1100. **L'intensité d'un courant diminue quand la longueur du circuit augmente**. — Un fait facile à constater s'est présenté dès l'origine des études entreprises sur les courants voltaïques, et il a dû être observé

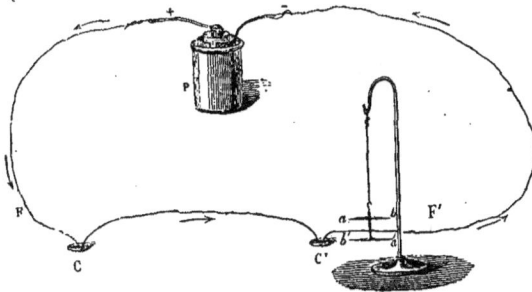

Fig. 456.

par tous ceux qui se sont occupés d'expériences nécessitant la mise en activité d'un courant voltaïque. L'énergie d'un courant diminue quand on intercale un corps dans le circuit déjà existant, ce corps fût-il même très-bon conducteur de l'électricité. Le fil métallique qui unit les deux pôles de la pile P (*fig.* 456), est placé en C'F' à une distance déterminée entre les deux aiguilles d'un système à peu près astatique ; dans ces conditions, il fait subir une déviation aux aiguilles ; vient-on à séparer le rhéophore PF, et à intercaler un fil long et fin CC' entre lui et C'F', qui est resté immobile, le nouveau courant qui passe, et qui est placé à la même distance et dans la même position, relativement aux aiguilles, produit une déviation moindre du système. A cet exemple, on peut en joindre un second : une pile à courant constant employée à décomposer l'eau dans un voltamètre donne, par minute, un volume de gaz que l'on mesure. Si on augmente la longueur du circuit interpolaire, en opérant comme précédemment, le volume de gaz dégagé, par minute, se trouve diminué.

L'expérience permet aussi de reconnaître que la nature des conducteurs intercalés entre C et C' a une grande importance : deux fils de même longueur et de même diamètre, mais appartenant à des métaux différents, ne diminuent pas également l'intensité du courant. Un fil de fer la réduit beaucoup plus que ne le ferait un fil d'argent de même section et de même longueur.

1101. Au contraire, l'intensité du courant n'est pas notablement changée, lorsque le conducteur ajouté est une masse métallique d'une très-petite longueur et d'une grande section. Ainsi un fil de fer de quelques centimètres de longueur et de plusieurs millimètres carrés de section, intercalé dans le circuit, ne modifie pas sensiblement l'intensité du courant fourni par un élément de Daniell. De même on peut mettre en communication directe les deux rhéophores d'une pile, en les faisant plonger à la fois dans une grande masse de mercure contenue dans une capsule, le courant ne varie pas d'intensité, par suite de ce changement. Nous mettrons très-souvent à profit ce dernier résultat pour la commodité des expériences : au lieu de réunir deux fils directement, nous nous servirons d'une capsule pleine de mercure dans laquelle plongeront deux fils, qui devront communiquer ensemble, ou bien encore ces fils seront réunis par l'intermédiaire de pièces de métal courtes et de large section.

1102. **Conductibilité.** — **Résistance.** — Ces expériences, en prouvant que la longueur du conducteur intercalé diminue l'intensité du courant, nous conduisent à considérer les corps conducteurs à un point de vue différent de celui qui nous les a fait regarder comme doués de la propriété de laisser cheminer l'électricité à travers leur masse, propriété qu'on désigne d'une manière générale par ce mot : *conductibilité*. Le nouveau point de vue dont il s'agit nous fait envisager, au contraire, les conducteurs interposés sur le trajet du courant comme des obstacles, comme des *résistances* que le courant doit surmonter pour continuer sa marche, et qui nécessairement l'affaiblissent. Un corps est-il très-conducteur, sa résistance est faible : conductibilité et résistance expriment donc des propriétés inverses l'une de l'autre.

1103. Unité de résistance. — Ces résistances, qui diminuent l'intensité du courant, ont des valeurs qu'il importe de déterminer : car, lorsque ces valeurs seront connues, l'influence de tout conducteur traversé par un flux d'électricité pourra être facilement appréciée, et, dans l'emploi des piles, on ne procédera plus au hasard, comme on l'a fait très-longtemps. Avant tout, il faut choisir une unité de résistance qui se retrouve aisément identique à elle-même. La substance qui la composera devra pouvoir être facilement obtenue dans un état bien défini, tant au point de vue chimique, qu'au point de vue physique. Il est évident, d'avance, que les fils métalliques ne réalisent pas cette condition ; leur structure dépend des actions mécaniques auxquelles ils ont été antérieurement soumis : l'écrouissage, le recuit, la torsion, etc.; et, d'autre part, il est peu de métaux usuels qui puissent être préparés avec un degré suffisant de pureté. Deux fils de cuivre, égaux en longueur et en section, ne présentent presque jamais des résistances égales ; substitués l'un à l'autre dans un circuit, ils ne s'équivalent pas absolument, et le courant est modifié par cette substitution. Le mercure, au contraire, est un métal très-facile à purifier ; par le fait même de son état liquide, à la température ordinaire, sa structure physique est toujours la même : c'est donc ce métal que nous choisirons, et, à l'exemple d'ailleurs de la plupart des physiciens, nous définirons l'unité de résistance : la résistance d'une colonne de mercure, qui aurait pour longueur un mètre et pour section 1 millimètre carré. Quand une pareille colonne liquide sera introduite dans un circuit, nous dirons que nous avons ajouté une unité de résistance ; quand la colonne de mercure gardant la même section variera de longueur, la résistance interposée sur le trajet du courant variera, elle aussi, dans le même rapport (1105).

1104. Dans les expériences qui vont suivre, nous emploierons des tubes LL′ (*fig.* 457) de 1 millimètre carré de section, pleins de mercure : les uns auront une longueur de 1 mètre, les autres de $\frac{1}{2}$ mètre, de $\frac{1}{4}$ de mètre, etc. Ils seront fermés à leurs extrémités par des garnitures de fer, auxquelles des fils de cuivre gros et courts LC, L′C′ seront fixés : de sorte que, d'après ce qui a été dit (1101), les résistances des garnitures et des fils soient négligeables.

1105. Mesure des résistances. — Prenons une pile P (*fig.* 457), une boussole B et les différents conducteurs, dont la résistance doit être appréciée. Le courant passe d'abord par un fil de cuivre partant du pôle positif de la pile, puis il traverse une colonne de mercure LL', de 1 mètre de longueur et de 1 millimètre carré de section ; ensuite, il continue sa

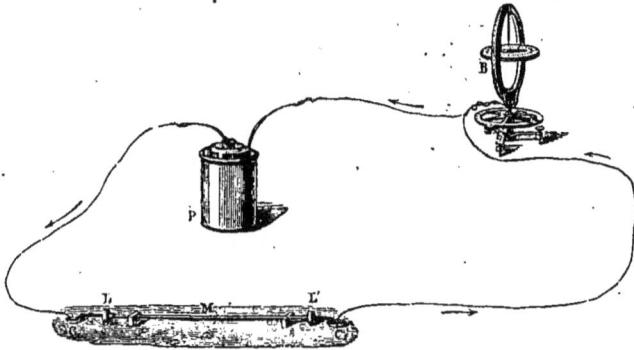

Fig. 457.

marche par un fil de cuivre qui circule autour de la boussole, et il aboutit finalement au pôle négatif de la pile. On note la déviation de l'aiguille. Cette première observation faite, on substitue à la colonne de mercure un fil de fer F (*fig.* 458), de 1 millimètre carré de section, et l'on trouve que ce fil doit avoir une longueur de 6 mètres pour que l'intensité du

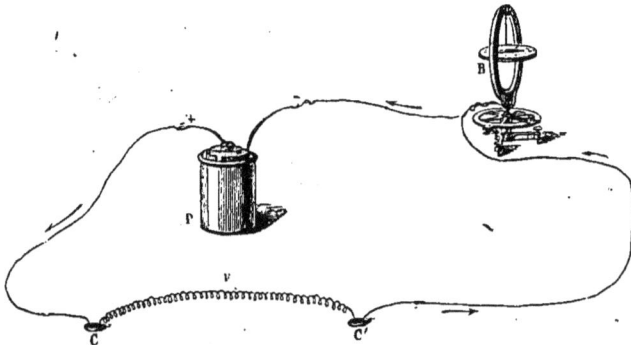

Fig. 458.

courant demeure la même que précédemment. Si le corps conducteur qui remplace la colonne mercurielle est un fil de platine de 1 millimètre carré de section, on reconnaît que ce fil doit avoir une longueur de 8 mètres pour que l'aiguille aimantée éprouve la même déviation. En continuant à opérer de la même façon, on mesure successivement les longueurs des fils formés par différents métaux, qui, à égalité de section, opposent une résistance égale au passage du même courant. Voici les nombres obtenus :

Mercure. 1
Fer. 6
Platine. 8
Cuivre. 38
Argent. 39
Or. 51
Palladium. 80

1106. Résistance spécifique. — Conductibilité. — Mais on pourrait craindre que ces longueurs de fil, reconnues équivalentes, ne le soient que dans les circonstances où nous nous sommes placés, et avec le genre de pile employé : il n'en est rien. L'expérience, reprise avec une autre pile, fournit toujours les mêmes résultats. Toujours une longueur 1 de la colonne mercurielle peut être remplacée par un fil de fer de longueur 6 ou par un fil de platine de longueur 8, etc.

On reconnaît aussi, par la même méthode d'expérience, ce fait évident, c'est qu'un fil de fer de 1 millimètre carré de section et de 12 mètres de longueur, oppose une résistance égale à 2, c'est-à-dire peut être substitué à deux colonnes de mercure de 1 mètre de longueur chacune. L'évidence de ce fait résulte de ce qui vient d'être dit (1106). Si le fil avait une longueur égale à 3, 4 fois... 6 mètres, on observerait qu'il peut être remplacé par une colonne de mercure égale à 3, 4 mètres. Si donc on convient de dire que le fil métallique qui peut être substitué à une colonne de mercure de 2, 3, 4 mètres a une résistance égale à 2, 3, 4 fois celle de la colonne de 1 mètre, on pourra énoncer cette loi, qui n'est qu'une traduction du fait qui vient d'être exposé : *Les résistances sont en raison directe des longueurs.*

1107. Puisque un fil de fer de 6 mètres de longueur a une résistance égale à l'unité, il résulte de la loi précédente qu'un fil de fer de 1 mètre aura une résistance égale à $\frac{1}{6}$. Cette résistance, opposée par un fil métallique de 1 mètre de long et de 1 millimètre carré de section, est ce que nous appellerons la *résistance spécifique* du métal. La résistance spécifique du fer sera donc $\frac{1}{6}$ ou 0,166 ; de même celle d'un fil de platine long de 1 mètre sera $\frac{1}{8}$ ou 0,125 ; on a calculé de cette manière les nombres inscrits dans le tableau suivant :

RÉSISTANCES SPÉCIFIQUES

Fer.	0,166
Platine.	0,125
Cuivre.	0,026
Argent.	0,025
Or.	0,017
Palladium.	0,016

D'après ce que nous avons dit sur la relation qui existe entre la résistance et la conductibilité d'un corps, il est clair qu'un fil de fer, qui oppose, à égalité de longueur et de section, une résistance six fois plus petite qu'une colonne de mercure, doit être regardé comme six fois plus conducteur, et alors la conductibilité sera représentée par les nombres mêmes du tableau donné au n° 1105.

1108. **Loi des sections.** — Au lieu de prendre des fils métalliques dont la section soit de 1 millimètre carré, on peut opérer avec des fils d'une section double, triple, quadruple. Un fil de fer dont la section est de 2 millimètres carrés et la longueur de 6 mètres ne peut pas remplacer l'unité de résistance, comme le faisait un fil de section 1 et de même longueur ; l'expérience montre que, substitué à une colonne de mercure de $\frac{1}{2}$ mètre de longueur, il produit exactement le même effet. De même, si la section du fil devient triple, la longueur de la colonne de mercure qui sert de type doit être réduite au tiers. Ainsi *les résistances varient en raison inverse des sections.*

1109. **Résistance d'un fil quelconque.** — Les lois qui viennent d'être formulées indiquent la méthode à suivre pour évaluer numériquement les résistances, quelles qu'elles soient, des divers conducteurs dont se compose un circuit. Parmi ces conducteurs existe-t-il un fil de fer dont la longueur soit de 4 mètres et la section de 7 millimètres carrés ? La question à résoudre pour connaître la résistance de ce fil se pose sous cette forme très-simple :

0,166 est la résistance d'un fil de fer de 1ᵐ de longueur et de 1ᵐᵐ carré de section. Quelle sera la résistance x . . . . . 4ᵐ _ 7ᵐᵐ —

En appliquant les lois des n°ˢ 1106 et 1108, la résistance cherchée est :

$$x = \frac{0,166 \times 4}{7}.$$

Et, en général, si l est la longueur d'un fil, s sa section, ρ sa résistance spécifique, on aura :

$$x = \frac{\rho \times l}{s}.$$

Cette formule exprime la longueur de la colonne de mercure de 1 millimètre carré de section, dont la résistance serait la même que celle du fil conducteur mis en expérience.

1110. Résistance des liquides. — Les mêmes lois s'appliquent aux liquides, et la même méthode d'expérimentation peut être employée pour évaluer leurs résistances. Toutefois, il faut prendre certaines précautions à cause des phénomènes électrolytiques, qui ont lieu dans les points où les liquides sont en communication avec les électrodes.

On introduit d'avance dans le circuit le liquide, par exemple une dissolution de sulfate de cuivre : ce liquide est renfermé dans une éprouvette cylindrique E (*fig.* 459), au fond de laquelle se trouve une lame métal-

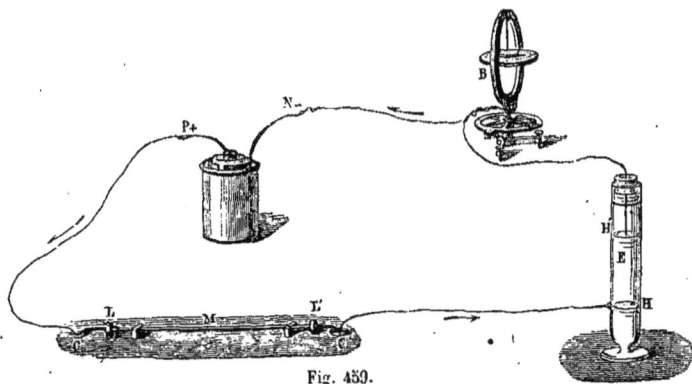

Fig. 459.

lique horizontale H de section égale à celle de l'éprouvette. La lame H est formée avec un métal convenable pour que la dissolution ne soit pas altérée par suite des phénomènes électrolytiques. Dans le cas actuel, on emploiera une lame de cuivre. Vis-à-vis de cette lame, on en place une seconde H' dont les dimensions sont les mêmes, et qui occupe, comme elle, toute la largeur de l'éprouvette. L'expérience est disposée de telle sorte que le courant traverse successivement la colonne de mercure, le liquide à étudier et la boussole des tangentes. L'aiguille de la boussole indique une déviation : on enlève du circuit la colonne de mercure ; la déviation augmente, on la ramène à ce qu'elle était primitivement, en écartant les lames qui se trouvent dans le liquide. L'éprouvette a-t-elle une section de 30 centimètres carrés, et contient-elle une dissolution saturée de sulfate de cuivre? Les plaques doivent être éloignées de $0^m,01$ pour que le courant reprenne la même intensité, après que la résistance 1 a été enlevée. La section de l'éprouvette est-elle de 15 centimètres carrés? L'éloignement des plaques doit être le même pour représenter une résistance égale à 2. Ces expériences donnent les lois déjà trouvées pour les métaux ; elles peuvent servir à calculer la résistance spécifique d'un liquide quelconque, et, lorsque celle-ci est connue, il est aisé d'en déduire la résistance d'une colonne de ce liquide de dimensions données. Pour le moment, nous nous occuperons seulement de déterminer la résistance spécifique de la dissolution saturée de sulfate de cuivre. Une colonne de la dissolution ayant 30 centimètres carrés, ou 3,000 millimètres carrés de section, et $0^m,01$ de longueur, a pour résistance 1 : c'est ce que l'expérience vient de nous donner. D'après cela, une colonne de 1 millimètre carré de section et de 1 mètre de longueur aura pour résistance :

$$\rho = \frac{3000}{0,01} = 300000$$

La résistance spécifique du sulfate de cuivre en dissolution est donc 300,000 fois celle du mercure ; celle des autres dissolutions salines est, du reste, du même ordre de grandeur.

1111. Loi d'Ohm. — *L'intensité du courant donné par un élément de pile varie en raison inverse de la somme des résistances qui composent le circuit.* On doit comprendre dans cette somme tout aussi bien les résistances intérieures, opposées par les liquides qui entrent dans la constitution de l'élément, que les résistances extérieures des conducteurs interpolaires.

Voici une méthode qui permet de comprendre comment on peut vérifier cette loi si remarquable par sa simplicité, et si féconde par ses applications. Une auge rectangulaire AA′ (*fig.* 460), contenant de l'acide sulfurique étendu d'eau, reçoit deux lames rectangulaires, verticales et parallèles, l'une de zinc amalgamé Z, dont la surface est presque égale à la section de l'auge ; l'autre d'argent platiné P, qui a les mêmes dimensions que la première ; l'ensemble forme une pile de Smee. Le courant de cette pile passe par un fil de cuivre PC, qui plonge dans une capsule pleine de mercure C, il s'enroule ensuite sur la boussole des tangentes B, et aboutit finalement au pôle négatif de la pile. L'aiguille aimantée est déviée, et la déviation produite mesure l'intensité du courant. On écarte alors les deux lames de manière que leur distance soit, par exemple, triplée ; on allonge le fil de cuivre de telle sorte que sa longueur soit aussi rendue trois fois plus grande. Évidemment la somme des résistances intérieures et extérieures de la pile est devenue triple. On regarde l'aiguille aimantée, et la déviation qu'elle accuse fait voir que l'intensité du courant est réduite au tiers, ce qui démontre la loi énoncée.

Si donc on appelle E l'intensité du courant qui serait produit, si la somme des résistances tant intérieures qu'extérieures avait pour valeur

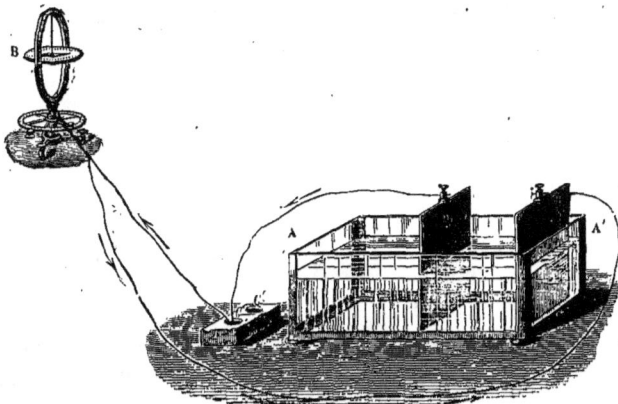

Fig. 460.

totale l'unité ; quand la résistance totale deviendra R, on aura pour l'intensité I du nouveau courant : $I = \dfrac{E}{R}$. Et, si l'on exprime l'ensemble des résistances par deux termes : l'un R, qui donne la mesure de la résistance intérieure de la pile ; l'autre, r, qui représente la résistance extérieure, la formule devient : $I = \dfrac{E}{R + r}$.

1112. Démonstration de M. Pouillet. — M. Pouillet avait trouvé cette même loi de son côté, et voici quel était son procédé d'expérience : Prenons comme pile, un de ces éléments thermo-électriques dont il a été déjà question dans l'étude de la chaleur rayonnante (541) ; seulement remplaçons la petite lame de bismuth, employée dans la pile de Melloni, par un cylindre gros et court AB (*fig.* 461) de même métal, et la lame d'antimoine par les deux bouts AP, BN d'un fil de cuivre d'un grand diamètre et d'une faible longueur, soudés au bismuth, l'un en A, l'autre en B. Nous savons que, si la soudure B demeure plongée dans la glace fondante, tandis que la soudure A est maintenue à une température supérieure à 0°, il circule un courant dans tout le conducteur interposé entre P et N, et, d'après ce qui a été dit (1101), les variations dans l'intensité du courant pourront être considérées comme dépendant uniquement de ce dernier conducteur, auquel on donnera une assez grande longueur, car la pile représente, cette fois, une masse métallique d'une grande section et d'une faible longueur, c'est-à-dire sans résistance appréciable.

Or prenons successivement trois bobines, sur chacune desquelles on a enroulé un fil de cuivre recouvert d'une gaîne de soie. Sur la première bobine, le fil enroulé aura une résistance égale à 20 ; sur la seconde, une égale à 40 ; sur la troisième, une de 60. Faisons communiquer les deux bouts du fil de

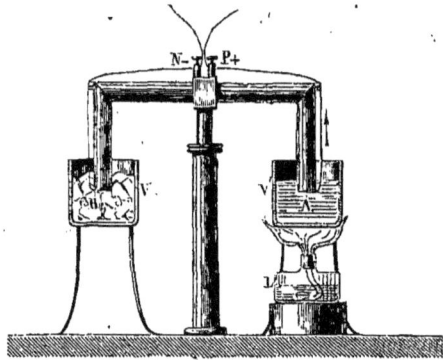

Fig. 461.

la première bobine avec les pôles P et N de l'élément, et enroulons une portion de ce fil sur le cadre d'un galvanomètre. Répétons une semblable opération avec la seconde bobine dont le fil, réuni aux pôles P', N' d'un élément A'B', identique au premier, fait un nombre de tours deux fois plus grand sur le cadre du même galvanomètre. Ayons soin que les deux courants, excités à la fois dans les deux fils, circulent en sens contraire sur le cadre du galvanomètre, et maintenons la même différence de température entre les soudures A et B ; alors l'aiguille restera au zéro. L'intensité du second courant est donc moitié du précédent, puisque son action, deux fois répétée, équilibre une action simple du premier courant. Enfin, opérons de la même manière avec la troisième bobine, et l'intensité du courant produit sera trouvée égale au tiers de la première. Donc, puisque l'élément représente simplement ici la cause productrice du courant, et que sa masse propre n'influe pas sur son intensité, nous voyons qu'à des résistances d'un circuit métallique, représentées par 20, 40, 60, correspondent des intensités de courant $1, \frac{1}{2}, \frac{1}{3}$. En un mot, les intensités du courant ont été inversement proportionnelles aux résistances du circuit.

1113. Force électro-motrice. — Avant d'appliquer cette formule, il importe de bien comprendre la signification de toutes les quantités qu'elle renferme. Déjà nous avons insisté assez longuement sur le sens que l'on doit attribuer à I, R et r; mais la quantité E, qui vient de s'introduire à l'instant, est d'une nouvelle espèce; examinons le sens qu'il faut lui attribuer. Elle ne dépend aucunement des résistances extérieures, car toutes ces résistances ont été introduites dans le terme r; elle est indépendante aussi de la résistance du liquide intérieur de la pile, car cette résistance se trouve comprise dans le terme R. Écarte-t-on les lames qui constituent l'élément? R change, mais E reste invariable. Enlève-t-on une portion du liquide de l'auge, de sorte que les métaux ne plongent plus que d'une petite quantité dans ce liquide? R augmente, mais E ne change pas. Qu'un élément soit microscopique, ou qu'il présente des dimensions gigantesques, E est toujours le même, pourvu que la nature des métaux et des liquides qui le constituent ne varie pas. Mais cette quantité E, qui est égale à l'intensité du courant de la pile, dans le cas où la somme des résistances est égale à l'unité, prend une valeur toute différente, quand on fait varier ou les métaux ou les liquides, en un mot, quand l'arrangement voltaïque est modifié. Elle dépend essentiellement de la nature de l'élément; elle représente la puissance que chaque combinaison voltaïque de nature particulière manifeste, lorsque les obstacles opposés par chaque circuit sont les mêmes; on l'a appelée *force électro-motrice.*

1114. Réunion de plusieurs éléments. — Jusqu'à présent, la théorie qui vient d'être établie, ne l'a été que pour un seul élément. Il est facile de l'étendre au cas où la pile est constituée avec un nombre quelconque d'éléments. Soient, par exemple, 4 éléments de Daniell, égaux et disposés en série, c'est-à-dire tels que le cuivre de l'un communique avec le zinc de celui qui le suit, et cela d'un bout de la pile à l'autre; supposons, de plus, les pôles de cette pile réunis par un conducteur de résistance r: appelons E et R la force électro-motrice et la résistance de chaque couple. Tout d'abord, on reconnaît que la résistance totale du circuit se compose de 4R, résistance des 4 éléments augmentée de r, la résistance extérieure. Le premier élément seul donnerait donc, en traversant un pareil circuit, un courant d'intensité $i = \dfrac{E}{4R+r}$; le second donnerait un courant de même intensité, et ainsi des autres. Ces quatre courants, qui marchent dans le même circuit, étant de même sens, s'ajoutent, et l'on a pour l'intensité totale :

$$I = \frac{4E}{4R+r}.$$

En général, l'intensité du courant fourni par n éléments serait donnée par la formule :

$$I = \frac{nE}{nR + r}.$$

1115. Application de la formule. — Cette formule générale renferme la solution de toutes les questions qui se présentent dans l'emploi de la pile ; elle permet de prévoir, pour chaque disposition adoptée, l'intensité du courant qui parcourra un circuit fermé. Voici les cas les plus intéressants.

1116. Cas où la résistance extérieure est faible. — Une pile est employée à faire passer un courant à travers un fil interpolaire de faible résistance. On veut, par exemple, en répétant l'expérience d'Œrsted, obtenir les effets les plus intenses ; et on se demande quel avantage il y aura à employer un grand nombre d'éléments. La résistance extérieure r offerte par les fils conjonctifs étant égale à 1, celle de chaque élément de la pile sera 100, je suppose (je la prends égale à 100, car nous savons que la résistance des liquides est très-grande). Employons d'abord un seul élément. L'intensité du courant sera donnée par l'égalité :

$$I_1 = \frac{E}{100 + 1}.$$

avec deux éléments, l'intensité du courant deviendra :

$$I_2 = \frac{2E}{200 + 1} = \frac{E}{100 + \frac{1}{2}},$$

si on se sert de trois éléments ; on aura :

$$I_3 = \frac{E}{100 + \frac{1}{3}}, \text{ etc.}$$

ce qui signifie que, dans un cas pareil, l'intensité du courant conserve sensiblement la même valeur $\frac{E}{100}$, quel que soit le nombre des éléments ; et que l'on ne gagnera rien ou presque rien à augmenter ce nombre, du moins tant que la disposition en série sera adoptée ; la dépense sera donc faite sans profit : car un seul élément donnerait sensiblement les mêmes effets.

1117. Meilleure disposition à donner l'élément. — Reste à savoir si quelque disposition particulière ne rendrait pas plus considérable l'effet qu'on veut obtenir. La formule montre qu'on obtiendra ce but en diminuant la résistance R de l'élément. Or deux moyens se présentent,

et tous deux sont excellents : l'un consiste à rendre plus petite la longueur du conducteur qui le constitue, l'autre à en augmenter la section.
À l'intérieur d'une pile, le premier sera réalisé par le rapprochement
des lames, le second par leur développement en surface. Au lieu de
l'élément qui nous servait, prenons-en donc un autre, tel que chaque
lame plongée dans le liquide intérieur ait une surface double ; la résistance sera réduite à 50, et l'intensité du courant presque doublée. Sans
rien changer aux surfaces plongées, rendons moitié moindre la distance
qui les sépare, la résistance intérieure sera réduite à moitié, et le courant deviendra encore deux fois plus intense.

Quoique Wollaston ne connût point les lois générales qui régissent
les intensités des courants, il les avait cependant pressenties, lorsqu'il
construisit la pile à laquelle on a donné son nom. Il rapprocha beaucoup
le zinc et le cuivre, souvent très-éloignés l'un de l'autre dans les piles
à couronne, et de plus, en enveloppant le zinc avec la lame de cuivre, il
doubla la surface de l'élément : ces deux perfectionnements réalisent
les conditions les meilleures que la théorie ait indiquées.

1118. Éléments associés par les pôles de même nom. — Des éléments, quelque petits qu'ils soient, peuvent, par un mode de groupement convenable, former des éléments à grande surface : il suffit de les
réunir entre eux par les pôles de même nom, c'est-à-dire dans le cas où
l'on se sert d'éléments de Bunsen : charbon avec charbon et zinc avec
zinc.

Fig. 462.

Lorsque deux éléments sont unis de cette manière, ils constituent un
élément de surface double, et la résistance intérieure est réduite à
moitié. En effet, complétons le circuit par un fil métallique, le courant
circulera à la fois par les deux éléments ; il n'aura pas les deux résistances successives à surmonter, mais seulement une résistance moitié

moindre $\frac{R}{2}$. Quant à la force électro-motrice, elle sera celle qu'aurait un élément double en surface, c'est-à-dire toujours demeurée égale à E. (1114) ; et si la résistance extérieure est faible, l'intensité du courant sera doublée par cette association.

La figure 462 représente six éléments unis deux à deux de manière à former une pile de trois éléments de surface double. La figure 463 montre une disposition équivalente, mais plus commode dans la pratique. La pile ainsi montée est dite en *batterie*.

Fig. 463.

1119. Cas où la résistance extérieure est considérable. — La résistance extérieure r est-elle considérable ; par exemple, R est-il égal à 100 et r à 100000, comme si, par exemple, le courant doit traverser des fils très-longs et très-fins, ou de longues colonnes de liquides? Avec un élément, l'intensité est :

$$I_1 = \frac{E}{100 + 100000},$$

avec deux éléments :

$$I_2 = \frac{2E}{200 + 100000} = \frac{E}{100 + 50000} = \frac{E}{50000}, \text{ etc.}$$

Le résultat est tout différent de celui qui a été trouvé (1117), le dénominateur de I_2 est presque moitié de celui de I_1 ; ainsi, avec deux éléments, l'intensité du courant est presque doublée. Dans ce cas particulier, il y aura donc avantage à augmenter le nombre des éléments qu'on disposera en *série*.

Il n'y aurait aucun avantage à disposer les éléments en batterie, car alors deux éléments ne forment qu'un élément à surface double dont la force électro-motrice est E seulement et dont la résistance moitié moindre est égale à $\frac{R}{2}$ ou 50 et la valeur de I'_2 correspondante à ce cas est

$$I'_2 = \frac{E}{50 + 100000}$$

valeur à peine différente de celle de I_1.

1120. Choix d'un galvanomètre. — La qualité d'un galvanomètre est toute relative ; elle dépend essentiellement des résistances opposées par les autres parties du circuit, et on peut l'apprécier au moyen des lois des courants. Si le fil qui s'enroule sur un galvanomètre est tel que chacune de ses circonvolutions oppose une résistance r' tout à fait né-gligeable, par rapport à la somme $R + r$ des autres résistances du circuit, l'intensité du courant n'est pas sensiblement modifiée par l'introduction de ce galvanomètre : l'action exercée sur les aiguilles grandit avec le nombre de tours que décrit le fil, et l'instrument mérite son nom de multiplicateur. Ces conditions se trouvent réalisées lorsque le courant provient d'une pile voltaïque dont les éléments sont de petites dimensions.

Mais dans le cas où r' serait très-grand par rapport à $R + r$, le galvanomètre devrait être abandonné ; car la résistance qu'il opposerait réduirait l'intensité du courant, sans compensation suffisante ; il serait préférable de faire agir tel quel le circuit primitif, ne dût-il passer qu'une seule fois entre les aiguilles astatiques. De pareilles circonstances se présenteraient si l'on voulait associer un galvanomètre à fil fin avec un élément thermo-électrique de M. Pouillet (1112). Un exemple numérique fera mieux comprendre pourquoi dans ce cas le galvanomètre doit être mis de côté. Soient 100 $(R + r)$ la résistance opposée par un tour du galvanomètre et 20 le nombre de tours : la valeur de r' est égale à 100 $(R + r) \times 20$ et l'intensité du courant, qui, avant l'interposition du galvanomètre, eût été $I = \dfrac{E}{R + r}$ devient, à la suite de cette interposition,

$$i = \frac{E}{R + r + 20 \times 100 (R + r)},$$ ou à peu près $i = \dfrac{1}{2000}$ I. Elle est donc réduite à la 2000e partie de sa valeur primitive, et la perte que l'intensité a subie sera certes loin d'être compensée par l'action répétée des 20 tours.

Avec les piles thermo-électriques peut-on employer un galvanomètre ? Oui ; mais à la condition que la valeur de r' soit très-petite : ce qui exige que le fil de l'instrument soit d'un fort diamètre. Mais à mesure que les tours se superposent, ils se trouvent en moyenne plus éloignés des aiguilles ; de plus r' grandit : au delà d'une certaine limite, il n'y a donc qu'à perdre en continuant l'enroulement. Cette condition : que le fil soit gros, entraîne donc cette autre : qu'il soit court.

CHAPITRE V

AIMANTATION PAR LES COURANTS — TÉLÉGRAPHES ÉLECTRIQUES

AIMANTATION PAR LES COURANTS

1121. Action du courant sur la limaille de fer. — Aussitôt que l'expérience d'Œrsted fut connue, Arago (septembre 1820) essaya l'action du courant sur le fer doux. Un fil de cuivre traversé par un courant énergique fut plongé dans la limaille de fer, et il en sortit emportant avec lui une portion de cette limaille adhérente. De ce fait, Arago conclut que le courant agit non-seulement sur l'aiguille aimantée, mais encore sur le fer doux, qui n'a reçu aucune aimantation préalable. Toutefois, il se demanda si le phénomène était bien dû au courant, et ne devait pas être attribué à une certaine quantité d'électricité libre qui, répandue sur le fil, reproduirait le phénomène bien connu de l'attraction des corps légers. Pour s'en assurer, il plongea le fil dans de la limaille d'un métal autre que le fer, et il reconnut que, dans ce cas, aucune parcelle métallique ne restait adhérente. Le fluide libre n'est donc pour rien dans l'action qui avait été d'abord observée, et le phénomène en question est bien dû à l'action propre du courant.

1122. Aimantation par les courants. — Arago reconnut également que si l'on met un courant en croix avec une aiguille d'acier non aimantée, il se forme un pôle austral à la gauche du courant, si bien que l'aimant nouveau et le courant sont dans la position relative qu'ils auraient occupée si l'aiguille avait possédé une aimantation préalable.

Comme l'expérience d'Arago ne réussit bien que si le courant est très-énergique, une idée très-simple se présentait naturellement à l'esprit des expérimentateurs : ne devait-on pas accroître considérablement l'aimantation de l'aiguille d'acier, en se servant d'un courant peu intense, à la condition qu'on utiliserait la disposition déjà adoptée pour le galvanomètre multiplicateur? En un mot, l'aiguille à aimanter, placée dans l'intérieur du cadre du galvanomètre et mise en croix avec la direction du courant peu énergique qui parcourt le fil de cet instrument, ne devait-elle pas s'aimanter tout aussi bien que sous l'influence d'un courant très-puissant employé directement? Les raisonnements que nous avons faits en développant la théorie du galvanomètre, s'appliquent sans la moindre modification au cas actuel, et ils prouvent que tous les courants doivent agir pour faire naître un pôle austral à la même extrémité de l'aiguille.

En réalité, Ampère, qui eut le premier l'idée de cette tentative, ne se

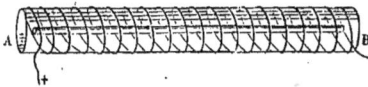

Fig. 464.

servit pas du cadre dont nous venons de parler, il employa une disposition préférable dans la pratique. Un fil fut enroulé en hélice sur un tube de verre creux AB (*fig.* 464) de petit diamètre, au milieu duquel on plaça l'aiguille d'acier. Les tours de l'hélice enveloppaient ainsi de très-près l'aiguille ; dans ces conditions, celle-ci s'aimanta plus fortement qu'elle ne l'eût fait si elle avait été placée au centre du multiplicateur. Le sens de l'aimantation qui prend naissance, est du reste facile à prévoir quand on connaît le sens du courant. Il suffit de s'appuyer sur ce principe déjà indiqué, que le pôle austral se développe toujours à la gauche du courant. Dans le cas particulier de la figure, la gauche du courant est celle même du lecteur : c'est donc de ce côté A que se formera le pôle austral. Dans tout autre cas, quel que soit le sens de l'enroulement du fil, que l'hélice soit, comme disent les mathématiciens, ou *dextrorsum* on *sinistrorsum*, il n'y a pas à s'en inquiéter : ce qu'il faut regarder, c'est le sens du courant ; ce qu'il faut déterminer, c'est la gauche du spectateur placé dans la position indiquée par Ampère.

1125. Points conséquents. — Rien n'est plus facile que de produire, par cette méthode, des points conséquents ; il suffit d'enrouler le

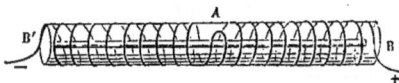

Fig. 465.

fil sur le même tube, tantôt dans un sens, tantôt dans un autre, afin que le courant change de sens plusieurs fois. La figure 465, représente une hélice disposée de manière à produire un point conséquent au milieu A de l'aiguille. On voit, en effet, que le courant, qui entre par l'extrémité B du fil tourne d'abord sa gauche du côté A, tandis qu'arrivé en A il change de sens, sa gauche est placée en sens inverse, et par suite tournée encore vers A. Les actions des deux parties de l'hélice agissent alors pour faire naître un pôle austral au milieu de l'aiguille ; l'expérience montre, en effet, que la polarité s'établit comme l'indique la figure ; il apparaît à chaque bout un pôle boréal, et au milieu un pôle austral.

1124. Aimantation du fer doux. — Un morceau de fer doux introduit dans l'intérieur d'une hélice formée par un fil conducteur acquiert, sous l'influence d'un courant, la même polarité magnétique que l'acier. Mais l'aimantation, au lieu d'être permanente comme dans cette dernière substance, est tout à fait momentanée ; elle ne persiste que pendant la durée du passage du courant. Dès que le courant cesse, toute trace de magnétisme libre disparaît ; de même, aussitôt que le fer doux est retiré de l'hélice, il ne donne plus aucun signe d'aimantation. Il est nécessaire toutefois, pour que le phénomène de désaimantation subite se manifeste, que le fer doux soit d'une excellente fabrication. Quand il est un peu carburé, il conserve assez longtemps une certaine quantité de magnétisme libre qu'on nomme dans ce cas *magnétisme rémanent.*

1125. Électro-aimants. — Cette propriété du fer doux, de s'aimanter et de se désaimanter par le fait du passage et de la suppression d'un courant, a été appliquée à un grand nombre d'usages. Habituellement, le fil de cuivre revêtu de soie qui conduit le courant est enroulé directement sur le barreau de fer. S'il est assez long pour faire 1,500 à 2,000 tours, il produit, quand le courant passe, une aimantation momentanée, incomparablement plus énergique que celle que nous avons vue se manifester dans les aimants ordinaires.

En général, on donne à ces appareils, que l'on appelle *électro-aimants,* la forme dite en fer à cheval. Quelquefois, le barreau de fer est recourbé et ses deux branches sont disposées parallèlement l'une à l'autre : mais, le plus souvent, il est formé de trois pièces distinctes ; l'une d'elles, rectiligne et transversale, réunit les deux branches parallèles. Le fil métallique, recouvert de soie, est enroulé d'abord sur une des branches, puis, quand il a fait le nombre de tours convenable, il passe sur l'autre sans envelopper la partie intermédiaire. Il continue à s'enrouler sur la seconde branche dans un tel sens, que la nouvelle hélice formée soit comme la continuation de la première, et que le courant circulant dans le fil agisse d'accord dans toutes ses parties pour faire naître un pôle austral à l'un des bouts du barreau qu'on suppose alors redressé, et un pôle boréal à l'autre extrémité. Cette condition se

trouve remplie en adoptant la disposition de la figure 466, qui représente un électro-aimant, sur les branches duquel nous n'avons des-

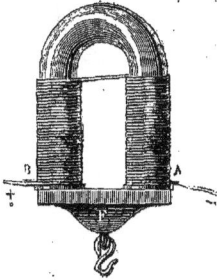

Fig. 466.

siné qu'un petit nombre de tours, afin de bien
faire voir la disposition indiquée. On remarquera
que le fil, en se rendant d'une branche à l'autre,
croise l'intervalle qui est libre entre elles.

La figure 467 représente un électro-aimant,
analogue à ceux que l'on emploie d'habitude.
En contact avec cet électro-aimant se trouve une
armature de fer doux, portant un plateau. Lorsqu'on fait intervenir le courant d'une forte pile,
l'aimantation est si puissante, que l'électro-ai-
mant peut supporter plusieurs centaines de kilogrammes, et, dès que le
courant est interrompu, la lame de fer doux qu'on nomme le *contact*
tombe, et la charge est immédiatement abandonnée.

1126. Magnétism et diamagnétisme.— Au moyen des aimants puis-

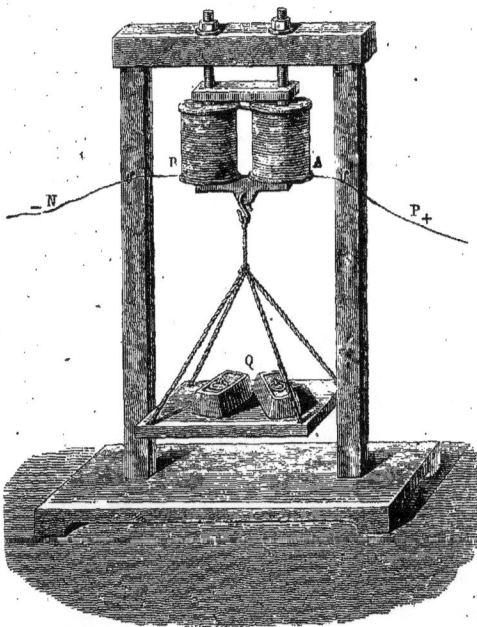

Fig. 467.

sants que l'électricité
produit, il a été possible
de reconnaître les pro-
priétés magnétiques de
diverses substances sur
lesquelles l'influence des
aimants ordinaires est
trop faible pour qu'on
pût la constater autre-
fois. Jusqu'ici, nous
n'avons signalé que le
magnétisme du fer, du
nickel, du cobalt. Mais
d'autres métaux, tels que
le platine, sont aussi
attirables par l'aimant.
Une aiguille de platine
suspendue entre les pôles
A et B de l'électro-ai-
mant (*fig.* 467) se fixe

dans la direction de ces pôles. Il en est de même de plusieurs autres
substances métalliques.

Un autre fait intéressant et tout à fait imprévu s'est offert à M. Faraday : certains corps sont repoussés par les aimants, on les distingue par le nom de substances *diamagnétiques;* ce sont : le bismuth, l'antimoine, le zinc, l'étain, le plomb, l'argent, le cuivre, l'or, le soufre; le phosphore, le charbon et un grand nombre d'autres. Une aiguille de ces différentes susbstances suspendue entre les pôles de l'électro-aimant se dirige perpendiculairement à la ligne des pôles. Les liquides, les gaz sont magnétiques ou diamagnétiques : la fumée d'une bougie que l'on vient d'éteindre est repoussée par l'électro-aimant. Certains liquides posés sur les pôles de l'électro-aimant AB renversé, se soulèvent dans la capsule qui les porte.

1127. Emploi des électro-aimants comme moteurs. — De même que la vapeur met en mouvement le piston sur lequel sa pression s'exerce, de même un électro-aimant, dans le fil duquel un courant circule, peut imprimer un mouvement à un *contact* de fer doux placé à distance. Lorsque le contact aura fourni toute sa course possible, si l'on interrompt le courant, une action contraire, celle d'un ressort antagoniste, ou celle d'un second électro-aimant, le ramènera sans peine à sa position primitive : une série d'aimantations et de désaimantations alternatives produira donc un mouvement de va-et-vient, facile à tranformer selon les besoins de l'industrie. Il sera possible aussi, par des dispositions appropriées, d'obtenir une machine rotative.

1128. Machine de Page. — Parmi les nombreuses machines de ce genre qui ont été construites, nous citerons seulement celle de Page et celle de Froment. Elle se compose de deux électro-aimants fixes B et B' (*fig.* 468) formés par des cylindres creux de fer doux, sur chacun desquels s'enroule un fil de cuivre, revêtu de soie dans le but d'isoler les spires. Une bielle de cuivre T s'adapte à la manivelle M et s'articule au cadre rectangulaire CC', dont les deux côtés parallèles sont mobiles dans des glissières; les autres côtés servent d'attache à une tige de cuivre qui porte deux barreaux de fer doux F et

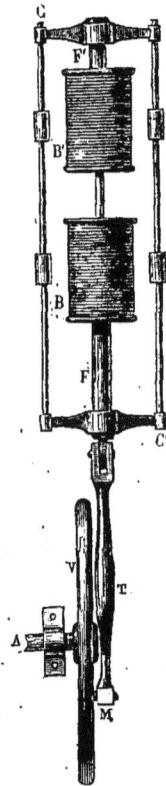

Fig. 468.

F'; ces barreaux peuvent pénétrer alternativement, l'un dans l'intérieur de l'électro-aimant B, l'autre dans l'intérieur de l'électro-aimant B'.

Le courant ne circule jamais en même temps à travers les deux hélices, mais à l'aide d'un mécanisme convenable, aussitôt que le courant circule dans l'une des bobines il cesse de passer dans l'autre. De la sorte, quand l'électro-aimant B, traversé par un courant, aimante et attire le barreau F, le barreau F' n'éprouve aucune action de la part de B' et ne peut gêner le mouvement du premier. Ceci posé, supposons le barreau F en dehors de l'électro-aimant B, et faisons passer le courant dans cette bobine, F est attiré, pénètre dans l'intérieur de l'électro-aimant, et la manivelle commence son mouvement; mais aussitôt que le fer doux F a pénétré dans l'hélice correspondante, l'hélice B cesse d'être parcourue par le courant qui passe à ce moment dans le fil B'; c'est le barreau F' qui est attiré à son tour, et la bielle T prend un mouvement en sens contraire. La roue V se trouve, par suite, animée d'un mouvement de rotation continu. On comprend que les passages alternatifs du courant dans les deux bobines puissent être facilement déterminés en temps utile par la machine elle-même, comme cela a lieu pour le mouvement alternatif des tiroirs dans les machines à vapeur (716).

1129. **Machine de Froment.** — Froment a construit une machine rotative, qui se compose d'une roue mobile autour de son axe et sur la circonférence de laquelle sont fixées des armatures de fer doux. A l'entour de la roue, et ne la touchant pas, sont disposés des électro-aimants immobiles dont les surfaces polaires forment, par leur ensemble, un cylindre concentrique à la roue.

La machine étant en activité, le courant circule dans l'électro-aimant au voisinage immédiat duquel se trouve une armature; l'aimantation produite donne naissance à une force motrice qui commence ou entretient le mouvement de la machine. Mais le courant se trouve brusquement interrompu aussitôt que l'armature qui a été attirée est en regard de l'électro-aimant, et il se rétablit dans un autre électro-aimant qui est voisin d'une armature amenée là par le mouvement. La rotation continue par la répétition de semblables actions. D'ailleurs, c'est la machine elle-même qui établit ou interrompt, quand il le faut, les communications avec la pile.

1130. **Chaleur consommée par le travail des électro-aimants.** — Le travail, que ces machines exécutent, prend sa source dans les réactions chimiques qui engendrent le courant, et la chaleur, mise en liberté par ces réactions, se consomme à mesure que le travail s'accomplit; à un travail de 436 kilogrammètres correspond la dépense d'une unité de chaleur (637). Ce résultat a été établi par des expériences directes de M. Favre. Deux calorimètres, semblables à celui de la figure 469, reçoivent dans leur moufle M, l'un une pile, l'autre une machine électro-magnétique qui sont en communication par des fils extérieurs assez gros pour ne pas s'échauffer sensiblement. Quand le courant fait mouvoir la machine sans qu'il y ait un poids soulevé par elle, la

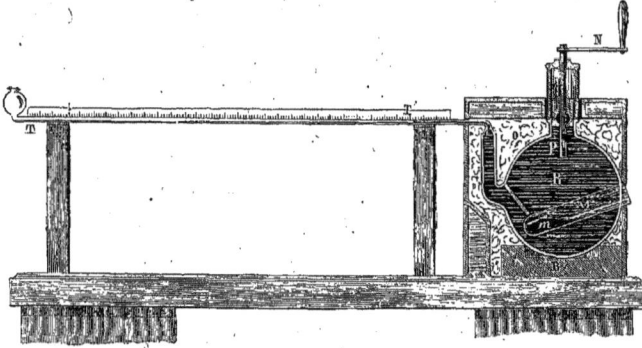

Fig. 469.

chaleur totale, donnée par la dissolution du zinc, se retrouve tout entière dans les deux calorimètres sans aucune perte, à savoir 18 unités par équivalent de zinc dissous ; mais, dès que la machine, en tournant, fait monter un poids, la quantité de chaleur dégagée diminue, et la perte est de 1 calorie pour environ 436 kilogrammètres de travail exécuté. Donc, encore dans ce cas, le travail mécanique fourni par une unité de chaleur se retrouve encore ici exprimé par le nombre 436, comme dans les expériences de MM. Joule et Regnault, décrites au n° 637.

1131. **Appréciation de ces machines.** — Ces résultats permettent d'apprécier nettement les machines électro-motrices au point de vue industriel ; ils nous autorisent à affirmer qu'au prix actuel de revient de l'électricité, un moteur, même coûteux comme l'est la vapeur, est encore plus économique que celui que fournirait le passage d'un courant dans un circuit métallique. Compare-t-on les machines à vapeur et les machines électro-magnétiques, on peut exprimer très-simplement leur valeur relative en disant : qu'en définitive, le travail dû à l'électricité a pour origine la combustion du zinc, tandis que celui qu'engendre la vapeur d'eau provient de la combustion du charbon. Or, comme pour obtenir le zinc il faut déjà brûler du charbon, il n'est pas douteux que, pour créer une même quantité de travail, il y a une économie considérable à s'en tenir encore à l'emploi de la houille.

En outre, jusqu'à ce jour, les machines électro-magnétiques sont si lourdes que, pour obtenir la force dite d'un cheval-vapeur, on serait obligé d'employer un appareil pesant 800 kilogrammes, poids relativement énorme, et qui, dans un grand nombre de circonstances, empêcherait d'employer l'électricité comme moteur, même si elle était à bas prix.

Les machines dont nous discutons la valeur, ont un grand intérêt au point de vue théorique; elles montrent la conversion de la chaleur en travail mécanique. Quant à leur importance pratique, elle est bien restreinte; elles ne sont guère utilisées que dans les cas, peu nombreux, où il s'agit de faire marcher, avec une grande régularité, des instruments de précision exigeant de faibles efforts. Froment, dans ses ateliers, avait su tirer ingénieusement parti de ces machines électro-magnétiques qu'il construisait avec une grande habileté; mais ce n'est pas à cause de leur puissance qu'il les employait, c'est en raison de la vitesse et de la régularité de leur marche. Dans l'état actuel de la science, on peut affirmer que c'est perdre son temps que de vouloir convertir l'électricité en un moteur d'une grande puissance. Pour l'utiliser avec profit, il faudrait produire le courant moyennant une dépense vingt-cinq à trente fois moins considérable que celle qui est nécessaire aujourd'hui.

TÉLÉGRAPHES ÉLECTRIQUES

1132. Le courant, moteur si médiocre quand on veut lui faire exécuter un travail puissant, présente, dans des circonstances spéciales, des avantages qui n'appartiennent à aucune autre force motrice. A plusieurs centaines de kilomètres de la pile, il peut mettre en mouvement certains mécanismes, et un simple fil suffit pour transporter au loin la force produite à l'endroit même où le courant prend naissance. Il y a mieux : comme la force se transmet avec une grande vitesse, le courant voltaïque est éminemment propre à faire parvenir à destination tels signaux qu'il plaira d'expédier. Les appareils construits dans ce but se nomment *télégraphes électriques*.

Il est difficile de dire le nom de l'inventeur du télégraphe électrique. Sœmmering est le premier qui ait pensé à se servir du courant pour la transmission des dépêches : il utilisait les décompositions chimiques; Ampère vint ensuite et proposa le galvanomètre. Mais M. Wheatstone et

M. Steinheil ont, les premiers, construit les télégraphes qui aient fonctionné régulièrement. •

L'ensemble d'une ligne télégraphique comprend : 1° une pile; 2° des
fils métalliques communiquant avec les deux stations; 3° un appareil
destiné à recevoir les signaux et que l'on nomme *récepteur;* 4° un appareil mis en mouvement par l'employé chargé de transmettre les dépêches, et nommé *manipulateur.*

1133. Principe du télégraphe électrique. — Le récepteur de plusieurs télégraphes électriques employés en France se compose d'un électro-aimant E (*fig.* 470) et d'une armature de fer doux A, maintenue par
un ressort antagoniste R à une petite distance des pôles de l'électro-aimant. A l'une des stations, se trouve une pile dont le courant peut être
conduit par les fils PF et NF′ jusqu'à l'électro-aimant placé à l'autre
station. La pile par exemple est à Paris, et l'électro-aimant à Marseille.

Fig. 470.

Lorsque le courant passe, l'armature est attirée et s'avance malgré le
ressort antagoniste, qui est choisi trop faible pour s'opposer à ce mouvement. Si, à Paris, on vient à rompre le courant (et il suffit pour cela de
détacher du pôle P le fil PF qui y était uni), l'aimantation cesse et le fer
doux, sollicité par le ressort antagoniste, s'écarte de l'électro-aimant.
Un nouveau passage et une nouvelle interruption du courant, reprodui-
ront les deux mêmes mouvements, à la volonté de l'opérateur. Il est donc
facile d'imprimer un va-et-vient continu à une armature de fer doux
placée à distance; et ces mouvements, alternatifs, convenablement combinés en durée et en nombre, pourront donner tous les signaux, comme
nous allons le montrer un peu plus loin.

1134. Communication avec la terre. — Mais, avant d'entrer dans
les détails de construction, une nouvelle idée est importante à noter dès
à présent. L'expérience a montré que, pour faire circuler le courant dans
l'électro-aimant, il n'est pas nécessaire de tendre deux fils entre les deux
stations; un seul suffit. Enlevons, en effet, le fil NF′ et mettons en communication avec la terre les points F′ et N du circuit qui unissait la pile
à l'électro-aimant; l'appareil fonctionnera tout aussi bien : le fil PF em-

ployé seul permet au courant de circuler dans l'électro-aimant comme il le faisait auparavant. Il est aisé de s'en rendre compte : le pôle positif de la pile est en communication avec le sol par l'intermédiaire du fil de ligne PF et du fil FF' de l'électro-aimant (*fig.* 471). Le fluide libre accumulé à ce pôle provoque donc un courant dans le fil, comme le fait toute source d'électricité le long du conducteur qui la met en rapport avec la terre. La pile en activité fait toujours affluer au pôle P de l'électricité positive qui chemine d'un mouvement continu de ce pôle vers T': de T' vers ce pôle il y a, par suite, un mouvement d'électricité

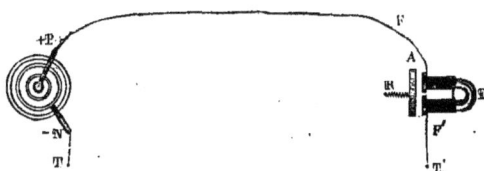

Fig. 471.

négative en sens inverse, de sorte qu'un courant voltaïque ordinaire se propage suivant P, F, F', T'. Ce résultat est important dans la pratique par l'économie qui en résulte : le fil NF', qui devait avoir la longueur de la ligne télégraphique, se trouve remplacé par quelques mètres de fil F'T' et NT. Mais il faut qu'en T et T' les communications avec la terre soient parfaitement établies : on se sert habituellement, dans ce but, de larges plaques métalliques, qui, plongées dans un sol constamment humide, ou mieux encore dans l'eau d'un puits, permettent aux fluides fournis par la pile de s'écouler d'une manière continue.

1135. **Télégraphe de Morse. — Récepteur.** — L'électro-aimant E du récepteur de Morse (*fig.* 472) est vertical ; son armature A est fixée à un levier LL', mobile autour d'un axe horizontal O, et auquel s'attache le ressort antagoniste R. L'extrémité L de ce levier se trouve limitée dans ses mouvements par les pointes de deux vis V, V', entre lesquelles elle est comprise ; l'autre extrémité L', appuyée contre un ruban de papier PP', se relève quand le courant passe et que l'armature A est attirée ; en se relevant, elle met le ruban PP' en contact avec la tranche d'une roue ou *molette* M, toujours chargée d'encre grasse qui alors laisse une trace noire sur le papier. Mais le papier n'est pas immobile ; il avance avec une vitesse constante de P vers P', entraîné par deux cylindres rugueux C et C', entre lesquels il est serré et qui tournent sur eux-mêmes par un mouvement d'horlogerie. Si le courant persiste pendant quelque temps, il est évident qu'une longueur notable de la bande de papier passe en frottant contre la molette et qu'un trait noir de longueur égale se trouve marqué. Si, au contraire, le courant ne dure que pendant un temps très-court, le trait marqué aura une petite longueur, il deviendra comparable à un point. L'employé chargé de transmettre la dépêche pourra donc, en envoyant le courant dans le fil de la ligne pendant des intervalles de temps convenables, faire tracer, à son gré,

Fig. 472.

par l'armature de l'électro-aimant placé à la station d'arrivée, des lignes noires de différentes dimensions, et de plus espacer ces lignes comme il le jugera à propos. Dans la pratique, on n'emploie comme éléments des signaux que deux longueurs différentes : le *point* et la *barre;* le premier, le *point*, se représente par un petit trait qui est égal au tiers de la longueur de la barre. — Voici le tableau des signaux qui représentent les lettres de l'alphabet dans les correspondances internationales auxquelles le télégraphe de Morse est employé dans toute l'Europe.

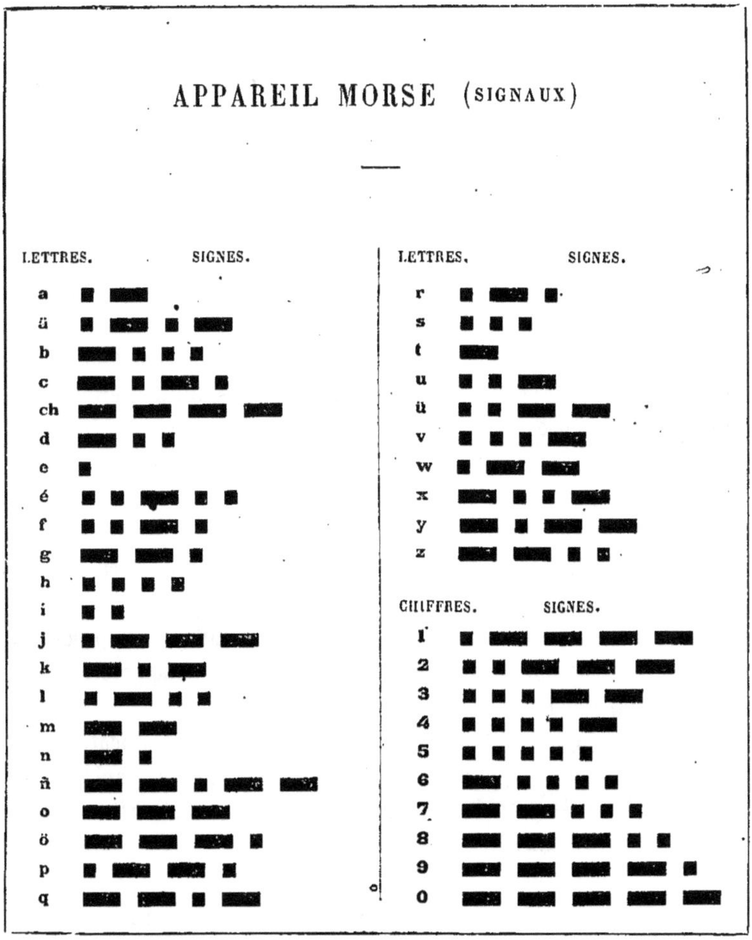

APPAREIL MORSE (SIGNAUX)

———

LETTRES.	SIGNES.		LETTRES.	SIGNES.
a			r	
ä			s	
b			t	
c			u	
ch			ü	
d			v	
e			w	
é			x	
f			y	
g			z	
h				
i			CHIFFRES.	SIGNES.
j			1	
k			2	
l			3	
m			4	
n			5	
ñ			6	
o			7	
ö			8	
p			9	
q			0	

Pour rendre lisible la dépêche transmise, l'employé espace à peu près également deux éléments d'un même signal ; il espace un peu plus, mais toujours par des intervalles égaux entre eux, les différentes lettres d'un

| d | é | p | é | ch | e |

Fig. 473.

même mot ; enfin, comme dans l'écriture usuelle, chaque mot doit être bien isolé. On peut voir (fig. 473) comment le mot dépêche se trouve

transcrit en signes télégraphiques sur une bande de papier. L'impri-
meur a reproduit ici exactement les traits avec leur longueur et leur
espacement, tels, en un mot, que l'appareil télégraphique les aurait lui-
même tracés.

Pendant longtemps, on s'était contenté d'inscrire les traits sur la bande
de papier avec une pointe mousse placée en L'. On obtenait, par ce procédé, une sorte de gaufrage qui rendait la dépêche souvent fort difficile
à lire et que le frottement faisait bientôt disparaître. Aujourd'hui, le récepteur est muni de l'appareil à encrage que nous avons décrit et dont
l'invention est due à MM. Digney frères. Cette modification introduite
dans le télégraphe de Morse est très-avantageuse : la dépêche est toujours
lisible, elle peut être conservée indéfiniment sans subir d'altération, et,
en outre, la dépense de force nécessaire pour l'encrage est incomparablement moindre que celle qu'exigeait le gaufrage du papier.

1136. Manipulateur de l'appareil de Morse. — Il résulte de ce que
nous disions tout à l'heure, que l'employé qui transmet la dépêche doit
mettre le fil télégraphique en communication avec l'un des rhéophores
de la pile, puis interrompre la communication. Le passage et la suppression du courant doivent être effectués avec une grande précision.
M. Morse est parvenu au but désiré par le moyen d'un appareil simple
nommé *manipulateur*.

L'un des rhéophores P de la pile locale est en communication avec
une petite colonne E, que nous appellerons l'*enclume* du manipulateur
(*fig.* 474); le fil télégraphique L, qui unit les deux stations, est réuni
avec le levier métalli-
que AB, qu'un ressort
r écarte de l'enclume.
Dans ces conditions, le
courant ne passe pas.
Mais, lorsqu'on appuie
sur la poignée A, le le-
vier s'abaisse, un con-
tact métallique s'éta-

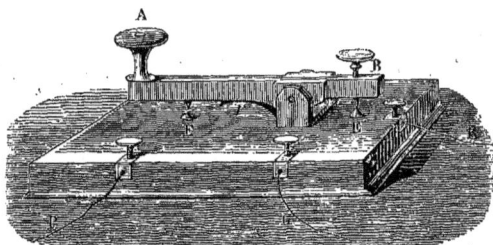

Fig. 474.

blit entre l'enclume et ce levier, et dès lors le courant peut arriver à
l'électro-aimant de la station éloignée. Dès que l'on cesse d'appuyer, le
courant est interrompu, car le ressort r agit alors librement. Après
quelques jours d'exercice, un employé parvient à transmettre lisible-
ment une dépêche, et, avec la pratique, il arrive à produire des signaux
aussi nets que ceux qui ont été représentés sur notre tableau.

Tout manipulateur est muni, en outre, d'une seconde colonne ou enclume E', sur laquelle le levier AB s'appuie quand le courant ne passe
pas. Cette colonne E' est nécessaire pour l'installation d'un poste télégraphique.

1137. Installation d'un poste. — Un poste est installé de manière à
transmettre et à recevoir les dépêches ; il est pourvu, par conséquent,
d'un manipulateur et d'un récepteur, et le poste auquel il est relié possède les mêmes appareils, afin de satisfaire aux mêmes exigences. Enfin,
il faut qu'à un instant quelconque, une dépêche soit transmise, dans un

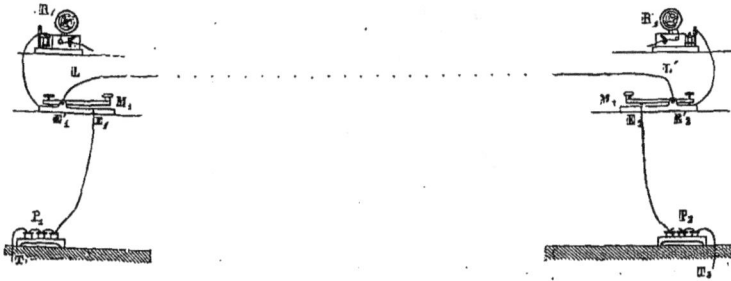

Fig. 475.

sens ou dans l'autre. Tout d'abord, on pourrait croire que cette double
transmission exige deux fils, car chacun des manipulateurs doit être
réuni au récepteur qu'il fait marcher ; mais il n'en est rien : un seul fil
suffit. La figure 475 montre comment les deux postes sont en rapport :
P_1 et P_2 représentent les piles ; M_1 et M_2 les manipulateurs ; R_1 et R_2 les
récepteurs ; enfin, T_1 et T_2 les fils qui vont à la terre. Les deux appareils
étant au repos, les deux récepteurs communiquent tous deux avec le fil
de ligne LL' par les colonnes E'_1 et E'_2, qui sont les analogues de celle qui
a été désignée par E' dans le paragraphe précédent ; si donc le manipulateur M_1 est baissé, le récepteur R_2 est mis, par le fait même, en activité. De la première station, on a donc attaqué la seconde ; et inversement de la seconde on aurait pu attaquer la première.

1138. Télégraphe de M. Bréguet. — Récepteur. — L'électro-aimant du télégraphe Bréguet est horizontal : il se trouve représenté en E
(*fig.* 476) ; l'armature A, mobile autour d'un axe horizontal OO', porte
un levier L auquel est fixé le ressort antagoniste R. Les oscillations du
levier, transmise à une palette d'échappement P (*fig.* 476 et 478), règlent
la marche d'une aiguille mobile sur un cadran (*fig.* 477) où se trouvent
marquées les 25 lettres de l'alphabet, plus une croix. Sans cette palette,
l'aiguille, sollicitée sans relâche par un mouvement d'horlogerie, pas-

serait successivement sur chacune des lettres sans se fixer sur aucune. Mais, par l'action de la palette, toute rotation est empêchée en temps

Fig. 476.

utile. Pour cela, à l'axe qui porte l'aiguille sont adaptées, côte à côte, deux roues K et K' (*fig.* 478), dites *roues à rochet*, qui sont armées chacune de 13 dents obliques, et disposées de telle sorte que les dents de la

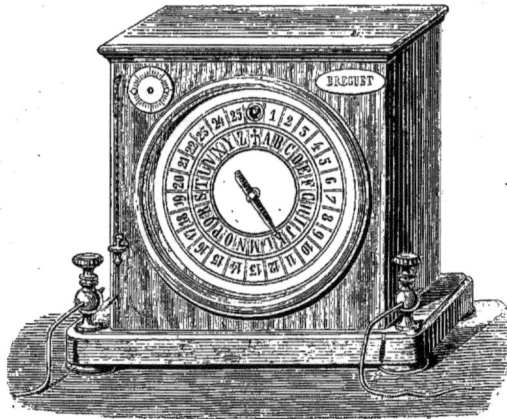

Fig. 477.

première alternent avec celles de la seconde. En tout, 26 dents se succèdent donc, et d'une dent à la dent la plus voisine, on compte un vingt-sixième de tour. Lorsque la palette P est intercalée entre les dents d'une roue, elle empêche le mouvement, car une dent butte contre elle. Mais si, par l'effet de l'oscillation de levier, cette palette vient à passer d'une

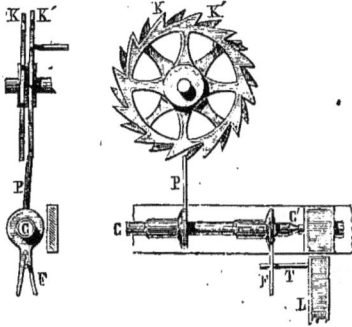

Fig. 478.

roue à l'autre, la dent en prise cesse de l'être, la rotation commence et dure jusqu'à ce qu'une dent de la seconde roue butte de nouveau contre la même palette, ce qui a lieu après un vingt-sixième de tour. A chaque oscillation, l'aiguille avance donc d'un vingt-sixième de tour, c'est-à-dire d'une lettre.

L'axe CC', auquel est fixée la palette, reçoit d'ailleurs du levier L son mouvement oscillatoire au moyen d'une espèce de manivelle qui se compose d'une fourchette renversée F (*fig.* 478), dont la pointe est fixée à l'axe CC', et entre les branches de laquelle passe une tige de transmission T attachée au levier L.

Supposons l'aiguille sur la croix : si l'employé, placé à la station de départ, fait passer le courant, un mouvement oscillatoire de l'axe a lieu, l'aiguille vient sur la lettre A ; quand le courant est ensuite interrompu, une oscillation en sens contraire se produit et amène l'aiguille sur la lettre B ; ainsi, chaque fermeture ou chaque interruption du courant fait avancer l'aiguille d'une lettre. L'employé qui envoie la dépêche peut, en comptant le nombre d'émissions et d'interruptions qu'il produit, savoir si l'aiguille du récepteur, à la station d'arrivée, est venue se placer sur la lettre qu'il veut transmettre. Quand elle y est parvenue, il n'a qu'à la laisser stationner dans cette position pendant le temps suffisant pour que son intention soit bien marquée et comprise ; puis, il devra provoquer le nombre d'oscillations convenable pour que l'aiguille passe de cette lettre à la seconde lettre de la dépêche, et ainsi de suite.

1159. Manipulateur. — Les calculs que l'on serait obligé de faire à la station de départ ne manqueraient pas d'entraîner des erreurs continuelles. Aussi le manipulateur compte-t-il, comme de lui-même, le nombre des interruptions et des fermetures du courant. Il se compose d'un levier horizontal AB (*fig.* 479), oscillant autour d'un axe vertical passant par le point O. Ce levier, par son extrémité B, est en communication constante avec le fil de la ligne télégraphique L ; et son extrémité A se trouve à une petite distance d'une masse métallique P′, qui communique avec le pôle P de la pile. Quand le levier oscille et que A vient toucher P′, comme B d'ailleurs ne cesse pas d'être en communication avec le fil de la ligne, le courant passe de P′ en A, de A en B et de B en L ou en sens inverse, selon le pôle qui est en rapport avec P′. Mais quand, par suite de l'oscillation du levier, A est éloigné de P′, la communication est interrompue, le courant ne passe plus.

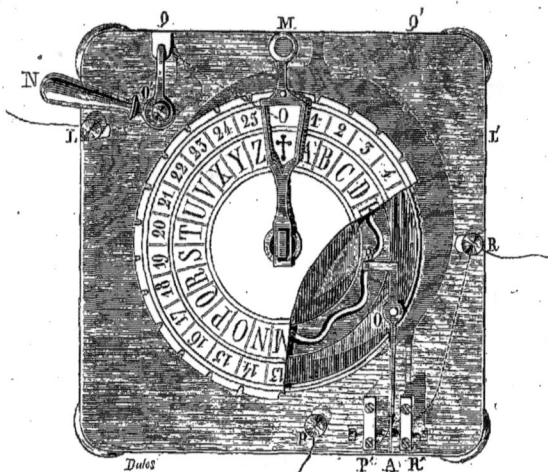

Fig. 479.

Le mouvement d'oscillation est donné au levier par une roue métallique que l'on fait tourner au moyen de la manivelle M. Cette roue est creusée d'une rainure sinueuse qui présente treize ondulations dans un sens et treize en sens contraire; en tournant, elle imprime un mouvement de va-et-vient à une cheville qui est fixée au point B du levier AB et qui pénètre dans la rainure. Le levier oscille donc, et la communication de la pile avec le fil de la ligne se trouve alternativement établie et interrompue. Au-dessus de cette roue, un cadran porte les 25 lettres de l'alphabet et la croix. A l'état de repos, la manivelle est sur la croix, l'aiguille du récepteur se trouve au même signe : l'extrémité A du levier n'est point en contact avec P′, le courant ne passe pas.

Si l'on veut transmettre une dépêche, on déplace la manivelle qui vient sur la lettre A lorsque la roue a fait un vingt-sixième de tour; la tige fixée en B n'est plus alors logée dans un creux de la rainure ondulée, mais elle se trouve dans une partie saillante; le levier a pris, par suite, une position nouvelle et le courant passe à cause du contact qui s'est établi entre A et P'. Le passage du courant dans le récepteur a pour effet de déplacer l'aiguille située sur la croix avant la transmission et de la porter sur la lettre A, où elle restera tant que la manivelle demeurera immobile. Si la manivelle est portée sur la lettre B du manipulateur, la tige se logera dans un creux, l'extrémité A du levier se trouvera éloignée de P', et le courant sera interrompu : l'aiguille du récepteur indiquera la lettre B. Chaque mouvement de la manivelle se répète ainsi sur le récepteur, et l'employé qui la manœuvre n'a qu'à lire sur le cadran de son manipulateur, il y voit les signaux mêmes qui se reproduisent sur le récepteur avec lequel il correspond.

1140. **Avantages des systèmes décrits.** — Le télégraphe de Bréguet a l'avantage de transmettre, comme signaux, les lettres ordinaires de l'alphabet ; il ne nécessite aucune étude préalable, et c'est cette raison qui l'a fait adopter par les compagnies de chemins de fer.

Le télégraphe Morse, au contraire, fait usage d'un alphabet conventionnel spécial. Cet appareil a été préféré par les administrations télégraphiques et est aujourd'hui employé pour les correspondances internationales dans toute l'Europe, parce qu'il permet d'arriver à une plus grande rapidité dans les transmissions, et surtout parce qu'il laisse une trace écrite des dépêches.

1141. **Principe des nouveaux télégraphes.** — La connaissance du télégraphe de M. Bréguet et celle du télégraphe Morse suffit amplement à celui qui tient à s'expliquer comment la pile permet de transmettre les signaux. Mais, dans ces dernières années, le problème de la télégraphie a reçu deux solutions tellement heureuses, que tout esprit curieux doit désirer d'en être instruit.

L'un des nouveaux télégraphes, imaginé par un Américain, M. Hughes, imprime la dépêche avec les lettres mêmes de l'alphabet : avantage précieux pour le destinataire de la dépêche. De plus, il a encore une autre supériorité sur les systèmes précédents : il suffit, en effet, que le courant soit fermé et ouvert une seule fois, pour que chaque lettre soit imprimée. Le second appareil, dont on doit l'invention à un Italien, l'abbé Caselli, est peut-être plus étonnant encore : il transmet l'écriture même de l'expéditeur. C'est une véritable lettre que le destinaire reçoit, à cette différence près avec les procédés habituels, qu'elle parvient aussitôt après avoir été écrite.

Les deux appareils, d'ailleurs, reposent sur une idée analogue, mais mise en œuvre tout différemment : celle d'associer deux mécanismes à mouvements concordants. Ces mouvements, qui s'exécutent l'un à la

station du départ, l'autre à la station d'arrivée, sont produits par des
forces motrices indépendantes du courant qui envoie la dépêche. L'électricité est utilisée pour la transmission d'un signal qui n'a de sens que
par l'accord de ces mouvements; elle sert aussi à vérifier et même à
produire la concordance malgré la distance des deux stations.

1142. **Manipulateur du télégraphe Hughes.** — Le manipulateur
peut se décomposer en trois parties ; 1° le mécanisme qui produit l'impression ; 2° les organes qui mettent ce mécanisme directement en jeu ;
3° enfin, l'électro-aimant dont l'action détermine le mouvement de tout
le système.

1° *Mécanisme de l'impression.* — Une roue T verticale (*fig.* 480) porte
sur sa circonférence, divisée en 26 parties égales, 25 caractères d'imprimerie qui ne sont autres que les 25 lettres de l'alphabet faisant saillie

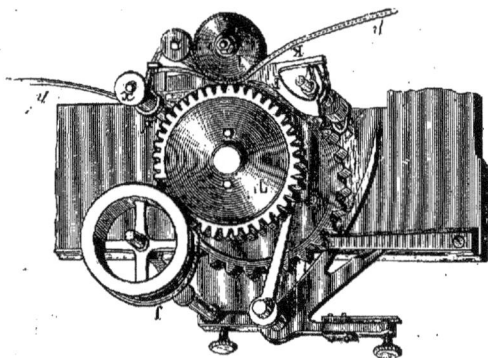

Fig. 480.

en relief prononcé; le vingt-sixième espace est vide. Cette roue, qu'on
appelle *roue des types*, constamment imprégnée d'encre qu'elle reçoit de
la molette J, joue un rôle facile à comprendre : c'est elle qui imprime.
A cet effet, au-dessous d'elle passe un ruban de papier *pp'* semblable à
celui du télégraphe de Morse, et qui repose sur la *roue imprimante* l.
Celle-ci est soulevée quand le courant déplace l'armature A de l'électro-
aimant E (*fig.* 482) : le papier se trouve alors en contact avec la roue
des types et la lettre imprégnée d'encre qui se trouve au passage s'imprime nécessairement.

La question, on le voit donc, est réduite à cette autre : pourquoi la
roue imprimante se soulève-t-elle au moment où passe la lettre que l'on
a voulu transmettre? et comment se fait-il, comme nous l'avons annoncé

plus haut, que le courant n'agisse qu'une fois pour effectuer l'impression de chaque caractère.

1143. 2° *Mise en jeu de ce mécanisme.* — C'est la came K, fixée à

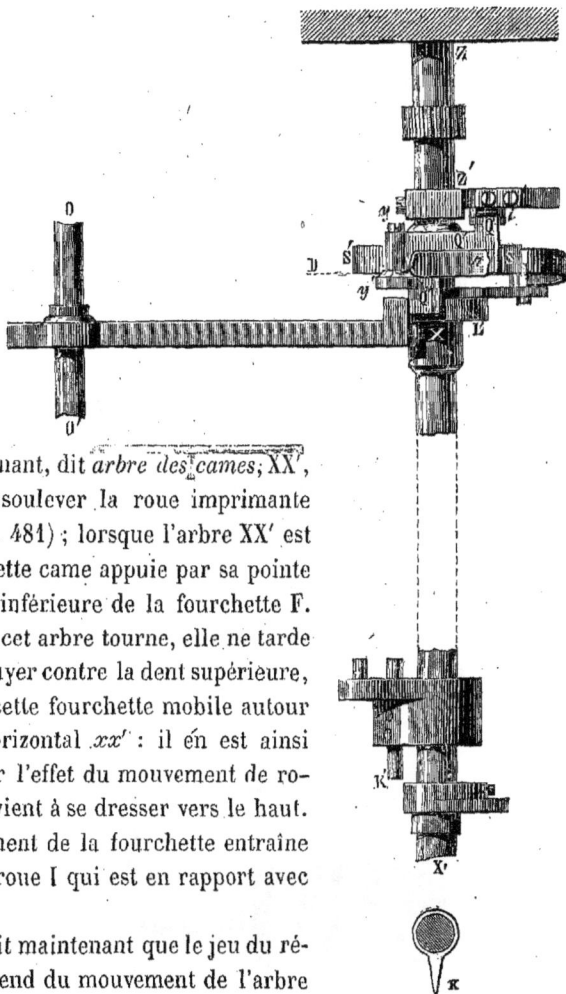

l'arbre tournant, dit *arbre des cames*, XX', qui sert à soulever la roue imprimante (*fig.* 480 et 481) ; lorsque l'arbre XX' est en repos, cette came appuie par sa pointe sur la dent inférieure de la fourchette F. Mais quand cet arbre tourne, elle ne tarde pas à s'appuyer contre la dent supérieure, et à lever cette fourchette mobile autour de l'axe horizontal *xx'* : il en est ainsi lorsque, par l'effet du mouvement de rotation, elle vient à se dresser vers le haut. Le soulèvement de la fourchette entraîne celui de la roue I qui est en rapport avec elle.

On conçoit maintenant que le jeu du récepteur dépend du mouvement de l'arbre des cames ; celui-ci doit demeurer immobile, lorsqu'on ne transmet aucune lettre, et ne doit faire qu'un tour pour chacune de celles qu'il faut imprimer. A

Dans la position qu'occupe l'axe XX' la came K aurait sa pointe en arrière de la figure, et par conséquent invisible. Pour la faire voir, on l'a dessinée à part.

Fig. 481.

cet effet, un système particulier d'engrenage met l'arbre des cames en rapport avec un *arbre moteur* ZZ' (*fig.* 481), placé sur son prolongement; les deux arbres qui paraissent n'en former qu'un seul, sont séparés à peu près là où est tracée la ligne ponctuée DE. Le second ZZ' tourne toujours sans s'arrêter avec une vitesse de 700 tours par minute; et, à un moment convenable, communique son mouvement à l'arbre des cames. A cet effet, l'arbre des cames XX' porte à son extrémité un cliquet Q' mobile autour de l'axe yy', et l'arbre moteur porte une roue dentée SS'. Lorsque le courant ne passe pas, le cliquet est maintenu soulevé par l'extrémité L' du levier LL', qui en soutient le prolongement Q''; alors les deux arbres sont indépendants. Mais cette indépendance cesse quand le courant passe; à ce moment, par une disposition qui sera donnée plus loin, la tête L' du levier s'abaisse; le cliquet, qui n'est plus soutenu en Q'', tombe, il engrène avec la roue dentée; les deux arbres n'en forment plus qu'un seul : tous deux sont emportés par le même mouvement et par la rotation de l'arbre des cames une lettre s'imprime.

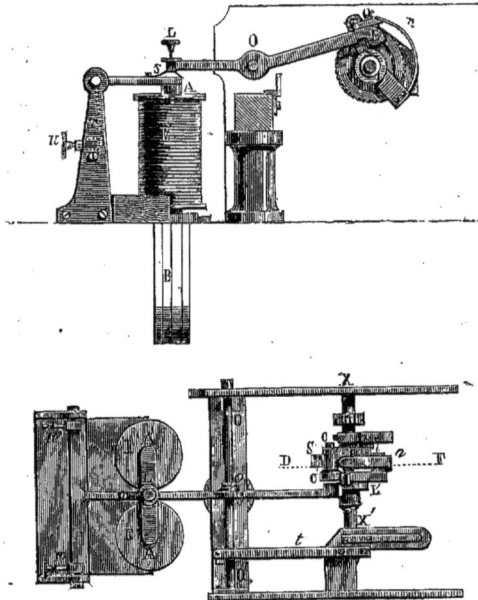

Fig. 482.

Mais dès qu'un tour de cet arbre s'est effectué, dès que cet arbre est revenu à sa position primitive, il faut qu'il s'arrête, sans cela les lettres qui suivent, quoique non appelées ne cesseraient de s'imprimer. Pour réaliser cet arrêt, le cliquet, après avoir fait un tour presque entier

avec l'arbre des cames qui le porte, est soulevé par un double plan
incliné i, sur lequel monte un second prolongement Q de ce cliquet.
Alors les deux arbres ne sont plus en prise, et l'arbre des cames s'arrête; mais pour plus de sûreté le prolongement Q″ est venu se loger
dans une cavité ou *encoche* de la tête L′ du levier LL′, qui s'est relevé,
et dans cette encoche il est maintenu immobile : son repos assure celui
de l'arbre des cames auquel il est fixé.

1144. 3° *Électro-aimant.* — Que reste-t-il donc à comprendre ? Le jeu
du levier LL′, dont l'extrémité L (*fig.* 482) repose sur l'armature A de
l'électro-aimant E. L'extrémité L′ s'abaisse, avons-nous dit, lorsque le
courant passe ; donc l'extrémité L se lève, en d'autres termes, elle est
poussée par l'armature A, qui, dans ce but, doit s'écarter de l'électro-
aimant au moment du passage de l'électricité : c'est un effet inverse de
celui que nous avons vu se produire jusqu'ici. Au premier abord, il peut
paraître difficile à obtenir ; il n'en est rien. Le fer doux de l'électro-
aimant est maintenu aimanté par un aimant permanent B placé au-
dessous de lui ; il retient donc l'armature quand le courant ne passe pas.
Mais quand le courant suit l'hélice, il marche dans une direction telle
qu'il tend à transformer le fer doux en un aimant de pôles inverses et
de force à peu près égale à ceux qu'il possède d'avance. Dès lors l'aimantation cesse, et l'armature A, qui forme avec le ressort r un levier
coudé mobile autour de l'axe horizontal zz', se soulève par l'action de
la vis u qui tend le ressort ; cette armature pousse violemment le levier LL′, en chasse l'extrémité L, qui monte, et l'extrémité L′ descend
comme il était nécessaire.

Ce système d'électro-aimant rend la force motrice, qui détermine l'impression indépendante des petites variations accidentelles de la pile.
C'est la tension du ressort qui agit pour chasser le levier, et l'instant
précis de l'action est mieux déterminé que par le mécanisme anciennement en usage.

1145. **Manipulateur.** — Le manipulateur (*fig.* 483 et 484) est formé
d'un disque circulaire de métal percé de 26 ouvertures qui correspondent aux 26 lettres de la roue des types. Ce disque est immobile ; mais
au-dessus de lui et autour d'un axe YU perpendiculaire en son centre,
se meut un chariot dont la vitesse angulaire égale celle de la roue qui
porte les types en saillie. La pièce métallique M de ce chariot, que les
praticiens appellent la *lèvre*, est mobile autour d'une charnière q et
vient successivement passer au-dessus de chacune des ouvertures, sans
toucher aucunement le disque. Elle porte d'ailleurs une vis V s'appuyant,

quand la lèvre est baissée, sur la plaque de métal N ; plaque isolée de la partie supérieure YY′ de l'arbre par une lame de caoutchouc, corps mauvais conducteur. Malgré cette séparation, toutes les pièces, de Y en

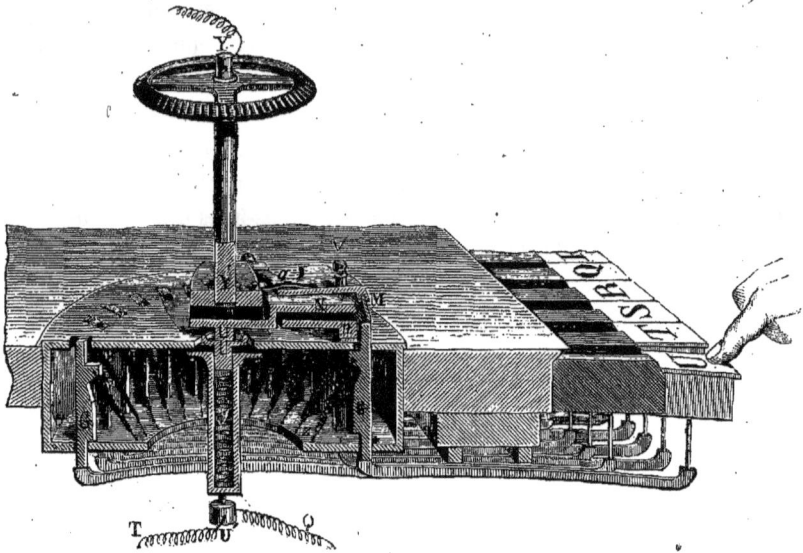

Fig. 485.

U, par exemple la plaque N et la lèvre, sont fixées invariablement les unes aux autres, et tournent d'un même mouvement.

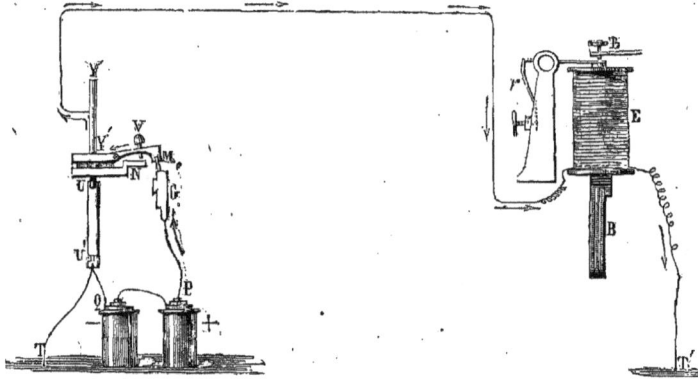

Fig. 484.

Tout étant disposé ainsi, et les communications établies, comme l'indique la figure théorique (*fig.* 484), le doigt appuie sur une touche U et soulève la tige métallique appelée *goujon*, qui, par un levier, est en relation avec cette touche. Dès que la lèvre du chariot tournant vient au-dessus de ce goujon, elle est soulevée; la vis V n'a évidemment plus aucun contact avec sa base d'appui N; dès lors le mouvement de l'électricité s'effectue suivant le parcours indiqué par les flèches de P en G, M, Y, E, et enfin se rend à la terre en T'. Le courant a donc circulé à travers le fil de l'électro-aimant, et si la roue des types et le chariot sont en accord convenable, c'est la lettre même marquée sur la touche abaissée qui a été transmise. Dès que le chariot a passé, le courant interrompu entre M et G cesse de circuler, à moins qu'un nouveau goujon ne soit soulevé ou qu'on ne maintienne le premier dans la position qu'il occupait.

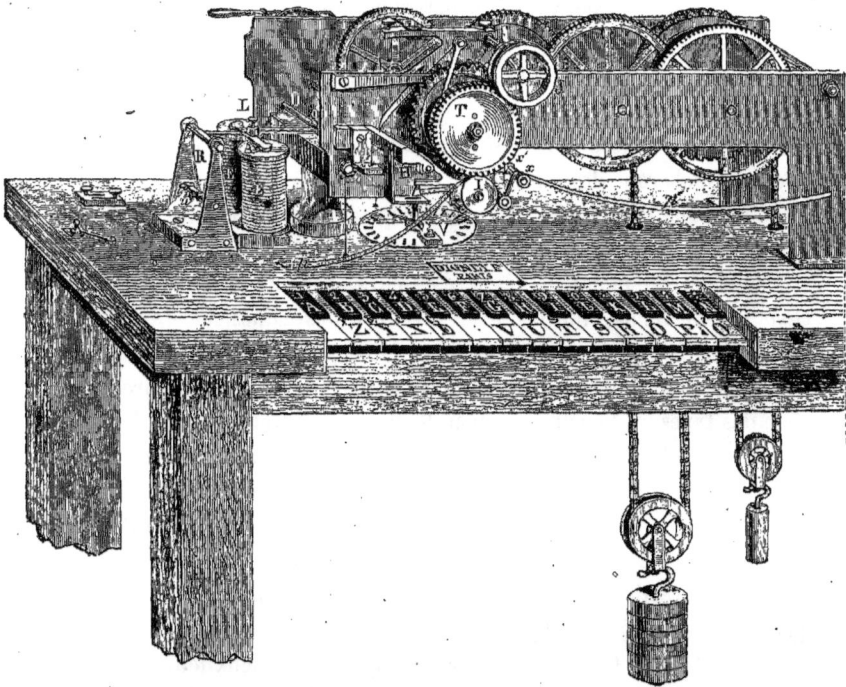

Fig. 485.

Appareil complet. — Une même station possède un manipulateur et un récepteur. Les deux appareils sont mus par le même mouvement d'horlogerie, et ils sont montés sur la même table, comme le montre la figure d'ensemble qui est représentée ci-dessus (*fig.* 485).

1146. Concordance des mouvements de rotation. — Mais, dira-t-on, comment deux mécanismes éloignés de quelques centaines de kilomètres pourront-ils être mis d'accord? En outre, l'accord, s'il est obtenu, pourra-t-il persister? l'horloge la plus parfaite subit des variations. Comment régler les mécanismes avec la précision suffisante dont il s'agit? Des signaux préliminaires en donnent le moyen. Comment maintenir ces mécanismes réglés? Une came correctrice rétablit l'accord, s'il vient à se troubler.

A la station d'où s'expédie la dépêche, l'employé frappe à divers intervalles de temps sur la même touche. C'est une convention faite d'avance. L'employé placé au récepteur regarde, et s'il ne reçoit pas toujours la même lettre, il en conclut que son mouvement avance ou retarde sur celui de son correspondant. Il agit sur son régulateur, espèce de pendule-métronome, jusqu'à ce que la même lettre lui revienne toujours. Les deux mécanismes sont alors synchrones.

Mais est-ce bien la lettre frappée sur la touche du manipulateur qui s'imprime au récepteur? Cela se reconnaît par cette convention que la lettre envoyée soit toujours une lettre déterminée; la lettre N, par exemple. Si, dès lors, on reçoit une autre lettre, la lettre D, on change le calage de la roue des types en la faisant tourner sur l'axe qui la porte jusqu'à ce que la lettre N arrive au récepteur. Un dispositif rend cette manœuvre très-facile.

L'appareil est maintenu réglé, d'ailleurs, par une came K' appelée *came de correction*, qui est fixée à l'arbre des cames XX' (*fig.* 481). Toutes les fois qu'une transmission a lieu, cette came s'engage entre deux dents d'une roue C, dite *roue correctrice* (*fig.* 480), solidaire de la roue des types, et pénètre jusqu'au fond de l'intervalle qu'elles laissent libres entre elles. La roue des types, que l'on peut se représenter comme maintenue à frottement dur sur son axe, prend alors, par rapport à cet axe, un petit mouvement de rotation dans un sens ou dans l'autre, selon que la vitesse est un peu trop petite ou un peu trop grande. La came de correction fait venir juste au-dessus du papier la lettre à imprimer; mais il faut toutefois que la discordance des deux mécanismes ne soit que d'une fraction de la distance qui sépare deux lettres.

1147. Pantélégraphe de M. Caselli. — L'abbé Caselli a utilisé, comme M. Hughes, le synchronisme de deux mécanismes situés chacun à une station, mais ces deux mécanismes sont tout autres : ils se composent essentiellement de deux pendules. L'un d'eux, AB, celui de la station du départ, guide la pointe fine P, qui se promène sur la dépêche en la parcourant dans le sens MM₁ (*fig.* 486). Cette dépêche, écrite avec une encre épaisse sur une feuille d'*étain*, produit des alternatives de

rupture et de fermeture du courant qui dépendent du dessin. L'autre
pendule A'B' placé à la station d'arrivée, conduit une pointe de fil de

Fig. 486.

fer fin P' sur un papier qui est posé sur une feuille d'étain et qui se
trouve légèrement mouillé par une dissolution de cyanure de potassium ;
cette pointe s'avance de M' vers M_1' (*fig.* 487), et au moment où le fil de
ligne transmet l'électricité, elle décompose le sel de fer, décomposition
qui laisse une trace bleu de Prusse correspondante à un trait du modèle.
Après une oscillation, les tiges se relèvent; une disposition spéciale les
fait avancer l'une et l'autre d'une même fraction de millimètre ; et
comme elles restent soulevées pendant une oscillation, ce n'est que
pendant l'oscillation qui suit cette dernière que chacune chemine sur
une ligne parallèle à la ligne déjà tracée. La dépêche parvient donc
formée de traits parallèles fins, comme le montre la figure 487.

Fig. 487.

Jusqu'à ces derniers temps, c'était ainsi que le destinataire recevait
la dépêche, mais quelquefois elle était pâle et par suite peu lisible.
M. Lambrigot, chargé du service à l'administration centrale, a observé
que, par suite de la réduction du cyanure, les traits marqués se trou-

vaient reproduits en blanc mat sur la feuille d'étain qui portait le papier mouillé. Par des réactions chimiques, il les a fait apparaître en noir très-foncé ; c'est cette feuille d'étain, ainsi préparée, qui parvient aux mains du destinataire.

1148. Ensemble du pantélégraphe. — L'ensemble du récepteur et du manipulateur et la marche du courant sont donnés dans la figure théorique (*fig.* 488). La table S, dont la surface cylindrique est de métal, reçoit la dépêche à transmettre; la bielle CD, articulée en C au pendule AB, agit sur le levier DP, mobile autour d'un axe horizontal O et donne à la pointe P le mouvement qui convient. Les mêmes lettres accentuées représentent les mêmes parties du récepteur.

Fig. 488.

Les communications qui servent à la marche du courant sont faciles à reconnaître à l'inspection de la figure. Les deux leviers communiquent en O et en O' avec le fil de ligne; le pôle positif de la pile, avec la pointe P; le pôle négatif, avec la table S et avec le sol T. Du côté du récepteur, la table S' est en communication avec le sol.

Ces communications réalisent les conditions convenables au passage ou à l'interruption du courant. En effet, quand la pointe P n'est pas sur un trait de l'écriture, elle appuie sur le papier métallique; et, par l'intermédiaire de la table S et du fil F, le circuit se complète à la station du départ; le courant ne suit pas alors le fil de ligne LL'. Mais sitôt que le courant est interrompu en P par l'encre grasse de la dépêche tracée, il ne peut plus revenir par le fil F : il suit les conducteurs POLL'P'S', et enfin arrive en T' jusqu'au sol.

Les figures 488 et 489 font voir l'appareil télégraphique tel qu'il est construit. On remarquera que chaque pendule fait mouvoir deux pointes P′ et P_1 : l'une d'elle P′ sert à la réception d'une dépêche, et pendant qu'elle est levée, l'autre pointe P_1 permet la transmission d'une autre dépêche.

Fig. 489.

1149. Concordance des pendules. — Cet appareil ne peut marcher que si les deux pendules sont en concordance parfaite. Si l'un des pendules est dans une des phases de son oscillation, tandis que l'autre se trouve dans une phase différente; si tous deux n'oscillent pas avec la même vitesse, l'écriture transmise n'est qu'une déformation illisible de celle qu'a tracée l'expéditeur. Le synchronisme se règle par l'envoi d'un signe conventionnel, qui est une ligne droite tracée près du bord du papier, perpendiculairement à la direction que suit la pointe P. A la station d'arrivée, on modifie la marche du pendule jusqu'à ce que la transmission du signal convenu soit aussi parfaite que possible. L'appareil est alors prêt à remplir son rôle.

1150. Fil de ligne. — Quel que soit le système de télégraphie employé, le fil unique, qui sert à établir la communication entre le manipulateur et le récepteur, doit être isolé. Le plus souvent, il est tendu au-dessus du sol entre des poteaux par des crochets C (*fig.* 490) implantés au fond de cloches en porcelaine. Comme la porcelaine conduit mal l'électricité, et que d'ailleurs les cloches sont renversées et par suite difficilement mouillées à l'intérieur : l'isolement est suffisant dans la pratique. Quand le fil passe sous un tunnel et qu'il est exposé à en toucher les parois, on l'insère dans un tube de gutta-percha.

1151. Câble sous-marin. — Câble transatlantique. — Si un fil télégraphique doit relier deux stations séparées par une étendue de mer, on le revêt de gutta percha et on le fait descendre au fond de l'eau. C'est ainsi qu'est construit et posé le câble transatlantique qui unit l'Europe et l'Amérique. Ce câble, long d'environ 4,000 kilomètres, con

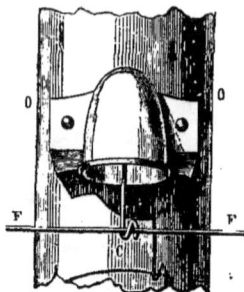

Fig. 490.

stitue une sorte de corde formée elle-même de sept fils de cuivre (*fig.* 491). Quatre enveloppes de gutta-percha, consolidées ensemble par de la résine, servent à isoler les fils du contact de l'eau conductrice. Le nombre des fils employés, celui des couches qui les couvrent, diminuent les chances d'imperfection du travail et assurent mieux la conductibilité du métal et l'isolation nécessaire. Ce n'est qu'après huit années de travail, après de nombreux tâtonnements et des insuccès de tout genre qu'on est parvenu à fabriquer un câble à peu près irréprochable ; on l'a fixé d'abord à Valentia (sur la côte de l'Irlande), puis en 1866, il a pu être rattaché à l'Amérique. Les dépêches ont été

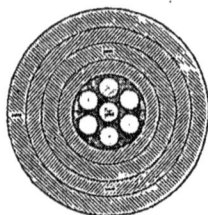

Fig. 491.

transmises d'une extrémité à l'autre. Mais des difficultés graves ont rendu nécessaire l'emploi de nouvelles méthodes pour la transmission des signaux sur cette ligne particulière.

1152. Condensation le long du câble. — Le câble, mis en communication avec la pile de la station de départ, l'Amérique par exemple constitue un condensateur : l'armure interne est formée par les fils, tandis que l'eau de mer qui enveloppe la gutta-purcha joue le rôle de l'armure extérieure. L'électricité de la pile se trouve alors arrêtée dans sa marche par les phénomènes de condensation qui s'opèrent de section en section : le courant n'arrive avec toute son intensité au récepteur que lorsque toutes les condensations successives sont complétement effectuées.

C'est le phénomène que M. Faraday a étudié depuis longtemps ; c'est lui que M. Cromwell Varley a étudié aussi dans son cabinet avec un appareil ingénieux qui figure une ligne télégraphique, sur le parcours de laquelle des condensations s'opèrent. Des tubes T de verre en forme d'U (*fig.* 492) renfermant de l'eau chargée d'une faible quantité de sulfate de zinc, sont reliés entre eux à l'aide de galvanomètres G, par l'intermédiaire de lames de zinc amalgamées qui sont sans action chimique sur le liquide. Cet ensemble n'a qu'une petite longueur, mais à cause de la faible conductibilité de la dissolution, il oppose la même résistance électrique que le câble transatlantique. Les galvanomètres placés tous ensemble sous le regard de l'observateur, permettent d'étudier la marche du courant, d'embrasser d'un seul coup d'œil son intensité aux différents points de la ligne. Afin de compléter l'analogie de cet appareil avec le câble sous-marin, afin que des condensations s'effectuent le long de la ligne comme le long du câble, M. Varley unit les divers points de cette ligne artificielle avec les armures intérieures des condensateurs C; les armures extérieures sont en communication avec le sol. On fait alors passer le courant qui part de M et l'on voit, par les déviations des aiguilles, qu'il n'arrive au dernier galvanomètre R que plusieurs secondes après qu'il a été lancé.

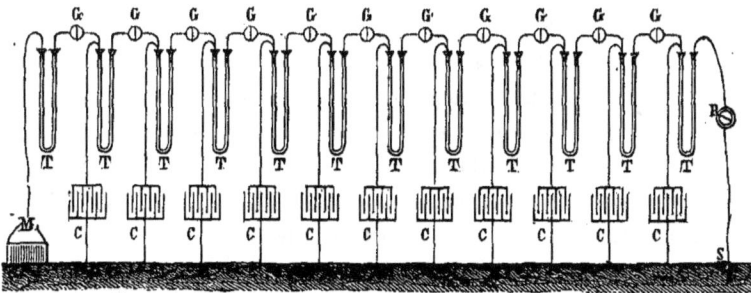

Fig. 492.

Cette méthode expérimentale réalise aussi bien que possible les conditions dans lesquelles le câble sous-marin est installé. Aussi a-t-elle donné le moyen d'étudier, même avant la pose du câble, toutes les conséquences de cette condensation et de reconnaître la valeur des inventions proposées pour porter remède aux difficultés qui peuvent se produire.

1153. Confusion des signaux. — Ce premier obstacle à la rapidité de la transmission n'est pas le seul; il en est un autre, aussi sérieux : c'est qu'un second signal ne peut être envoyé que si le fil est déchargé entièrement ou presque entièrement de l'électricité qu'on y a fait parvenir, et cette phase de l'opération est longue, même dans le cas où, pour la diminuer, on met en communication avec la terre les deux extrémités du fil. La courbe ABC (*fig.* 493) montre l'intensité du courant à la station d'arrivée, à Valentia, lorsque le courant a marché assez longtemps pour donner un signal observable au récepteur du télégraphe Morse : sur l'horizontale OX se comptent les temps ; les verticales indiquent les intensités. Dans le cas figuré, le câble a été mis en communication avec la pile pendant un temps égal à 10, puis aussitôt après avec le sol. L'intensité du courant s'est accrue à la station d'arrivée, jusqu'à l'époque

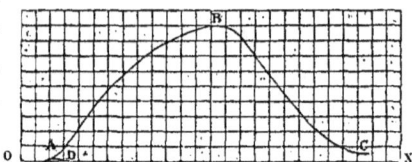

Fig. 493.

12, puis elle a diminué, comme le montre la courbe. Le flux électrique n'a donc pas cessé immédiatement à Valentia : il est semblable à une vague qui serait montée puis redescendue ; et si celui qui manœuvre le manipulateur n'attend pas que la descente se soit effectuée presque entièrement, alors à la station d'arrivée le second signal se confond avec celui qui précède : la dépêche n'est pas lisible. C'est ce que montre bien l'appareil de M. Varley.

1154. Influence des courants terrestres. — Enfin, nouvel empêchement : la terre est parcourue par des courants qui, parfois, sont extrêmement puissants. M. Varley a vu qu'entre Londres et Ipswich, qui en est distant d'environ 100 kilomètres, un fil télégraphique, allant de l'une à l'autre de ces stations et plongeant dans le sol à ses deux extrémités, était parcouru par un courant variable de sens ; par moments, l'intensité montait à une telle valeur que 140 éléments de Daniell eussent été nécessaires pour produire un flux électrique pareil.

1155. Récepteur de M. William Thomson. — La connaissance que nous avons des particularités offertes par le courant qui passe dans le câble nous montre qu'afin d'obtenir un signal rapide à travers l'Atlantique, il est nécessaire de construire un récepteur très-sensible qui

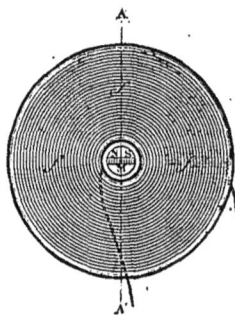

Fig. 494.

donne une indication dès l'arrivée du courant ; il faut que l'on ne soit pas obligé d'attendre que cette intensité se soit élevée aussi haut que

l'indique la courbe ABC de la figure 493. Ce récepteur a été inventé par
M. William Thomson. C'est un galvanomètre (*fig.* 494) dont on voit une
coupe passant parallèlement au plan d'un cadre de forme circulaire ;
fff, représente divers tours du fil ; NS est l'aiguille aimantée qui est mas-
tiquée au dos d'un miroir M, que soutient un fil de cocon de 1 milli-

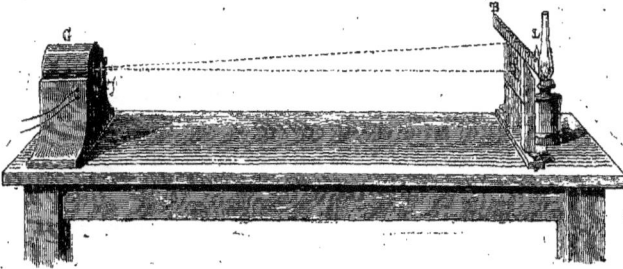

Fig. 493.

mètre de longueur. Sur le miroir tombe la lumière d'une lampe
(*fig.* 495) à flamme très-éclatante ; cette lumière est renvoyée vers des
divisions tracées sur du papier blanc très-net. Le miroir étant légèrement concave, l'image de l'ouverture se porte sur les divisions. Elle
dévie à droite ou à gauche, selon que le fil télégraphique a été mis en
communication avec le pôle négatif ou avec
le pôle positif de la pile. Les moindres déviations sont appréciables, et c'est en les produisant, soit dans un sens, soit dans un autre,
que l'on exprime deux signaux qui équivalent à ceux (barre et point) du télégraphe
Morse.

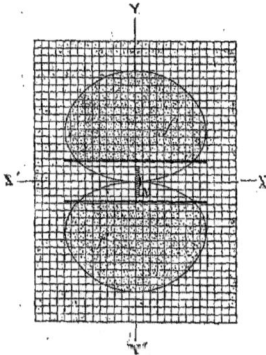

Fig. 496

La loi de l'enroulement du fil contribue
à rendre le galvanomètre très-sensible. Les
couches de ce fil ne sont pas en même nombre partout ; elles sont en plus grand nombre
au milieu ; leur ensemble constitue une surface dont la section (*fig.* 496) faite par un
plan AA' passant par l'axe du galvanomètre, a été déterminée par
M. William Thomson ; elle est représentée par la formule $x^2 = \left(\dfrac{y}{a}\right)^{\frac{2}{3}} - y^2$

et se trouve dessinée sur la figure 496.

La sensibilité de cet instrument est telle qu'une indication intelligible
est donnée alors même que la courbe qui représente l'intensité du cou-

rant n'atteint que la hauteur qui correspond au temps 2 ou 2 1/4 environ; il suffit donc que le courant passe pendant un temps 6 fois moindre que si l'on opérait avec l'appareil Morse.

1156. Décharge du fil. — Mais ce n'était pas assez. M. Varley et M. Thomson ont augmenté encore la vitesse de la transmission en activant la décharge du câble par le moyen de la pile même. Aussitôt que le temps nécessaire pour la transmission du signal s'est écoulé, le fil est mis en communication non avec le sol, mais avec le second pôle de la pile. La vague première est alors suivie d'une onde de sens contraire qui la détruit presque aussitôt après qu'elle a produit son effet. Dès lors le câble est libre pour l'envoi d'un signal nouveau.

1157. Dispositions qui rendent la transmission indépendante des courants terrestres. — Enfin, l'influence perturbatrice des courants terrestres a été combattue par deux moyens. On a mis à profit un second câble qui, posé il y a quelques années, et rompu avant la fin de l'opération, a été repêché depuis et réparé. Ce second câble, réuni avec le premier et avec la pile, forme un circuit complet dans lequel la terre n'entre pour rien : les courants terrestres ne sont donc pas à redouter; ils n'entrent pas en jeu dans l'appareil.

Mais M. Varley a trouvé mieux. Entre le récepteur et la terre il a intercalé un condensateur extrêmement puissant, dont la surface forme une batterie d'immense surface. Par l'effet du courant terrestre, ce condensateur se charge, et comme les courants terrestres varient avec lenteur, cette charge ne se modifie que lentement. Dès que le condensateur est chargé, le courant terrestre ne chemine plus dans le fil; car évidemment le fluide positif qui vient de M (*fig.* 492) est arrêté dans sa marche par le fluide positif du condensateur et le galvanomètre récepteur R revient au zéro. Mais le manipulateur est-il mis en action, une force électro-motrice nouvelle entre en jeu, et le galvanomètre répond au signal envoyé. Le condensateur perd d'ailleurs ou gagne momentanément une charge nouvelle.

L'invention de M. Varley n'a pas ce seul avantage ; elle a permis d'obtenir une transmission plus rapide : le moindre changement de charge du fil ne peut avoir lieu que par un flux d'électricité notable venant du condensateur.

CHAPITRE VI

ACTION DES COURANTS SUR LES COURANT

1158. **Historique.** — A peine l'expérience d'Œrsted est-elle connue, qu'Ampère, avec une sagacité merveilleuse, en déduit cette conséquence que deux courants doivent exercer l'un sur l'autre des actions mutuelles, et s'attirer ou se repousser selon les positions relatives qu'ils occupent, selon la forme qu'ils affectent. Moins de six mois après la publication d'Œrsted, dans le courant de l'année 1820, il présente à l'Académie des sciences de Paris un mémoire où se trouvent consignés la plupart des résultats que nous allons faire connaître. Pendant les années qui suivent, il s'occupe de coordonner l'ensemble des phénomènes qu'il a découverts et de déterminer le séns et la grandeur des forces mises en jeu, d'abord dans les cas les plus simples, ensuite dans les cas spéciaux où la forme des conducteurs rend les questions plus difficiles à résoudre.

1159. **Courant mobile.** — Les dispositions, données aux courants dans les chapitres qui précèdent, ne permettent pas de rendre manifestes des actions attractives ou répulsives. Deux fils, traversés chacun par un courant et posés l'un à côté de l'autre, ne prennent généralement aucun mouvement à cause de leur peu d'immobilité. Ampère, persuadé toutefois qu'ils exerçaient l'un sur l'autre des actions réciproques, inventa des dispositions à la fois simples et délicates qui rendirent les conducteurs très-mobiles.

Parmi les appareils employés, dans ce but, nous choisirons celui que représente la figure 498. Il consiste en un rectangle formé par un fil de cuivre, dont les extrémités se redressent et se terminent en crochets

plongeant dans de petites coupelles pleines de mercure. Le crochet supérieur A, terminé par une pointe d'acier, pose seul sur le fond de la
coupelle qui lui correspond, et le rectangle, ainsi soutenu par une
pointe unique, est parfaitement mobile autour d'un axe vertical qui
partage le rectangle en deux moitiés également pesantes. La mobilité
est encore augmentée, parce que la pointe repose sur un corps dur, un
petit disque de verre ou d'agate fixé au fond de la coupelle.

La coupelle supérieure est mise en rapport avec le pôle positif d'une
pile, la coupelle inférieure avec le pôle négatif. Le courant circule dans
le rectangle : il va de la coupelle au mercure, ensuite il se rend à la
pointe, puis suit la route ABCDEFGHI, pour parvenir à la coupelle inférieure. La communication avec les pôles s'établit au moyen des pinces à
vis K, K', fixées à la base des colonnes métalliques L, L', qui portent
les coupelles.

1160. Commutateur. — Il est bon de pouvoir changer rapidement,
dans le cours d'une expérience, le sens du courant qui circule dans le
rectangle ; on y parvient aisément en fixant à la pince K le fil qui com-
muniquait avec la pince K', et inversement ; le pôle positif aboutit alors
à la pince K', le pôle négatif à la pince K ; mais des appareils plus commodes, appelés *commutateurs*, rendent ce changement plus facile à exécuter. Nous ne nous arrêterons pas à les décrire ; ils varient de forme
au gré du constructeur.

1161. Lois fondamentales. — C'est avec le courant mobile décrit au
§ 1159 que se démontrent expéri-
mentalement les lois suivantes qui
servent de base à tout ce qui va suivre :

1° Les courants parallèles et dirigés dans le même sens s'attirent ;

2° Les courants parallèles et dirigés en sens contraires se repoussent ;

3° Deux courants, qui font un
angle, s'attirent si tous les deux se
dirigent vers le sommet de l'angle, ou si tous les deux s'en éloignent ;

4° Deux courants, qui font un angle, se repoussent, si l'un d'eux s'approche du sommet de l'angle et si l'autre s'en éloigne.

La figure 497 *a* représente les trois cas où l'attraction a lieu ; la
figure 497 *b*, les deux cas où la répulsion se produit.

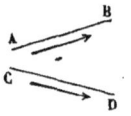
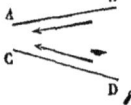
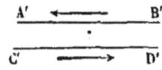
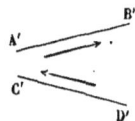

Fig. 497 *a*.   Fig. 497 *b*.

Pour les courants qui font un angle, mais qui ne sont pas dans le
même plan, les deux dernières propositions subsistent. à la condition
de considérer, à la place du sommet de l'angle, la perpendiculaire commune aux directions des deux courants. Ainsi deux courants se repoussent quand l'on s'approche de la perpendiculaire commune et quand
l'autre s'en éloigne.

1162. Démonstration expérimentale. — Voici la démonstration expérimentale des deux premières lois. Parallèlement au côté DE du rectangle mobile qui est au repos (*fig.* 498), on place un courant fixe XY,

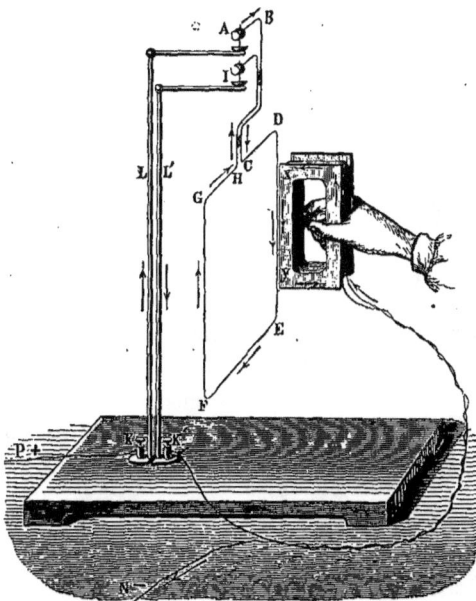

que l'on tient à la main
un peu en avant du
rectangle. On voit alors
qu'au moment où les
flux d'électricité par-
courent à la fois les deux
conducteurs dans le sens
indiqué par les flèches, le
courant mobile DE se
rapproche de XY; il est
attiré par le courant fixe
parallèle et dirigé dans
le même sens. Si l'on
change le sens de l'un
des courants, en conser-
vant à l'autre sa direc-
tion primitive, DE s'é-
loigne de XY, il s'exerce
donc une répulsion entre
deux courants parallèles

Fig. 498.

dirigés en sens contraire. On rend les effets plus marqués en plaçant
vis-à-vis de DE, au lieu d'un fil unique représentant le courant fixe, le
côté XY d'un cadre sur lequel est enroulé plusieurs fois, comme sur un
galvanomètre, un fil métallique recouvert de soie, de façon que tous les
courants qui passent le long de XY aillent dans le même sens. On multiplie ainsi l'action du courant, et on rend très-sensible le mouvement
de l'équipage mobile, qui pourrait, sans cela, n'être pas appréciable.

Les actions mutuelles des courants qui font un angle se reconnaissent
en plaçant le cadre XY dans la position indiquée par la figure 499. Le
courant XY, rendu cette fois horizontal, est rencontré par l'axe vertical

Pour les courants qui font un angle, mais qui ne sont pas dans le même plan, les deux dernières propositions subsistent, à la condition de considérer, à la place du sommet de l'angle, la perpendiculaire commune aux directions des deux courants. Ainsi deux courants se repoussent quand l'on s'approche de la perpendiculaire commune et quand l'autre s'en éloigne.

1162. Démonstration expérimentale. — Voici la démonstration expérimentale des deux premières lois. Parallèlement au côté DE du rectangle mobile qui est au repos (*fig.* 498), on place un courant fixe XY,

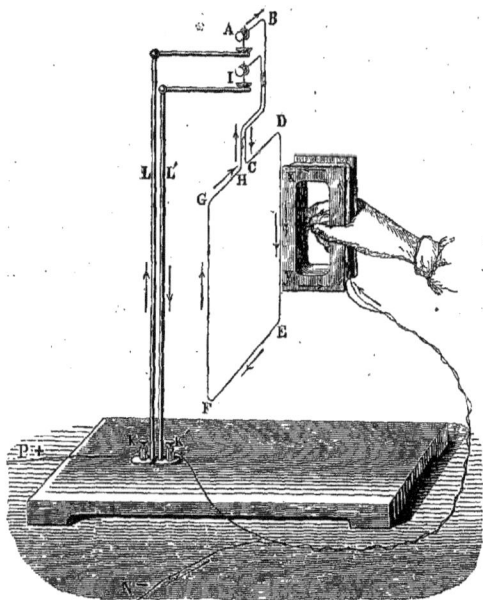

que l'on tient à la main un peu en avant du rectangle. On voit alors qu'au moment où les flux d'électricité parcourent à la fois les deux conducteurs dans le sens indiqué par les flèches, le courant mobile DE se rapproche de XY ; il est attiré par le courant fixe parallèle et dirigé dans le même sens. Si l'on change le sens de l'un des courants, en conservant à l'autre sa direction primitive, DE s'éloigne de XY, il s'exerce donc une répulsion entre deux courants parallèles

. Fig. 498.

dirigés en sens contraire. On rend les effets plus marqués en plaçant vis-à-vis de DE, au lieu d'un fil unique représentant le courant fixe, le côté XY d'un cadre sur lequel est enroulé plusieurs fois, comme sur un galvanomètre, un fil métallique recouvert de soie, de façon que tous les courants qui passent le long de XY aillent dans le même sens. On multiplie ainsi l'action du courant, et on rend très-sensible le mouvement de l'équipage mobile, qui pourrait, sans cela, n'être pas appréciable.

Les actions mutuelles des courants qui font un angle se reconnaissent en plaçant le cadre XY dans la position indiquée par la figure 499. Le courant XY, rendu cette fois horizontal, est rencontré par l'axe vertical

sont sans action sur l'équipage mobile. L'immobilité du rectangle persiste si, au lieu de présenter seulement ABC, on enroule un très-grand
nombre de fois sur le cadre d'un multiplicateur un double courant tel
que le précédent, mais d'une très-grande longueur. En employant cette dernière disposition, il faudra procéder à l'enroulement avec le soin nécessaire pour que les deux parties
contiguës du fil soient bien à égale distance du côté le plus
voisin du rectangle mobile : résultat très-difficile à obtenir ;
aussi observe-t-on presque toujours un mouvement du fil
mobile. Mais si l'on répète l'expérience un grand nombre
de fois, l'effet se produit tantôt dans un sens, tantôt dans un
autre : preuve certaine que les mouvements observés sont
seulement dus aux défauts inévitables de la construction.

Fig. 500.

1164. On démontre la seconde proposition en employant
des dispositions semblables ; l'un des courants BC (*fig.* 501) tourne
autour du fil rectiligne AB, en formant une sorte d'hélice. Le système
de ces deux fils est enroulé sur le cadre d'un multiplicateur,
et sous l'influence des deux courants de sens contraire, le
rectangle reste immobile. Le courant sinueux agit donc
comme le courant rectiligne voisin, puisque, d'après l'expérience précédente, un courant rectiligne qui prendrait sa
place et descendrait comme lui, aurait fait équilibre à l'action du courant ascendant AB.

Fig. 501.

**1165. Actions mutuelles de deux parties consécutives
d'un même courant.** — Les résultats précédemment constatés permettent de déterminer maintenant, par le raisonnement seul, et à la manière des géomètres, les actions
exercées par des courants de formes connues, du moins dans
les conditions simples de forme et de position que nous allons successivement indiquer.

Parmi les conséquences que l'on peut déduire des premiers phénomènes décrits, la suivante est souvent signalée :

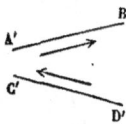

Un fil unique, plié en angle suivant des directions
telles que A'B', C'D' (*fig.* 502), se trouve composé de
deux parties qui se repoussent quand on fait entrer
par l'extrémité D' un courant qui sort par l'autre extré

Fig. 502.

mité B' ; et cela est vrai, quel que soit l'angle des deux directions. Ainsi,
quand on agrandit cet angle et qu'il est très-près d'être égal à deux angles droits, les deux courants se repoussent encore. On est alors con-

duit à penser qu'à la limite, quand l'angle sera égal à deux droits, et que les deux directions seront dans le prolongement l'une de l'autre, il y aura encore répulsion. D'où l'on arrive à cette conclusion : *Deux parties consécutives d'un même courant se repoussent.*

1166. Ampère indiquait, pour démontrer la réalité du phénomène, une expérience que nous nous abstenons de décrire ; car en réalité, les courants qui agissent dans cette expérience, sont des courants angulaires, et non, comme il le faudrait, des courants cheminant dans une même direction.

1167. **Expérience de M. Fernet.**— M. Fernet a indiqué, dans ces derniers temps, une méthode expérimentale beaucoup plus simple et surtout beaucoup plus nette dans ses résultats, pour vérifier la loi dont il s'agit.

Au contact d'un cône fixe de charbon de cornue C (*fig.* 503) se trouve un cône C' de même nature, supporté par un levier métallique horizontal C'K, convenablement équilibré en K par un contre-poids. Ce levier est suspendu à un fil fin de métal AA' qui se prolonge au-dessous du levier de manière à plonger dans un bain de mercure B. A la faveur de cette disposition, analogue à celle qu'avait adoptée Coulomb dans sa balance électrique, le cône C' est parfaitement mobile autour de l'axe AA'. Si maintenant, à l'aide des fils F et F', qui font communiquer le cône C avec l'un des pôles d'une pile et le bain de mercure B avec l'autre pôle, on vient à faire passer un courant, l'expérience montre que le cône C' s'éloigne immédiatement du cône C et est repoussé par lui ; *les deux portions consécutives d'un même courant se repoussent.* Comme, par suite de cet écart de C', le fil AA' a éprouvé une torsion, un équilibre stable ne tarde pas à s'établir et le cône C' se maintient à une distance fixe de C. En même temps, l'arc voltaïque jaillit, d'une manière continue, entre les deux pointes de charbon.

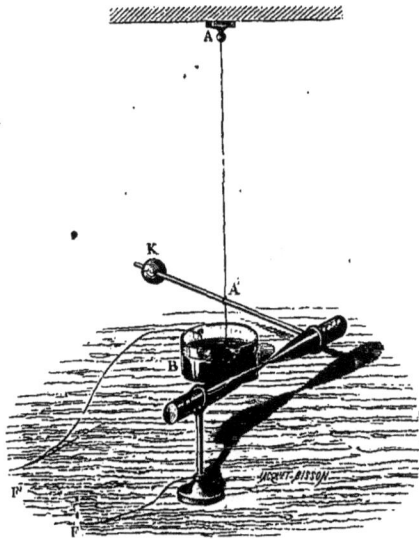

Fig. 503.

1168. Action d'un courant horizontal indéfini sur un courant horizontal limité et mobile autour d'un axe vertical. — Soit XY (*fig.* 504) un courant fixe, horizontal et indéfini que le lecteur pourra supposer placé sur la page même du livre ; soit AB un courant horizontal, limité et mobile autour d'un axe vertical passant par le point A. Ce courant marche de A vers B, et il est d'une longueur telle que, dans toutes les positions qu'il occupe, le point B reste d'un même côté par rapport à XY ; il est d'ailleurs contenu, soit dans le plan horizontal pas-

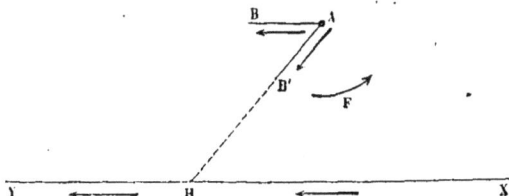

Fig. 504.

sant par XY, soit dans tout autre point horizontal voisin de ce dernier. Quelle est l'action du courant fixe sur le courant mobile ?

Dans la position actuelle, les deux courants sont parallèles et cheminent dans le même sens ; par conséquent ils s'attirent ; AB s'approchera donc de XY autant qu'il sera possible d'après la fixité du point A ; il tournera et prendra la position AB'.

Le courant étant en AB', prolongeons-le, et menons la perpendiculaire commune ; elle sera parallèle à l'axe de rotation passant par A et se projettera en H sur le plan du papier. D'après les propositions énoncées au § 1161, les deux courants AB' et HX s'approchant tous deux de la perpendiculaire commune ; AB' est attiré par HX et sollicité à tourner autour de A dans le sens de la flèche F. Quant aux deux courants AB' et HY, l'un se dirige vers la perpendiculaire commune, l'autre s'en éloigne ; ces deux courants se repoussent. Le conducteur AB' sera repoussé loin de YH, par conséquent vers X, et cette répulsion agira, comme l'attraction de HX, pour produire le mouvement de B' dans le sens de la flèche F : il y aura donc rotation du courant mobile. Dans toute autre position de AB, l'action de XY, déterminée comme nous venons de le faire, s'exerce toujours de manière à continuer le mouvement de rotation dans le même sens. Ainsi la théorie nous indique d'avance ce que l'expérience doit nous permettre de reconnaître : une rotation continue de AB autour de l'axe vertical A.

Si le courant AB, au lieu d'aller de A en B, allait de B en A, il se produirait encore un mouvement de rotation, mais en sens contraire. C'est ce qu'indique la figure 505.

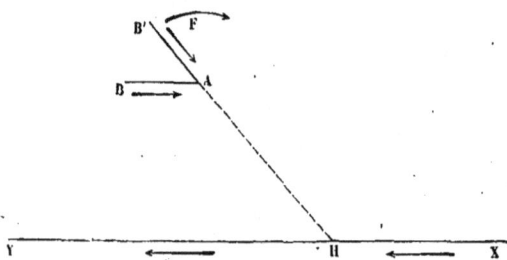

Fig. 505.

1169. Action d'un courant circulaire horizontal sur un courant rectiligne, horizontal et limité, mobile autour d'un axe vertical passant par le centre du courant circulaire. — La vérification expérimentale des résultats énoncés dans le paragraphe précédent, exige des courants d'une intensité considérable. Aussi, modifie-t-on généralement la forme de l'expérience; on la change en une autre où le courant XY agit un grand nombre de fois sur le courant AB. En un mot, on compose un système multiplicateur analogue à celui du galvanomètre. Soit un courant UVXYZ (*fig.* 506) contourné en forme de rectangle, et dont le sens est indiqué par l'ordre alphabétique des lettres. Soit AB un courant horizontal, marchant de A vers B, et dont l'axe de rotation A est au centre du rectangle. En considérant un

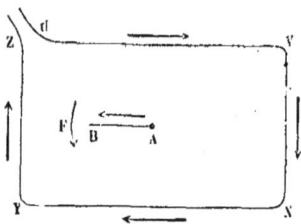

Fig. 506.

côté quelconque du courant rectangulaire et en raisonnant comme nous l'avons fait dans le § 1168, on voit qu'il agit, dans tous les cas, pour faire tourner AB dans le sens marqué par la flèche F. Or, comme le courant rectangulaire peut être replié sur un cadre de bois autant de fois que l'on veut, l'opérateur peut à son gré multiplier l'action qui provoque la rotation du courant mobile.

Le plus souvent, au lieu d'un courant rectangulaire, on emploie un courant circulaire DM'D'M (*fig.* 507), que l'on enroule un grand nombre de fois sur un cercle de bois. Une partie quelconque du courant circulaire agit pour déterminer la rotation de AB dans le sens de la flèche F. Considérons, par exemple, un petit élément M du cercle; menons la tangente MT dont fait partie cet élément; prolongeons AB et menons la perpendiculaire commune à MT et à AB, elle se projette en T. Le courant qui chemine en M s'approche de cette perpendiculaire commune, le courant AB s'en approche aussi ; donc il y a attraction, et rotation de AB dans le sens de la flèche F. On démontrerait de même que tout élément

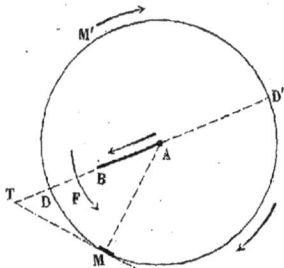

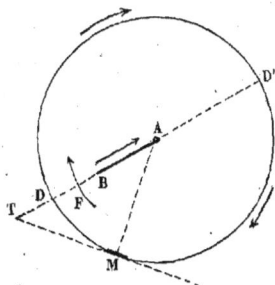

Fig. 507.   Fig. 508.

du courant circulaire, situé sur la demi-circonférence DMD′, attire AB ; que tout élément situé sur la demi-circonférence DM′D′ le repousse. Toutes ces actions s'accordent donc à faire tourner le courant mobile dans le même sens.

La rotation changera de sens si le courant AB lui-même circule en sens inverse. On s'en assure en recommençant sur la figure 508 les raisonnements que nous venons de faire sur la figure précédente.

En général, les résultats de la théorie et de l'expérience se résument dans cet énoncé : Lorsque le courant mobile s'éloigne du centre, le mouvement de rotation a lieu en sens inverse du courant circulaire auquel il est soumis ; lorsque le courant mobile s'approche du centre, il tourne dans le sens du courant circulaire qui agit sur lui.

1170. Appareil. — Expérience. — Arrivons maintenant à la démonstration expérimentale de ce résultat. Le courant AB (*fig.* 509) est

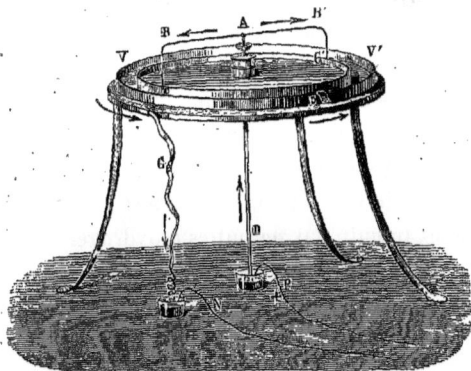

Fig. 509.

constitué par un fil de cuivre mobile sur une pointe d'acier verticale, qui repose sur le fond d'une capsule de métal contenant du mercure. Le courant arrive en A par une colonne métallique D communiquant avec

le pôle positif de la pile ; il suit AB qui se recourbe en BC et plonge dans
l'eau acidulée du vase de cuivre VV' mis en rapport avec le pôle négatif.
La colonne D traverse le vase en passant dans un bouchon verni et isolant, fixé à une ouverture pratiquée au centre de celui-ci, de sorte que
le courant est forcé de suivre la route indiquée. En réalité, dans notre
appareil, le courant arrivé en A suit à la fois, et le fil AB et le fil AB' qui
sont tout semblables. Mais il n'y a pas à s'en inquiéter : car on voit de
suite, d'après ce qui a été dit plus haut, que les actions d'un courant
circulaire sur ces deux courants sont concordantes. Ce second fil AB'C'
permet de donner de la solidité et de l'aplomb au petit équipage mobile, dont les deux extrémités C et C' sont reliées par un cercle métallique.

Pour réaliser un multiplicateur circulaire, on se sert d'un ruban de
cuivre recouvert de soie que l'on enroule un grand nombre de fois autour du vase métallique VV' : dans ce ruban on fait passer un courant.
Une seule pile peut fournir, à la fois, par un agencement convenable et le courant AB et les courants circulaires. A cet effet, l'un
des bouts du ruban de cuivre, qui forme la couronne, est mis en communication en E avec le bord du vase, et par l'autre bout G avec le pôle
négatif; alors le courant, après avoir subi la marche PDABC, passe dans
la spirale avant de retourner à la pile.

On constate ainsi que AB tourne dans le sens indiqué par la théorie.
En intervertissant les communications des extrémités du multiplicateur,
on change le sens du courant qui y circulait, et le courant AB s'arrête
pour tourner ensuite en sens inverse. Si l'on fait marcher le courant
mobile de B vers A, en conservant au courant du multiplicateur son
sens primitif, le sens de la rotation est aussi changé.

Dans l'expérience que nous venons de décrire et dans toutes celles du
même genre dont nous aurons à parler, il se manifeste une influence
perturbatrice qui nuit à la netteté des résultats. Le courant, en traversant l'eau acidulée, contenue dans le vase VV', la décompose ; il en résulte un dégagement quelquefois tumultueux de bulles d'hydrogène qui
trouble le mouvement de l'équipage mobile. On peut obvier à cet inconvénient en substituant à l'eau acidulée une dissolution de sulfate de
cuivre qui est décomposée par le courant, mais sans dégagement de
substance gazeuse.

**1171. Action d'un courant horizontal indéfini sur un courant
vertical-mobile autour d'un axe vertical.** — Soit XY (*fig.* 510 et 511)
un courant horizontal indéfini situé dans le plan horizontal HH' ; soit AB

un courant vertical descendant, mobile autour de l'axe vertical CD.

Pour déterminer l'action de XY sur AB, il faut mener la perpendiculaire commune. A cet effet, je prolonge AB jusqu'à la rencontre en I du plan HH', et du point I j'abaisse sur XY une perpendiculaire IK qui est la perpendiculaire commune cherchée. En effet, elle est perpendiculaire à XY par construction, et à AB comme horizontale passant par le pied I d'une verticale. Le point K partage le courant XY en deux parties KX et KY. Étudions successivement les actions de chacune d'elles sur le courant mo-

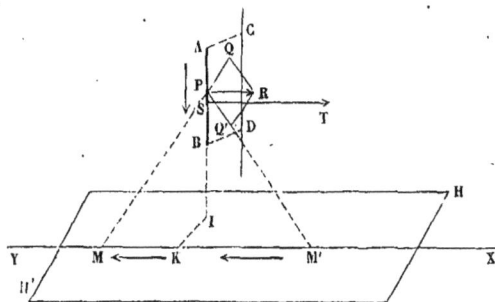

Fig. 510.

bile. Les courants KX et AB s'attirent parce qu'ils s'approchent tous deux de la perpendiculaire commune, et cette attraction agit pour porter AB vers X. Quant à AB et à KY, ils se repoussent ; cette répulsion agit pour éloigner AB de Y, et par conséquent concorde avec l'action de KX pour porter AB vers X. Quelle que soit la position de AB, le même raisonnement conduira à la même conclusion ; toujours AB sera sollicité à s'éloigner de Y et à s'approcher de X : par conséquent AB tournera autour de l'axe CD sous l'action des forces dont nous venons d'indiquer le sens.

1172. Résultante des actions exercées. — On démontre sans peine que, pour l'équilibre, le plan ABDC doit se trouver parallèle à XY. Considérons, en effet, deux éléments M et M' du courant XY, situés tous deux à égale distance du point K, et un élément P du courant AB ; menons MP, M'P et PK. (La ligne PK n'est pas tracée sur la figure, le lecteur y suppléera aisément.) L'action répulsive de M sur P est une force PQ dirigée sur le prolongement de MP ; de même, l'action attractive de M' sur P est une force PQ' dirigée

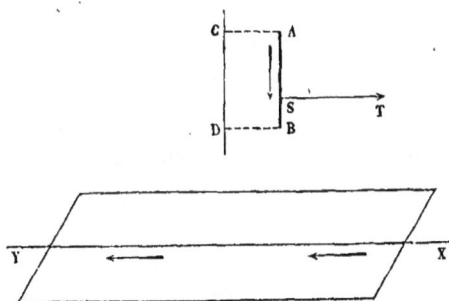

Fig. 511.

suivant PM′ ; les forces PQ et PQ′ sont d'ailleurs égales, car les éléments M et M′ sont à égale distance de P. Or, je dis que leur résultante PR et le courant fixe XY, situés évidemment dans le plan PMM′, sont parallèles comme perpendiculaires à une même droite PK. En effet, PK, qui va du sommet au milieu de la base du triangle isocèle PMM′, partage l'angle au sommet MPM′ en deux parties égales ; de même PR, diagonale du losange PQRQ′, partage l'angle QPQ′ en deux parties égales : donc l'angle KPR, formé par les bissectrices de deux angles adjacents et supplémentaires, est droit, et PK est perpendiculaire à PR. D'ailleurs PK est perpendiculaire à MM′ ou à XY, comme menée du sommet au milieu de la base du triangle isocèle MPM′; donc les deux droites PR et XY sont parallèles. Les actions de tous les éléments de XY, pris ainsi deux à deux, en ont une toujours dirigée suivant PR ; les actions du courant entier XY sur tous les éléments de AB, tels que P′, P″, P‴, etc., se réduisent aussi à une série de forces toutes parallèles, qui se composeront en une seule ST parallèle à XY. Sous l'action de cette force, la rotation commencera, et

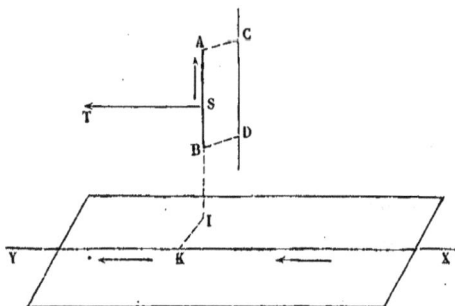

Fig. 512.

selon la position de AB, le point d'application de ST et son intensité varieront ; mais sa direction restera constante. L'équilibre ne sera par conséquent possible que si ST (*fig.* 510 et 511) rencontre l'axe de rotation, et par suite si le plan ABCD devient parallèle à XY.

Le courant AB, au lieu d'être descendant, est-il ascendant (*fig.* 512), les mêmes raisonnements montrent que la direction de ST est inverse de la précédente, et que la position d'équilibre de AB serait vers Y.

1173. **Action d'un courant circulaire, fixe et horizontal sur un courant vertical, limité et mobile autour d'un axe vertical passant par le centre du courant circulaire.** — En général, on transforme l'expérience à laquelle conduirait l'exposé théorique qui précède, en une autre dans laquelle agit un courant répété un grand nombre de fois.

Soit un courant circulaire horizontal, qui suit la direction des flèches marquées (*fig.* 513) ; soit AB le courant vertical, mobile autour d'un axe CD qui passe par le centre O, I le point où la droite AB rencontre le plan du cercle. Joignons OI et prolongeons cette droite jusqu'à la rencontre de la circonférence en R et R'. Tous les éléments de courant, situés sur la demi-circonférence RMR', tendent à faire tourner AB dans le sens RMR', en sens contraire du courant fixe. D'autre part, l'action de chaque élément situé sur RM'R' provoque une rotation dans le même sens. La démonstration en est fa-

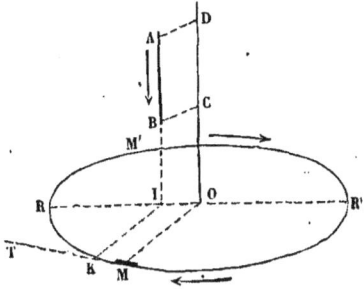

Fig. 513.

cile : soit, par exemple, M un élément de courant. Menons la tangente MT, le rayon MO, et, par le point I, la ligne IK, parallèle à MO : cette ligne IK est évidemment perpendiculaire à AB et au petit élément de courant M. Or les courants AB et M s'approchent tous deux de la perpendiculaire commune, donc ils s'attirent. De

même M', symétrique de M, et le courant AB se repoussent. Le conducteur mobile AB est donc sollicité à tourner autour de l'axe CD, et il prend effectivement ce mouvement de rotation. Mais à mesure qu'il se déplace, les forces, qui produisent son déplacement, se retrouvent toujours les mêmes à cause de la symétrie de l'appareil, et elles agissent

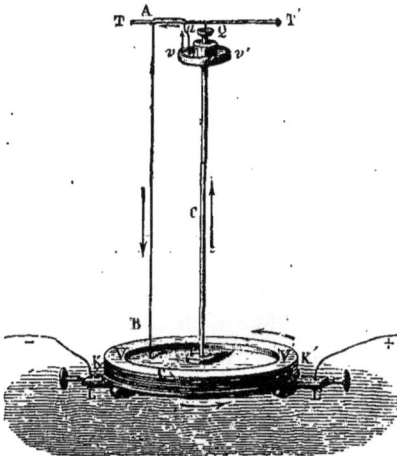

Fig. 514.

pour continuer le mouvement de rotation dans le sens primitif. L'expérience, qui va confirmer ici les prévisions de la théorie, est sans doute très-différente de celle que nous avions discutée dans le paragraphe précédent, et cependant elle n'en est au fond qu'une extension très-légitime.

1174. **Expérience.** — Pour réaliser cette expérience, on se sert d'un vase VV' de cuivre (*fig.* 514) analogue à celui qui a été décrit dans le § 1170.

Mais, au courant mobile horizontal, on substitue un courant AB vertical et très-long, attaché à une traverse de bois TT' qui est soutenue par

une pointe Q posée sur le fond de verre d'une capsule. Vers le haut de la
longue colonne de métal C qui porte cette capsule est un petit vase vv'
semblable, quant à la forme, au vase inférieur VV', et qu'on met en
communication métallique avec cette colonne. Le fil AB, qui se recourbe
en A et en a, plonge par ses deux extrémités dans l'eau acidulée, ou
mieux, dans la dissolution de sulfate de cuivre que contient chacun des
deux vases. Le pôle positif étant mis en rapport avec la colonne C par
l'intermédiaire du bouton à vis L' et le pôle négatif avec le vase inférieur, le courant monte le long de la colonne, arrive au vase vv', vient
en a, puis suit le fil AB pour se rendre à la pile. Mais entre la pile et le
vase VV' est intercalée une couronne multiplicatrice KK' dont l'un des
bouts communique en C' avec le vase inférieur, et dont l'autre bout
communique en L avec le pôle négatif de l'appareil voltaïque. Tout étant
ainsi disposé, on voit que le mouvement de rotation de AB a lieu dans
le sens qu'indique la théorie.

1175. **Action de la terre sur les courants.** — Les résultats signalés
dans les paragraphes précédents présentent un grand intérêt. D'abord,
ils nous font voir comment, par le raisonnement seul, on peut déduire
de quelques phénomènes peu nombreux, les différents effets qui se produisent lorsque deux courants de forme arbitraire sont mis l'un en présence de l'autre. Ensuite, ils vont nous conduire à l'explication rationnelle des mouvements que les courants mobiles abandonnés à eux-mêmes
prennent sous l'action de la terre. Enfin, à la faveur de cette théorie,
nous allons arriver à la découverte de courants qui circulent à l'intérieur
de la terre, et dont l'existence, avant Ampère, n'était pas même soupçonnée.

1176. **Action de la terre sur un courant rectangulaire.** — Suspen-
dons à l'appareil à deux colonnes déjà décrit (1163), le rectangle qui
nous a servi dans nos premières expériences. Suivant la partie DE
(*fig.* 515), le courand descend ; suivant FG, le courant monte. Nous
avons donc, cette fois, deux courants verticaux DE, FG, l'un descendant,
l'autre montant, mobiles l'un et l'autre autour d'un axe vertical. Il
n'existe, en apparence du moins, aucun courant extérieur fixe agissant
sur eux, et pourtant l'expérience nous montre que le rectangle abandonné à lui-même tourne autour de la verticale passant par les pointes,
et vient se placer dans un plan perpendiculaire au plan du méridien
magnétique : le courant descendant, après quelques oscillations, se fixe
à l'est, le courant ascendant à l'ouest. Si, au moment où le rectangle a
pris sa position d'équilibre, l'on change, à l'aide d'un commutateur

(1161), le sens du courant qui le parcourt, on voit alors le rectangle
tourner de 180°, de manière que la condition qui vient d'être formulée
se trouve de nouveau réalisée. Le système mobile se fixe donc exactement comme il le ferait sous l'action d'un courant horizontal indéfini qui circulerait dans l'intérieur de °la terre au-dessous du courant mobile, en cheminant de l'est magnétique placé en X (*fig.* 510, 511 et 512), à l'ouest magnétique placé en Y. Quant aux courants EF et DG, qui se dirigent suivant les côtés horizontaux du rectangle, le courant terrestre dont nous sommes conduits à admettre l'existence ne peut avoir sur eux aucune influence, car ses actions se détruisent, comme appliquées à des courants égaux marchant en sens contraires, et situés à la même distance du courant terrestre.

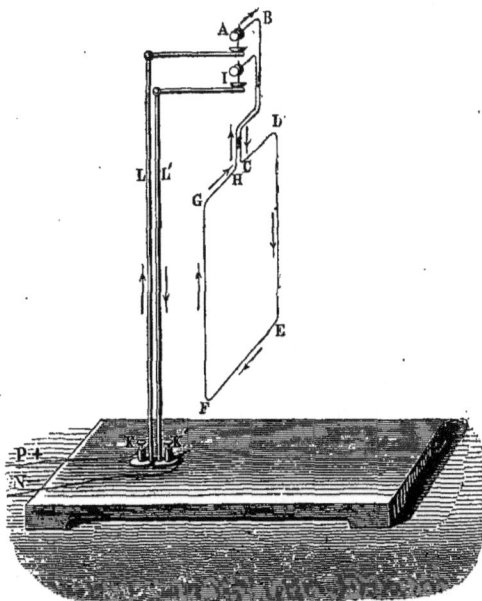

Fig. 515.

1177. Action de la terre sur un courant horizontal mobile autour d'un axe vertical. — On doit se demander maintenant quelle est la position véritable de ce courant terrestre dont nous ne connaissons encore que le sens. L'expérience suivante va nous montrer que dans notre hémisphère il est toujours placé au sud du lieu de l'observation.

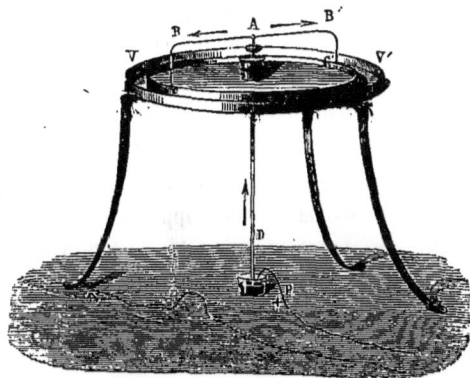

Fig. 516.

Pour la réaliser, on abandonne à lui-même l'appareil qui a été déjà décrit (1170) ; mais on supprime la couronne multiplicatrice (*fig.* 516)· On a ainsi un courant horizontal mobile autour d'un axe vertical,.et qui est soumis à l'action seule du courant terrestre dont nous venons de reconnaître l'existence. Or l'expérience prouve que, dans ces conditions, le courant AB tourne autour de l'axe vertical passant par le point A ; et, quand il marche de A vers B, du centre vers la

Fig. 517.

circonférence, la rotation a lieu de telle sorte que B tourne de l'est à l'ouest en passant par le nord : la figure 517 permet de suivre le sens de cette rotation.

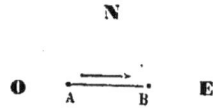

1178. Ce mouvement nous renseigne exactement sur la position du courant terrestre. En effet, ce courant chemine, comme nous savons, de l'est à l'ouest (1176), il est d'ailleurs situé soit au nord, soit au sud du plan vertical qui passe par le courant mobile, soit enfin dans ce plan lui-même. Supposons-le successivement dans ces diverses positions, et recherchons celle qui peut produire le mouvement observé. Si AB (*fig.* 518), mobile autour d'un axe vertical passant par le point A, est soumis à l'action du courant E'O', placé au nord, il tournera de l'est à

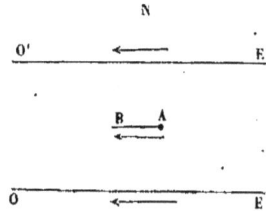

Fig. 518.

l'ouest en passant par le sud, comme on le démontrerait par les raisonnements employés dans le § 1168 : résultat contredit par l'expérience qui vient d'être décrite. Le courant terrestre n'est donc pas au nord du lieu de l'observation. Si AB était soumis à l'action d'un courant placé exactement au-dessous de lui, il resterait au repos dès qu'il serait parallèle à ce courant et dirigé dans le même sens que lui ; il ne tournerait donc pas d'un mouvement continu, comme l'expérience l'a fait voir. Au contraire, les raisonnements que nous venons de rappeler prouvent que, soumis à un courant EO situé au sud, le courant AB doit tourner de l'est à l'ouest en passant par le nord, et c'est là précisément le résultat que l'expérience a donné. Donc tout se passe comme si le courant terrestre se trouvait au sud du lieu où nos observations sont faites.

1179. **Conclusion**. — Les mêmes expériences se répètent, avec le même succès, sur tous les méridiens. Mais si l'on se transporte en différents points du globe, dans l'hémisphère sud au delà de l'équateur magnétique, on trouvera que le mouvement de rotation de l'équipage

mobile a lieu en sens inverse. D'où l'on conclut que le courant terrestre
est au nord de cet hémisphère et qu'il circule suivant une ligne peu
éloignée de l'équateur magnétique.

Toutefois, il est difficile d'admettre l'existence d'un seul courant terrestre ; il est probable qu'au sein de la terre, circulent une multitude de
courants, dont l'ensemble agit, dans les expériences que nous avons fait
connaître, comme un seul courant qui serait voisin de l'équateur magnétique et qui chemincrait de l'est à l'ouest.

1180. Courants astatiques. — Le rectangle, qui vient de se diriger
de lui-même, est celui qui a servi (1163) à établir les actions des courants parallèles ou angulaires. N'est-il pas à craindre que les mouvements, qui ont été constatés alors, n'aient été occasionnés par l'action
de la terre ? On peut se rassurer à ce sujet : car le cadre XY n'a été approché qu'au moment où le rectangle se trouvait déjà au repos. Mais
l'action de la terre, dont il n'y avait pas lieu de tenir compte dans le cas

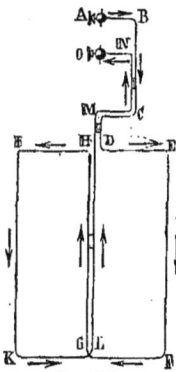

Fig. 519.

qui vient d'être cité, est nuisible à certaines expériences ; elle empêche la libre manifestation des phénomènes spéciaux que l'on veut étudier. On a, en
conséquence, imaginé des dispositions de courants
telles, que les actions de la terre se neutralisent
elles-mêmes : ces sortes de courants s'appellent *astatiques*. Un modèle de courant astatique est sous les
yeux du lecteur (*fig.* 519). Les courants se propagent
suivant l'ordre indiqué par les lettres de l'alphabet :
on voit que les courants verticaux EF et IK sont tous
les deux descendants, et comme la terre agit pour
les porter l'un et l'autre, à l'est, son action se trouve
annulée. D'autre part, les courants horizontaux sont égaux deux à deux,
et de sens contraires de chaque côté du cadre ; le courant terrestre
agit donc avec la même force pour les faire tourner dans les deux
sens : il laisse finalement le rectangle immobile.

1181. On donne aussi quelquefois au courant astatique, et pour d'autres expériences la forme indiquée par la figure 520.

1182. Courants circulaires mobiles. — Revenons aux courants que
la terre peut diriger. Au lieu d'un rectangle, rendons mobile, autour
d'un axe vertical, le courant circulaire OE (*fig.* 521) : le plan du cercle
doit se diriger de l'est à l'ouest. En effet, le courant qui circule le long
d'un arc de cercle AB (*fig.* 522) peut être remplacé par une série de
courants horizontaux AC, DE, et verticaux CD, EF (1165). Cette substitu-

tion faite pour toutes les parties de O E, il reste, d'une part, des courants horizontaux, sur lesquels les actions de la terre s'équilibrent (comme cela avait lieu dans le cas du rectangle mobile), et, d'autre part,

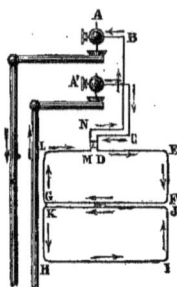 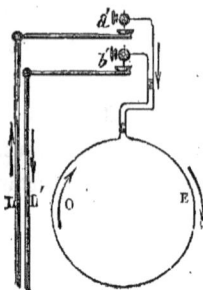 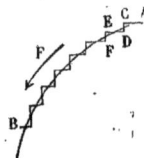

Fig. 520.   Fig. 521.   Fig. 522

des courants descendants du côté E, et ascendants de l'autre côté O : les premiers sollicités vers l'est, les seconds vers l'ouest; leur ensemble doit donc se diriger sous l'influence du globe, et le plan du cercle se placer perpendiculairement au méridien magnétique : c'est précisément ce que l'expérience confirme.

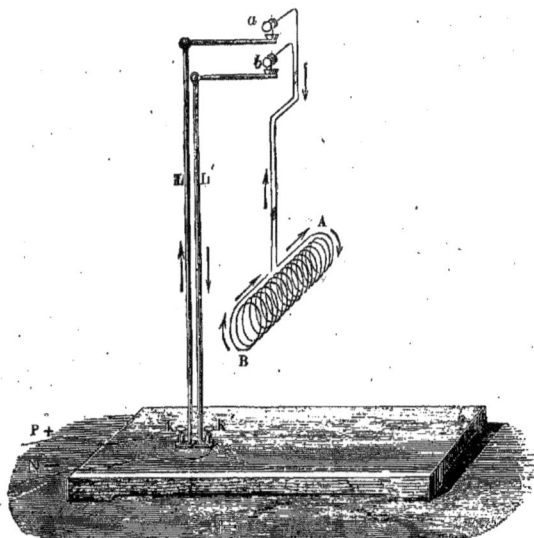

Fig. 523.

1183. **Solénoïdes.** — Un solénoïde se compose d'un grand nombre de courants circulaires très-rapprochés, et perpendiculaires à un même axe qui passe par leurs centres. Un pareil système se réalise au moyen d'un fil (*fig.* 523) qui est enroulé sur un cylindre suivant une hélice, et dont les deux extrémités reviennent horizontalement, pour se relever ensuite parallèlement l'une à côté de l'autre, et se terminer enfin par des pointes. Celles-ci, qui représentent l'axe de rotation de l'équipage mobile, plongent dans le mercure de deux petites coupes *a* et *b*, et permettent ainsi au courant de circuler. Si un courant entre par l'une des extrémités *a* du fil et sort par l'autre *b*, il suit les spires de l'hélice, descend du même côté dans toutes, et remonte toujours du côté opposé.

Sous l'action de la terre, un pareil système se déplacera jusqu'à ce que les courants descendants soient venus à l'est, et les courants ascendants à l'ouest, mais, notons-le bien, à l'est et à l'ouest magnétiques : c'est-à-dire que l'axe horizontal du solénoïde sera dirigé du nord au sud, exactement comme l'axe d'une aiguille aimantée. Ampère a donc, par cette disposition, construit avec les courants un véritable aimant qui se dirige et s'oriente comme l'aiguille de la boussole.

1184. L'analogie entre le solénoïde et l'aiguille aimantée se maintient encore, quand le solénoïde, au lieu d'être mobile autour d'un axe vertical, comme cela a lieu dans le cas précédent, peut se mouvoir autour d'un axe horizontal ; il constitue dans ces nouvelles conditions comme une aiguille d'inclinaison.

1185. J'ai dit que cet appareil équivalait à un ensemble de courants circulaires, perpendiculaires à l'axe de l'hélice. En effet, le courant

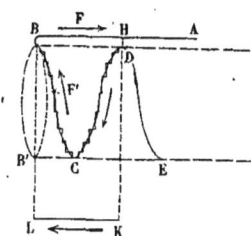
Fig. 524.

d'une spire BCD de l'hélice (*fig.* 524) peut être remplacé par des courants sinueux, qui suivent, les uns, des génératrices du cylindre, et les autres des perpendiculaires à ces génératrices. L'ensemble des premiers forme un courant équivalent à LK, égal et de sens contraire au courant horizontal BH qui longe le cylindre ; il en résulte une neutralisation mutuelle (1164). Il ne reste plus alors que les courants contenus dans des plans perpendiculaires à l'axe du cylindre, et qui tous réunis équivalent à un courant circulaire.

1186. **Action des solénoïdes et des aimants sur les solénoïdes.** — Puisque l'une des extrémités du solénoïde se dirige toujours vers le nord, et l'autre vers le sud, il est naturel de distinguer deux pôles du solénoïde comme on a distingué deux pôles de l'aiguille aimantée, et de les désigner par les mêmes appellations de pôle *austral* et de pôle *boréal*. De plus, par suite de l'analogie que les expériences précédentes montrent entre les solénoïdes et les aimants, on a été conduit à se demander si les pôles de deux solénoïdes agissent les uns sur les autres comme ceux des aiguilles aimantées. La similitude des propriétés s'est maintenue encore cette fois : les pôles de même nom, tels que A, A' se re-

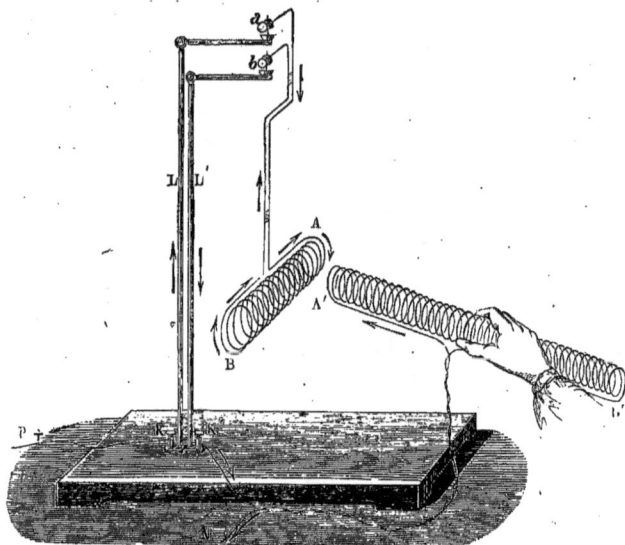

Fig. 525.

poussent ; les pôles de noms contraires s'attirent. Poursuivons les analogies et mettons les solénoïdes en rapport avec les aimants, nous verrons que le pôle austral d'un solénoïde est attiré par le pôle de nom contraire d'un barreau aimanté, et repoussé par le pôle de même nom, et qu'un solénoïde dirige et oriente une aiguille aimantée mobile, exactement comme le ferait un aimant. Un solénoïde est donc comparable à un aimant véritable.

1187. Nouvelle théorie des aimants. — Ampère, appuyé sur ces faits d'expérience, proposa une théorie nouvelle du magnétisme. Pour lui, il n'y a plus ni fluide austral ni fluide boréal : mais tout autour des particules qui constituent un aimant, circulent des courants de même sens dans une perpétuelle activité ; un aimant est un véritable solénoïde. L'ensemble de ces courants préexiste dans l'acier et dans le fer doux avant l'aimantation ; mais alors ils sont dirigés, les uns dans un sens, les autres dans un autre, sans aucun ordre régulier, et leurs actions égales et contraires s'équilibrent. L'aimantation a pour résultat d'amener tous ces courants, ou un certain nombre d'entre eux, à prendre des

positions telles qu'ils circulent tous dans le même sens ; ils forment dès
lors des séries de solénoïdes, placés les uns le long des autres, et donnent par suite les phénomènes que nous avons étudiés.

Ampère fit voir que tous les courants particulaires, qui circulent en
très-grand nombre dans une même tranche prise perpendiculairement à
l'axe de l'aimant, déterminaient la même action extérieure qu'un courant circulaire unique placé dans cette tranche. La seule différence
essentielle entre les solénoïdes et les aimants consiste en ceci : dans les
solénoïdes, les pôles sont aux extrémités mêmes, tandis que, dans les
aimants, ils sont situés toujours à une certaine distance des extrémités.
Ampère explique ces résultats en faisant remarquer que les courants
circulaires d'un solénoïde, sont astreints, par la construction même de
l'appareil, à demeurer tous dans des plans perpendiculaires à l'axe ;
tandis que les courants particulaires individuellement mobiles d'un
aimant, doivent, par suite de leurs actions mutuelles, être situés dans
des plans de plus en plus inclinés sur cet axe, à mesure qu'ils s'éloignent du milieu du barreau.

1188. Cette nouvelle manière de concevoir la constitution des aimants
a une grande importance, bien qu'on ne puisse pas affirmer qu'elle soit
l'expression absolue de la vérité. Si l'hypothèse d'Ampère n'offre pas le
caractère de la certitude complète, si les courants particulaires qui
circulent dans un aimant, n'ont pu être reconnus d'une manière directe ;
on doit au moins reconnaître que la théorie proposée repose sur des
faits vrais, indépendants de toute supposition, faits dont elle est comme
l'expression fidèle : aussi l'adopterons-nous. Quelle que soit l'opinion
qu'on se forme de sa réalité, il reste toujours parfaitement établi qu'un
aimant se comporte comme un solénoïde, dans toutes les circonstances
où l'on s'est placé jusqu'ici. Toute découverte nouvelle, faite avec les
aimants, devra donc être vérifiée avec les solénoïdes, et réciproquement.
Si l'accord se maintient encore, la théorie d'Ampère deviendra pour
nous de plus en plus probable, nous serons conduits à la considérer
comme l'expression de la vérité. Jusqu'ici, il faut le dire de suite, il n'a
été découvert, dans l'ordre des faits que nous étudions, aucun phénomène qu'elle n'explique d'une manière complète ; il y a mieux : des
découvertes importantes lui doivent leur origine.

1189. **Sens du courant du solénoïde auquel un aimant est assimilé.** — Une question pratique se présente souvent, celle de reconnaître le sens du courant qui constitue le solénoïde auquel un aimant
peut être assimilé. Voici deux méthodes : la première consiste à rendre

un aimant mobile dans un plan horizontal et à le laisser ensuite se diriger de lui-même sous l'action de la terre. Alors, dans la partie du barreau ai-manté, qui se trouve placée vers l'est, les courants doivent être descendants, ils doi-vent être ascendants dans la face du bar-reau placée vers l'ouest. De cette manière,

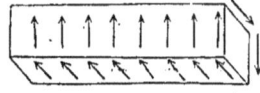

Fig. 526.

le solénoïde se trouve complétement déterminé. La figure 526 repré-sente un barreau auquel la règle a été appliquée.

Mais la considération des points cardinaux, quoique assez simple, peut être évitée et remplacée par une autre plus simple encore : celle de la gauche et de la droite de l'observateur. En effet, que l'observateur se place devant l'aimant AB (*fig.* 526), en dirigeant sa gauche vers le pôle austral, il sera situé à l'ouest magnétique par rapport à l'aimant, et les courants du solénoïde, qui sont devant ses yeux, iront évidemment de bas en haut, dirigés de ses pieds à sa tête, comme cela a lieu pour le spectateur d'Ampère. Cela sera vrai, quand bien même on déplacerait le barreau, pourvu que le pôle austral soit toujours placé à la gauche de celui qui l'observe, d'où cette règle pratique : le pôle austral est à la gauche du courant qui circule dans le barreau aimanté.

1190. Action réciproque des courants produits par la décharge de la bouteille de Leyde. — Les courants, produits par la décharge de la bouteille de Leyde, doivent agir les uns sur les autres, de la même manière que les courants de la pile voltaïque. Mais l'électricité mise en mouvement par une décharge de cette bouteille, est si peu abondante qu'il faut des appareils très-délicats pour accuser une action sensible. M. Weber y est cependant parvenu. A cet effet, il s'est servi d'un sys-tème où les actions sont multi-pliées, et qui, en principe, se com-

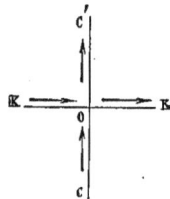

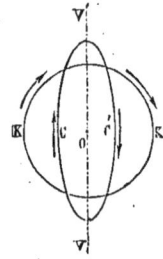

Fig. 527.   Fig. 528.

pose de deux courants circulaires et verticaux CC′, KK′ (*fig.* 528) placés à angle droit : l'un CC′ est fixe, l'autre KK′ est mobile autour d'un dia-mètre vertical VV′ commun aux deux cercles. Il est clair, d'après ce qui a été établi pour les courants voltaïques, que le cercle mobile est sol-licité à se diriger dans le plan du cercle fixe. Qu'on regarde, en effet, les deux cercles, en plaçant l'œil au-dessus de la verticale VV′ (*fig.* 527), et l'on verra les courants supérieurs former des angles tels que le courant mobile est sollicité à prendre la position CC'; on reconnaîtra que les actions des courants inférieurs tendent aussi à produire une rotation dans le même sens.

Au lieu de deux cercles, M. Weber prend deux bobines (*fig.* 529), la première constituée par un fil fin de métal qui fait 5,000 tours bien isolés l'un de l'autre, la seconde par un fil de métal qui en fait 3,000. La bobine mobile est intérieure à la bobine fixe et porte un miroir plan M'; elle est soutenue par un étrier SS' suspendu lui-même à deux fils métalliques F et F' qui sont séparés par un corps isolant et qui conduisent le courant. Si la décharge d'une bouteille de Leyde est produite entre B et E, un courant passe,

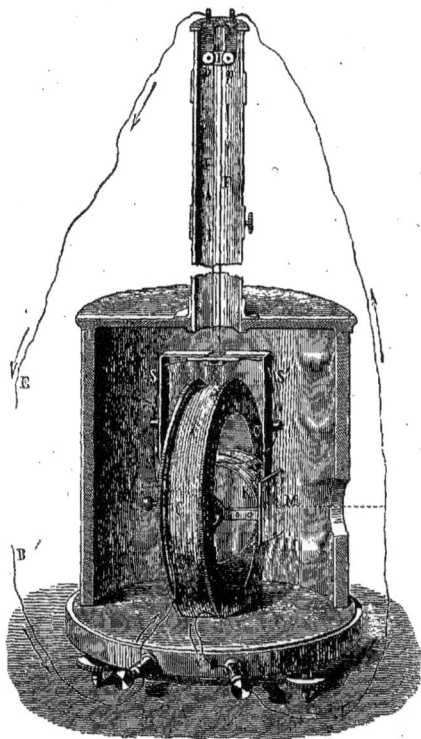

Fig. 529.

dans le sens des flèches, à travers les deux bobines. Celle qui est mobile prend aussitôt un mouvement dont le miroir M rend l'observation facile : l'image d'une règle horizontale située en N devant ce miroir indique par son déplacement l'angle de déviation (*Voir* les problèmes d'optique).

Terminons par la description de quelques phénomènes qui sont dus à l'action réciproque des courants et des aimants, et qui s'expliquent aisément dans la théorie d'Ampère.

1191. Rotation d'un courant par un aimant. — Voici une expérience dont l'idée première est due à M. Faraday : un appareil, qui a été décrit (1174), porte un petit équipage semblable à celui de la figure 514. On fait passer le courant qui suit la marche indiquée par les flèches ; théoriquement, l'appareil devrait prendre déjà sous l'action de la terre un mouvement de rotation, et ce mouvement se manifesterait,

dans le sens prévu, si l'action était suffisamment intense. Mais si, au-
dessous du vase, et dans le prolongement de l'axe de rotation, on vient
à placer un aimant énergique, de manière que le pôle austral soit en
haut, et par suite son action contraire à celle de l'aimant terrestre ; le
mouvement est inverse de celui que la terre agissant seule devrait produire. Il est de même sens quand c'est le pôle boréal qui constitue le
pôle supérieur de l'aimant.

Pour expliquer ces mouvements, il suffit de considérer l'aimant
comme un solénoïde. Si le pôle austral est en haut, des raisonnements
semblables à ceux du § 1173 montreront que, par l'action des courants
fixes du solénoïde, les plus voisins du courant mobile AB, ce dernier
doit prendre un mouvement de rotation dont le sens est assignable à
l'avance.

1192. **Rotation d'un aimant par un courant.** — L'expérience suivante est due à Ampère. Un aimant cylindrique AB (*fig.* 530) est lesté

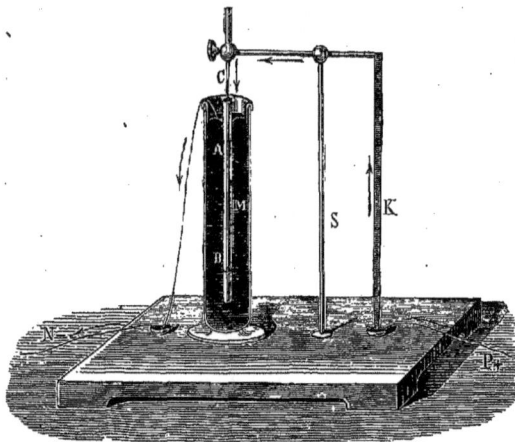

Fig. 530.

par une masse de platine, et flotte, comme un aréomètre, dans le mercure d'une éprouvette. La pointe métallique C plonge dans le mercure
dont est remplie une petite cavité creusée en forme de coupelle à la
partie supérieure de cet aimant. Par la pointe, on fait arriver un courant qui parcourt d'abord l'aimant, puis qui s'épanouit et rayonne dans
le liquide pour s'échapper enfin par un anneau métallique, bordant
l'éprouvette à l'intérieur. Dès que le courant passe, l'aimant tourne sur
lui-même autour de son axe. Si le courant change de sens, la rotation

change aussi de sens : il en est de même si l'on intervertit les pôles en retournant l'aimant lesté en sens inverse.

L'explication de ces mouvements est très-simple, si l'on considère l'aimant comme un solénoïde. Soit en effet le pôle austral de l'aimant, situé à la partie supérieure (*fig.* 531) : le courant du solénoïde, qui équivaut à cet aimant, circule suivant les flèches ; on le verra en appliquant la règle donnée (1189). Le courant qui entre par la pointe sort en suivant des droites telles que CDE. Considérons le courant DE qui passe à travers le mercure de l'éprouvette : il attire tout élément du solénoïde placé du côté A, et repousse tout élément placé de l'autre côté : donc l'aimant est sollicité à tourner dans le sens de la flèche F, c'est-à-dire de la gauche à la droite du spectateur, qui serait debout les pieds en C. Si le courant allait de E en D, ou bien si les pôles étaient retournés, on démontrerait aisément que la rotation doit changer de sens.

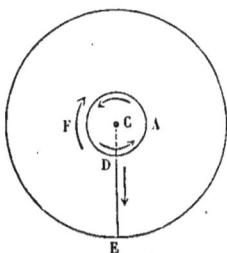 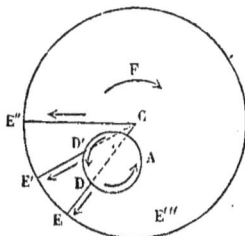

Fig. 531.   Fig. 532.

Avec le même appareil, on peut faire une autre expérience qui s'explique d'une manière semblable. La pointe plonge directement dans le mercure de l'éprouvette, et on voit l'aimant tourner tout autour de cette pointe. On rend compte de ce mouvement en considérant l'action des courants, tels que DE, D'E', CE'', CE''' (*fig.* 532) sur le solénoïde. Nous laissons au lecteur le soin d'appliquer la théorie au cas actuel et de trouver lui-même l'explication du fait.

1193. Nous avons achevé l'exposé des principales découvertes d'Ampère et des travaux qui s'y rattachent le plus directement. Avant de quitter ces questions si intéressantes par les aperçus nouveaux auxquels elles ont conduit, et par la fécondité de leurs conséquences pratiques, qu'il nous soit permis d'indiquer en quelques mots la série des idées qui ont conduit Ampère à prévoir, dès qu'il eut connu l'expérience d'Œrsted, l'action que les courants exercent sur les courants. Il a développé lui-même la suite de ses raisonnements ; nous ne ferons que le suivre dans cette exposition. Une aiguille aimantée, pensa-t-il, se dirige du nord au sud ; évidemment, d'après l'expérience d'Œrsted, cette direction s'expliquerait très-bien si un courant terrestre cheminait constamment au-dessous de l'aiguille aimantée et allait de l'est à l'ouest. Ainsi, au lieu de l'hypothèse de l'aimant terrestre admise jusqu'à ce jour, nous pouvons, se dit-il, en imaginer une autre, celle d'un courant ou d'une série de courants allant de l'est à l'ouest ; et comme ce raisonnement s'applique à tous les lieux du globe, l'aimant terrestre agit comme une série de courants circulaires perpendiculaires à la ligne des pôles. Évidemment il en est de même de tout autre aimant. De là conclut Ampère : puisque deux aimants qui représentent un assemblage de courants, agissent l'un sur l'autre, il doit en résulter que deux courants s'attirent ou se repoussent. Cette idée, à peine conçue, fut soumise à une vérification immédiate. Peu de jours après la découverte d'Œrsted, l'expérience avait prononcé, et si l'œuvre d'Ampère n'était pas encore complète, du moins les grands traits en étaient déjà arrêtés. Pendant les années qui suivirent, l'illustre physicien perfectionna son travail, il appliqua le calcul aux phénomènes électro-dynamiques, et fut assez heureux pour en trouver la loi mathématique. La détermination de l'action de deux courants de forme quelconque ne fut plus dès lors que la simple conséquence d'une formule qui permet de prévoir et le sens et l'intensité des forces mises en jeu.

CHAPITRE VII

INDUCTION

1194. Historique. — « Les époques où l'on a ramené à un principe
« unique des phénomènes considérés auparavant comme dus à des
« causes différentes, ont été presque toujours accompagnées de la dé-
« couverte d'un très-grand nombre de faits nouveaux, parce qu'une
« nouvelle manière de concevoir les causes suggère une multitude
« d'expériences à tenter, d'explications à vérifier. » C'est Ampère qui
s'exprimait ainsi en 1824, à propos de sa théorie nouvelle des aimants,
et ses paroles ne tardèrent pas à recevoir d'éclatantes confirmations.
Mais de toutes les découvertes que cette théorie a suggérées, celle de
M. Faraday fut, sans contredit, la plus remarquable. Ampère avait formé
des aimants par la seule intervention de l'électricité, M. Faraday voulut
obtenir de l'électricité au moyen des aimants. Ce problème se transforma
bientôt en un autre qui, au point de vue théorique, est exactement le
même : une hélice qui, traversée par un courant, possède toutes les
propriétés d'un aimant ordinaire, ne sera-t-elle point capable de développer, sous certaines conditions, un courant d'électricité dans un
conducteur voisin ? M. Faraday, convaincu que cette dépendance mutuelle des deux ordres de phénomènes était nécessaire, se mit à la rechercher, et dans le travail qu'il publia en novembre 1832, il fit connaître une nouvelle branche de l'électricité appelée l'*Induction*.

1195. Induction par les courants. — Voici l'énoncé des premiers
résultats obtenus :

1° Un courant qui commence fait naître dans un *circuit* voisin un
courant de sens contraire.

2° Un courant qui finit fait naître dans un circuit voisin un courant
de même sens.

3° Un courant qui s'approche d'un circuit agit comme un courant qui commence.

4° Un courant qui s'éloigne agit comme un courant qui finit.

On a nommé *courant inducteur* le courant voltaïque ordinaire qui exerce son influence, et *courant induit* celui qui apparaît comme une manifestation de l'influence exercée.

Les courants induits sont toujours des courants de faible durée ; ils cessent presque à l'instant où le courant inducteur acquiert, soit son maximum, soit son minimum d'intensité, ou bien quand ce courant cesse de s'approcher ou de s'éloigner du circuit soumis à l'influence.

1196. Appareil. — M. Faraday est arrivé à la découverte de ces phénomènes au moyen d'appareils qui permettent de faire circuler un courant dans un fil métallique d'une certaine longueur, lorsque ce fil est placé lui-même à une petite distance d'un circuit formé par un autre fil conducteur en général plus fin et présentant un développement considérable. A cet effet, il enroule sur une bobine de bois deux fils de cuivre, revêtus de soie. Ces fils ont 100, 200, 300 mètres de longueur, et même davantage.

La bobine H, représentée dans la figure 533, porte deux fils placés

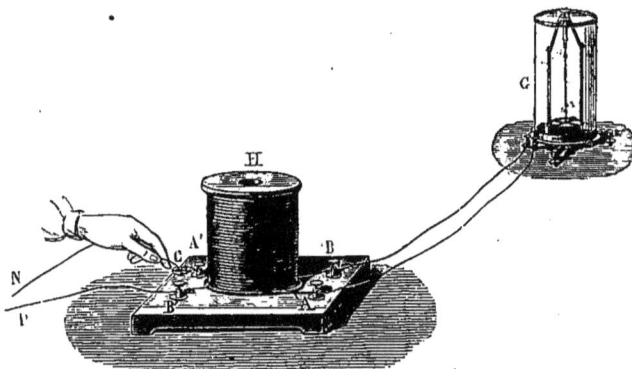

Fig. 533.

côte à côte, mais isolés l'un de l'autre. L'un des fils, que j'appellerai le fil F, a ses deux extrémités A et B en communication permanente avec un galvanomètre G placé à une grande distance. L'autre fil F′ communique d'une manière continue par l'un de ses bouts B′ avec un pôle de la pile, avec le pôle positif par exemple, tandis que l'autre bout A′ plonge dans une petite coupe C pleine de mercure.

Si l'on plonge le pôle négatif N′ de la pile dans ladite coupe, un courant commence à traverser le fil F'. Aussitôt, dans le fil F un courant circule et l'aiguille du galvanomètre en donne la preuve par sa déviation ; elle indique que, dans ce second circuit, il passe un courant de sens contraire à celui qui circule dans le fil F'. Nous l'appellerons courant induit *inverse*. La déviation ne persiste pas, quoique le courant inducteur continue à circuler ; l'aiguille oscille de part et d'autre de sa première position d'équilibre et revient bientôt au zéro.

Quand l'aiguille est arrivée au repos, on rompt le courant du fil F', en retirant le rhéophore de la coupe de mercure dans laquelle il avait été introduit. Aussitôt l'aiguille du galvanomètre est déviée et montre que dans le circuit F voisin de celui où le courant finit, il naît un courant de même sens ; nous le nommerons courant induit *direct*. Ce courant, comme le premier, est de très-petite durée.

1197. Induction par un courant qui s'approche ou qui s'éloigne. — Pour étudier les effets produits par un courant qui s'approche, ou par un courant qui s'éloigne, on se sert de deux bobines, dont l'une peut pénétrer dans l'intérieur de l'autre. La bobine H (*fig.* 534) n'a

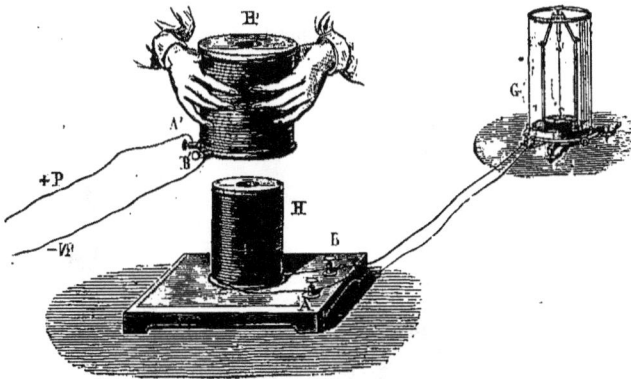

Fig. 534.

qu'un fil dont les bouts A et B sont mis en communication permanente avec un galvanomètre. La bobine H' n'a aussi qu'un fil, dont les extrémités A' et B' sont en rapport continu avec les pôles d'une pile. Les bobines H et H' étant loin l'une de l'autre et l'aiguille du galvanomètre au zéro, on approche H' de H ; aussitôt l'aiguille est déviée et prouve que dans H il naît un courant inverse de celui qui circule en H'. Ce courant cesse dès que la distance des bobines demeure constante. Quand l'aiguille est revenue au zéro, on éloigne les bobines, et l'on voit qu'il naît en.ll un courant de même sens que celui de ll', c'est-à-dire un courant direct.

1198. Induction par les aimants. — D'après la théorie d'Ampère, un aimant n'est qu'un solénoïde et peut être assimilé à celle de nos bobines qui est parcourue par le courant voltaïque ; il doit donc produire des courants d'induction. Si cette théorie d'Ampère est vraie, on constatera par expérience les faits suivants : un aimant, qui s'approche, fait naître dans un circuit conducteur voisin un courant contraire à celui du solénoïde auquel il peut être assimilé; un aimant, qui s'éloigne, fait naître un courant inverse du précédent, c'est-à-dire direct par rapport au courant qui le parcourt ; enfin, un aimant, à l'instant où il se forme ; un aimant, à l'instant où il perd son aimantation, donne naissance à des courants exactement comme le fait, soit un courant qui commence, soit un courant qui finit. Ainsi la théorie d'Ampère, combinée avec les résultats déjà acquis, fait prévoir qu'à l'aide des aimants il est possible de développer des courants électriques.

1199. Expériences. — Les expériences, qui permettent de constater cette production remarquable d'électricité, dans les conditions indiquées ci-dessus, se réalisent au moyen d'une bobine à un seul fil, dont

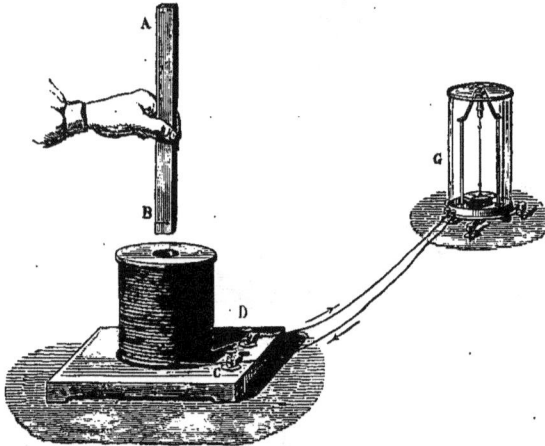

Fig. 555.

les bouts C D (*fig.* 555) sont en communication permanente avec un galvanomètre très-éloigné G. Dès qu'un aimant est approché vivement de la bobine, l'aiguille indique un courant instantané et de sens contraire à celui du solénoïde que l'aimant représente ; puis, quand l'aimant est immobile, l'aiguille retourne au zéro. Dès qu'on éloigne l'aimant, l'ai-

guille indique un courant de même sens que celui du barreau aimanté.
Si l'on place d'avance dans l'intérieur de la bobine un faisceau de fils
de fer doux F (*fig.* 536) et qu'on approche un aimant, le fer doux s'aimante, et sur le fil de la bobine s'exercent à la fois et l'action de l'ai-

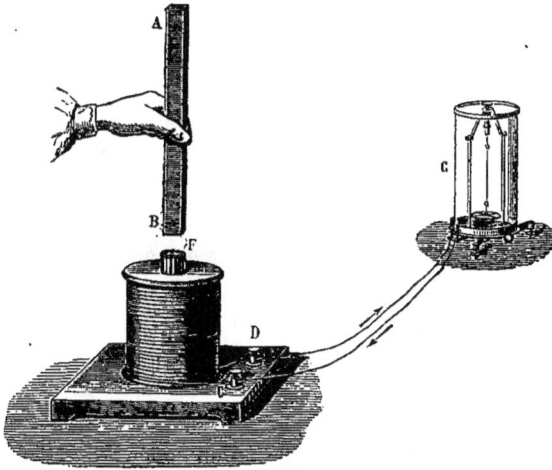

Fig. 536.

mant qui s'approche, et l'action de l'aimant qui prend naissance ; ces
deux actions sont de même sens, et la déviation de l'aiguille est beaucoup plus considérable qu'avant l'intervention du fer doux. Lorsque
l'aimant est éloigné, les effets sont toujours ceux que nous avons an-
noncés.

1200. **Loi de Lenz**. — Une loi simple relie les phénomènes d'induction aux phénomènes électro-dynamiques et révèle leur relation intime.
Cette loi, due à Lenz, a pris le nom de ce physicien ; la voici : *Un circuit
qui se déplace dans le voisinage d'un courant fixe est parcouru par un
courant induit, tel que l'action des deux courants, l'induit et l'inducteur,
l'un sur l'autre, produirait un déplacement du circuit exactement contraire à celui qui lui est imprimé actuellement.* Expliquons cet énoncé sur
un exemple particulier. Un circuit s'approche d'un courant identique
de forme et vient s'y superposer, il naît dans ce circuit un courant
inverse du courant inducteur, c'est-à-dire un courant qui tend à renvoyer le circuit induit dans sa position primitive ; ainsi le déplacement
qui se produirait sous l'action des deux courants serait bien inverse de
celui qui s'effectue réellement. La loi s'applique évidemment aux aimants, quand ils exercent des effets d'induction

1201. Induction d'un courant sur lui-même. — M. Faraday fit observer, dès 1832, qu'un fil métallique peut être considéré comme formant un faisceau d'une multitude de fils fins parallèles les uns aux autres, et que, soit au moment où un courant prend naissance dans ce fil, soit au moment où il finit, des phénomènes d'induction doivent s'y manifester. Le courant, qui commence ou qui cesse dans chacun des fils fins dont se compose le fil total, induit nécessairement, dans les fils élémentaires voisins, des courants qui diminuent ou augmentent l'intensité du courant primitif. M. Faraday n'est parvenu qu'en 1834 à trouver moyen de constater l'exactitude de ses vues théoriques et à démontrer l'induction du courant sur lui-même.

L'appareil dont il s'est servi se compose d'abord d'un fil H très-long qui est enroulé sur une bobine, et dont les deux bouts sont unis avec les deux pôles de la pile PN. Dans le voisinage des pôles, en C et en F, deux fils sont attachés et communiquent avec un galvanomètre G. Le courant de la pile va d'abord de P en C; arrivé là, il se bifurque : une partie suit la route DGE en traversant le galvanomètre, et une autre partie passe le long du fil de la bobine; puis du point F le courant revient à la pile. L'aiguille du galvanomètre, déviée par le courant quitte sa position d'équilibre qui est en $a'b'$, et vient en ab. Elle est alors ramenée au zéro, soit à la main, soit par tout autre procédé, et on l'y maintient par une petite masse de cuivre figurée près du point a'. Cette masse, placée à côté de l'aiguille, l'empêche de retourner vers ab, et lui laisse toutefois la liberté de se déplacer en sens inverse. Ces dispositions prises, on rompt le courant soit entre C et P,

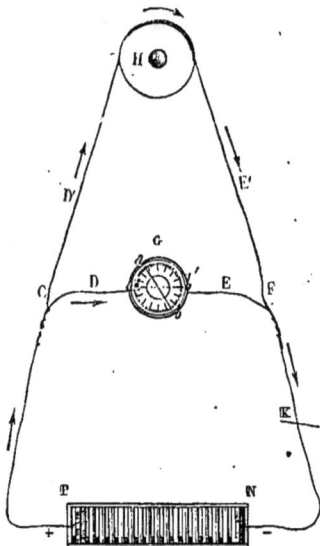

Fig. 537.

soit entre N et F, en K par exemple, et l'on voit tout à coup l'aiguille du galvanomètre dévier dans le sens qui correspond à sa mobilité actuelle, et indiquer qu'un courant passe et suit la direction FC.

Que faut-il conclure de cette déviation? Remarquons, avant tout, qu'au moment où la communication avec la pile est interrompue, il ne reste plus d'autre circuit fermé que le circuit FGCD'HE'. Or nous venons

de constater que dans une partie de ce circuit le courant suit la direction FC; dans l'autre partie il ne peut donc s'avancer que suivant CD'HE'.
Au moment de la rupture, le courant qui cesse dans le fil H joue donc
le rôle de courant inducteur pour faire naître instantanément un
courant induit direct, auquel on donne souvent le nom d'*extra-courant
direct*.

**1202. Des circonstances qui influent sur l'intensité de l'extra-
courant.** — L'extra-courant direct est très-faible, quand le fil est tendu
en ligne droite; toutefois il est encore possible de l'apprécier. Il se
manifeste avec plus d'énergie lorsque le fil est enroulé en hélice. Sa
puissance tient alors à ce que le courant qui finit dans chaque spire agit
comme un courant extérieur sur les spires voisines, et à la première
induction s'ajoute l'induction des spires les unes sur les autres. Enfin,
quand, dans l'intérieur de la bobine, on a disposé un morceau de fer
doux, le courant induit est encore plus puissant : la rupture du courant,
en désaimantant le fer doux, produit un courant d'induction qui s'ajoute
au précédent.

1203. Induction sur lui-même du courant qui commence. —
Expériences de M. Edlung. — L'expérience de M. Faraday démontre la
production d'un courant induit au moment où la rupture du courant
principal est produite; mais son appareil ne permet pas de constater
aussi nettement l'induction
qui a lieu dans le fil conducteur lorsque le courant
s'établit. Une disposition
due à M. Edlung, réalise
mieux les conditions con-
venables pour reconnaître
les effets inducteurs produits
lorsque le courant prend
naissance; cette même disposition peut remplacer celle
de M. Faraday. Comme dans
l'appareil de M. Faraday
(1201), les rhéophores PC
et NF (*fig.* 538) d'une pile
se bifurquent en F et en C;

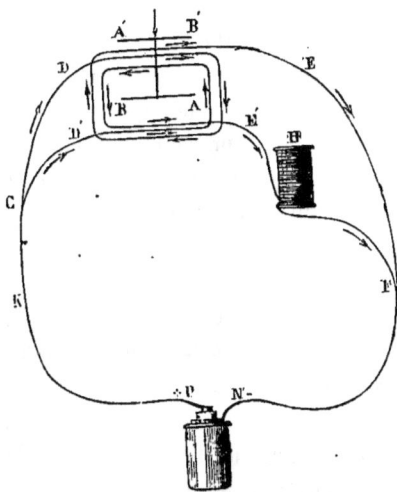

Fig. 538.

à partir de ces points le courant se divise en deux autres suivant les
chemins CDEF, CD'E'F; mais, contrairement à ce que nous avons vu

dans l'appareil de M. Faraday, ces courants circulent tous les deux autour du cadre d'un galvanomètre, et ainsi que le montre la figure, ils cheminent en sens inverse l'un de l'autre. De plus, sur le trajet de l'un des courants E'F est intercalée une hélice H à fil recouvert de soie que le courant doit traverser. Sur le trajet de l'autre est intercalé en E un fil très-fin et de longueur très-petite. Le fil fin et l'hélice sont tellement choisis que, le courant étant établi, l'aiguille supérieure du galvano-mètre reste en équilibre au zéro, là où elle se tenait avant que la pile fût en activité. Tout étant disposé comme nous venons de le dire, si le fil CP est rompu, en K par exemple, un fort courant d'induction a lieu dans le fil long de l'hélice H, tandis que dans le fil E, qui est court, le courant d'induction produit est faible. D'où il suit que le courant induit dans l'hélice l'emporte; il circule dans le sens HFEDCD'E'; et, contrairement à ce qui avait lieu antérieurement, tous les courants, qui suivent le fil du galvanomètre avancent tous dans le même sens le long d'un même côté du cadre. On observe une déviation de l'ai-guille qui s'accorde avec les résultats de l'expérience de M. Faraday. L'extra-courant direct est donc facile à observer au moyen de ce nouvel appareil.

Allons plus loin. Le courant étant interrompu, l'aiguille oscille et finit par revenir au zéro, là où elle était, avons-nous dit, avant l'interruption, alors que le courant de la pile circulait dans le système des fils. Quand elle a atteint ce zéro, rétablissons la communication en K : immédiate-ment, l'aiguille du galvanomètre est déviée et avance en sens inverse de sa marche précédente. Cette déviation n'est pas durable, après des oscil-lations, l'aiguille revient au zéro : c'est donc un courant d'induction qui a produit le déplacement de l'aiguille, et ce courant, inverse du précédent, est de sens contraire au courant qui commence dans l'hélice, ainsi que M. Faraday l'avait prévu.

1204. **Intensité et tension des courants induits.** — Le but que M. Faraday avait poursuivi se trouve complètement atteint ; mais le plus souvent un progrès important dans la science en amène toujours d'autres à sa suite. Bientôt, en répétant les expériences de l'illustre physicien, divers observateurs, et particulièrement MM. Masson et Breguet, arri-vèrent à découvrir ce qu'on n'avait pas soupçonné d'abord, qu'avec des courants inducteurs relativement faibles, il était possible de produire des courants induits d'une intensité des plus considérables.

Pour en obtenir une preuve des plus convaincantes, il suffit, dans ce but, de répéter l'expérience du § 1197, en supprimant le galvanomètre

et en attachant en A et B deux fils dont les bouts libres seront maintenus à quelque distance l'un de l'autre. Si la bobine inductrice est
approchée très-vivement, le courant induit acquiert une telle intensité
qu'une étincelle jaillit au point où le circuit est interrompu. Dans
la bobine induite il s'est donc développé un courant capable de produire
des effets de tension que l'on ne peut obtenir directement qu'avec des
piles très-puissantes, comme celle de M. Gassiot.

MM. Masson et Breguet sont parvenus à se servir des deux électricités,
qui arrivent au bout du fil inducteur, pour donner à un condensateur
une charge considérable et permanente. Une des extrémités du fil inducteur est mise en communication avec l'armure externe, et l'autre
extrémité tenue à une petite distance de l'armure intérieure. La bouteille se charge par des étincelles qui jaillissent vers l'armure intérieure,
quand l'induction a lieu. Une des extrémités du fil est seule en contact
avec l'une des armures métalliques du condensateur afin qu'au moment où l'induction cesse, la décharge ne se produise pas par l'intermédiaire du fil qui constituerait alors un véritable excitateur.

Le phénomène des étincelles se manifeste avec une grande netteté si
l'on répète l'expérience du § 1196 : au moment où l'on interrompt le
courant, une magnifique étincelle apparaît entre les extrémités libres du
fil induit, surtout si ce fil est d'une grande longueur.

1205. L'expérience prouve qu'un courant d'induction est d'autant plus
intense que le déplacement du courant inducteur est plus rapide. Ce fait
est la conséquence de la loi suivante, que nous nous bornerons à énoncer : Pour un même déplacement du circuit inducteur, la quantité
d'électricité mise en mouvement dans le fil induit est toujours la même.
Si le courant inducteur s'approche ou s'éloigne lentement, comme le
courant induit dure pendant un temps égal ou même un peu supérieur à
celui de ce déplacement, l'électricité en mouvement circule à chaque
instant en petite quantité ; le courant est faible. Au contraire, si le courant inducteur est brusquement approché ou éloigné, toute l'électricité
est mise en mouvement dans un temps très-court, le courant induit est
de courte durée, mais très-intense.

Les mêmes lois régissent les courants induits par la rupture ou la
fermeture du courant inducteur. Si l'on affaiblit lentement le courant
inducteur, le courant induit est peu intense, mais dure un temps relativement considérable. Si, au contraire, le courant inducteur cesse
subitement, le courant induit n'a qu'une durée presque inappréciable ;
mais dans le fil qu'il parcourt s'écoule toute l'électricité produite, qui se

précipite alors comme un torrent ; les effets sont par suite très-puissants. On ne doit donc pas oublier qu'une induction qui donne naissance à un courant de grande intensité est celle qui se produit dans le temps le plus court.

1206. Induction produite par un aimant sur un disque en mouvement. — Toutes les fois qu'un corps conducteur est déplacé dans le voisinage d'un aimant, des courants d'induction se développent. Si, par exemple, on fait tourner autour d'un axe vertical une plaque de cuivre horizontale PP' (*fig.* 539), et située au-dessous d'un aimant mobile AB ; dans les points qui s'approchent de chaque pôle naissent des courants qui repoussent le pôle (loi de Lenz) ; dans les points qui s'en éloignent naissent des courants qui l'attirent, et par ces deux raisons l'aiguille se trouvera entraînée dans le sens de la rotation du disque. Arago avait observé ce fait en 1825, avant que l'induction fût connue. Aussi n'avait-il pu s'en rendre un compte satisfaisant. Les expériences de M. Faraday sont venues plus tard l'expliquer.

Pour que l'agitation de l'air, due au mouvement de la plaque, ne trouble pas

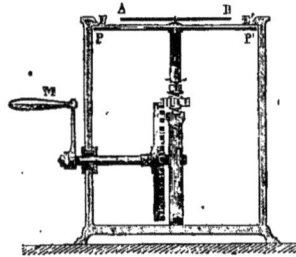

Fig. 539.

l'aiguille, une feuille de parchemin EE' forme la partie supérieure d'une boîte qui contient le plateau tournant ; le pivot qui supporte l'aiguille est posé sur cette feuille.

1207. Induction par l'action de la terre. — La terre peut être assimilée à un aimant ou à un solénoïde ; il est donc certain qu'elle induit des courants dans les circuits ou dans les conducteurs en mouvement. C'est un fait facile à vérifier : la bobine AB (*fig.* 540) a les deux bouts G et G' de son fil réunis à un galvanomètre. Se trouve-t-elle placée dans la direction de l'aiguille d'inclinaison ? quand on la retourne bout pour bout, en la faisant tourner autour d'un

Fig. 540.

axe perpendiculaire au méridien magnétique, on constate immédiatement l'apparition d'un courant : et ce courant est de même sens que celui qui naîtrait, si au-dessous de la bobine se trouvait un aimant fixe dirigé et orienté comme l'aimant terrestre.

1208. **Induction Leyde-électrique.** — La décharge de la bouteille de Leyde donne des courants induits qui ont été reconnus par un grand nombre de physiciens. Mais les divers observateurs ne se sont pas accordés tout d'abord sur le sens de ces courants. Verdet a montré la cause de cette divergence dans les résultats. En réalité, une décharge de la bouteille de Leyde est un courant de courte durée, qui commence et qui finit presque en même temps. Dans le circuit voisin, il y a donc successivement deux courants induits de sens contraires, et, selon le mode d'expérimentation suivi, les effets de l'un ou de l'autre prédominent. Par des dispositions ingénieuses, Verdet est parvenu à les isoler.

Nous nous contenterons de constater ce phénomène d'induction par l'expérience suivante, qu'il est facile de répéter : deux fils longs et bien isolés étant enroulés sur une même bobine, on fait passer la décharge d'une bouteille à travers l'un d'eux : aussitôt une commotion est ressentie par l'opérateur, dont les mains tiennent chacune un bout de l'autre fil.

1209. **Courants induits de différents ordres.** — L'apparition de deux courants induits devra se manifester d'une manière analogue dans tout conducteur placé à une petite distance d'un fil que parcourent des courants instantanés : ces derniers exciteront dans tout circuit voisin deux courants induits successifs et de sens contraires entre eux. C'est ce qui arrive lorsque l'on veut employer un courant induit à engendrer lui-même d'autres courants induits. Par exemple, au lieu de réunir les extrémités AB du fil de l'appareil (*fig.* 555) avec un galvanomètre, on peut les mettre en communication permanente avec les extrémités $A_1'B_1'$ d'une bobine toute semblable à celle dont les bouts sont $A'B'$: le premier courant induit, dont l'existence nous est connue, passera dans le fil $A_1'B_1'$, et pourra à son tour induire des courants dans un fil voisin A_1B_1. Comme nous l'avons dit, le premier courant étant instantané donnera successivement naissance à deux autres, et c'est ce que les travaux de M. Henry, de M. Abria et de Verdet ont parfaitement établi.

1210. **Machine de MM. Masson et Breguet.** — A la place du galvanomètre employé par M. Faraday dans ses expériences (*fig.* 557), on peut substituer tout autre appareil capable d'éprouver des modifications par le passage du courant, et l'on verra se produire tous les phénomènes auxquels un courant donne naissance. Mais des remarques importantes doivent être faites. Les effets sur lesquels n'influe pas la durée du courant, mais qui dépendent de son intensité seule, seront très-avantageusement reproduits par les machines d'induction : ainsi les commotions, les étincelles, l'aimantation des aiguilles d'acier. Tandis que les décompositions chimiques, où les éléments séparés s'accumulent en plus grande quantité à mesure que la durée du courant se prolonge, ne s'effectueront qu'instantanément à chaque rupture, et aux pôles les éléments séparés ne se développeront qu'en très-petites quantités.

MM. Masson et Breguet ont fait construire une machine où les conditions de l'expérience de M. Faraday se trouvent très-bien réalisées, car la bobine au centre de laquelle on place un cylindre de fer doux est formée par un fil de grande longueur. A la place du galvanomètre, sont installés les appareils qui doivent témoigner des effets du courant induit : et au point K, là où le courant doit être rompu, les inventeurs ont intercalé une roue dentée métallique, dont l'axe touche toujours le fil N de la pile NP, et dont les dents viennent, chacune à son tour, frapper sur un ressort qui communique avec FK : ce mécanisme permet de produire aisément un grand nombre de passages et d'interruptions du courant, et, par suite, des courants induits fréquents et des secousses très-multipliées, si ces courants servent à donner des commotions.

1211. L'appareil a été disposé aussi pour que l'on puisse tirer parti des courants induits que fait naître un courant extérieur (1196). Une bobine est disposée à l'intérieur de la première; elle est recouverte d'un gros fil qui reçoit le courant de la pile et sur le trajet duquel on place la roue qui sert à interrompre ou à établir les communications. L'induction qui se produit sur le fil extérieur, donne naissance à des courants alternativement de sens contraires. Mais tandis qu'au moment de la fermeture le courant inducteur est affaibli par l'effet de l'induction qu'il exerce sur lui-même, au contraire, au moment de l'ouverture, l'extra-courant direct renforce le courant inducteur, et, par suite, le courant induit acquiert une intensité considérable. Aussi quand l'on tient à la main les deux bouts du fil de la bobine induite, on ne reçoit des commotions violentes qu'au moment seul où le courant cesse dans la bobine inductrice.

1212. **Machine de Ruhmkorff.** — La machine dite de Ruhmkorff, parce qu'on lui a donné le nom de son constructeur, reproduit exactement, en théorie, cette dernière disposition de la machine de MM. Masson et Breguet ; mais elle est construite dans des conditions excellentes qui permettent d'obtenir des effets d'une puissance extraordinaire. L'hélice inductrice, qui enveloppe un faisceau f de fil de fer doux, est formée par un fil dont les extrémités ressortent en H et en G (*fig.* 544). Ce fil est gros et d'une longueur peu considérable; les dimensions en sont mesurées, de sorte que l'action du courant inducteur sur le circuit induit soit maximum. Deux petites bornes métalliques A, I reçoivent les pôles de la pile, et amènent le courant à ce fil. Quant à l'hélice induite, elle est formée d'un fil fin et excessivement long, qui compte jusqu'à 30 kilomètres, et dont les spires sont isolées avec le plus grand soin. L'enveloppe de soie n'est plus suffisante, cette fois, pour maintenir dans le conducteur métallique le courant induit; on sépare alors les couches successives, que forme le fil sur la bobine, avec une autre substance isolante, la poix résine. Des colonnes de verre supportent les tiges de métal S S', qui sont chacune en rapport avec l'un des bouts du fil induit, et c'est dans ces tiges que, par le moyen de deux fils métalliques K et K', l'opérateur va prendre l'électricité produite.

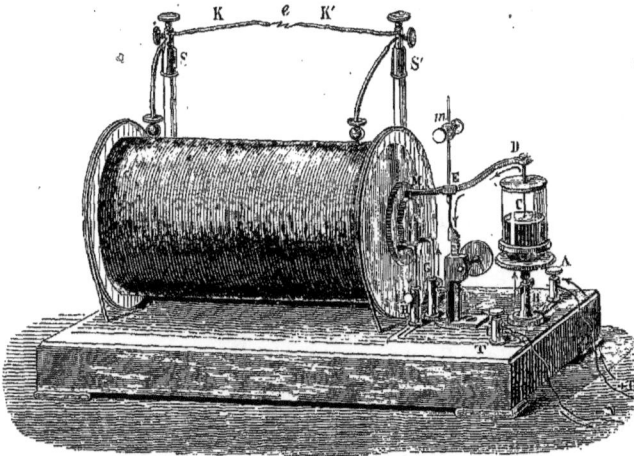

Fig. 541.

Lorsque la machine fonctionne, il importe de pouvoir l'arrêter sans toucher les pôles de la pile. En T est un appareil qui permet d'interrompre ou de renverser le courant et que l'on nomme le *commutateur;* il a été indiqué au § 1161. Nous l'avons supprimé dans la figure, afin d'éviter la confusion d'un trop grand nombre de pièces.

1213. **Des deux courants induits.** — Ainsi que nous l'avons dit en parlant de la machine de MM. Masson et Breguet, deux courants alternatifs et de sens contraire circulent dans le fil induit lorsque les fils K et K' sont unis d'une manière permanente; le courant direct est dû à l'interruption du courant inducteur, le courant inverse à sa fermeture. Il en est de même toutes les fois qu'entre K et K' est interposé un liquide bon conducteur. Mais dès que ces fils sont séparés par des corps assez mauvais conducteurs, comme l'air, le courant inverse cesse de passer à travers l'obstacle; une étincelle ne jaillit en e entre les deux fils qu'au moment où la rupture a lieu. Le courant induit direct a seul une tension suffisante pour traverser la couche d'air qui lui fait obstacle. Aussi, c'est ce courant produit au moment de l'interruption qu'on s'est efforcé de rendre le plus intense possible : l'étude raisonnée des faits a conduit à trouver les dispositions les plus convenables pour que l'interruption soit brusque; ce qui est la condition favorable, ainsi que nous l'avons indiqué dans le § 1205.

1214. **Interrupteur.** — A la suite de ses expériences, M. Poggendor avait déterminé les conditions à remplir pour que l'interruption fû aussi brusque que possible, mais plus récemment Foucault a réalisé une disposition ingénieuse qui atteint très-bien le but indiqué. L'interrupteur de Foucault est essentiellement formé par une pointe CD de platine (*fig.* 541), qui communique avec l'une des extrémités du fil de la bobine inductrice. En plongeant dans un amalgame liquide de platine contenu dans une coupe mise en relation avec l'un des pôles de la pile, cette pointe ferme le courant qui passe alors en suivant la série des conducteurs marqués dans l'ordre alphabétique depuis A jusqu'à I. Si, par un moyen quelconque, l'extrémité C de la pointe cesse de plonger dans l'amalgame, le courant est interrompu et l'induction a lieu. Or un mécanisme simple produit précisément ce mouvement de la pointe sans l'intervention de l'opérateur : celle-ci est fixée à un levier MD soutenu par une lame élastique E, et son extrémité M est formée par une armature de fer doux. Dès que le courant passe, le faisceau de fil de fer *f*, contenu dans la bobine, prend une aimantation subite et attire l'armature M. Dès lors la lame élastique entraînée s'infléchit, la pointe se soulève et le courant est interrompu. Aussitôt M cesse d'être attiré, puisque le faisceau de fils de fer *f* est revenu à l'état naturel ; la lame élastique se redresse, puis s'infléchit en sens inverse, le courant passe de nouveau, et ainsi de suite. La rupture du courant est brusque parce qu'une couche d'alcool ayant été versée d'avance au-dessus de l'amalgame de platine, ce liquide très-mauvais conducteur se glisse sous la pointe dès qu'elle se soulève. Si l'interruption se produisait dans l'air, le courant inducteur prolongerait sa durée, car de la pointe C une étincelle jaillirait, et, par l'intermédiaire des vapeurs métalliques formées, le courant continuerait à passer en ne s'affaiblissant que peu à peu.

Il est avantageux de rendre le mouvement de l'interrupteur indépendant de la machine principale. Le va-et-vient de la pointe est alors provoqué par un moteur spécial. C'est un électro-aimant mis en activité par le courant qui émane d'un élément de pile distinct.

1215. Condensateur de M. Fizeau. — Au moment de l'interruption, un courant d'induction prend naissance dans le fil inducteur lui-même (1201). Les électricités en mouvement dans l'extra-courant direct viennent s'accumuler aux deux extrémités du fil inducteur : la négative, à une extrémité et la positive, à l'autre. Lorsque le circuit est interrompu et que la route par laquelle elles avançaient pour se réunir est coupée, elles ne restent pas en repos; elles reviennent par le fil, rebroussent chemin, et un courant inverse qui commence puis qui finit, s'élance dans ce fil inducteur. Ce courant, au moment où il finit, est très-funeste au courant induit, car il a un effet inverse du courant primitif; lorsqu'il commence, il exerce, il est vrai, une action en sens favorable, mais l'expérience prouve qu'elle n'est point équivalente à la première. Des dispositions doivent être prises pour empêcher ce retour des électricités accumulées. M. Fizeau les retient aux bouts du fil inducteur en les employant à charger un condensateur qu'il ajoute à l'appareil. La machine représentée (*fig.* 541) renferme le condensateur dans une boîte qui forme le socle destiné à soutenir les bobines : on peut se le figurer comme un carreau de Franklin multiple formé avec des feuilles d'étain séparées par du papier ciré. Les deux armures sont en communication chacune avec un bout du fil de la bobine inductrice, qui conserve avec les autres pièces de l'appareil les relations dont nous avons déjà parlé. Rien n'est changé d'ailleurs. Ce condensateur se charge quand le courant s'interrompt; il se décharge quand le courant est établi.

Le condensateur joue un rôle important, surtout lorsque l'interruption a lieu au milieu de l'air. En effet, dans un pareil cas, une étincelle jaillit aux points où les conducteurs sont séparés : par les particules de métal, qui se détachent alors des pôles, le courant continue à passer; et il ne va en s'affaiblissant que par degrés; il n'est pas brusquement interrompu comme il conviendrait. Avec l'interrupteur de M. Foucault, le condensateur est moins nécessaire.

1216. Étincelle de la machine de Ruhmkorff. — Le fil induit de la bobine de Ruhmkorff est soumis, dans toute son immense longueur, à l'action du courant inducteur qui détermine, en chaque point de ce circuit de plusieurs kilomètres, l'apparition d'une force électro-motrice et y effectue la séparation des fluides électriques. Chaque section de ce long fil est donc comme un élément de pile, et la bobine entière réalise un appareil voltaïque dont les éléments, bien plus nombreux que ceux de la pile de M. Gassiot, reproduisent, par leur ensemble, des effets de tension électrique incomparablement supérieurs à ceux que l'on avait obtenus auparavant.

Quand on place les deux fils K et K' en regard, comme nous l'avons fait (*fig.* 541), des étincelles puissantes et nombreuses éclatent avec violence en *e*, et montrent au plus haut degré les phénomènes lumineux que nous avons observés avec les étincelles de la machine électrique ordinaire. Elles ont cependant certains caractères particuliers, ou plutôt elles manifestent plus nettement quelques-uns de ceux que nous connaissons déjà. Leur intensité, qui est en rapport avec la multitude des forces électro-motrices actives, détermine un échauffement considérable de l'air qu'elles traversent, et une production abondante de ces vapeurs métalliques que nous connaissons déjà. Ces vapeurs ne disparaissent pas aussitôt qu'elles sont produites, mais elles se dispersent et continuent à rester lumineuses ; mêlées à l'air échauffé qui est conducteur, elles complètent le circuit, et le phénomène lumineux se prolonge pendant tout le temps que passe le flux électrique venant des circonvolutions successives du fil conducteur. Il se constitue autour de l'étincelle proprement dite comme une espèce de flamme, que nous avons fait représenter dans la figure 542, d'après le mémoire de M. Perrot. La durée de la flamme est appréciable, et son apparition suit celle du trait lumineux qui en a provoqué la formation. C'est ce que M. Lissajous a démontré par l'emploi d'un miroir plan qu'il fait tourner rapidement autour d'un axe parallèle à la direction de l'étincelle. En regardant le phénomène dans le miroir, l'étincelle proprement dite apparaît telle qu'on la voit à l'œil nu : elle n'a donc pas une durée appréciable. Mais on observe aussi que la flamme ne l'enveloppe plus ; celle-ci prend l'apparence d'une traînée lumineuse, allongée, qui lui fait suite ; apparence qui, nous le verrons dans la théorie des miroirs, prouve et la durée de l'enveloppe lumineuse et sa production après l'étincelle. Si ces phénomènes paraissent simultanés à l'œil qui les observe, c'est à cause de la persistance des impressions reçues par cet organe.

Fig. 542.

1217. Stratification de la lumière électrique. — C'est avec la machine Ruhmkorff qu'on observe le mieux le brillant phénomène de stratification, qui a été vu pour la première fois par M. Abria, en 1843,

mais qui n'a été étudié qu'en 1852, alors que M. Grove et M. Quet ont,
par de nouvelles expériences, appelé l'attention des physiciens sur ce
sujet. Quand l'étincelle d'induction traverse un gaz qui ne possède qu'une
force élastique de 1 à 2 millimètres ou moindre encore, la lumière qui
illumine le tube de verre ou l'œuf électrique est sillonnée de stries
transversales dont l'ensemble a pris le nom de stratification. La figure
543 représente une expérience de stratification. A l'un des pôles, au
pôle positif, on aperçoit un point lumineux très-brillant qui termine le
fil conducteur, puis les stratifications dont nous avons parlé commencent ; les stries ont leur concavité tournée vers le pôle dont il est question. La lumière, pâle dans les parties où la section du tube est considérable, brille vivement au contraire dans celles où la section est
étroite. Enfin elle semble s'éteindre avant de toucher au pôle négatif,
qui est entouré d'une gaîne lumineuse assez brillante.

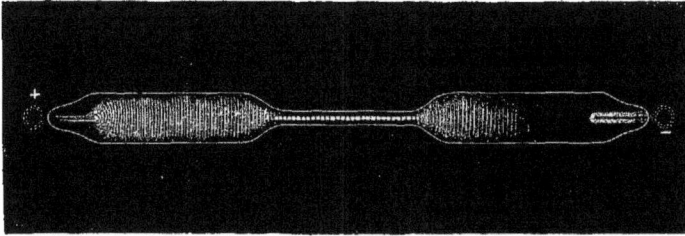

Fig. 543.

Tel est le phénomène. Quelle est son explication ? Jusqu'à ce jour il
n'en est aucune qui soit admise sans contestation dans la science.

1218. Ce phénomène se produit aisément avec un flux d'électricité
quelconque. Cependant il semble nécessaire que ce flux dure un certain
temps. Ainsi, quand on décharge une bouteille de Leyde en plaçant
l'une de ses armures en communication avec l'un des fils et en approchant l'autre armure du second fil de l'appareil, le tube devient lumineux, mais sans que les stratifications apparaissent. Si toutefois, entre la
première armure et le fil conducteur, on place un corps imparfaitement
conducteur, tel qu'une corde mouillée, la durée de la décharge devient
assez grande pour être appréciable, et dans ce cas on observe une belle
lumière stratifiée.

1219. **Tubes de Geissler.** — Quand on fait passer le flux d'électricité que donne la bobine de Ruhmkorff dans des tubes disposés comme
celui de la figure 543 et qui ne contiennent que du gaz ou des vapeurs
très-raréfiés, on obtient des phénomènes d'illumination très-remarqua-

bles. La lueur quelquefois éclatante qui se manifeste a des colorations variables, qui dépendent de la nature du gaz ou de la vapeur placés sur le trajet du flux électrique. Des tubes de ce genre ont été fabriqués, pour la première fois, par un constructeur allemand, Geissler, dont ils ont pris le nom.

1220. Décompositions électrolytiques produites par l'étincelle. — L'étincelle est un courant électrique, avons-nous vu, et comme telle elle doit produire les effets du courant électrique : elle doit décomposer l'eau comme le fait la pile. Obtenir ce phénomène de décomposition voltaïque ou, comme on dit plus souvent, *électrolytique*, ne laisse pas de présenter quelque difficulté. En effet, l'étincelle, par sa chaleur seule, opère la décomposition de l'eau et sépare l'oxygène et l'hydrogène des molécules d'eau qui se trouvent sur son passage; mais cette décomposition n'est pas électrolytique. L'hydrogène et l'oxygène se dégagent aux points mêmes où ils se trouvaient dans chaque particule décomposée ; ils ne viennent pas se rendre l'un sur l'électrode positive, l'autre sur l'électrode négative. C'est ce que Wollaston a observé : en faisant éclater des étincelles à travers l'eau, il trouva dans les éprouvettes posées au-dessus des deux électrodes un mélange d'hy-

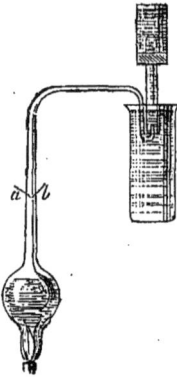

Fig. 544.

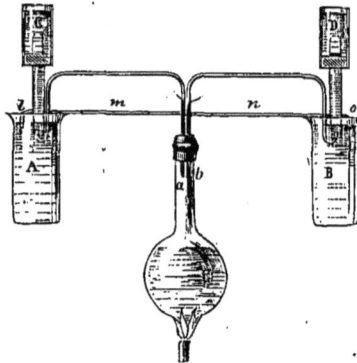

Fig. 545.

drogène et d'oxygène identique de chaque côté et dans des proportions telles que les gaz de chaque·éprouvette se convertissaient en eau sans laisser de résidu quand on enflammait le mélange. M. Perrot, après avoir constaté, au moyen de l'appareil représenté dans la figure 544, que la vapeur d'eau est décomposée par l'étincelle de la machine Ruhmkorff, est parvenu à démontrer que la séparation électrolytique des gaz

de l'eau avait lieu pendant cette décomposition. La vapeur fournie par
l'ébullition de l'eau d'un ballon (*fig.* 545) est traversée par des étincelles
qui passent constamment entre deux fils *a* et *b* mis en communication
avec les deux extrémités du fil induit de la bobine. La vapeur non décomposée et les gaz formés par la décomposition s'échappent par deux
tubes ouverts chacun au-dessus de l'un des fils; les gaz sont recueillis
dans des éprouvettes séparées et refroidies où les vapeurs se condensent.
Quand ils se sont accumulés en quantité suffisante, on procède à l'analyse et on trouve de l'hydrogène et de l'oxygène mélangés dans chaque
éprouvette; mais, dans celle qui est du côté du pôle positif, l'oxygène
est en excès, dans l'autre c'est l'hydrogène : une décomposition électrolytique partielle s'est donc effectuée.

1221. **Effets mécaniques. — Effets physiologiques.** — Il n'est pas
besoin d'ajouter que l'étincelle d'induction produit tous les effets mécaniques de l'étincelle ordinaire. Une lame de verre épaisse de plusieurs
centimètres est percée d'ou-
tre en outre. Quant aux
commotions de cette for-
midable machine, on ne
doit s'y exposer que si le
courant inducteur est ex-
trêmement faible.

On construit, à l'usage
des médecins, des ma-
chines de petites dimen-
sions. Chaque bobine est
portée par un socle indé-
pendant, et selon que la
bobine inductrice pénètre
plus ou moins profondé-
ment dans l'autre, le courant induit est plus ou
moins énergique. Le méde-
cin gradue ainsi à volonté
la force des commotions,
et les règle selon l'état du
malade.

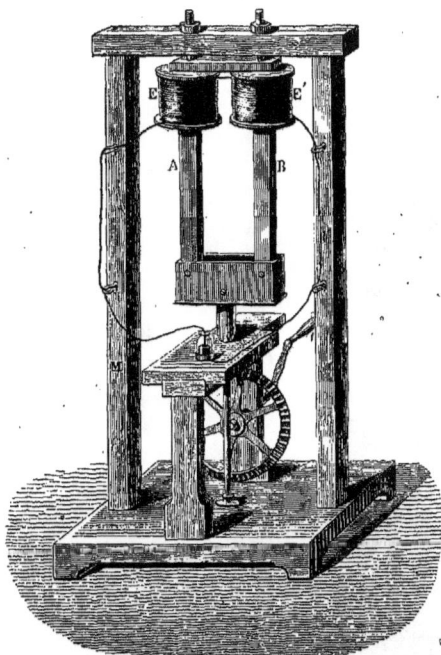

Fig. 546.

1222. **Machine de Pixii.** — Dès que M. Faraday eut fait connaître
qu'il était possible de développer des courants au moyen des aimants,

Pixii construisit une machine dite *magnéto-électrique*, où des courants
énergiques se développent par la rotation d'un fort aimant en fer à cheval AB (*fig.* 546) voisin d'un électro-aimant fixe E, E', L'un des bouts
du fil de cet électro-aimant plonge dans du mercure que contient un
flacon de verre, et l'autre bout est placé un peu au-dessus de la surface
de ce mercure. La rotation de l'aimant produit l'aimantation ou la désaimantation du fer doux de l'électro-aimant, dont les faces polaires sont
en regard de celles de l'aimant : des courants alternatifs et de sens
contraire circulent par suite dans le fil enroulé. A la faveur de la disposition particulière qui vient d'être indiquée, des étincelles jaillissent
vives et nombreuses à la surface du mercure.

Pixii avait d'ailleurs rendu son appareil tout à fait propre à mettre
en évidence les actions diverses des courants ; il avait trouvé les moyens
de faire circuler toujours dans le même sens, dans un conducteur extérieur, ces courants alternatifs. Nous n'insisterons pas sur ce sujet,
car les mêmes détails de construction vont se retrouver dans la machine
de Clarke.

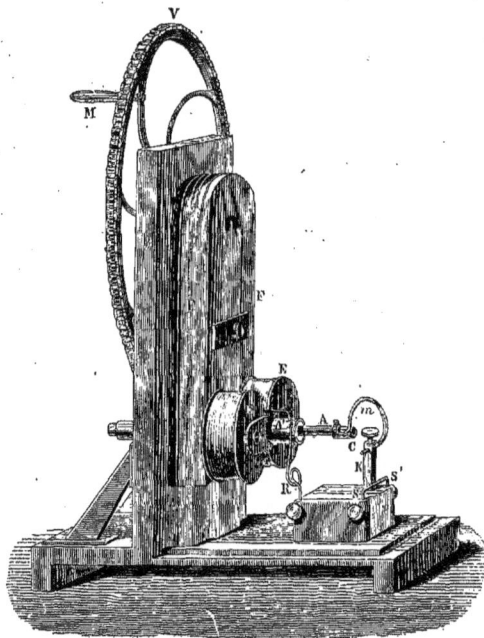

Fig. 547.

1223. Machine de Clarke. — Clarke disposa la machine Pixii dans
des conditions meilleures. Il rendit mobile l'électro-aimant et réalisa

ainsi un double perfectionnement : en premier lieu la masse du corps qui tourne est moindre que dans l'appareil de Pixii ; en second lieu, par cette nouvelle disposition, il est possible de faire arriver l'électro-aimant dans le voisinage le plus immédiat des pôles de l'aimant, et d'obtenir par suite des courants plus puissants. La machine se compose donc d'un aimant fixe en fer à cheval FF (*fig.* 547) et d'un électro-aimant EE mobile autour d'un axe parallèle à ses branches et perpendiculaire au plan des faces polaires de l'aimant.

Si l'on imagine que les deux bouts du fil de l'électro-aimant soient momentanément réunis en A, par exemple, et que l'on fasse tourner ce dernier autour de son axe de rotation, le fer doux placé dans l'intérieur des bobines s'aimantera et se désaimantera alternativement. D'après les règles déjà données, cet aimant qui commence et cet aimant qui finit feront naître, dans le circuit fermé constitué par le fil des bobines, des courants dont le sens est facile à déterminer. Ainsi, soit l'électro-aimant EE′ dans une position (*fig.* 548) telle, par rapport à l'aimant fixe, qu'en E se trouve un pôle austral, en E′ un pôle boréal : le courant

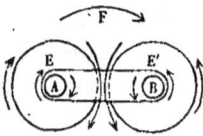

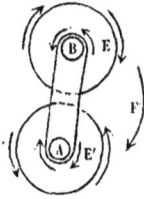

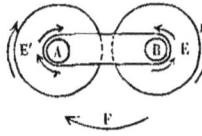

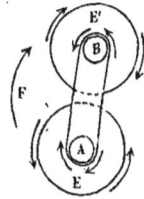

Fig. 548.   Fig. 549.   Fig. 550.   Fig. 551.

du solénoïde, qui tiendrait lieu de cet aimant momentané, circulera dans le sens des flèches marquées autour de ces pôles. Pendant un quart de tour de EE′, l'aimantation diminue et cesse : ce qui développe dans le fil enroulé sur les bobines un courant de même sens que celui du solénoïde, comme l'indique la figure 548. Après un peu plus d'un quart de tour (*fig.* 549), une aimantation se produit en sens contraire dans le fer doux ; le pôle austral qui se trouvait en E se change en un pôle boréal et réciproquement ; l'aimantation s'accroît pendant le mouvement, développe, dans le fil des bobines, un courant qui s'accorde avec le précédent, ainsi que le montrent les flèches de la figure : en effet un aimant qui commence ou qui s'accroît fait naître un courant inverse dans le circuit soumis à l'induction. Donc, dans le fil de l'électro-aimant circulera encore un courant de même sens que le précédent.

Les figures 550 et 551 indiquent le sens des courants induits pendant la demi-révolution suivante de EE'; ces courants sont de sens contraire à ceux de la première, et se maintiennent tels pendant toute la durée de cette seconde demi-révolution. A chaque demi-tour, le sens du courant changera, et en définitive, la rotation de l'électro-aimant engendrera une série de courants alternatifs.

1224. Effets de cette machine. — Ces courants ont été utilisés pour la production de tous les effets déjà obtenus avec la pile; on les recueille sur des surfaces polaires appropriées, en faisant aboutir l'un des bouts du fil de l'électro-aimant à l'axe métallique A (*fig.* 547), et l'autre bout à l'anneau de cuivre A' séparé de l'axe par un cylindre d'ivoire. Dans ces conditions, A et A' représentent les pôles du nouvel appareil voltaïque.

Étincelle. — La machine de Clarke, représentée par la figure 547, est disposée pour la production de l'étincelle. Le courant, quand il se produit, suit la route A'RSS'KmCA, ou la route exactement inverse, selon que le pôle positif momentané de la machine est en A' ou en A : il parcourt bien le chemin indiqué, car le ressort R, le fil SS', la colonne K, l'arc *m*, l'anneau C sont métalliques, et le socle de bois qui porte ces pièces a deux joues de métal où elles s'implantent. Toutefois, l'arc *m* n'est pas toujours en contact avec l'anneau excentrique C ; à un certain moment, la partie saillante de cet anneau cesse de toucher l'extrémité de l'arc *m*, qui est trop court pour atteindre l'axe A, et l'étincelle jaillit d'autant plus brillante que le courant est plus intense : cette intensité maximum a lieu à peu près au moment où la ligne des pôles de l'électro-aimant est perpendiculaire à celle des pôles de l'aimant fixe (*fig.* 549 et 550).

On le voit, nous sommes ainsi parvenus à la production d'une lumière à peu près continue sans employer les piles voltaïques et sans déterminer par suite la combustion d'aucun métal. Il suffit, pour atteindre ce but, de déterminer, à l'aide d'un moteur quelconque, la rotation d'un électro-aimant. Ce moteur est la main de l'homme quand il s'agit de la machine de Clarke ; mais en recourant à un moteur d'une puissance plus grande, à une machine à vapeur, par exemple, on pourra donner à l'aimant et à l'électro-aimant des dimensions considérables et par suite obtenir des courants bien autrement intenses. Le travail moteur, dans ce cas, sera produit par la combustion de la houille.

1225. *Décompositions électro-chimiques.* — Les décompositions électrochimiques exigent que le courant circule toujours dans le même sens. Afin de réaliser cette condition, on se sert d'un appareil que l'on appelle *commutateur*, et qui n'est autre chose qu'un cylindre creux d'ivoire pouvant se fixer sur l'axe A, et entouré de deux demi-viroles V et V' (*fig.* 552). L'une V' porte un prolongement métallique P au moyen duquel on la fait communiquer d'une manière permanente avec A' marqué sur la figure 547, l'autre V communique avec A par une vis qui traverse la paroi du cylindre creux, d'ivoire. Deux ressorts R,R' s'ap-

Fig. 552.

puient l'un à droite, l'autre à gauche sur le commutateur, et les extré-mités de ces ressorts constituent, cette fois, les pôles de la pile magnéto·électrique. Imaginons que la rotation de l'électro-aimant soit telle que l'électricité positive vienne par l'axe A ; de là elle ira en V, en R, et reviendra en A', en suivant les flèches. Après une demi-rotation de EE', l'électricité positive viendra par A' ; mais la demi-virole V' aura pris la place de V ; le ressort R sera en communication avec A', et se retrouvera encore cette fois en rapport avec le bout du fil qui donne l'électricité positive. De même le ressort R sera en communication permanente avec le fil qui fournit l'électricité négative ; R et R' seront donc véritablement les pôles de cette nouvelle pile. Un voltamètre G, ou bien encore un appareil à décomposer les sels, placés l'un ou l'autre sur le trajet de ce courant dont le sens est désormais invariable, lui permettront d'ef-fectuer des décompositions chimiques avec séparation des éléments aux deux pôles.

Commotions. — La machine de Clarke peut être employée pour donner des commotions. Dans ce cas, ce n'est pas le courant ordinaire, toujours faible, qui sert à produire l'ébranlement nerveux, c'est le courant induit sur lui-même. La machine (*fig.* 553) est disposée alors dans des conditions analogues à celles de l'expérience de M. Faraday (1201), du moins autant qu'il est possible de le faire, étant donnée la différence

des deux appareils. Les fils qui portent les poignées M et M′ que l'opérateur doit tenir à la main, sont en communication constante l'un avec A,
l'autre avec A′ et c'est au moment où la rupture du courant s'effectue, comme il a été dit à propos de l'étincelle, que la commotion
a lieu.

Fig. 553.

Les effets physiologiques et chimiques sont plus intenses lorsque le
fil de la bobine est long et fin. Au contraire, ce fil doit être gros et court
quand on veut accroître l'énergie des effets calorifiques et lumineux.
Aussi la machine de Clarke est-elle en général munie d'une bobine de
rechange.

1226. Machine de Clarke perfectionnée par M. Siemens. — La
machine de Clarke a été modifiée par divers savants. Parmi les modifications intéressantes, nous signalerons celle de M. Siemens, dont nous
donnons ci-joint des figures théoriques qui sont destinées à faire concevoir le changement notable que l'inventeur a fait subir à l'électro-
aimant. Un parallélipipède de fer doux ab (fig. 554) est placé entre les
pôles d'un aimant en fer à cheval AB; il s'aimante, et les pôles A et B
ont fait naître les pôles a et b. L'aimant formé ab est assimilable à un
solénoïde dont les courants seraient perpendiculaires à la ligne ab. Si
donc un fil de cuivre enveloppé de soie s'enroule sur ce parallélipipède,
de sorte que les spires recouvrent les quatre faces parallèles à la ligne
des pôles, un électro-aimant sera constitué. Tant que ab sera immobile,
aucun courant ne circulera dans le fil, mais dès que ab tournera autour
d'un axe horizontal XX′ tel que les faces polaires soient interverties
après une rotation de 180°, un courant d'induction circulera dans le
circuit fermé. Les flèches tracées sur la figure indiquent le sens de la
rotation de l'axe XX′ et le sens du courant induit.

Si l'on imagine que l'électro-aimant s'allonge suivant l'axe de rotation, qu'il devienne cylindrique comme la figure 555 le montre, que même il se creuse là où le fil est enroulé, rien d'essentiel ne sera changé dans les phénomènes que la rotation pourra provoquer : comme dans le cas précédent, les pôles seront intervertis par une rotation de 180° et le

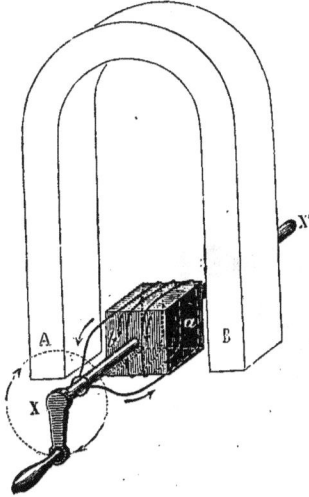

Fig. 554.

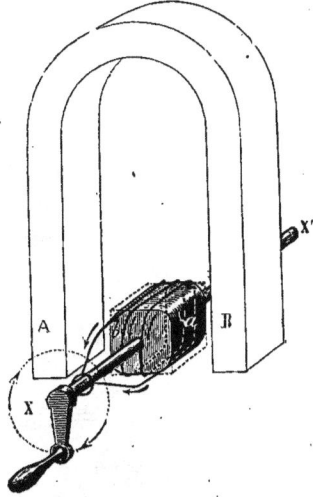

Fig. 555.

courant d'induction prendra naissance comme dans l'électro-aimant parallélipipédique. Il sera alors possible, en mettant des aimants en fer à cheval tout le long d'un électro-aimant cylindrique très-allongé, de construire une machine magnéto-électrique dont la puissance proportionnée au nombre des aimants inducteurs surpassera de beaucoup celle de la machine de Clarke. C'est ce que M. Sièmens a fait depuis quelques années.

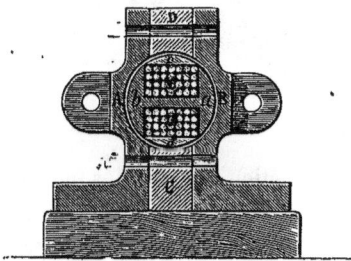

Fig. 556.

1227. Machine magnéto-électrique de M. Wilde. — Cet emploi des électro-aimants cylindriques dont le fil induit s'étend longitudinalement dans une direction parallèle à l'axe du cylindre, et ne recouvre que deux portions opposées de la surface latérale, a été encore perfectionné par M. Wilde, qui a obtenu de cette façon des courants d'une grande puissance. La figure 556 représente la section de l'électro-aimant par un plan

perpendiculaire à l'axe ; *ab* est la section du cylindre de fer doux qui a
été évidé, pour recevoir les fils *ff'* qui l'enveloppent, et qui se trouvent
logés dans la rainure longitudinale obtenue par l'évidement. Des pièces
de bois allongées *cd* retiennent les fils ; enfin des cercles de cuivre
semblables aux cercles d'un tonneau, sont espacés de distance en distance et consolident l'ensemble. Cet électro-aimant tourne autour de

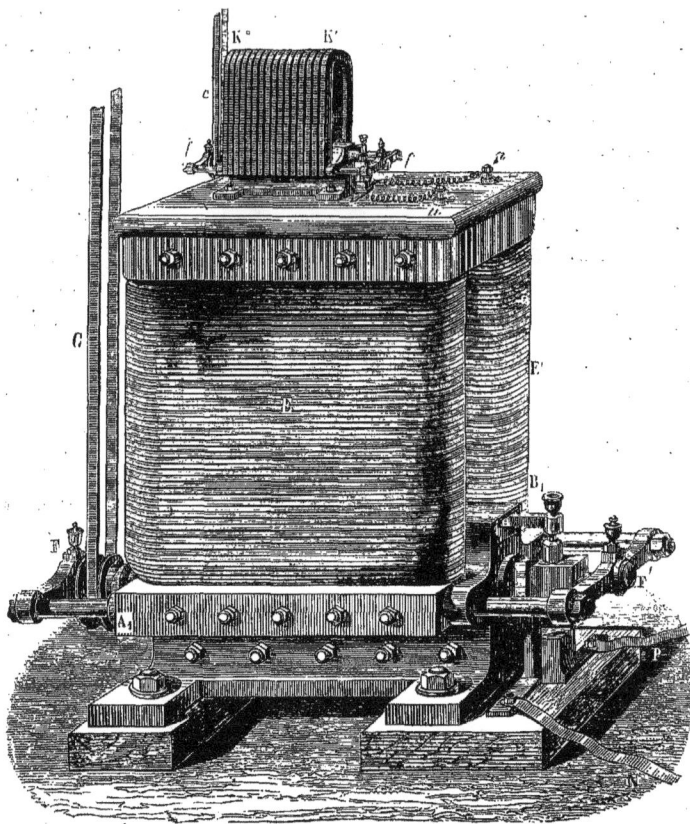

Fig. 557.

l'axe du cylindre. Afin que l'effet de l'induction soit des plus puissants,
M. Wilde cherche à diminuer autant que possible la distance de l'aimant
et du fer doux. Dans ce but, il moule pour ainsi dire sur l'électro-
aimant lui-même les surfaces polaires de l'aimant permanent qui fait
naître et intervertit les pôles de l'électro-aimant *ab*. Ces surfaces polaires
A et B sont formées par deux demi-cylindres incomplets de fer doux A
et B, complétés par deux segments de cuivre C et D qui les séparent

Elles sont maintenues aimantées d'une aimantation permanente par une série d'aimants en fer à cheval KK' (*fig.* 557) dont les pôles sont fixés aux oreilles latérales que portent les deux demi-cylindres de fer doux, et l'aimantation a lieu d'un bout à l'autre du tuyau AB; du côté A est formé un pôle austral, du côté B un pôle boréal; tous deux s'étendent d'un bout à l'autre de ce tuyau. Ainsi se trouve construite une machine de Clarke des plus puissantes et qui, par une rotation de 2,500 tours à la minute donnée à l'électro-aimant *ab*, fournit un courant excessivement intense. Un commutateur rend continu et de même sens le courant extérieur. En *p* et *n* sont les pôles de la machine, l'un est le pôle positif et l'autre le pôle négatif.

1228. Machine magnéto-électrique et machine électro-magnétique accouplées. — M. Wilde a voulu profiter de ce courant puissant pour en produire un plus énergique encore. Dans ce but, il l'a fait circuler dans le fil de l'électro-aimant EE' (*fig.* 557) d'une autre machine qu'il appelle *machine électro-magnétique*. Les branches verticales de l'électro-aimant EE' formées par des plaques de fer doux très-larges sont recouvertes d'un gros fil de cuivre qui s'enroule selon la méthode ordinaire. Elles sont reliées entre elles par d'autres plaques horizontales de fer doux qui complètent l'électro-aimant et servent de support à la machine magnéto-électrique déjà décrite. Leurs pôles enfin embrassent un système d'armatures A_1B_1, identiques au cylindre AB (*fig.* 556). Dans le cylindre A_1B_1 (*fig.* 557) est disposé un électro-aimant cylindrique FF' tout semblable à celui de la machine magnéto-électrique, mais de dimensions plus considérables. L'électro-aimant EE' qui embrasse ainsi entre ses branches écartées convenablement un tube composé de fer doux et de cuivre, remplit donc, par rapport à celui-ci, le rôle que jouaient les aimants en fer à cheval sur le tube AB (*fig.* 556) de la machine magnéto-électrique; mais comme il a une action plus puissante que ces aimants, comme il pourrait supporter 30 ou 40 fois le même poids que ceux-ci, il fait naître dans le fil enroulé sur l'électro-aimant FF' un courant d'intensité beaucoup plus considérable. L'électro-aimant FF' d'une machine construite pour l'éclairage d'un phare sur la côte nord de l'Angleterre est long d'un mètre environ; il est recouvert d'un fil de 500 mètres et son mouvement de rotation est de 1,800 tours par seconde. À l'aide d'un commutateur, le courant d'induction engendré, donne en N et en P deux pôles constants. Les électro-aimants FF' et *ff'* sont mis en mouvement à l'aide des courroies C et *c*, par une machine à vapeur d'une force de trois chevaux.

CHAPITRE VIII

COURANTS THERMO-ÉLECTRIQUES

1229. Grâce à la découverte d'Œrsted, qui fournit un moyen facile de constater le passage de l'électricité, Seebeck, en 1823, put découvrir et démontrer la production de courants électriques lorsqu'on chauffe l'une des soudures d'un circuit métallique formé par des métaux de nature différente. Il fit ainsi connaître aux physiciens une nouvelle source d'électricité, et ces courants, dus à la chaleur, prirent le nom de courants *thermo-électriques*. Les circonstances de leur production, les dispositions qui permettent d'en augmenter les effets, enfin les applications auxquelles ils ont donné lieu, feront l'objet de ce chapitre.

1230. **Expérience de Seebeck.** — Seebeck avait soudé aux deux extrémités d'un cylindre de bismuth SS' (*fig.* 558) les deux extrémités d'une lame de cuivre C; le circuit for-
mait un rectangle métallique dont l'un des côtés était le cylindre de bismuth et les trois autres côtés, la lame de cuivre. Une aiguille aimantée, mobile sur un pivot vertical, était placée dans l'intérieur du cadre, que l'on dirigeait d'abord parallèlement au méridien magné-

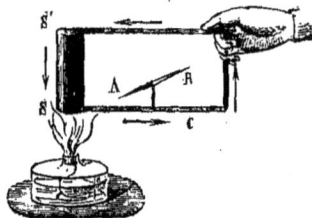

Fig. 558.

tique. Seebeck chauffait l'une des soudures S, et il constatait qu'aussitôt l'aiguille aimantée était déviée. La déviation indiquait un courant qui passait du bismuth au cuivre à travers la soudure chauffée. Si l'on chauffait également les deux soudures, aucun courant ne traversait le circuit.

Cette expérience peut être reprise avec d'autres métaux; si l'on remplace le bismuth par un fil de platine, le cuivre par un fil de fer, on observe le même phénomène, d'ailleurs facile à reproduire avec tout circuit hétérogène. La seule différence à noter, c'est que la déviation de. l'aiguille aimantée, qui dépend, comme nous savons, de l'intensité du courant, et qui pourrait servir à la mesurer, change de grandeur selon la nature des métaux employés, alors même que la différence des températures entre les soudures S et S' demeure la même.

Dans les piles ordinaires, on a appelé force *électro-motrice* la cause, quelle qu'en soit la nature, qui provoque la séparation des électricités dans chaque élément ; le même nom a été donné à la cause qui, par suite d'une différence de température entre deux soudures du circuit détermine la mise en liberté des mêmes fluides.

1231. **Emploi du galvanomètre.** — L'expérience fondamentale, relative à la production des courants thermo-électriques, se réalise facilement avec un galvanomètre, qui, de plus, rend possibles les mesures d'intensité. Deux barreaux métalliques, cuivre et antimoine, (*fig.* 559), soudés ensemble, sont mis en communication chacun

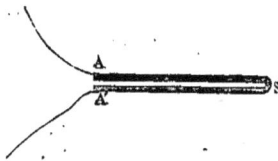

Fig 559.

par leur bout libre A, A', avec le fil d'un multiplicateur. Dès que la soudure S est chauffée, l'aiguille du galvanomètre dévie, et, pourvu que les barreaux soient assez longs pour que la chaleur n'arrive pas au fil du multiplicateur, la déviation est de même sens que dans l'expérience de Seebeck. Toutefois, les essais qui ont été tentés pour l'étude de cette classe de phénomènes, n'ont pas tardé à montrer que le fil du galvanomètre devait être gros et court, pour que la déviation de l'aiguille ne fût pas moins considérable que dans l'expérience directe ; nous avons donné la raison de ce fait en discutant la formule d'Ohm. On a encore constaté que la soudure n'est pas indispensable : il suffit de poser un fil de fer sur un fil de platine, pour voir un courant se développer lorsque l'on élève la température du point de contact.

1232. **Série thermo-électrique.** — Une première recherche doit être exécutée : il faut reconnaître quel est le sens du courant obtenu en associant ensemble différents métaux. A cet effet, on a répété l'expérience de Seebeck, en employant successivement tous les métaux accouplés deux à deux ; et l'on a noté le sens de la déviation de l'aiguille aimantée, quand une des soudures est échauffée. M. Becquerel a surtout multiplié les essais de ce genre, mais au lieu d'opérer à la manière de Seebeck, il a préféré se servir du galvanomètre. Voici l'ordre suivant lequel il a rangé les substances métalliques :

Bismuth.	Or.
Platine.	Argent.
Plomb.	Fer.
Étain.	Zinc.
Cuivre.	Antimoine.

Chacun des métaux de la série forme, avec l'un quelconque des métaux qui suivent, un couple tel que le courant passe à travers la soudure chauffée, en cheminant du premier métal vers le second. Ainsi, dans un couple bismuth-platine, le courant va du bismuth au platine en traversant la soudure chaude.

1233. **Interversion du courant aux diverses températures.** — Le tableau, que nous venons de faire connaître, a été obtenu dans des conditions où la différence de température des deux soudures n'était pas très-grande. Mais l'expérience a fourni un résultat plus important : dans ces conditions, l'intensité du courant est sensiblement proportionnelle à la différence de température ; cela n'est vrai toutefois que dans le cas où cette différence est très-petite. Si elle devient considérable, l'intensité du courant grandit en général plus lentement que la température, et quelquefois même il arrive un moment où elle diminue, tandis que la température continue à croître. M. Regnault a constaté que, si l'on associe le cuivre et le fer, et qu'on élève peu à peu la température, l'intensité du courant cesse d'augmenter vers 230°, l'aiguille du galvanomètre reste stationnaire de 230° à 260° : quand on atteint des températures plus hautes, l'aiguille rétrograde, et l'intensité du courant diminue, quoique la température aille toujours en augmentant. M. Becquerel a

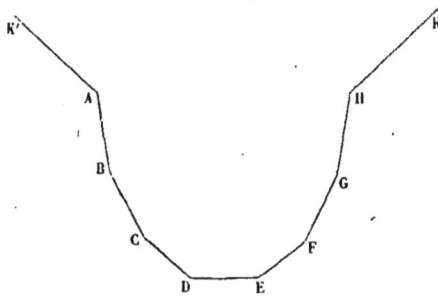

Fig. 560.

même reconnu, qu'à des températures plus élevées encore, le courant changeait de sens et se rendait du fer au cuivre à travers la soudure échauffée.

1234. **Intensité des courants produits.** — Il ne suffit pas de connaître la direction du courant fourni par un couple de deux métaux, il y a encore lieu de rechercher quelle intensité il possède. C'est ce qu'a fait M. Becquerel. Dans ce but, il forma une chaîne de barreaux métalliques soudés les uns à la suite des autres (*fig.* 560) et constituée de telle sorte que l'on eût toutes les associations possibles des métaux qui la composaient. Chaque côté AB, BC, CD, figure un de ces barreaux, en B; C, D sont les soudures. Toutes ces soudures furent maintenues à 0°, sauf une seule qui était portée à 20°, et dont l'échauffement produisait un courant mesuré par un galvanomètre. On pouvait apprécier ainsi la valeur des différents couples en chauffant successivement chaque soudure à son tour, car le circuit que parcourait le courant chaque fois demeurait identique à lui-même. On obtint les résultats suivants :

SOUDURE CHAUFFÉE	INTENSITÉ DU COURANT	SOUDURE CHAUFFÉE	INTENSITÉ DU COURANT
Fer-étain.	31,24	Fer-platine.	36,87
Fer-cuivre.	27,96	Argent-cuivre.	2
Cuivre-platine.	8,55		

1235. Courants thermo-électriques obtenus avec un seul métal présentant un défaut d'homogénéité. — Des courants thermo-électriques peuvent être encore produits au moyen d'un seul métal, mais il faut que deux des parties successives de ce métal présentent une différence de structure. Ce sera, par exemple, un fil de laiton écroui et dont une partie a été recuite, tandis que l'autre a gardé la dureté et la structure particulière qu'elle possède après le passage à la filière. Si on chauffe ce fil au point de séparation de la partie recuite et de celle qui ne l'est pas, on constate dans le circuit l'existence d'un courant allant à travers le point chauffé, de la partie recuite à la partie écrouie. L'expérience réussit avec un fil d'argent, de cadmium, de cuivre, etc. Mais avec un fil de zinc ou de fer, le courant marche au contraire de la partie écrouie à la partie recuite. Ces expériences sont dues à M. Magnus ; elles montrent nettement l'influence exercée par l'hétérogénéité de structure sur la production des courants thermo-électriques.

Avec le bismuth employé seul, on a obtenu des courants thermo-électriques, en composant un ensemble hétérogène au moyen d'un procédé

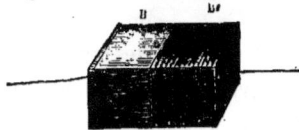

Fig. 561.

ingénieux. M. Svanberg mit en contact un morceau de bismuth cristallisé B (*fig.* 561), dont la longueur était parallèle au plan de clivage du cristal, avec un autre fragment B' dont la longueur était perpendiculaire à ce même plan. Il avait ainsi un barreau formé d'un seul métal, mais l'une des moitiés de ce barreau avait une struc-

ture différente de celle de l'autre moitié. Dès qu'il chauffa le point de
contact des deux barreaux, il vit se manifester un courant dans le circuit. La même expérience répétée avec l'antimoine, donna des résultats
analogues.

Pareillement, si l'on prend un fil de métal et si l'on fait un nœud à
ce fil, l'action mécanique exercée a amené une modification dans la
structure de la substance, et l'on observe un courant dès que l'on élève
la température près du nœud. De même, si l'on chauffe un fil écroui et
bien homogène, tant au point de vue chimique qu'au point de vue physique, un flux d'électricité chemine dans le fil. Ce phénomène résulte de
ce que l'élévation de température a eu pour résultat de recuire le fil en
partie, et que dès lors l'homogénéité a cessé d'exister.

Au contraire, toutes les fois qu'il n'y a pas différence de structure, il
est impossible d'obtenir le développement d'un courant. M. Magnus

Fig. 562.

amincit un gros fil de cuivre AD en son milieu BC (*fig.* 562), de manière
que les deux bouts, dont le diamètre était très-fort, se trouvaient réunis
par un fil très-fin. Il ne put obtenir aucun courant en chauffant le point
où le diamètre des fils changeait brusquement. De même avec le mercure, qui ne saurait présenter d'hétérogénéité de structure, il est impossible d'obtenir un courant thermo-électrique. Une colonne DE de
mercure chaud (*fig.* 563) ne donne pas de courant quand on la réunit

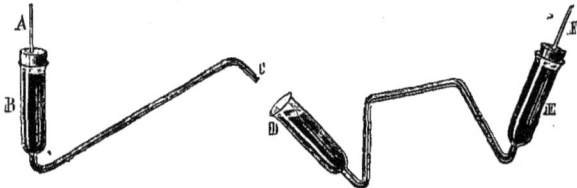

Fig. 563.

avec une autre colonne mercurielle froide BC ; chacune d'elles étant d'ailleurs mise d'avance, par les fils A et F, en rapport avec le galvanomètre.

1236. Piles thermo-électriques. — Dès que les courants thermo-
électriques ont été connus, on n'a pas tardé à construire des appareils
où les éléments producteurs d'électricité ont été groupés, suivant la
méthode que Volta avait employée pour associer les éléments de la pile.

Alors furent imaginés des instruments auxquels on donna le nom de *piles thermo-électriques*. Lorsque la pile doit être formée de couples fer-platine, on soude, l'un au bout de l'autre, plusieurs fils de fer. et de platine, en faisant en sorte que les métaux se succèdent toujours dans le même ordre. Puis le circuit étant fermé par un conducteur quelconque, on chauffe les soudures de deux en deux, les soudures impaires par exemple. On détermine la formation de courants qui vont à travers ces soudures, en passant du platine au fer, et qui se trouvent tous de même sens. Il faut avoir bien soin de ne pas chauffer, en même temps, les soudures paires, parce que des forces électro-motrices inverses naîtraient et détruiraient les premières.

Une pile ainsi constituée peut être fermée sans l'emploi d'un conducteur interpolaire ; il suffit que le dernier fil de platine soit réuni au premier fil de fer. Quand on adopte cette dernière disposition, un effet se remarque qui étonne au premier abord : si l'on place en présence de l'aiguille aimantée une partie du circuit au moment où la pile est en activité, la déviation de l'aiguille demeure toujours la même, quel que soit le nombre des éléments de la pile, pourvu que la portion du circuit qui se trouve en regard de l'aiguille, soit toujours de même longueur. Mais si la pile est fermée par un conducteur interpolaire ; par exemple, si ses deux barreaux extrêmes sont réunis aux fils d'un galvanomètre, alors la déviation de l'aiguille augmente avec le nombre des éléments. Ces différences s'expliquent sans difficulté, en appliquant les lois d'Ohm.

1237. **Effets de ces piles.** — Une pile thermo-électrique peut être employée à produire tous les phénomènes que donnent les piles ordinaires. Watkins a fait rougir un fil métallique au moyen d'une pile thermo-électrique ; Antinori a produit des étincelles ; Botot a produit l'aimantation et opéré des décompositions chimiques. Toutefois, quand on essaye d'obtenir ces effets avec une pile thermo-électrique, on reconnaît qu'il est indispensable de recourir à un appareil formé d'un très-grand nombre d'éléments. Ainsi, on n'a réussi à décomposer l'eau qu'en employant une pile thermo-électrique formée de 120 couples fer-platine. Cette infériorité relative des piles thermo-électriques tient à ce que la force électro-motrice de chaque élément est très-faible par rapport à celle d'un élément hydro-électrique ; il faut donc en employer un bien plus grand nombre pour produire le même effet.

1238. **Pile de M. Pouillet.** — Mais si la pile thermo-électrique ne peut être comparée, quant à l'énergie des effets, aux piles hydro-électriques, elle rend des services d'un autre ordre : elle a été utilisée, par

M. Pouillet, comme nous l'avons déjà indiqué (1115), pour déterminer les lois des courants. Le plus souvent, elle est employée avec beaucoup de succès à la mesure des températures, et, dans l'étude de la chaleur rayonnante, nous en avons tiré un parti très-avantageux.

La pile de M. Pouillet, composée, comme nous savons, de gros cylindres de bismuth et de fils de cuivre d'un grand diamètre (*fig.* 564) donne par l'association d'un nombre suffisant de

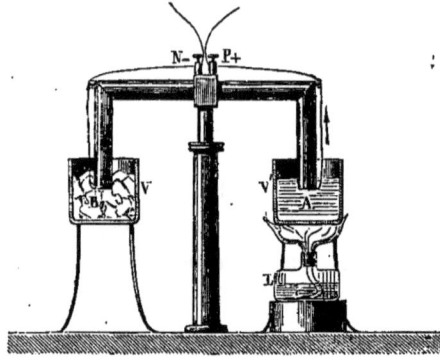
Fig. 564.

couples disposés en série, un courant assez énergique pour qu'on puisse étudier les variations d'intensité du flux électrique, quand on fait successivement passer ce dernier dans des conducteurs de nature différente. On donne aux fils de cuivre des divers éléments une disposition telle, qu'on ait une série continue où les deux métaux alternent. On chauffe les soudures de deux en deux, et on maintient à 0° les soudures intermédiaires.

1239. Pyromètre de M. Pouillet. — M. Pouillet a employé, pour mesurer les hautes températures, un élément thermo-électrique, formé de fer et de platine. Cet élément se compose d'un canon de fusil C (*fig.* 565) traversé suivant son axe par un fil de platine F qui vient se souder à l'une des extrémités A du tube de fer. Un galvanomètre interposé ferme le circuit. La soudure étant placée au milieu d'un foyer de chaleur, un courant thermo-électrique se développe, et comme le fil du galvanomètre unit le fer au platine de l'élément, il représente le conducteur interpolaire, qui permet au courant de se manifester; aussi voit-on l'aiguille dévier. Si l'on a eu le soin de graduer à l'avance, ce pyromètre électrique, par comparaison, avec un pyromètre à gaz introduit dans le même foyer, on pourra, avec l'appareil thermo-électrique seul, reconnaître la température cherchée.

Fig. 565.

1240. Pile de Nobili et Melloni. — Mais de tous les appareils employés à la détermination des températures, celui qui a rendu le

plus de services à la science, est la pile de Nobili et Melloni. Cette pile,
déjà décrite dans le chapitre de la chaleur rayonnante, se compose,

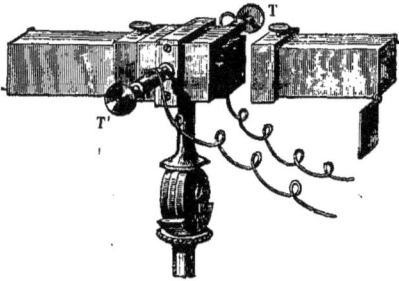

Fig. 566.

comme nous le savons, d'une série de barreaux alternativement
de bismuth et d'antimoine (*fig.*
566); ces barreaux présentent,
d'un côté, toutes les soudures
de rang impair et celles de rang
pair du côté opposé : le tout
est enchâssé dans une enveloppe métallique, et séparé des
parois par un mastic isolant.

Les deux barreaux extrêmes communiquent avec des tiges extérieures T
et T' que l'on peut mettre en rapport avec le galvanomètre. Deux tuyaux
creux servent à garantir la pile, et quand on dirige l'axe d'un de ces
tuyaux vers une source de chaleur, les soudures de même ordre s'é-
chauffent : la marche de l'aiguille aimantée permet alors de mesurer
l'élévation de température.

1241. **Graduation. — Arc d'impulsion.** — La graduation de l'instrument a déjà été donnée (544), nous n'y reviendrons pas; nous ajouterons
un seul détail. Quand l'une des faces de la pile est frappée par le faisceau
calorifique qui émane d'une source, les soudures correspondantes
s'échauffent, un courant se manifeste, et l'aiguille du galvanomètre,
chassée par ce courant, s'éloigne du zéro, décrit un certain arc, puis,
arrivée à l'extrémité de cet arc, elle revient vers le zéro, sans l'atteindre;
elle exécute ainsi une série d'oscillations, avant de se fixer sur l'une
des divisions du cadran. La durée de chaque expérience exige, en conséquence, un temps assez long. Melloni eut l'heureuse idée de chercher
s'il n'y avait pas une relation constante entre le premier arc décrit,
qu'il appelle *arc d'impulsion*, et la position à laquelle l'aiguille s'arrête
définitivement. Il reconnut qu'à un premier arc déterminé d'impulsion,
correspondait une déviation définitive toujours la même. Par exemple,
cet arc étant de 35° avec la pile particulière et le galvanomètre qu'il
employait, il reconnut que toujours la déviation définitive était de 20°.
Il construisit alors un tableau des arcs d'impulsion successifs et des
déviations correspondantes. De cette façon, chaque expérience ne durait
plus qu'un temps très-court, celui que l'aiguille mettait à accomplir
son premier mouvement.

1242. **Pince thermo-électrique.** — Une autre disposition très-ingé-

nieuse, due à Peltier, a encore permis de tirer parti des courants thermo-
électriques pour la détermination de la température dans certains cas
particuliers, et spécialement de la température d'un espace très-restreint,
par exemple, d'une petite cavité placée dans l'intérieur d'un corps solide.

Une pareille détermination est, non point
impossible, mais fort difficile avec un thermomètre ordinaire. La pince thermo-électrique de Peltier se compose de deux couples
formés chacun de bismuth et d'antimoine,
tels que le bismuth B' (fig. 567) de l'un soit
réuni à l'antimoine A de l'autre par un fil de
cuivre. Le circuit est complété par le fil d'un
galvanomètre G. Quand tout l'appareil est à
la même température, l'aiguille du galvanomètre est à zéro. Mais, si l'on vient à in-
terposer entre les deux soudures S, S' un
corps dont la température soit un peu supérieure à celle du milieu environnant, ces

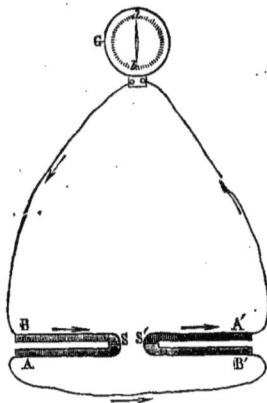

Fig. 567.

deux soudures s'échauffent, et un courant apparaît, qui fait dévier
l'aiguille. Les métaux en S et en S' n'ayant qu'une petite masse et une
chaleur spécifique très-faible, la sensibilité de l'instrument thermomé-
trique est extrêmement grande.

Cette pince thermo-électrique a été utilisée très-fréquemment ; nous
avons vu en particulier (610) quel usage en ont fait MM. Franz et Wiede
mann pour l'étude de la conductibilité calorifique des métaux.

On a aussi employé des éléments thermo-électriques de très-petites
dimensions pour obtenir, sans lésion et par suite sans danger, la température d'un point quelconque de l'organisme.

1243. Autre emploi de la pince thermo-électrique. — Enfin on a
imaginé une disposition du même genre dans le but de déterminer avec
exactitude la température de points difficilement accessibles pour un
observateur, ou bien de masses liquides peu considérables où l'emploi
du thermomètre à mercure, à cause du volume toujours un peu grand
de son réservoir, eût été impossible.

La pince thermo-électrique dans les deux cas est ainsi constituée : un
fil de platine PP_1 est soudé à chacune de ses extrémités, en S et S_1 aux
deux bouts d'un fil de fer FF_1. Sur son trajet, le fil de platine rencontre
un galvanomètre sensible G avec lequel il est mis en communication
permanente. Une certaine longueur des fils soudés en S est placée

comme l'indique la figure 568, dans un tube de verre surmonté d'une boule en bois ou en ivoire qui porte elle-même deux petites bornes *a* et *a'*. La soudure S seule dont le volume est très-réduit et peut ne pas dépasser, si besoin est, celui d'une pointe d'aiguille, se trouve libre et à découvert en dehors du tube de verre. C'est elle qui devra être maintenue à demeure dans l'enceinte éloignée de l'opérateur où l'on veut mesurer la température ; ou bien elle sera dirigée par la main de l'expérimentateur lui-même dans le milieu qu'il veut explorer au point de vue de la distribution des températures. On l'a nommée pour ce motif *soudure exploratrice*.

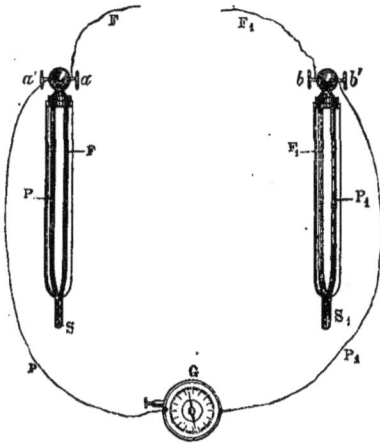

Fig. 568.

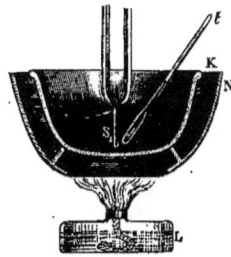

Fig. 569.

La seconde soudure S_1 établie exactement comme S demeure fixe pendant tout le cours des expériences. Elle plonge dans un bain de mercure K figuré à part (*fig.* 569) dont on peut à volonté faire varier la température et où elle se trouve en contact permanent avec le réservoir d'un thermomètre à mercure très-sensible.

On doit comprendre, après cette description, le mode d'emploi de la pince thermo-électrique. Les deux soudures S et S_1 étant par des essais préalables reconnues identiques ne provoqueront, dans le galvanomètre, le passage d'aucun courant tant qu'elles seront maintenues l'une et l'autre, à la même température. L'aiguille du galvanomètre sera au contraire déviée à droite ou à gauche selon que la soudure S sera plus chaude ou plus froide que la soudure S_1; mais, et c'est là le point essentiel de la méthode, il sera toujours possible à l'expérimentateur, en faisant varier progressivement et avec lenteur la température du bain de mercure K qu'il a sous la main, de ramener au zéro l'aiguille du galvanomètre et de l'y maintenir aussi longtemps qu'il le voudra. A ce moment, la température inconnue du milieu dans lequel plonge la soudure exploratrice sera exactement égale à celle qu'indiquera le thermomètre à mercure qui plonge dans le bain de mercure ; elle sera par suite elle-même exactement mesurée.

Cette méthode a été employée avec succès pour déterminer, dès 1850, la température de gouttelettes liquides d'un faible volume calcifiées dans des creusets métalliques incandescents (447).

LIVRE V

ACOUSTIQUE

—

CHAPITRE PREMIER

ACTIONS MOLÉCULAIRES

Avant d'aborder l'étude de la production et de la propagation du son dans les milieux élastiques, étude qui fait l'objet de l'acoustique, il est indispensable de porter quelques instants notre attention sur un ordre de faits, dont nous n'avons pu dire qu'un mot au commencement de ce cours : nous voulons parler des phénomènes qui dépendent des *actions moléculaires*.

1244. Forces moléculaires. — Déjà, pour nous rendre compte de la constitution des corps, et pour comprendre comment leur équilibre moléculaire peut se maintenir, soit lorsque la substance est abandonnée à elle-même, soit lorsqu'elle est soumise à une action extérieure, nous avons admis (10) l'existence de deux forces, l'une attractive, l'autre répulsive, s'exerçant entre les particules des corps. Le caractère commun à ces deux forces, c'est de ne se manifester entre les molécules qu'à des distances tout à fait inappréciables pour nos sens, même quand on a recours à l'emploi des instruments les plus grossissants, tandis que les forces, que nous avons étudiées dans les précédents chapitres : la pesanteur, la chaleur, l'électricité, s'exercent entre des particules de matière séparées par un intervalle toujours sensible, quelquefois même considérable.

1245. Adhésion. — Cohésion. — L'attraction moléculaire porte différents noms suivant les circonstances dans lesquelles elle se manifeste. Quand il s'agira de l'attraction qui s'exerce, au contact, entre deux corps

solides distincts ou un corps solide et un liquide, nous l'appellerons
adhésion ; quand il s'agira de la force qui maintient réunies les molécules d'un même corps, nous la nommerons *cohésion*.

1246. Adhésion entre corps solides. — Les faits curieux, qui suivent et qui sont faciles à reproduire, doivent être rapportés à la force
d'adhésion. Partagez, à l'aide d'une lame d'acier bien tranchante, une
balle de plomb en deux parties, et lorsque la coupure est encore fraîche,
juxtaposez les deux calottes sphériques, en les faisant glisser l'une sur
l'autre comme pour reconstituer la balle de plomb elle-même ; au bout
d'un certain temps, les deux fragments de métal seront si intimement unis
qu'il deviendra nécessaire d'employer un effort intense pour les séparer.
La même expérience réussit tout aussi bien, lorsque ce sont deux lames
de verre planes doucies à l'émeri fin qu'on met en contact, et, dans ce
dernier cas, on peut rendre parfaitement évidente la force attractive qui
s'exerce entre les deux corps, en suspendant l'une des lames à un support
fixe et en attachant à la lame inférieure, par l'intermédiaire d'un crochet, un petit panier dans lequel on ajoute de la grenaille de plomb. On
reconnaît que le poids, qui agit dans une direction normale pour dis-
joindre les deux disques, doit acquérir une valeur plus grande à mesure
que leur contact est maintenu pendant un temps plus long. Dans les
verreries, on sait par une coûteuse expérience que, lorsqu'on empile
les lames de glaces les unes sur les autres, il devient impossible de les
séparer au bout d'un certain temps, même en exerçant un effort de
glissement ; il en est qui se brisent plutôt que de se séparer des lames
voisines, avec lesquelles on les avait mises imprudemment en contact.
L'adhésion l'emporte alors sur la cohésion.

1247. Adhésion entre les liquides et les solides. — L'adhésion
peut être rendue sensible, au contact d'un solide et d'un liquide. Une
lame de verre, quand elle a été bien débarrassée par des lavages convenables des matières grasses et des poussières minérales ou organiques
que l'air y avait déposées, adhère assez fortement à la surface d'un bain
d'eau, et lorsqu'on exerce un effort vertical pour la détacher, on voit le
liquide se soulever à une hauteur sensible avant que la lame, qui empor-
tera une couche de liquide adhérente à sa surface, soit complétement
entraînée.

1248. Phénomènes capillaires. — Ces derniers résultats ont permis
de concevoir et d'expliquer : 1° le changement de courbure qu'affecte
la surface d'un liquide au contact du solide qui y est immergé ; 2° l'ascension ou la dépression des liquides dans les tubes étroits et ouverts

aux deux bouts. En un mot, c'est en tenant compte de l'intervention des forces moléculaires qui déterminent l'adhésion et la cohésion, qu'on a pu établir la théorie de ce groupe de phénomènes intéressants, dont quelques-uns se sont déjà présentés à nous dans le cours de nos études antérieures, et qu'on a appelés *phénomènes capillaires*. Nous n'insisterons pas sur la théorie, nous nous contenterons de faire connaître les faits principaux et d'indiquer la démonstration expérimentale des lois les plus importantes qui les régissent.

1249. Faits principaux observés. — Les faits, que l'on observe, sont très-différents, selon que le liquide mouille ou ne mouille pas le solide immergé.

1° *Le liquide mouille le solide.* — I. Lorsqu'une lame de verre pénètre dans l'eau; ou plus généralement, lorsqu'un solide est immergé, en partie, dans un liquide qui le mouille, la surface de ce dernier s'élève d'une petite quantité au-dessus de son niveau actuel, en présentant une surface concave. C'est ainsi que dans un verre à boire, une pellicule liquide se soulève contre les parois intérieures du verre, et dévie, à cause de sa forme concave, les rayons lumineux qui la traversent. Il est impossible, pour cette cause, de placer l'œil avec certitude dans le plan du niveau de la surface libre.

II. Quand le solide plongé dans un liquide qui le mouille est constitué par un tube capillaire (*fig.* 570), l'immersion de ce tube provoque l'ascension du liquide dans son intérieur au-dessus du niveau extérieur, et le principe général de l'hydrostatique qui concerne les vases communiquants (130) paraît alors être en défaut. La hauteur du liquide soulevé est d'autant plus grande que le diamètre du tube est plus petit : en outre, la surface libre du liquide

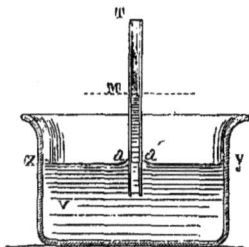

Fig. 570.

dans le tube se creuse d'une manière très-sensible, et sa courbure peut être considérée comme sphérique, quand le tube est suffisamment étroit.

III. Entre deux lames parallèles (*fig.* 571) très-rapprochées et mouillées par le liquide, dans lequel elles sont plongées, il y a ascension de la colonne liquide, et la surface terminale présente la forme d'un demi-cylindre circulaire concave.

2° *Le liquide ne mouille pas le solide.* — IV. Lorsqu'une lame de verre plonge dans le mercure, ou plus généralement, lorsqu'un solide est immergé partiellement dans un liquide qui ne le mouille pas, on constate une dépression du liquide autour du solide qui y est plongé, et la surface libre devient convexe aux points où cette dépression se manifeste.

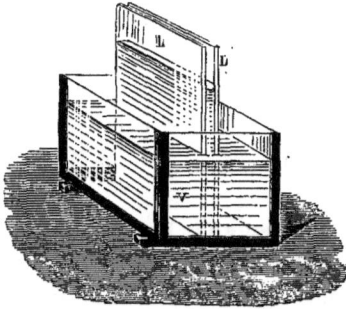

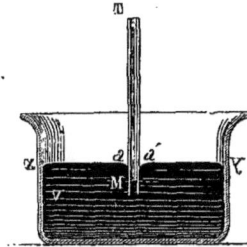

Fig. 571.   Fig. 572.

V. Si la même expérience est faite, en immergeant un tube capillaire (*fig.* 572) dans un liquide qui ne le mouille pas (tube de verre et mercure), une dépression a lieu dans le tube et la surface libre est convexe.

1250. Lois expérimentales de la capillarité. — La loi la plus importante concernant les phénomènes capillaires a été, pour la première fois, formulée par Newton ; elle est désignée par les physiciens, sous le nom de loi de *Jurin*. On l'énonce ainsi : Des tubes capillaires de différents diamètres étant plongés dans un liquide qui en mouille les parois, les hauteurs auxquelles parvient le liquide au-dessus de son niveau extérieur varient en raison inverse des diamètres de ces tubes. Cette loi suppose que les parois intérieures ont été, au préalable, mouillées par le liquide sur lequel on doit opérer, et de plus que la température est demeurée constante dans le cours des diverses expériences. Lorsque ces précautions sont prises, on reconnaît que la hauteur du liquide soulevé est indépendante de la nature de la substance solide et de l'épaisseur des parois ; l'eau s'élève à la même hauteur dans des tubes de verre, de cristal, de quartz, dont le diamètre est le même. Au contraire, la hauteur dépend essentiellement de la nature du liquide employé. L'eau est de tous les liquides connus celui qui s'élève, à la hauteur la plus grande, dans un tube capillaire donné.

1251. Vérification de la loi dite de Jurin. — La loi de Jurin a été vérifiée par Gay-Lussac avec des tubes dont le diamètre était compris entre 5^{mm} et 0^{mm},5. M. E. Desains a poussé la vérification plus loin, en se servant de tubes dont le diamètre très-fin descendait jusqu'à 0^{mm},07. Il a trouvé qu'en s'entourant de toutes les précautions nécessaires pour éliminer les causes d'erreur, la loi de Jurin se vérifiait complétement.

La méthode expérimentale adoptée par Gay-Lussac et M. E. Desains, pour le cas des liquides qui mouillent les parois du tube, peut être ramenée à un exposé très-simple: elle consiste, 1° à mesurer, par un procédé direct, le diamètre du tube dans la région où la surface libre du liquide soulevé doit parvenir; 2° à évaluer, à l'aide du cathéto-mètre, la hauteur au-dessus du niveau dans le vase, de la colonne suspendue dans le tube, après en avoir mouillé les parois intérieures par l'aspiration préalable du liquide au-dessus du point où il doit parvenir.

1252. **Difficultés qui se présentent, quand le liquide ne mouille pas les parois du tube capillaire.** — La théorie indique que la même loi doit être vraie dans le cas des liquides qui ne mouillent pas les parois et qui par suite se dépriment dans les tubes capillaires. L'abaissement de la colonne d'un même liquide, au-dessous de son niveau extérieur, doit varier en raison inverse des diamètres des tubes. Seulement, comme dans ces nouvelles conditions, la nature des parois exerce une influence sensible sur la grandeur de la dépression observée, il arrive que, même en se servant des tubes de diamètres différents, fabriqués avec les mê-mes matières, la vérification expérimentale de la loi de Jurin ne se fait plus d'une manière aussi nette. Ce n'est pas qu'il y ait plus de compli-cation dans l'exécution de l'expérience : ainsi on peut introduire le liquide qui ne mouille pas le verre, le mercure, par exemple, dans des vases communiquants, dont l'un, très-large, n'occasionne aucune dé-pression sensible, et dont l'autre soit constitué par le tube capillaire sur lequel on veut expérimenter. La différence des hauteurs du mercure dans les deux vases, estimée au cathétomètre, donne la valeur de la dé-pression. Mais il se présente une difficulté fondamentale. Quand le li-quide mouille le tube capillaire, il dépose contre la paroi intérieure une pellicule liquide très-mince qui demeure adhérente et ne se détache nullement au moment où la colonne liquide s'abaisse au-dessous de son niveau primitif dans le tube. Il se forme donc, dans l'intérieur du tube capillaire mouillé, comme un second tube concentrique au premier, et l'ascension de la colonne se fait alors dans le tube central dont la sur-face intérieure offre, en tous ses points, une nature chimique et une structure physique absolument identiques; l'on comprend très-bien, par suite, que la nature propre des parois des tubes capillaires soit sans in-fluence et que la hauteur du liquide soulevé ne dépende que de leur diamètre. Au contraire, quand le liquide ne mouille pas la paroi, c'est entre le solide et la colonne liquide que l'action capillaire se produit;

et comme la surface intérieure du tube solide n'offre jamais dans tous
ses points une homogénéité parfaite de nature et de structure; comme,
d'autre part, il existe toujours, à la surface interne de ce même tube,
une couche d'air adhérente qui ne saurait être dissoute par le liquide,
on voit de suite qu'il y a là des influences perturbatrices qui rendent
bien difficile la vérification de la loi de Jurin. On s'explique, en même
temps, pourquoi les dépressions d'une colonne mercurielle dans un
tube vide d'air comme celui du baromètre ne sont pas égales à celles
qui se produiraient dans un tube identique, où l'air aurait un libre
accès.

2ᵉ Loi. — Entre deux lames parallèles et peu distantes l'une de l'autre, que l'on plonge dans un liquide qui les mouille, la colonne soulevée demeure suspendue à une hauteur qui est la moitié de celle que
l'on observe dans un tube dont le diamètre est égal à la distance des
deux lames. Cette loi, dont l'exactitude avait été contestée par quelques
physiciens à la suite de vérifications mal exécutées, a été démontrée
vraie d'une manière irréfutable par les expériences de M. E. Desains.

1253. Compressibilité des solides.—Nous avons énoncé (181) ce fait
général, que tous les corps étaient compressibles, mais nous ne l'avons
véritablement démontré que dans le cas de gaz. La compressibilité des
solides s'établit par des expériences indirectes : le fer, quand il a été
martelé, ou laminé, ou écroui, augmente de densité; donc il éprouve
une diminution de volume. Il en est de même des autres métaux; l'or
et l'argent, quand on les polit au brunissoir, acquièrent à leur surface
une densité supérieure à celle des couches sous-jacentes.

1254. Compressibilité des liquides. — Quant aux liquides, leur
compressibilité a été plus difficile à reconnaître et à mesurer. Pendant
longtemps, on les a même supposés dépourvus de cette propriété, et on
les caractérisait par ces mots : *fluides incompressibles.* Dans les dernières années du dix-septième siècle, les académiciens de Florence tentè-
rent quelques expériences qui ne furent pas très-heureuses. De l'eau fut
renfermée dans une sphère creuse d'argent qu'on ferma ensuite hermétiquement; puis, cette sphère fut soumise à une compression des plus
énergiques dans le but d'y produire une déformation. Si ce résultat avait
été obtenu, on aurait pu en conclure avec certitude la compressibilité de
l'eau, attendu que le volume d'une sphère est nécessairement diminué
toutes les fois que la forme de cette sphère est altérée. Mais, tout en observant une déformation du vase sphérique, on reconnut, en même temps,
que le liquide suintait goutte à goutte à travers quelques gerçures qui

s'étaient produites dans l'épaisseur de la paroi, et la question de la compressibilité des liquides ne fut nullement avancée par cette tentative.

Plus tard, Canton et Perkins établirent, d'une manière péremptoire, le fait de la diminution de volume que l'eau subit quand on la comprime ; mais leurs procédés ne permettaient pas de mesurer avec exactitude le coefficient numérique qu'on a nommé coefficient de compressibilité et qu'on peut définir ainsi : *La diminution de volume qu'éprouve l'unité de volume d'un liquide sous une pression égale à une atmosphère.* C'est Œrsted, qui, en 1823, donna le premier une méthode un peu précise pour évaluer le coefficient qui nous occupe.

1255. Appareil d'Œrsted. — Œrsted introduit le liquide, sur lequel il doit opérer, dans une fiole cylindrique P (*fig.* 573) surmonté d'un tube T de diamètre étroit ; ce petit appareil porte le nom de *piézomètre* ; le tube est divisé en parties d'égale capacité, et l'on a mesuré à l'avance le volume du réservoir et celui d'une division. Une bulle de mercure servant d'index et destinée à isoler du milieu ambiant le liquide qu'on veut comprimer, est placée à la partie supérieure du tube et exactement au-dessus de l'eau. Il vaut encore mieux, suivre l'indication donnée par Despretz, et recourber le tube comme l'indique la figure ; de cette façon, l'air logé dans la courbure fait fonction d'index, et les gouttelettes d'eau qui pourraient être lancées dans le

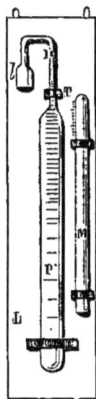
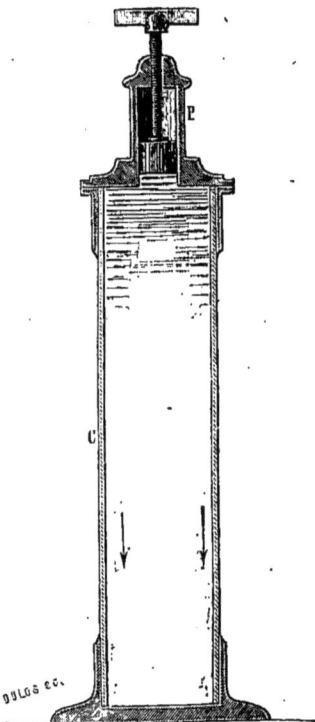

Fig. 573.   Fig. 574.

piézomètre et augmenter le volume de liquide qui s'y trouve, sont facilement arrêtées par un tampon de papier buvard placé vers la partie supérieure de l'olive *b*.

Le piézomètre ainsi préparé est plongé dans un réservoir plein d'eau C (*fig.* 574) identique pour la forme à celui que nous avons déjà décrit (192) en parlant des expériences de Despretz sur la compressibilité des gaz. La pression exercée par le piston P se transmet, par l'intermédiaire du liquide qui remplit le vase, jusqu'au liquide du piézomètre ; en même temps l'eau s'élève dans le petit manomètre M à air comprimé (214) fixé à la planchette métallique qui porte le piézomètre, et il devient facile de déduire de la réduction subie par le volume de l'air dans le tube M, la valeur en atmosphères, de la pression transmise au liquide du piézomètre. De plus, la position finale de l'index de mercure en I donne la mesure de la diminution totale de volume éprouvée par ce même liquide.

1256. Calcul de l'expérience. — On aurait donc ainsi les deux éléments nécessaires pour estimer le coefficient de compressibilité, si une cause d'erreur n'intervenait pas dans cette expérience. Le vase de verre, qui forme le piézomètre, n'est-il pas soumis, lui aussi, à la même compression que le liquide, et dès lors le changement de volume qu'il éprouve ne doit-il pas rendre fautive l'estimation directe, que l'on a dû faire, du volume final du liquide ? En un mot, le volume apparent du liquide représente-t-il exactement son volume réel ? On démontre, par le raisonnement, que la variation de la capacité intérieure du piézomètre est égale au changement de volume, que subirait un noyau solide de la même substance, qui remplirait exactement cette capacité, et qui serait soumis par tous les points de sa surface à la même pression. Si donc on appelle V le volume du piézomètre jusqu'au point occupé primitivement par l'index et par suite le volume initial et réel du liquide qui y est contenu ; si V' représente le volume apparent de la même masse liquide quand la compression exercée a atteint le degré voulu ; enfin, si l'on désigne par K' et K les coefficients de compressibilité cubique du verre et de l'eau, c'est-à-dire la diminution de l'unité de volume de chacune de ces substances pour une augmentation d'une atmosphère dans la pression exercée sur elle ; par P la pression finale exprimée en atmosphères ; le volume réel du liquide comprimé sera V (1—KP). Le volume réel de la portion du vase qui contient le liquide au moment où la compression voulue est exercée sera V' (1—K'P) ; on aura donc l'égalité V (1—KP) = V' (1—K'P), d'où l'on pourra déduire K, si toutefois K' est connu à l'avance.

1257. Perfectionnement de la méthode. — Mais la valeur de K' n'a été établie par aucune expérience certaine. Aussi, après que la méthode d'Œrsted cut été reprise et perfectionnée par MM. Colladon et Sturm, M. Regnault a dû encore revenir sur la question ; et c'est en faisant, sur le piézomètre lui-même, la détermination du coefficient de compressibilité de la matière qui forme ce piézomètre, qu'il a pu obtenir des résultats numériques plus exacts que ceux de ses devanciers.

Voici les nombres qui se déduisent de ses expériences et de celles de M. Grassi, qui s'est servi du même appareil que lui :

COEFFICIENTS DE COMPRESSIBILITÉ DES LIQUIDES

Eau à 0°.	50 millionièmes.
Eau à 11°.	48 —
Alcool à 7°.	83 —
Ether à 0°.	111 —
Mercure à 0°.	4 —

1258. Choc des corps. — La diminution du volume, au lieu d'être provoquée dans les corps par l'emploi d'une force étrangère agissant d'une manière continue, peut encore être déterminée par une action mécanique, qui ne persiste que pendant un temps très-court, et le corps comprimé, quand il est élastique, reprend alors, presque aussitôt et de lui-même, son volume primitif. Ce nouveau cas se présente dans le choc des corps. Il est utile de rappeler ici succinctement les lois qui concernent le choc des corps, quoique la question se rattache plutôt à la mécanique qu'à la physique ; nous trouverons en effet en acoustique une application fréquente de ces lois.

Lorsque deux corps, animés de vitesses différentes, se rencontrent, il y a choc. Si les deux corps sont mous et ductiles, des boules d'argile ou de cire par exemple, ils se déforment d'une manière permanente au moment du choc, et restent accolés l'un à l'autre ; ils ne forment plus qu'un système unique animé d'une certaine vitesse qui dépend des masses et des vitesses primitives des deux mobiles. Si les deux corps sont parfaitement élastiques, la déformation qu'ils subissent au moment du choc, n'est que momentanée : ils reprennent d'eux-mêmes leur volume initial et cheminent ensuite chacun isolément avec une vitesse propre qui peut être très-différente de la vitesse possédée par le mobile avant le choc.

1259. Voici les résultats principaux concernant le choc des corps élastiques qui ont été déduits du calcul et que l'expérience a vérifiés :

Si deux masses égales, parfaitement élastiques (deux boules d'ivoire de même diamètre), cheminent en sens contraire ; suivant la même ligne droite, avec des vitesses différentes; au moment du choc, elles échangent leurs vitesses de telle manière que chacune revient sur ses pas en prenant la vitesse que l'autre possédait. Dans le cas particulier, où l'une des masses serait en repos, celle-ci prendrait donc, au moment du choc, la vitesse de la masse en mouvement, qui retomberait elle-même au repos.

1260. Le résultat, que nous venons d'énoncer, permet d'expliquer facilement l'expérience suivante, qu'on exécute depuis longtemps dans les cours, A une même barre transversale (*fig.* 575), sont suspendues à l'aide de fils de soie des billes d'ivoire de même diamètre qui se juxtaposent sans se comprimer mutuellement; leurs centres se trouvent placés sur une même ligne droite horizontale. Si l'on écarte la bille B de sa position d'équilibre, pour la laisser ensuite retomber comme un pendule sous l'action de la pesanteur, on constate qu'aucune des billes intermédiaires ne se déplace, d'une manière apparente, à l'instant où le choc se produit; la bille A se met seule en mouvement, en prenant un écart à peu

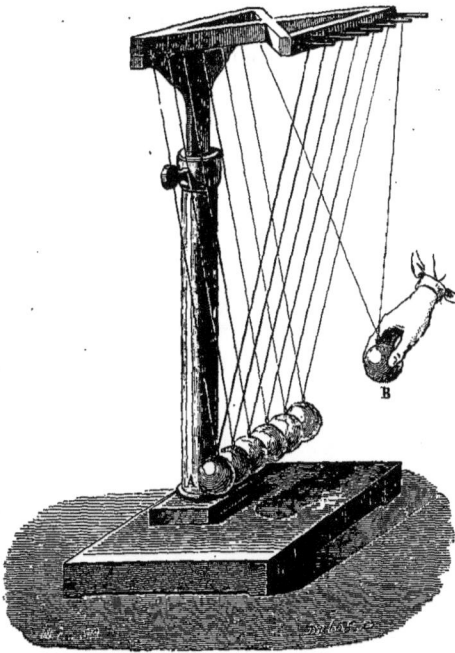

Fig. 575.

près [égal à celui qu'on avait donné à la bille B. Mais A retombe à son tour, le choc se transmet et la bille B seule se déplace, et ainsi de suite. Les résultats de cette expérience sont une conséquence des principes que nous venons d'indiquer (1259). La seconde bille, étant immobile et possédant la même masse que B, a pris toute sa vitesse quand le choc a eu lieu, et B est tombée au repos; semblablement, la troisième s'est emparée de la vitesse de la seconde, qui n'a pu se mettre en mouvement; la même communication de mouvement s'est poursuivie jusqu'à la bille A qui, n'étant en contact avec aucune masse nouvelle, s'est mue en prenant la vitesse que B possédait au moment où elle est tombée.

1261. Si le choc a lieu entre des masses de grandeurs différentes ; que l'une d'elles, par exemple, puisse être considérée comme infiniment grande par rapport à l'autre, et qu'en même temps elle soit en repos, la masse en mouvement reviendra sur ses pas, à la suite du choc, en prenant une vitesse égale mais de signe contraire à celle qu'elle possédait auparavant. C'est ainsi qu'une bille d'ivoire, qu'on laisse tomber d'une certaine hauteur sur un plan de marbre, remonte sensiblement en rebondissant, à la hauteur d'où elle est partie ; elle reviendrait exactement à son point de départ primitif, si l'ivoire et le marbre étaient des corps parfaitement élastiques et si le mouvement de la bille s'accomplissait dans le vide.

CHAPITRE II

PRODUCTION ET PROPAGATION DU SON

———

L'acoustique est la partie de la physique qui s'occupe de l'étude du son. Elle recherche les phénomènes qui s'accomplissent dans un corps qui résonne, les actions qui provoquent ou modifient cette résonnance; elle étudie le mode suivant lequel le son se transmet dans les différents corps et finalement du corps sonore jusqu'à l'observateur; enfin elle rend compte des phénomènes physiques qui influent sur les qualités des sons, qualités qui servent à les différencier les uns des autres.

I — PRODUCTION DU SON

1262. Premier principe. — Vibrations d'un corps sonore. — Vibrations d'une corde. — Les molécules de tout corps qui rend un son, effectuent, de part et d'autre de leur position d'équilibre, de petits mouvements qui s'accomplissent avec une grande rapidité et qu'on appelle *mouvements vibratoires*. Des expériences nombreuses démontrent ce fait général; indiquons d'abord celles qui se rapportent à la production du son par les corps solides.

Une corde métallique ou à boyau, de couleur blanche, est tendue entre deux arrêts fixes, et placée devant un fond noir (*fig.* 576). On l'écarte de sa position d'équilibre en la pinçant vers son milieu; et l'on constate, qu'abandonnée à elle-même, elle rend un son qui persiste pendant un certain temps. Tant que le son, qu'elle fait entendre, est saisissable par l'oreille, le doigt qui l'effleure la sent frémir; en même temps aussi, à la place de la ligne blanche très-nette, qui ressortait sur le fond noir, l'observateur voit une corde moins lumineuse qu'au moment de l'immobilité, elle lui paraît semi-transparente, et renflée de plus en plus, à mesure que la partie qu'il considère èst plus voisine du milieu. — Tout cela s'explique très-bien. — La corde, à cause de la persistance des impressions sur la rétine, affecte l'œil dans les positions

Fig. 576.

successives qu'elle occupe et qu'elle abandonne rapidement, comme si elle se trouvait à la fois dans tous les points de son excursion. La grandeur de son renflement accuse donc l'amplitude de l'oscillation. La semi-transparence de la corde est due à cette circonstance, que l'œil reçoit successivement, mais après des intervalles de temps très-courts, les impressions que lui envoient dans la même direction la corde et les parties du plan de support en regard desquelles elle se déplace.

1263. **Ventres, nœuds.** — Les points où les vibrations du corps sonore s'exécutent avec la plus grande amplitude ont reçu le nom de *ventres*. La figure 576, qui est la reproduction fidèle de l'expérience, montre de suite aux yeux de l'observateur qu'un ventre s'est formé au milieu V_1 de la corde. Il est encore une considération importante à mettre en lumière, à propos de cette expérience, c'est que les extrémités N_1 et N_2 de la corde vibrante, ne présentent aucun renflement qui manifeste un mouvement vibratoire ; elles restent absolument immobiles. Dans un corps qui rend un son, il en est toujours ainsi : certains points demeurent au repos, tandis que les parties voisines sont animées d'un mouvement vibratoire ; on a donné à ces parties immobiles le nom de *nœuds*.

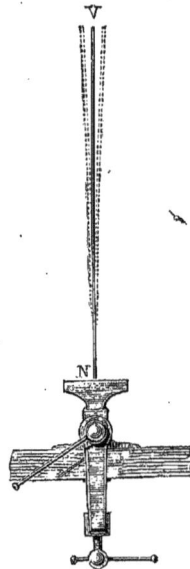

Fig. 577.

1264. **Vibration simple, vibration double.** — Lorsque la corde passe d'une de ses positions extrêmes à la position opposée, on dit qu'elle exécute une *vibration simple*. Le mouvement qu'elle accomplit pour aller d'une position extrême à l'autre et ensuite pour revenir à sa position première, représente une *vibration double*.

1265. Verge vibrante. — Une verge NV (*fig.* 577) fixée à l'une de ses extrémités entre les deux mâchoires d'un étau, rend un son quand on l'écarte de sa position d'équilibre. En l'infléchissant d'une certaine quantité, le mouvement vibratoire s'observe comme celui de la corde, et peu à peu son amplitude diminue jusqu'à devenir nulle. Il y a, encore ici, concomitance entre ces deux faits : le son produit que l'oreille perçoit et le mouvement de va-et-vient que l'œil apprécie.

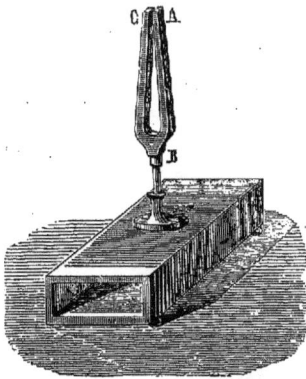

1266. Diapason. — Un diapason qui est constitué par une verge courbe ABC (*fig.* 578), rend un son quand on écarte les deux branches à l'aide d'une tige cylindrique de grosseur convenable, qu'on fait passer entre elles. On voit alors les deux branches exécuter rapidement un mouvement de va-et-vient de part et d'autre de leurs positions normales ; et en même temps un son très-pur se fait entendre. On peut obtenir une trace permanente des vi-

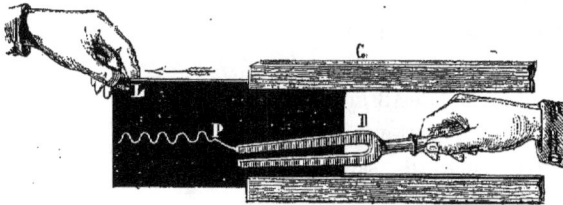

Fig. 578.

Fig. 579.

brations du diapason D en se servant d'une pointe P qu'on fixe perpendiculairement au plan de vibration (*fig.* 579). Il suffit de faire glisser au contact de cette pointe, et parallèlement au plan dans lequel vibrent les deux branches du diapason, une lame de verre L recouverte de noir de fumée ; la pointe, en oscillant, trace des sinuosités sur le verre qui se déplace ; chacun des traits ainsi obtenus correspond à une vibration simple. Cette expérience nous donne, sous sa forme la plus simple, le principe de la méthode graphique, dont nous trouverons bientôt d'h eu reuses applications en acoustique.

1267. Vibrations d'un timbre. — Un timbre hémisphérique (*fig.* 580), porté sur un pied immobile, est attaqué par un archet ; aussitôt il rend un son, et la pointe V, qui était placée d'avance près du timbre et à une très-petite distance de sa surface, est choquée par lui. On constate aisé-ment la production des chocs; car, outre le son rendu par le timbre, une série de petits bruits est perceptible à l'o-reille, et leur existence prouve que les points du tim-bre situés, à l'origine, au-près de la pointe, viennent la frapper à coups répétés. Toutefois, toutes les parties du timbre ne sont pas en mouvement; il s'y montre des nœuds. Certains points tels que N demeurent en re-pos, pendant que les autres parties du timbre continuent à vibrer. Aussi, quand elle

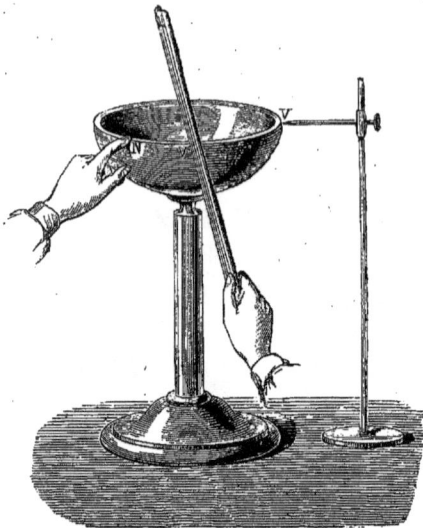

Fig. 580.

est placée dans le voisinage de ces points, la pointe, n'est plus choquée au moment où le corps résonne.

1268. **Vibrations d'une plaque.** —La plaque horizontale AB (*fig.* 581), fixée en son milieu, est recouverte d'une légère couche de sable; on la frotte avec un archet sur l'un de ses bords, dans une direction à peu près perpendiculaire à son plan; un son est produit, et l'on voit aussitôt les grains de sable sautil-ler. Mais, sur certaines lignes, le sable s'accumule et finit par rester immobile. Il est chassé des parties vibrantes de la plaque pour se ras-sembler sur les parties qui ne vi-brent pas et qu'on nomme *lignes nodales*. L'existence de chacune des lignes où la vibration est nulle

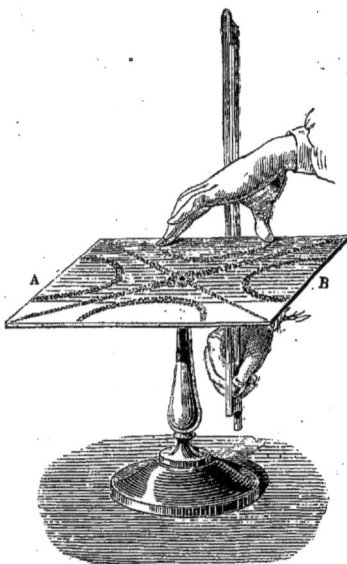

Fig. 581.

ne peut s'expliquer que par les mouvements simultanés et de sens in-

verse pris par les deux portions de la plaque que ces lignes séparent.
Elles sont là comme des charnières fixes autour desquelles s'effectuent
les flexions alternatives et inverses des parties contiguës de la lame
métallique. Des dessins, analogues à celui que représente la figure 581,
sont tracés par les grains de sable agglomérés. Les figures obtenues
dépendent de la forme de la plaque et du son qu'elle rend pendant
l'expérience. La hauteur du son est du reste en relation intime avec la
disposition des lignes nodales ; l'opérateur fait naître celles-ci, où bon
lui semble, par la seule pression des doigts.

1269. **Production du son par les liquides**. — La production du son
par le mouvement vibratoire des molécules liquides a été mise hors de
doute au moyen de la *sirène*, petit instrument fort ingénieusement com-

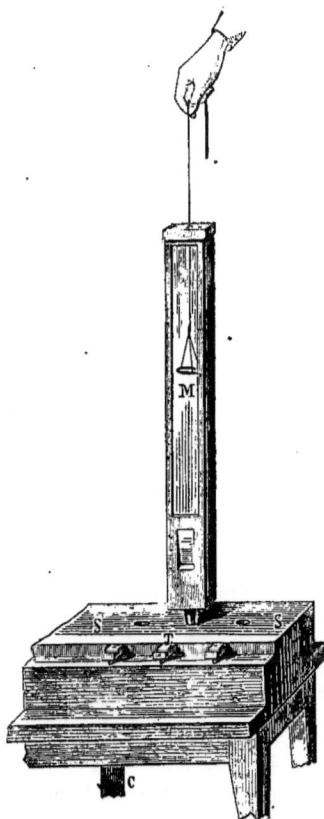

Fig. 582.

biné que nous décrirons bientôt. Dans
cet appareil, qui est complétement immergé dans l'eau, une colonne de liquide provenant d'un réservoir élevé
s'échappe par saccades, à des intervalles de temps très-rapprochés, à travers des orifices circulaires, pratiqués
dans une plaque métallique. Il y a ainsi
une suite de chocs alternatifs de l'eau
contre l'eau, et dès lors production
d'un son. La sirène chante dans l'eau,
et c'est là même l'origine du nom
donné à cet instrument.

1270. **Production du son par les
gaz. — Colonne d'air vibrante**. — Un
tuyau rectangulaire (*fig.* 582) a l'une
de ses faces formée par une paroi de
verre ; il est placé verticalement sur le
sommier S d'une souffleric, au moyen
de laquelle on peut produire un courant d'air continu. Le son se fait entendre et la petite membrane M tendue sur un cadre et suspendue dans
l'intérieur du tuyau sonore, entre en
vibration. Le fait du mouvement vibra-
toire est rendu manifeste par le sautillement du sable à la surface de la
membrane. La colonne d'air que renferme le tuyau ne vibre pas cepen-

dant tout entière d'un seul bloc : certaines tranches gazeuses sont sans
mouvement. En tâtonnant, on arrive à placer la membrane dans une
section du tuyau telle que le-sable reste en repos.

Dans l'étude que nous ferons bientôt des tuyaux sonores, nous examinerons, avec détail, par un procédé de ce genre, la position des surfaces nodales.

1271. Second principe. — Le son se transmet du corps sonore, jusqu'à l'oreille de celui qui l'entend, par l'intermédiaire des milieux pondé-
rables. — Dans les circonstances habituelles,
c'est par l'air que le son se propage : l'expérience suivante le montre clairement. Un mouvement d'horlogerie soulève, à des époques
très-rapprochées, un marteau M (*fig.* 585) qui
venant frapper sur un timbre T, donne naissance à un bruit éclatant. L'appareil étant
placé sous le récipient d'une machine pneumatique ; le son ainsi engendré s'entend encore très-bien, si le vide n'est pas fait ; mais à
mesure qu'on enlève l'air, l'intensité du son
diminue, et enfin, quand le vide est à peu
près obtenu, on voit encore le marteau frapper le timbre, mais on ne perçoit plus aucun

Fig. 585.

son. Aussitôt que l'on fait rentrer l'air, le bruit se fait entendre de
nouveau aussi intense qu'au début de l'expérience.

Le son ne cesse d'être perçu d'une manière à peu près complète que
si le mouvement d'horlogerie est posé sur des supports de liége comme
cela est représenté par la figure, ou bien encore s'il repose sur un coussin contenant des matières filamenteuses, la ouate, le crin, etc., ou
enfin s'il est suspendu à une corde à brins peu serrés ; en un mot, le
mouvement d'horlogerie doit être séparé de la cloche et de la platine
par une substance peu compacte formée de parties ténues qui ne se
touchent, l'une l'autre, que par un petit nombre de points. Cela est
nécessaire parce que les corps solides eux-mêmes peuvent transmettre
le son. Les substances filamenteuses renfermant beaucoup d'air interposé entre leurs fibrilles, sont de véritables étouffoirs pour le son.

1272. Les solides transmettent le son. — La preuve que les solides transmettent facilement le son, est donnée par une foule d'expériences et d'observations. Tout le monde sait que les décharges lointaines d'artillerie peuvent être quelquefois entendues si l'on place l'oreille contre la terre, alors que le son ne parvient pas à travers l'air jusqu'à celui qui écoute, en se tenant debout. On sait que l'oreille, appliquée à l'extrémité d'une poutre entend le moindre frottement qui se fait à l'autre extrémité.

1273. Les liquides transmettent le son. — Les liquides transmettent aussi le son. Un plongeur perçoit parfaitement le bruit de deux cailloux que l'on choque au sein de l'eau ; et cela, même à une assez grande distance.

1274. Vitesse du son dans l'air. — Le son, quelle qu'en soit l'origine, met un temps appréciable pour parvenir du corps sonore jusqu'à l'oreille de l'observateur. Un coup est-il frappé par un outil à une assez grande distance du point où nous nous trouvons ? Nous voyons l'instrument porter le coup un peu avant que nous ne percevions le bruit qui en résulte, tandis que si l'on se rapproche convenablement, les deux effets semblent simultanés.

Des expériences directes ont été faites pour déterminer la vitesse avec laquelle le son se transmet. Les premières furent exécutées par les académiciens français en 1738 ; de plus récentes sont dues aux membres du Bureau des longitudes, qui employèrent d'ailleurs la méthode des premiers observateurs. Comme, à notre époque, l'art d'observer a fait de grands progrès, il est à penser que les derniers résultats obtenus sont les plus exacts ; aussi parlerons-nous de préférence des déterminations faites en 1822 par Prony, Arago, Humboldt, Gay-Lussac, Bouvard et M. Mathieu.

Elles furent exécutées, pendant la nuit, par ces observateurs distribués en deux groupes : l'un des groupes se plaça sur les hauteurs de Villejuif, l'autre à côté de la tour de Montlhéry ; ces deux stations sont à 18,613 mètres de distance l'une de l'autre. A une heure fixée d'avance, le feu était mis à une pièce d'artillerie sur les hauteurs de Villejuif ; les observateurs de Montlhéry, attentifs, notaient sur leur chronomètre l'instant où la lumière produite par l'inflammation de la poudre leur apparaissait ; puis ils écoutaient, et notaient le moment précis où le son parvenait à leur oreille. Après cinq minutes environ, un coup de canon était tiré à Montlhéry ; les observateurs de Villejuif faisaient à leur tour deux déterminations identiques aux précédentes.

1275. Les expériences ayant été répétées plusieurs fois, les résultats trouvés permirent de calculer la vitesse du son. En effet, la lumière peut être considérée comme se transmettant instantanément de l'une des stations à l'autre. Par conséquent, l'intervalle de temps, qui s'écoulait entre le moment où l'on voyait la lumière et celui où l'on entendait l'explosion, cet intervalle, dis-je, donnait le temps que le son mettait à parcourir la distance comprise entre les deux stations. C'était, en moyenne, 54″6, et comme la distance des deux stations mesure 18,613 mètres, il s'ensuit que le son parcourt 340^m,89 par seconde, à 16°, température de l'expérience.

On a pu constater, en outre, en variant les observations, que le son se propage d'une manière uniforme, c'est-à-dire que les espaces qu'il parcourt sont proportionnels aux temps employés à les parcourir.

1276. Influence de la température. — Lorsque la température change, la vitesse du son varie ; quand elle s'abaisse, la vitesse du son diminue. Les expériences, faites en Hollande à 0°, dans l'Amérique du Nord à — 40°, ont bien montré qu'il en était ainsi. Le calcul indique que à 0°, la vitesse du son est de 333 mètres, et que pour avoir la vitesse du son à une température quelconque, il faut multiplier la vitesse à 0° par $\sqrt{1 + \alpha t}$: α étant le coefficient de dilatation de l'air, et t la température au moment de l'observation.

1277. Influence du vent. — Dans les expériences faites par les membres du Bureau des longitudes, les coups de canon étaient tirés successivement des deux stations. Cette réciprocité des coups avait pour but d'éliminer l'influence du vent qui soufflait d'une station vers l'autre, et de faire que le trouble apporté par ce déplacement des couches d'air eût lieu en sens inverse dans les deux expériences, de manière à établir une compensation dans la moyenne. Les académiciens français avaient observé, en effet, que le vent agit pour augmenter la vitesse des sons qui suivent la même route que lui, et pour diminuer la vitesse de ceux qui marchent en sens inverse.

Mais comme la rapidité de transmission du son est très-grande par rapport à celle du transport des couches d'air qui, dans les vents les plus violents, ne dépasse pas 30 ou 40 mètres par seconde (768), il s'ensuit que, dans la plupart des cas, l'influence du vent est à peu près négligeable. C'est sur l'intensité du son, que le vent a une influence marquée. Tout le monde sait qu'à la campagne, le bruit de la cloche d'un village qu'on entend ordinairement d'un lieu assez éloigné, cesse d'être perceptible au même endroit, quand le vent souffle en sens contraire de la propagation du son.

1278. Vitesse du son dans les liquides. — La vitesse du son dans l'eau a été déterminée par MM. Colladon et Sturm, au moyen d'expériences faites sur le lac de Genève. Le mode d'expérimentation était une imitation du précédent. Une cloche C (*fig.* 584), plongée dans l'eau, était mise en vibration par un marteau qui la frappait. Au moment où le battant atteignait la cloche, une mèche allumée, fixée au manche du marteau, venait enflammer un tas de poudre P : de cette façon une vive lumière apparaissait au moment même du choc. Un des observateurs

Fig. 584.

placé au loin sur le lac, à une distance mesurée d'avance, avait les yeux fixés vers la barque qui portait tout cet appareil, et il tenait l'oreille placée à l'extrémité O d'un cornet acoustique dont le pavillon T plongeant dans l'eau était fermé par une membrane élastique. Il notait l'instant précis où la lumière lui apparaissait ; il notait ensuite le moment où le son parvenait à son oreille par l'intermédiaire de l'eau ; et, des nombres obtenus on déduisait la vitesse du son transmis par le liquide. Les expériences ont donné une vitesse de 1,435 mètres par seconde ; c'est quatre fois et demie celle du son qui se propage dans l'air.

1279. Vitesse du son dans les corps solides. — M. Biot a fait des expériences sur des tuyaux de fonte assemblés entre eux, et bien serrés les uns contre les autres. Ces tuyaux étaient destinés à conduire l'eau, mais au moment des expériences ils se trouvaient vides de liquide. Un marteau, placé à l'une des extrémités de cet assemblage, frappait au même instant, contre les parois du tuyau et sur un timbre voisin de cette extrémité. Un observateur, placé à l'autre bout du canal, entendait séparément : 1° le son qui arrivait par l'intermédiaire du métal ;

2° celui du timbre qui lui parvenait par l'intermédiaire de l'air ; les temps d'arrivée étant notés, il fut reconnu que le son, dans les conditions de l'expérience, se transmettait environ dix fois plus vite par le métal que par l'air.

La longueur des tuyaux était de 951^m,25 et la température de 11° ; ainsi, en 2^s,79, le son devait se transmettre par l'air d'un bout à l'autre du tuyau. Mais l'expérience a montré que le son arrivait, par l'intermédiaire du métal, 2^s,5, avant de parvenir par celui de l'air : donc il ne mettait que 2^s,79 — 2^s,5 à parcourir toute la série des tuyaux, ou 0^s,29.

III — THÉORIE DE LA PROPAGATION DU SON

1280. **Vibration des milieux qui propagent le son.** — Maintenant que l'expérience nous a prouvé que le son se transmet, du corps sonore jusqu'à l'observateur, au moyen de l'air ou de tout autre milieu pondérable, nous avons à rechercher par quel mode la transmission s'opère, et quelle modification se manifeste dans le milieu qui sert à la propagation. L'expérience, aidée du raisonnement, va nous permettre d'établir que ce milieu partage lui-même l'état vibratoire du corps dont les mouvements moléculaires ont donné primitivement naissance au son.

1281. **Expériences.** — Une membrane tendue M′ (*fig.* 585) est placée verticalement et porte attaché au bord du cadre un pendule qui vient aboutir à peu près à son centre. A une petite distance de cet appareil, qu'on peut appeler le *pendule acoustique*, on fait vibrer un timbre ; aussitôt le pendule lancé en avant indique par ses mouvements que la membrane est en vibration. On peut également disposer la membrane dans une position horizontale, du sable fin répandu à sa surface sautille quand le timbre rend un son.

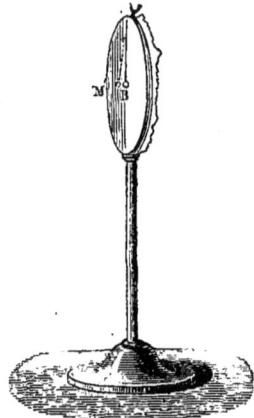

Fig. 585.

Mais sans recourir à des expériences disposées spécialement dans ce but, tout le monde ne sait-il pas que, sous l'influence de certains bruits, les vitres exécutent des mouvements vibratoires, et qu'il en est de même de toute autre plaque mince, quand elle est tendue et élastique?

1282. Marche progressive du mouvement vibratoire. — Les mouvements vibratoires, exécutés par le corps sonore, sont donc communiqués aux différentes couches d'air, à travers lesquelles le son se transmet. Mais l'observation montre en même temps, que tout ébranlement, communiqué à l'air, n'est plus sensible aussitôt que la cause, qui l'a produit, cesse d'agir. Si un bruit de durée très-courte a lieu, l'observateur placé à distance, par exemple à 340 mètres, l'entend au bout d'une seconde, puis le silence se fait, et le son parvient aux observateurs qui sont placés à la suite du premier; il chemine ainsi de l'un à l'autre, toujours dans le même sens, en parcourant les distances qui les séparent. Les couches d'air successives rentrent dans le repos après avoir partagé les ébranlements du corps sonore; et si l'on suit, par la pensée, une ligne droite qui partirait de ce corps et que l'on considère une des oscillations qu'il exécute, on est conduit à affirmer que cette oscillation est répétée par la couche d'air en contact; puis, que cette couche d'air revient au repos, que la couche suivante exécute à son tour le premier mouvement, pour rentrer elle-même au repos, et que le mouvement se propage ainsi successivement à tous les points de la ligne considérée.

1283. La transmission s'opère par les corps élastiques. — Il ne suffit pas de savoir que l'air transmet le son parce qu'il vibre. Il nous est impossible de ne pas pousser plus loin nos recherches. Arrivé au point où nous sommes, il n'est personne qui ne se demande par quel mécanisme ces mouvements vont passer successivement de chaque couche à la suivante. La réponse fournie par l'expérience est très-nette : La transmission est une conséquence de l'élasticité de l'air et, plus généralement, de l'élasticité du milieu qui les transmet. En effet, les corps mous et sans élasticité ne transmettent pas le son : les rideaux, les tapisseries empêchent le son d'aller d'une salle à la salle voisine, et dans notre expérience du timbre dans le vide, le coussin qui, en supportant la petite sonnerie empêchait la transmission du son, en a donné une preuve expérimentale. L'air transmet donc le son parce qu'il est élastique. Examinons comment l'élasticité intervient dans le phénomène.

1284. Propagation d'un ébranlement dans un milieu élastique. — Le corps sonore qui vibre, choque l'air ou tout autre corps élastique : comment l'ébranlement va-t-il se propager de couche en couche? Pour le montrer nettement, nous nous servirons de l'expérience déjà faite avec une série de corps solides élastiques, de billes d'ivoire (*fig.* 586), qui, placées l'une contre l'autre en contact intime, représentent les éléments séparables, égaux par leur masse d'un milieu continu.

Cette expérience, avons-nous dit, montre que la première bille transmet son mouvement à la seconde; celle-ci se soulèverait si elle n'était point en contact avec une bille d'ivoire de même masse; au lieu de cela, elle transmet à la °troisième bille le choc qu'elle a reçu, et la déformation qu'elle a subie, et ainsi de suite, de proche en proche.

Mais si les billes successives n'ont pas pris de mouvement sensible, leurs diverses parties n'ont pas été pour cela dans un repos absolu. Chaque bille a subi une déformation : ses molécules se sont rapprochées; puis elles ont repris leurs distances primitives. Ainsi, ce ne sont pas les billes élastiques qui se déplacent, c'est la compression qu'elles éprouvent qui se propage de l'une à l'autre.

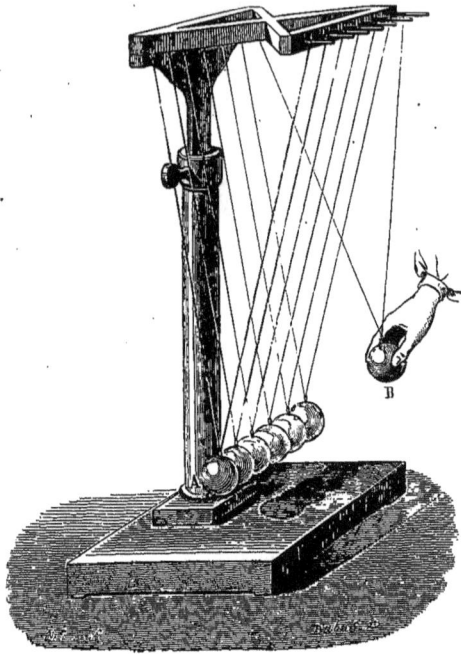

Fig. 586.

1285. **Dilatations et condensations.** — Appliquons cela à la propagation du son dans l'air. Afin de simplifier et de n'avoir à considérer le phénomène que dans une direction, nous imaginerons d'abord que le

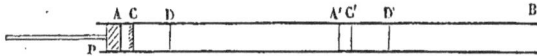

Fig. 587.

corps vibrant soit à l'extrémité d'un tube prismatique indéfini et ouvert à ses deux bouts. Il vient en oscillant chasser l'air qui est devant lui dans le tube, et le pousse vers l'intérieur, du moins dans une des phases de son mouvement vibratoire. Nous pouvons donc concevoir que ce corps vibrant soit remplacé par un piston P (*fig.* 587), auquel serait donné le même mouvement. Le piston s'enfonce-t-il dans le tube, il produira le même effet que la face antérieure du corps sonore au moment où elle choquait la lame d'air en contact.

L'air étant ainsi poussé, la colonne tout entière, que le tube contient, ne se mettra pas en mouvement comme le ferait un corps absolument rigide, car l'air est compressible. La première tranche gazeuse, celle qui est en contact avec le piston, se rapprochera de celle qui la suit, et tout d'abord une couche AD, d'une longueur très-petite, mais finie, diminuera de volume. En vertu de l'accroissement de sa force élastique, cette couche tendra à revenir à son volume primitif, elle le fera en comprimant l'air de la couche voisine dont la masse est la même, mais dont la force élastique est moindre; cette seconde couche diminuera donc à son tour de volume, tandis que la couche d'air qui la précède, celle qui la première a reçu l'ébranlement, reprendra son volume primitif et que les parties dont elle est formée retomberont au repos. La seconde couche d'air sera condensée comme l'a été la première, puis la compression passera à la troisième, de celle-ci à la quatrième, et ainsi de suite.

Que le piston exécute un mouvement en sens inverse. La première tranche de gaz, qui remplit le tuyau, occupera un plus grand volume, elle sera dilatée, et sa force élastique diminuera. La seconde tranche aura dès lors une pression supérieure à celle de la première; elle se dilatera à son tour en ramenant la première au repos, et la dilatation se transmettra de proche en proche, comme s'était transmise auparavant la compression.

L'expérience nous ayant montré que la vitesse du son dans l'air est de 540 mètres, il en résulte que l'état vibratoire de la première couche met une seconde pour arriver à la tranche qui est située à 540 mètres de distance.

1286. Propagation des mouvements vibratoires. — Ce qui a été dit des deux mouvements de va-et-vient du piston s'applique aux mouvements vibratoires du corps sonore. Il y a plus : la théorie que nous venons de développer comprend non-seulement le cas de l'excursion tout entière, qui constitue la vibration, mais encore celui de tous les mouvements élémentaires dans lesquels on peut décomposer une vibration complète. Ainsi, quand la première oscillation simple s'accomplit et que les molécules du corps sonore marchent toutes dans le même sens en chassant l'air vers l'intérieur du tuyau, le mouvement de ces molécules n'est pas uniforme : il ressemble tout à fait à celui d'un pendule; les oscillations sont isochrones malgré les variations d'amplitude; la vitesse de chaque molécule, qui est d'abord nulle, va croissant jusqu'à ce que cette molécule atteigne sa position première d'équilibre, puis la vitesse décroît de nouveau pour devenir nulle à la limite de l'excursion. De plus, la loi de variation de la vitesse dans ce mouvement périodique est précisément celle qui régit le mouvement pendulaire. Que l'on considère les différentes phases de vibration dont il vient d'être parlé; et les condensations ou dilatations successives, qui correspondent à chacune d'elles, iront se propageant le long d'un tuyau, en marchant l'une à la suite de l'autre.

1287. **Ondes sonores.** — Le corps vibrant est-il constitué par une lame élastique AO, fixée en O (*fig.* 588) et dont la partie AB se trouve vis-à-vis du tuyau. Cette lame, après avoir été écartée de sa position d'équilibre de sorte que AB vienne en A'B', se met à osciller dès qu'elle est abandonnée à elle-même. En vertu de son élasticité, elle tend à revenir en AO, s'approche lentement d'abord de cette position, va ensuite plus vite et acquiert sa vitesse maximum en y arrivant, puis la dépasse et vient en OA″ par un mouvement qui se ralentit. En OA″ elle reste un instant au repos pour revenir en OA′, et ainsi de suite. Au début de la première vibration, la couche d'air voisine de A'B' a été faiblement condensée, parce que la vitesse de la lame vibrante était très-petite : cette légère condensation se propage telle quelle. Derrière elle, il se produit une condensation un peu plus forte qui chemine comme la première, et ainsi de suite. La condensation des tranches d'air augmentera d'une

Fig. 588.

manière continue et deviendra maximum lorsque la lame sera venue en AB : à partir de là, elle diminuera et sera suivie par d'autres condensations de moins en moins considérables jusqu'à ce que la position A″B″ soit atteinte. A cette époque la lame rétrograde, et les dilatations se succèdent en suivant les mêmes lois que les condensations précédentes.

1288. **Représentation graphique des condensations et des dilatations**.

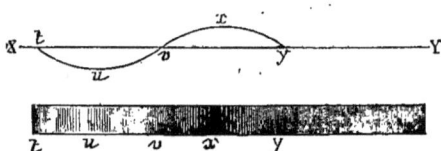
Fig. 589.

—La figure 589 montre l'état de l'air du tuyau après deux vibrations simples de la lame. Elle a été dessinée d'après cette convention que les teintes les plus foncées représentent les condensations les plus

considérables, les espaces blancs expriment les dilatatións : les demi-
teintes correspondent aux points où l'air est à la pression ordinaire.

Souvent on représente ces états variables de la condensation de l'air
par une courbe. La droite XY est dirigée suivant l'axe du tuyau, et la
hauteur, à laquelle s'élève la courbe au-dessus de cette droite, ou,
comme on le dit en géométrie, l'ordonnée de la courbe, donne la grandeur de la condensation au point correspondant; quand la courbe est
au-dessous de XY, les longueurs des ordonnées négatives donnent les
valeurs de la dilatation. Les deux modes de représentation que nous venons d'indiquer sont donc équivalents, ils expriment les mêmes états.

1289. Longueur d'ondulation. — A mesure que les dilatations et
les condensations, distribuées sur la longueur *ty*, progresseront le long
du tuyau en marchant avec la vitesse du son dans l'air, c'est-à-dire à
raison de 340 mètres par seconde, de nouveaux changements de densité
résulteront du mouvement vibratoire de la lame qui continue à osciller.
Ces changements se représenteront par une courbe identique à la précédente, ils se propageront avec la même vitesse que les premiers, et de
nouveaux arcs de courbe iront ainsi se succédant sans interruption. Au
bout de *deux vibrations doubles* de la lame vibrante, l'état du tuyau sera
celui que représente la figure 590, et ainsi de suite.

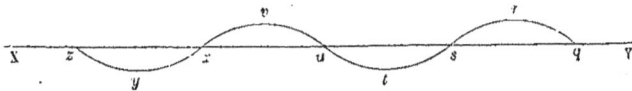

Fig. 590.

Si l'on appelle λ la distance à laquelle parvient le mouvement vibratoire pendant la durée d'une oscillation double de la lame vibrante;
au bout de *n* oscillations doubles de cette lame, *n*λ sera la distance à
laquelle se sera transmis le mouvement vibratoire; et si *n* est le nombre d'oscillations complètes exécutées par le corps vibrant en une se-
conde, on aura $n\lambda = v$, *v* étant la vitesse du son; d'où $\lambda = \dfrac{v}{n}$. Cette
grandeur λ, qui est égale à la longueur occupée par l'ensemble des
tranches dilatées et condensées pour une vibration complète, a été
nommée la *longueur d'ondulation*. Elle dépend, comme on le voit : pour
un même son, de la nature du milieu dans lequel ce son se propage; et,
pour un même milieu, de la rapidité des vibrations correspondantes au
son produit.

1290. Vitesse des molécules vibrantes. — Mais, outre les changements de volume qui nous ont occupé, il faut encore signaler les mouvements de l'air, qui s'effectuent comme ceux de la lame vibrante elle-même. Une condensation ne se propage que si les molécules gazeuses atteintes les premières se déplacent en se rapprochant de celles qui les suivent, et qu'ensuite celles-ci se déplacent à leur tour de la même quantité. Les dilatations ne cheminent que par un mouvement des molécules en sens inverse du précédent. Ainsi, chaque molécule d'air a un mouvement oscillatoire suivant l'axe du tuyau. L'amplitude de ce mouvement moléculaire est toutefois très-petite, et les longueurs, qui correspondent aux excursions des molécules de part et d'autre de leur position d'équilibre, sont négligeables, quand on les compare à la longueur de l'onde sonore.

La molécule M, prise en un point quelconque du tuyau, a sa vitesse maximum quand la condensation est maximum; sa vitesse est de sens inverse et aussi maximum quand il y a dilatation maximum. On pourra donc se servir des courbes précédemment obtenues pour avoir une représentation graphique de ces vitesses successives; les ordonnées de la portion de courbe située au-dessus de XY correspondant aux vitesses dans un sens, que nous considérerons comme positives, les ordonnées de l'arc inférieur correspondront aux vitesses en sens contraire, aux vitesses négatives.

Nous remarquerons, en outre, qu'il résulte de la simple inspection de ces mêmes courbes (*fig.* 590) que, pendant que les ondes correspondantes à un même son se propagent l'une à la suite de l'autre, dans la direction XY, deux molécules d'air situées sur cette ligne et distantes l'une de l'autre d'une longueur d'ondulation ou d'un nombre quelconque de longueurs d'ondulation sont animées au même moment de vitesses égales, et de même signe : elles sont dans la même phase de leur mouvement vibratoire. Deux molécules séparées par un intervalle égal à une demi-longueur d'ondulation ou à un nombre impair de demi-longueurs d'ondulation, sont animées de vitesses égales et de signes contraires.

1291. **Propagation dans un milieu indéfini.** — Comment passer du cas de la transmission des ondes sonores dans un tuyau à celui de la propagation du son dans un milieu homogène qui n'est limité dans aucune direction ? Il suffit pour cela d'imaginer que, dans tous les sens, à partir du centre de l'ébranlement, se produisent les changements que nous avons étudiés dans une seule direction. Aux mêmes distances du centre, les lames d'air seront à la fois dans la même phase de vibration, et on pourra les considérer comme formant, par leur ensemble, une surface sphérique. Le son se propagera donc dans le milieu indé-fini par une série d'ondes sphériques alternativement condensées et dilatées.

1292. Réflexion du son. — Écho. — A cette théorie se rattache celle de la réflexion du son ou des échos. L'onde sonore rencontre un obstacle ; elle revient sur ses pas en se propageant de nouveau, en sens inverse, dans le milieu qui lui a déjà servi de véhicule ; de telle sorte qu'un individu placé en avant de l'obstacle entend la reproduction du son primitif, comme s'il émanait cette fois d'un centre de vibration placé en arrière de l'obstacle fixe. Les lois de la réflexion du son sont d'ailleurs celles de la réflexion de la chaleur ou de la lumière.

Fig. 591.

En général, on appelle rayon sonore la ligne suivant laquelle le son se propage, ou, si l'on veut, la ligne droite qui joint le point où le son se produit à l'oreille de l'observateur. Dans le cas d'un obstacle fixe placé sur le trajet des ondes, on pourra dire que le rayon sonore réflé-chi fait, avec la normale à la surface, un angle égal à l'angle que fait le rayon sonore incident avec la même normale. On le prouve aisément en répétant l'expérience des miroirs conjugués. Un son faible, le tic tac d'une montre, quand il est produit au foyer F (*fig.* 591) de l'un des miroirs, se fait entendre distinctement au foyer de l'autre, quoique la distance des deux surfaces réfléchissantes soit de plusieurs mètres.

1293. Le cas le plus simple de la réflexion est celui où l'on prend, comme direction de la propagation de l'ordre sonore, une droite perpendiculaire à l'obstacle, au plan CD (*fig.* 592). Dans ce cas, le rayon incident est normal à la surface, l'angle de réflexion est nul et les ondes réfléchies cheminent en sens contraire des ondes directes, et suivent la même ligne de propagation. Par suite, un observateur placé à une certaine distance d'un mur vertical entend de nouveau le son qu'il a émis,

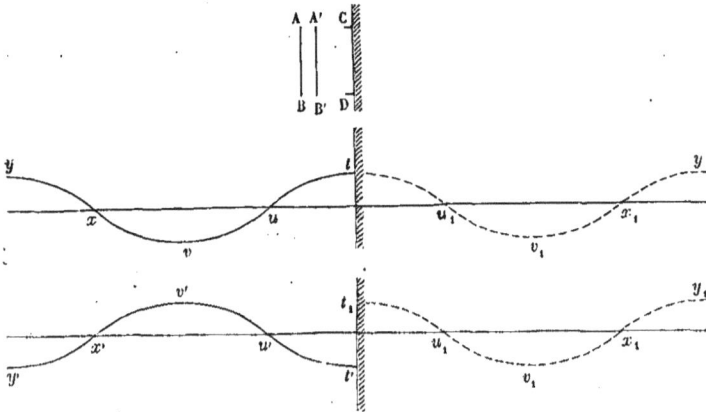

Fig. 592.

après un temps égal à celui que le son emploie pour aller jusqu'au mur et en revenir. S'il est placé à 170 mètres de l'obstacle $\left(\dfrac{340^m}{2}\right)$, le son lui revient une seconde après qu'il a été produit; s'il prononce quatre syllabes en une seconde, il commencera à percevoir la première, par la voie de réflexion, au moment même où il achèvera de prononcer la quatrième; et les trois autres seront nettement reproduites à la suite de la première. Tel est le phénomène des échos. L'onde est-elle condensée au moment du contact; la couche d'air qui se trouvait entre AB et CD est réduite à n'occuper que l'espace compris entre A'B' et CD; réduite ainsi, elle réagit, l'obstacle fixe s'oppose à la réaction qui ne peut plus se faire dans le sens ordinaire, et la tranche gazeuse reprend son volume primitif, en condensant, à son tour, celle qui l'a condensée d'abord, et la condensation va se propager en sens inverse de l'onde qui arrivait.

Une dilatation fera de même. Le son ira se propageant vers son point de départ.

Les courbes qui figurent les condensations et les dilatations après la réflexion, ne seront donc autres que les courbes $tu_1v_1x_1y_1$ qui auraient dû les représenter, si l'obstacle n'avait pas existé. Mais ces courbes doivent être repliées sur elles-mêmes aux points où se trouve l'obstacle, et l'on a les courbes figuratives $tuvxy$.

Mais il n'en est pas de même des courbes qui représentent les vitesses ; il faudra non-seulement les replier comme les précédentes, mais encore il sera indispensable de les faire tourner autour de la ligne horizontale que nous nommerons XY, car pour une onde condensante qui se réfléchit, les vitesses des molécules sont dirigées en sens inverse de l'obstacle. On aura alors la figure $t'u'v'x'y'$.

IV — INTERFÉRENCES DU SON

1294. Jusqu'à présent, nous avons considéré le cas simple des ondes sonores se propageant isolément dans les milieux élastiques ; plaçons-nous dans un cas plus compliqué. Supposons que des ondes sonores cheminant dans l'air et émanant d'un même centre d'ébranlement rencontrent sur leur route des obstacles, deux murs plans, par exemple, formant entre eux un angle plus ou moins obtus; ces murs donneront naissance, comme nous l'avons vu § 1292, à deux systèmes d'ondes réfléchies qui seront dans les mêmes conditions que s'ils émanaient chacun d'un centre sonore, distinct, situé derrière l'obstacle. Les ondes réfléchies rencontreront dans l'air l'onde incidente, et se croiseront aussi entre elles. Ne parlons que de ces dernières ; que résultera-t-il de leur entre-croisement? Évidemment, une molécule d'air placée sur leur trajet ne pourra prendre exclusivement ni l'une ni l'autre des vitesses que lui apportent les deux ondes qui l'atteignent à la fois ; elle acquerra une vitesse unique qui sera la résultante des deux vitesses apportées par les ondes réfléchies. Or plusieurs cas doivent se présenter : 1° Il pourra se faire que la molécule considérée soit placée à égale distance des deux centres sonores virtuels engendrés par la réflexion du son, centres qui envoient des ondulations de même période, et alors les vitesses communiquées à la molécule seront égales et de même signe ; elles s'ajouteront, c'est-à-dire qu'au point dont il s'agit il y aura renforcement du son. Ou bien . 2° la molécule d'air sera placée à des distances des centres sonores différant entre elles d'un nombre pair de demi-longueurs d'ondulation ; et encore cette fois, comme cela résulte de ce qui a été dit § 1290, les vitesses s'ajouteront, et le renforcement aura lieu. Ou bien, enfin : 3° la molécule gazeuse, dont il est question, sera séparée des deux centres, par des distances qui différeront d'un nombre impair de demi-longueurs d'onde ; et cette fois les vitesses communiquées seront égales et de signe contraire ; elles s'annuleront, et il y aura par suite destruction du son. Nous arrivons donc à ce résultat remarquable qu'il doit exister, en avant des deux obstacles, des séries de points où le son passe alternativement par des maxima ou des minima d'intensité. Ce phénomène porte le nom d'interférences du son.

1295. Expériences de Savart et de Seebeck. — L'expérience a parfaitement justifié ces indications de la théorie ; Savart a étudié les interférences provenant de la rencontre des ondes directes et des ondes réfléchies par un grand mur vertical ; et il a reconnu, en tâtonnant et par le seul secours de l'oreille, l'existence de nœuds et de ventres alternatifs dans la masse d'air placée en avant de l'obstacle. Seebeck a employé, dans le même but, le pendule acoustique déjà décrit § 1102.

1296. Expérience de M. Desains. — Les interférences du son se manifestent tout aussi bien par l'emploi seul d'ondes directes, sans recourir aux ondes réfléchies. A cet effet, M. P. Desains a imaginé la disposition suivante. Au centre d'une caisse parallélipipédique en bois, dont les parois intérieures sont garnies de ouate, aboutit l'embouchure d'un fort sifflet mis en activité par une soufflerie. Les ondes sonores produites par les vibrations de l'instrument sortent en même temps de la caisse par deux ouvertures circulaires pratiquées à sa paroi supérieure, et symétriquement placées par rapport au sifflet. Dans ces conditions, on a, se propageant au sein de l'atmosphère extérieure, deux systèmes d'ondes directes possédant exactement la même tonalité, et pouvant cependant être considérées comme émanant de deux centres distincts : les deux orifices circulaires dont nous venons de parler. Les circonstances nécessaires à la production du phénomène des interférences sont réalisées ; ces interférences doivent se produire. En effet, une membrane tendue sur un cadre et saupoudrée d'un peu de sable qu'on porte en divers points du plan vertical passant par les deux orifices, montre bien, par les alternatives de sautillement et de repos de la poussière qui la recouvre, l'existence des ventres et des nœuds alternatifs.

1297. Expérience de M. Lissajous. — On doit à M. Lissajous une expérience très-curieuse qui rend parfaitement sensibles les résultats produits par l'entre-croisement d'ondes directes de même période se propageant dans des directions à peu près parallèles. Une plaque circulaire de cuivre, d'égale épaisseur en tous ses points et aussi homogène que possible, est fixée en son milieu (*fig.* 593). On l'attaque en un des éléments de son pourtour, avec un archet, de manière à lui faire rendre un son qui corresponde au partage de la plaque en dix secteurs égaux. Comme nous l'avons expliqué (§ 1268), deux secteurs consécutifs sont animés, au même instant, de mouvements de sens inverse : l'un produit dans l'air une onde condensée, au moment même où le secteur qui le suit immédiatement, en-gendre une onde dilatée. Il y aura donc, cheminant ensemble dans l'air placé au-dessus de la plaque, deux systèmes d'ondes présentant chacun des conditions spé-ciales. Chaque système pro-viendra des cinq secteurs d'un même ordre de parité, qui tous accomplissent à la fois leurs mouvements dans le même sens. Il en résulte que sur l'axe vertical qui passe par le centre de la plaque, les molécules d'air recevront, à chaque in-stant, de la part des deux systèmes d'ondes, des vi-

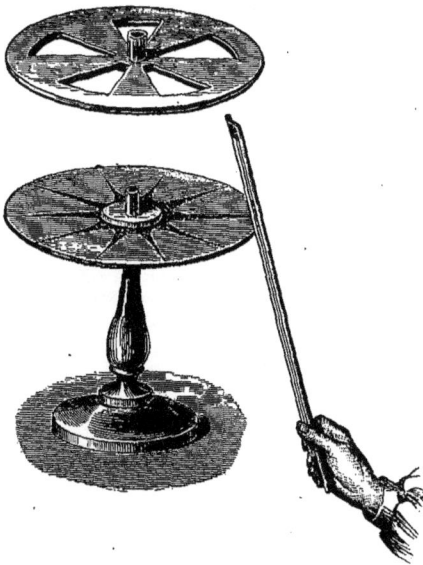

Fig. 593.

tesses égales et de signe contraire ; le son y possèdera une intensité sensiblement nulle. Mais si, par un moyen quelconque, on supprime dans l'air les ondes de l'un des systèmes, les vitesses communiquées par les ondes demeurées libres s'ajouteront toutes entre elles, parce qu'elles seront de même signe, et le son sera dès lors considérablement renforcé. Pour réaliser cet arrêt des ondulations d'un même groupe, M. Lissajous prend un carton de même diamètre que la plaque ; il trace à sa surface les dix secteurs égaux, et les évide de deux en deux. Fait-il alors vibrer la plaque métallique, il lui suffit de poser le carton préparé, à une petite distance de sa surface, de manière à cacher par les parties pleines tous les secteurs de même parité, et aussitôt le son rendu par la lame est énergiquement renforcé ; s'il enlève le carton, le son s'anéantit à peu près complètement ; s'il le replace, le renforcement se produit de nouveau. Dispose-t-il le disque évidé de façon à ce que les parties pleines cachent les moitiés de deux secteurs consécutifs, le son garde son intensité habituelle ; c'est que, dans ce cas, les demi-secteurs restés libres envoient des ondes discordantes. Enfin, communique-t-il au disque un mouvement de rotation autour de l'axe vertical de la plaque, l'oreille perçoit des renforcements intermittents du son de la plaque tout à fait comparables à des battements.

CHAPITRE III

QUALITÉS DU SON

:— INTENSITÉ

Un son qui se fait entendre se distingue des autres par trois caractères qui constituent ce que l'on appelle ses qualités : l'*intensité*, la *hauteur* et le *timbre*. Ces qualités feront successivement l'objet de notre étude.

1298. L'intensité du son qui s'estime par la distance extrême plus ou moins grande à laquelle un observateur peut le percevoir, dépend de l'amplitude des vibrations. Une corde tendue peut très-bien servir à le démontrer. Que cette corde soit peu écartée de sa position d'équilibre, le son qu'elle produira sera peu intense et le renflement de la corde peu considérable. Au contraire, la corde est-elle écartée le plus possible de sa position d'équilibre, les vibrations ont plus d'amplitude, et en même temps l'intensité du son est augmentée. La démonstration, faite au moyen de la corde, se répéterait toute semblable, avec une plaque, un tuyau ou un timbre, et l'on trouverait toujours que, toutes les fois que les excursions des molécules vibrantes ont moins d'étendue, le son devient moins intense.

II — HAUTEUR DU SON
NOMBRE DE VIBRATIONS CORRESPONDANT A UN SON DONNÉ

1299. Un chant, quel qu'il soit, est composé de sons que nous distinguons les uns des autres par une qualité spéciale : l'*acuité* ou la *gravité*.

Cette qualité est tout à fait indépendante des autres. Une même voix peut donner deux notes, qui résonnent avec la même intensité, c'est-à-dire qui sont entendues à la même distance extrême par le même individu, et cependant leur hauteur peut être très-différente. De même, un son peut tantôt éclater avec force et retentir à une grande distance, tantôt résonner presque tout bas, et pourtant être tel, qu'une oreille musicale reconnaisse parfaitement la même note dans les deux sons émis. Enfin, deux instruments, qui diffèrent par le *timbre* au point que même les plus inhabiles ne s'y trompent pas, peuvent faire entendre des notes équivalentes en musique, et qui seront dites *à l'unisson*.

Cette qualité spéciale, la hauteur du son, a été étudiée par les physiciens, qui ont recherché dans le corps sonore, quelle était la cause des sensations différentes que nous traduisons par ces mots : tel son est plus grave ; tel son est plus aigu. Ils ont résolu la question et prouvé, par des expériences très-décisives, que la hauteur du son dépend du nombre des vibrations exécutées en un temps donné. L'acuité du son augmente quand le nombre de vibrations par seconde devient plus grand.

La solution de cette question date d'une époque déjà bien reculée ; on a même voulu, mais sans preuves positives, remonter jusqu'aux philosophes grecs pour retrouver les premières connaissances · sur ce sujet. En tout cas, il ne nous reste que des récits inacceptables sur les méthodes qu'ils employaient.

Dans les premières années du dix-septième siècle, le P. Mersenne mit en œuvre des procédés rigoureux d'investigation, et donna, par une expérimentation appropriée, la démonstration des lois qu'on avait admises jusque-là sans preuves expérimentales. A propos des cordes vibrantes, nous dirons un mot du procédé qu'il employa. Pour le moment, nous décrirons les instruments et les procédés plus récents qui doivent être préférés : la sirène, la roue dentée, la méthode graphique.

1300. **Sirène. — Description.** — La sirène, imaginée en· 1819 par Cagniard de la Tour, se compose de deux plateaux circulaires P, P' (*fig.* 594) presque en contact l'un avec l'autre, et dont les axes se confondent. Chacun d'eux est percé d'un même nombre de trous O', O'

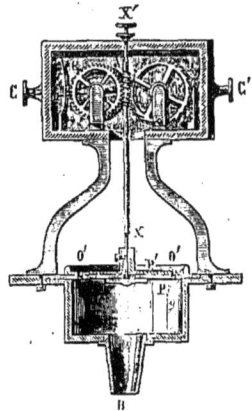

Fig. 594.·

équidistants, distribués sur une circonférence de même rayon, dont le

centre est sur l'axe commun. Le plateau fixe P forme le fond supérieur
d'une boîte, dans laquelle on insuffle de l'air, au moyen d'un tuyau B
qui s'y trouve adapté. Le plateau P', soutenu par un pivot XX', est
mobile autour de son axe. L'air insufflé passe par les ouvertures pratiquées au fond P de la boîte, et vient choquer l'air extérieur, quand les
trous des deux plateaux se correspondent : au contraire, cet air reste
emprisonné dans la boîte, quand les ouvertures de l'un et de l'autre
plateau ne sont pas en regard. Quand le plateau mobile est mis en rotation, ces deux phénomènes ont lieu successivement à des intervalles de
temps qui peuvent être très-rapprochés.

1301. **Vibrations de l'instrument.** — Au moment où le courant d'air
sort et s'échappe à la fois par toutes les ouvertures, un choc a lieu contre
l'air extérieur : de là une vibration simple. Au moment où ce courant
est arrêté, l'air qui, emporté d'abord par sa vitesse acquise, laisse un
vide partiel derrière lui, revient sur lui-même : une vibration nouvelle
et en sens inverse se produit. Les plateaux sont-ils percés de dix ouvertures : à chaque tour du plateau mobile dix coïncidences et dix interruptions se succèdent ; et en somme, vingt vibrations simples se sont
produites et propagées dans l'air extérieur.

Le procédé employé pour faire tourner le plateau mobile est des plus
simples et des plus ingénieux. Cagniard de la Tour a utilisé le vent

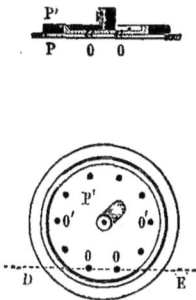

même qui sert à produire le son. A cet effet, les
axes des orifices O, O' ne sont pas perpendiculaires aux plateaux ; pour le plateau fixe, ils sont
inclinés dans un sens ; pour le plateau mobile,
en sens contraire : leur direction est cependant
toujours perpendiculaire aux rayons de la circonférence sur laquelle ils sont distribués. La figure 595 montre la coupe des deux plateaux par
un plan passant par la ligne DE. L'air qui sort de
l'un des orifices du plateau fixe frappe les bords
de l'orifice correspondant du plateau mobile, dé-

Fig. 595.

termine son mouvement d'abord et l'accélère ensuite jusqu'à ce que, à
raison des frottements, ce mouvement devienne uniforme pour une
pression donnée de l'air insufflé. Selon que l'on chasse l'air avec une
pression plus ou moins grande, on obtient une rotation dont la rapidité peut être amenée progressivement à la valeur convenable, pour que
le son acquière l'acuité que l'on désire.

1302. **Compteur de la sirène.** — Le son étant obtenu, il faut compter le nombre de vibrations qui lui correspond. Ce compte sera fait, si l'on détermine le nombre de tours que le plateau effectue par seconde. Autant de tours, autant de fois 20 vibrations.

Un appareil que l'on nomme *compteur* est disposé pour cet usage. L'axe du plateau mobile est travaillé, à sa partie supérieure, en forme de vis sans fin V (*fig.* 594), qui engrène à volonté avec une roue dentée R, à l'axe de laquelle est adaptée une aiguille mobile sur un cadran. La roue a-t-elle 100 dents, le cadran porte 100 divisions, et pour chaque tour de la vis sans fin, la roue avançant d'une dent, l'aiguille marche d'une division. Cette première disposition permet de compter jusqu'à 100 tours du plateau et 2,000 vibrations de l'air. — Il faut pouvoir aller plus loin. — Dans ce but, à l'axe de la roue dentée est fixée une tige métallique ou bras *a*, qui tourne avec elle, et qui, à chaque tour, rencontre une dent d'une roue R', dont l'axe est parallèle à celui de la roue R. Le bras, pour passer, oblige cette roue à avancer d'une dent, et cette nouvelle rotation est aussitôt accusée sur un second cadran, par le déplacement d'une aiguille. Sur ce second cadran on lit donc combien le plateau a fait de fois 100 tours. De cette manière, l'expérience est poursuivie pendant un temps assez long pour qu'il soit possible de compter un nombre de vibrations considérable.

Mais le compteur ne doit pas marcher toujours; il doit être arrêté pendant qu'on effectuera les tâtonnements nécessaires pour faire rendre à la sirène le son voulu. Afin qu'il ne fonctionne qu'en temps utile, les axes des roues sont portés par un plateau que l'on peut faire glisser, d'une petite quantité dans une coulisse, en le poussant au moyen de boutons C, C'; si l'on pousse ce plateau d'un côté, en appuyant sur le bouton C', la vis sans fin cesse d'engrener; si l'on appuie sur C, la vis sans fin et la roue R viennent en prise.

1305. Marche d'une expérience. — Pour faire usage de la sirène, on désengrène la roue du compteur, et l'on note la position des aiguilles, que nous supposerons toutes deux au zéro, pour plus de simplicité. L'instrument est alors fixé sur une soufflerie à pression constante qui envoie de l'air dans la boîte; le plateau P prend un mouvement qui s'accélère peu à peu. Quand le son que l'on veut produire est obtenu, on règle la soufflerie par le déplacement de la masse M (§ 1304), afin de conserver aussi longtemps qu'on le désire la note musicale dont il s'agit; on tâtonne un peu et lorsque le résultat est tout à fait satisfaisant, on presse d'une main le bouton C de la sirène et, en même temps, de l'autre main, l'on pousse le bouton d'un compteur à secondes, qui

marquera l'instant précis où les roues ont engrené. Le son est maintenu
pendant plusieurs minutes. Quand on veut mettre fin à l'expérience, on
pousse à la fois le bouton C′ de la sirène pour désengrener, et le bouton
du compteur à secondes. L'expérience est terminée. Lit-on, par exemple,
sur le compteur de la sirène, que l'aiguille chargée de marquer les
centaines de tours est à la division 10 : cela indique que le plateau a
fait 1,000 tours correspondant à 20,000 vibrations; l'aiguille qui marque
les tours est-elle à la division 53 : cela veut dire qu'il faut ajouter
53 fois 20 vibrations au nombre précédent. Le total des vibrations est
21,060. Si l'expérience a duré 90 secondes, le nombre de vibrations
simples correspondant au son donné est $\dfrac{21,060}{90}$ ou 234 par seconde.

Comme le nombre de tours du plateau marqué par les aiguilles est
estimé à un tour près, celui des vibrations l'est à 20 vibrations près.
L'erreur peut paraître grande ; mais on l'atténue autant qu'on veut, en
prolongeant la durée de l'expérience. La plus grande difficulté, dans ce
cas, consiste à maintenir le son que rend l'instrument, à la même hauteur, pendant tout le temps voulu. En se servant de la soufflerie à pression constante imaginée par M. Cavaillé-Coll, on arrive à réaliser cette constance parfaite dans la hauteur du son aussi longtemps qu'on le désire.

1304. Soufflerie à pression constante de M. Cavaillé-Coll. — La
figure 596 nous donne une idée assez exacte de la disposition adoptée

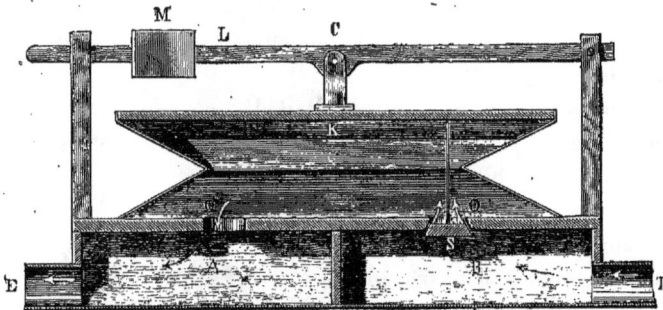

Fig. 596.

par M. Cavaillé-Coll, pour rendre constante la vitesse d'écoulement d'un
gaz dans la soufflerie. L'air, injecté à la façon ordinaire, arrive par le
conduit P dans une caisse de bois présentant deux compartiments distincts A et B. De B le gaz passe par l'orifice O dans une sorte de soufflet
K dont les parois latérales, qui sont formées par du cuir très-souple,

permettent au fond supérieur de se déplacer; il continue sa marche, pénètre par O' dans le compartiment A, pour s'échapper finalement par le conduit E. Or la paroi supérieure du soufflet K entraîne, dans son mouvement, une soupape conique S, susceptible de rétrécir plus ou moins le diamètre de l'orifice O. Cette même paroi est, en outre, pressée de haut en bas par une masse de plomb M qui exerce une pression variable, suivant la position qu'on lui donne sur le levier L mobile autour d'un axe fixe, placé à l'une de ses extrémités. La masse M étant dans une position déterminée qui va demeurer invariable, l'air passe de P en E, en suivant le chemin que nous venons d'indiquer, le soufflet s'ouvre alors d'une certaine quantité, et le courant gazeux s'échappe en E avec une certaine vitesse. Il y a, à ce moment, équilibre entre la force élastique du gaz contenu dans K et la pression extérieure totale transmise par la paroi du soufflet. Mais si la vitesse d'insufflation en P vient à croître par une cause quelconque, le soufflet augmente aussitôt de volume, et son fond supérieur se soulève en entraînant la soupape conique. L'orifice O' devient plus étroit; et l'équilibre se rétablit sous l'influence de la même pression extérieure. Finalement, il ne passe pas plus d'air qu'auparavant dans le compartiment A; la vitesse d'écoulement en E demeure constante. L'effet inverse se produit quand l'insufflation devient moindre, par le canal P. De telle sorte que, dans tous les cas, la pression de l'air dans le conduit E ne saurait varier. L'opérateur a, de plus, la faculté de régler cette pression dès le début et suivant les besoins de chaque expérience, en donnant à la masse M une position convenable sur le levier L.

1305. Roue dentée. — La sirène était déjà connue, lorsque Savart, en 1830, inventa, pour des expériences spéciales, un appareil qui est, sans aucun doute, bien inférieur au précédent, mais qui peut servir aussi à compter le nombre de vibrations par seconde qui correspond à un son. En tous cas, il est intéressant par son principe : on l'appelle la *roue dentée de Savart*. Il se compose d'une roue dentée R (*fig.* 597),

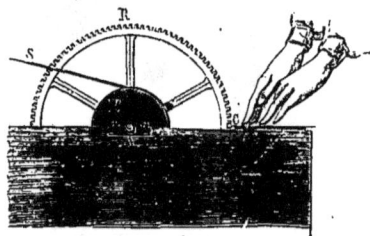

Fig. 597.

tournant autour d'un axe avec plus ou moins de rapidité, selon la volonté de l'expérimentateur, qui le met en mouvement au moyen d'une manivelle et d'une corde sans fin S. Les dents de la roue viennent frapper, chacune à leur tour, contre le bord d'une carte C, que l'on tient à la main. A chaque dent qui infléchit la carte, une vibration a lieu, puis la dent s'éloigne, abandonne le corps élastique à lui-même, et une nouvelle vibration a lieu en sens inverse. En somme, à chaque dent qui passe, il faut compter deux vibrations. Un compteur semblable à celui de la sirène permet d'estimer le nombre de tours de la roue dentée, et, en somme, l'expérience, d'où l'on déduit le nombre de vibrations correspondant à un son, est identique à la précédente.

L'infériorité de cet instrument tient à ce que sa masse doit être nécessairement considérable : ce n'est pas un instrument, c'est une énorme machine ; tandis que la sirène, légère et portative, remplit le but proposé sans embarras. En outre, il est toujours à craindre que la carte frappée par une dent et écartée par le choc ne soit pas revenue à sa position normale lorsque la dent suivante arrive. De plus, la présence simultanée de deux expérimentateurs habiles est nécessaire pour manœuvrer la roue dentée : l'un doit faire tourner la manivelle, et celui-là doit avoir une oreille exercée et exécuter des mouvements bien réguliers ; l'autre doit manœuvrer les deux compteurs, les mettre en activité ou les arrêter aux époques convenables. Ainsi, avec la roue dentée, on ne gagne rien en précision, on peut perdre même ; on perd certainement au point de vue de la commodité de l'appareil. Savart savait tout cela parfaitement, aussi n'employait-il la roue dentée que dans les expériences où il voulait produire des sons très-aigus et connaître le nombre de vibrations correspondant. Il ne put pas trouver dans ce but d'instrument meilleur que la roue dentée, dont les dents purent frapper la carte jusqu'à 24,000 fois par seconde.

1306. Méthode graphique. — Voici une nouvelle méthode, dont nous avons indiqué déjà le principe (§ 1266), qui, peu employée jusqu'à ces dernières années, semble être destinée à remplacer toutes les autres. Sa précision est grande, son emploi facile ; elle n'exige qu'un mouvement de rotation bien réglé, et les progrès de la mécanique appliquée permettent de nos jours de satisfaire à une telle exigence.

Au corps vibrant D (*fig.* 598) on fixe une tige aiguë P d'une masse négligeable, et devant cette tige qu'on rend horizontale, on fait passer la tranche d'une roue R, qui tourne d'un mouvement uniforme, dans un plan horizontal, en faisant, je suppose, un tour par seconde. Le corps vibrant étant disposé de telle sorte que ses mouvements s'exécutent dans un plan parallèle à celui de l'axe de rotation AA', il est clair que sur la tranche de la roue recouverte de noir de fumée, une ligne ondulée sera tracée par la pointe. Autant cette ligne aura de dentelures, autant le corps sonore aura exécuté de vibrations doubles. L'expérience faite, il suffira de compter le nombre de ces dents qui ont été tracées sur une moitié, un tiers de la roue, pour qu'en doublant, triplant, on ait le nombre de vibrations par seconde qui correspond au son produit. A ces trois méthodes, nous devrions

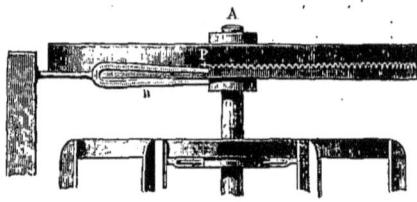

Fig. 598.

en ajouter encore une quatrième (§ 1317); mais comme cette dernière repose sur les résultats obtenus par les trois précédentes, il faut avant tout faire connaitre ces résultats.

III — DE LA GAMME

1307. Nombre de vibrations correspondant aux diverses notes de la gamme. — La gamme est formée de sept notes, dont la musique fait usage et que le physicien a étudiées, à son point de vue, en cherchant le nombre de vibrations qui correspond à chacune d'elles. Il est résulté de cette étude la connaissance immédiate du rapport qui existe entre le nombre des vibrations d'une note quelconque de la gamme et le nombre de vibrations qui correspond à l'une d'elles prise arbitrairement. Voici quelles sont les différentes valeurs de ce rapport obtenues expérimentalement :

ut	ré	mi	fa	sol	la	si	ut
1	$\frac{9}{8}$	$\frac{5}{4}$	$\frac{4}{3}$	$\frac{3}{2}$	$\frac{5}{3}$	$\frac{15}{8}$	2

Commence-t-on la gamme par une note telle que le nombre de vibrations correspondant soit de 522 par seconde, on aura pour les notes successives :

ut	ré	mi	fa	sol	la	si	ut
522	$522 \times \frac{9}{8}$	$522 \times \frac{5}{4}$	$522 \times \frac{4}{3}$	$522 \times \frac{3}{2}$	$522 \times \frac{5}{3}$	$522 \times \frac{15}{8}$	522×2

1308. LA normal. — Nous venons de commencer la gamme par une note correspondant à 522 vibrations par seconde, mais nous eussions pu prendre toute autre note pour point de départ. La gamme forme une phrase musicale, une mélodie, elle reste la même au fond, qu'elle soit chantée par une voix grave ou par une voix aiguë. Toutefois, quand des instruments ou des voix doivent exécuter un morceau d'ensemble, il faut qu'ils aient un point de départ commun sur lequel tous s'accordent. De plus, le caractère d'un air change beaucoup, selon qu'il est traduit avec des notes basses ou élevées ; il faut donc une entente préalable sur laquelle se règlent le compositeur et les exécutants. Dans tous les pays, les musiciens adoptent un diapason qui donne une note *la* de hauteur déterminée, et sur laquelle les instruments sont accordés. Cette note, qui devrait être invariable et la même pour tous les pays, a par malheur subi, dans la suite des temps, des variations assez notables. Aujourd'hui, en France, un arrêté ministériel a fixé la valeur du *la* normal à 870 vibrations simples à la seconde. Dans la commission qui fut appelée à délibérer sur ce sujet, c'était M. Lissajous qui, à bon droit, représentait la science de l'acoustique.

1309. Notations des diverses gammes naturelles. — On est convenu, d'après Sauveur, de représenter par ut_1, l'*ut* le plus grave de la basse, par ut_2 celui qui le suit en montant, et qui répond à un nombre de vibrations doubles ; ut_3, ut_4, ut_5, etc., sont les désignations des premières notes des gammes successives.

Or on est convenu de prendre pour le *la* normal celui de la gamme qui commence par ut_3 ; on le désigne par la_3, qui correspond à 870 vibrations simples par seconde : ce qui donne pour ut_3 : $870 \times \frac{3}{5} = 522$ vibrations par seconde, pour ut_2 : $\frac{522}{2}$ ou 261, et pour ut_1, l'*ut* grave du violoncelle, $261 : 2 = 130\frac{1}{2}$. En musique, on emploie des notes plus graves que cette dernière note : $ut-_1$ et enfin $ut-_2$, qui est la plus basse des notes usitées répond à 32 vibrations $\frac{5}{8}$.

1310. Limites des sons perçus par notre oreille. — La note la plus grave, qui soit usitée en musique, correspond donc à peu près à 33 vibrations par seconde : c'est $ut-_2$: la plus aiguë est la_6 ; elle correspond à 6,960 vibrations. L'oreille peut cependant très-bien apprécier des notes plus graves ou plus aiguës. M. Despretz a fait construire un diapason dont le son correspondait à 73,000 vibrations par seconde ; l'oreille appréciait parfaitement la note, mais il faut ajouter que ce n'était pas sans souffrance.

1311. Limites de la voix humaine. — Enfin, on a reconnu que la note la plus grave que pouvait rendre la voix de basse-taille, était ut_1, qui correspond à 130,5 vibrations par seconde; la note la plus aiguë de la voix de soprano est ut_5, qui correspond à 2,088 vibrations. Chaque chanteur dispose, d'ailleurs, à peu près de deux octaves dans l'intervalle que nous venons d'assigner.

1312. Intervalles musicaux. — Accords. — Quand on considère l'ensemble des notes de la gamme et que l'on compare les données numériques que fournit la science, aux sensations diverses que produisent la succession ou la simultanéité de deux ou de plusieurs sons différents de cette gamme, on est conduit à reconnaître que les sons, qui pour l'oreille musicale s'harmonisent le mieux, sont ceux dont le rapport des vibrations est le plus simple.

Quand ce rapport est $\frac{1}{1}$, les sons produits sont dits à l'unisson, quoiqu'ils puissent différer par l'intensité et le timbre; le rapport le plus simple qui vient après est celui d'*octave*, qui correspond à $\frac{2}{1}$. On distingue ensuite :

L'intervalle de *ut* à *ré* $= \frac{9}{8}$ qu'on nomme intervalle de *seconde;*

— de *ut* à *mi* $= \frac{5}{4}$ nommé *tierce majeure;*

— de *ut* à *fa* $= \frac{4}{3}$ nommé *quarte;*

— de *ut* à *sol* $= \frac{3}{2}$ nommé *quinte;*

— de *ut* à *la* $= \frac{5}{3}$ nommé *sixième;*

— de *ut* à *si* $= \frac{15}{8}$ nommé *septième;*

et enfin, comme nous l'avons déjà dit :

L'intervalle de ut_1 à $ut_2 = 2$ nommé *octave.*

L'oreille la moins exercée reconnaît facilement la moindre altération dans les rapports $\frac{1}{1}$ ou $\frac{2}{1}$: l'unisson et l'octave.

De même, il est certaines successions de notes formant ce qu'on appelle les accords, qui produisent une sensation agréable et dont les nombres de vibrations correspondent à des nombres simples; telle est la succession de la tierce majeure et de la quinte :

ut mi sol

où les nombres de vibrations peuvent être représentés par

$$1 \qquad \frac{5}{4} \qquad \frac{5}{2}$$

ou bien en multipliant par 4 :

$$4 \qquad 5 \qquad 6$$

Leur ensemble a été appelé *accord parfait majeur*. Les notes sol_1, si_1, $ré_2$, dont les rapports des nombres de vibration sont $\frac{3}{2}$, $\frac{15}{8}$ et $\frac{9}{8} \times 2 = \frac{9}{4}$ ou bien 4, 5, 6 en multipliant par $\frac{8}{3}$, donnent encore par leur succession l'accord parfait majeur. Enfin il en est de même du groupe *fa, la, ut*.

1315. **Tons, demi-tons.** — La comparaison des notes successives de la gamme ordinaire a montré encore que le rapport de chaque note à la précédente donne trois fractions différentes $\frac{9}{8}$, $\frac{10}{9}$, $\frac{16}{15}$. En effet :

$$\frac{ré}{ut} = \frac{9}{8}, \quad \frac{mi}{ré} = \frac{10}{9}, \quad \frac{fa}{mi} = \frac{16}{15}, \quad \frac{sol}{fa} = \frac{9}{8}, \quad \frac{la}{sol} = \frac{10}{9}, \quad \frac{la}{si} = \frac{9}{8}, \quad \frac{ut}{si} = \frac{16}{15}$$

L'oreille perçoit ainsi trois intervalles inégaux, quand les sons de la gamme sont émis successivement dans leur ordre habituel. On a appelé ton majeur l'intervalle de *ré* à *ut*, caractérisé par la fraction $\frac{9}{8}$, ton mineur, celui de *ré* à *mi*, qui répond à $\frac{10}{9}$, demi-ton majeur, celui qui est exprimé par $\frac{16}{15}$; mais comme le rapport des intervalles $\frac{9}{8}$, $\frac{10}{9}$, est égal à $\frac{81}{80}$, et que l'oreille confond aisément deux sons qui, sur 80 vibrations, ne diffèrent que d'une vibration en plus ou en moins; ou, comme on dit en musique, d'un *comma*, on considère les deux intervalles de ton majeur et de ton mineur comme égaux, et on les désigne sous le nom commun de ton. Par conséquent, on ne distingue dans la gamme ordinaire que des tons et des demi-tons; et dès lors, elle se trouve constituée par cinq tons et deux demi-tons distribués comme il a été dit plus haut.

1314. **Gamme mineure.** — La gamme dont nous venons de parler se nomme *gamme majeure;* on distingue encore en musique la *gamme mi-*

neure, dans laquelle les tons et les demi-tons sont distribués dans un ordre différent. Voici l'une des gammes mineures, celle où le *la* est pris pour point de départ.

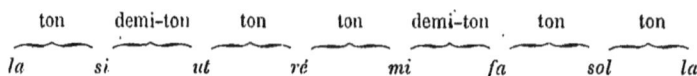

	ton	demi-ton	ton	ton	demi-ton	ton	ton	
la		*si*		*ut*	*ré*	*mi*	*fa*	*sol*	*la*

Tandis que, dans la gamme majeure, les deux premiers intervalles sont des tons *ut-ré, ré-mi;* dans la gamme mineure on a d'abord un ton *la-si,* puis un demi-ton *si-ut.* Le second demi-ton est aussi déplacé : tandis que dans la gamme majeure il constitue le dernier intervalle, le septième ; dans la gamme mineure, il représente le cinquième. De même que nous avons appelé précédemment *tierce majeure* l'intervalle de *ut* à *mi,* nous désignerons cette fois l'intervalle de *la* à *ut* sous le nom de *tierce mineure.*

L'*accord parfait mineur* sera produit par la succession de la tierce mineure et de la quinte *la-ut-mi.* — Les rapports des nombres de vibrations en sont : 10, 12, 15.

1315. Dièses et bémols. — Les sept notes de la gamme ne suffisent pas pour les besoins de l'exécution musicale. Il est nécessaire, dans beaucoup de cas, de transposer, c'est-à-dire de prendre comme point de départ de la gamme ou comme *tonique,* une note plus haute ou plus basse que celle qui a été choisie par le compositeur. Dans la nouvelle gamme ainsi commencée, il faudra évidemment que les tons et les demi-tons se trouvent à leur place habituelle. Or ceci n'est point réalisable, si l'on ne conserve que les sept intervalles ordinaires, si l'on n'intercale pas des notes nouvelles entre les notes primitives. Ces notes ajoutées se nomment *dièses* et *bémols.* Quelques exemples feront comprendre la nécessité de cette intercalation.

Les intervalles, dans la gamme ordinaire, sont ainsi distribués :

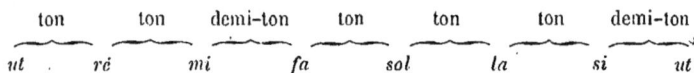

	ton	ton	demi-ton	ton	ton	ton	demi-ton	
ut		*ré*	*mi*	*fa*	*sol*	*la*	*si*	*ut*

Si l'on prend *sol* comme tonique, on aura la série suivante :

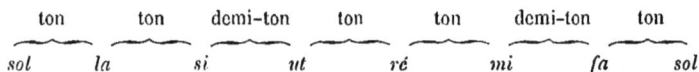

	ton	ton	demi-ton	ton	ton	demi-ton	ton	
sol		*la*	*si*	*ut*	*ré*	*mi*	*fa*	*sol*

L'ordre des intervalles est conservé jusqu'au *mi ;* mais à partir du *mi,* au lieu du ton et du demi-ton qui devraient se présenter successivement, nous rencontrons un demi-ton d'abord, et un ton ensuite. Il a fallu dès lors hausser le *fa* naturel, de telle sorte que l'intervalle du nouveau *fa* au *sol* qui le suit fût le même que celui du *si* à l'*ut* de la gamme naturelle. C'est le *fa* ainsi modifié qu'on a nommé *fa*♯. La valeur numérique *x* du *fa*♯ s'obtient aisément en partant de l'indication précédente ; il faut que le rapport du *sol* à ce *fa*♯ soit égal à $\dfrac{16}{15}$, qui est le rapport de l'*ut* au *si* ; on aura donc :

$$\frac{3}{2} : x = \frac{16}{15}, \quad \text{ou } x = \frac{3}{2} \times \frac{15}{16} = \frac{45}{32},$$

et en même temps l'intervalle de *mi* à *fa*♯ sera exactement $\dfrac{9}{8}$ ou un ton, comme on peut le vérifier. On verra de même, en prenant le *ré* pour tonique, que le *fa* et l'*ut* doivent être diésés ; l'ut♯ s'obtiendra d'ailleurs en multipliant la valeur du *ré* par $\dfrac{15}{16}$. En général donc, pour diéser une note quelconque, il suffira de multiplier par $\dfrac{15}{16}$ la valeur de la note qui la suit immédiatement dans la gamme naturelle. Les bémols ont une origine analogue. Prenons le *fa* pour tonique, on aura la série :

ton	ton	ton	demi-ton	ton	ton	demi-ton
fa	sol	la	si	ut	ré	mi	fa

On voit que le troisième intervalle est un ton au lieu d'être un demi-ton, et le quatrième, un demi-ton au lieu d'être un ton. Il a donc fallu baisser la note *si*, de manière que le rapport *y* de la note nouvelle ou *si*♭ au *la* fût d'un demi-ton ou $\dfrac{16}{15}$. On aura par suite :

$$y : \frac{5}{3} = \frac{16}{15}, \quad \text{ou } y = \frac{5}{3} \times \frac{16}{15} = \frac{16}{9},$$

et de cette façon, en effet, l'intervalle du *si*♭ à l'*ut* sera bien $\dfrac{9}{8}$ ou un ton. En général, pour bémoliser une note, il faudra donc multiplier par $\dfrac{16}{15}$ la valeur de la note qui la précède.

La méthode qui vient d'être indiquée pour obtenir les valeurs numérique des dièses et des bémols est due à Delezenne, de Lille ; elle est parfaitement logique, comme nous l'avons prouvé, en prenant comme point de départ la gamme qui a *sol* pour tonique. Cependant, on emploie généralement un procédé différent, qui donne les mêmes résultats à un *comma* près; il consiste à multiplier la valeur de la note que l'on veut dièser par le nombre $\frac{25}{24}$, qu'on appelle *demi-ton mineur*, et celle que l'on veut bémoliser par le rapport inverse $\frac{24}{25}$.

1316. Tempérament. — Ceci établi, prenons *ré#* et *mi♭*; les deux notes sont bien rapprochées, mais pour les musiciens elles ne sont pas identiques, et le physicien peut estimer leurs valeurs numériques; car en désignant le nombre de vibrations de *ut* par 1, la première *ré#* correspond à $\frac{5}{4} \times \frac{15}{16} = 1,172$ vibrations; l'autre *mi♭*, à $\frac{9}{8} \times \frac{16}{15} = 1,200$ vibrations. Quoique inégales, elles sont voisines et elles diffèrent d'un intervalle assez petit, pour que l'oreille tolère aisément qu'une note intermédiaire entre ces deux-là, puisse être prise indifféremment pour l'une ou pour l'autre; mais c'est une tolérance, et quand la note résonne avec le nombre de vibrations qui lui appartient, l'effet produit est toujours plus agréable. Avec les instruments tels que le violon et la basse, les dièses et les bémols peuvent être obtenus justes; mais comme avec les instruments à sons fixes, tels que le piano, la harpe, etc., il serait fort incommode de multiplier par trop les cordes ou les touches, on profite de la tolérance dont nous venons de parler, et la gamme est alors constituée par douze sons également espacés formant une progression géométrique. La valeur de l'intervalle constant qui est la raison de la progression est évidemment, d'après sa définition, égale à $\sqrt[12]{2} = 1,059$; il diffère peu du demi-ton majeur $\frac{16}{15} = 1,066$. Les douze notes forment, par leur ensemble, ce qu'on a appelé la gamme *tempérée*.

ut	= 1.
ut# ou *ré♭*	= 1,059
ré	= 1,121
ré# ou *mi♭*	= 1,187
mi	= 1,257
fa	= 1,331
fa# ou *sol♭*	= 1,409
sol	= 1,495
sol# ou *la♭*	= 1,584
la	= 1,678
la# ou *si♭*	= 1,780
si	= 1,888

L'intervalle d'octave est rigoureusement conservé, celui de tierce et celui de quinte n'éprouvent qu'une altération négligeable. Ainsi, la tierce qui a pour valeur $\frac{5}{4} = 1{,}250$ est représentée par 1,257 dans la gamme tempérée. La quinte, dont la valeur réelle est 1,500, est réduite à 1,495 dans la gamme tempérée.

1317. **Nouvelle méthode pour déterminer le nombre de vibrations qui correspond à un son donné.** — La connaissance des relations qui existent entre les notes de la gamme, donne une méthode nouvelle qui pourra être utilisée par une oreille exercée, pour déterminer le nombre de vibrations correspondant à un son quelconque. Cette méthode consiste à rechercher quelle place occupe dans l'échelle musicale le son à étudier ; elle est prompte, mais elle exige une grande habitude de l'appréciation des intervalles musicaux.

Un instrument accordé sur le *la* normal, un violon, par exemple, est entre les mains de l'expérimentateur, qui écoute le son dont le nombre de vibrations doit être estimé. Il lui suffit alors de faire résonner l'instrument, jusqu'à ce qu'il parle à l'unisson du corps sonore, ou jusqu'à ce qu'il rende une note qui ait une relation musicale connue avec la note à déterminer. Ce résultat atteint, le musicien sait à quelle note de la gamme répond le son dont il s'agit, et il peut dès lors calculer le nombre de vibrations correspondant.

On n'a même pas besoin d'instrument, lorsqu'on a la grande habitude de l'appréciation des intervalles musicaux, et que le son à étudier ne sort pas des limites de ceux que rendent les instruments de musique. A la simple audition, la valeur musicale de la note émise est immédiatement appréciée. Mais quand le son sort de ces limites, il faut, par des notes intermédiaires, le rattacher à celles de la gamme.

1318. **Exemples.** — Un ressort vibre dans un appareil tel que la machine de Ruhmkorff (1214), et l'on veut connaître le nombre d'oscillations qu'il exécute par seconde : on prête l'oreille ; le son perçu est fa_3. On sait que ut_3 correspond à 522 vibrations par seconde, donc fa_3 correspond à $522 \times \frac{4}{3}$ ou à 696 vibrations simples ; le nombre d'interruptions du courant est $\frac{696}{2}$ ou 348 par seconde.

Autre exemple : Despretz, voulant estimer jusqu'à quelle hauteur pouvaient monter les notes aiguës que l'oreille peut percevoir, fit construire des diapasons qui rendaient des sons de plus en plus élevés. La note la plus haute qu'il put atteindre correspondait à 75,000 vibrations, et il détermina ce nombre en employant des diapasons dont les notes de plus en plus hautes avaient entre elles des rapports musicaux faciles à constater ; il atteignit ainsi la gamme dans laquelle le son rendu se trouvait classé.

CHAPITRE IV

VIBRATIONS DES CORDES ET DES TUYAUX

I — VIBRATIONS DES CORDES

De tout temps, les hommes ont été frappés de la beauté des sons que font entendre les cordes vibrantes ; l'histoire nous apprend que, chez tous les peuples, même chez les plus anciens, on a construit des instruments de musique où des cordes tendues résonnaient et reproduisaient, selon les époques, des chants encore barbares ou les œuvres musicales d'une civilisation avancée. Sans connaître les lois qui régissent les vibrations des cordes, sans prendre d'autre guide que l'oreille, les artistes sont toujours parvenus, à la suite de tâtonnements nombreux et convenablement dirigés, à déterminer les longueurs, les diamètres, les tensions qu'il convient de donner aux cordes vibrantes pour qu'elles puissent rendre toutes les notes de l'échelle musicale. Il faut pourtant reconnaître que, dès les temps les plus anciens, on ne s'est pas contenté du résultat pratique : des hommes animés de cet esprit de curiosité scientifique qui conduit aux découvertes, ont cherché à se rendre compte des phénomènes que nous étudions aujourd'hui en acoustique, et l'on a même pensé que les philosophes grecs avaient, sinon démontré, au moins deviné les plus importantes des lois relatives aux vibrations des cordes. Dans les temps modernes, le P. Mersenne (vers 1640) a exécuté le premier des expériences très-précises sur ce sujet, et ce sont les lois découvertes par lui que nous nous proposons de faire connaître ici. Mais avant de commencer cette étude, nous décrirons l'instrument qui nous servira pour nos démonstrations : le *sonomètre*.

1519. **Sonomètre.** — Le sonomètre se compose d'une table de bois très-épaisse sur laquelle différentes cordes sont tendues (*fig.* 599). Cha-

cune d'elles est fixée, d'un côté, par un nœud à une cheville ou *goujon*
de fer C' planté à une extrémité de la table ; de l'autre, elle vient s'en-
gager dans un trou fait à une cheville mobile C adaptée à l'extrémité
opposée du sonomètre. En faisant tourner sur elle-même la cheville
mobile au moyen d'une clef, on peut obtenir la tension qui convient.
Avec une semblable disposition toutefois, les limites d'une corde tendue
seraient mal déterminées : on ne saurait jamais avec exactitude où elle

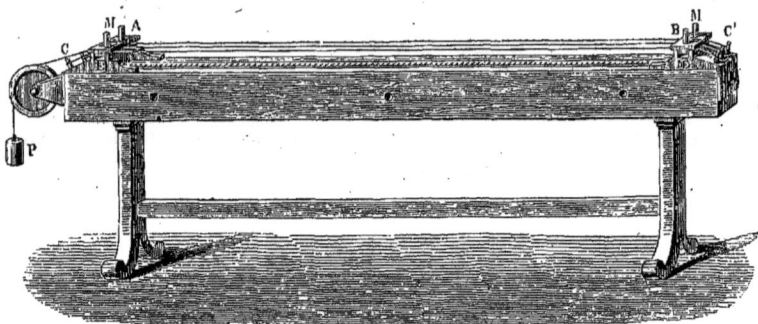

Fig. 599.

commence, où elle finit ; et le nœud aurait évidemment une influence
différente, selon la manière dont il serait formé. On obvie à cet inconvénient par plusieurs moyens : tantôt, à une petite distance de chacune
de ses extrémités, la corde est saisie par un étau métallique M dont les
mâchoires, garnies de lames de plomb, sont serrées fortement ; la longueur AB d'une corde homogène est ainsi nettement limitée. Tantôt, des
chevalets fixes sont implantés dans le voisinage des extrémités du sonomètre, et règlent la longueur de la partie vibrante. En promenant le
long de cette corde un étau mobile qui la pince, ou un chevalet qui la
soutient en un quelconque de ces points, il est possible d'en faire varier
à volonté la longueur. Une règle divisée, posée sur la face supérieure
du sonomètre, et sur laquelle glisse le chevalet mobile, permet d'évaluer exactement cette longueur.

La tension exercée par le moyen des chevilles n'est pas mesurable.
Quand on veut la déterminer avec précision, on se sert de poids. La corde
est alors invariablement fixée à l'un de ses bouts ; à l'autre elle vient
passer sur une poulie très-mobile ; et, après son enroulement partiel, elle
supporte des poids qui servent à produire une tension dès lors bien exactement connue.

1320. I. **Loi des longueurs.** — *Lorsqu'on fait vibrer successivement*

*des cordes de même nature, de même section et tendues par le même poids,
le nombre des vibrations, produites dans le même temps, varie en raison
inverse des longueurs de ces cordes.*

Trois méthodes peuvent être employées pour démontrer cette loi :

Le P. Mersenne tendit, entre deux points fixes, une corde assez longue pour que, sous l'action des poids qui agissaient sur elle par voie de
traction, elle exécutât des vibrations lentes et faciles à compter. Il ob-
serva que le nombre de vibrations était double, quand la corde, toujours tendue par les mêmes poids, était réduite à la moitié.

Mais, dans les expériences du P. Mersenne, les cordes vibraient trop
lentement pour rendre un son perceptible ; et, quoiqu'il soit assez légitime d'étendre la loi découverte au cas des cordes qui, plus courtes et
plus tendues, vibrent assez vite pour émettre un son, il vaut encore
mieux opérer sur les cordes sonores elles-mêmes.

Aujourd'hui, que des méthodes exactes nous ont fait connaître le
nombre de vibrations qui correspond à chaque note de la gamme, un
procédé très-simple peut être employé. On fait vibrer une corde tendue
sur le sonomètre, et l'on écoute le son produit ; puis on réduit à moitié
la longueur de la corde, et l'on reconnaît que le son obtenu est l'octave
aiguë du premier : si le premier était ut_5, le second est ut_4 ; il répond
donc à un nombre de vibrations double.

**1321. Longueurs successives que doit avoir une corde, dont la
tension est constante, pour donner les différentes notes de la
gamme.** — La loi précédente permet de prévoir quelle est la longueur
que doit avoir une même corde placée dans les mêmes conditions pour
produire les différentes notes de la gamme. Par exemple, la corde vibrant tout entière donne l'*ut*, quelle longueur de la même corde faudra-t-il employer pour obtenir le *sol* de la même gamme? Le rapport
des nombres de vibrations correspondant au *sol* et à l'*ut* est égal à celui
de $\frac{3}{2}$ à 1 : le rapport des longueurs des cordes qui fourniront ces nombres de vibrations, sera inverse, c'est-à-dire celui de 1 à $\frac{3}{2}$ ou $\frac{2}{3}$. Ainsi, la
longueur de la corde qui rend le *sol* doit être les $\frac{2}{3}$ de la longueur de
celle qui sonne l'*ut*. On est conduit, en raisonnant de la même manière,
aux nombres inscrits dans le tableau suivant :

Notes..	*ut*	*ré*	*mi*	*fa*	*sol*	*la*	*si*	*ut*
Longueurs correspondantes d'une même corde. . .	1	$\frac{8}{9}$	$\frac{4}{5}$	$\frac{3}{4}$	$\frac{2}{3}$	$\frac{3}{5}$	$\frac{8}{15}$	$\frac{1}{2}$

Ces résultats se vérifient directement sur le sonomètre.

1322. Application de cette loi. — La loi des longueurs est l'une de celles dont il est fait le plus souvent usage en musique. Le violon, qui n'a que quatre cordes, ne pourrait rendre que quatre sons différents si l'on, faisait toujours vibrer ces cordes avec toute leur longueur. Mais l'exécutant a la faculté de poser ses doigts à diverses distances sur chacune d'elles; il fait ainsi varier la longueur de la partie vibrante et obtient des sons très-divers. De même le constructeur de harpes, de pianos, etc., donne aux cordes de ces instruments des longueurs telles, qu'en vibrant, elles font entendre les différentes notes de la gamme.

1323. II. Loi des diamètres. — *Le nombre des vibrations exécutées dans le même temps par des cordes de même longueur, de même nature. et également tendues, varie en raison inverse des diamètres de ces cordes.*

Sur le sonomètre, on tend deux cordes de même nature, en suspendant à leurs extrémités libres des poids égaux ; mais le diamètre de la première est double de celui de la seconde. On reconnaît que la corde de diamètre double rend un son qui est à l'octave grave de celui que fait entendre la corde la plus mince.

Il est difficile d'obtenir deux cordes dont les diamètres soient dans le rapport exact de 1 à 2; mais cela importe peu ; les diamètres étant quelconques, on reconnaît que les sons rendus par les cordes correspondent à des nombres de vibrations qui sont toujours en raison inverse de ces diamètres. On obtient d'ailleurs la valeur de ceux-ci, en pesant une égale longueur de chacune des deux cordes; le rapport des poids donne le carré du rapport cherché. On peut encore mesurer, avec précision, les diamètres des cordes cylindriques en se servant du sphéromètre.

1324. Application de cette loi. — Que l'on examine un instrument à cordes, on verra que les cordes sont d'inégale grosseur. Celles qui doivent donner les sons aigus sont fines, les cordes des sons graves ont une plus grande section. C'est une application de la loi des diamètres que la pratique avait découverte, bien avant que cette loi eût été formulée avec précision.

1325. III. Loi des tensions. — *Le nombre des vibrations fournies dans le même temps par des cordes de même nature, de même longueur, de même section, varie proportionnellement à la racine carrée des poids tenseurs.*

Une corde A est tendue sur un sonomètre, à l'aide de masses de plomb dont le poids est connu. Une corde voisine B adaptée aux che=

villes C et C′ est serrée, raccourcie, ou allongée, jusqu'à ce qu'elle rende le même son que la première. Ce résultat obtenu, on quadruple le poids qui tend la corde A, et aussitôt elle rend un son qui est à l'octave aiguë du précédent : la hauteur exacte du nouveau son qu'elle fournit est facile à apprécier, parce qu'on peut la comparer à la hauteur du son rendu par la corde B qui n'a subi aucun changement.

1326. **Application de la loi des tensions.** — Les violons, les harpes, les pianos, etc., sont accordés en faisant varier la tension des cordes dont ces instruments sont munis. Voyez un violoniste : avant d'exécuter un morceau, il fait vibrer les cordes de son instrument en leur laissant leur longueur maximum ; et, selon que les notes qu'elles font entendre sont trop graves ou trop aiguës, il tourne les chevilles auxquelles elles sont fixées afin de les tendre ou de les détendre d'une quantité convenable.

1327. IV. **Loi des densités.** — *Le nombre des vibrations rendues par des cordes de même longueur, de même section et également tendues, varie en raison inverse de la racine carrée de la densité de la matière qui les forme.*

La démonstration se fait en employant deux cordes, l'une de laiton, l'autre de platine, qui sont d'ailleurs égales en longueur et diamètre, et dont les tensions sont produites par des poids égaux. Les sons rendus ne sont pas les mêmes ; et si on les compare, en suivant les méthodes déjà indiquées, on trouve qu'ils correspondent à des notes dont les nombres de vibrations suivent la loi énoncée.

1328. **Application.** — Les cordes métalliques rendent des notes plus graves que les cordes à boyau de même diamètre. On profite de ce résultat dans les instruments à cordes pour faire varier plus facilement l'acuité du son que doivent rendre les cordes successives.

Les cordes filées, celles qui ressemblent par leur contexture à la grosse corde des violons, ne sont pas soumises à la loi que nous venons de faire connaître, car de pareilles cordes ne sont pas homogènes : c'est l'élasticité seule de la corde à boyau formant l'axe de ce système hétérogène qui entretient le mouvement vibratoire, et le fil métallique n'a guère d'autre rôle que de ralentir, par sa masse, les oscillations dues à la force élastique mise en jeu.

1329. **Formule.** — Toutes les lois, dont nous venons de donner la démonstration expérimentale, ont été établies depuis longtemps par l'analyse mathématique. Le problème des cordes vibrantes est, en définitive un problème de mécanique. La formule qui renferme les lois énoncées est la suivante :

$$n = \frac{1}{rl} \sqrt{\frac{gP}{\pi D}}$$

dans laquelle π est le rapport de la circonférence au diamètre, n représente le nombre des vibrations simples que donne par seconde une corde de rayon r, de longueur l, tendue par un poids P, et formée d'une substance dont le poids spécifique est D.

L'expérience vérifie parfaitement, comme nous l'avons montré plus haut, les relations indiquées par cette formule. Toutefois, quand la corde est très-longue et que le poids qui la tend est faible, la vérification ne se fait plus complétement; le nombre des vibrations ne varie pas proportionnellement aux racines carrées des poids qui tendent la corde, il varie en raison directe des racines carrées de ces poids augmentés d'un nombre constant c. En d'autres termes, au lieu d'avoir comme le veut la théorie $\frac{n}{n'} = \frac{\sqrt{P}}{\sqrt{P'}}$, on a en réalité : $\frac{n}{n'} = \frac{\sqrt{P+c}}{\sqrt{P'+c}}$. Cette divergence s'explique : elle a sa raison dans la rigidité de la corde. Celle-ci, quand elle n'est sollicitée par aucun poids, possède déjà une certaine tension qui lui est propre, et en vertu de laquelle elle est capable de vibrer. Le poids qui correspond à cette tension propre à la corde doit donc être ajouté à P et à P'.

1330. Harmoniques. — Que l'on pose le doigt au milieu d'une corde tendue, et qu'on attaque l'une des moitiés avec un archet, cette moitié vibre, et fait entendre l'octave du son qu'aurait rendu la corde vibrante tout entière. Mais la partie attaquée par l'archet ne vibre pas seule; l'autre moitié exécute aussi des vibrations et sonne à l'unisson. De petits cavaliers de papier, posés sur cette partie de la corde, qu'on croirait au premier abord devoir être immobile, sont en effet agités et tombent dès que le son est rendu.

La corde fixée au tiers (fig. 600), avec le doigt, ou encore avec un chevalet, et attaquée par l'archet que l'on frotte sur la partie la moins longue, rend un son qui correspond à un nombre de vibrations triple de celui qui appartient au son fondamental, et la portion de corde, en apparence immobile, se divise en deux parties qui vibrent à l'unisson.

La figure 601 représente la corde touchée au quart; des cavaliers blancs ont été posés à chaque quart N', N''; d'autres, noirs, ont été mis en V, V', V'', à égale distance des premiers. Un coup d'archet est donné,

les cavaliers noirs sont agités et tombent ; les autres restent immobiles.
Avec la corde blanche sur fond noir, on voit les nœuds et les ventres se
dessiner nettement (*fig.* 600).

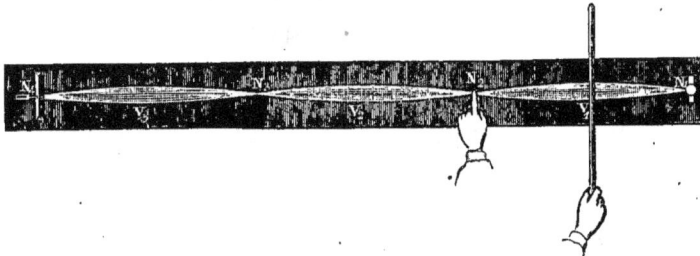

Fig. 600.

Une corde fractionnée par la méthode qui vient d'être dite, et qu'on
fait vibrer par le segment le plus court, rend les sons successifs 2, 3,
4, 5, etc., qu'on nomme les *harmoniques* du son donné par la corde
entière. Si le plus grave des sons rendus par la corde est appelé ut_1,
les suivants sont, d'après ce que nous avons expliqué, en étudiant la
gamme au point de vue de l'acoustique, ut_2, sol_2, ut_3, mi_3, sol_3, etc.

1331. **Sons simultanés.** — Une corde que l'on fait vibrer tout entière,
rend à la fois et le son 1 et ses harmoniques. Une oreille exercée, qui
écoute, entend très-bien ut_1, ut_2, sol_2, ut_3, mi_3 : il est difficile d'entendre
au delà. Comment la corde vibre-t-elle pour donner toutes ces notes

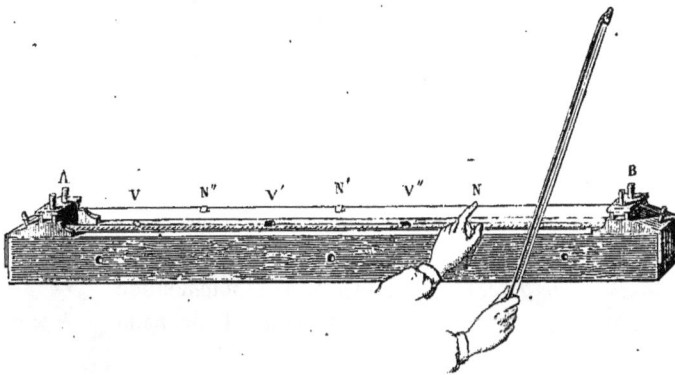

Fig. 601.

simultanément? En même temps qu'elle va et vient, en oscillant tout
entière de part et d'autre de sa position d'équilibre, elle s'infléchit, et
les parties telles que N′ N″ (*fig.* 601) vont et viennent individuellement
pendant le mouvement d'ensemble. On le démontre en passant devant

une pointe dressée sur la corde une plaque de verre recouverte de noir de fumée ; les traits sinueux que trace la pointe sont dentelés ; ces dentelures prouvent, qu'au mouvement d'ensemble, se joignent des mouvements propres à chaque portion aliquote qui vibre séparément.

1332. Vibrations longitudinales des cordes. — Une corde frottée dans le sens de sa longueur, rend un son très-aigu. Les molécules superficielles, entraînées par le corps qui frotte, s'écartent de leur position d'équilibre ; et, en vertu de l'élasticité de la corde, prennent un mouvement de va-et-vient, qui est nécessairement parallèle à l'axe, ou, comme on dit, *longitudinal*. Poisson a montré que le nombre de vibrations était donné par la formule :

$$N = n \sqrt{\frac{l}{\lambda}},$$

N et *n* représentant les nombres de vibrations longitudinales et transversales que la corde exécute, quand elle rend le son le plus grave qui correspond à ces deux modes d'ébranlement ; *l* exprime la longueur de la corde, et λ l'allongement qu'elle subit sous l'action du poids P qui la tend.

II — TUYAUX SONORES

Les colonnes d'air contenues dans les tuyaux peuvent être mises en vibration et former ainsi de véritables corps sonores. Les lois qui se rapportent à la production des sons, dans ce cas particulier, vont maintenant nous occuper.

1333. Embouchure. — Parmi les différents systèmes que l'on peut adopter pour ébranler la colonne d'air, celui qui est le plus fréquemment usité porte le nom d'*embouchure de flûte*. Ce mode spécial d'ébranlement de la masse gazeuse est obtenu par l'emploi d'une boîte dans laquelle on insuffle de l'air, au moyen d'un tube P (*fig.* 602) que l'on nomme *pied* du tuyau. L'une des parois de la boîte laisse sortir par une fente ou *lumière* L, une lame mince d'air qui va se briser contre le bord B d'une plaque fixe taillée en biseau. Ce brisement de la lame gazeuse donne naissance à une série d'impulsions

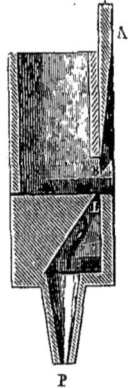

Fig. 602.

qui se succèdent avec rapidité et se transmettent à la colonne d'air qui était primitivement en repos dans le tuyau. De là résulte la production d'un mouvement vibratoire spécial qui se propage ensuite dans l'air ambiant, en conservant son caractère primitif. Les praticiens donnent souvent au biseau le nom de *lèvre supérieure*. La distance qui sépare le biseau de la lumière est désignée par le nom de *bouche*, et la lèvre inférieure est constituée par la partie de la boîte que la fente traverse.

1334. L'air vibre dans un tuyau sonore. — Preuve expérimentale. — Déjà, au commencement de ce chapitre, une expérience très-nette nous a servi à démontrer que l'air était en vibration dans un tuyau lorsque celui-ci rendait un son. Nous n'avons besoin d'aucune preuve nouvelle pour admettre ce fait important; mais il est nécessaire de se demander si les parois elles-mêmes n'entrent pas en vibration ; et, dans le cas de l'affirmative, quelle est leur part d'influence dans le phénomène.

1335. Influence des parois. — L'influence des parois n'est pas douteuse, au moins pour ce qui concerne le timbre d'un son. On sait, en effet, que les instruments à vent, quand ils sont de métal, rendent un son qui accuse, par son timbre, une modification particulière due aux parois; tandis que la flûte, généralement construite en bois, donne, dans des conditions pareilles, un son beaucoup plus doux. Toutefois, on peut affirmer que lorsque les parois ne sont pas très-minces, leur influence est nulle sur la hauteur musicale du son. Exemple : Trois tuyaux identiques pour la forme et les dimensions, l'un de cuivre, le second de bois, le dernier de carton, font sonner la même note, quand ils sont soumis à l'action d'un même courant d'air. Au contraire, un quatrième tuyau dont les parois sont formées par une mince feuille de papier donnera, dans les mêmes circonstances, un son notablement plus grave.

Dans ce qui suit, nous supposerons toujours que l'épaisseur des parois est suffisante, pour que l'augmentation de cette épaisseur ne puisse changer la hauteur du son.

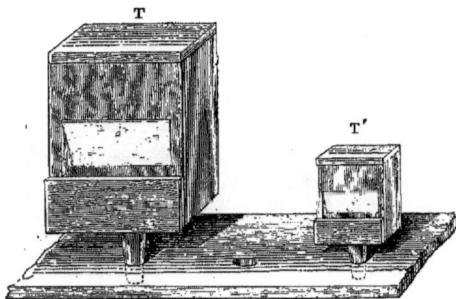

Fig. 603.

1336. Loi des dimensions homologues. — Lorsque l'on prend deux tuyaux dont la forme est celle de deux solides semblables, *le nombre*

*des vibrations des sons rendus par ces tuyaux varie en raison inverse des
dimensions homologues :* telle est la loi du P. Mersenne. Pour la démòn-
trer, on se sert de deux tuyaux cubiques T et T' (*fig.* 603) dont les arêtes
sont dans le rapport de 2 à 1. Ces deux tuyaux font entendre deux sons
qui résonnent à l'octave l'un de l'autre, et c'est le tuyau le plus petit
qui rend le son le plus aigu. Par conséquent, le nombre des vibrations
du son fourni par ce dernier tuyau est double de celui qui correspond
au tuyau le plus grand.

1337. Tuyaux de grande longueur. — Les tuyaux qui résonnent
dans les instruments de musique, ont, généralement, l'une de leurs
dimensions, la longueur, très-grande par rapport aux deux autres. Que
l'on examine les tuyaux d'orgue, le
long tube de cuivre contourné en spirale qui forme le cor de chasse, le
tube droit dans lequel souffle le
joueur de flûte, et l'on reconnaîtra
que les tuyaux employés d'habitude
sont beaucoup plus longs que larges.
C'est à Daniel Bernouilli (année 1762)
qu'est due la découverte des lois qui
se rapportent à de pareils tuyaux, et
c'est la démonstration expérimentale
de ces lois qui va faire actuellement
l'objet de notre étude.

**1338. Production de surfaces no-
dales dans les colonnes d'air des
tuyaux sonores.** — Mais, avant tout,
il importe d'établir clairement, par
l'expérience, que toutes les fois qu'une
colonne d'air vibre dans un tuyau,
il existe, en certains points de cette
colonne, des tranches perpendiculaires à la longueur du tuyau, qui
demeurent invariablement immobiles, pendant tout le temps que le
même son se fait entendre. Ces

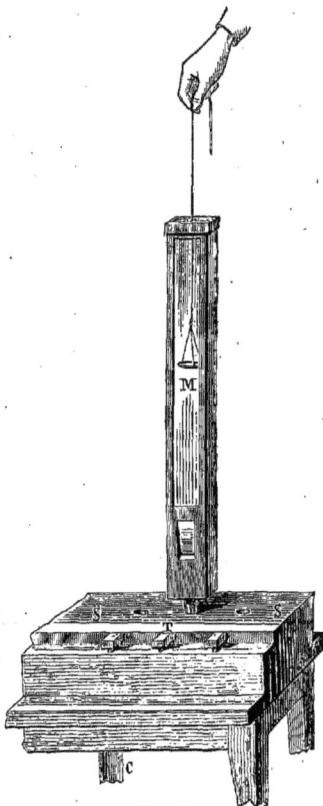

Fig. 604.

tranches, dont la vitesse est constamment nulle, représentent les *nœuds
de vibration*. Ainsi, qu'on fasse rendre à un tuyau d'orgue, ouvert aux
deux bouts et placé sur une soufflerie, le son le plus grave qu'il puisse

faire entendre, il y aura au milieu de la colonne d'air ébranlée une
tranche gazeuse immobile ou un nœud. Pour le prouver, il suffit de faire
descendre lentement dans le tuyau qui sonne, cette petite membrane M,
tendue sur un anneau de carton et saupoudrée de sable (*fig.* 604), dont
nous avons déjà fait usage ; on reconnaît que, dans toutes les
tranches, le sable sautille, si ce n'est dans la tranche située
à égale distance de la bouche et de l'ouverture supérieure
du tuyau : de plus, le son qui avait été tout d'abord modifié
dans sa hauteur par l'introduction de la membrane, reprend
son acuité primitive aussitôt que la membrane est parvenue
dans cette tranche médiane. Il y a donc évidemment, en ce
point, une lame gazeuse qui ne vibre pas. —*Seconde preuve :*
Faites pénétrer dans l'intérieur du *même* tuyau (*fig.* 605) un
piston qui s'y adapte exactement, et vous constaterez, que
lorsque la base inférieure de ce piston a atteint le milieu du
tuyau, le son, qui se trouvait jusque-là altéré par la présence d'une nouvelle paroi solide, reprend aussitôt sa hauteur normale. Or, le piston a pour effet de réduire à l'immobilité la lame d'air qui est en contact avec lui ; si donc
il ne modifie pas le son rendu primitivement par le tuyau,
au moment où il parvient au milieu de la hauteur de ce
dernier, c'est que la lame d'air qu'il touche, à ce moment,
était déjà immobile avant son introduction.

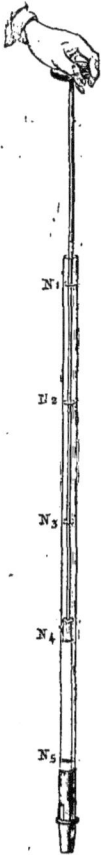

La même démonstration s'applique au cas des tuyaux fermés par leur extrémité supérieure. D'abord, il y a nécessairement un nœud au fond du tuyau, au contact de cette paroi
solide qui sert à le clore ; mais de plus, il existe, quand le
son rendu n'est pas le plus grave qu'il peut faire entendre,
des nœuds autres que celui du fond. Nous pourrons en as-

Fig. 605.   signer tout à l'heure les positions exactes. La figure 605
représente notre dernière expérience dans le cas où le tuyau vibrant,
fermé d'abord en N_1, présente cinq nœuds de vibration. Le piston successivement placé en N_2, N_3, N_4 laisse toujours au son son acuité primitive.

**1339. Variation de densité du gaz à la région du nœud. Existence
des ventres de vibration.** — L'existence des nœuds fixes étant bien
reconnue, nous devons nous demander quel est l'état de la masse gazeuse dans la région qui correspond à ces surfaces nodales. On a reconnu que la lame d'air, qui forme le nœud, possède une densité diffé-

rente de celle de l'air ambiant, et ce fait peut être aisément démontré par l'expérience. Prenons en effet un tuyau ouvert (*fig.* 606); et faisons-lui rendre le son le plus grave, qu'on nomme *son fondamental ;* nous savons qu'il existe, dans ce cas, un nœud au milieu de la longueur. Eh bien, si nous pratiquons, à ce point milieu, une ouverture O dans la paroi, le son change aussitôt de hauteur. L'ouverture en question mettant la lame gazeuse médiane en communication avec l'air extérieur, a dû avoir pour résultat d'obliger celle-ci à conserver une densité constante, celle de l'atmosphère. Si donc le son produit a été altéré au moment où l'on a ouvert l'orifice, c'est qu'avant cette opération, la tranche nodale acquérait une densité ou une pression différentes de celle de l'atmosphère.

On démontre aussi, par l'expérience, qu'un ventre existe au milieu de l'intervalle qui sépare deux nœuds consécutifs. Il est caractérisé par le mouvement rapide de la lame d'air qui lui correspond et par l'invariabilité de la densité du gaz, qui y demeure toujours identique à la densité de l'atmosphère. Dans ce but, rendons plus rapide le courant d'air qui fait sonner le tuyau ouvert, afin de lui faire donner l'octave du son qu'il faisait entendre d'abord. Nous constaterons, en employant les méthodes déjà indiquées, qu'il existe deux nœuds, l'un au premier quart en N_1 (*fig.* 606), l'autre au dernier quart inférieur en N_2. Dès lors, il s'agit de prouver qu'il existe un ventre au milieu même du tuyau, aux points où se trouvait tout à l'heure la surface nodale. Dans ce but, faisons pénétrer un piston jusqu'en V_2, le son est changé ; donc la lame d'air en V_2, n'était pas immobile avant l'introduction du piston; plaçons-y la membrane saupoudrée de sable ; celui-ci sautille plus rapidement que dans les points voisins. Enfin, ouvrons l'orifice O qui nous a déjà servi et qui est placé en V_2, le son n'est en rien modifié. Donc en V_2 la lame d'air possédait déjà la même densité que l'air extérieur ; elle offre, en définitive, tous les caractères que nous avons assignés aux ventres de vibration.

Fig. 606.

Comment peut-on concevoir que les choses se passent ainsi ? Si nous nous reportons aux développements qui ont été donnés à propos de la propagation du son dans les milieux élastiques (§ 1284 et suivants), nous verrons que l'immobilité d'une tranche gazeuse N_1 (*fig.* 606) dans un milieu qui vibre, s'explique aisément, en admettant qu'il existe, de part et d'autre de cette tranche, des molécules animées, à chaque instant, de vitesses de signes contraires, les unes dirigées de V_1 vers N_1, les autres de V_2 vers le même nœud N_1 : et comme, par une raison de continuité, la vitesse de ces molécules ne peut, de positive qu'elle est d'un côté de la tranche, devenir négative de l'autre, sans passer par zéro, on voit que la tranche comprise entre les deux régions, où les ex-cursions des molécules sont de sens inverse, devra demeurer elle-même immobile. L'explica-tion que nous venons de donner nous conduit à une conséquence importante, qui vient d'être justifiée par l'expérience. La

Fig. 607.

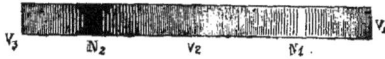

Fig. 608.

lame d'air qui forme le nœud, se trouvant comprise entre deux portions de gaz, dont les mouvements sont en sens inverse, doit posséder une densité différente de celle de l'air ambiant, densité qui sera plus grande que celle de l'air quand les deux mouvements inverses qui s'exécutent de part et d'autre du nœud, tendront tous les deux à diminuer le vo-lume de la tranche immobile, et qui sera, au contraire, plus petite lorsque les deux mouvements inverses tendront à augmenter ce même volume. L'on voit, de plus, que par les changements de signes succes-sifs des vitesses, dans toute la longueur d'une colonne gazeuse vibrante, deux nœuds consécutifs seront toujours, à un même moment, dans des conditions telles, que si pour l'un d'eux N_1 la densité est plus grande que celle de l'air extérieur, pour l'autre N_2, la densité est plus petite: Or, toujours par une raison de continuité, on ne peut passer d'une tran-che N_1 plus dense que l'air, à un autre N_2 qui soit moins dense que lui, sans rencontrer une couche intermédiaire V_2, qui ait la même densité :

Fig. 609.

Fig. 610.

il devra donc y avoir, dans l'intervalle de deux nœuds consécutifs, une lame gazeuse médiane animée d'une vitesse maximum et dont la densité sera toujours la même que celle de l'atmosphère ambiante. Cette lame forme ce qu'on a appelé un *ventre* de vibration.

Les figures 607 et 608 montrent, par une succession de teintes, cet état alternatif de dilatations et de condensations qui se produisent aux nœuds consécutifs, dans le cas des tuyaux ouverts; les figures 609 et

610 montrent ces mêmes changements de densité dans le cas des tuyaux fermés.

La connaissance des faits que nous venons d'établir dans les précédents paragraphes, simplifie beaucoup l'étude des tuyaux sonores. Nous nous occuperons successivement des tuyaux ouverts et des tuyaux fermés.

1340. Tuyaux ouverts. — Hauteur du son fondamental. — Quand on fait rendre à un tuyau ouvert le son le plus grave qu'il puisse donner, on reconnaît que le son produit est toujours tel, que la longueur d'ondulation simple, qui lui correspond, est à peu près égale à celle du tuyau, depuis la bouche jusqu'à l'ouverture supérieure. Ainsi la longueur du tuyau est-elle de 1 mètre, on trouve que le nombre des vibrations qu'il exécute par seconde est de 340. Or, la formule du paragraphe (1289),

$$\lambda = \frac{v}{n},$$ nous donne pour la longueur de l'ondulation $\lambda = \frac{340^m}{340} = 1$ mètre,

c'est-à-dire la longueur même du tuyau. Comme, dans ces conditions, l'expérience (1338) indique qu'il existe dans la colonne vibrante un seul nœud, placé vers le milieu du tuyau, tandis qu'aux deux extrémités se trouvent évidemment des ventres de vibration ; nous en concluons que la distance des deux ventres consécutifs représente la longueur d'ondulation simple du son produit. Il ne faudrait pas cependant considérer ce résultat comme tout à fait rigoureux. Cela tient à ce que toutes les conditions que suppose la théorie ne sont pas réalisées ; ainsi, par exemple, les surfaces nodales qui se produisent dans la colonne d'air ne sont pas exactement planes et normales à l'axe des tuyaux. M. Cavaillé-Coll a donné la loi empirique que voici : La longueur d'un tuyau d'orgue est moindre que la longueur théorique du son fondamental rendu par ce tuyau, d'une quantité égale à deux fois sa profondeur. La largeur influe d'ailleurs très-peu sur la hauteur du son.

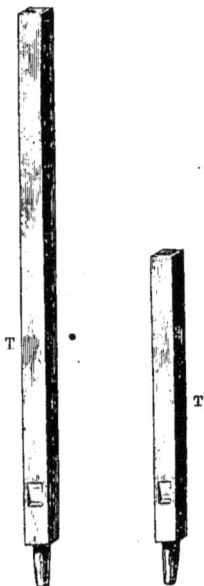

Fig. 611.

1341. Loi des longueurs. — Du résultat obtenu dans le paragraphe précédent, il résulte que les sons fondamentaux rendus par deux tuyaux de longueurs différentes correspondront à des nombres de vibrations qui seront en raison inverse des longueurs de ces tuyaux. Cette loi se prouve expérimentalement par l'emploi des deux tuyaux T et. T′ (*fig.* 611) de longueur 1 et $\frac{1}{2}$. Le son fondamental du tuyau le plus court est à l'octave aiguë du son que fait entendre le tuyau le plus long.

1342. Harmoniques des tuyaux ouverts. — Quand on force progressivement le courant d'air qui pénètre dans un même tuyau ouvert, on lui fait rendre successivement les sons qui correspondent à la série des nombres entiers 1, 2, 3, 4, 5, 6, etc. Ainsi, quand le son fondamental est ut_1, celui qui lui succède immédiatement est ut_2, l'octave aiguë du son fondamental, correspondant à un nombre double de vibrations. Viennent ensuite sol_2, correspondant à un nom-

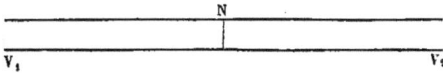

Fig. 612.

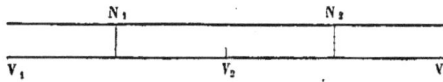

Fig. 613.

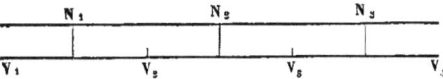

Fig. 614.

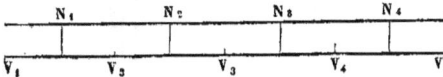

Fig. 615.

bre triple de vibrations, ut_3 à un nombre quadruple, mi_3 à un nombre quintuple, etc.

1343. Si l'on étudie en même temps la distribution des nœuds et des ventres pour chaque son individuel, on reconnaît d'abord que les nœuds fixes sont équidistants; on trouve ensuite pour ut_1, comme nous le savons déjà, un nœud au milieu en N, un ventre à chaque extrémité de la colonne gazeuse (*fig.* 612); pour ut_2 (*fig.* 613), un ventre V_1 à l'entrée; un nœud N_1 au premier quart, un ventre V_2 au milieu, un nœud N_2 au troisième quart, et enfin un ventre V_3 à la bouche du tuyau, de telle sorte que cette fois le tuyau se partage comme en deux tuyaux distincts $V_1 V_2$ et $V_2 V_3$, ayant leur nœud l'un en N_1, l'autre en N_2, et chacun étant moitié du tuyau total. On s'explique alors aisément pourquoi le son obtenu est à l'octave du son fondamental. Les figures 614 et 615 montrent le mode de partage de la colonne vibrante, dans le cas des sons 3 et 4; pour le son 3, la distance des deux nœuds consécutifs est $\frac{1}{3}$ de la longueur du tuyau; pour le son 4, elle est $\frac{1}{4}$. Les sons produits doivent donc correspondre à des nombres de vibrations trois fois, quatre fois plus grands.

1344. La flûte de palissandre figurée ci-dessous (*fig.* 616) permet de donner une démonstration directe de ce partage spontané de la colonne d'air en parties d'égale longueur vibrant à l'unisson. Elle est composée de plusieurs tubes égaux vissés les uns au bout des autres. S'il y a trois tubes, et qu'on fasse rendre à la flûte le son 3, on peut enlever le tube supérieur en le dévissant : la hauteur du son n'est pas modifiée pour cela ; on peut enlever de même le second tronçon sans qu'il en résulte aucun changement appréciable dans l'acuité. Donc la masse gazeuse était elle-même, avant qu'on en diminuât l'étendue, divisée en trois parties de même longueur qui vibraient séparément, comme elles l'eussent fait dans un tuyau de longueur $\frac{1}{3}$ rendant le son fondamental.

1345. **Tuyaux fermés.** — Le son fondamental que fait entendre un tuyau fermé est celui que donnerait un tuyau ouvert de longueur double.

Le tuyau qui a été dessiné ici (*fig.* 617) sert dans les cours pour démontrer cette loi ; il est traversé, au milieu de sa longueur, par une lame de bois pouvant glisser dans une coulisse, et portant une ouverture O, dont la section est à peu près égale à celle du tuyau. Quand la lame est poussée de telle sorte qu'il y ait continuité dans la colonne d'air, le tuyau donne le son

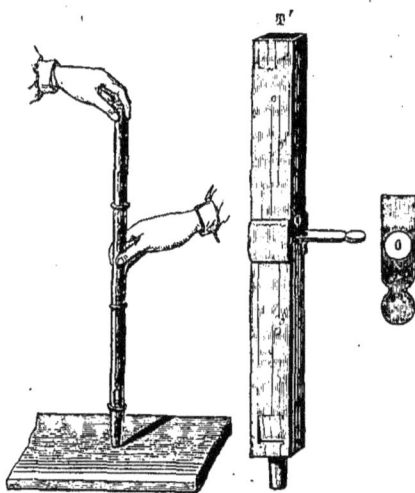

Fig. 616.   Fig. 617.

fondamental que fait entendre un tuyau ouvert aux deux bouts dont la longueur est la distance de l'extrémité T′ à la bouche inférieure. Si l'on tire la lame de manière que l'ouverture O se trouve portée en dehors du tuyau, et qu'au contraire la partie pleine de la lame coupe la colonne gazeuse en deux tronçons distincts, on reconnaît que, dans ces conditions nouvelles, le son fondamental rendu par le tuyau n'a pas changé. Ce résultat confirme le principe que nous avons énoncé : le tuyau fermé TO donne le même son fondamental que le tuyau ouvert TT′ de longueur double.

· Dans un tuyau fermé il existe, nous l'avons déjà dit, un nœud au contact de la paroi solide qui constitue le fond, et un ventre à l'extrémité ouverte. Si le tuyau rend le son fondamental, il n'existe pas d'autre nœud ni d'autre ventre.

1346. Loi des longueurs. — Quand on compare plusieurs tuyaux fer-. més de longueurs différentes, la loi déjà énoncée pour les tuyaux ouverts subsiste encore ici. Les nombres de vibrations correspondant aux sons fondamentaux rendus par les différents tuyaux seront en raison inverse des longueurs des tuyaux : c'est une conséquence immédiate du résultat établi § 1345.

1347. Différents sons rendus par les tuyaux fermés. — Quand on

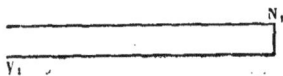

Fig. 618.

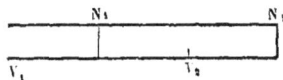

Fig. 619.

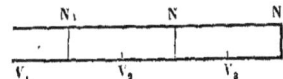

Fig. 620.

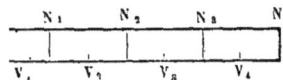

Fig. 621.

augmente progressivement le courant d'air, on obtient successivement les sons 1, 3, 5, 7, etc., si bien qu'un tuyau dont le son fondamental est ut_1, fait entendre, en augmentant l'énergie de l'insufflation, les sons sol_2, mi_3, etc. Si, au moment de la production de ces divers sons, on étudie par les méthodes ordinaires (1338) le mode de partage de la colonne vibrante (*fig.* 618), on trouve, pour les sons 3, 5, 7, la division indiquée par les figures 619, 620, 621, et l'on voit de suite que l'intervalle de deux ventres ou de deux nœuds, qui donne toujours la longueur d'ondulation simple du son produit, est dans le tuyau qui rend le son 3 le $\frac{1}{3}$ de ce qu'il est dans le même tuyau fermé quand il rend le son 1 : elle devient le $\frac{1}{5}$, le $\frac{1}{7}$ de l'intervalle primitif, quand le tuyau fait entendre les sons 5 et 7.

1348. Restriction à introduire dans les résultats précédents. — Nous avons admis dans ce qui précède, que lorsqu'un tuyau ouvert ou fermé fait entendre l'un quelconque de ses harmoniques, la distance du ventre V_1, qui correspond à l'entrée du tuyau, au nœud N_1, qui le suit immédiatement, est égale à l'intervalle qui sépare un nœud d'un ventre dans une portion quelconque du tuyau. Ainsi, dans le tuyau ouvert qui rend le son 2 (*fig.* 613), on devrait avoir, d'après cela, $V_1 N_1 = N_1 V_2$ $= V_2 N_2 = N_2 V_3$. Ceci n'est pas complétement vérifié par l'expérience ; on trouve toujours que le premier nœud inférieur N_2 est un peu plus rapproché de l'embouchure V_3 que du ventre V_2 qui est immédiatement placé au-dessus. Il en est de même de l'intervalle $N_1 V_1$, qui correspond à l'autre extrémité du tuyau ouvert ; il est plus petit que $N_1 V_2$ ou que V_2 N_2. Un résultat analogue se manifeste dans les tuyaux fermés.

1349. La longueur du tuyau ouvert, ou le double de la longueur du tuyau fermé ne représente jamais rigoureusement la longueur d'ondulation simple du son fondamental ; celle-ci, qui s'obtient immédiatement par la relation $\lambda = \dfrac{v}{n}$ est toujours un peu plus grande, comme nous l'avons dit plus haut (1340), que celle que fournit la mesure directe de la longueur du tuyau.

Il résulte d'expériences déjà anciennes faites par Dulong, Masson, et d'expériences plus récentes dues à MM. Lissajous et P. Desains, qu'on a une mesure exacte de la longueur d'onde du son produit par un tuyau en évaluant, par une expérience directe, la distance de deux nœuds consécutifs dans l'intérieur même de ce tuyau.

1350. **Aperçu de la théorie des tuyaux sonores.** — Nous avons, dans ce qui précède, envisagé la question des tuyaux sonores, à un point de vue exclusivement expérimental. Il est cependant une question à laquelle l'analyse mathématique peut seule répondre d'une manière complète, et que l'esprit du lecteur a dû se poser. Quelle est la raison d'être de ces nœuds fixes et de ces ventres fixes, dont nous avons prouvé l'existence dans la colonne gazeuse, qui vibre dans les tuyaux ? Un mot seulement sur ce point.

L'air contenu dans les tuyaux est parcouru simultanément par des ondes directes allant de la bouche vers l'extrémité opposée, et par des ondes inverses, cheminant en sens contraire, et ne gênant nullement le mouvement des premières. Ces ondes inverses proviennent de la réflexion des ondes directes, soit sur le fond solide du tuyau fermé, soit sur la tranche de l'air extérieur qui affleure à l'extrémité du tuyau ouvert. La superposition des deux systèmes d'ondes détermine, en chaque point de la colonne gazeuse, une vitesse résultante qui dépend de la grandeur et du signe des vitesses apportées par chacune des deux ondes. On comprend donc qu'il puisse exister certaines tranches pour lesquelles les vitesses apportées soient constamment égales et de signe contraire ; celles-là représenteront les nœuds fixes. Pour d'autres tranches au contraire, les vitesses s'ajouteront en donnant constamment une vitesse résultante maximum ; ces dernières constitueront les ventres fixes. En appliquant le calcul à ce mode complexe d'ébranlement, on arrive à prévoir la position des nœuds et des ventres. Les résultats de la théorie s'accordent bien avec ceux que donne l'expérience.

1351. Méthode des flammes manométriques pour étudier les vibrations des tranches gazeuses dans les tuyaux sonores. — M. Kœnig a imaginé un moyen très-simple de rendre visible l'état vibratoire des différentes tranches de la colonne d'air contenue dans les tuyaux sonores. Il pratique dans l'une des parois latérales du tuyau ouvert trois orifices (*fig.* 622), l'un au premier quart, l'autre au milieu, l'autre au troisième

Fig. 622.

quart de la longueur du tuyau. Ces orifices sont ensuite fermés à l'aide d'une membrane mince tendue sur le fond inférieur d'une petite caisse cylindrique ou capsule percée de deux trous à sa base opposée. Par l'un des trous arrive le gaz de l'éclairage, par l'autre le gaz s'échappe et va brûler à l'extrémité d'un petit bec. Quand le tuyau ne parle pas, les trois flammes sont immobiles. Mais dès qu'il rend le son fondamental, et que par suite il se produit en son milieu un nœud de vibration, on voit la flamme médiane s'allonger et se raccourcir alternativement. Son mouvement rapide de va-et-vient persiste, tant que le son fondamental est maintenu. Les deux autres flammes ne participent que faiblement à cette agitation. Ce sont évidemment les dilatations et les condensations successives de l'air dans la région du nœud, qui, se transmettant au gaz de la capsule, par l'intermédiaire de la membrane élastique dont est formé le fond de cette capsule, déterminent les oscillations de la flamme.

Si, en augmentant la vitesse du courant d'air dans le tuyau, on lui fait rendre l'octave du son fondamental, on voit aussitôt la flamme médiane reprendre son immobilité normale, tandis que les deux autres se mettent en vibration. Les nœuds sont, en effet, placés cette fois au premier et au troisième quart du tuyau, et au milieu se trouve un ventre. Dès lors, l'air, dans la région médiane, n'éprouve que des déplacements dans le sens de l'axe, et sa densité ne se trouve en rien modifiée.

Lorsqu'on règle à l'avance le courant de gaz de l'éclairage de façon à n'obtenir que des flammes très-petites, on constate que la flamme du milieu s'éteint seule quand on produit le son fondamental. L'extinction des deux autres a lieu, au contraire, quand le tuyau donne l'octave.

1352. Applications. — Emploi des tuyaux sonores en musique. — Tuyaux à embouchure de flûte. — La théorie des tuyaux sonores nous permet de comprendre l'emploi des instruments à vent en musique. Tantôt le mode de production du son à l'entrée du tuyau est celui que nous avons décrit plus haut. L'air chassé par une soufflerie ou par la bouche vient se briser contre l'arête d'un biseau, et ébranle ainsi la colonne gazeuse intérieure. Tel est précisément le système adopté dans le flageolet, la flûte et dans quelques-uns des tuyaux qui composent un buffet d'orgue. Dans le flageolet, le biseau est apparent; dans la flûte il est représenté par le bord d'un trou elliptique contre lequel vient se briser une lame d'air amincie par les lèvres de l'instrumentiste. Les ouvertures convenablement espacées que portent les deux instruments, sont ouvertes ou fermées, en temps utile, par les doigts du musicien ou à l'aide de clefs métalliques. Elles sont destinées à faire naître un *ventre*, en un point déterminé de la colonne d'air, et par suite à faire varier la hauteur du son. Dans l'orgue, les tuyaux sont à sons fixes, aussi faut-il un tuyau pour chaque note. On arrive à produire cette grande variété de sons que réclame l'exécution musicale, en se servant dans les jeux d'orgue à la fois de tuyaux ouverts et de tuyaux fermés. On appelle ces derniers des *bourdons*.

1353. Tuyaux à anche. — Tantôt la masse d'air est mise en vibration dans les tuyaux, par l'intermédiaire d'une lame élastique de bois ou de métal qui oscille sous l'influence du courant gazeux, dans un orifice qu'elle ouvre et ferme alternativement. Le courant gazeux arrivé dans le porte-vent s'échappe dans l'atmosphère en chassant devant lui la languette, qui, en vertu de son élasticité, revient bientôt dans sa position première et exécute dès lors un mouvement rapide de va-et-vient. Il en résulte une série continue de chocs alternatifs de l'air insufflé contre la colonne d'air extérieur habituellement renfermée dans un tube ouvert aux deux bouts qu'on nomme un *cornet*. Le tuyau dans lequel le son est ainsi produit se nomme tuyau à *anche*. Comme la hauteur du son dépend de la longueur de la partie vibrante de la languette élastique; on règle à volonté cette longueur, à l'aide d'une tige rigide, la *rasette*, qui rend immobile par sa rigidité les points de la lame contre lesquels elle s'appuie.

L'anche peut être libre ou battante ; dans le premier cas, la lame oscillante rase les bords de l'orifice sans les toucher ; dans le second, elle est un peu plus large que l'ouverture et frappe contre les bords de la caisse qu'elle ferme d'une manière intermittente. Cette dernière circonstance donne aux sons produits par l'anche battante le timbre nasillard qui les caractérise.

La clarinette est un instrument à anche battante : les lèvres de l'exécutant, en pressant en tel ou tel point de la languette mobile, font l'office de la rasette. Le hautbois et le basson appartiennent au même groupe. Dans le cor, le cornet à piston et dans la plupart des instruments de cuivre employés par les musiques militaires, ce sont les lèvres du musicien qui jouent le rôle de l'anche et qui par leurs vibrations représentent la cause productrice du son. La colonne d'air qui doit vibrer dans le long tuyau de ces différents instruments est tantôt variable de longueur comme dans le cornet à piston ; et tantôt, elle conserve une longueur constante et se divise alors spontanément en plusieurs tronçons vibrant séparément. Ce fractionnement spontané de la colonne gazeuse permet d'obtenir les diverses notes de la gamme. Pour le cor en particulier ce sont les harmoniques 8, 9, 10, etc., répondant aux sons successifs d'une même gamme, qui sortent plus facilement. Le *fa* et le *la* de cette gamme ne correspondent pas exactement aux harmoniques 11 et 13, ils sont obtenus justes, en plaçant la main dans le pavillon de l'instrument.

CHAPITRE V

TIMBRE DES SONS

1554. Renforcement du son. — L'étude de cette qualité spéciale du son qu'on appelle le *timbre* exige que nous entrions dans quelques détails sur les moyens propres à renforcer les sons. — Un mouvement vibratoire, quelle qu'en soit l'origine, sera propagé et transmis par un corps élastique, à la seule condition que ce dernier puisse exécuter des vibrations de même période. On peut même arriver, en utilisant ce principe, à renforcer énergiquement certains sons qui, en raison de leur mode de production, n'ont qu'une intensité très-faible. Ainsi un diapason

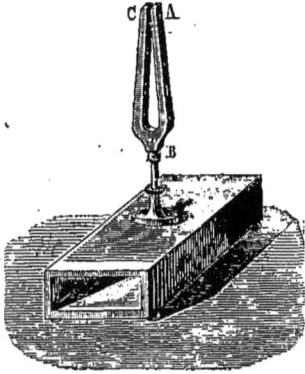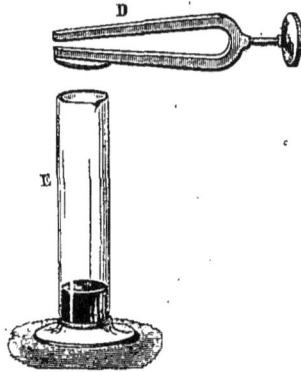

Fig. 623.   Fig. 624.

que l'on fait vibrer, produit, en général, un son peu intense ; mais si on le pose sur une caisse de palissandre convenablement choisie (*fig.* 623), il y a immédiatement un renforcement considérable qui rend le son perceptible à une grande distance. Cette caisse a la forme d'un tube prismatique ouvert à l'une de ses extrémités ; elle présente des dimensions telles que la colonne d'air qu'elle renferme puisse vibrer à l'unisson du diapason. De même si l'on prend une éprouvette à pied (*fig.* 624) constituant comme une sorte de tuyau fermé à l'une de ses extrémités et qu'on y verse assez de mercure pour donner à la colonne d'air qui y est contenue une longueur convenable ; on aura un renforcement du même genre, quand on approchera le diapason, qui vibre, de l'ouverture de l'éprouvette. L'expérience sera surtout très-nette, lorsque l'une des branches du diapason sera munie d'un disque O qui transmettra d'une manière plus complète les vibrations de la verge métallique à la colonne gazeuse de forme cylindrique contenue dans l'éprouvette.

Un résultat analogue est encore obtenu lorsque, dans le voisinage d'un timbre de métal qu'on fait résonner à l'aide d'un archet, on place un tuyau ouvert à un bout, et de dimensions calculées à l'avance. En raison de l'effet produit, on le nomme *tuyau renforçant.* Si on rend mobile le fond de ce tuyau de manière à lui faire jouer le rôle d'une sorte de piston, on constate qu'il suffit de le déplacer d'une petite quantité et de faire varier ainsi, même très-faiblement, la longueur de la colonne gazeuse, pour que tout renforcement du son produit par le timbre soit devenu impossible.

1355. Méthode de M. Helmholtz. — Le principe dont nous venons d'indiquer la vérification expérimentale a permis à M. Helmholtz de construire un appareil fort simple, qui permet à l'oreille la moins exercée de démêler, au milieu d'une foule de sons produits simultanément, l'existence de telle ou telle note appartenant à l'échelle musicale. Un globe creux de cuivre (*fig.* 625) a été accordé pour la note dont il s'agit. Il porte deux ouvertures circulaires placées aux extrémités d'un même diamètre ; l'une est en communication libre avec l'air extérieur, l'autre plus étroite est munie d'un petit tube qui aboutit à l'oreille de l'expérimentateur. Si l'ensemble des sons produits dans le voisinage du *résonnateur* contient la note qui lui est propre, cette note est aussitôt considérablement renforcée, et l'oreille ne peut manquer de la saisir. Si elle manque parmi les sons produits, le résonnateur demeure silencieux.

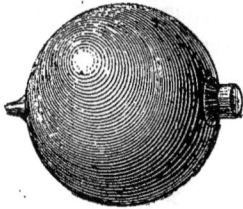

Fig. 625.

On peut encore utiliser le même instrument, dans le même but, comme un indicateur très-précis, sans qu'il soit besoin de recourir au sens de l'ouïe. L'orifice le plus étroit porte, dans ce cas, au lieu d'un tube, une

membrane tendue munie d'un petit pendule très-léger. Quand le résonnateur vient à parler, le petit pendule se met en mouvement. On peut
enfin remplacer la membrane par une boîte identique à celle qu'emploie M. Kœnig dans sa méthode des flammes manométriques (1351); et
dans ce cas, la vibration de l'air du résonnateur est rendue manifeste
par le mouvement ondulatoire que prend la flamme du gaz.

1356. **Flammes chantantes.** — Les expériences dites des *flammes
chantantes* rentrent encore dans le groupe de ces phénomènes qui dépendent de la transmission par les milieux élastiques des mouvements
vibratoires avec la période propre à chacun d'eux.

On attribue au docteur Higgins la première observation relative aux
flammes sonores ; il remarqua que la flamme de l'hydrogène placée
dans l'intérieur d'un tube vertical ouvert aux deux bouts le faisait sonner à la manière des tuyaux d'orgue. Après lui, Chladni, MM. de la Rive,
Faraday et Kundt ont multiplié les recherches sur le même sujet. Voici,
en résumé, les faits principaux : 1° Le son rendu par un tube sous l'influence d'une flamme placée dans son intérieur a précisément la hauteur
du son fondamental ou d'un des harmoniques qui correspondent à la
longueur de ce tube. Par suite, la même flamme d'hydrogène ou de gaz
de l'éclairage, transportée successivement dans des tuyaux de longueurs
différentes, y engendre des sons musicaux dont les nombres de vibrations
sont en raison inverse de ces longueurs. 2° Une flamme, quand elle est
silencieuse, reste immobile au sein de l'air qui remplit le tuyau, et son
étendue est alors parfaitement délimitée. Aussitôt qu'elle devient sonore,
elle se montre dentelée sur son pourtour. Au premier abord, on la croirait continue ; mais si on la regarde dans un miroir tournant, on voit
les images dues aux ravivements alternatifs qu'elle éprouve, nettement
séparées les unes des autres. En un mot, la flamme vibre elle-même à
l'unisson de la colonne d'air qui l'entoure dans le tuyau sonore. 3° En
opérant avec précaution, on rencontre toujours dans le tube une région
où la flamme que l'on y transporte, tout en demeurant silencieuse, se
trouve dans une sorte d'équilibre instable. La moindre cause suffit alors
pour la faire parler. Un léger déplacement de la flamme suivant l'axe
du tube, un petit accroissement dans la pression du gaz combustible
qui l'alimente, la production dans le voisinage de l'appareil d'un son
musical pris à l'unisson de celui que le tube peut fournir, font subitement passer la flamme, de son immobilité primitive, à un état d'agitation visible. A cet instant, un son quelquefois très-intense éclate au
sein du tuyau.

On réalise cette .dernière expérience de la façon suivante. Dans un tuyau cylindrique AB (*fig.* 626) d'une grande longueur par rapport à son diamètre, pénètre un tube étroit de verre ou de métal L, à l'extrémité duquel brûle de l'hydrogène ou du gaz de l'éclairage. On trouve, par tâtonnement, à une petite distance de l'ouverture inférieure du tuyau, une position de la flamme, telle, qu'un minime déplacement de cette flamme dans le sens vertical la rende, à la volonté de l'opérateur, sonore ou silencieuse. Supposons-la silencieuse. Alors, à 6 ou 8 mètres de distance, avec un instrument de musique quelconque : un diapason, une sirène, la voix humaine, nous produisons la note musicale propre au tuyau. Aussitôt la flamme nous répond, et elle continue à parler alors même que le son excitateur a cessé de se faire entendre.

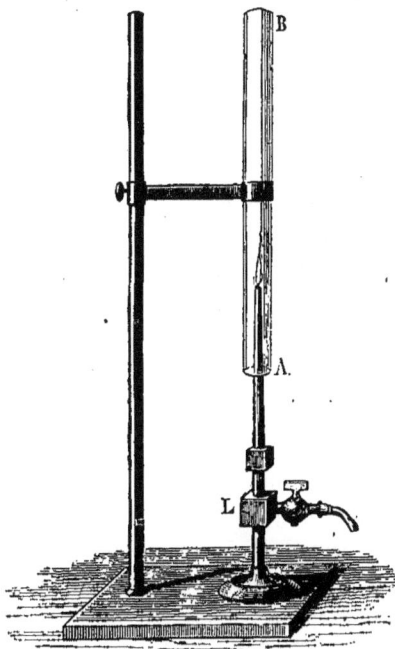

Fig. 626.

Évidemment, ici, la communication du mouvement ondulatoire a eu lieu, de l'instrument de musique à la colonne gazeuse contenue dans le tuyau, par l'intermédiaire de l'atmosphère.

Mais comment comprendre que, sous l'influence de ce mouvement vibratoire, considérablement atténué par la distance et transmis par l'air ambiant, la flamme qui était immobile ait pu entrer elle-même en vibration ?

Des expériences récentes de M. Tyndall mettent, ce nous semble, sur la voie d'une explication.

1357. Expériences de M. Tyndall. — La flamme d'un gaz placée à l'air libre est, sous certaines conditions dont nous allons parler, un appareil d'une délicatesse extrême pour signaler à un observateur attentif des mouvements vibratoires même très-faibles qui se propagent dans l'atmosphère. Elle est comme une sorte de membrane visible et parfaitement élastique. Cette membrane demeure tendue et fixe quand tout est calme autour d'elle ; elle va s'infléchissant, se déprimant, ondulant, quand des vibrations d'une certaine période lui sont communiquées. Dans une de ses expériences, M. Tyndall prend un bec qui lui donne d'abord une large flamme tranquille ; elle ne paraît, dans cet état, influencée par aucun des bruits produits dans son voisinage, même par les plus intenses. — En agissant sur le gazomètre qui contient le gaz de l'éclairage, M. Tyndall augmente progressivement la pression du courant gazeux qui alimente la flamme ; celle-ci s'allonge ; mais, en même temps, elle devient sensible au moindre son : un coup de sifflet la rend dentelée sur ses bords. La pression du courant est encore accrue jusqu'à ce que la flamme soit sur le point de gronder, — car toutes les flammes grondent quand la pression est forte. — A ce moment, la sensibilité est maximum, et si un nouveau coup de sifflet est donné, l'on voit la flamme s'agiter en grondant, et se partager en huit longues lames de feu.

Citons encore une autre expérience de M. Tyndall. Une flamme de forme cylindrique, et dont la longueur est de 50 centimètres environ, est produite à l'extrémité d'un bec. Dans ces conditions, la sensibilité du jet lumineux dépasse tout ce qu'il était permis d'espérer. Le coup le plus léger frappé sur une enclume éloignée suffit pour réduire sa longueur à 20 centimètres. Les sons graves l'affectent peu ; elle est impressionnée par les sons les plus aigus, et il suffit que l'un de ces derniers, constituant un harmonique du son fondamental, se trouve mêlé à des sons plus graves pour que la flamme, par sa dépression, en signale aussitôt l'existence. Ainsi le froissement du papier, l'agitation d'un trousseau de clefs, la chute d'une goutte d'eau sur le parquet, le choc de deux pièces de monnaie l'une contre l'autre, l'articulation de certaines voyelles suffisent pour lui faire éprouver de violentes commotions.

1358. Explication. — D'où vient cette sensibilité si curieuse d'une flamme que l'on a suffisamment allongée, ou qui, comme on dit vulgairement, est sur le point de *filer?* On sait que toutes les fois qu'un liquide ou qu'un gaz s'écoule par un orifice, le fluide en mouvement éprouve, au moment de sa sortie, des pulsations périodiques. Ces pulsations sont rendues sensibles par la formation de contractions et de renflements alternatifs dont l'existence a été constatée par Savart sur la veine liquide qui s'échappe d'un orifice pratiqué en mince paroi. En dehors de l'acte chimique de la combustion et à un point de vue purement physique, une flamme n'est, en définitive, que la veine gazeuse rendue visible. Quand vous accroissez progressivement la pression du gaz qui s'écoule,

il arrive un moment où des pulsations se produisent dans la veine, la
flamme gronde. Arrêtez-vous un peu avant, il est clair que la veine sera
dans un état d'équilibre très-instable, et que s'il lui vient de la part des
milieux qui l'entourent des impulsions, quelque faibles qu'elles soient,
mais d'une période convenable, elle sortira de son équilibre actuel et
deviendra vacillante.

. Maintenant, quand vous portez dans l'intérieur d'une colonne d'air
limitée par les parois d'un tuyau, une flamme qui, à l'air libre, eût été
profondément insensible à tout mouvement vibratoire, vous la placez
dans une sorte de cheminée d'appel où le tirage est d'autant plus actif
que le tube est plus étroit et les parois plus échauffées. Ce tirage amène
une sorte de raréfaction autour de la flamme, un vide partiel incessam-
ment renouvelé, équivalant, pour l'effet produit, à une augmentation de
pression qui accroîtrait la vitesse d'écoulement de la veine gazeuse. —
Aussi voit-on la flamme se rétrécir et s'allonger. — Aussitôt que cet
accroissement de pression atteint le degré convenable pour que les pulsations naissantes de la veine correspondent par leur période à la tonalité du tube, le son doit éclater. La flamme, par suite de la pression
croissante du gaz qui l'entretient, devient, en somme, la cause productrice d'un mouvement vibratoire originel que l'oreille n'eût peut-être pu
percevoir, et c'est la colonne d'air du tuyau qui, en vibrant à l'unisson,
le rend sensible en le renforçant énergiquement.

La cause que nous venons d'indiquer n'est certainement pas la seule
qui intervienne dans le phénomène des flammes chantantes. La nature
du gaz qui brûle, le mode de combustion adopté, ont probablement une
part d'influence. Mais il nous paraît évident que le point de départ essentiel réside dans cet état physique tout particulier que présente une substance fluide au moment où elle s'écoule par un orifice.

1559. **Premières notions sur le timbre.** — Deux instruments de
musique peuvent donner la même note musicale, la produire avec la
même intensité, et cependant faire naître en nous des impressions différentes. Tout le monde distingue les sons d'une flûte en cristal de ceux
d'une flûte en ébène. Les instruments à cordes donnent aux sons qu'ils
font entendre un caractère particulier qui ne permet pas de les confondre
avec ceux des instruments de cuivre. Cette qualité spéciale, qui diffé-
rencie les sons les uns des autres, en dehors de l'intensité et de la hauteur, porte le nom de *timbre*.

. Quelle est l'origine du timbre? — Ne semble-t-il pas naturel d'admettre
qu'un mouvement vibratoire, un mouvement pendulaire est compléte-

ment défini, lorsqu'on connaît la durée de la vibration et son amplitude? Ceci serait incontestable, si l'on avait toujours à percevoir des sons simples tels que nous les avons supposés jusqu'à présent. Mais, au lieu de cela, l'oreille peut être impressionnée par un ensemble de sons simples simultanés dont l'un, beaucoup plus intense que tous les autres, donne une sensation dominante, d'une hauteur déterminée. Dans ces conditions nouvelles, l'action subie par le nerf auditif ne dépendra plus seulement de la durée et de l'amplitude de l'oscillation correspondante au son principal. Il faudra, pour caractériser nettement ce nouveau mouvement oscillatoire, connaître un élément de plus. Il faudra savoir quels sont les mouvements simples, semblables individuellement à ceux qu'accomplit l'extrémité d'un pendule dans ses petites oscillations qui, en se combinant ensemble, engendrent le mouvement vibratoire complexe dont il s'agit.

Dans une série de sons produits successivement et ayant chacun une origine différente, le son principal, celui qui détermine l'acuité, aura beau être le même ; suivant que les sons accessoires qui se superposent à lui, dans chaque cas, varieront de nature et d'intensité, l'organe de l'ouïe devra éprouver des impressions différentes. Alors, tout en attribuant une tonalité identique aux divers sons qu'elle perçoit successivement, l'oreille leur trouvera des différences, parce qu'ils ne seront pas constitués exactement par les mêmes éléments simples. Ces différences, peut-être difficiles à bien définir, n'en seront pas moins pour nous très-appréciables.

1360. Cette complexité du son musical, cette superposition de mouvements vibratoires secondaires à un mouvement vibratoire principal est précisément la cause du timbre. Il dépend, comme nous allons le démontrer, de la nature, du nombre et de l'intensité relative des notes harmoniques (1350) qui accompagnent la note fondamentale.

C'est surtout aux importants travaux de M. Helmholtz qu'on doit l'élucidation à peu près complète de cette question. Il a procédé successivement par analyse et par synthèse.

1361. **Analyse des sons.** — Il s'agissait en premier lieu de démêler dans le son, en apparence simple, rendu par un instrument de musique les divers éléments constitutifs qui, en s'ajoutant à la note dominante, impriment à la sensation un caractère particulier. Plusieurs procédés ont été employés à cet effet. Le premier est fondé sur l'emploi du résonnateur (1355). On a une série de 19 résonnateurs accordés pour les 19 harmoniques successifs d'un certain son fondamental, par exemple de l'ut_1 de 150 $\frac{1}{2}$ vibrations. Ces résonnateurs donnent ainsi la série des harmoniques de la note ut_1, depuis 2 jusqu'à 20, ou de ut_2 à mi_5. — Supposons maintenant qu'on veuille comparer, au point de vue du timbre, les vibrations des cordes métalliques à celles des cordes à boyau. — On fait d'abord résonner avec l'archet, d'une manière continue, la corde de métal convenablement tendue pour donner l'ut_1 ; et on se place dans le voisinage de cette corde en introduisant successivement dans le conduit externe de l'oreille le petit tube conique de chacun des résonnateurs. Suivant que l'air contenu dans le résonnateur vibrera ou demeurera immobile, suivant que le renforcement du son sera plus ou moins grand, on jugera de la présence ou de l'absence de tel ou tel harmonique et même des intensités relatives de chacun d'eux. A la suite de ces essais successifs, la nature et le nombre des harmoniques qui accompagnent le son fondamental seront parfaitement connus. La même expérience sera répétée, dans les mêmes conditions, en substituant à la corde de métal une corde à boyau rendant la même note, mais dont le timbre est différent. Cette double épreuve montrera clairement que les harmoniques, qui en se superposant constituent les deux sons, ne sont pas les mêmes pour chacun d'eux, et que, parmi les harmoniques communs, il y a des différences d'intensité très-notables.

On a comparé, dans le même but, et par le même procédé analytique, le son fondamental d'un tuyau ouvert et celui d'un tuyau fermé : les deux tuyaux étant d'ailleurs parfaitement semblables, quant au mode de production du son et à la nature des parois. Il a été ainsi reconnu que le son du tuyau ouvert était accompagné de ses huit premiers harmoniques, tandis que, dans le cas du tuyau fermé, les harmoniques de rang impair se superposaient seuls au son principal.

1562. **Expérience de M. Kœnig.** — M. Kœnig a modifié la méthode de M. Helmholtz, dans le but de montrer à tout un auditoire les résultats dont nous venons de parler ; il est parvenu à rendre visibles les vibrations des résonnateurs, en utilisant leur action sur la flamme du gaz (Voy. § 1351). Huit de ces résonnateurs munis de l'appareil aux flammes manométriques sont choisis de manière à donner l'ut_2, l'ut_3, le sol_3, l'ut_4, le mi_4, le sol_4 (le son 7), et l'ut_5, on les dispose verticalement, l'un au-dessus de l'autre, sur un même support. Le son de hauteur ut_1, qui doit être analysé, est produit à peu de distance avec l'instrument choisi, et dans des conditions telles que les vibrations qui lui correspondent puissent se communiquer avec la même facilité aux masses d'air de tous les résonnateurs. Il suffit alors de noter à quels résonnateurs appartiennent les flammes vacillantes, à quels résonnateurs correspondent les flammes immobiles. Les premières indiquent à l'œil quels sont les harmoniques qui s'ajoutent au son principal. M. Kœnig, pour rendre plus nettement perceptibles les flammes vacillantes, fait tourner d'un mouvement rapide, dans le voisinage des huit flammes, et parallèlement à leur direction, un prisme à base carrée dont les quatre faces sont formées par des miroirs plans. De cette façon, les images de la flamme qui oscille sont séparées ; et comme elles sont de plus alternativement allongées et raccourcies, l'observateur distingue aisément les différences de longueur qui s'y manifestent. Quant aux flammes qui demeurent immobiles, leurs images fournies par le miroir tournant, conservent évidemment une longueur constante. Leur ensemble constitue, comme une sorte de ruban lumineux dont la largeur ne varie pas.

1363. Résultats obtenus. — La méthode d'analyse des sons due à M. Helmholtz a mis en évidence les résultats suivants : 1° Les sons donnés par les instruments de musique ne sont jamais simples. 2° Un son composé n'a un caractère musical véritable, que s'il résulte de la superposition de sons élémentaires ayant entre eux un rapport simple. Si ce rapport est quelconque, l'oreille ne distingue qu'un bruit vague dont il lui est impossible de fixer la hauteur. 3° Quand les sons élémentaires représentent les harmoniques du plus grave, l'oreille ne perçoit qu'un seul son dont la hauteur est celle du son fondamental, et dont le timbre dépend de la nature et des intensités relatives des harmoniques surajoutés. 4° Ce sont en général les 6 ou 8 premiers harmoniques seulement, qui, par leur superposition dans des proportions très-diverses, au point de vue de l'intensité, avec le son fondamental, fournissent cette grande variété de timbres que perçoit le sens de l'ouïe. 5° Quand la voix humaine donne une même note musicale, en articulant successivement les différentes voyelles, on reconnaît, qu'à chacune des voyelles prononcées au moment de l'émission du son fondamental, correspond un système particulier d'harmoniques ; ces systèmes diffèrent les uns des autres par la nature et les intensités des sons élémentaires.

1364. Synthèse des sons. — Si la théorie précédente est exacte, il doit être possible de reproduire artificiellement et à volonté le timbre de tel ou tel son ; il suffira de faire entendre, en même temps que le son de hauteur voulue, un certain nombre de ses harmoniques convenablement choisis et d'intensités relatives déterminées. Cette génération d'un *son composé* par la combinaison directe de ses éléments constitu-

tifs porte le nom de synthèse des sons ; elle a été réalisée et décrite par
M. Helmholtz. Voici sa méthode : Un diapason D (*fig.* 627) est installé
entre les deux pôles P et P′ d'un électro-aimant. Quand un courant électrique passe dans le fil de l'électro-aimant, les deux branches du diapason sont attirées ; quand le courant cesse, ces branches, en vertu de
l'élasticité du métal qui les forme, reviennent à leur position initiale et

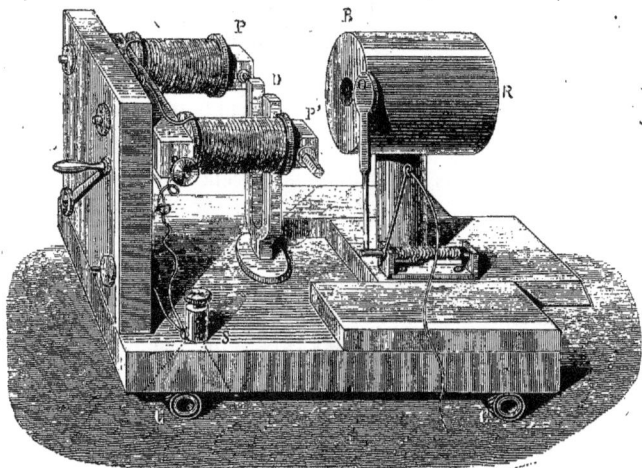

Fig. 627.

la dépassent. Si donc, en un temps donné, l'interrupteur dont on se sert
ouvre le circuit un nombre de fois égal à celui des vibrations doubles
que le diapason employé exécuterait normalement, on voit que ce dernier doit vibrer d'une manière continue. L'électro-aimant remplace,
dans ce cas, un archet ordinaire qui agirait d'une manière incessante
sur l'instrument. M. Lissajous l'a nommé avec raison l'*archet électrique*.
— Le même résultat sera encore obtenu si le nombre de vibrations
doubles du diapason étudié est un multiple exact du nombre des intermittences de courant provoquées par l'interrupteur.

1365. Ceci connu, supposez qu'en face du diapason et à une petite
distance de lui soit placée l'ouverture d'un tuyau cylindrique BR qui
puisse remplir l'office de résonnateur ; supposez, de plus, que cette
ouverture primitivement fermée par une lame de métal puisse être, au
gré de l'opérateur, ouverte plus ou moins. L'opercule O est à cet effet
en relation avec l'une des touches d'un clavier. Nous aurons là un
moyen facile de renforcer le son du diapason ; il deviendra à volonté

perceptible pour l'oreille et en rendant plus ou moins large l'ouverture du résonnateur, nous pourrons augmenter à volonté l'intensité de ce son.

Eh bien! dix diapasons montés comme il vient d'être dit, sonnent les dix harmoniques consécutifs d'un même son fondamental. Ils sont accompagnés chacun de son résonnateur et sont fixés sur une même table. On les isole les uns des autres et de la table qui les supporte par l'emploi de coussinets de caoutchouc. De cette façon, les transmissions des mouvements vibratoires sont aussi atténuées que possible. Les dix électro-aimants qui les accompagnent sont parcourus par un même courant commandé par un diapason interrupteur, pris à l'unisson du diapason le plus grave de la série. Dans ces conditions, quand l'interrupteur fonctionne, tous les diapasons vibrent à la fois et cependant l'oreille ne perçoit que des sons très-faibles. A une petite distance de l'appareil, il n'y a même aucun bruit perceptible. Mais vient-on à presser avec les doigts quelques-unes des touches du clavier, les résonnateurs correspondants sont mis en activité, et on produit aussitôt un son composé résultant de la superposition d'un certain nombre de sons élémentaires arbitrairement choisis et dont la pression des doigts règle l'intensité. On a, en un mot, un appareil des plus commodes pour engendrer des sons composés de tels éléments qu'il plaît de faire intervenir.

1366. Électro-diapason à mouvement continu. — M. Mercadier a fait construire récemment, pour les expériences du genre de celles qui nous occupent, un diapason qui sert lui-même d'interrupteur. Ce diapason, dont les deux branches A, A' ne sont figurées ici (*fig.* 628) qu'en partie, est solidement installé sur un madrier en chêne. A la branche A est fixée, à l'aide d'une plaque de cuivre, munie d'une vis C et de goupilles S, une aiguille d'acier *a* d'un centimètre de longueur, qui doit

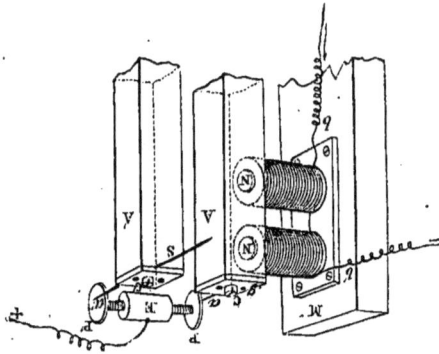

Fig. 628.

produire les interruptions. En face de cette même branche, se trouve l'électro-aimant N porté par un support distinct M. Enfin, entre les deux branches et un peu en arrière du plan de vibration, est une vis dont la

tête est constituée par une plaque en platine P qu'on peut amener dans
une position déterminée en faisant tourner la vis dans l'écrou fixe E. Le
support de cet écrou n'a pas été indiqué ici, pour ne pas compliquer la
figure. Le courant fourni par une pile arrive à l'écrou, puis au disque P,
il passe ensuite de l'aiguille a (lorsque celle-ci est en contact avec le
disque) au diapason, et enfin de ce dernier à l'électro-aimant dont le fil
aboutit au pôle négatif de la pile. Dans ces conditions, la branche A du
diapason est attirée par les pôles N, et l'interruption du courant a lieu
en a, P. Aussitôt l'aimantation cesse et les branches du diapason à
raison de l'élasticité du métal qui les forme se rapprochent; un nouveau contact en a, P se produit ; par suite aimantation nouvelle en N,
attraction exercée sur A et ainsi de suite. L'électro-aimant produira
ainsi sur le diapason des attractions périodiques en nombre égal à
celui des vibrations de l'instrument et qui auront pour effet d'entretenir sa force vive et son mouvement. On règle l'amplitude des vibrations de l'instrument en faisant varier la position de la plaque par rapport au style interrupteur.

1367. **Résultats obtenus.** — M. Helmholtz a étudié, par le procédé
indiqué plus haut (§ 1364), des timbres très-variés et notamment celui
de la voix humaine au moment de l'émission des voyelles. Il a reconnu
qu'en faisant résonner à la fois le diapason le plus grave, le 1er et le
2e harmonique, on avait le timbre de la voyelle ou. — On produit l'o en
affaiblissant un peu le son fondamental, les harmoniques 1, 2 et 4, et
faisant sonner fortement le 5e harmonique. Du reste les philologues ad-
mettent aujourd'hui que l'o long et l'o bref ne représentent pas une
même voyelle, tantôt longue, tantôt brève ; ce sont en réalité deux sons
différents. Il en est de même de l'a et de l'â.

Le timbre correspondant à la voyelle a est assez bien imité, en affaiblissant convenablement les harmoniques 1, 2, 5, et renforçant au contraire le 7e et le 8e. Les dix harmoniques sonnant à la fois donnent le
timbre d'un tuyau ouvert qui produirait le son fondamental ; les harmoniques de rang impair sonnant seuls donnent celui d'un tuyau fermé de
même longueur.

CHAPITRE VI

VIBRATIONS DES VERGES, DES PLAQUES ET DES MEMBRANES

——

I -- VIBRATIONS DES VERGES

En acoustique, on donne le nom de *verges* à des tiges de bois, de métal ou de toute autre substance dont l'épaisseur est assez forte pour qu'elles restent droites et sans flexion notable quand on les tient horizontalement.

1368. Vibrations longitudinales. — Une verge serrée entre les doigts ou entre les mâchoires d'un étau (*fig.* 629), exécute des vibra-tions longitudinales lorsque, à partir du point fixe, on la frotte dans le sens de la longueur avec un drap saupoudré de colophane ou imprégné d'eau acidulée : un son pur se fait alors entendre. Le procédé le plus simple pour

Fig. 629.

montrer, dans ce cas, l'existence du mouvement vibratoire consiste à armer la verge maintenue horizontale d'une pointe faisant saillie latéralement, et à faire passer au contact de cette pointe une plaque qui soit enduite de noir de fumée, et qui se déplace verticalement. La figure montre la disposition adoptée pour exécuter cette expérience ; la verge et la pointe sont horizontales, la plaque enduite de noir

de fumée se déplace de bas en haut, et la ligne sinueuse qui a été tracée
par la pointe montre l'existence du mouvement vibratoire et permet de
compter les oscillations de la tige.

Le mouvement de va-et-vient des extrémités de la tige peut être
encore rendu manifeste, en plaçant une petite bille d'ivoire suspendue à
un fil à une très-petite distance de l'un des bouts de la verge. Aussitôt
que le son se fait entendre, la bille est lancée avec force.

Les verges peuvent être libres à leurs deux bouts, ou libres à un bout
seulement. L'étude du mouvement vibratoire des premières nous occupera tout d'abord.

1369. **Verges libres aux deux bouts.** — Les verges libres aux deux .
bouts peuvent être assimilées exactement à des tuyaux ouverts ; les lois
de leurs vibrations sont les mêmes.

La verge étant fixée en son milieu seulement, on lui fait rendre facilement, par le moyen qui vient d'être indiqué, le son le plus grave
qu'elle puisse donner ou le son fondamental. Par la méthode graphique,
on constate alors que toutes les tranches sont en mouvement, à l'exception de celle du milieu, qui représente le nœud médian des tuyaux
ouverts.

Par ces mêmes expériences, non-seulement l'existence des vibrations
longitudinales est mise hors de doute, mais on constate de plus que
l'allongement de la barre, à certaines phases de son mouvement, est,
quoique toujours petit, énorme cependant, quand on songe à l'effort
minime qui est nécessaire pour faire glisser le drap et produire le frottement. Si telle verge qu'on fait vibrer longitudinalement était fixée à
l'une de ses extrémités et qu'on suspendît à l'autre des poids, il faudrait, dans certains cas, un poids de plus de 1,000 kilogrammes pour
produire dans sa longueur l'accroissement qu'elle acquiert dans certaines phases de sa vibration.

1370. **Loi des longueurs.** — Comme dans les tuyaux ouverts, les
nombres de vibrations correspondant au son fondamental varient en
raison inverse des longueurs, pour des verges de même nature et fixées
en leur milieu. Prenez deux verges d'acier dont les longueurs soient
dans le rapport de 2 à 1 ; la plus courte rend l'octave aiguë du son fondamental que l'autre fait entendre.

1371. **Sons harmoniques.** — Une verge dont on fixe la tranche située au quart de la longueur rend un son autre que le son fondamental,
et qui en est juste l'octave. La verge se divise alors comme en deux
verges vibrantes, égales chacune, à la moitié de la verge totale. En fixant

successivement les points situés à $\frac{1}{6}$, $\frac{1}{8}$, etc., etc., de la longueur de la verge, on obtient les sons 3, 4, 5, etc., c'est-à-dire les divers harmoniques du son fondamental, exactement comme avec un tuyau ouvert. En un mot, les verges, quand elles sont ébranlées dans le sens longitudinal, se partagent, comme les cordes tendues, comme les colonnes d'air des tuyaux sonores, en segments distincts qui vibrent à l'unisson.

1372. Verges fixées à un bout. — Une verge fixée à l'un de ses bouts est assimilable à un tuyau fermé.

1° Elle équivaut à une verge qui serait libre à ses deux bouts et de longueur double.

2° Quand on fait rendre le son fondamental à plusieurs verges, fixées par un bout, les nombres de vibrations qu'elles exécutent varient en raison inverse de leurs longueurs.

3° Une même verge peut faire entendre les harmoniques, dont les nombres de vibrations sont représentés par la série des nombres impairs 1, 3, 5, 7.

1373. Vibrations transversales des verges. — Diapason. — Les verges qu'on soumet à une flexion se redressent, en vertu de leur élasticité, et exécutent des vibrations, qui sont perpendiculaires à l'axe et qu'on appelle vibrations transversales. On étudie ces vibrations en se servant de verges aplaties sur lesquelles on projette du sable. La verge saisie entre les doigts et attaquée, à son extrémité, par l'archet, rend un son musical. Le sable projeté à sa surface se rassemble et s'accumule sur des lignes qui indiquent les nœuds.

Les lois de ces vibrations sont très-complexes ; nous nous contenterons d'en énoncer une seule :

Des verges semblables qui sont ébranlées de manière que les nœuds et les ventres produits soient en même nombre et semblablement placés, exécutent des vibrations dont le nombre varie en raison inverse des dimensions homologues des verges.

Une lame que l'on a recourbée rend un son plus grave que lorsqu'elle est droite. Les diapasons (*fig.* 630) sont précisément des verges courbes qui vibrent transversalement. Quand on les ébranle à la manière ordi=

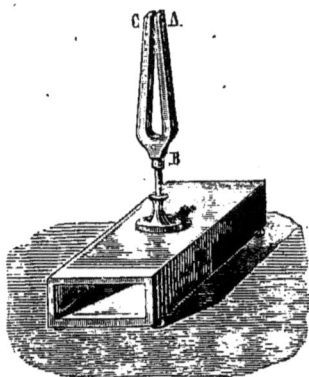

Fig. 630.

naire, soit en faisant passer entre leurs deux branches un cylindre de
bois dont le diamètre est un peu plus grand que la distance actuelle qui
les sépare, soit en les attaquant avec un archet dans le voisinage des
extrémités ; ils donnent un son très-pur, le son fondamental. Mais quand
l'archet frotte l'une des branches vers le milieu de sa longueur, c'est
l'octave du son fondamental qui est nettement perçue.

1374. **Coexistence dans une même verge des deux modes de
vibration**. — Les vibrations longitudinales et les vibrations transversales coexistent souvent dans une même verge que l'on a ébranlée. Si
les dimensions de cette verge ont été choisies de telle sorte que les deux
espèces de vibration puissent donner naissance au même son, on reconnaît que, quel que soit le mode d'ébranlement employé, les vibrations d'une espèce font naître aussitôt et nécessairement celles de l'autre.
La verge tout entière est alors le siége d'un mouvement très-complexe
résultant de la concomitance des deux sortes de vibrations. De même,
quand la verge est telle que le son transversal et le son longitudinal
qu'elle peut donner isolément sont à l'octave l'un de l'autre, on ne peut
provoquer le premier son, sans que le second se fasse entendre immédiatement.

II — VIBRATIONS DES PLAQUES

1375. **Mode d'expérience**. — Nous avons déjà dit comment on exci-
tait les vibrations des plaques, et comment on constatait le mouvement
oscillatoire des molécules qui les exécutent. Une expérience de ce genre
a été précédemment décrite ; nous la replaçons sous les yeux du lecteur, dans la figure 631.

En réalité, une même plaque peut rendre des sons très-différents et
très-nombreux ; et, à chaque son particulier, correspond un système de
lignes nodales. Quand on fixe tel ou tel point d'une plaque, on fait toujours naître une ligne nodale nouvelle qui passe par le point choisi, et
en même temps qu'un système spécial de lignes nodales apparait, une
note nouvelle résulte des vibrations de la plaque. Les figures 632, 633,
634 montrent trois systèmes de lignes relevées sur la plaque carrée mise
en expérience dans la figure 631 ; chaque fois le centre et deux ou trois
autres points avaient été fixés.

La figure 635 montre l'un des systèmes les plus simples des lignes
nodales que l'on peut obtenir avec une plaque circulaire.

1376. Loi des épaisseurs. — Le nombre des vibrations exécutées par des plaques de même surface, varie comme les épaisseurs, lorsque les lignes nodales qui prennent naissance sont en même nombre et présentent la même disposition.

Deux plaques dont les épaisseurs sont dans le rapport de 1 à 2, rendent des sons qui sont à l'octave l'un de l'autre. L'oreille reconnaît que dans ce cas la plaque la plus épaisse rend l'octave aiguë.

1377. Loi des surfaces. — Les nombres de vibrations sont en raison inverse des surfaces, lorsque l'épaisseur demeure constante.

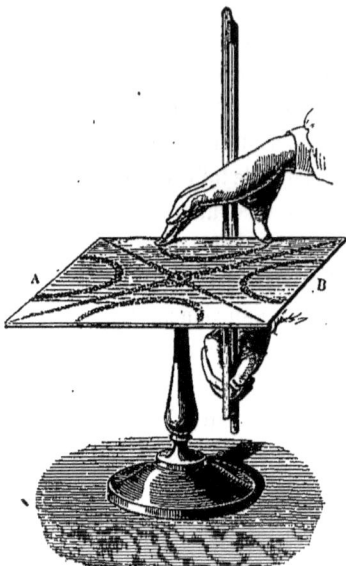

Fig. 631.

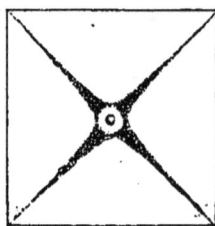

Fig. 632.

Deux plaques carrées de même épaisseur, mais dont les surfaces sont dans le rapport de 1 à 2, mises en vibration, résonnent à l'octave; la plus petite fait entendre l'octave aiguë. Il faut toutefois que les mêmes lignes nodales se dessinent sur toutes les deux.

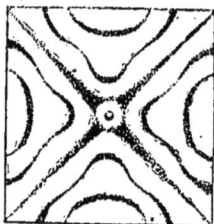

Fig. 633.

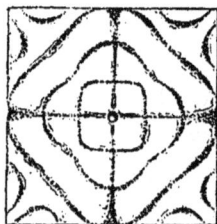

Fig. 634.

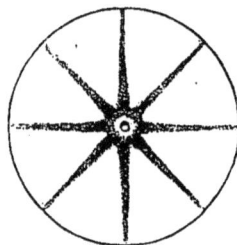

Fig. 635.

1378. Loi des dimensions homologues. — Enfin la loi des dimensions homologues se rapporte aussi aux vibrations des plaques. Quand on prend deux plaques formées de la même substance et ayant des volumes semblables, les nombres de vibrations, qu'elles exécutent dans le même temps, varient en raison inverse de leurs dimensions homologues, à la condition toujours que les lignes nodales indiquent un même mode de division pour l'une et pour l'autre.

La loi que nous venons d'énoncer est la plus générale de l'acoustique; nous avons eu occasion de la signaler pour toutes les espèces de corps vibrants.

III — VIBRATIONS DES MEMBRANES ÉLASTIQUES

1379. Historique de la question. — Le mouvement vibratoire des membranes minces et élastiques que l'on fixe sur un cadre par tous les points de leur pourtour, et auxquelles on communique une certaine tension, a été étudié à l'aide du calcul et de l'expérience. Poisson et M. Lamé ont examiné la question à un point de vue exclusivement théorique. Ce dernier a fait connaître la succession des sons que peut rendre une membrane carrée, ainsi que les figures nodales correspondantes. Il a aussi traité le cas des membranes triangulaires. Poisson s'était occupé des membranes circulaires ; mais dans le cas seulement où elles se partagent en cercles nodaux concentriques.

Les recherches expérimentales relatives aux vibrations des membranes sont dues à Savart d'abord, puis à MM. Bourget et F. Bernard, qui, dans le cas des membranes carrées, ont soumis les résultats de l'analyse au contrôle de l'expérience. Enfin, M. Bourget, dans un travail plus récent, a découvert les lois mathématiques du mouvement vibratoire des membranes circulaires, en se plaçant à un point de vue tout à fait général. Puis il a vérifié, par des expériences directes, les conséquences du calcul.

1380. Mode d'expérience. — Les membranes que l'on emploie sont habituellement en baudruche, en papier végétal ou en papier ordinaire. La baudruche est rarement homogène, le papier végétal est trop hygrométrique, le papier ordinaire est celui qui a donné les meilleurs résultats. Quelle que soit la substance choisie, la membrane est collée par ses bords sur un cadre de bois ou de carton, et la précaution principale à prendre est de lui faire acquérir, dans tous ses points, une tension égale. Quand elle est sèche et prête à fonctionner, on la saupoudre de sable, afin de se renseigner sur la position qu'occuperont les lignes nodales, et l'on produit dans son voisinage un son intense, soit à l'aide d'une corde vibrante, soit avec un tuyau sonore. Ce dernier mode est préférable.

1381. Lois des vibrations des membranes. — Voici les principaux résultats qui ont été constatés :

I. *Membranes carrées.* — 1° Il n'est pas vrai, comme Savart croyait l'avoir démontré, et comme on l'a supposé d'abord, quand on a voulu appliquer le phonographe de Scott à l'analyse de tous les sons, que *les membranes carrées puissent exécuter un nombre quelconque de vibrations*, et que l'on puisse passer d'un mode de division de ces membranes à un autre, quel qu'il soit, d'une manière continue, en faisant varier le son par degrés insensibles.

2° Une membrane carrée peut vibrer à l'unisson d'une infinité de sons de plus en plus aigus à partir d'un son dit *fondamental*, et qui est le plus grave de la série.

3° En appelant 1 le nombre de vibrations du son fondamental ; ceux que la membrane peut rendre, correspondent aux nombres 1,581 — 2, — 2,236 — 2,550 — 2,915 — 3, etc.

Cette série des sons possibles montre bien que la membrane ne peut pas vibrer à l'unisson d'un son quelconque, qu'elle a son système d'harmoniques comme une corde a le sien.

4° Plusieurs de ces sons peuvent être rendus à la fois ou l'être séparément, suivant le mode indirect d'ébranlement que l'on a adopté.

5° Les systèmes nodaux des membranes carrées doivent être groupés par types formés de lignes parallèles aux côtés. A chacun des sons possibles, correspond un groupe spécial de ces lignes nodales souvent d'un même type. Dans chacun de ces groupes et suivant le mode d'ébranlement adopté, la figure nodale pourra être plus ou moins compliquée. Mais, dans aucun cas, on ne peut faire dériver, par déformations continues, des lignes qui correspondent à un son, les lignes qui appartiennent à une note musicale différente ; les seules qui puissent se transformer les unes dans les autres sont celles qui font partie d'un groupe correspondant à un même son.

II. *Membranes circulaires.* — M. Bourget, à la suite de recherches théoriques et expérimentales habilement dirigées, est arrivé aux conclusions suivantes :

1° Les figures nodales d'une membrane circulaire uniformément ten-

due ne peuvent être que des cercles concentriques, des diamètres équidistants ou des combinaisons de cercles et de diamètres.

2° Chacun de ces modes de division correspond à un son déterminé,
mais différent.

3° Les divers sons possibles d'une membrane circulaire forment une
série très-compliquée à partir du son le plus bas, qui correspond au cas
où la membrane vibre en totalité. Les nombres de vibrations de ces
sons sont tous incommensurables.

CHAPITRE VII

ÉTUDE OPTIQUE DES MOUVEMENTS VIBRATOIRES

1382. Premières expériences de M. Lissajous. — Il est possible d'étudier, à l'aide de l'œil, les mouvements vibratoires qui déterminent la production des sons. M. Lissajous a résolu le premier ce problème, de la manière la plus ingénieuse, en utilisant tout à la fois les pro-

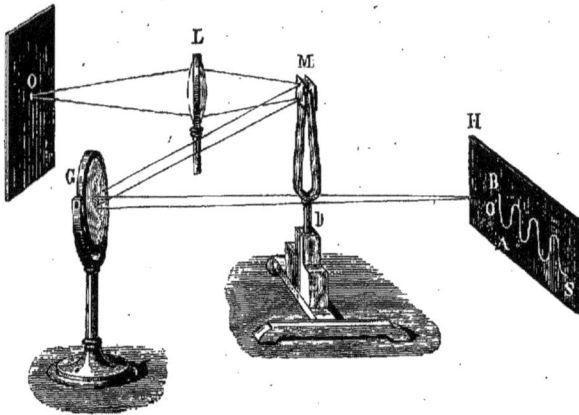

Fig. 636.

priétés géométriques que possèdent ces mouvements et la persistance des impressions visuelles. Les expériences propres à mettre en évidence les principes de cette méthode ont été exécutées, en premier lieu, avec des diapasons présentant une disposition spéciale. Chacun de ces diapasons est armé d'un miroir métallique M fixé sur la surface convexe de l'une de ses branches et dans le voisinage de l'extrémité (*fig.* 636); l'autre branche porte un contre-poids. Cette dernière condition est indispensable

pour que le diapason vibre avec facilité et pendant un temps assez long.
— On peut aisément, à l'aide de cet appareil, démontrer que le son est dû
à un mouvement vibratoire, comme on l'a déjà fait par le tracé graphique.

En effet, par une ouverture très-étroite O, faisons passer un faisceau
horizontal de lumière venant du soleil ou d'une lampe électrique. Recevons ce faisceau sur une lentille L, et de là, sur le miroir M fixé à un
diapason vertical D. Le faisceau sera réfléchi ; on pourra le renvoyer
sur un miroir G et de là sur un écran H. Le faisceau qui part du point O
est divergent. Mais après avoir traversé la lentille, les rayons qui le composent sont rendus convergents ; et si la lentille est convenablement
choisie et convenablement placée, on peut amener le point de croisement des rayons sur l'écran en O'. Si les rayons partaient tous d'un seul
point, ils convergeraient sensiblement en un point unique ; partant
d'une petite ouverture, ils vont se concentrer, dans un espace resserré,
de même forme que l'ouverture O, à contours nettement définis et formant ce qu'on appelle l'image du point O.

1383. Faisons maintenant vibrer le diapason, le miroir M va osciller
à peu près, comme s'il pivotait autour d'un axe horizontal passant
par un certain point de la branche à laquelle il est fixé ; du miroir, ce
mouvement d'oscillation se communiquera au faisceau réfléchi MG et par
suite au faisceau GO', dont la direction variera avec celle du faisceau MG.
L'image O' oscillera donc rapidement entre deux limites extrêmes A et
B, déterminées par l'amplitude du mouvement vibratoire que possède le
diapason. Si les vibrations étaient très-lentes, on pourrait suivre l'image
dans son mouvement oscillatoire de A en B et de B en A, mais par suite
de la rapidité même du mouvement, l'impression lumineuse persiste
dans l'œil, pendant la durée de plusieurs oscillations consécutives. La
ligne AB paraît donc illuminée dans toute son étendue. Pour bien établir que cette illumination est due à un mouvement oscillatoire de
l'image, il suffit de faire tourner le miroir G autour de son support,
comme autour d'un axe vertical. L'image est alors projetée sur des régions différentes de l'écran et, tandis qu'elle oscille de bas en haut,
elle se déplace dans le sens horizontal ; elle décrit donc une ligne
sinueuse AS. Cette ligne, par suite de la persistance des impressions
visuelles, est, à chaque instant, éclairée dans une partie de sa longueur,
et apparaît sous forme d'un ruban lumineux semblable aux lignes si-
nueuses données par le tracé des vibrations.

Cette expérience constitue donc la manifestation optique du mouvement vibratoire.

1384. Composition optique des mouvements vibratoires. — L'expérience précédente montre qu'il est possible de donner à une image un mouvement vibratoire semblable à celui dont un corps sonore est animé. On peut de même communiquer, à une même image, deux ou plusieurs mouvements vibratoires simultanés de même direction ou de directions différentes. Ces mouvements se composeront en un mouvement résultant dont la trajectoire peut être, dans chaque cas, calculée et au besoin tracée par l'emploi des méthodes géométriques. Cette trajectoire s'illumine dans une étendue plus ou moins grande, suivant les conditions de l'expérience : de là résultent des apparences que nous allons examiner, et dont on peut tirer parti pour l'étude des mouvements auxquels ces apparences sont dues.

1385. Composition optique de deux mouvements de même direction. — Pour réaliser ce genre de phénomène, il suffit, dans l'expérience précédente, de substituer, au miroir G, le miroir d'un deuxième diapason parallèle au premier. L'image O' se déplacera alors sous l'influence du mouvement qu'elle reçoit à la fois de chacun des miroirs oscillants, et son déplacement sera la somme algébrique des déplacements qu'elle éprouverait si on faisait vibrer isolément l'un ou l'autre diapason.

Nous supposerons, pour plus de simplicité, les diapasons à l'unisson. Quand ces diapasons vibrent en même temps, il arrive presque toujours que le commencement de chaque vibration du premier ne coïncide pas exactement avec le commencement de la vibration correspondante du second. Il en est séparé par un certain intervalle de temps que l'on appelle la *différence de phase*. Cet intervalle se mesure, en prenant pour unité la durée commune de la vibration totale. Soit θ cette durée commune, si le retard entre l'origine de deux vibrations correspondantes des deux diapasons est $\dfrac{\theta}{2}, \dfrac{\theta}{3}, \dfrac{\theta}{4} \cdots \dfrac{\theta}{n}$, on dit que la différence de phase est $\dfrac{1}{2}, \dfrac{1}{3}, \dfrac{1}{4} \cdots \dfrac{1}{n}$.

1386. Ceci posé, lorsque la différence de phase est 0, les deux mouvements communiqués à l'image sont de même direction à tous les instants; ils s'ajoutent donc purement et simplement, et l'amplitude du mouvement résultant est la somme des amplitudes des mouvements composants. La ligne lumineuse AB obtenue en faisant vibrer à la fois les deux diapasons, aura donc une longueur égale à la somme des longueurs qu'elle prendrait, si chaque diapason vibrait seul. — Si, au contraire, la différence de phase est $\dfrac{1}{2}$, les deux mouvements sont constamment de sens contraire, puisque la période ascendante de la vibration communiquée à l'image par le premier diapason coïncide avec la période descendante de la vibration due à l'autre diapason. Dans ce cas, l'amplitude du mouvement de l'image est *la différence* des amplitudes dues à chacun des mouvements vibratoires. Si ces mouvements sont égaux, l'image O' reste immobile; s'ils sont inégaux, l'amplitude a sa valeur minimum.

Pour les différences de phase intermédiaires, on a une amplitude intermédiaire. Ainsi, soit a l'amplitude du mouvement de l'image due à la vibration du premier diapason, a' l'amplitude due à la vibration du deuxième diapason. La hauteur de l'image peut, suivant la différence de phase, varier de $a + a'$ à $a - a'$.

1587. **Étude optique du battement.** — Quand les deux diapasons sont *presque d'accord*, la différence de phase des deux mouvements vibratoires n'est plus constante, elle varie lentement avec le temps. Il en résulte que l'amplitude du mouvement résultant, et par suite la hauteur de l'image, varie et passe par des maxima et des minima alternatifs. L'intervalle entre deux maxima ou deux minima est égal au temps pendant lequel la différence de phase a augmenté d'une unité, c'est-à-dire au temps pendant lequel un des deux diapasons a fait une *vibration double* de plus que l'autre.

La composition des ondes sonores produites en même temps par les deux diapasons, détermine, dans l'intensité du son, des variations périodiques connues sous le nom de *battements*. Ces battements affectent l'oreille, en même temps que l'œil perçoit les pulsations de l'image. On réalise donc ainsi la représentation optique du battement.

1588. **Composition optique de deux mouvements vibratoires rectangulaires.** — Pour cette expérience, les diapasons sont disposés de la manière suivante (*fig.* 637) : l'un des deux A est placé de façon que le plan des branches soit horizontal ; dans l'autre B, le plan des branches est vertical. Un faisceau de lumière partant de la lampe électrique, ou d'une lampe ordinaire L, comme cela est indiqué dans la figure 638, traverse une lentille (nous n'avons pas jugé nécessaire de l'indiquer sur la figure), se réfléchit sur le miroir du diapason D, puis sur celui du diapason D' et vient se concentrer, finalement, soit sur un écran comme en F (*fig.* 637), soit dans une lunette S (*fig.* 638), à l'aide de laquelle les observations peuvent être faites d'une manière très-précise.

Quand on attaque avec l'archet le diapason horizontal, on obtient une ligne lumineuse horizontale ; quand on attaque le diapason vertical,

la ligne lumineuse est verticale ; si on met les deux diapasons à la
fois en mouvement, en les attaquant successivement à court intervalle

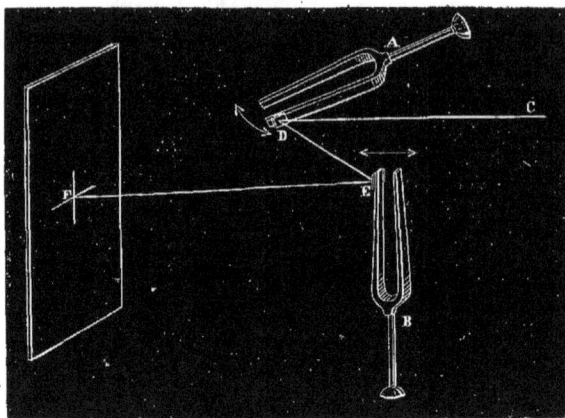

Fig 637.

avec l'archet, le point lumineux se meut avec rapidité sur l'écran et
produit une trace lumineuse dont la forme dépend du rapport qui existe
entre les nombres de vibrations des deux sons, ainsi que de la différence
de phase des deux mouvements vibratoires.

Fig. 658.

1389. PREMIER CAS. — **Diapasons à l'unisson. — Cas où les diapasons sont parfaitement d'accord.** — Dès qu'on a mis les deux diapa-

sons en vibration, on aperçoit dans le champ de la lunette une ligne droite, une ellipse ou un cercle. Ces formes diverses correspondent aux diverses différences de phases.

Pour la différence de phase 0, on a une ligne droite (*fig.* 639, 1re série).

Pour la différence de phase $\frac{2}{8}$ ou $\frac{1}{4}$, on a un cercle si les deux mouvements ont la même amplitude ; une ellipse dont les axes sont dirigés suivant la verticale et l'horizontale, si les deux mouvements ont des amplitudes différentes.

Pour la différence de phase $\frac{4}{8}$ ou $\frac{1}{2}$, on a une ligne droite inclinée en sens inverse de la direction primitive.

Pour la différence de phase $\frac{6}{8}$ ou $\frac{3}{4}$, les apparences seraient les mêmes que pour la différence $\frac{2}{8}$.

Quant aux différences de phases intermédiaires : $\frac{1}{8}$, $\frac{3}{8}$, elles correspondent à des figures elliptiques dont les axes ont des directions intermédiaires entre la verticale et l'horizontale.

1390. Toutes ces figures sont inscrites dans un rectangle dont les dimensions sont précisément les amplitudes du mouvement horizontal et du mouvement vertical.

Par conséquent, si l'un des mouvements s'éteint plus rapidement que l'autre, l'ellipse s'écrase, en quelque sorte, sur elle-même, dans le sens où l'amplitude du mouvement vibratoire se raccourcit. Si, au contraire, l'amplitude des deux mouvements s'affaiblit dans une égale proportion, la courbe reste semblable elle-même jusqu'au moment où, par la diminution d'amplitude, elle se réduit à un point immobile.

En tout cas, la figure produite conserve une immobilité parfaite et une constance de forme absolue, alors même que ses dimensions varient, tant que les diapasons restent rigoureusement d'accord.

1391. **Cas où les diapasons ne sont pas rigoureusement d'accord.** — Quand l'accord n'est pas complet, la différence initiale de phase ne se maintient pas, et la courbe prend à chaque instant la forme particulière qui correspond à la différence de phase actuelle. Elle se transforme donc progressivement, en acquérant successivement toutes les formes indiquées dans la première ligne du tableau ; et lorsque la courbe, par suite de ces transformations successives, a repris sa forme initiale, on est sûr que l'un des deux diapasons a exécuté, durant ce temps, une vibration double de plus que l'autre.

Cette transformation de la figure obtenue sur l'écran est très-remarquable ; elle s'accomplit avec l'apparence d'un balancement périodique ou d'une rotation que la figure semble éprouver, et dont la rapidité décroît à mesure que les diapasons sont plus voisins de l'accord tout à fait rigoureux.

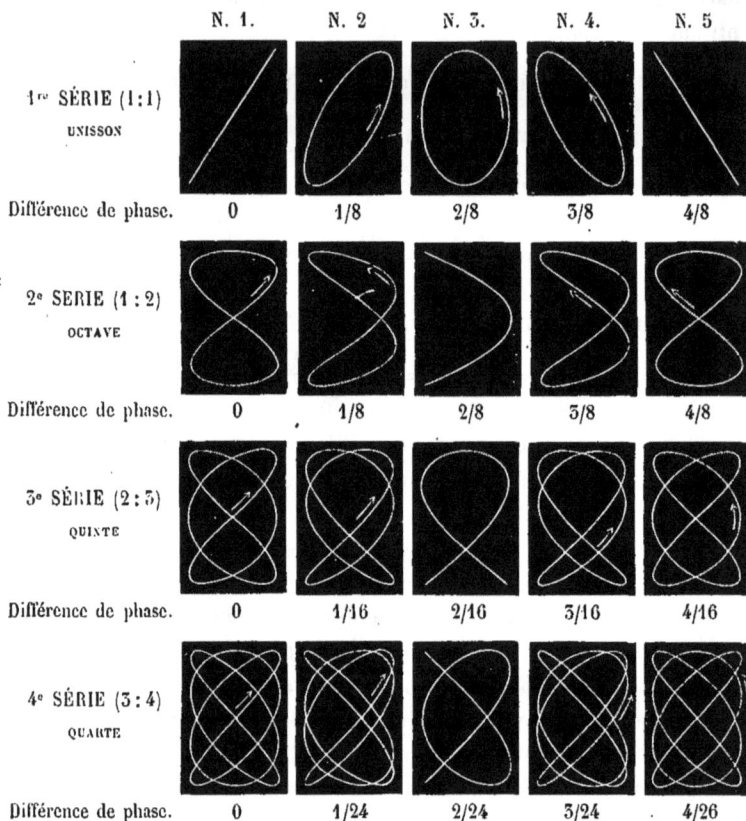

Fig. 639.

Cette apparence singulière est précisément celle que l'on observerait si un cerceau lumineux incliné sur le plan de l'horizon tournait dans l'espace autour d'un axe vertical.

1392. DEUXIÈME CAS. — **Diapasons à l'octave.** — Quand les diapasons sont exactement à l'octave l'un de l'autre, ils donnent une des figures représentées dans la deuxième ligne horizontale du tableau (*fig.* 659, 2ᵉ série).

La figure aperçue dès le premier instant conserve absolument sa forme initiale, *si l'accord est irréprochable*, et cette forme elle-même dépend de la différence initiale de phase. *S'il y a une faible différence dans l'accord*, la figure passe successivement par toutes les formes indiquées dans la deuxième ligne du tableau, et lorsqu'elle est revenue à sa forme initiale, le diapason *le plus aigu* a fait une vibration double de plus que le diapason le plus grave.

Les autres lignes du tableau (3ᵉ série, 4ᵉ série) représentent les diverses figures correspondant à d'autres intervalles musicaux plus compliqués : la quinte et la quarte.

En général, l'examen de chacune des figures ainsi obtenues fournit, sans plus ample informé, le rapport des nombres de vibrations exécutées simultanément par les deux diapasons auxquels elle est due. En effet, si le diapason qui oscille dans le sens vertical exécute 2 vibrations, par exemple, pendant que le second en fait 3, le point lumineux, dont le mouvement sur l'écran détermine l'apparition de la figure, atteindra deux fois la limite de son excursion verticale, tandis qu'il atteindra trois fois la limite de son excursion horizontale. Nous aurons donc, dans la figure qui correspond au rapport de 2 à 3 (quinte) (*fig.* 659, 3ᵉ série), deux sommets à la partie supérieure, deux sommets à la partie inférieure de la courbe, et trois à chacune de ses parties latérales. La même loi s'applique d'ailleurs à un rapport quelconque.

1393. Expériences de M. Bourbouze. — M. Bourbouze a, dans ces derniers temps, appliqué la méthode optique à l'étude du mouvement vibratoire des colonnes gazeuses dans les tuyaux sonores. Il a pris pour point de départ le fait suivant : Si au lieu d'introduire dans un tuyau, ouvert aux deux bouts, une membrane tendue sur un cadre, comme nous l'avons indiqué (§ 1270) et (§ 1338), membrane qui demeure immobile dans la région du nœud, on fait pénétrer dans le tuyau une sorte de tambour cylindrique, dont la hauteur est très-petite par rapport au diamètre et dont les deux bases sont formées par des membranes de caoutchouc, les indications de ce petit appareil seront inverses de celles que fournit la membrane simple, c'est-à-dire que les excursions des deux membranes formant les bases du tambour seront les plus grandes là où la membrane simple demeurait immobile. Si, de plus, pour rendre cet effet visible de loin, on colle sur l'une des membranes un petit miroir argenté très-léger, qui oscille avec elle, on pourra, en faisant réflé-

chir sur ce miroir un rayon de lumière provenant d'une source fixe, obtenir une oscillation du rayon réfléchi, qui donnera sur un écran une
image allongée, comme cela se produit dans les expériences de M. Lissajous. Le maximum d'allongement aura lieu quand le tambour sera
placé dans la région du nœud, le minimum correspondra au ventre. La
méthode optique permettra donc d'étudier l'état vibratoire de la colonne
d'air du tuyau sonore.

On pourra même, pour plus de simplicité, pratiquer des ouvertures à
la hauteur du nœud et du ventre, boucher ces ouvertures avec des mem-

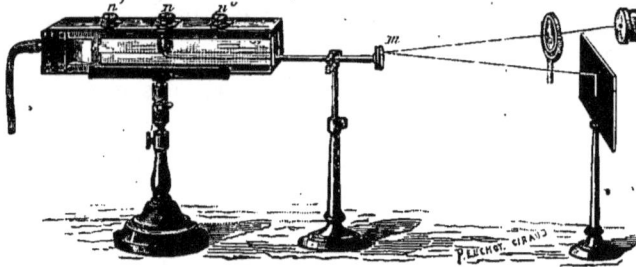

Fig. 640.

branes portant le petit miroir argenté dont il vient d'être question; et,
par la même méthode optique, rendre visibles les variations de densité
qui se produisent au nœud, et la permanence d'une pression constante
de l'air, qui se manifeste au ventre (*fig.* 640).

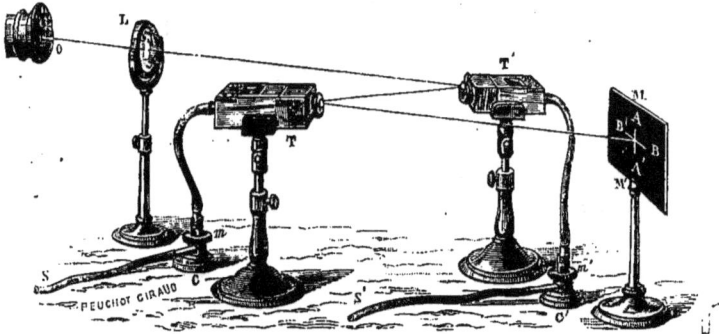

Fig. 641.

1394. On pourra aussi rendre visible la composition de deux mouvements vibratoires rectangulaires, qui se produira lorsqu'on fera parler
simultanément deux tuyaux fermés rendant des sons, qui correspondent
à des rapports simples dans les nombres de vibrations. Les courbes ca-

ractéristiques des divers intervalles musicaux seront obtenues ainsi avec une grande régularité et surtout avec une grande fixité.

La figure 641 indique la disposition qui a été adoptée dans ce cas. On commence par faire sonner séparément chaque tuyau, et quand on est arrivé, par tâtonnement, à rendre rectangulaires les trajectoires des rayons lumineux réfléchis, transmis par chaque tuyau pris isolément, on peut les faire vibrer à la fois, et la courbe caractéristique est obtenue.

CHAPITRE VIII

DE L'OUIE

1595. L'appareil auditif, au point de vue physiologique, se compose de deux parties bien distinctes : la première, douée d'une sensibilité spéciale, est destinée à la *perception* et chargée de conduire l'impression sonore jusqu'au cerveau : elle est constituée par le nerf acoustique ; la seconde est destinée à la *réception* et à la *transmission* des sons : elle est représentée par l'oreille proprement dite. Il est évident que l'étude de la première, de la partie sensible, échappe au physicien. Nous nous bornerons donc à faire connaître d'une manière générale la disposition des éléments anatomiques qui constituent l'oreille et leurs dispositions relatives, afin de pouvoir fixer le rôle de l'*instrument* lui-même. Aussi, au point de vue physique, n'hésitons-nous pas à définir l'oreille : Un appareil qui a pour effet de rassembler et de transmettre les sons. Ce double but est rempli par l'oreille externe, sorte de conque utile, mais non indispensable à la fonction, et par une série d'organes délicats qui commencent à la membrane du tympan, membrane vibrant à l'unisson des sons reçus, et qui aboutissent aux parties sensibles elles-mêmes, par l'intermédiaire de la chaîne des osselets.

C'est la description anatomique de ces divers organes chez l'homme que nous allons rapidement esquisser. Nous insisterons ensuite sur les usages respectifs et la valeur des différentes parties.

1396. **Anatomie de l'oreille.** — Chez l'homme, l'oreille est logée de chaque côté de la tête, dans les cavités mêmes des os, qui lui offrent à la fois un point d'appui, une protection et des circonvolutions nombreuses dans lesquelles s'épanouissent les dernières ramifications du nerf acoustique. Une division classique permet d'y considérer : 1° l'oreille externe; 2° l'oreille moyenne ; 5° l'oreille interne.

1° *L'oreille externe* représente une cavité en forme d'entonnoir; elle comprend non-seulement la partie tout extérieure ou Pavillon P (*fig.* 642) de l'oreille, mais encore le Conduit auditif externe C, c'est-à-dire le tuyau prolongé de cet entonnoir.

Les divers contours du Pavillon ont reçu des noms qu'il importe peu

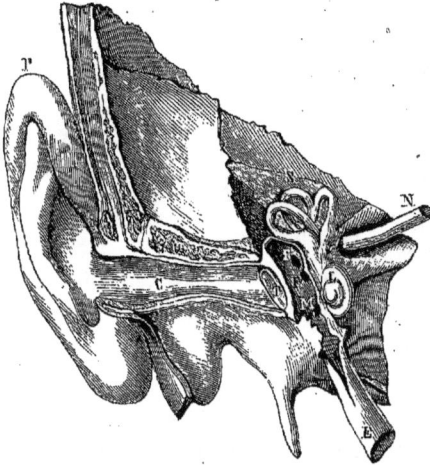

d'indiquer dans l'étude suc- cincte que nous voulons faire de l'appareil auditif; tout ce qu'il faut retenir ici, c'est la direction en avant de ces replis, la conserva- tion de leurs formes par des cartilages, et leur mobilité restreinte ou absente chez l'homme, très-évidente au contraire chez certains ani- maux, notamment le cheval et le lièvre.

Le conduit auditif ex- terne n'est pas rectiligne; il se porte flexueusement

Fig. 642.

dans les cavités osseuses, se moule sur leurs parois et aboutit à la membrane du tympan, qui en constitue comme le fond. Des poils nom- breux et petits, destinés à retenir les poussières de l'air, servent d'organe de protection à l'entrée de ce canal, et des glandes logées dans les tégu- ments sécrètent une humeur qui lubrifie constamment ses parois.

2° *L'oreille moyenne* a été comparée par les anatomistes à un tambour véritable, d'où le nom de Caisse du tympan donné à sa cavité. Nous y trouvons en effet une membrane tendue sur un cadre osseux et capable d'entrer en vibration : c'est la membrane du tympan T, dont le plan fait un angle assez aigu avec la direction du conduit auditif. Cette membrane est circulaire, très-mince, en rapport par sa face interne avec la chaîne des osselets.

La paroi de la caisse opposée à la membrane du tympan, présente deux ouvertures, la Fenêtre ronde F et la Fenêtre ovale F′, ouvertures qui sont fermées : la seconde, par la base de l'un des osselets, l'Étrier ; la première, par une membrane propre.

En même temps que la Caisse du tympan, nous devons indiquer une partie intéressante pour nous : la Trompe d'Eustache E, formée par un canal allant de la cavité de l'oreille moyenne à l'arrière-fond des fosses nasales. Elle est destinée à mettre l'oreille moyenne en libre communication avec d'air extérieur, auquel elle livre passage, comme cela a lieu dans les caisses militaires, par le moyen d'un orifice étroit placé latéralement.

Enfin, la Caisse du tympan contient dans son intérieur une série d'osselets (*fig.* 643) formant une chaîne continue depuis la membrane du tympan jusqu'à la fenêtre ovale. Ces petits os sont au nombre de quatre et désignés, d'après leur forme, sous les noms de Marteau *m*, Enclume *g*, Os lenticulaire *l*, Étrier *e*. Ils sont réunis par des ligaments aux parties voisines ; le marteau notamment est en relation directe avec la mem-

Fig. 643.

brane du tympan. De plus, divers muscles M, M', qui président à leurs mouvements, paraissent destinés à agir médiatement, par l'intermédiaire des osselets, sur la membrane du tympan, peut-être aussi sur d'autres parties dont ils augmentent ou diminuent l'état de tension.

3° L'*oreille interne* est la partie la plus délicate et partant la mieux protégée de l'appareil auditif, elle est logée dans une portion très-dure de l'os temporal, celle qu'on appelle le Rocher; elle présente des circonvolutions nombreuses, qui lui ont valu le nom de Labyrinthe.

Nous ne pouvons donner ici, en entrant dans de nombreux détails, la forme de tous ces conduits; nous dirons seulement que l'oreille interne se compose d'une cavité irrégulièrement ovoïde appelée Vestibule, à laquelle viennent aboutir trois tubes curvilignes, 1° les Canaux semicirculaires S (*fig.* 642) ; 2° une ampoule de forme conique L, désignée sous le nom de Limaçon, pour rappeler sa ressemblance avec les coquilles de certains mollusques gastéropodes; 3° le Conduit auditif interne.

Le conduit auditif interne est un canal qui livre passage au Nerf acoustique N ; ce nerf vient exercer sa fonction dans l'oreille interne, qui acquiert par cela même une grande importance, et constitue, à proprement parler, la seule partie essentielle et fondamentale du sens de l'ouïe; c'est la seule qui existe chez certains animaux. A côté de lui, viennent par ordre d'importance les Canaux semi-circulaires et le Limaçon.

Ces diverses parties sont tapissées de lames minces, molles, membraneuses, transparentes, multipliant encore les surfaces déjà si nombreuses de l'oreille interne, et offrant un développement considérable sur lequel viennent s'épanouir les branches terminales du nerf acoustique. Des liquides spéciaux baignent constamment l'oreille interne, de manière à maintenir sur ses parois l'humidité nécessaire à la fonction nerveuse. Le Limaçon, en particulier, est divisé, suivant sa longueur, en trois compartiments, par deux membranes offrant un certain degré de tension. Dans le compartiment moyen, Corti a signalé l'existence d'un nombre considérable de petites plaques d'une étendue très-faible, presque microscopiques, rangées régulièrement les unes à côté des autres, comme les touches d'un piano. Ces plaques communiquent par une de leurs extrémités avec les fibres du nerf acoustique et par l'autre avec la membrane tendue. Dans le vestibule, se trouvent des fibrilles nerveuses en grand nombre, terminées par des appendices élastiques qui ont la forme de petits poils roides. Dans l'opinion de M. Helmholtz, ces appendices se mettraient à vibrer à l'unisson des ondulations sonores parvenues dans l'oreille ; et chacun d'eux serait accordé avec un seul son, un son de hauteur déterminée. En admettant cette hypothèse, M. Helmholtz a pu se rendre compte de la perception par l'organe auditif du timbre des sons. Le timbre résultant, comme nous l'avons établi plus haut, de la superposition au son fondamental d'un certain nombre de ses harmoniques, on comprend que les seules fibres nerveuses, accordées avec les sons élémentaires superposés, éprouvent une modification spéciale. Toutes les autres ne subiraient aucun ébranlement et dès lors l'oreille serait capable de résoudre, en leurs parties isolées, des mouvements sonores très-complexes.

1397. **Usages des diverses parties de l'oreille.** — Maintenant que nous connaissons la disposition anatomique des organes compliqués qui servent d'instrument au sens de l'ouïe, nous pouvons essayer d'en apprécier le rôle et le mécanisme.

Les usages de l'oreille externe sont évidents, et les courbures de ses diverses parties semblent destinées à réaliser cette condition : que la conque ait toujours une partie de sa surface interne placée sur le trajet des ondes sonores ; ces dernières peuvent alors être réfléchies dans une direction convenable jusque sur la membrane du tympan. Il paraît, en effet, que chez l'homme, une inclinaison ou plutôt un écartement du pavillon coïncide avec une grande finesse de l'ouïe. Quoi qu'il en soit de cette observation, chacun sait que les animaux craintifs ou nocturnes ont ces parties extrêmement développées ou très-mobiles. Chez certaines chauves-souris, les dimensions du pavillon sont énormes ; et nous voyons tous les jours des animaux qui ont la faculté de diriger l'ouverture de l'oreille externe vers le côté d'où vient le bruit.

Les flexuosités et la courbure vers le haut du conduit auditif externe ne paraissent avoir d'autre but qué de s'opposer à l'introduction des corps étrangers. D'après Muller, ce conduit serait destiné à renforcer les sons : il faut remarquer en effet que la disposition infundibuliforme a pour résultat, comme dans un porte-voix, de concentrer sûrement les ondes sonores sur un espace de plus en plus petit. Ajoutons que l'oreille externe offre une sensibilité très-marquée et qu'elle représente ainsi une avant-garde contre les objets extérieurs.

1398. La membrane du tympan, nous l'avons vu, s'insère obliquement dans le conduit auditif; cette disposition a d'abord l'avantage d'éviter l'action brusque et directe des corps étrangers qui pénètrent dans l'oreille. En outre, grâce à cette obliquité, la partie terminale du conduit auditif externe, qui n'a guère que 7 ou 8 millimètres de diamètre, est fermée par une membrane qui mesure, à son point d'insertion, un diamètre de 10 ou 11 millimètres. La différence est sensible, on le voit, et les naturalistes ont établi que, toutes choses égales d'ailleurs, la perfection du sens de l'ouïe est en rapport direct avec la surface et avec l'obliquité de cette membrane.

1399. Si la membrane du tympan servait de paroi à une caisse vide ou remplie par un gaz complétement emprisonné entre des parois résistantes, il est certain qu'elle ne vibrerait pas, ou qu'elle vibrerait mal. Aussi faut-il bien se pénétrer de cette idée que les deux faces de la membrane sont accessibles à l'air, sont soumises à la même pression, et que les ondes sonores peuvent se transmettre aussi bien par le conduit externe que par la trompe d'Eustache. Toutefois, les dimensions restreintes de ce dernier canal, sa position dans l'arrière-cavité des fosses nasales, et par conséquent son rapport avec de l'air, dont les vibrations se sont amorties sur des contours déjà nombreux, tout cela, disons-nous, n'en fait pas le conduit ordinaire des ondes sonores, mais seulement une ouverture destinée an maintien d'une pression toujours égale à la pression atmosphérique. L'expérience prouve d'ailleurs que si l'on bouche les oreilles avec le doigt, on perçoit fort bien un son émis avec la bouche fermée ; et, d'autre part, l'observation médicale a établi que l'occlusion de la trompe d'Eustache coïncidait avec une certaine dureté de l'ouïe.

L'oreille moyenne a pour usage, non pas seulement de transmettre les vibrations, mais elle est encore un appareil de perfectionnement dans lequel les sons sont atténués ou renforcés. Elle manque chez tous les invertébrés, et même chez les vertébrés à respiration branchiale, et c'est elle qui donne aux animaux supérieurs la faculté d'apprécier la valeur exacte des sons. Ce rôle important est rempli par les divers organes qui constituent la caisse du tympan, membranes et osselets ; il est rempli encore par des prolongements considérables, variables d'étendue et de forme, qui, sous le nom de Cellules mastoïdiennes, s'étendent dans l'épaisseur de l'os temporal. Chez l'homme, cet agrandissement des cavités a déjà son importance ; mais chez les oiseaux, les ruminants, etc., ces cavités se prolongent jusque dans l'os occipital, et offrent un développement très-notable.

1400. La chaine des osselets présente des flexuosités, et fait l'effet d'un ressort destiné à transmettre, avec tous les ménagements désirables, les vibrations sonores. Les muscles, qui les font mouvoir, ont pour action secondaire, nous l'avons dit, de tendre ou de relâcher la membrane du tympan et de la rendre ainsi parfaitement apte à vibrer à l'unisson de tous les sons qui viennent de l'extérieur. Ces muscles sont soumis jusqu'à un certain point à l'empire de la volonté ; quelques personnes ont la faculté de les faire mouvoir, et de produire ainsi un léger bruit dans leur oreille ; mais chez tous, ils sont soumis à l'action réflexe, c'est-à-dire qu'ils agissent instantanément pour répondre aux provocations extérieures, sans l'intermédiaire de la volonté. L'utilité de ces muscles est très-grande ; à part la finesse du sens auditif qu'ils favorisent au plus haut point, ils relâchent la membrane dans le cas des impressions trop vives et évitent ainsi sa rupture. On a vu en effet des coups de canon tirés à l'improviste et avant que la membrane eût acquis la distension nécessaire, déterminer la déchirure de cet organe.

Du reste, ces divers organes sont utiles, mais non indispensables ; la perte ou la déchirure du tympan, l'absence des osselets, n'entraînent pas la surdité complète.

1401. Nous avions donc raison de dire en commençant que l'organe seul essentiel est l'oreille interne et même le vestibule. Chez les crustacés et les céphalopodes, le vestibule forme seul le sens de l'ouïe. Les autres parties du labyrinthe lui-même n'apparaissent que successivement dans les êtres plus élevés de l'échelle animale pour n'être complètes que chez les mammifères.

LIVRE VI

OPTIQUE

CHAPITRE PREMIER

PRÉLIMINAIRES

1402. L'optique est la partie de la physique qui comprend l'étude des phénomènes ayant pour cause l'action de la lumière.

Habituellement, ces phénomènes se présentent en très-grand nombre à nos regards, et par leur multitude, ils produisent une confusion que l'analyse ne démêlerait qu'avec d'immenses difficultés. Aussi le physicien prend-il, avant tout, des précautions particulières pour éviter les influences perturbatrices : il se place dans une chambre fermée de toute part, et où ne pénètre aucune autre lumière que celle dont il se propose de faire l'étude, — on a l'habitude de la nommer *chambre noire*. — Là, il peut observer successivement chaque phénomène, et n'ayant plus ni la vue ni l'esprit troublés par des effets étrangers, il lui est plus facile de poursuivre, dans tous ses détails, l'analyse qu'il s'était proposé de rendre complète.

1403. **Corps lumineux.** — Lorsqu'on vient à introduire dans la chambre obscure, où nous sommes placés, un corps lumineux, une lampe allumée, par exemple, le premier effet qui nous frappe, c'est que nous n'apercevons pas seulement la source de lumière, mais nous distinguons encore tous les objets placés dans le voisinage : quelques-uns même, tels que les métaux polis, brillent d'un grand éclat.

Cette première expérience conduit à une conclusion, qui, quoique bien connue, devait être cependant rappelée : c'est que des objets qui ne sont pas visibles par eux-mêmes deviennent lumineux, quand ils sont mis en présence d'une source de lumière. Ces objets n'émettent pas de

lumière qui leur soit propre, mais ils peuvent renvoyer en partie
celle qu'ils reçoivent des sources lumineuses. On est conduit, par suite,
à distinguer les corps en deux groupes : 1° ceux qui sont lumineux par
eux-mêmes ; 2° ceux qui ne le deviennent que par la présence des premiers. Le soleil, les étoiles, les bougies allumées, le bois qui brûle
appartiennent au premier groupe, et presque tous les autres corps qui
s'offrent à nos yeux rentrent dans le second.

Si un corps, non lumineux par lui-même, est en présence d'un foyer
qui l'éclaire, il peut jouer le rôle d'une source de lumière, et rendre par
sa seule influence les autres corps visibles. La lune nous offre un des
meilleurs exemples que l'on puisse citer : elle n'a pas de lumière propre ;
car, aux époques où le soleil n'éclaire pas la face tournée vers la terre,
nos yeux ne peuvent pas la distinguer dans le ciel ; mais quand la
lumière solaire frappe le côté de la lune tourné vers nous, l'astre est
rendu visible, et en outre, par sa seule influence, l'obscurité de la nuit
est dissipée.

1404. Corps transparents, corps opaques. — La distinction qui
vient d'être établie entre les corps, n'est pas la seule qu'il importe de
signaler ; certaines substances, telles que le verre, se laissent traverser en
partie par la lumière qui les frappe ; les autres, telles que le bois, l'in-
terceptent complètement ; il y a donc lieu de distinguer les corps
en corps transparents et corps opaques.

1405. Propagation de la lumière. — La lumière se propage en
ligne droite. Pour le démontrer, on perce une ouverture au volet de la
chambre noire, afin que la lumière du soleil puisse y pénétrer. Grâce
aux poussières qui flottent dans l'air, et que la lumière solaire éclaire
sur son passage, on voit nettement la route qu'elle suit. La ligne tracée
est toujours une ligne droite. Cette ligne, suivant laquelle la lumière se
propage, porte le nom de *rayon lumineux*.

De ce seul fait que la lumière se meut en ligne droite, on peut tirer
l'explication d'un assez grand nombre de phénomènes ; nous citerons
ceux qui présentent le plus d'intérêt.

1406. Ombre. — La lumière est interceptée par un corps opaque
qui est placé à une certaine distance de la source lumineuse ; si cette
dernière existait seule, une portion de l'espace resterait dans une obscurité complète dont il s'agit de déterminer les limites.

Pour y parvenir, nous réduirons d'abord la source lumineuse à des
dimensions aussi petites qu'il est possible de l'imaginer : ce sera un
point lumineux L (*fig.* 644). Je fais passer par le point L un plan quel-

conque qui coupe l'écran opaque suivant OP, et j'examine d'abord ce qui a lieu dans ce plan. Les deux droites LA et LB qui partent de L et rasent l'écran en O et en P, partagent l'espace en deux parties : l'une, située derrière le corps et comprise entre OA et PB, ne reçoit pas de lumière ; car entre tout point de cet espace et le point lumineux L, se trouve interposé

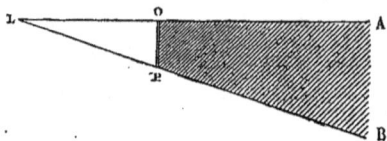

Fig. 644.

le corps opaque ; cet espace est dit dans *l'ombre;* l'autre partie, placée en dehors de l'espace AOBP, est évidemment éclairée.

Pour toute section faite dans le corps opaque, les mêmes constructions détermineraient l'ombre et la lumière. Donc, en général, pour tracer les limites de l'ombre, il faut décrire un cône en faisant tourner autour du point L une ligne qui s'appuie constamment sur le contour du corps opaque.

1407. Pénombre. — Deux points lumineux L et L' (*fig.* 645) sont-ils placés devant un corps opaque ; d'après les règles qui précèdent, on sait tracer l'ombre que donnerait chacun des points L ou L' s'il existait seul. La figure représente une section faite par un plan qui passe par L et L'. Les lignes LB, L'A', qui se rencontrent en O ; les lignes LA, L'B' qui se rencontrent en P, sont

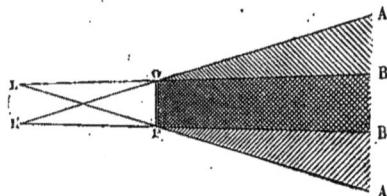

Fig. 645.

tracées d'après les règles indiquées, et l'on peut voir que l'espace BOPB', placé derrière le corps opaque, ne reçoit de lumière ni de L ni de L' : il est dans l'ombre complète. Quant aux espaces APB' BOA', ils reçoivent de la lumière, mais de l'un des points L' ou L seulement ; ils ne sont ni dans l'obscurité complète, ni en pleine lumière, on les dit dans la *pénombre.* Enfin, au delà de OA' ou de PA, se manifeste l'éclairement maximum.

Entre L et L' supposons un point lumineux L'' (*fig.* 646), la construction précédente pourra être reproduite. Par l'intervention de ce troi-

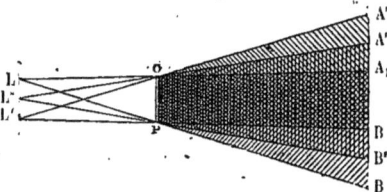

Fig. 646.

sième point, la pénombre n'aura pas un éclat uniforme, la partie comprise dans l'angle A'OA'' sera éclairée plus fortement que celle que
limitent les lignes OA et OA''. Ainsi la pénombre ira en se dégradant.
Cette dégradation se fait ici très-brusquement ; mais elle aura lieu par
degrés insensibles, si entre les points L et L' on imagine un trait lumineux continu. Ce qui a été fait dans cette section particulière étant
étendu à l'espace occupé par le corps, nous voyons que si l'on trace les
deux cônes dont les sommets sont en L et en L' et qui s'appuient sur le
pourtour de la surface opaque, la partie commune aux deux cônes donnera l'ombre complète ; celle qui se trouve en dehors de cette dernière,
et qui est limitée par les cônes extrèmes, correspondra à la pénombre :
au delà, la clarté sera maximum.

1408. **Application.** — Cette théorie s'applique aux ombres portées
par les corps célestes. Pour tracer l'ombre et la pénombre produite par
l'interposition de la lune placée devant le soleil, il suffira de reproduire la construction précédente. Si la terre entre dans l'ombre formée
derrière la lune, un spectateur placé dans cette ombre ne verra pas le
soleil : il sera témoin d'une éclipse totale ; le spectateur placé dans la
pénombre ne verra qu'une partie du soleil ; pour lui l'éclipse sera partielle ; enfin, si le même spectateur se trouve sur le prolongement de la
ligne qui joint le centre des deux astres et à une distance telle qu'il soit
dans la pénombre, il verra les bords du disque du soleil, et les apercevra également de tous les côtés ; pour lui l'éclipse serait annulaire.

La même explication se rapporte aussi aux éclipses lunaires ; lorsque
la lune entre dans le cône d'ombre produit par la terre, elle s'éclipse.
Ici toutefois, une remarque importante doit être faite : l'atmosphère qui
entoure notre globe agit, comme nous le verrons bientôt, en déviant
les rayons lumineux, elle modifie par suite les limites de l'ombre portée.

1409. **Expériences.** — Des faits nombreux, qui se présentent jour-
nellement à notre observation, nous montrent l'existence de l'ombre et
de la pénombre. Lorsque la lumière d'une bougie se trouve interceptée
par un corps opaque, on voit que l'ombre du corps sur les murs n'est
jamais tranchée, qu'elle n'est point nettement limitée dans ses contours;
et cela est d'autant plus sensible que le corps opaque est plus éloigné
du mur et plus rapproché de la source lumineuse. Si l'on regarde
l'ombre des bâtiments un jour qu'il fait soleil, on distingue très-nettement la pénombre, surtout si l'on observe l'ombre portée par un point
élevé de l'édifice. La pénombre est donc toujours sensible, quand le
corps lumineux a une certaine étendue. — Au contraire, quand on

prend comme source, la lumière électrique, qui se rapproche beaucoup
par ses faibles dimensions d'un point lumineux, la pénombre disparaît
et les ombres des corps sont nettement tranchées.

1410. Chambre noire. — La propagation de la lumière en ligne
droite explique également un phénomène facile à constater, qui se
montre dans la chambre noire. Ce phénomène se présente, lorsqu'au
volet de la chambre, on perce une petite ouverture ; et que, devant cette
ouverture, on place un écran. On voit alors se peindre sur celui-ci
l'image des corps extérieurs ; cette image, un peu vague dans ses contours, est renversée par rapport à ces corps ; elle possède les couleurs
naturelles propres à chaque point représenté. La figure 647 est destinée
à donner une idée de cette belle expérience.

Fig. 647.

Voici l'explication du phénomène ; soient *ab* une ligne droite appartenant à l'objet, O l'ouverture de la chambre noire. Considérons d'abord
le point *a* qui est le plus élevé ; ce point envoie de la lumière en tous
sens ; nous en sommes certains, car l'œil, en quelque position qu'il soit
placé, voit le point *a*. Parmi les rayons lumineux que *a* envoie, il en est
qui viendront vers l'ouverture, ils entreront dans la chambre en formant un cône qui aura pour sommet le point lumineux, et pour base
l'ouverture elle-même. Ils viendront donc dessiner sur un écran placé
perpendiculairement à l'axe du cône une image de l'orifice qu'ils ont

traversé. Si ce dernier est très-petit et que l'écran soit très-rapproché, la trace lumineuse obtenue sera sensiblement un point a' et pourra être considérée comme l'image du point a. Le point b fera de même son image en b', et ainsi pour tous les points intermédiaires ; l'ensemble donnera l'image $a'b'$. La construction indique très-nettement pourquoi l'image est renversée.

1411. L'ouverture O a été prise de petite dimension, et cela est tout à fait indispensable, car l'expérience de tous les jours, évidente pour tout le monde, prouve que, si cette ouverture acquiert de grandes dimensions, le phénomène ne s'observe plus. Une salle qui reçoit le jour par une large fenêtre ne présente pas le tableau des objets extérieurs sur le mur situé vis-à-vis. La raison en est que si l'ouverture O est large, les rayons qui, partant du point a entrent dans la chambre, forment alors un large faisceau qui sur l'écran se marque, non plus par une toute petite trace comparable à un point, mais par une large surface éclairée. Le point voisin de a produit le même phénomène, et ainsi des autres. Sur tous ces espaces éclairés par les points successifs, les lumières se superposent l'une à l'autre et forment un mélange, qui ne saurait jamais donner une image quelconque des objets.

Dans tout ce qui a été dit, il n'a été nullement question de la forme de l'ouverture : elle peut être ronde, carrée, triangulaire, présenter des irrégularités quelconques ; les mêmes raisonnements s'appliqueront dans ces circonstances diverses, et l'on reconnaîtra que l'image conservera sensiblement, dans tous les cas, le même aspect ; elle reproduira la forme générale de l'objet.

1412. **Image du soleil.** — Parmi les objets extérieurs qui se peignent dans la chambre noire, l'un d'eux peut être le soleil ; et dès lors nous sommes amenés à prévoir que les rayons solaires traversant une ouverture de forme quelconque, donneront une image ronde. Il faudra toutefois pour cela, que l'écran soit perpendiculaire à l'axe du cône formé par les faisceaux incidents. Quand l'écran est incliné, des courbes elliptiques se dessinent.

Ce résultat rend compte des images à contours arrondis, que forme le soleil quand sa lumière passe à travers les intervalles que laissent entre elles les feuilles des arbres. Quelle que soit l'irrégularité des contours, les ombres portées sont limitées par des courbes elliptiques, à moins toutefois que les intervalles libres ne soient de grande dimension. Quand le soleil est en partie éclipsé et qu'on n'en voit plus qu'un croissant, ou bien quand c'est la lune qui éclaire et qu'elle est dans son premier ou dans son dernier quartier, les images du croissant lumineux se dessinent sur le sol à travers les ouvertures du feuillage.

1413. Vitesse de la lumière. — C'est en 1676, que Roemer, astronome danois, appelé à l'Observatoire de Paris par Louis XIV, mesura la vitesse avec laquelle la lumière se propage. Roemer y fut conduit par l'observation des éclipses des satellites de Jupiter. Il est cependant nécessaire de remarquer, dans l'intérêt de la vérité historique, que d'après Fontenelle, c'est Cassini qui, pour rendre compte de certaines inégalités dans les mouvements des satellites de Jupiter, imagina le premier d'attribuer à la lumière une vitesse finie. Seulement, il abandonna un peu plus tard son hypothèse, et c'est alors que Roemer, s'emparant de l'idée de l'astronome français, la fit sienne, en démontra très-nettement la réalité et fournit une valeur approchée de cette vitesse. On a pu contester l'assertion de Fontenelle, mais on n'en a jamais démontré l'inexactitude.

L'un des satellites de Jupiter, le plus voisin de la planète, observé de la terre, placée en T₁ ($fig.$ 648), disparaît aux yeux de l'observateur au moment de son immersion dans le cône d'ombre que Jupiter, éclairé par le soleil, projette derrière lui. Le satellite, continuant sa course, sort du cône d'ombre, au bout d'un certain nombre d'heures, et un observateur peut, quand la terre est placée en T₂, noter l'instant précis de la sortie du cône d'ombre, ou ce que l'on appelle l'émersion. Avant Roemer, on savait que, entre deux émersions consécutives, il s'écoulait

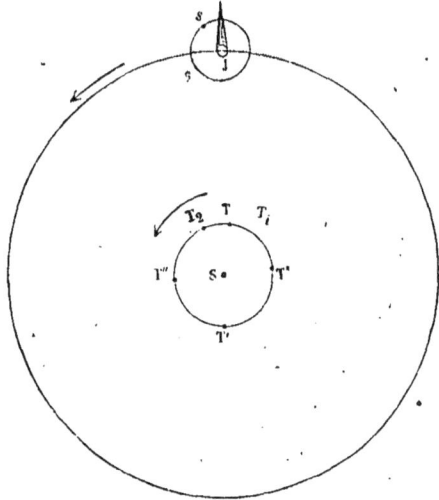

Fig. 648.

un temps égal à 42ʰ 28ᵐ 35ˢ. Cassini était arrivé à ce résultat, en prenant la moyenne de toutes les bonnes observations qui avaient été faites par les divers astronomes : dans cette moyenne, disparaissent les erreurs que les causes accidentelles introduisent. Roemer, en reprenant la question, reconnut que lorsque la terre est en T et qu'elle chemine dans une direction à peu près perpendiculaire à la ligne qui joint son centre à celui de Jupiter, l'intervalle de temps qui s'écoule entre deux émersions successives du satellite, est bien celui qu'avait indiqué Cassini. Il en est de même quand la terre est placée en T' ; mais lorsqu'elle se trouve en T'' et qu'elle s'écarte très-rapidement de la planète en se déplaçant à peu près parallèlement à la ligne qui joint les deux centres, on trouve que le temps compris entre les deux émersions successives est un peu plus grand que 42^h 28^m 35^s. Enfin, le temps de deux émersions consécutives est plus petit que le précédent, lorsque la terre arrivée en T''' se rapproche rapidement de Jupiter.

Ces divers résultats s'expliquent très-bien, si l'on admet que la lumière met un temps fini pour se propager d'un point à un autre. Le temps qui sépare deux émersions successives étant toujours exactement le même, l'observateur, qui est en T, alors que la distance entre la terre et le satellite change peu, voit les deux émersions se succéder après un intervalle de temps égal à celui qui les sépare effectivement, bien qu'en réalité il ne voie pas les phénomènes au moment même de leur accomplissement. Quand la terre est en T'', la première émersion n'est connue véritablement de l'observateur que lorsque la lumière a franchi tout l'espace qui le sépare du satellite ; mais, quant à l'émersion suivante, elle est aperçue après un plus grand retard, car l'observateur s'est éloigné du satellite, il a fui la lumière qui doit lui annoncer l'instant de la sortie du cône d'ombre. Le faisceau lumineux a donc parcouru cette fois une distance plus grande que tout à l'heure. Par suite, l'intervalle qui sépare les deux émersions est augmenté de tout le temps que la lumière aura mis à franchir l'espace dont la terre s'est déplacée. Inversement, quand la terre est en T''', qu'elle se rapproche de Jupiter, l'intervalle qui sépare deux émersions successives est diminué de tout le temps nécessaire à la lumière pour franchir la distance que l'observateur a parcourue.

1414. Résultats obtenus. — Roemer, pour obtenir des résultats exacts, a opéré dans les conditions suivantes : il a observé une première émersion lorsque la terre était voisine de T, puis une seconde émersion lorsqu'elle était voisine de T', les retards se sont accumulés et ont donné une différence totale représentant le nombre de minutes que la lumière met à parcourir le diamètre de l'orbite terrestre. En calculant ces résultats, il a reconnu que la lumière parcourt ce diamètre en 16^m,26^s : c'est une vitesse de 70,000 lieues par seconde, la lieue correspondant à 4,000 mètres. Pour donner une idée de ce que doit être une vitesse si considérable, nous prendrons l'exemple suivant : Un corps qui se mouvrait avec une vitesse de 15 lieues à l'heure, c'est-à-dire avec la rapidité d'une locomotive sur un chemin de fer, mettrait plus de deux siècles à parcourir une distance égale à celle qui sépare le soleil de la terre. Eh bien! la lumière parcourt cet espace en moins de 9 minutes.

De ce que la lumière met un certain temps à franchir la distance qui sépare la source lumineuse du point éclairé, il résulte que les phénomènes célestes ne sont visibles qu'à un moment où ils ont déjà cessé d'être. Ceux qui se produisent à des distances peu éloignées de nous frappent nos yeux peu de temps après qu'ils se sont manifestés. Ceux qui ont lieu à la distance à laquelle se trouve le soleil parviennent à notre connaissance 8 minutes après qu'ils se sont accomplis. Quant aux étoiles, si éloignées de notre terre, que les rayons émanés de la plus voisine chemine pendant plus de quatre ans avant de parvenir jusqu'à nous, il est légitime d'admettre que la lumière de plusieurs d'entre elles met des siècles pour nous arriver. Ainsi, au moment où l'une des périodes de leur histoire s'accomplit, nous assistons à l'une de celles qui se sont écoulées dans les siècles précédents.

1415. Méthode de M. Fizeau. — M. Fizeau est parvenu, en 1849, à déterminer la vitesse de la lumière par une méthode nouvelle qui repose, non plus sur l'observation des phénomènes astronomiques, dont les manifestations sont indépendantes de notre volonté, mais bien sur de véritables expériences, à l'aide desquelles le physicien provoque lui-même l'apparition des phénomènes qu'il veut étudier, à un moment donné, dans des conditions bien définies.

Dans ses expériences, M. Fizeau mesure le temps que la lumière met à franchir une distance d'environ 17 kilomètres, distance que la lumière parcourt en un temps plus petit que $\frac{1}{15000}$ de seconde; on comprend qu'une pareille détermination exige une disposition spéciale qui permette d'évaluer avec exactitude des intervalles de temps d'une extrême petitesse.

En principe, la méthode consiste à lancer dans une direction AB (*fig.* 649) un rayon lumineux qui, après avoir parcouru la distance de Suresne à Montmartre (8,633^m), rencontre un miroir MN et revienne ensuite dans la direction de BA, de manière à frapper l'œil voisin du point A, si aucun corps opaque ne l'intercepte, au moment où il retourne à son point de départ. Il suffira alors, pour résoudre le problème que nous

nous sommes posé, de mesurer le temps employé par le rayon pour effectuer l'aller et le retour. Dans ce but, à un instant précis, on enlève un
écran R qui empêchait la lumière de se propager dans la direction indiquée ; alors.le rayon lumineux AB se dirige vers le miroir MN, et l'on
cherche à quelle autre époque il faut qu'un autre écran reprenne la position R, pour que le rayon de retour BA se trouve juste intercepté au
moment où il arrive. L'intervalle de temps qui sépare deux interruptions consécutives du rayon donne le temps que la lumière a mis à parcourir le double de la distance comprise entre l'écran et le miroir.

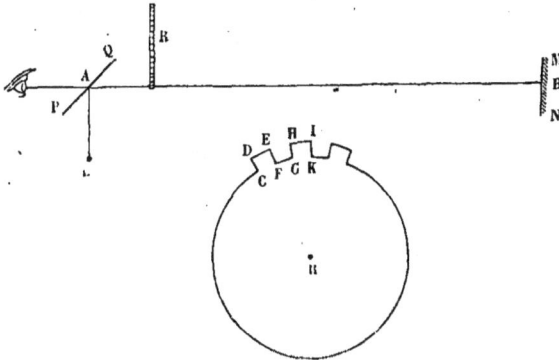

Fig. 649.

D'après l'extrême rapidité de la marche du rayon lumineux, il est nécessaire que l'écran vienne arrêter le rayon de retour quelques cent-
millièmes de seconde après que la lumière a été lancée. M. Fizeau réalise cette condition en se servant d'une roue divisée à sa circonférence,
à la manière des roues dentées, en intervalles égaux, alternativement
vides et pleins (fig. 649). Avec une roue qui fera un tour par seconde,
et qui aura 500 dents et 500 intervalles vides, une dent viendra se substituer au vide précédent au bout d'un temps égal à 0,001 de seconde.
Si la roue va 10 ou 100 fois plus vite, c'est-à-dire si elle fait 10 tours ou
100 tours par seconde, toute dent remplacera le vide qui la précède au
bout d'un 0,0001 ou 0,00001 de seconde. Une roue semblable, mue par
un mouvement d'horlogerie, permettait donc à M. Fizeau de réaliser la
mesure dont il s'agit. Elle laissait passer un rayon lumineux dans l'espace vide compris entre deux dents, puis l'arrêtait par l'interposition
de la dent qui succédait au creux, après un temps aussi petit qu'on le
voulait, et cela au moment où le rayon revenait à son point de départ.

1416. Expérience. — Appareil. — La lumière d'une lampe L arrive sur une lame de verre PQ inclinée à 45°; elle est renvoyée vers le miroir MN, revient sur PQ en suivant toujours la ligne AB, et l'œil reçoit alors le rayon de retour qui traverse la lame de verre. Près de cette lame et suivant la ligne AB, se trouve la roue dentée R, dont nous venons de parler. Celle-ci étant mise en mouvement, le rayon AB passe, dès qu'un vide se présente; et si la roue tourne avec une vitesse convenable, le rayon qui revient suivant BA trouve sur son passage la dent qui suit : il est arrêté, il ne peut plus tomber sur le miroir PQ, et l'œil ne reçoit aucune lumière. Au contraire, pour une rotation plus lente de la roue, la lumière a le temps de revenir avant que la dent ferme le passage ; et de même, pour une rotation plus rapide, la dent qui suit l'espace libre a déjà fait place à un creux, quand la lumière retourne à son point de départ; dans ce dernier cas, un nouvel intervalle vide a succédé au premier, et le rayon de retour pouvant passer librement, la clarté reparaît. Ainsi l'observateur reconnaît aisément le moment où la roue possède la vitesse convenable; il a obtenu le résultat cherché, lorsque, par un accroissement progressif dans la vitesse de rotation, toute lumière vient à disparaître.

Pour nous rendre bien compte du phénomène, traçons plusieurs dents successives que nous grossirons pour rendre la chose plus palpable (*fig.* 649) : CDEF est une première dent, GHIK la seconde. Le mouvement a lieu de K vers C; commençons par supposer ce mouvement lent, et puis rendons-le de plus en plus rapide. En ce moment, CDEF empêche le rayon AB d'aller sur MN, mais bientôt le bord EF de la dent se présente; le mouvement continuant, l'espace vide EFGH se trouve sur la direction AB et la lumière passe. Celle qui se propage tout d'abord en rasant EF trouve encore, à son retour, le passage libre; mais la lumière qui s'échappe en rasant GH, rencontre en revenant la dent GHIK qui s'est interposée. A mesure que le mouvement s'accélère, ce n'est plus seulement la lumière qui rase GH, c'est aussi celle qui a traversé le milieu du vide qui est arrêtée par la dent GHIK; ainsi, à mesure que la vitesse de rotation s'accroît, la lumière diminue peu à peu d'intensité, jusqu'à ce qu'enfin elle s'annule pour reparaître encore si le mouvement s'accélère suffisamment.

1417. Résultats obtenus. — Par cette méthode, M. Fizeau a trouvé les résultats qu'avait déjà donnés la méthode astronomique.

Toutefois, il faut ajouter que son appareil n'est pas aussi simple que celui que nous avons décrit : l'opérateur fut obligé, pour réaliser son idée, d'ajouter quelques pièces optiques, car la lampe ne pouvait donner un faisceau lumineux assez délié. Dans l'appareil de M. Fizeau, un système de lentilles concentre la lumière, au point où les dents de la roue passent, et la concentre en un tout petit espace. Les rayons lumineux, repris ensuite par une lentille nouvelle, cheminent suivant des lignes parallèles. Une dernière lentille les fait converger sur le miroir MN; après quoi ils reviennent sur leurs pas, reprennent leur parallélisme primitif pour être concentrés de nouveau au point où ils l'avaient été au moment du départ, et à travers un dernier verre, l'œil aperçoit la lumière de retour sous la forme d'une petite étoile.

Malheureusement, cette petite image est toujours tremblotante à cause de l'agitation des couches d'air voisines du sol que la lumière a dû traverser; aussi l'ingénieuse méthode de M. Fizeau ne comporte-t-elle pas, pour la détermination de la vitesse absolue de la lumière, une précision beaucoup plus grande que la méthode astronomique fondée sur l'observation des satellites de Jupiter. M. Foucault, en 1850, s'était déjà occupé de la même question; ses expériences le conduisirent tout d'abord à résoudre l'important problème de l'inégale vitesse de la lumière dans les différents milieux; il établit nettement qu'un rayon lumineux se propage plus rapidement dans l'air que dans l'eau. Depuis cette époque, M. Foucault a perfectionné son procédé et l'a rendu tout à fait apte à fournir, avec une précision jusqu'alors inconnue, la valeur de la vitesse absolue de la lumière dans l'espace. C'est le 22 septembre 1862 qu'il a communiqué à l'Académie des sciences les importants résultats auxquels il est parvenu. Expliquons d'abord en peu de mots le principe de la méthode de M. Foucault.

1418. Méthode de M. Foucault. — Un faisceau de lumière solaire rendu fixe et horizontal tombe sur une mire micrométrique O taillée à jour à la surface d'une lame de verre argenté. Cette mire porte une série de traits verticaux distants les uns des autres de $\frac{1}{10}$ de millimètre. Les rayons qui l'ont traversée rencontrent, à une certaine distance de la mire, un miroir plan M (*fig.* 650) qui les renvoie, en les réfléchissant, vers un premier miroir concave C placé à 4 mètres du miroir plan. Seulement, entre les deux miroirs, sur le trajet du faisceau réfléchi et tout près de M, est disposée une lentille *objectif* L qui fait arriver à la surface même du miroir concave l'image réelle de la mire. On peut aisément démontrer, en partant des lois de la réflexion de la lumière qui seront établies bientôt, que, dans ces conditions, le miroir concave, s'il a son axe convenablement dirigé, doit réfléchir les rayons qui lui arrivent,

dans une direction telle, et avec un degré de convergence tel, qu'après
avoir traversé de nouveau la lentille, ils aillent former sur la mire une
image qui s'y superpose exactement, sans être ni renversée ni agrandie.
Au lieu de cela, le miroir concave est disposé de façon à rejeter les
rayons lumineux dans une direction un peu oblique. Ces rayons sont
alors repris par un second miroir concave C′, qui les fait converger à
la surface d'un troisième miroir concave C″, où ils forment une nou-

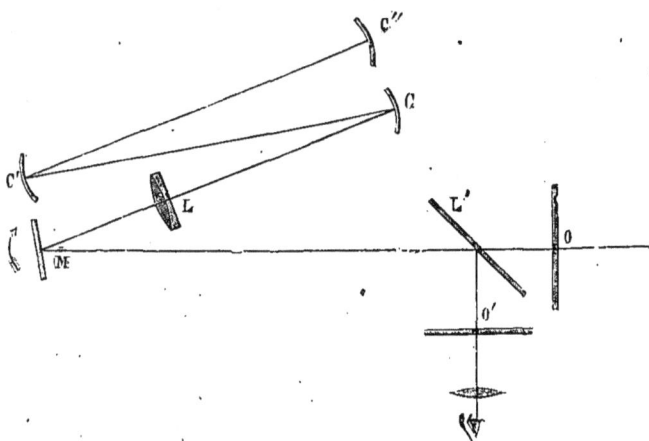

Fig. 650.

velle image de la mire; et ainsi de suite, jusqu'à un cinquième miroir
concave. Nous n'avons point indiqué sur la figure le quatrième et le
cinquième miroir pour éviter toute complication. Le cinquième miroir,
après avoir reçu à sa surface l'image en question, renvoie le faisceau
exactement sur lui-même. Dès lors on comprend que le faisceau lumineux sera rejeté, de miroir en miroir, en suivant une marche C″, C′, C, M,
exactement inverse de la précédente; il se réfléchira de nouveau sur le
miroir plan M, et les rayons qui le composent viendront ressortir par la
mire O aux mêmes points qu'ils ont d'abord traversés. Les cinq miroirs
employés dans cette expérience développaient une ligne dont la longueur totale était de 20 mètres.

Pour pouvoir observer facilement l'image de retour avec un microscope, on détourne par une réflexion effectuée à la surface d'une lame
de glace L′ inclinée à 45° une partie du faisceau qui revient. Cette lame
non étamée est placée entre le miroir plan et la mire, de telle manière
que l'image réelle de la mire O aille se former en O′ aux points de l'es-

pace qui correspondent à l'image virtuelle de cette mire vue par réflexion dans la même glace.

Telle est la marche des rayons tant que le miroir plan M est immobile; mais, si on vient à lui communiquer un mouvement rapide de
rotation, 400 tours par seconde; la lumière, qui met un temps fini pour
aller deux fois d'un miroir concave à l'autre, ne retrouve plus à son
retour le miroir, qui tourne, dans la position qu'il occupait au moment
où la première réflexion a eu lieu : le rayon de retour ne fait pas avec
la normale au miroir le même angle que le rayon d'arrivée ; l'image
réelle qui va se former dans le champ du microscope a donc dû se
déplacer. La grandeur de ce déplacement d, que l'on mesure avec le
plus grand soin, dépendra évidemment du nombre de tours n que fait
le miroir M par seconde, de la vitesse V de la lumière, de la longueur l
de la ligne brisée comprise entre le miroir tournant et le dernier miroir
concave, et enfin de la distance r qui sépare la mire du miroir tournant. On trouve facilement entre ces quantités la relation suivante :

$$V = \frac{8\pi n l r}{d}.$$

La vitesse de la lumière s'obtient ainsi à l'aide de quantités qui ont
toutes été évaluées avec le plus grand soin et pour la mesure desquelles
M. Foucault montra, une fois de plus, toute la fécondité de son génie
inventif.

Résultats obtenus. — La vitesse de la lumière, qui, d'après les déterminations des astronomes, serait de 70,000 lieues par seconde ou de
308 millions de mètres, a été trouvée par M. Foucault égale à 298 millions de mètres. La discussion des expériences a d'ailleurs montré que
l'erreur possible ne saurait atteindre 500,000 mètres.

En combinant le nouveau chiffre avec le rapport $\frac{1}{10000}$ entre la vitesse
moyenne de la terre autour du soleil et la vitesse de la lumière, rapport
qui a été estimé avec une grande précision par M. Struve, on trouve que
la terre parcourt par seconde 29,800 mètres. Ce dernier nombre permet
de calculer la longueur de l'orbite annuelle de la terre et par suite le
diamètre de cette orbite.

Le calcul très-simple que nous venons d'indiquer montre clairement
que le nombre généralement admis pour représenter la distance moyenne
du soleil à la terre doit être diminué de $\frac{1}{50}$, ou, ce qui revient au même,

que la parallaxe du soleil qu'on croyait égale à 8″,57, doit être portée à
8″,86.

1419. Intensité de la lumière. — *L'intensité de la lumière varie en
raison inverse du carré de la distance* : tel est l'énoncé habituel de la loi
que nous allons expliquer. Cet énoncé veut dire que si un point lumineux ou un corps lumineux de petite dimension éclaire des surfaces
identiques mais placées à différentes distances, l'éclairement de la surface sera quatre fois plus grand quand la distance à la source lumineuse
sera deux fois plus petite, il sera neuf fois plus grand si la distance est
trois fois plus petite. On démontre cette loi soit par le raisonnement,
soit par l'expérience. Le raisonnement repose sur cette supposition que
si l'on considère diverses sphères concentriques ayant pour centre
commun le point lumineux, la quantité de lumière émise par ce point
parviendra sans perte et se distribuera tout entière sur chacune des surfaces sphériques que nous venons d'imaginer. Considérons deux d'entre
elles, dont l'une ait un rayon égal à 1 et l'autre un rayon égal à 2. Celle
du rayon 2 a une surface quadruple sur laquelle se dissémine la même
quantité totale de lumière que sur la surface appartenant à la sphère
de rayon 1. Donc, chaque élément superficiel de la plus grande en
reçoit quatre fois moins qu'un élément de même dimension pris sur la
plus petite.

1420. Démonstration expérimentale. — Par l'expérience, la démonstration se fait au moyen d'une boîte (*fig.* 651) dont une paroi verticale est percée d'une fenêtre HH′ recouverte de
papier huilé. Une cloison opaque et verticale C
divise la fenêtre en deux moitiés, et partage la
boîte en deux compartiments. Dans l'un d'eux, on
met une seule bougie A, et dans l'autre on en met
quatre identiques à la précédente et assez voisines B. On écarte ou l'on approche ces dernières
jusqu'à ce qu'un observateur, placé à l'extérieur,
qui regarde d'une certaine distance le papier
huilé, en aperçoive les deux moitiés également
éclairées. Si l'on mesure alors les distances des

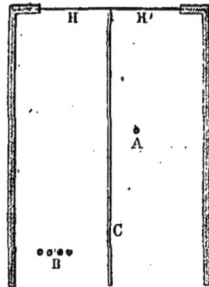

Fig. 651.

bougies à l'écran que le corps gras rend translucide, on trouve que la

distance moyenne des quatre bougies à la paroi doit être deux fois la
distance de la bougie unique. Ce résultat démontre la loi énoncée, car
dans le premier compartiment, si, au lieu de quatre bougies, on en
laissait une seule à la place qu'elles occupaient, elle produirait un
éclairement quatre fois plus petit que celui donné par les quatre bougies
réunies, ou bien encore un éclairement quatre fois moindre que celui
qui provient de la bougie placée dans le second compartiment. Ainsi
une lumière placée deux fois plus loin a une intensité quatre fois plus
petite : c'est la loi énoncée.

1421. **Importance de la photométrie**. — La photométrie est cette
partie de l'optique qui s'occupe de la mesure du rapport des intensités
lumineuses de deux sources différentes. L'importance d'un pareil sujet
d'études se comprend aisément : plusieurs questions théoriques et quelques applications pratiques ne peuvent être abordées avec succès qu'a-
près la solution préalable du problème fondamental de la photométrie.
Parmi les premières, nous citerons : la détermination des intensités lumineuses du soleil, des planètes, des étoiles, et les questions qui s'y
rattachent, telles que le classement des étoiles d'après l'intensité de leur
lumière, l'étude des variations de la lumière solaire au point de vue de
sa vivacité dans les différentes époques de l'année, aux différentes
heures du jour. Parmi les secondes se trouvent la comparaison des
différents modes d'éclairage, la recherche de celui qui réalise le plus
d'économie pour une même quantité de lumière fournie dans le même
temps ; la détermination de la source de lumière qu'il est préférable
d'employer dans les phares, détermination qui a fait l'objet, à plusieurs
reprises, des recherches des physiciens.

En un mot, le photomètre est pour l'optique ce que le thermomètre
est pour la chaleur ; cependant quelle différence dans les progrès accomplis pour la construction des deux instruments ! Tandis qu'on sait,
depuis longtemps déjà, apprécier les températures avec une grande
rigueur, on ne peut estimer les intensités lumineuses qu'avec une grossière approximation, et le photomètre de précision est encore à trouver.

1422. **Principe sur lequel repose la construction des photomètres**. — La loi que nous avons énoncée (1419) représente le point de
départ théorique qui a guidé dans la construction des photomètres ordinaires. Pour l'intelligence de ce qui va suivre, il vaut mieux néanmoins
la présenter sous une autre forme. La source B, qui est quatre fois plus
intense que A, doit, pour produire le même éclairement, être placée à
une distance de la surface éclairée deux fois plus grande que cette der-

nière, ainsi que nous l'avons vu ; de même, si les distances des deux sources à la surface qu'elles éclairent également sont dans le rapport de 3 à 1, leurs intensités seront dans le rapport de 9 à 1, et, en général, d et d' étant les distances des deux lumières à une même surface qu'elles éclairent également, le rapport des intensités lumineuses $\frac{I}{I'}$ des deux sources sera égal au rapport direct des carrés des distances $\frac{d^2}{d'^2}$ qui les séparent de la surface en question :

$$\frac{I}{I'} = \frac{d^2}{d'^2}.$$

Partant de ce principe, Huygens en 1653, Auzout en 1667, André Celsius en 1724, Bouguer en 1729, imaginèrent différents photomètres qui furent surtout employés dans les recherches astronomiques. Bouguer varia cependant les procédés de manière à rendre possible leur utilisation dans la pratique ordinaire ; et vers 1760, Lambert put se servir de l'un des instruments de Bouguer pour la comparaison de deux lumières quelconques.

1423. **Photomètre de Rumford**. — Parmi les méthodes photométriques qui ont été successivement adoptées, celle qui a obtenu le plus

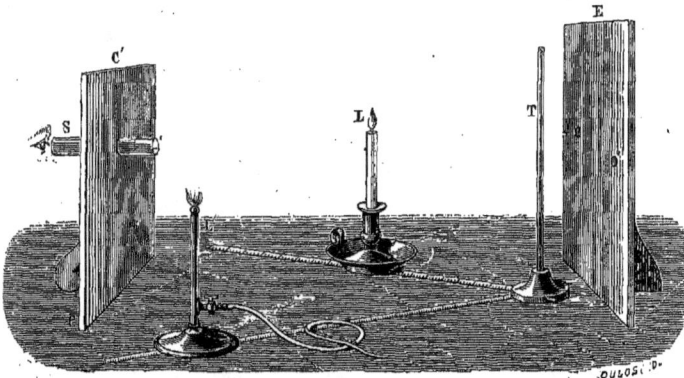

Fig. 652.

de succès et qui, jusque dans ces derniers temps, a été à peu près la seule utilisée dans les applications industrielles, est la méthode indiquée par Rumford. En voici le principe : un corps opaque T (une tige de verre noircie au noir de fumée, par exemple) (*fig.* 652) étant placé sur le trajet des rayons de lumière envoyés à la fois par deux sources dif-

férentes L, L′, donne naissance à deux ombres distinctes O, O′ qui se
projettent sur un écran de carton blanc, placé à une petite distance du
corps opaque. Chacune de ces ombres est éclairée par une seule des deux
lumières : O′ par L′ et O par L ; et quand elles le sont également, on est
en droit d'admettre, qu'à l'identité d'aspect des deux ombres, correspond un éclairement égal de l'écran par chacune des deux lumières ;
dès lors le rapport des carrés des distances des lumières qui produisent
cette identité doit être égal au rapport de leurs intensités respectives.

Voici maintenant la description du photomètre de Rumford avec les
perfectionnements que Péclet a apportés à sa construction. Sur une
table de bois horizontale sont creusées deux rainures rectilignes faisant
entre elles un angle d'un petit nombre de degrés seulement ; un écran
rectangulaire de carton E est posé verticalement sur la table, dans une
direction perpendiculaire à la bissectrice de l'angle des rainures. La tige
de verre noircie est placée en T, au sommet de cet angle, à une petite
distance de l'écran et parallèlement à sa surface : les deux lumières qu'on
veut comparer sont posées sur des chariots qui peuvent glisser à frottement doux dans les rainures ; un repère porté par chaque chariot indique
à chaque instant, par sa position sur le bord gradué de la rainure qui
lui correspond, la distance de la lumière à l'*ombre qu'elle éclaire*. L'opérateur se place en S, derrière la cloison fixe C′, et, à l'aide d'un tube qui
protége sa vue contre le rayonnement direct des deux sources, il aperçoit
simultanément les deux ombres qui se projettent en O et O′. A l'aide de
cordons qui passent sur des poulies de renvoi, il fait varier lui-même,
sans se déplacer, les distances des lumières à l'écran, jusqu'à ce que
l'identité d'aspect des deux ombres se soit produite. Il n'a plus alors
qu'à noter la position des repères sur la graduation qui accompagne
chaque rainure pour en déduire, par un calcul fort simple, le rapport
des intensités lumineuses.

1424. Discussion du procédé de Rumford. — Le procédé de Rumford est, comme on le voit, d'une grande simplicité, et c'est à cela qu'il
faut attribuer la popularité qu'il a acquise ; mais, quand on arrive à la
mise en œuvre, on reconnaît bientôt que cette simplicité n'est qu'apparente, et que la détermination exacte du moment précis où les deux
ombres sont égales, constitue, en réalité, une opération fort délicate.
Cette difficulté se fait surtout sentir quand les lumières diffèrent un peu
par leur coloration : c'est là pourtant le cas ordinaire, alors qu'on veut
comparer des sources lumineuses alimentées par des combustibles de
nature différente. La meilleure preuve qu'on puisse donner de l'incerti-

tûde des résultats obtenus avec l'appareil de Rumford, c'est que, si on le met entre les mains de différents opérateurs ayant cependant l'habitude des expériences d'optique, si on place ces opérateurs dans les mêmes conditions, et qu'on leur donne à comparer les mêmes lumières, ils arriveront le plus souvent à des résultats notablement différents.

1425. Photomètre de Bunsen. Son principe. — Photomètre de poche. — De tous les photomètres, celui qui s'adapte le mieux aux besoins de l'industrie, celui qui est le plus employé par les ingénieurs anglais pour évaluer le pouvoir éclairant du gaz de la houille, c'est le photomètre de Bunsen. Voici le fait d'observation qui a servi de point de départ dans sa construction : une feuille de papier blanc, bien homogène, portant une tache de matière grasse en son milieu, tache qui la rend translucide dans toute la portion imprégnée par le corps gras, est placée entre les deux lumières que l'on veut comparer, de manière que chacune de ses faces se trouve éclairée seulement par les faisceaux que rayonne une seule des sources, celle qui est en regard de la face considérée. Les rayons lumineux, dont l'ensemble constitue les faisceaux incidents, frappent à peu près tous à angle droit, la lame de papier assez étroite qui sert d'écran; dans ces conditions, il est facile de prévoir que si les deux foyers de lumière ont une même intensité, les deux faces de la tache huileuse devront présenter le même aspect. Mais l'expérience indique la production d'un phénomène beaucoup plus saillant : c'est la disparition complète de la tache centrale au moment où l'écran est également éclairé des deux côtés.

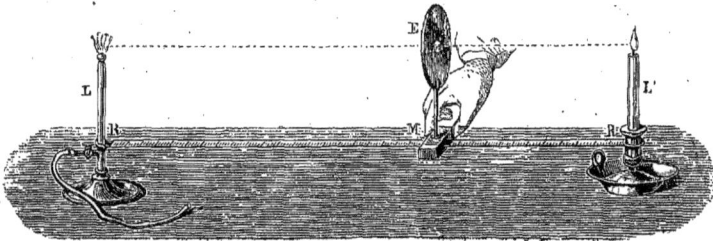

Fig. 653.

L'un des appareils les plus simples où le principe précédent ait été utilisé porte le nom de *photomètre de poche;* il est d'un emploi facile, et de plus il est très-portatif, comme son nom l'indique. Un ruban RR (*fig.* 653), tout à fait semblable à ces rubans enroulés sur des bobines que nous employons en France pour la mesure des longueurs, est tendu horizontalement entre deux points fixes ; il touche, par l'une

de ses extrémités, à la lumière L (bec de gaz, lampe Carcel, etc.), dont
il s'agit d'évaluer l'intensité; par l'autre, à la lumière type L′, dont
l'intensité est prise pour unité et qui consiste habituellement en une
bougie passée dans un anneau. L'écran E, dont nous venons de donner
la description, peut glisser à la main sur le ruban tendu. L'opérateur,
quand il veut exécuter une mesure, déplace lentement cet écran jusqu'à
ce qu'il soit parvenu à produire la disparition totale de la tache de
matière grasse. C'est donc, en regardant alternativement des deux côtés
de l'écran, qu'il arrive promptement à produire l'égalité d'éclairement
des deux faces de la lame de papier. Une lecture faite alors sur la graduation que porte le ruban le met à même d'évaluer numériquement le
pouvoir éclairant de la source. Il lui suffit d'appliquer la loi qui a été
établie plus haut. La bougie dont l'intensité lumineuse est prise pour
unité est faite avec du blanc de baleine et fabriquée dans des conditions
toujours les mêmes et bien déterminées.

Le photomètre de poche donne des indications promptes, mais on ne
peut pas espérer qu'elles soient bien précises ; l'instrument présente en
effet plusieurs imperfections :

1º Il n'a pas une stabilité suffisante à cause de la flexibilité du ruban ;

2º On n'est jamais sûr que la flamme de la bougie, le foyer lumineux
à évaluer et le centre de la tache soient alignés à la même hauteur au-
dessus du ruban ; les rayons émanés des deux sources peuvent donc
avoir des inclinaisons différentes sur l'écran.

3º La bougie placée à l'air libre a une flamme vacillante variable d'intensité par le fait même de ses mouvements.

1426. **Photomètre de M. Burel.** — Aussi, le photomètre de Bunsen
a-t-il successivement reçu de nombreux perfectionnements. Nous décrirons ici l'instrument imaginé par un ingénieur civil français, M. Burel
parce que les dispositions adoptées donnent à l'appareil une sensibilité
à peu près constante dans les divers points de son échelle, et que, par
suite, les mesures obtenues avec son aide, méritent une plus grande
confiance.

Une barre prismatique de cuivre OO′ (*fig.* 654), solidement établie, supporte les diverses pièces de l'appareil. A l'une des extrémités de la
barre, est maintenu par une vis de pression, en un point qui est le zéro
de l'échelle photométrique, le support qui reçoit la source G dont on
veut mesurer l'intensité : ce sera, par exemple, un bec de gaz. La
lumière prise pour unité est une bougie de blanc de baleine B dont la
flamme est rendue immobile par une cheminée de verre analogue à

celle des becs de gaz ; elle est maintenue à une hauteur constante par
un ressort à boudin, de telle sorte que le centre de la flamme du bec de
gaz, le centre de l'écran et celui de la flamme de la bougie se trouvent
constamment sur une même ligne droite. Le long de la règle de métal,
se meuvent solidairement, en demeurant à une distance invariable,
l'écran et la bougie, fixés sur un même pied. Deux miroirs plans inclinés

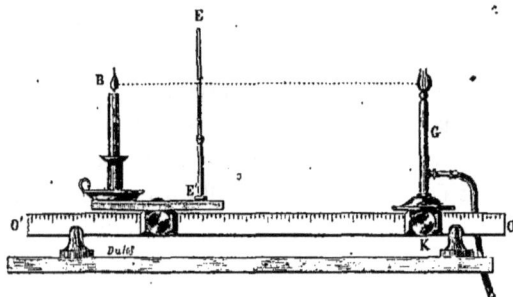

Fig. 654.

à angle droit et dont l'angle dièdre est partagé en deux parties égales
par le plan de l'écran, permettent à l'opérateur d'apercevoir simultanément sur une même surface plane placée devant lui, les images de la
tache, et il peut alors reconnaître plus sûrement le moment précis où
se produit l'identité d'aspect des deux faces, qui correspond à la disparition de la tache. On a inscrit à l'avance, sur la tringle de cuivre
servant de support, des chiffres qui donnent immédiatement, sans calcul,
le rapport du pouvoir éclairant des deux lumières qu'on compare ; une
fenêtre pratiquée dans la pièce à coulisse qui porte la lumière type et
l'écran, découvre les divisions de l'échelle tracée sur la tringle ; et un
index correspondant à l'axe vertical de la flamme de la bougie, indique
à l'opérateur, par sa position sur cette échelle, à combien d'unités correspond l'intensité de la source examinée.

1427. **Sensibilité du photomètre précédent.** — Pour apprécier le
degré de sensibilité de cet instrument, il suffit de remarquer que le système mobile formé par la bougie et l'écran se déplace toujours de quantités égales, quand les intensités lumineuses varient comme les carrés
des nombres consécutifs 1, 2, 3, etc.

En effet, dans le cas où les deux lumières ont même intensité, l'écran
se trouve placé à une distance du bec de gaz égale à la distance fixe l,
qui le sépare de la bougie ; inscrivons le chiffre 1 en regard de la position actuelle de l'index. Si nous appelons maintenant x la quantité dont

se déplace, à partir de ce point de départ, le système mobile, quand l'intensité de la flamme du bec de gaz devenant I, on fait mouvoir le chariot pour que les deux faces de l'écran soient également éclairées ; on aura d'après la loi connue :

$$\frac{I}{1} = \frac{(x+l)^2}{l^2}, \quad \text{d'où } x = l(\sqrt{I} - 1).$$

Donc en faisant successivement :

$$I = 1 \ldots 4 \ldots 9 \ldots 16 \ldots, 25 \ldots \text{etc.}$$

on trouve comme valeurs correspondantes de x :

$$x = 0 \ldots l \ldots 2l \ldots 3l \ldots 4l \ldots \text{etc.}$$

ce qui revient à dire, que pour des différences dans les intensités lumineuses du bec de gaz et de la bougie égales aux différences des carrés des nombres consécutifs, le déplacement du système est constant, égal à l et par conséquent toujours très-notable. A la rigueur, la sensibilité décroit, mais d'une manière peu rapide.

CHAPITRE II

RÉFLEXION

I — LOIS EXPÉRIMENTALES DE LA RÉFLEXION

1428. Lois de la réflexion. — La lumière qui tombe sur une surface polie, se réfléchit : c'est un fait constaté par l'expérience de tous les jours. Lorsque les rayons solaires frappent un miroir, tout le monde sait que ce miroir les renvoie dans une direction déterminée, qui dépend de l'angle que fait la surface polie avec les rayons incidents. Cette réflexion s'opère suivant deux lois qui ont été déjà données dans l'étude de la chaleur rayonnante ; les voici :

1° *Le rayon incident et le rayon réfléchi sont dans un même plan perpendiculaire à la surface réfléchissante ;*

2° *L'angle de réflexion est égal à l'angle d'incidence.*

Soit PQ une surface plane réfléchissante (*fig.* 655) ; IC un rayon lumineux qui tombe sur cette surface ; CR le rayon réfléchi ; CN la perpendi-

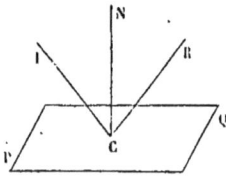

Fig. 655.

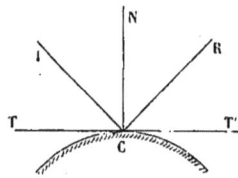

Fig. 656.

culaire au plan élevée au point d'incidence C. D'après la première loi, IC, CR et la normale CN à la surface réfléchissante sont trois lignes contenues dans un même plan ; d'après la seconde loi, l'angle de réflexion NCR est égal à l'angle d'incidence ICN.

Si la surface, au lieu d'être plane comme l'est PQ, est une surface courbe telle que celle d'une sphère, par exemple, les mêmes lois subsistent. Le rayon IC (*fig.* 656), arrivé au point C, rencontre un petit élément superficiel qui peut être considéré comme se confondant avec le plan tangent à la sphère en ce point. On mène par le point C la droite CN normale à la surface, et, comme on le sait, cette normale n'est autre que le rayon de la sphère. Il suffit, pour avoir la direction du rayon réfléchi, de tracer dans le plan des deux lignes CN et CI une droite CR faisant avec CN un angle égal à ICN.

1429. Démonstration expérimentale des lois de la réflexion. — Pour démontrer ces lois par l'expérience, on se sert d'un petit miroir plan PQ formé, ou par une plaque de métal bien polie, ou plus souvent encore par une glace noire. Ce miroir PQ (*fig.* 657) est perpendiculaire au plan d'un cercle gradué N et le coupe suivant un diamètre. La graduation commence à partir d'un point N marqué zéro, où le rayon perpendiculaire au diamètre dirigé suivant PQ, et par conséquent au miroir, vient rencontrer le cercle divisé; elle est tracée, de part et d'autre de ce zéro, jusqu'à la rencontre du plan PQ avec la circonférence. Deux alidades sont mobiles autour d'un axe passant par le centre du cercle; elles portent des tuyaux fermés à leurs extrémités par des

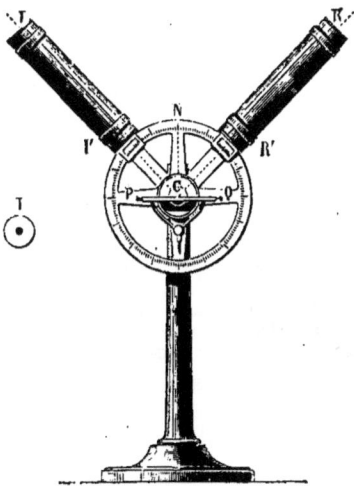

Fig. 657.

plaques qui ne présentent chacune qu'une très-petite ouverture à leur centre. Ces tuyaux servent à marquer la route du rayon incident et du rayon réfléchi, et leurs axes, d'après la construction de l'appareil, forment un plan parallèle au cercle divisé ou, si l'on veut, perpendiculaire au miroir.

On fait pénétrer à travers l'un des tuyaux, celui de gauche II', un rayon de lumière solaire; ce rayon en suit évidemment l'axe lorsque, entrant par la première ouverture I, il peut sortir par la seconde et venir frapper le miroir. On fait tourner alors l'alidade qui porte le tuyau RR' de droite, et l'on trouve que pour une position convenable de cette alidade, le rayon réfléchi CR parcourt l'axe de ce second tuyau et vient frapper un écran. Ce premier résultat démontre la première loi : le

rayon incident et le rayon réfléchi suivent les axes des tuyaux, et par
conséquent sont, comme ces axes eux-mêmes, dans un même plan perpendiculaire au miroir PQ. Quant à la seconde loi, elle se trouve aussi
démontrée ; car si l'on mesure sur le cercle gradué les angles formés
par chacune des alidades avec la ligne CN, on trouve que ces angles
sont, dans tous les cas, égaux entre eux.

1430. **Autre démonstration.** — On démontre aussi ces lois, en employant pour miroir la surface rigoureusement horizontale PQ (*fig.* 658)
fournie par un bain de mercure ; et en se servant, pour la mesure des
angles, d'un cercle vertical
HH′ devant lequel une lu-
nette RR′ est mobile. La
lunette tourne autour d'un
axe qui est perpendiculaire
au plan du cercle gradué
et qui passe par le centre
de ce cercle. L'axe de la
lunette est donc toujours
dirigé dans un même plan
vertical parallèle à celui
du cercle. On vise une
étoile, directement avec la
lunette qui prend pour cela
la position II′, puis on di-

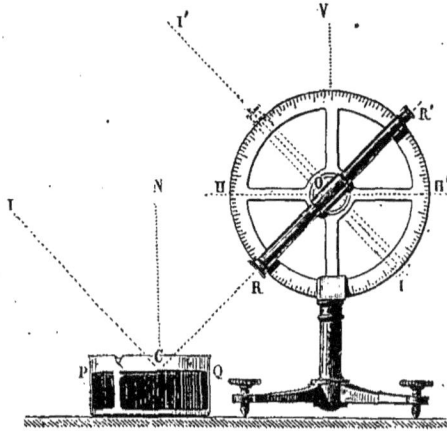

Fig. 658.

rige cette lunette vers l'image de l'étoile que renvoie la surface du bain
de mercure, et cela sans changer la position du cercle vertical ; il suffit
de faire tourner la lunette autour de son axe O. On trouve que l'angle
I′OR′ formé par ses deux positions successives est coupé en deux parties
égales par la verticale OV menée au point O.

Ces résultats prouvent les deux lois. En effet, CO et OI′ sont dans le
plan vertical que décrit l'axe de la lunette. Mais la ligne IC menée du
point C à l'étoile est parallèle à OI′ à cause de la distance de l'étoile qui
peut être regardée comme infinie. Donc le rayon incident IC ayant un
de ses points C dans le plan I′OC doit se trouver tout entier dans ce
plan. Les deux rayons IC, OC étant dans un même plan vertical, sont
donc contenus, l'un et l'autre, dans un même plan perpendiculaire à la
surface réfléchissante, qui est horizontale ; et la première loi se trouve
établie. Quant à la seconde, pour la démontrer, imaginons la normale
CN à la surface PQ : et remarquons que les angles RCN, ICN sont égaux

respectivement à VOR′ et à l′OV : mais ces derniers angles sont égaux entre eux d'après l'expérience ; donc les angles d'incidence et de réflexion le sont aussi.

1431. Images dans les miroirs plans. — Les lois précédentes rendent un compte facile de la production des images qui frappent nos yeux, lorsque nous regardons une surface réfléchissante plane. Pour en donner la théorie, commençons par considérer l'un des points seulement d'un objet. Soit le point A (*fig.* 659), placé devant la surface réfléchissante PQ. Ce point envoie des rayons dans toutes les directions, et un grand nombre de ces rayons frappent le miroir ; soit AC l'un d'eux. Le rayon réfléchi correspondant s'obtient en menant la normale CN, puis en traçant dans le plan ACN, un rayon CR, dont l'angle avec la normale soit égal à l'angle ACN ; CR est le rayon réfléchi. Jusqu'à présent, nous n'avons fait qu'appliquer les règles établies. Maintenant, que l'on imagine le plan ACR qui coupe la surface du miroir suivant CC′ ; que l'on abaisse du point A une perpendiculaire AB sur cette intersection, AB sera aussi perpendiculaire à la surface PQ ; enfin cette perpendiculaire rencontrera en A′ le prolongement du rayon CR. Or les deux triangles rectangles ABC et A′BC sont égaux, car ils ont un côté BC commun, et les angles A et A′ sont égaux l'un à ACN, l'autre à NCR et par suite égaux entre eux. Par conséquent AB est égal à A′B.

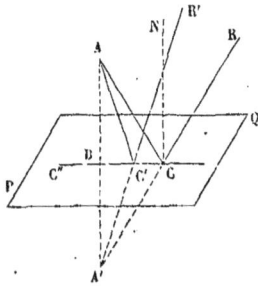

Fig. 659.

Ce résultat s'applique à tous les rayons réfléchis ; car CR n'a pas été choisi dans une position particulière, il a été pris au hasard. Il en résulte que le prolongement de tous les rayons réfléchis coupe la perpendiculaire AA′ en un point A′ symétrique de A.

Supposons maintenant que l'œil soit placé sur le trajet des rayons CR, C′R′, etc. Comme tous les rayons partis du point A suivent, après leur réflexion, exactement la même route que s'ils partaient d'un point A′ situé derrière le miroir, le spectateur éprouvera la même sensation que si le point A′ existait réellement ; et il verra en A′ l'image du point A.

1432. Image d'un objet. — Un objet AB (*fig.* 660) est-il placé devant un miroir, son image A′B′ sera obtenue en prenant successivement celle des différents points de cet objet. Si AB est rectiligne, l'image B′A′ est rectiligne aussi ; elle est de même dimension que l'objet, et il suffit d'en tracer les extrémités. En général, si l'on abaisse des différents points d'un objet des perpendiculaires sur le miroir et qu'on les prolonge de quantités égales, les extrémités de ces perpendiculaires ainsi prolongées représentent par leur ensemble l'image cherchée qui est toujours symétrique de l'objet.

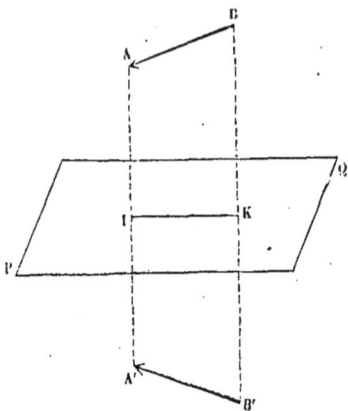

1433. Objets visibles dans un miroir. — Un spectateur n'aperçoit dans un miroir qu'une partie

seulement des objets situés devant la surface réfléchissante. Quand il se déplace, il voit apparaître d'autres objets qui n'étaient pas visibles auparavant, disparaître, au contraire, quelques-uns de ceux qu'il apercevait en premier lieu. Il est aisé d'en montrer la raison : un point lumineux A (*fig.* 661) placé devant un miroir PQ, ne donne une image A′ visible que si une partie des rayons réfléchis arrive à l'œil. Le spectateur, qui pénètre dans la région de l'espace occupée par les rayons réfléchis, aperçoit A′ et cesse de

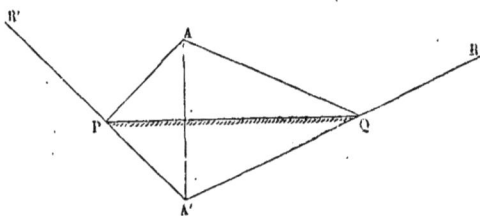

le voir dès qu'il s'écarte de l'espace indiqué. D'après ce qui a été dit plus haut, cet espace sera évidemment limité par les génératrices du cône qu'on engendrerait en faisant tourner une ligne droite qui, passant constamment par le point A′, parcourrait le bord même du miroir PQ. La figure 661 montre une section de ce cône par un plan normal à PQ ; l'espace R′PQR comprend tous les points d'où l'image A′ sera visible.

1434. Miroirs faisant un angle. — Deux ou plusieurs miroirs, faisant un angle, fournissent en général un grand nombre d'images d'un même objet. Un exemple de la marche à suivre, pour déterminer ces images, sera donné ici dans le cas de deux miroirs faisant un angle de 60°. Les surfaces réfléchissantes sont représentées par leurs intersections NM, NM′ avec un plan perpendiculaire à leur arête commune (*fig.* 662).

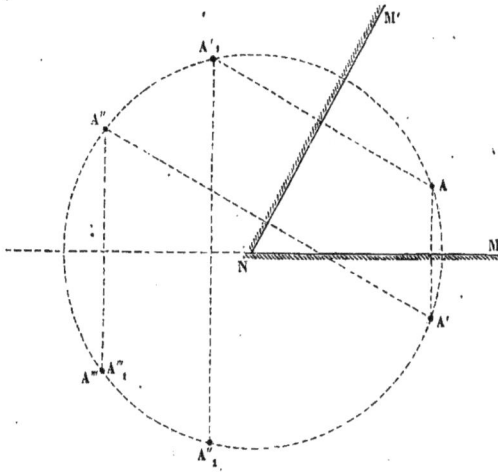

Ce plan passe par le point lumineux A ; de plus une circonférence a été tracée : elle a pour centre le point N et pour rayon NA.

Placé devant le miroir NM, le point A forme une image, que l'on obtient en abaissant de ce point une perpendiculaire sur MN et en prolongeant cette perpendiculaire jusqu'à la rencontre de la circonférence en

Fig. 662.

′A. Les rayons qui tombent sur le miroir NM, donnent alors des rayons réfléchis, qui viennent ensuite rencontrer NM′ comme s'ils partaient réellement du point A′. Par conséquent A′ jouera le rôle d'un point lumineux placé devant le miroir NM′, et l'on aura l'image de A′ en abaissant de ce point une perpendiculaire sur NM′ et en la prolongeant d'une quantité égale à elle-même : cette perpendiculaire se terminera en A″, où elle rencontre la circonférence. Mais une partie des rayons qui se sont réfléchis sur NM′, revient vers NM, et le point A″ joue par rapport à NM le rôle que jouait A′ par rapport à NM′ ; A″ donnera donc une image A‴. Quant à l'image A‴, aucun des rayons qui la forment ne peut venir rencontrer la surface réfléchissante NM′ : car tous les rayons réfléchis qui permettent de l'apercevoir, sont compris entre les prolongements des lignes A‴N et A‴M, et ces prolongements divergent en s'écartant de NM′. Donc, toute nouvelle image ne sera plus possible de ce côté.

Nous n'avons considéré jusqu'ici que les images provenant de celle qui avait été formée primitivement par le miroir MN. Les mêmes raisonnements peuvent être recommencés, en considérant l'image A′₁, produite par les rayons qui tombent directement sur NM′. Cette première image en donnera une seconde A″₁, formée par le miroir NM, et A″₁ en donnera enfin une troisième A‴₁, qui se confondra avec A‴. On le constate en comptant, sur les arcs de cercle, les distances auxquelles ces images doivent se trouver de A. Nulle autre image ne pourra être obtenue. En général, si les miroirs se rencontrent sous un angle égal à $\frac{1}{n}$ de quatre droits, le nombre des images sera $n - 1$.

1435. Miroirs parallèles.—Deux miroirs parallèles MN, M'N' (*fig.* 663) font apercevoir un nombre illimité d'images quand un seul objet est placé entre eux. On explique le phénomène en raisonnant comme nous venons de le faire.

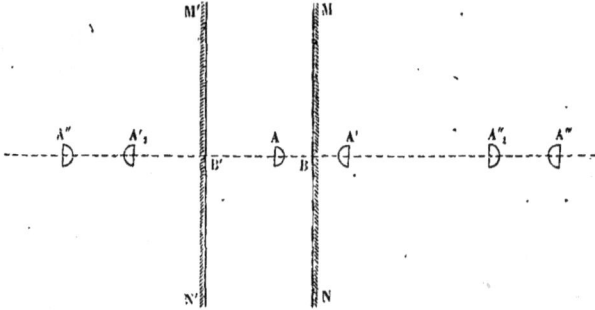

Fig. 663.

Le point A placé devant le miroir MN donne une image A' qui joue le rôle d'un objet pour le miroir M'N' et produit une image A''; A'', pour la même raison, donne une image A‴ derrière le miroir MN, et ainsi de suite. Cette construction n'a fourni encore que la moitié des images. En effet, l'objet A, placé devant le miroir M'N', donne une image A'₁, qui forme A''₁, et ainsi indéfiniment. Une remarque à faire : c'est que, si l'objet n'est pas réduit à un point lumineux, toutes les images dont nous venons de parler ne sont pas identiques; ainsi un homme placé entre les deux miroirs et regardant l'un d'eux apercevra, comme la figure 663 l'indique, son image tournée alternativement dans un sens et dans l'autre.

1436. Diverses espèces de miroirs plans. — Porte-lumière. — La théorie qui vient d'être donnée s'applique aux miroirs qui possèdent une seule surface réfléchissante. Elle convient, par exemple, aux miroirs de métal poli qui sont fréquemment employés en physique, et elle explique très-bien les phénomènes de réflexion qui ont lieu à la surface libre des liquides. Mais les glaces ou les miroirs qui sont le plus en usage sont en réalité moins simples. La figure 664 représente une coupe de l'un d'eux par un plan perpendiculaire à sa surface. C'est une lame de verre à faces parallèles dont la partie antérieure M'N' est nue, tandis que le côté MN se trouve recouvert d'une feuille d'étain amalgamé. C'est sur ce métal amalgamé que s'opère principalement la réflexion. Quant à la surface M'N', elle réfléchit aussi la lumière, mais elle la réfléchit faiblement, et d'habitude on n'utilise point les images qu'elle fournit. Les deux surfaces jouent le rôle de deux glaces parallèles. Mais l'œil, par la position qu'il occupe, ne peut voir que la première A' des images données par la surface M'N', tandis que toutes les images produites par le miroir MN sont visibles. Parmi elles, la première, A'', l'emporte de beaucoup sur toutes les autres par son intensité lumineuse, et, la plupart du temps, c'est la seule que nous remarquons. Cependant, si l'on place une bougie à une petite distance d'une glace étamée et qu'on regarde dans une direction un peu oblique par rapport à la surface de la glace, on distingue très-nettement la série des dernières images dont nous venons de parler.

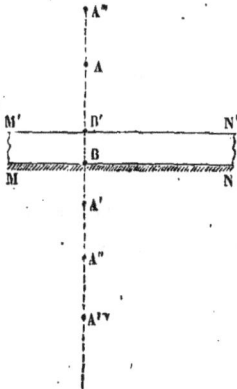

Fig. 664.

Les usages des miroirs plans sont si connus, qu'il est inutile de les rappeler.

On les utilise fréquemment dans les expériences de physique : voici un instrument qui est employé pour renvoyer la lumière solaire dans la chambre noire ; on le nomme porte-lumière (*fig. 665*) : c'est un miroir plan MN, auquel on donne toutes les positions possibles, au moyen des vis V' et V'' qui lui communiquent chacune un mouvement de rotation autour d'une ligne déterminée. Les deux lignes ou axes de rotation sont perpendiculaires l'une à l'autre. La plaque de métal PP' est fixée au volet de la chambre, et le miroir exposé au soleil est incliné convenablement pour que le faisceau solaire réfléchi entre par l'ouverture O et tombe sur les appareils mis en expérience.

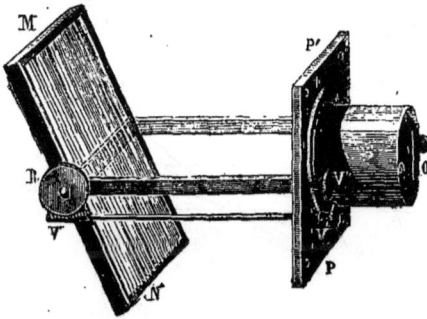

Fig. 665.

1457. **Miroirs sphériques.** — Parmi les différentes courbures que peuvent présenter les surfaces réfléchissantes, il en est qui leur donnent la propriété de produire une image nette des objets mis en présence, image amplifiée ou réduite, mais sans déformation sensible. Tel est précisément le cas de la surface sphérique qui, après la surface plane, est la plus facile à obtenir avec quelque perfection. Jusqu'aux essais de M. Foucault pour la production de surfaces réfléchissantes d'une autre espèce, essais qui datent de ces dernières années, et qui ont été couronnés d'un plein succès, l'optique n'avait jamais eu recours qu'aux miroirs sphériques.

Il y a deux espèces de miroirs sphériques : les uns concaves, formés par une portion de sphère polie à l'intérieur ; les autres convexes sont constitués par une calotte sphérique polie à l'extérieur.

Dans l'étude de la réflexion sur ces miroirs, comme dans celle qui se rapporte aux miroirs plans, nous commencerons par rechercher l'image d'un point, parce qu'il sera facile de passer de ce cas simple au cas plus complexe de l'image d'un objet. Nous supposerons d'abord ce point placé sur *l'axe principal* : il sera ensuite aisé de déterminer la marche des rayons partant d'un point quelconque.

1458. **Axe principal.** — Le miroir concave est ici figuré par un arc de cercle MN (*fig.* 666) qui représente l'intersection de la calotte sphé-

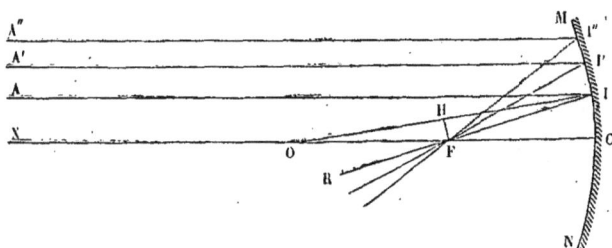

Fig. 666.

rique par un plan passant par le centre de figure C du miroir et par le centre O de la sphère dont le miroir fait partie. La ligne COX, qui joint ces deux derniers points, porte le nom d'*axe principal.*

1439. Foyer principal. — Parmi les positions qu'un point lumineux peut occuper sur l'axe principal d'un miroir, il en est une importante : celle où il est si éloigné du miroir que tous les rayons qui tombent sur la surface réfléchissante arrivent parallèles entre eux et à l'axe principal. Ce cas se présente lorsque le miroir concave est dirigé vers le ciel et que le prolongement de son axe rencontre une étoile. Un de ces rayons AI (*fig.* 666) frappe le miroir au point I; il s'agit de déterminer la marche du rayon réfléchi. Les lois de la réflexion nous permettent de résoudre immédiatement cette question. Il faut mener la normale qui n'est autre que le rayon OI de la sphère; le plan déterminé par AI et IO coupe la surface réfléchissante suivant l'arc de cercle MN; et le rayon réfléchi suit, dans ce plan, une ligne IR, qui fait avec OI un angle égal à l'angle d'incidence. Toutes ces lignes étant dans un même plan, la ligne IR coupera l'axe principal en un point que nous appellerons F.

Ce point F occupe sur l'axe une position remarquable, car nous allons montrer qu'il est, à très-peu près, à égale distance des deux points C et O. En effet, le triangle IFO est isocèle, puisque les angles I et O sont égaux : le premier étant l'angle de réflexion, et le second étant égal à l'angle d'incidence AIO à cause des deux parallèles AI, CO, et de la sécante IO, on a donc *exactement* IF égal à FO. Si maintenant le point I est tel que l'arc IC ne corresponde qu'à un très-petit nombre de degrés, on aura, *à très-peu près,* IF = FC, et, à cause de l'égalité précédente, il viendra alors FC = FO. Le rayon incident AI est un quelconque des rayons parallèles qui arrivent au miroir; il vient d'être démontré que le rayon réfléchi correspondant rencontre l'axe sensiblement au milieu de CO : on peut dire, en conséquence, que tous les rayons parallèles à l'axe donnent des rayons réfléchis, qui coupent à peu près tous cet axe au même point : ce point s'appelle le *foyer principal*, et la distance CF est dite la *distance focale principale* du miroir.

Il ne faut pas oublier toutefois que notre démonstration repose sur cette supposition que l'arc IC est d'un très-petit nombre de degrés. Dans la pratique, les miroirs sont tellement construits que cet arc ne dépasse guère 3 ou 5 degrés. C'est là précisément la valeur de l'arc total CN ou CM. A cette condition, notre hypothèse est admissible, et le milieu de CO peut être considéré sans erreur notable comme le point de rencontre de tous les rayons parallèles à l'axe.

1440. Aberrations de sphéricité. — Quelle erreur commet-on en prenant OF égal à FC? C'est ce que l'on peut déterminer exactement. En effet, supposons que le rayon AI, qui donne naissance au rayon réfléchi

IF, tombe sur le bord extrême du miroir, et que l'on abaisse une perpendiculaire FH du point F sur la ligne IO (*fig.* 666), on a

$$HO = IH = OF \cos \omega$$

en appelant ω l'angle IOF. Mais HO est la moitié du rayon, donc :

$$OF \cos \omega = \frac{2}{R}$$

d'où :

$$OF = \frac{R}{2 \cos \omega}.$$

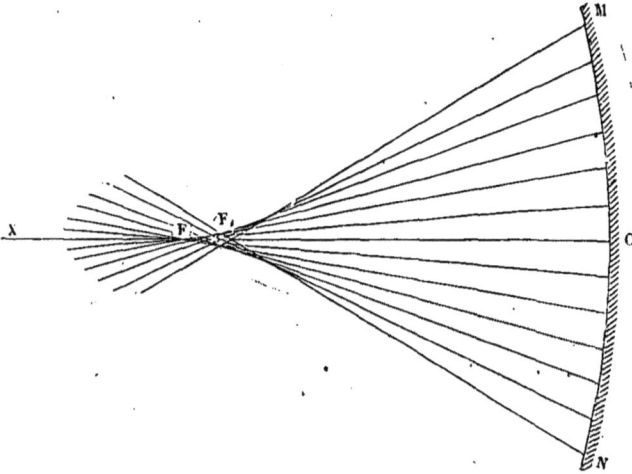

Fig. 667.

Pour les rayons qui frappent le miroir très-près du centre, cos ω est sensiblement égal à 1; pour ceux-là, $OF = \frac{R}{2}$. Dans ce cas, les rayons rencontrent donc l'axe à une distance du miroir $CF = \frac{R}{2}$. Ainsi pour un arc IC de 5°, on trouve que cos ω est égal à 0,996, OF devient alors :

$$OF_1 = \frac{R}{2 \times 0,996},$$

quantité dont $\frac{R}{2}$ ne diffère que d'une quantité assez petite pour que, dans les applications des miroirs, on puisse le plus souvent admettre que le point F_1 est placé au milieu du rayon CO. Toutefois, dans la réalité, les rayons parallèles à l'axe, qui tombent sur le miroir, forment un faisceau de rayons réfléchis qui rencontrent cet axe, non en un point unique, mais bien en une série de points formant une longueur qu'on appelle *aberration longitudinale* de sphéricité. Cette aberration $OF_1 - OF$ ou FF_1 a pour valeur :

$$\left(\frac{R}{2 \cos \omega} - \frac{R}{2} \right) \qquad \text{ou bien} \qquad \frac{R}{2} \left(\frac{1 - \cos \omega}{\cos \omega} \right).$$

1441. On peut aussi exprimer la valeur de l'aberration longitudinale de sphéricité en fonction du rayon de courbure du miroir R et du rayon

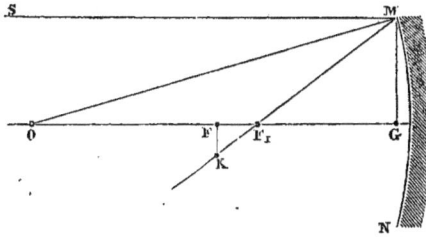

Fig. 668.

d'ouverture de ce miroir, MG ou r (*fig.* 668). Il suffit de remplacer dans l'expression déjà obtenue $\frac{R}{2} \left(\frac{1 - \cos \omega}{\cos \omega} \right)$ cos ω par sa valeur en fonction de R et de r; or, on a cos $\omega = \frac{\sqrt{R^2 - r^2}}{R}$, d'où :

$$FF_1 = \frac{R}{2} \left(\frac{R - \sqrt{R^2 - r^2}}{\sqrt{R^2 - r^2}} \right) = \frac{R \left(1 - \sqrt{1 - \frac{r^2}{R^2}} \right)}{2 \sqrt{1 - \frac{r^2}{R^2}}}$$

Si on développe $\sqrt{1 - \frac{r^2}{R^2}}$ ou $\left(1 - \frac{r^2}{R^2} \right)^{\frac{1}{2}}$ et qu'on néglige, comme très-petits, les termes contenant $\frac{r^4}{R^4}$ et les puissances supérieures à la 2ᵉ de $\frac{r^2}{R^2}$, on trouve :

$$FF_1 = \frac{r^2}{4R \left(1 - \frac{r^2}{2R^2} \right)}$$

ou avec une approximation semblable :

$$FF_1 = \frac{r^2}{4R}.$$

D'où l'on conclut que, dans un miroir sphérique, l'aberration longitudinale de sphéricité varie proportionnellement au carré de son rayon d'ouverture et en raison inverse de son rayon de courbure.

On voit sur la figure 667 la marche des rayons réfléchis. La distance FF_1 est l'aberration du miroir, aberration que nous avons exagérée pour la rendre sensible.

1442. Si l'on place un écran en F, où les rayons centraux viennent rencontrer l'axe, l'écran, au lieu d'être éclairé en un point seulement, se trouvera illuminé sur une surface dont le rayon FK détermine ce que l'on appelle l'*aberration latérale* de sphéricité. Il est possible de l'évaluer, en suivant la même marche que précédemment. On a, en effet (*fig.* 668) :

$$FK = \frac{R}{2} \left(\frac{1 - \cos \omega}{\cos \omega} \right) tg\, 2\omega$$

On remplace ensuite $\cos \omega$ et $tg\, 2\omega$ par leur valeur en fonction de r et de R; on développe et on supprime, comme tout à l'heure, les termes assez petits pour être négligés.

On obtient finalement de cette façon :

$$FK = \frac{1}{2} \frac{r^3}{R^2}$$

D'où l'on conclut que, dans un miroir sphérique, l'aberration latérale de sphéricité est proportionnelle au cube du rayon d'ouverture et qu'elle varie en raison inverse du carré de son rayon de courbure.

Pour montrer qu'il est légitime, dans les calculs précédents, de négliger les termes renfermant $\frac{r^4}{R^4}$ et les puissances supérieures, supposons qu'il s'agisse d'un miroir dont le rayon d'ouverture est de 5 centimètres et le rayon de courbure de 2 mètres, le rapport $\frac{r}{R}$ est égal à $\frac{5}{200}$ ou $\frac{1}{40}$, et alors $\frac{r^4}{R^4}$ devient une fraction décimale de l'ordre des millionièmes.

La valeur de l'aberration change lorsque les rayons incidents, au lieu d'être parallèles, constituent un cône dont le sommet est sur l'axe du miroir. Dans ce qui précède, nous avons étudié seulement les *aberrations principales*.

1443. Il suit de ce qui vient d'être dit (§ 1442), que l'image d'un point lumineux fournie par un miroir concave consistera en un cercle lumineux de rayon FK, et par suite d'une étendue appréciable. Comment

alors est-il possible que les images des objets résultant de la superposition de ces petits cercles éclairés aient un contour bien défini et puissent présenter une certaine netteté ? Cela tient à ce que la lumière venue
du point lumineux est très-inégalement répartie dans l'image que nous
en donne le miroir ; son intensité maximum au centre du cercle décroît
très-rapidement du centre vers la circonférence, et l'œil ne perçoit véritablement que la partie centrale, qui est sensiblement un point, de
chacune de ces petites images circulaires.

**1444. Expériences. — Mesure de la longueur focale principale
d'un miroir sphérique concave.** — Voici des expériences qui confir-
ment les résultats de la théorie. Sur un miroir sphérique concave
(*fig.* 669) placé devant le volet d'une chambre noire, on fait tomber les
rayons solaires au moyen d'un porte-lumière ; le volet, percé de petits

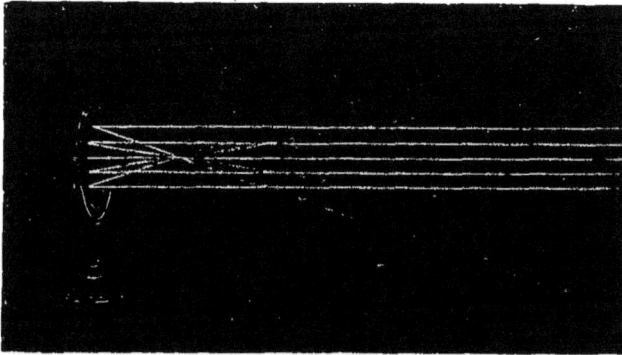

Fig. 669.

trous que l'on peut déboucher à volonté, laisse passer d'étroits faisceaux que, dans l'obscurité, on voit apparaître à cause des poussières
en suspension dans l'air qu'ils éclairent sur leur passage : ce sont des
rayons incidents parallèles. L'un des rayons reçu au centre de figure C
du miroir donne un rayon réfléchi qui suit exactement la direction du
rayon incident. La ligne lumineuse qui marque la route commune de ces
deux rayons est normale au miroir en C ; c'est donc l'axe principal. Tous
les rayons réfléchis coupent cet axe en un même point ; cette intersection
commune est manifeste dans l'obscurité de la chambre noire, ainsi que
le montre la figure tracée ici. Si l'on mesure la distance du point de
concours des rayons au miroir, on trouve qu'elle est égale à la moitié
du rayon de courbure de la surface sphérique.

Au lieu de faire tomber les rayons un à un, ainsi que nous l'avons fait, que l'on pratique une large ouverture : un faisceau entre, couvre le miroir entier, et les rayons réfléchis forment un cône de rayons qui convergent en F et divergent ensuite à partir de ce point.

Cette expérience donne la distance focale principale CF d'un miroir, distance qu'il est très-important de connaître. D'habitude, pour la déterminer, on opère plus simplement ; une chambre noire n'est pas nécessaire. On expose le miroir à la lumière solaire directe, et l'on cherche, par tâtonnement, quel est le point où un écran doit être placé pour que la lumière réfléchie s'y concentre dans le plus petit espace possible ; on a ainsi le foyer principal, dont on mesure alors directement la distance au miroir pour avoir la longueur focale cherchée.

1445. Foyers conjugués.—Expériences.—Dans la chambre noire et sur l'axe d'un miroir (*fig.* 670), on place un point lumineux P très-brillant, donné soit par une lampe électrique, soit par la lumière solaire concentrée à l'aide d'un appareil optique. Ce point envoie des rayons lumineux

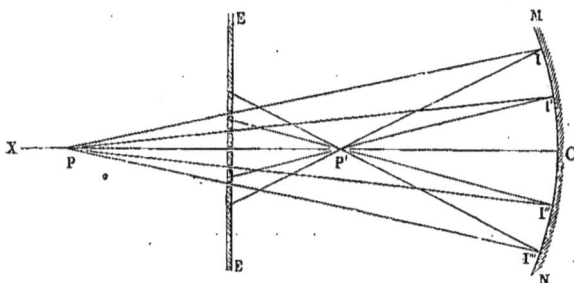

Fig. 670.

dans toutes les directions et en particulier sur la surface de l'écran EE percé de trous. Celui de ces rayons qui tombe sur la face réfléchissante et qui revient sur lui-même après la réflexion, sert à marquer l'axe principal du miroir MN, comme nous l'avons déjà indiqué dans l'expérience précédente. On reconnaît, comme précédemment, que tous les autres rayons incidents qui frappent le miroir se rencontrent, à très-peu près, à la suite de leur réflexion, en un même point P′ situé sur l'axe. Ce point P′ est appelé le *foyer conjugué* du point P.

1446. Relation de position entre le point lumineux et le foyer conjugué qui lui correspond. — La position du foyer conjugué d'un point lumineux est importante à connaître dans une foule de cas. Nous allons, par un calcul fort simple, établir la relation générale qui lie les distances du point lumineux P et de son foyer conjugué P′ au miroir

MN. Soit XC l'axe principal du miroir. La ligne OI, qui représente le rayon du miroir sphérique (*fig.* 671) partage en deux parties égales l'angle I du triangle PIP′, par conséquent elle divise la base PP′ en deux parties proportionnelles aux côtés adjacents : on a donc $\dfrac{PO}{P'O} = \dfrac{PI}{P'I}$ (1). Si l'on pose $OC = R = 2f$, $CP = p$, $CP' = p'$, et si l'on admet, à cause de la petitesse de l'angle IOC que l'on ait très-approximativement $PI = PC$,

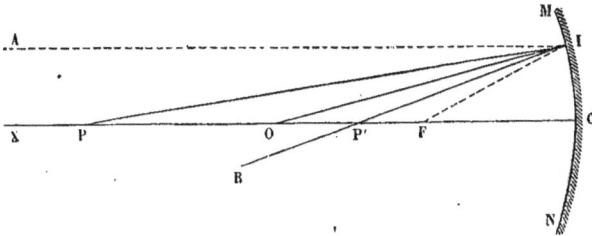

Fig. 671.

$P'I = P'C$, on pourra écrire en remplaçant dans (1) PO, P′O, PI, P′I par leurs valeurs : $\dfrac{p - 2f}{2f - p'} = \dfrac{p}{p'}$ Chassons les dénominateurs, il vient $pp' - 2fp' = 2fp - pp'$, ou bien $2fp + 2fp' = 2pp'$. Enfin, si l'on divise chacun des termes par le produit $2fpp'$, on a :

$$\frac{1}{p} + \frac{1}{p'} = \frac{1}{f}. \quad \ldots \ldots \quad (a).$$

formule remarquable par sa symétrie et qu'il est facile de retenir. Elle unit entre elles les trois quantités f, p et p', et détermine par suite la distance p' au miroir, du point où l'axe principal est rencontré par le rayon réfléchi, quand f et p sont donnés.

Cette formule est indépendante de l'inclinaison du rayon PI, elle se rapporte donc à tout rayon lumineux partant du même point P, et au rayon réfléchi correspondant qui coupera l'axe à une distance déterminée p'. Mais si ce résultat se déduit de la formule, il importe de savoir, au juste, quelle en est la raison, et de bien constater que si l'angle qui mesure l'inclinaison des rayons sur l'axe n'entre pas dans la valeur de p', déduite de l'égalité (a), cela tient à ce que nous l'avons supprimé nous-même. Cette suppression, nous l'avons faite, quand nous avons écrit que PI et P′I pouvaient être considérés comme égaux à PC et à P′C. Dans la formule finale se retrouvent, en définitive, les hypothèses introduites dans le courant du calcul ; et à regarder de près ce qui a été mis en équation, la valeur de p' ne peut nous donner que la distance focale correspondante aux rayons qui rasent l'axe. Un calcul complet prouverait d'ailleurs qu'un même point P' n'est pas le foyer de tous les rayons partis de P ; que tous les rayons réfléchis ne convergent pas rigoureusement en un même point : il y a une aberration longitudinale, comme nous l'avons dit plus haut ($ 1440); mais elle est très-petite, si l'ouverture du miroir est elle-même d'un petit nombre de degrés.

1447. Discussion de la formule. — La discussion de la formule

$$\frac{1}{p} + \frac{1}{p'} = \frac{1}{f}$$

qui peut être mise sous la forme

$$p' = \frac{pf}{p-f} \quad \ldots \quad \ldots \quad (b),$$

donne très-simplement les résultats que l'on pourrait d'ailleurs déduire de simples considérations géométriques. Elle nous fournit les positions relatives du point lumineux et de son foyer conjugué, quand on suppose que le premier se déplace, depuis l'infini jusqu'à la surface du miroir. En la discutant, on aura le tableau suivant :

$p = \infty$	$p' = f$
p diminue	p' augmente
$p = 2f$	$p' = 2f$
$p < 2f$ et $> f$.	$p' > 2f$
$p = f$	$p' = \infty$
$p < f$	$p' < 0$
$p = 0$	$p' = 0$

Tous ces résultats s'obtiennent sans difficulté; ils montrent bien que les deux foyers conjugués marchent toujours en sens contraire l'un de l'autre; le seul cas qui pourrait offrir quelque embarras, est celui où l'on fait $p = \infty$; toute difficulté disparait, si l'on divise par p les deux termes de l'expression fractionnaire : la formule devient alors $p' = \dfrac{f}{1 - \dfrac{f}{p}}$,

et si l'on fait $p = \infty$, $\dfrac{f}{p}$ devient nul et p' est égal à f.

Les considérations purement géométriques conduiraient aux mêmes conséquences; mais la formule a cet avantage qu'elle donnera, au besoin, la valeur numérique de p'. Ainsi, soit un miroir dont le rayon de courbure est égal à 2 mètres ; soit un point lumineux situé à la distance de 9 mètres : on trouvera la distance du foyer conjugué au miroir, en substituant 9 à la place de p, et la moitié du rayon, c'est-à-dire 1, à la place de f. On aura :

$$p' = \frac{9 \times 1}{9 - 1} = \frac{9}{8} = 1^m,125.$$

Il y a encore à interpréter ce résultat donné par la formule (b) : $p' < o$ ou p' négatif, correspondant à $p < f$; il signifie que les valeurs de p' doivent cette fois être comptées, à partir de la surface de miroir en sens inverse du sens adopté jusque-là. C'est-à-dire que, dans ce cas particulier, pour $p < f$ les rayons réfléchis ne se rencontrent plus effectivement ; leurs prolongements seuls, si on les effectuait, iraient se couper sur l'axe, derrière le miroir. En d'autres termes, quand le point lumineux est situé entre le foyer principal et le miroir, il n'y a plus de *foyer réel;* les rayons réfléchis divergent, et l'œil qui les reçoit en éprouve la même sensation que s'ils partaient d'un point situé sur l'axe, derrière le miroir : point qu'on a nommé *foyer virtuel*. Si l'on voulait la valeur absolue de p' dans ce cas particulier, il faudrait dans la formule changer le signe de cette quantité ; on aurait ainsi :

$$\frac{1}{p} - \frac{1}{p'} = \frac{1}{f} \quad \cdots\cdots\cdots \; (a').$$

et

$$p' = \frac{pf}{f - p}. \quad \cdots\cdots\cdots \; (c).$$

1448. Axes secondaires. — Toute ligne droite telle que C'X' (*fig.* 672), qui passe par le centre de courbure O du miroir MN, possède les mêmes propriétés que l'axe principal ; on l'appelle, à cause de cela, *axe secondaire.*

Pour comprendre que l'axe secondaire est identique, par ses propriétés, avec l'axe principal, il suffit de remarquer que si on augmentait la surface du miroir MN de N en N' jusqu'à ce que C' fût à égale distance de tous les points du bord du miroir ainsi augmenté, C'X' se trouverait être l'axe principal de ce nouveau miroir MN', et nous pourrions dire : Tous les rayons parallèles à l'axe C'X' viennent converger après réflexion au point F', situé au milieu du rayon C'O. Que l'on retranche la partie ajoutée NN', les rayons parallèles qui tombaient sur elle ne donneront plus de rayons réfléchis ; mais cette circonstance n'empêchera pas évidemment les autres rayons de se réfléchir comme ils le faisaient auparavant, et de converger encore au point F'. Ainsi, tous ces rayons parallèles à un axe secondaire ont un foyer F' que nous appellerons le foyer principal de l'axe secondaire.

De même, si l'on prend un point lumineux L sur l'axe secondaire C'X';

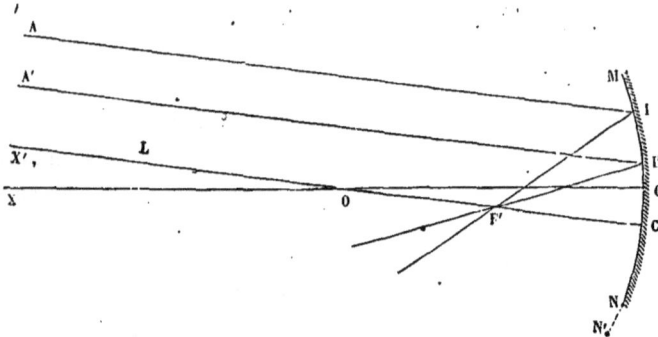

Fig. 672.

à ce point lumineux correspondra un foyer conjugué, situé sur cet axe secondaire, et la relation $\frac{1}{p} + \frac{1}{p'} = \frac{1}{f}$ sera aussi la relation qui unira la distance focale f, et les distances p et p' au miroir, du point lumineux L et de son foyer conjugué. Le raisonnement qui vient d'être fait pour les rayons parallèles est en effet applicable, sans modification, au cas actuel.

Il ne faut pas croire, toutefois, qu'il soit indifférent, pour la netteté des images, de prendre un point lumineux sur l'axe principal ou en dehors de cet axe. A mesure que l'angle de C'X' avec l'axe va en grandissant, le miroir comprend un arc d'un nombre de degrés plus considérable, et alors, comme nous l'avons déjà dit, les aberrations de sphéricité s'accroissent. L'image du point lumineux devient un cercle d'un plus grand rayon et toute netteté finit par disparaître.

1449. **Image des objets.** — Maintenant nous sommes en mesure de tracer l'image d'un objet AB (*fig.* 673) placé devant un miroir sphérique concave.

Commençons par chercher celle de l'un des points A de l'objet. Tous les rayons qui émanent de A doivent, après leur réflexion, rencontrer l'axe secondaire AC' en un même point. Or, le rayon AI parallèle à l'axe principal CX donne un rayon réfléchi qui passe par le point F, milieu de la ligne CO, et qui, continuant sa marche, coupe l'axe AC' en un point A'; donc tous les autres rayons émanés de A viendront se croiser en ce point A′, qui sera le foyer cherché. L'œil placé en avant de A′, sur le trajet des faisceaux qui se sont rencontrés en ce point, éprouve la même

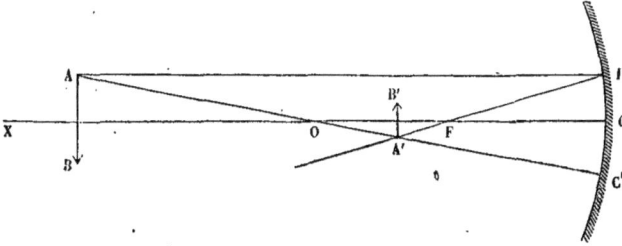

Fig. 673.

sensation que si A′ était un point lumineux. Un écran placé en A′ sera éclairé dans toute la portion correspondante au croisement des rayons

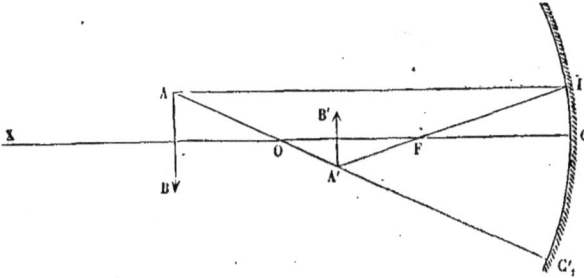

Fig. 674.

et l'image de A qui y sera produite pourra être cette fois aperçue par un observateur placé dans une position quelconque, à cause de la diffu-

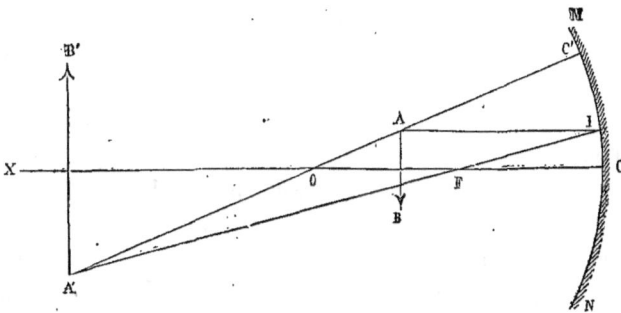

Fig. 675.

sion de la lumière par l'écran : A′ est bien l'image réelle du point A. On aura de même le foyer B′ du point B et celui des points intermédiaires : l'image A'B', ainsi obtenue, est, sans déformation considérable, l'exacte représentation de AB, mais elle est renversée.

Les figures 673, 674, 675 et 676 représentent la construction qui doit

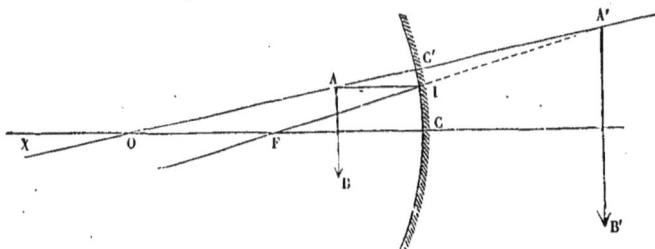

Fig. 676.

être faite pour obtenir les images correspondantes aux diverses positions de l'objet : 1° l'image est plus petite que l'objet (*fig.* 673 et 674), toutes les fois que ce dernier est au delà du centre, et d'autant plus petite qu'il est plus éloigné. 2° L'image est plus grande que l'objet (*fig.* 675) quand celui-ci est entre le centre et le foyer principal. 3° Elle est égale en grandeur à l'objet et toujours renversée quand l'objet est au centre de courbure du miroir. 4° Enfin, l'image virtuelle que l'on obtient (*fig.* 676) quand l'objet est placé entre le miroir et le foyer principal est droite ; elle est toujours plus grande que l'objet, mais elle va en diminuant à mesure que l'objet est plus voisin du miroir.

1450. Expériences. — Tous ces résultats sont vérifiés, dans la chambre noire, par une expérience qui consiste à placer une bougie AB (*fig.* 677) au-devant d'un miroir sphérique concave MN et à recevoir l'image de la flamme sur un écran. Quand la bougie est très-éloignée du miroir, on voit la petite image de la flamme se peindre renversée sur l'écran. A mesure que la bougie s'approche du miroir, l'image grandit, et l'on est obligé, pour qu'elle soit nette et bien délimitée sur ses contours, d'écarter de plus en plus l'écran du miroir. Le rapprochement continuant toujours, on voit, quand la bougie est au centre, que l'image de la flamme toujours renversée est aussi au centre et de même grandeur que l'objet ; quand la bougie dépasse le centre, et c'est le cas de notre figure, l'image renversée est au delà du centre et agrandie. En un mot, tous les résultats que l'on observe sont ceux qui viennent d'être indiqués dans le paragraphe précédent.

Cette expérience peut, en outre, servir à vérifier la formule $\frac{1}{p} + \frac{1}{p'} = \frac{1}{f}$.

Pour cela, la bougie étant dans une position fixe, on mesure la distance à laquelle elle se trouve du miroir : ce qui donne p ; on mesure la distance à laquelle l'écran doit être placé pour que l'image acquière le maximum de netteté : ce qui donne p', et par suite $\dfrac{1}{p} + \dfrac{1}{p'}$. On trouve ainsi que, pour toute position de la bougie, cette somme est constante. Si une

Fig. 677.

expérience préalable a donné le rayon du miroir, on vérifie que cette somme est égale à $\dfrac{1}{f}$, f étant la moitié du rayon. Les mesures se prennent aisément avec l'appareil qui est sous les yeux du lecteur : les supports de la bougie et de l'écran se meuvent dans une rainure dont les bords sont divisés en millimètres.

1451. Calcul de la grandeur relative de l'image et de l'objet. — Considérons la figure qui a servi à obtenir l'image d'un objet, dans le cas où cette image est réelle (*fig.* 673). Les deux triangles AOB, A'OB' sont semblables comme ayant leurs angles égaux ; donc

$$\frac{I}{O} = \frac{A'B'}{AB} = \frac{OA'}{OA},$$

en appelant I la grandeur de l'image et O celle de l'objet. Mais

$$OA' = 2f - p' . OA = p - 2f$$

Donc :

$$\frac{I}{O} = \frac{2f - p'}{p - 2f}$$

et si l'on remplace p' par sa valeur donnée par la formule (b) (1447), on a enfin :

$$\frac{1}{0} = \frac{f}{p - f}.$$

La discussion de cette formule nous donne les rapports de grandeur de l'image et de l'objet pour les diverses valeurs de p, rapports que les constructions géométriques ne sauraient nous fournir. On en déduit immédiatement les conséquences suivantes, qui ont une grande importance pratique et que l'expérience vérifie, à savoir :

$$
\begin{aligned}
p > 2f \qquad & A'B' < AB \qquad & I < 0 \\
p = 2f \qquad & A'B' = AB \qquad & I = 0 \\
p < 2f \qquad & A'B' > AB \qquad & I > 0
\end{aligned}
$$

Dans le cas où l'image est virtuelle, on a semblablement (*fig.* 676) :

$$\frac{1}{0} = \frac{A'B'}{AB} = \frac{OA'}{OA} = \frac{2f + p'}{2f - p},$$

remplaçant p' par sa valeur $\dfrac{pf}{f - p}$ donnée par l'équation (c), on a

$\dfrac{1}{0} = \dfrac{f}{f - p}$. On voit de suite que l'image est toujours plus grande que l'objet, et d'autant plus grande que p s'approche davantage d'être égal à f; c'est-à-dire qu'elle augmente à mesure que l'on place l'objet plus près du foyer principal.

IV — MIROIRS SPHÉRIQUES CONVEXES

1452. Axe principal, foyer principal, foyers conjugués. — L'axe principal d'un miroir sphérique convexe se définit comme l'axe principal d'un miroir concave : c'est la ligne CX (*fig.* 678) qui passe par le centre de courbure O du miroir et par le centre de figure C.

Les rayons parallèles à l'axe principal, tels que AI, suivent, après la réflexion, une marche qui est bien différente de celle que leur donne un miroir concave Les rayons réfléchis ne peuvent aller se couper effectivement en aucun point de l'axe ; tout au contraire, ils divergent et cheminent comme s'ils provenaient tous d'un même point F, situé sur l'axe, et placé derrière le miroir, à égale distance du centre O et de la surface réfléchissante. Par l'expérience, on pourrait le démontrer en

employant une méthode analogue à celle qui nous a servi pour les miroirs
concaves; seulement ici il faudrait obtenir une trace persistante des
rayons réfléchis, et ensuite retirer le miroir et constater que les rayons

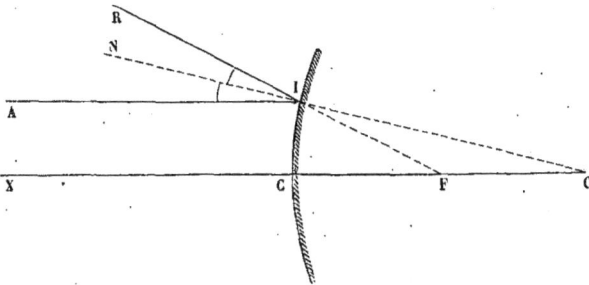

Fig. 678.

prolongés vont tous au même point. Mais la méthode la plus simple consiste à se placer sur la route de la lumière réfléchie; lorsque les rayons
parallèles à l'axe tombent sur le miroir, l'œil, frappé par les rayons réfléchis, n'aperçoit qu'un point lumineux.

Le raisonnement est le même que pour les miroirs sphériques concaves : on mène la normale OI, le rayon réfléchi IR, et son prolongement
IF, et on fait voir que le triangle OIF est isocèle. Si l'on admet de plus,
en se plaçant dans les mêmes hypothèses, que FI peut être considéré
comme égal à FC, on a $OF = FC$. Le point F est le foyer principal du
miroir, mais c'est un *foyer virtuel*.

La distance focale FC se détermine par une expérience directe en re-
couvrant le miroir d'une feuille de papier percée de deux petites ouvertures. L'axe étant dirigé vers le soleil, deux faisceaux seulement atteignent
le miroir, se réfléchissent et reviennent en divergeant : on les reçoit sur
un écran que l'on déplace jusqu'à ce que les centres des deux images
soient à une distance double de celle qui sépare l'un de l'autre les centres
des deux ouvertures; il est aisé de démontrer que, dans ces conditions,
l'écran est éloigné du miroir d'une quantité égale à la distance focale
principale.

Un point lumineux P (*fig.* 679) étant placé sur l'axe, les rayons qui
partent de ce point donnent des rayons réfléchis, tels que IR, qui vont en
divergeant comme s'ils partaient d'un point P' situé derrière le miroir. Par
l'expérience, on le démontrerait comme nous venons de le dire pour les
rayons parallèles. La relation qui existe entre $CP = p$, $CP' = p'$ et $OC = 2f$
s'établit comme pour les miroirs concaves. Seulement ici, dans le
triangle PIP', la normale ne coupe plus en deux parties égales l'angle au

sommet. C'est l'angle PIR, supplément de l'angle au sommet, qu'il faut considérer, et qui est divisé par la normale en deux parties égales:

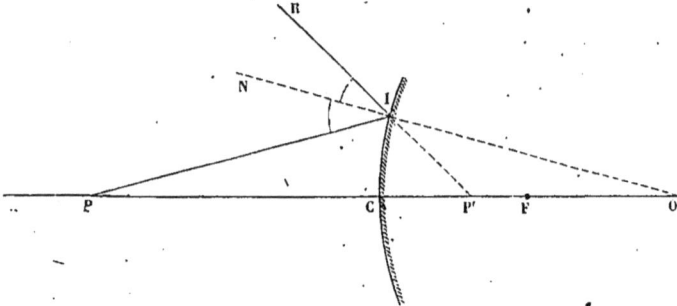

Fig. 679.

D'après un théorème connu, on aura : $\dfrac{\text{PO}}{\text{P'O}} = \dfrac{\text{PI}}{\text{P'I}}$ ou $\dfrac{2f+p}{2f-p'} = \dfrac{p}{p'}$. D'où l'on déduit :

$$\frac{1}{p} - \frac{1}{p'} = -\frac{1}{f} \quad \ldots \ldots \quad (a'')$$

1453. **Discussion.** — L'égalité précédente donne :

$$p' = \frac{pf}{p+f} = \frac{f}{1+\frac{f}{p}}$$

Si $p = \infty$, c'est-à-dire si les rayons tombent sur le miroir convexe parallèlement à l'axe, $p' = f$; si le point lumineux P se rapproche du miroir, p diminue, $\dfrac{f}{p}$ augmente, et p' diminue; donc, quand le point lumineux se rapproche du miroir, son foyer conjugué s'en rapproche aussi, et les deux foyers marchent en sens contraire. Quand p est égal à zéro, p' devient nul, le point lumineux et son foyer conjugué se confondent avec la surface du miroir. Cette discussion est résumée dans le tableau suivant :

$$p = \infty \ldots \ldots \ldots p' = f$$
$$p \text{ diminue} \ldots \ldots p' \text{ diminue}$$
$$p = 0 \ldots \ldots \ldots p' = 0$$

1454. **Axes secondaires.** — **Détermination des images.** — Toute ligne qui passe par le point O est un axe secondaire, et comme pour les miroirs sphériques concaves, ce qui est relatif à l'axe principal est vrai pour les axes secondaires.

L'image d'un objet AB s'obtient en suivant exactement la méthode
employée dans la théorie des miroirs concaves. Soit un objet AB (*fig.* 680)
placé devant le miroir MN. L'image du point A se trouve sur l'axe secondaire AO, passant par ce point. De tous les rayons qui partent de A, il
en est un AI qui marche parallèlement à l'axe principal ; celui-là donne
un rayon réfléchi IR, dont le prolongement passe par le foyer principal
F, et rencontre l'axe secondaire en A'. Or, nous savons que les rayons
réfléchis prolongés doivent rencontrer tous cet axe secondaire au même
point : A' est donc le foyer virtuel de A. De même, B' est le foyer virtuel

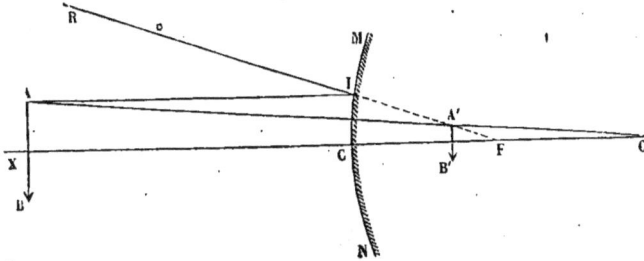

Fig. 680.

du point B. L'œil placé devant le miroir verra en A'B' l'image droite et
virtuelle de AB.

Quelle que soit la position de AB, l'image A'B' et l'objet AB représentent deux lignes parallèles comprises dans le même angle AOB
et l'image est toujours plus voisine du sommet de l'angle que l'objet :
donc elle est plus petite que lui. Mais plus l'objet sera éloigné, plus
l'image sera petite et voisine du point F. A mesure que l'objet s'approche, l'image grandit et prend une position plus voisine du miroir. Quand
l'objet est très-près du miroir, l'image en est aussi très-près, et elle est
presque égale en grandeur à l'objet.

Les relations de grandeur de l'image et de l'objet se tirent de la si-
militude des deux triangles AOB et A'OB' ; elle donne $\dfrac{I}{O} = \dfrac{A'B'}{AB} = \dfrac{OA'}{OA}$;
mais on a $OA' = 2f - p'$, $OA = 2f + p$, donc :

$$\frac{I}{O} = \frac{2f - p'}{2f + p} ;$$

substituant à la place de p' sa valeur $\dfrac{pf}{p+f}$ tirée de l'équation (a''), on a

$$\frac{I}{O} = \frac{f}{p + f}.$$

Cette équation nous montre que I est toujours plus petit que O, car f est nécessairement plus petit que $p+f$. Si p augmente, c'est-à-dire si l'objet s'éloigne du miroir, la fraction $\dfrac{f}{p+f}$ diminue, l'image devient de plus en plus petite par rapport à l'objet.

1455. **Expérience.** — L'expérience qui consiste à approcher ou à éloigner une bougie d'un miroir sphérique concave (1450) peut se répéter dans les mêmes conditions avec un miroir sphérique convexe, avec cette différence qu'il faut regarder dans le miroir en se plaçant dans la direction du faisceau réfléchi. On aperçoit alors l'image virtuelle de la bougie, qui est toujours droite et plus petite que l'objet. On voit l'image grandir, quand la bougie devient plus voisine du miroir.

1456. **Objet virtuel.** — Les miroirs sphériques convexes sont utilisés en optique dans un cas particulier dont il n'a pas encore été question; c'est le cas où l'objet est virtuel. Voici les conditions dans lesquelles cette circonstance peut se présenter. Un miroir sphérique concave M'N' (*fig.* 681), placé devant un objet AB situé à une trop grande distance pour

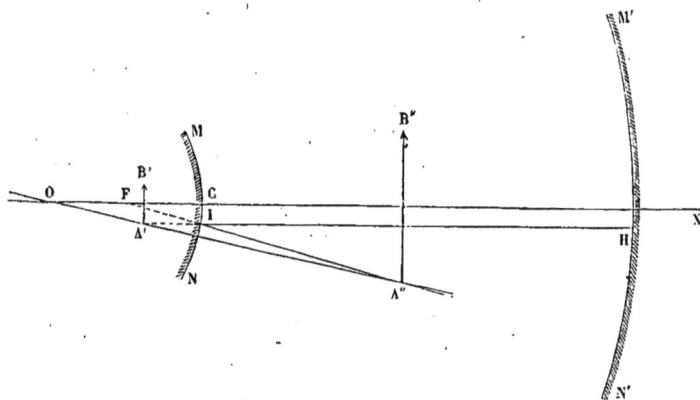

Fig. 681.

être indiqué sur la figure, donne une petite image réelle A'B' de cet objet; les rayons qui forment cette image marchent de M'N' vers A'B'. On interpose un petit miroir convexe MN sur leur trajet. L'image A'B' ne se forme plus, et la question est de savoir ce que deviennent les rayons qui sont ainsi interceptés par le miroir MN. On parvient à la résoudre en généralisant la construction déjà employée. Examinons le cas le plus important, celui où la surface du miroir MN est placée à une distance de A'B' moindre que la distance focale CF de ce miroir. On raisonne de

la manière suivante : L'image du point A' doit se former sur l'axe secondaire de ce point ; on trace cet axe A'O. Le rayon réfléchi par M'N'
qui, pour former l'image A', chemine parallèlement à l'axe CO, suivra
après sa réflexion sur MN une route IA'' telle que son prolongement
rencontre l'axe principal CO au point F. Il ira, d'autre part, rencontrer l'axe secondaire A'O au point A'', et c'est en ce même point A'',
qu'iront passer tous les rayons qui eussent formé l'image A', si ces
rayons, se dirigeant sur le miroir, n'avaient pas été interceptés et réfléchis par lui ; de même B'' sera l'image de B'.

Mais il ne suffit pas d'étendre la construction à un cas qui n'avait pas
été prévu, il faut voir si l'analogie n'a pas été trompeuse. On le reconnaîtra, soit en reprenant tous les raisonnements précédents et en s'assu-
rant qu'ils s'appliquent au cas actuel, soit en recourant à une expérience
directe. C'est cette dernière méthode qui convient ici, et le résultat
s'accorde parfaitement avec celui qui vient d'être trouvé.

Si l'on avait voulu se borner au cas où l'objet virtuel se trouve entre
F et C, il aurait suffi de s'appuyer sur la loi de réciprocité du rayon incident et du rayon réfléchi. Un objet A''B'' placé devant un miroir convexe donnerait une image virtuelle A'B' entre le miroir et le foyer, c'est-
à-dire que les rayons tels que A''I se réfléchiraient suivant IH, et leurs
prolongements donneraient l'image virtuelle A' (1454). On peut dire
réciproquement, que si des rayons viennent suivant HI vers A', ils doivent se réfléchir suivant IA'', et former une image réelle A''. Si cette
dernière méthode n'a pas été préférée, c'est qu'elle ne s'applique qu'à
une position particulière de A'B' : celle où cet objet virtuel se trouve
entre le foyer et le miroir ; tandis que la première construction que
nous avons fait connaître est tout à fait générale.

CHAPITRE III

DE LA RÉFRACTION

1457. **Définition.** — Un rayon de lumière, qui passe d'un milieu transparent dans un autre se brise à la surface de séparation des deux milieux : il change brusquement de direction ; et, ce changement brusque effectué, il continue à se mouvoir en ligne droite, tant qu'il se propage dans un milieu homogène. La déviation, qui vient d'être signalée, s'appelle la *réfraction* ; il est cependant un cas particulier où la lumière continue sa marche sans être déviée, c'est celui où le rayon incident à la surface de séparation des deux milieux est perpendiculaire à cette surface.

1458. **Faits d'observation.** — L'expérience journalière offre fréquemment à nos yeux des phénomènes de réfraction. Les objets situés dans l'eau, par exemple, ne nous semblent pas à la place qu'ils occupent réellement : celui qui veut les atteindre là où l'œil les aperçoit, s'égare et frappe à côté.

Chacun peut faire très-aisément une expérience qui met le phénomène en évidence. Au fond d'un

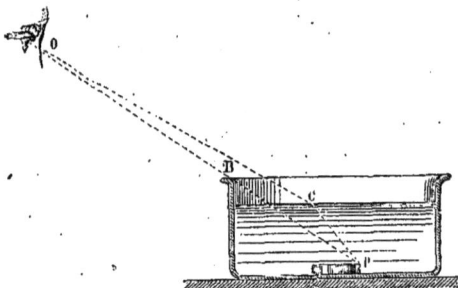

Fig. 682.

vase, on place une pièce de monnaie P (*fig.* 682), qu'on rend immobile en la fixant avec de la cire. Un spectateur dont l'œil est placé en O, s'écarte ou se baisse peu à peu jusqu'à ce qu'elle lui soit tout entière ca-

chée par les bords du vase : dès qu'il a obtenu ce résultat, il s'arrête
et reste immobile. A ce moment, un aide vient-il à verser de l'eau dans
le vase vide, la pièce de monnaie redevient visible pour l'observateur
qui n'a pas bougé : la paroi ne la cache plus. Il faut donc que les rayons
lumineux, qui dans l'eau comme dans l'air se propagent en ligne droite,
aient subi une déviation au moment où ils ont passé d'un milieu dans
l'autre, il faut que des rayons tels que PC aient pris une direction nouvelle CO, à l'instant de leur transmission de l'eau dans l'air ; sans cela
ils n'auraient pas pu parvenir à l'observateur.

Dans les cours, on montre très-simplement la réfraction de la lumière
en faisant tomber un faisceau de lumière solaire sur l'eau d'une grande
cuve dont la paroi C est formée par une lame transparente, une lame de
verre, par exemple (*fig.* 683). L'expérience étant exécutée dans la cham-

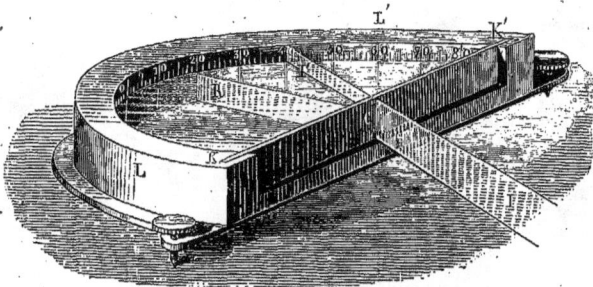

Fig. 683

bre noire, on aperçoit la ligne droite suivie par le faisceau incident IC,
dont l'une des moitiés CI' continue sa route au-dessus de l'eau ; tandis
que, par l'illumination produite sur le trajet de l'autre moitié du faisceau qui traverse l'eau, on voit nettement que cette dernière moitié se
brise et prend une direction telle que CR. Si l'on fait tomber la lumière
perpendiculairement sur l'une des parois de la cuve, on n'aperçoit aucune déviation.

Nous devons faire remarquer, une fois pour toutes, que lorsqu'un
faisceau lumineux tel que IC arrive à la surface de séparation de deux
milieux, une partie de la lumière se réfracte, — nous l'expliquons dans
ce chapitre même, — mais, en même temps, une autre partie du faisceau
incident se réfléchit. Si dans la suite, nous ne parlons pas des rayons
réfléchis, si nous ne les représentons pas sur les figures, c'est afin de ne
pas diviser l'attention, et de la fixer exclusivement sur le phénomène
spécial qui fait en ce moment l'objet de notre étude.

Nous mettrons encore une seconde expérience sous les yeux du lecteur. Une cuve à base rectangulaire (*fig.* 684) est divisée en deux compartiments par une cloison transver-
sale. Quand on verse de l'eau dans
l'un des compartiments ADLL', le
rayon lumineux entre dans ce liquide
sans déviation, parce qu'il arrive
perpendiculairement à la paroi dans
la direction ID (*fig.* 685) ; mais en
sortant du liquide au point C, il est
dévié. Et, comme il illumine sur sa
route les poussières de l'atmosphère,
la déviation qu'il subit est clairement indiquée ; elle est d'ailleurs ma-

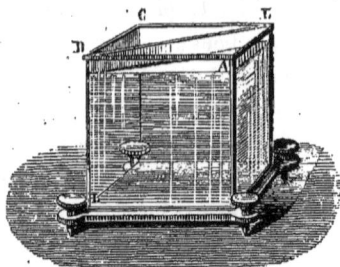

Fig. 684.

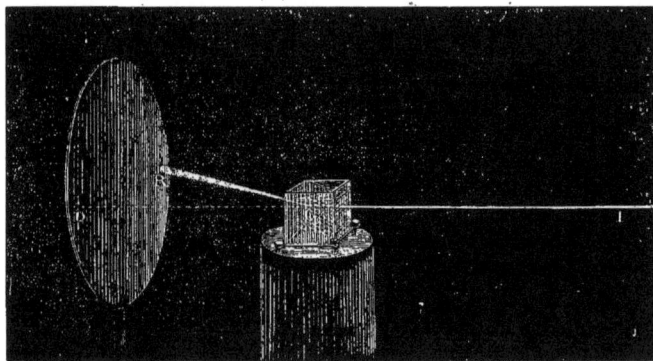

Fig. 685.

nifestée aussi par ce fait que le rayon atteint un écran en un point E
autre que le point D, où venait aboutir le rayon direct.

I — LOIS EXPÉRIMENTALES DE LA RÉFRACTION

1459. Lois de la réfraction. — On doit à Descartes la connaissance
des lois de la réfraction. Il a établi les relations qui existent entre l'angle
d'incidence et l'angle de réfraction, c'est-à-dire entre les angles ICN, RCN'
(*fig.* 686) formés par le rayon incident et par le rayon réfracté avec la
normale NN' menée par le point d'incidence à la surface de séparation
des deux milieux. Voici ces lois qui sont fondamentales dans l'étude à
laquelle nous allons nous livrer.

1° *Le rayon incident, le rayon réfracté et la normale sont trois lignes droites contenues dans un même plan.*

2° *Le sinus de l'angle d'incidence et le sinus de l'angle de réfraction sont dans un rapport constant, invariable, toutes les fois que la lumière traverse successivement les deux mêmes milieux.*

1460. La première loi n'a pas besoin d'explications, elle se comprend d'elle-même. Quant à la seconde, pour concevoir le sens qu'on doit y attacher, considérons un rayon IC (*fig.* 686) tombant sur une surface AB et prenons le plan du papier comme plan d'incidence. Soit le rayon réfracté CR ; menons la normale NN′ au point C, et du point C comme centre et avec l'unité de longueur comme rayon, décrivons une circon-

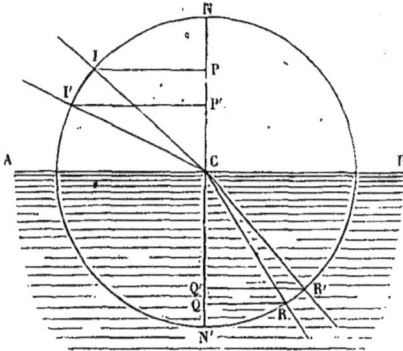

Fig. 686.

férence qui rencontre en I, en R, en N et en N′ les deux rayons et la normale. Ces constructions préliminaires étant faites, si l'on abaisse du point I la perpendiculaire IP sur la normale NN′, et du point R la perpendiculaire RQ sur la même normale, ces perpendiculaires mesurent les sinus des angles ICN et RCN′. La seconde loi de Descartes nous indique que le rapport des longueurs de ces perpendiculaires $\dfrac{IP}{RQ}$ reste le même, quelle que soit la valeur de l'angle ICN. Par exemple, si le rayon se meut dans l'air et passe ensuite dans l'eau, ce rapport constant est égal à $\dfrac{4}{3}$. Ainsi

$$\frac{IP}{RQ} = \frac{4}{3}.$$

Si l'on prend un autre rayon incident I′C, le rayon réfracté CR′, correspondant, sera tel que l'on aura :

$$\frac{R'Q'}{I'P'} = \frac{4}{3}.$$

Si l'on désigne par *i* l'angle d'incidence, par *r* l'angle de réfraction, et par *n* le rapport constant en question, qui est appelé l'*indice de ré-*

fraction, la seconde loi de Descartes est exprimée, d'une manière générale, par l'égalité suivante :

$$\frac{\sin i}{\sin r} = n,$$

1461. Démonstration de Descartes. — On vérifie ces lois au moyen d'un appareil imité de celui qui avait été employé par Descartes. AB (*fig.* 687) est la surface horizontale de l'eau contenue dans un vase de verre dont la forme est celle d'un cylindre ; KK′ est un cercle vertical gradué en degrés à partir de N et de N′, qui représentent les deux extrémités du diamètre vertical. Ce cercle a son plan perpendiculaire aux arêtes du cylindre, et son centre se trouve sur la ligne horizontale qui rase la surface AB ; I et R sont deux pinnules (*fig.* 687) dont les ouvertures se trouvent toujours dans un plan vertical parallèle au plan du cercle gradué ; car elles se meuvent à égale distance de ce cercle ; elles sont portées par des alidades qui se prolongent jusqu'à des points P et P′, tels que CP = CP′ = 1.

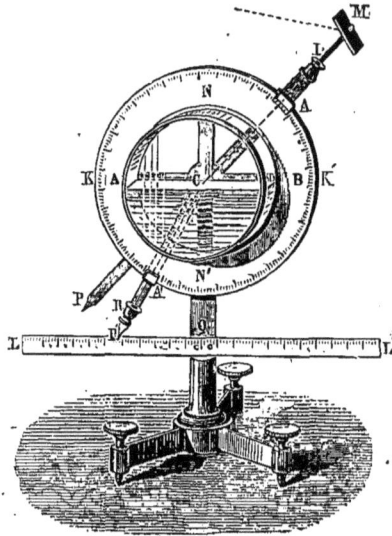

Fig. 687.

Pour faire l'expérience, on fixe la pinnule supérieure en I (*fig.* 687), et on dirige dans la chambre noire un trait de lumière solaire qui, réfléchi par le miroir M, passe par l'ouverture I ; il suit une route IC parallèle au plan du cercle et tombe au point C, centre de la section du cylindre par le plan d'incidence. Le faisceau lumineux se réfracte alors dans la direction CR.

Comme premier résultat, on constate que le rayon réfracté CR peut passer par l'ouverture de la pinnule R convenablement fixée ; cela montre que le rayon réfracté et le rayon incident sont dans un même plan vertical, perpendiculaire à la surface AB de séparation des deux milieux.

Fig. 688.

La vérification de la seconde loi se fait au moyen de la règle divisée LL′ qui est horizontale et que l'on peut faire monter ou descendre le long du pied de l'instrument. Selon qu'elle atteint l'extrémité P ou l'extrémité P′ de l'une ou de l'autre des alidades, elle donne par une simple lecture ou le sinus de l'angle d'incidence, ou le sinus P′Q de l'angle de réfraction, comme on le voit dans la figure. Le rapport de ces deux longueurs est trouvé constant, quel que soit l'angle d'incidence que l'on choisisse.

On pourrait objecter à cette expérience qu'en sortant de l'eau, le rayon réfracté passe dans le verre, puis du verre dans l'air ; mais tous ces passages s'effectuent sans qu'une nouvelle réfraction se produise, car le faisceau lumineux CR est nécessairement perpendiculaire à l'élément de surface qu'il rencontre sur son passage.

1462. **Valeur des indices de réfraction.** — La valeur de l'indice de réfraction dépend des deux substances que la lumière traverse. On appelle *indice principal* le rapport des sinus que l'on obtient lorsque la lumière passe du vide dans la substance étudiée. Cet indice n'est pas le même que si la lumière avait, en premier lieu, traversé l'air ou un gaz quelconque, au lieu de cheminer dans le vide. Toutefois, pour les corps solides et pour les liquides, la différence est petite. Voici la valeur de quelques indices de réfraction.

SUBSTANCES	INDICES	SUBSTANCES	INDICES
Eau.	1,3358	Flint glass.	1,6405
Alcool.	1,3740	Sulfure de carbone. . . .	1,6780
Essence de térébenthine..	1,4783	Diamant.	2,7550
Crown-glass..	1,5631	Air..	1,0003

On voit, par ce tableau, que le diamant est le corps dont l'indice est le plus considérable ; mais cet indice n'atteint pas 2,8 ; tous les autres sont donc compris entre les étroites limites représentées par les nombres 1 et 2,8.

1463. **Indice inverse de réfraction.** — Au lieu de faire passer la lumière de l'air dans l'eau, on peut la faire marcher en sens contraire, c'est-à-dire de l'eau dans l'air. Si l'on fait tomber, par exemple, un rayon incident dans la direction de la ligne RC (*fig.* 686), le rayon réfracté parcourt exactement le chemin précédemment suivi par le rayon incident ; il prend, en émergeant dans l'air, la direction CI. Ce résultat peut être ainsi généralisé : quand la lumière rebrousse chemin, elle repasse exactement par la route qu'elle avait suivie dans sa marche directe. Cette loi est exprimée par la formule

$$\frac{\sin I}{\sin R} = \frac{1}{n}.$$

dans laquelle I est le nouvel angle d'incidence, tel que RCN', et R est l'angle de réfraction ICN correspondant. L'appareil décrit vérifie cette loi. Il suffit de faire arriver le rayon suivant RC ; on le voit sortir suivant CI.

1464. Discussion de la formule précédente. — La connaissance de l'indice de réfraction d'une substance permet d'évaluer immédiatement l'angle de réfraction qui correspond à tel ou tel angle d'incidence. Une construction géométrique suffira dans chaque cas, mais il vaut encore mieux recourir aux tables de sinus pour obtenir promptement la solution demandée.

Soit IC (*fig.* 689) le rayon lumineux faisant avec la normale à la surface de séparation de

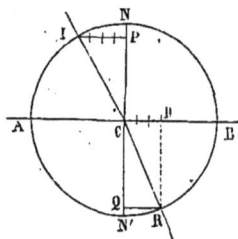

Fig. 689.

l'air et de l'eau un angle connu ICN. Je trace IP, qui est le sinus de l'angle d'incidence : il s'agit de trouver l'angle de réfraction. Il est donné par la formule :

$$\frac{\sin i}{\sin r} = \frac{4}{3},$$

d'où l'on tire :

$$\sin r = \frac{3}{4} \sin i$$

Pour obtenir la valeur de l'angle r, je prends, à partir du point C, une longueur $CD = \frac{3}{4}$ IP ; par le point D, je mène à la normale une parallèle DR, qui rencontre la circonférence en R ; CR représente alors le rayon réfracté. En effet, abaissons la perpendiculaire RQ, nous aurons $RQ = CD = \frac{3}{4}$ IP, ou bien $\frac{IP}{RQ} = \frac{4}{3}$.

Avec une table de sinus, l'opération serait plus simple : on chercherait le sinus de ICN, on prendrait les $\frac{3}{4}$ de la valeur trouvée ; on aurait le sinus de l'angle de réfraction, et la table même donnerait ensuite l'angle de réfraction. En réalité, les tables donnent les logarithmes mais il importe peu ; en principe, les opérations à faire restent les mêmes.

Les figures 690 et 691 montrent la marche de la lumière qui passe de l'air, soit dans l'eau, soit dans le diamant. Elles ont été tracées pour les angles d'incidence de 20°, 40°, 60°, 80°. Au rayon IC correspond le rayon réfracté CR, à I'C le rayon réfracté CR', et ainsi de suite. L'angle de réfraction est toujours plus petit que l'angle d'incidence, puisque n est plus grand que l'unité. Il est bon de remarquer que les angles d'incidence croissent dans toute la série des valeurs plus rapidement que les angles de réfraction.

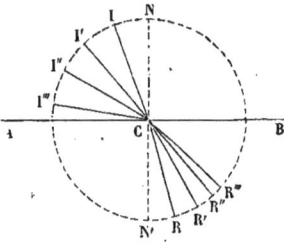

Fig. 690.

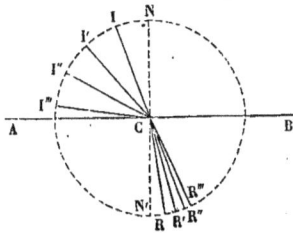

Fig. 691.

1465. Méthode générale. — Quelle que soit la valeur n de l'indice de réfraction, on peut obtenir, par une construction géométrique qui est tout à fait générale, la direction du rayon réfracté ; celle du rayon incident étant donnée.

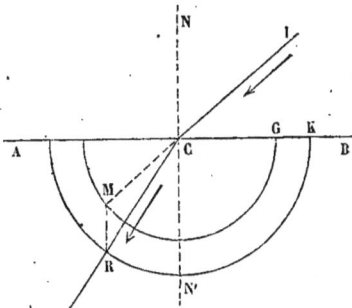

Fig. 692.

Soit AB (*fig.* 692) la surface de séparation des deux milieux, IC le rayon incident. Du point C, comme centre, avec des rayons $CG = 1$ et $CK = n$, je décris des circonférences de cercle ; du point M, où le rayon incident prolongé rencontre la première circonférence, je mène une perpendiculaire à AB, je joins le point R où cette perpendiculaire rencontre la seconde circonférence, au centre C ; CR est la direction du rayon réfracté. En effet, on a la relation connue :

$$\frac{MC}{CR} = \frac{\sin MRC}{\sin CMR} = \frac{\sin RCN'}{\sin MCN'}.$$

Ou bien

$$\sin \text{RCN}' = \sin \text{MCN}' \frac{1}{n}.$$

Mais MCN' égale ICN, égale l'angle d'incidence; donc RCN' est bien l'angle de réfraction demandé.

1466. Angle limite. — Tout à l'heure, nous avions déterminé successivement les angles de réfraction correspondants à des angles d'incidence plus petits que 80°. Si l'on fait grandir l'angle d'incidence au delà de 80°, l'angle de réfraction augmentera aussi, mais sera toujours plus petit que l'angle d'incidence. Cependant l'angle d'incidence, en augmentant toujours, ne peut pas dépasser 90°, dont le sinus est égal à 1. Donc l'angle de réfraction ne peut pas dépasser une certaine valeur plus petite que 90° qui représente ce qu'on a

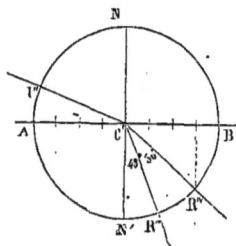

Fig. 693.

appelé l'*angle limite*, et dont le sinus est, s'il s'agit du passage de la lumière de l'air dans l'eau, les $\frac{3}{4}$ du sinus de l'angle d'incidence, c'est-à-dire les $\frac{3}{4}$ de l'unité. En recourant aux tables de logarithmes, on reconnaît que dans ce cas particulier l'angle limite a pour valeur 48° 35'. Par une construction géométrique, on peut arriver à la même valeur (*fig.* 693). S'il s'agissait de l'air et du crown, l'angle limite serait égal à 41° environ.

L'angle limite représentant la valeur de l'angle de réfraction pour laquelle sin i est le plus grand possible, c'est-à-dire égal à l'unité; on aura généralement la grandeur de cet angle par la formule $\frac{\sin i}{\sin r} = n$, dans laquelle sin i devra être remplacé par 1. D'où $\frac{1}{\sin r} = n$, ou bien $\sin r = \frac{1}{n}$.

L'angle limite est donc toujours tel que son sinus est l'inverse de l'indice de réfraction.

1467. Phénomènes qui dépendent de l'angle limite. — Un plongeur qui fixe ses regards vers la surface de l'eau qui est au-dessus de sa tête, voit par réfraction le tableau déformé des objets extérieurs qui se trouvent comme accumulés dans un petit espace. Ce tableau est compris tout entier dans le cône droit dont l'axe est la verticale OP (*fig.* 694), et dont la génératrice OC₁ fait un angle de 48° 35′ avec cet axe. Suivant cette ligne OC₁, arrivent les rayons qui ont rasé la surface, c'est-à-dire ceux qui viennent des objets situés à l'horizon ; et ceux-là sont évidemment les derniers rayons qui peuvent pénétrer dans le liquide. Toute la portion du plan horizontal correspondant à la surface de l'eau qui se trouve placée en dehors du cône C₁OC₂, est comme opaque pour le plongeur ainsi placé. De là, une conséquence curieuse, c'est que, si l'intervalle C₁C₂ était couvert, aucun rayon lumineux provenant de l'extérieur ne parviendrait à l'observateur.

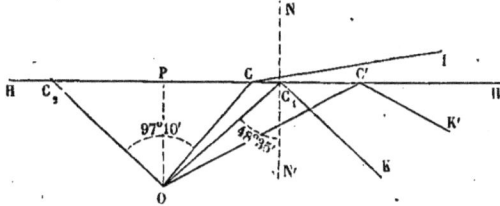

Fig. 694.

1468. Réflexion totale. — Si nous examinons la marche inverse de la lumière ; c'est-à-dire si nous supposons qu'elle chemine de l'eau dans l'air, ou du verre dans l'air, la connaissance de l'angle limite nous conduit à des résultats très-importants. Ainsi, le rayon incident (*fig.* 695) qui tomberait successivement suivant RC, R′C, R″C, R‴C se réfracterait dans les directions CI, CI′, CI″, CI‴ ; mais si l'on continuait à faire croître l'angle que fait le rayon incident avec la normale, l'angle de réfraction grandirait, et quand l'angle d'incidence serait devenu égal à ce que nous avons appelé l'angle limite RⁱᵛCN′ (*fig.* 695), le rayon réfracté deviendrait parallèle à la surface de séparation des deux milieux, il raserait la surface, en théorie du moins. Enfin, si l'angle d'incidence dépassait l'angle limite, que deviendrait l'angle de réfraction ? La formule n'a plus de sens ; car elle exigerait que sin i fût plus grand que l'unité, ce qui est impossible ; il faut donc recourir à l'expérience directe pour savoir ce que devient, dans ce cas, le rayon de lumière.

On trouve que dans ces conditions, il n'y a plus de faisceaux lumineux émergents, un rayon tel que RⁱᵛC ne traverse plus la surface AB, il se réfléchit sur cette surface et la réflexion a lieu avec un éclat remarquable. Le rayon réfléchi est tellement brillant que le miroir le plus

poli ne produit pas une réflexion aussi intense. La réflexion est dite
totale.

1469. **Prisme à réflexion totale.** — La réflexion totale est employée
très-fréquemment en physique. L'angle L qui lui correspond se détermine comme l'angle limite ; on le calcule par la formule $\sin L = \dfrac{1}{n}$ qui,
appliquée au verre, donne en moyenne un angle de 42°. Cette valeur
permet d'employer les prismes de
verre, comme des appareils réfléchis-
sants, qui remplacent avec beaucoup
d'avantage les miroirs ordinaires,
dans un grand nombre d'expériences
d'optique. Le prisme à réflexion
totale est un prisme droit dont la base
est un triangle rectangle isocèle.
La figure 695 représente une coupe
ABC du prisme par un plan perpendiculaire aux arêtes. Sur l'une des
faces AB de l'angle droit, on fait
arriver un rayon perpendiculaire à
cette face, ce rayon EF pénètre sans

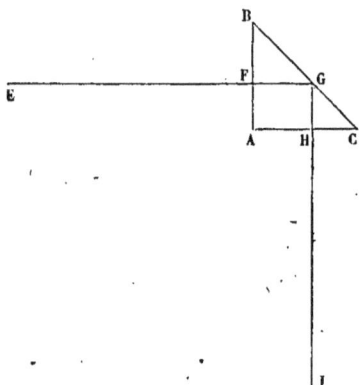

Fig. 695.

déviation suivant FG et frappe la face hypoténuse BC en faisant avec la
normale à cette face un angle dont la valeur (45°) est supérieure à celle
de l'angle limite. La réflexion totale aura donc lieu, et le rayon réfléchi
GI, tombant perpendiculairement sur AC, émergera dans l'air sans
éprouver aucune déviation nouvelle. Tout se passera comme si le rayon
incident avait été courbé à angle droit.

1470. **Phénomènes naturels dépendant de la réfraction. — Réfraction atmosphérique.** — La théorie qui vient d'être donnée explique de suite les phénomènes les plus simples de la réfraction : une
pièce de monnaie dont le bord est en P envoie, nous l'avons constaté
(1458), des rayons tels que PC, qui se brisent en C et cheminent en suivant la direction CO. On explique de même ce fait bien connu de la
rame qui paraît brisée à l'endroit où elle pénètre dans l'eau.

Mais parmi les phénomènes qui dépendent de la réfraction, il en est
un très-important en astronomie, c'est celui de la réfraction atmosphérique. Il a pour résultat de faire apparaître les astres en des positions
autres que celles qu'ils occupent réellement. Les astronomes l'ont connu
depuis les temps les plus anciens : Ptolémée, qui vivait dans le deuxième

siècle de notre ère, avait même commencé une excellente étude du phénomène, pour se mettre en mesure de corriger les erreurs qu'il appor-
tait aux observations. Nos connaissances actuelles rendent facile l'examen
de l'influence générale qu'il exerce.

Soit en effet T la terre (*fig.* 696) et soit AB la direction de la lumière
qui vient d'une étoile. Ce rayon marche d'abord dans le vide ; à son
entrée dans l'atmosphère il se
réfracte et se rapproche de la
normale NN' ; et comme les couches d'air sont d'autant plus
denses qu'elles sont plus voisines de la surface du sol, on a
une série continue de réfractions
qui devient toujours le rayon
dans le même sens et lui font
suivre une ligne courbe. L'effet
produit est tel que l'astre paraît
au spectateur placé en A' dans
la direction B'A' ; il semble,
dans le ciel, plus haut qu'il ne

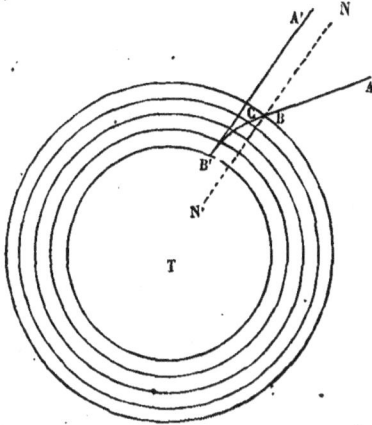

Fig. 696.

l'est en réalité. La déviation est encore plus prononcée quand l'astre est
voisin de l'horizon ; elle est insensible et, par suite, négligeable quand
l'astre est voisin du zénith.

Jusqu'à présent, aucun moyen de correction d'une précision satisfaisante ne permet de rectifier les résultats fournis par l'observation, quand
on veut déterminer la hauteur des astres, au moins toutes les fois que
cette détermination est faite dans des régions éloignées du zénith.

Pour donner une idée nette de la grandeur de la réfraction atmosphérique, nous dirons que le soleil apparaît tout entier au-dessus de l'horizon, alors qu'en réalité il est entièrement au-dessous. Ce n'est qu'au
moment où son bord inférieur paraît à nos yeux que son bord supérieur
atteint réellement le plan de l'horizon.

1471. **Mirage.** — Le phénomène de la réflexion totale rend compte
d'un effet singulier que l'on observe surtout dans les plaines arides,
échauffées par le soleil, et qu'on désigne sous le nom de *mirage*. Dans
l'expédition d'Égypte, nos soldats en ont été souvent témoins. Voici comment Monge le décrit :

« Dès que la surface du sol est suffisamment échauffée par la pré-
« sence du soleil, et jusqu'à ce que, vers le soir, elle commence à se

« refroidir, le terrain ne paraît plus avoir la même extension, et il pa-
« raît terminé, à une lieue environ, par une inondation générale. Les
« villages, qui sont placés au delà de cette distance paraissent comme
« des îles situées au milieu d'un grand lac, et dont on serait séparé par
« une étendue d'eau plus ou moins considérable. Sous chacun des vil-
« lages on voit son image renversée ; telle qu'on la verrait effectivement
« s'il y avait une surface d'eau réfléchissante ; seulement, comme cette
« image est à une assez grande distance, les petits détails échappent
« à la vue, et l'on ne voit distinctement que les massés ; d'ailleurs, les
« bords de l'image renversée sont un peu incertains et tels qu'ils se-
« raient dans le cas d'une eau réfléchissante, si la surface de l'eau était
« un peu agitée.

« A mesure que l'on approche d'un village qui paraît placé dans
« l'inondation, le bord de l'eau apparente s'éloigne ; le bras de mer qui
« semblait vous séparer du village se rétrécit ; il disparaît enfin entiè-
« rement, et le phénomène qui cesse pour ce village se reproduit sur-
« le-champ pour un village que vous découvrez derrière, à une distance
« convenable.

« Ainsi, tout concourt à compléter une illusion qui quelquefois est
« cruelle, surtout dans le désert, parce qu'elle vous présente vainement
« l'image de l'eau dans le temps même où vous en éprouvez le plus
« grand besoin. »

Monge expliqua le phénomène par l'échauffement des couches d'air
voisines du sol. Au contact du sable qui est brûlant, l'air s'échauffe,
monte et laisse la place à une nouvelle couche qui s'échauffe et monte
à son tour. Malgré ces mouvements continus, qui tendent à rétablir
l'équilibre normal, il n'en est pas moins vrai qu'à un moment donné,
les couches d'air les plus chaudes et par suite les moins denses, sont
toujours les plus voisines de la terre. Ces couches inférieures se com-
portent alors comme un milieu moins réfringent, placé au-dessous d'un
milieu plus réfringent.

Cela posé, représentons les couches successives de l'atmosphère par
les horizontales tracées sur la figure. Soit A (*fig.* 697), le sommet d'un
arbre. Un rayon AB, qui émane de A, arrive en B à la surface de séparation de deux couches d'air ; il se réfracte, s'écarte de la normale
puisqu'il pénètre dans un milieu moins dense et suit une direction telle
que BC. Un écart semblable par rapport à la normale se reproduit à
chaque nouvelle surface de séparation. Mais le phénomène continuant
dans le même sens, et l'angle d'incidence grandissant toujours, le rayon

peut arriver en H à la surface de séparation de deux couches sous un angle qui soit précisément égal à l'angle limite. Dès lors la réfraction n'a plus lieu ; la réflexion totale se produit et le rayon se réfléchit de H vers O. Il arrive à l'œil de l'observateur dans une direction telle que l'image du point A paraît en A'. D'ailleurs des rayons directs, qui ont suivi une autre route, arrivant à l'œil sans avoir subi une réfraction notable, on apercevra l'objet en A, et son image en A', comme si la réflexion avait eu lieu dans un miroir plan.

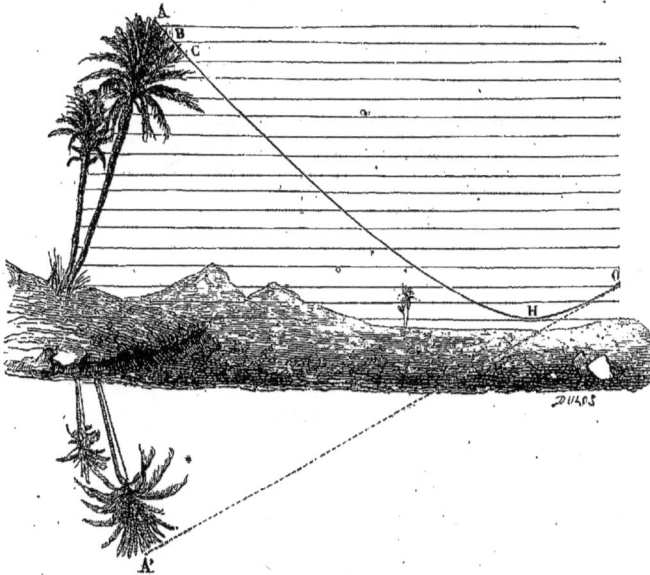

Fig. 697.

Mais le mirage s'observe alors même qu'aucun objet ne s'élève à la surface du sol. Dans les déserts de l'Afrique, une nappe d'eau apparaît souvent dans le lointain produisant une illusion complète. Monge a fait voir que dans ce cas le phénomène était dû à la lumière bleue, qui illumine les couches supérieures de l'atmosphère et qui se réfléchit sur des couches inférieures, faisant fonction de miroir, comme celle qui provient de tout objet élevé au-dessus de la surface du sol. Le spectateur est trompé et croit à l'existence d'une nappe d'eau, parce qu'en réalité, nous reconnaissons la présence de l'eau dans le lointain, par la lumière du ciel qu'elle réfléchit. Nous avons voulu (*fig.* 697), donner, par le dessin, une idée nette de ce phénomène du mirage, qui est l'un des plus fréquents au désert. Il est bon néanmoins d'ajouter que le mirage ne fait une illusion complète que si l'on n'est pas familiarisé avec ses effets. L'Arabe, même dans une région du désert qu'il ne connaît pas, distingue, sans hésiter, l'eau vraie de l'eau apparente. Quand une nappe d'eau existe réellement, le terrain humide qui la borde prend une teinte foncée qui est tout à fait caractéristique.

Fig. 698.

1472. Passage de la lumière à travers une lame à faces parallèles. — Tout rayon de lumière EF (*fig.* 699), qui traverse une lame à faces AB et CD parallèles entre elles, donne un rayon émergent GH qui est parallèle au rayon incident. C'est un résultat que tout le monde connaît; il n'est personne qui n'ait remarqué qu'à travers une vitre plane et partout également épaisse, les objets extérieurs paraissent à leur place, comme si la vitre n'était pas interposée. Cependant, à l'entrée et à la sortie du verre, les rayons lumineux ont dû se réfracter; mais les deux réfractions produisent des effets inverses qui se détruisent. En effet, le rayon incident EF tombant sur la face AB se brise et donne le rayon réfracté FG, dont on déterminera la direction en appliquant la loi de Descartes. La

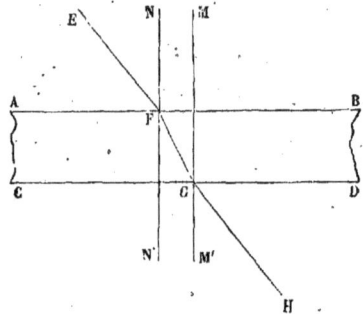

Fig. 699.

normale MM', menée en G à la face CD, est parallèle à la première normale NN' : d'où il suit que l'angle d'incidence MGF sur la seconde face est égal à l'angle de réfraction GFN' sur la première. Réciproquement (1463), l'angle de réfraction HGM' devra être égal au premier angle d'incidence NFE : le rayon GH doit donc sortir parallèlement à EF.

L'expérience montre aussi, que lorsque plusieurs milieux de réfringence différente et limités par des faces parallèles sont accolés l'un à l'autre, le rayon émergent KH, dans un troisième milieu, l'air, est toujours parallèle au rayon incident EF, qui a traversé ce même milieu (fig. 700),

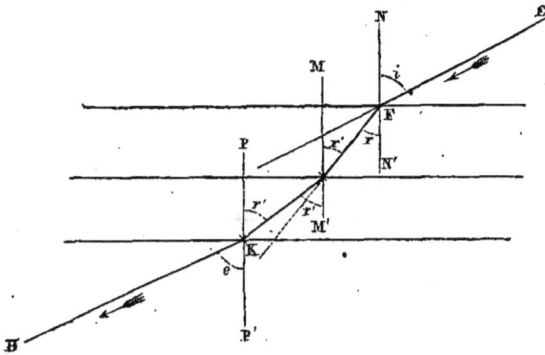

Fig. 700.

Il suit de là, comme conséquence nécessaire, que si l'indice du premier milieu est n et celui du second milieu n', l'indice de réfraction du second milieu par rapport au premier sera $\dfrac{n'}{n}$. On a, en effet :

$$\frac{\sin i}{\sin r} = n.$$

$$\frac{\sin e}{\sin r'} = n',$$

et comme l'expérience nous dit que $e = i$ si on divise, membre à membre, ces deux égalités, on aura :

$$\frac{\sin r}{\sin r'} = \frac{n'}{n}.$$

II — PRISMES

1473. Effets des prismes. — Dans la figure 699, supposons que la face CD, en tournant autour d'une ligne passant par le point G, reste perpendiculaire au plan du papier et prenne la position C'D' (*fig.* 701). Le milieu réfringent terminé par la face AB et par la nouvelle face C'D' constitue ce qu'on appelle un *prisme*, c'est-à-dire un milieu terminé par deux faces planes non parallèles. En même temps que C'D' a tourné autour de G, la normale MM' a été déviée de la même quantité angulaire ; elle a pris la position PP′, et l'angle d'incidence sur cette face FGM s'est augmenté de toute la quantité dont la normale a tourné. Il faut donc que l'angle d'émer-gence change en même temps. Par suite, le rayon sortant du prisme ne peut pas rester dans la direction GH, il doit prendre une direction telle que GH′, et dès lors il ne peut plus être parallèle au rayon incident. L'effet du prisme a été de pro-duire une déviation angulaire du rayon émergent par rap-port au rayon incident; et, par cette déviation, le rayon

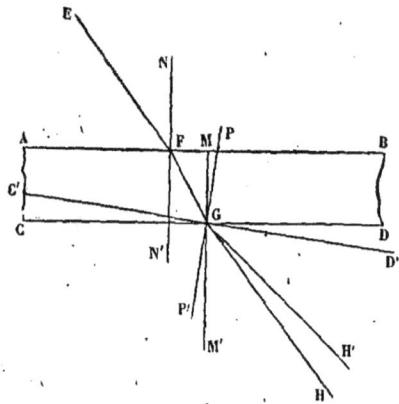

Fig. 701.

lumineux est éloigné du sommet de l'angle dièdre que font entre elles les deux faces AB, C′D′.

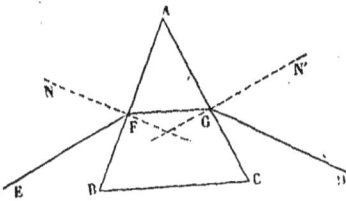

. Fig. 702.

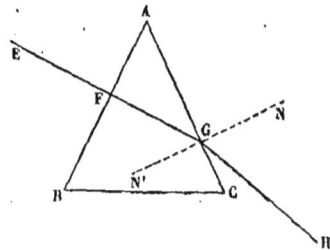

Fig. 703.

Si l'on fait tourner la face CD en sens inverse, et que D aille vers B, la normale tournera également ; l'angle d'incidence diminuera; l'angle d'émergence devra donc diminuer aussi; le rayon, à sa sortie du prisme, suivra une direction nouvelle, et le rayon émergent s'écartera du sommet de l'angle que font les deux faces entre elles; il sera tou-jours rejeté vers la base du prisme. Pour une inclinaison suffisante de la face CD, la normale PP′ changera de côté par rapport à FG, mais la déviation du rayon GH n'en sera que plus considérable.

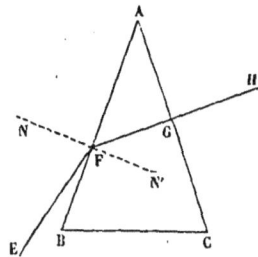

Fig. 704.

Les figures 702 et 703, ainsi que la figure 704, montrent que la dévia-

tion du rayon lumineux due à l'interposition d'un prisme écarte toujours
la lumière incidente du sommet de l'angle dièdre A que forment, en se
rencontrant, les deux faces AB, AC. Les deux dernières figures ont été
tracées de telle manière que l'un des rayons fût perpendiculaire à l'une
des faces ; nous avons voulu montrer par là que, sous certaines conditions, les faces AB, CD pouvaient ne pas dévier, toutes deux à la fois, la
lumière qui traverse le prisme.

1474. Construction géométrique qui donne le rayon émergent.
— On peut, à l'aide d'une construction géométrique très-simple et qui
s'explique par ce que nous avons dit plus haut (1465), obtenir la marche
du rayon de lumière dans le prisme et à sa sortie du prisme. On donne
la direction IC du rayon incident (*fig.* 705), l'angle réfringent BAB′ du

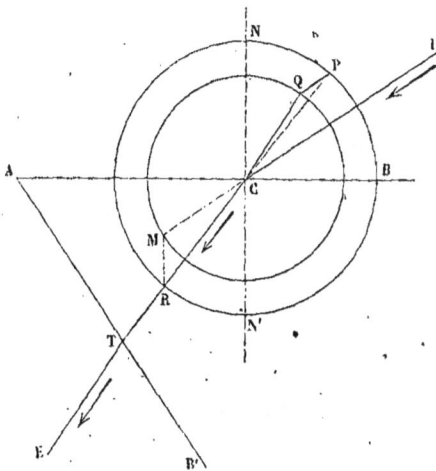

Fig. 705.

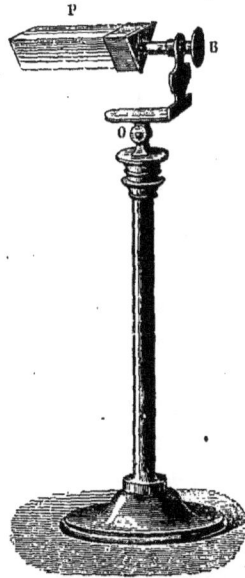

Fig. 706.

prisme et l'indice de réfraction *n* de la matière qui le forme. Du point C
comme centre, avec des rayons : CN′ = *n*, CM = 1, on décrit des circon-
-férences. Par le point M, où le rayon incident IC prolongé rencontre la
circonférence de rayon 1, on mène une perpendiculaire à la face AB
du prisme ; puis on joint le centre C avec le point R de rencontre de
cette perpendiculaire avec la circonférence de rayon *n*. Nous avons démontré que CT est le rayon réfracté dans l'intérieur du prisme. On prolonge la ligne CT jusqu'au point P, où elle rencontre la circonférence de

rayon *n* ; puis on mène QP perpendiculaire à la face AB′ de sortie du prisme. Il est facile de démontrer que CQ est la direction du rayon émergent. Il n'y a plus alors qu'à mener, par le point T, la parallèle TE à CQ, pour que le problème soit complètement résolu.

Les prismes que l'on emploie dans les expériences d'optique ont, en général, la forme d'un prisme droit P à base triangulaire, tel que le représente la figure 706. L'angle dièdre formé par les deux plans que la lumière traverse porte le nom d'*angle réfringent* du prisme. Dans les figures 702, 703, 704, c'est l'angle A qui représente l'angle réfringent. En général aussi, les expériences sont disposées de telle façon que le rayon incident EF soit dans un plan perpendiculaire aux arêtes latérales du prisme, et tous les phénomènes de réfraction ont lieu dès lors dans ce plan ; les résultats observés ont, de cette manière, une plus grande netteté. Cette condition a toujours été admise dans les cas traités précédemment.

1475. Déviation minimum de la lumière dans les prismes. — Si, quand la lumière traverse un prisme, on suppose le rayon incident et le rayon émergent prolongés jusqu'à leur point de rencontre, on trouve que ces deux rayons EF, GH (*fig.* 702) font entre eux un angle *d* dit *angle de déviation*, dont la valeur dépend de l'indice de réfraction de la substance, de l'angle réfringent A et de l'angle d'incidence EFN du rayon sur la face d'entrée AB du prisme. On peut montrer par une expérience simple, à tout un auditoire, les valeurs successives que peut prendre cet angle de déviation quand on fait varier l'angle d'incidence seulement. Il suffit de faire tomber dans la chambre noire un faisceau horizontal de lumière solaire sur le bord d'un prisme de manière que l'arête horizontale A de ce prisme coupe à peu près le faisceau en deux parties égales. On voit alors les rayons de lumière directe passant au-dessus du prisme, aller former sur le mur qui est en face de l'ouverture du volet une image blanche très-brillante, tout en éclairant sur leur trajet les poussières de l'air. En même temps, la portion réfractée du faisceau lumineux va former sur le mur une image colorée, toujours rejetée vers la base du prisme. La marche des rayons émergeant du prisme est rendue visible, tout aussi bien que celle des rayons directs, par l'illumination qu'ils produisent sur leur passage. L'angle de déviation est donc manifeste pour l'observateur. Si on fait alors tourner le prisme autour de son axe de figure dans un sens convenable, on voit l'image colorée se rapprocher de l'image fixe, l'angle de déviation diminuer par suite de plus en plus, jusqu'à ce qu'il atteigne une valeur minimum qu'on ne peut dépasser, quel que soit le sens de la rotation communiquée au prisme. Le calcul et l'expérience s'accordent pour prouver que lorsque cette déviation minimum est atteinte, les angles d'incidence et d'émergence EFN, HGN' (*fig.* 702) sont égaux. On a en effet, en appelant i et e les angles d'incidence et d'émergence, r l'angle de réfraction à la première face et r' l'angle d'incidence sur la seconde face, d l'angle que forme le rayon incident avec le rayon émergent prolongé :

$$d = i - r + e - r' = i + e - (r + r')$$

mais $r + r' = A$; et, comme dans le cas de l'angle de déviation minimum, que nous nommerons D, on a : $e = i$ et $r = r'$, on en déduit :

$$D = 2i - A \quad \text{ou} \quad i = \frac{A + D}{2}$$

$$\text{et} \quad r = \frac{A}{2}$$

substituant ces valeurs de i et de r, dans la formule $\dfrac{\sin i}{\sin r} = n$

il vient

$$n = \frac{\sin \frac{1}{2}(A + D)}{\sin \frac{1}{2} A}$$

qui permet de déterminer n, pour la substance qui forme le prisme, lorsque D et A ont été mesurés exactement.

1476. Quand on veut employer des prismes liquides, on se sert de flacons prismatiques semblables à celui de la figure 707, dans lesquels

Fig. 707.

on introduit du liquide par l'ouverture B. Alors, à travers les lames de verre très-minces à faces parallèles qui limitent le prisme liquide en O et en O', on peut faire passer un rayon de lumière qui est forcé, avant son émergence, de cheminer dans l'intérieur de la masse liquide.

———

Parmi les diverses courbures que peuvent affecter les surfaces qui limitent les milieux réfringents, il en est qui leur donnent la propriété de produire, sans déformation notable, des images agrandies ou diminuées des objets extérieurs; le plus souvent, les surfaces employées dans ce but sont les surfaces sphériques. Les milieux réfringents, ainsi constitués, représentent les pièces essentielles qui composent les instruments d'optique; et, à ce point de vue, ils ont une grande importance. N'auraient-ils pas cette utilité pratique, que les phénomènes intéressants auxquels ils donnent naissance suffiraient pour justifier l'étude attentive que nous allons en faire.

1477. **Diverses sortes de lentilles.** — Les corps réfringents, limités par des surfaces sphériques, s'appellent des *lentilles*. Il y a autant d'espèces de lentilles que de groupements possibles de deux surfaces de ce genre. On peut donner à l'une et à l'autre tel rayon de courbure que l'on désire; on peut même prendre, égal à l'infini, le rayon de l'une des surfaces : ce qui revient à la remplacer par un plan.

Malgré les formes diverses qu'elles affectent, toutes les lentilles ont été classées en deux groupes, et cette classification est fondée sur la considération des effets optiques qu'elles exercent. Le premier groupe comprend toutes celles qui jouissent de la propriété de provoquer la convergence des rayons, qui allaient en s'écartant les uns des autres. On les appelle à cause de cela *lentilles convergentes*. Par leurs formes, elles présentent un caractère commun : elles sont plus épaisses au milieu que vers les bords. Les figures 708, 709, 710 représentent la coupe de quelques-unes d'entre elles. La lentille de la figure 708 est dite *biconvexe;* celle de la figure 709, *plan-convexe,* et la dernière (*fig.* 710), qui est concave-convexe, se nomme *ménisque convergent*. Le rayon de courbure de la surface concave est'ici plus grand que celui de la surface convexe. Les lentilles du second groupe sont plus minces au milieu qu'aux bords : on les nomme *lentilles divergentes*, car elles augmentent

Fig. 708.   Fig. 709.   Fig. 710.   Fig. 711.   Fig. 712.   Fig. 713.

la divergence des rayons. Les figures ci-jointes représentent les coupes de plusieurs de ces lentilles. On voit, dans la figure 711, une lentille *biconcave;* dans la figure 712, une lentille *plan-concave*, et dans la figure 713, une lentille *concave-convexe* ou *ménisque divergent*. Pour cette dernière espèce de lentille, c'est la surface concave qui a le rayon de courbure le plus petit.

I — LENTILLES CONVERGENTES

1478. Étude géométrique de la marche des rayons lumineux. Axe principal. — Cherchons d'abord à nous rendre compte, par de simples considérations géométriques, de la formation des images des points lumineux dans les lentilles biconvexes. La lumière passe de l'air dans une lentille pour émerger ensuite dans l'air. Soient C et C' (*fig.* 714)

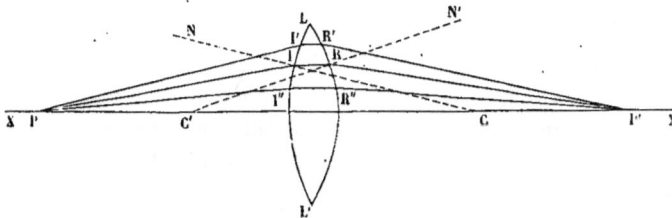

Fig. 714.

les centres de courbure des deux sphères qui limitent la lentille LL'; soit XX' une ligne droite, indéfinie, qui passe par ces deux points, ligne par rapport à laquelle la lentille est évidemment symétrique, et qu'on nomme *axe principal*. Ce sont les phénomènes relatifs à cet axe principal qui vont nous occuper tout d'abord.

1479. Marche des rayons dans une lentille. — Un point lumineux P (*fig.* 714) est situé sur l'axe principal; quelle route suivront les rayons qui, émanés de ce point, viennent traverser la lentille? Il est aisé, au moyen de la loi de Descartes, d'en tracer la marche. Soit un rayon PI qui rencontre la lentille au point I. La ligne qui joint le point I au centre C de la surface est la normale CN au point d'incidence. L'angle d'incidence PIN est connu, par suite son sinus l'est aussi; et après avoir calculé le sinus de l'angle de réfraction, au moyen de la loi de Descartes, on obtient l'angle de réfraction lui-même, et par suite on construit le rayon réfracté IR. Ce rayon tombe sur la seconde surface. On y mène au point R la normale C'N', et l'on construit l'angle d'émergence, comme il vient d'être dit; RP' représente le rayon émergent. Pour chaque rayon PI', PI'', une construction semblable donnera la direction des différents rayons qui sortent de la lentille.

L'ensemble des résultats obtenus par ces constructions géométriques peut être compris dans une formule algébrique, dont l'avantage est de contenir en elle l'expression générale de tous les phénomènes se rapportant à la transmission de la lumière à travers les lentilles. Mais si, d'une part, la construction géométrique est lente et peu précise; de l'autre, le calcul exact nécessite des formules assez compliquées; nous préférons recourir tout d'abord à l'expérience, comme l'ont fait d'ailleurs ceux qui ont découvert les phénomènes qui vont être décrits. Comme méthode de démonstration, la méthode expérimentale se rapporte parfaitement d'ailleurs à l'esprit dans lequel cet ouvrage a été conçu. Nous compléterons un peu plus loin les indications de l'expérience en établissant la formule approchée d'où elles se déduiraient immédiatement.

1480. Foyer principal. — L'expérience prouve que tous les rayons AI, A'I', etc. (*fig.* 715), qui arrivent sur une lentille, en marchant parallèlement à l'axe principal, viennent, après la réfraction, se rencontrer tous sensiblement en un même point de cet axe; ce point F est appelé *foyer principal*.

Pour démontrer ce fait, on se sert du procédé déjà employé pour les miroirs concaves (1443). La première opération, que l'on exécute, consiste à marquer l'axe principal; on fait arriver dans la chambre noire un rayon très-délié de lumière solaire X'X qui soit horizontal, et on dispose la lentille dans une position telle qu'elle soit rencontrée, au milieu M de sa face antérieure, par ce rayon rendu perpendiculaire au plan de jonction des deux calottes sphériques. Le rayon lumineux traverse alors la lentille normalement aux deux faces, s'écarte sans déviation, et trace, pour ainsi dire, par le chemin qu'il parcourt, la direction de l'axe principal.

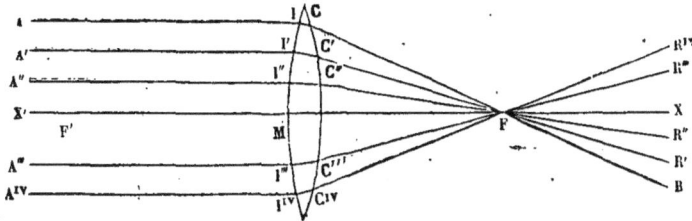

Fig. 715.

Fait-on arriver des rayons solaires parallèlement à cet axe, par de petites ouvertures pratiquées au volet de la chambre, et voisines de celle qui a laissé s'introduire le rayon marquant l'axe : on voit les rayons AI, A'I', etc., atteindre la lentille, suivre, après les deux réfractions, les routes CR, C'R', et, finalement, passer tous par le point F. La marche de ces rayons est accusée, dans la chambre noire, par l'illumination des poussières qui flottent dans l'air, comme nous l'avons déjà indiqué dans l'étude de la réflexion de la lumière.

Au lieu de faire arriver les rayons un à un, on peut découvrir tout d'un coup une large ouverture et introduire un faisceau qui couvre toute la lentille. Ce faisceau, quand il émerge, forme un cône de rayons convergeant au point F ; puis, divergeant ensuite à partir de ce point.

Que la lentille soit retournée face pour face, et l'on trouvera un autre foyer principal F'. Les deux foyers F et F' sont, d'ailleurs, à égale distance de la lentille. Dorénavant, nous aurons le soin d'indiquer la position de ces deux foyers, toutes les fois que nous dessinerons une lentille.

1481. Foyers conjugués. — Des expériences semblables aux précédentes démontrent que tous les rayons partis d'un même point situé sur l'axe principal, donnent des rayons émergents qui se rencontrent tous en un autre point situé sur cet axe.

Dans la chambre noire, on introduit un large faisceau de lumière solaire que l'on concentre en un point P (*fig.* 714) au moyen d'une première lentille. En avant de cette première lentille, en est placée une seconde telle que LL' (*fig.* 714), qui peut recevoir les rayons émanés de

P. Un écran percé d'ouvertures laisse passer quelques-uns de ces rayons, et notamment celui qui en suivant l'axe principal indique sa direction. L'œil, qui suit la route des autres rayons, voit qu'après les réfractions, ils rencontrent l'axe en P'. Le point P' est appelé *foyer conjugué* du point P. Ces deux points P et P' sont unis dans un tel rapport l'un à l'autre, que si un point lumineux était placé en P', les rayons partis de ce point iraient, après leur réfraction, converger en P. Cela résulte de ce qui a été dit plus haut sur la lumière qui rebrousse chemin ; elle suit toujours, dans sa marche inverse, la route par laquelle elle était venue d'abord.

1482. **Axes secondaires, centre optique.** — L'axe principal n'est pas la seule ligne suivant laquelle la lumière peut traverser une lentille sans subir de déviation. Toutes les fois qu'un rayon lumineux traverse la lentille en passant par deux éléments de surface M et M' (*fig.* 716), parallèles entre eux, il émerge parallèlement à son incidence (cela a été démontré (1472) quand nous avons étudié la marche de la lumière

dans les lames à faces parallèles) ; en un mot, dans ce cas particulier, le rayon lumineux IM'MR qui traverse la lentille reprend, à la sortie, sa direction première. De plus, si l'épaisseur de la lentille n'est pas très-grande, les rayons IM' et MR peuvent être considérés comme situés sur le

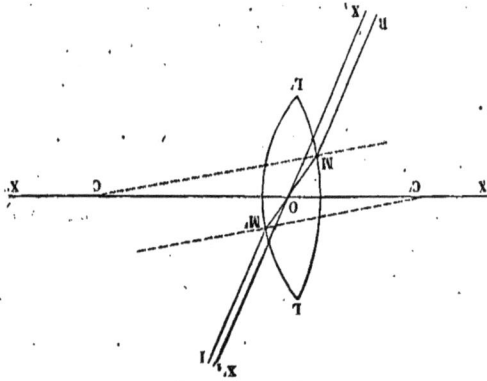

Fig. 716.

prolongement l'un de l'autre. On admettra aussi sans erreur sensible que la direction d'une ligne X_1X_1' très-voisine de IM' et de MR pourra être prise pour la route commune suivie par ces deux rayons ; X_1X_1' s'appelle un *axe secondaire*. Parmi toutes les lignes parallèles à IM' ou à MR que l'on pourrait choisir, on préfère celle qui passe par le point O, où le rayon MM' rencontre l'axe principal XX' de la lentille. La raison de cette préférence tient à ce que ce point de rencontre O, qu'on nomme le *centre optique* de la lentille, est le même, quelle que soit la direction du rayon non dévié ; c'est donc un point qui appartient à tous les axes secondaires.

En effet, puisque les éléments de surface M et M' sont parallèles, leurs normales MC et M'C' le sont aussi : donc, les deux triangles MCO et M'C'O ont leurs angles égaux et sont semblables; on a, par suite : $\dfrac{C'O}{CO} = \dfrac{M'C'}{MC}$;

ce qui veut dire que le point O partage la distance des centres, qui est constante, en deux parties proportionnelles aux rayons des surfaces sphériques; or, cela est vrai, aussi bien pour le rayon lumineux passant par M et M' que pour tout autre rayon passant par deux éléments parallèles quelconques; car nôtre raisonnement a été indépendant de la position donnée aux deux éléments de surface.

1483. Voici les différentes positions du centre optique : 1° pour une lentille biconvexe le point O est dans l'intérieur de la lentille : 2° pour une lentille plan convexe, il est au point où l'axe coupe la surface convexe. C'est en effet en ce point seulement que la face convexe est parallèle à la face plane ; 3° pour un ménisque convergent, le point O est hors de la lentille, derrière la partie convexe : l'axe secondaire n'est pas compris entre les deux rayons incidents et émergents, comme il l'était dans le cas de la figure 716 ; mais, avec les lentilles que l'on emploie, il en est peu distant.

Par tout point situé hors de l'axe principal, il passe toujours un axe secondaire : car si la ligne MM' se relève graduellement, le rayon incident qui lui correspond se relève aussi, en prenant successivement toutes les inclinaisons possibles sur l'axe.

1484. **Foyers des axes secondaires.** — L'expérience donne exactement les mêmes résultats, que le point lumineux soit situé sur l'axe

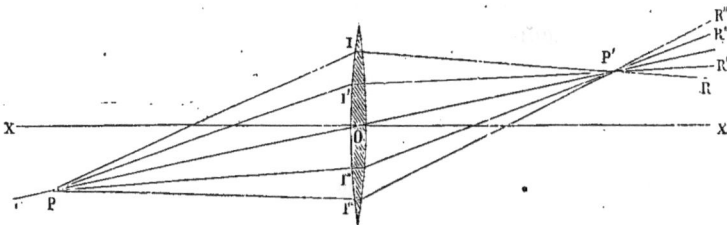

Fig. 717.

principal ou qu'il soit sur un axe secondaire. Un rayon lumineux qui rencontre obliquement la lentille vers son milieu, et qui passe sans déviation, constitue un axe secondaire. Si le point lumineux est en P (*fig.* 717), sur un axe secondaire, les rayons qui en émanent viennent, après leur passage à travers la lentille, se rencontrer tous sensiblement en un même point P' de cet axe. La figure représente la marche des rayons telle qu'elle apparaîtrait dans l'obscurité de la chambre noire.

Fait-on arriver des rayons parallèles à l'axe secondaire? Ces rayons, après leur émergence, convergent sur cet axe en un même point qui est un foyer principal. Chaque axe secondaire a deux foyers principaux, tous deux placés à une distance du centre optique égale sensiblement à celle qui en sépare les mêmes foyers sur l'axe principal.

1485. **Image d'un objet.** — Un dernier mot encore, et la construction qui donne l'image AB d'un objet sera facilement comprise. Devant la lentille O, dont les deux foyers principaux se trouvent en F et F_1, est placé l'objet AB (*fig.* 718). Pour trouver l'image de cet objet, cherchons d'abord l'image du point A. Dans ce but, on commence par mener l'axe secon-

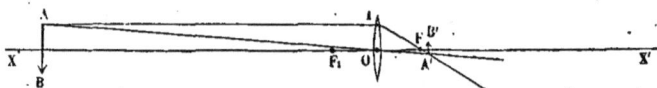

Fig. 718.

daire AO qui passe par le point dont il s'agit; sur cet axe doivent converger, après leur émergence, tous les rayons lumineux qui sont émanés de A, et c'est précisément à leur rencontre que se trouve l'image cherchée. Or, il est un rayon dont la marche est facile à tracer : c'est celui qui tombe sur la lentille, en suivant une route AI parallèle à l'axe principal. Ce rayon entre dans la lentille par le point I, qui peut être pris pour le point d'émergence, parce que l'épaisseur de la lentille est supposée très-petite et négligeable. Après sa sortie, il passe, nous le savons, au foyer principal F qui est le foyer des rayons incidents parallèles à XX'.

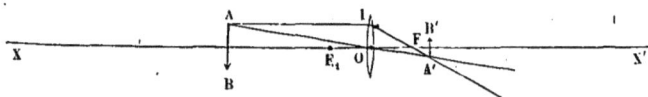

Fig. 719.

En continuant sa marche, il rencontre l'axe secondaire au point A'; et, comme les rayons partis de A doivent tous couper l'axe secondaire au même point, leur concours se fera nécessairement en A'. L'œil, s'il est placé dans la direction des rayons qui s'y croisent, voit le point A' comme s'il était un point lumineux, et si un écran se trouve en A', sa surface est éclairée en ce point. Donc A' est l'image réelle de A. On obtiendra de même l'image du point B en B', et aussi l'image des points intermédiaires. L'image A′B′ est dès lors complétement déterminée; elle est toujours renversée comme l'indique la construction que nous venons de faire: La position et la grandeur de l'image changent d'ailleurs, selon la distance de l'objet à la lentille. Les figures 718, 719, 720, 721 montrent ce qui arrive alors. Voici les résultats les plus importants : quand l'objet est très-loin, l'image est très-près du foyer principal et très-petite (*fig.* 718).

A mesure que l'objet s'approche de la lentille, l'image grandit (*fig.* 718, 719, 720 et 721); quand l'objet est au double de la distance focale de la

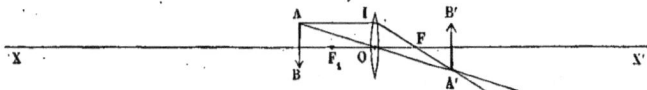

Fig. 720.

lentille, l'image est à la même distance, et sa grandeur est celle de l'objet (*fig.* 720) : l'objet s'approchant toujours, l'image devient plus

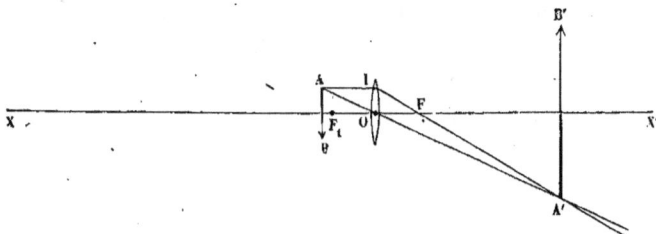

Fig. 721.

grande, et lorsque l'objet est très-près du foyer principal, l'image en est très-éloignée et considérablement amplifiée (*fig.* 721).

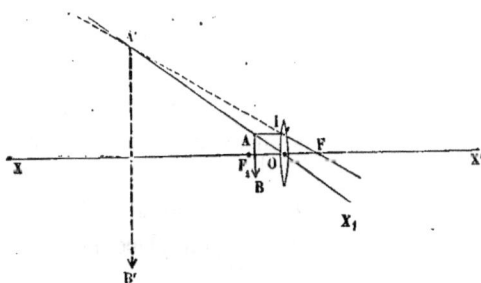

Fig. 722.

1486. **Image virtuelle.** — Jusqu'ici, l'objet n'a pas dépassé F_1 ; continuons à le faire avancer dans le même sens : supposons qu'il soit placé entre F_1 et la lentille (*fig.* 722). En faisant la construction, on reconnaît que le rayon émergent IF ne rencontre pas l'axe secondaire AX_1; car dans le trapèze AIFO, on a : AI $<$ FO. Mais les prolongements de ces deux lignes AX_1 et IF se rencontrent en A', et tout se passera pour l'œil qui reçoit les rayons émergents comme s'ils émanaient de A' : ce qui donnera A'B' pour image droite virtuelle et agrandie de AB. Il en est ainsi en réalité : car l'œil placé devant la lentille, et recevant les rayons réfractés, voit parfaitement cette image dans la position qui vient d'être indiquée. Plus tard, nous reviendrons sur ce sujet.

1487. Étude algébrique de la marche des rayons lumineux et de la formation des images. — Avant d'aborder l'étude algébrique de la réfraction des rayons lumineux dans les lentilles, plaçons-nous d'abord dans le cas le plus simple : celui où la lumière passe d'un milieu indéfini tel que l'air, dans un autre milieu indéfini tel que le verre, dont l'indice de réfraction est n; la surface de séparation des deux milieux étant une surface sphérique MN. — Soit XY une ligne ou axe passant par le centre O de la sphère (*fig.* 723), P un point lumineux pris sur cette ligne, PD un rayon incident faisant avec la normale un angle

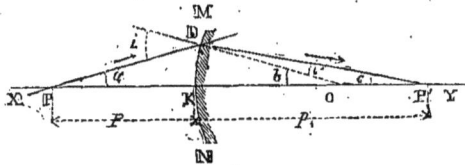

Fig. 723.

d'incidence i; DP' la direction du rayon réfracté, i' l'angle de réfraction. Soient a, b, c les angles faits avec l'axe par le rayon lumineux incident, le rayon de la sphère et le rayon réfracté; p et p_1 les distances de P et de P' à la surface de séparation des deux milieux, et enfin r le rayon DO de la sphère.

Nous supposons le rayon incident faisant avec l'axe un angle assez petit pour qu'on puisse prendre l'arc à la place du sinus et de la tangente.

On a alors :

$$i = ni'$$
$$i = a + b$$
$$i' = b - c$$

Par suite :

$$a + b = n(b - c)$$

Ou :

$$a + nc = (n - 1)\, b$$

Remplaçant les angles par leurs tangentes, on aura :

•(1)
$$\frac{1}{p} + \frac{n}{p_1} = \frac{n-1}{r}$$

Cette.formule montre que, pour les conditions particulières dans les-quelles nous nous sommes placés, c'est-à-dire pour des rayons incidents faisant avec l'axe des angles très-petits, la distance p_1 ne dépend que de p, de n et de r. Par suite, le point P' sera le point de convergence de tous les rayons réfractés provenant des rayons incidents émanés du point P.

1488. Foyer principal. — Si l'on fait $p = \infty$ dans la formule (1), c'est-à-dire si les rayons incidents sont parallèles à l'axe, on a :

$$p_1 = \frac{nr}{n-1}$$

OP' devient OF (*fig.* 724) ; nous l'appellerons φ, et on aura :

$$\varphi = \frac{nr}{n-1} - r = \frac{r}{n-1},$$

Par conséquent, pourvu que le point D demeure peu éloigné de l'axe, un faisceau cylindrique de rayons parallèles tombant sur la surface sphérique sera converti par la réfraction en un faisceau conique dont le sommet sera en F à une distance de la surface MN représentée par $\frac{nr}{n-1}$.

Le sommet F de ce cône s'appelle *foyer principal*.

1489. Plans focaux principaux. — De plus, comme la valeur de φ

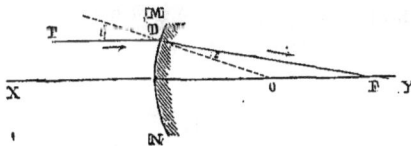

Fig. 724.

est indépendante de la direction de l'axe du faisceau, les foyers prin-cipaux correspondants aux faisceaux incidents se trouveront tous sur une surface sphérique ayant même centre O que la surface MN. Dans l'hypothèse admise jusqu'à présent de rayons lumineux faisant entre eux un très-petit angle, nous pourrons prendre, au lieu de la surface sphérique qui serait le lieu des foyers principaux, une petite portion du plan tangent à cette surface au point F (*fig.* 724). On nomme cette petite surface plane : *plan focal principal.*

Reprenons la formule (1) et faisons $p_1 = \infty$, nous avons $p = \dfrac{r}{n-1}$, et OP deviendra cette fois OF_1 (*fig.* 725); nous le nommerons φ', et nous aurons $\varphi' = \dfrac{nr}{n-1}$. Donc, un faisceau cylindrique de rayons parallèles venant du verre pour passer dans l'air se convertira, par la réfraction,

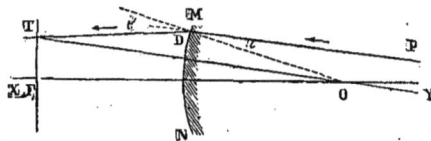

Fig. 725.

en un faisceau conique dont le sommet, nouveau foyer principal, sera à une distance de la surface réfringente représentée par $\varphi' - r$, c'est-à-dire par $\dfrac{r}{n-1}$; et dans les conditions déjà indiquées, le lieu de ces foyers principaux sera une sphère ayant encore pour centre le point O. Cette sphère pourra être remplacée, comme tout à l'heure, par une petite surface plane TF_1 menée perpendiculairement à l'axe en F, et nous aurons ainsi un second *plan focal principal.*

Revenons maintenant au cas général. Soient en F et F_1 (*fig.* 726) les plans focaux principaux : l'*intérieur* et l'*extérieur;* et appelons l et l' les distances du point lumineux P et de son foyer conjugué à ces plans focaux.

Si, dans la formule (1), on remplace p et p_1 par leurs valeurs en fonction de φ et de φ', de l et de l', on aura :

$$\frac{1}{l+\varphi} + \frac{n}{l'+\varphi'} = \frac{1}{\varphi},$$

d'où l'on déduit :

$$ll' = \varphi\varphi'$$

Relation très-simple que Newton a le premier indiquée et qui est d'un usage assez fréquent.

1490. Tracé du rayon réfracté. — La connaissance de la position des plans focaux principaux nous permet d'obtenir, par une construction très-simple, la direction du rayon réfracté correspondant à un rayon incident donné. Soit, par exemple, PD (*fig.* 725) le rayon incident qui tend à passer du verre dans l'air, je mène par le centre O une parallèle à PD jusqu'à la rencontre T du plan focal, je joins D à T ; la ligne DT est la direction du rayon réfracté.

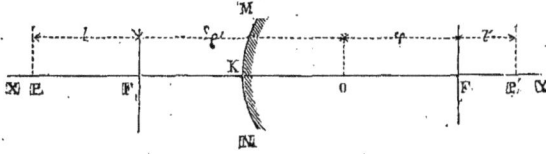

Fig. 726.

Une méthode analogue servirait à obtenir la direction du rayon réfracté pour une marche inverse de la lumière, pourvu qu'on donnât alors la position de l'autre plan focal principal.

1491. Lentille biconvexe. — Formules. — Passons maintenant au cas de la lentille biconvexe. Le milieu d'indice de réfraction n, le verre par exemple, que, dans ce qui précède, nous avons supposé indéfini, est terminé lui-même par une surface sphérique M'N' (*fig.* 727) dont le centre est en O_1. Alors les rayons lumineux, tels que DG, vont, en sortant

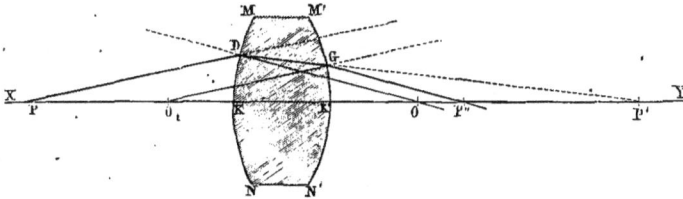

Fig. 727.

du verre, pour repasser dans l'air, changer encore de direction, s'éloigner de la normale GO_1 au point d'incidence et prendre une direction telle GP''. Pour trouver la distance P''K, ou p', à laquelle les rayons émergents de la lentille vont couper l'axe, nous nous servirons de la formule (1) en attribuant aux lettres les valeurs et les signes convenables.

En premier lieu, pour conserver à ces lettres la signification précédemment adoptée, nous remplacerons p_1 par p'. En second lieu, nous remarquerons que tous les rayons tels que DG, qui, traversent le verre, peuvent être considérés comme partant d'un point lumineux *virtuel* placé en P'. Donc p de la formule (1) aura cette fois pour valeur — p_1. En troisième lieu, le rayon GO_1 de la seconde surface sphérique, qu'en valeur absolue nous appelons r', devra être pris avec un signe contraire à celui de r; nous remplacerons donc r de la formule (1) par — r'. Enfin, au lieu de n, nous mettrons $\frac{1}{n}$, puisque la lumière, cette fois passe du verre dans l'air. La formule qui s'applique à ce cas nouveau sera donc :

$$(2) \qquad \frac{1}{np'} - \frac{1}{p_1} = \frac{n-1}{nr'}.$$

Si maintenant nous éliminons p_1 entre (1) et (2), nous trouverons la relation générale qui existe entre p et p' dans le cas général de la lentille biconvexe.

Il vient, en multipliant les deux membres de l'équation (2) par n et les ajoutant, membre à membre, à ceux de (1) :

$$(3) \qquad \frac{1}{p} + \frac{1}{p'} = (n-1)\left(\frac{1}{r} + \frac{1}{r'}\right).$$

1492. Cette formule nous donne la dépendance mutuelle qui existe entre les distances à la lentille, ou approximativement à son centre optique, du point lumineux et de son image. La même relation existe encore dans le cas où le point lumineux est placé sur un axe secondaire. Dans tous les cas, elle n'est qu'approchée, parce qu'on ne tient pas compte de l'influence exercée par l'épaisseur de la lentille. L'expérience prouve d'ailleurs que la formule (3) peut donner des résultats satisfaisants tant que les conditions particulières dans lesquelles nous nous sommes placés, en établissant cette formule, sont satisfaites.

Si l'on fait dans (3) $p = \infty$, c'est-à-dire si les rayons incidents tombent sur la lentille parallèlement à son axe, on a :

$$\frac{1}{p'} = (n-1)\left(\frac{1}{r} + \frac{1}{r'}\right)$$

ou

$$p' = \frac{rr'}{(n-1)(r+r')}.$$

Cette valeur particulière de p' représente la distance focale principale (1480). Nous l'appellerons f, et la formule (3) devient alors :

$$(4) \qquad \frac{1}{p} + \frac{1}{p'} = \frac{1}{f}$$

Nous en déduisons :

$$p' = \frac{pf}{p-f}$$

Discutons cette égalité :

Le point lumineux est-il à l'infini, ou bien p est-il infini ? L'équation mise sous la forme $p' = \dfrac{f}{1 - \dfrac{f}{p}}$, montre que dans ce cas $p' = f$. C'est un résultat auquel il fallait s'attendre.

Le point lumineux se rapproche-t-il de la lentille ? p diminue, $\dfrac{f}{p}$ grandit, $1 - \dfrac{f}{p}$ diminue, et par suite p' augmente. Donc, si le point lumineux se rapproche de la lentille, le foyer conjugué va au contraire en s'en éloignant. La valeur de p diminuant toujours, supposons que l'on ait : $p = 2f$, la formule devient alors :

$$p' = \frac{f}{1 - \dfrac{f}{2f}} = 2f.$$

Dans ce cas, le point lumineux et le foyer conjugué sont tous deux à égale distance de la lentille. Ces résultats montrent clairement que si le point lumineux s'avance et parcourt une immense étendue, depuis l'infini jusqu'à la distance $2f$, le foyer conjugué ne se déplace que d'une petite longueur, depuis f jusqu'à $2f$.

1494. Le point lumineux s'approche-t-il encore, mais seulement depuis $p = 2f$ jusqu'à $p = f$, p' continue à croître ; $\dfrac{1}{p}$ prend les valeurs que nous avions trouvées jusqu'ici pour $\dfrac{1}{p'}$; et, à cause de la symétrie que présente la formule $\dfrac{1}{p} + \dfrac{1}{p'} = \dfrac{1}{f}$; $\dfrac{1}{p'}$ devra prendre réciproquement toutes les valeurs qu'avait précédemment $\dfrac{1}{p}$. Ainsi, quand le point lumineux avancera depuis la distance $2f$ jusqu'à la distance f, le foyer conjugué ira depuis la distance $2f$ jusqu'à l'infini. A un faible déplacement du point lumineux, correspondra un déplacement considérable de son foyer conjugué.

1495. **Foyers virtuels.** — Jusqu'ici, le point lumineux ne s'est approché de la lentille que jusqu'à la distance f. Supposons maintenant qu'il dépasse le foyer principal, p devient plus petit que f; alors la valeur de p' dans l'égalité $p' = \dfrac{f}{1 - \dfrac{f}{p}}$ devient négative, puisque $\dfrac{f}{p}$ est plus grand que 1. La formule relative à ce cas particulier se déduira de la formule (4) en changeant p' en $-p'$. Il vient alors

$$\frac{1}{p} - \frac{1}{p'} = \frac{1}{f} \quad \ldots \ldots \ldots \ldots \quad (5)$$

L'interprétation de ce résultat négatif obtenu pour p' est celle que l'on donne toujours des valeurs négatives, quand elles se présentent, à propos d'un problème de géométrie. Nous avons utilisé plus haut (1491) des considérations du même genre pour l'établissement des formules (2) et (3). La distance du foyer conjugué à la lentille doit alors être comptée en sens inverse de la direction suivant laquelle elle était comptée jusque-là. En physique, nous devons dire que les rayons partis d'un point situé entre le foyer principal et le centre optique doivent, après leur passage à travers la lentille, se rencontrer du côté où se trouve le point lumineux lui-même. Or, cela n'est évidemment possible que pour les prolongements de ces rayons; la valeur négative donne donc la position d'un foyer virtuel : c'est d'ailleurs ce que l'expérience vérifie parfaitement. L'œil placé sur le trajet des rayons émergents subit la même impression, que s'ils émanaient d'un point situé sur l'axe, du même côté de la lentille que le point lumineux.

1496. Formule de Newton. — Si comme au § 1489 on change les variables et que dans la formule (4) :

$$\frac{1}{p} + \frac{1}{p'} = \frac{1}{f}$$

on remplace p, p' et f par leurs valeurs en fonction de l, l' et φ (ces dernières lettres conservant la signification que nous leur avons déjà donnée), on retrouve la formule de Newton $ll' = \varphi^2$ qui présente une très-grande simplicité et qui permet une discussion très-facile de tout ce qui est relatif aux positions des foyers conjugués dans les lentilles biconvexes.

1497. Grandeur relative de l'image et de l'objet. — La grandeur relative de l'image et de l'objet est déterminée par l'égalité, $\dfrac{A'B'}{AB} = \dfrac{p'}{p}$

ou $\dfrac{1}{0} = \dfrac{p'}{p}$ qui se déduit de la similitude des triangles AOB, A′OB′ (*fig.*

718 à 721), en appelant 1 la grandeur de l'image, et 0 la grandeur de

l'objet. On aura les diverses valeurs que prend le rapport $\dfrac{1}{0}$ pour les dif-

férentes positions de l'objet, en remplaçant p' par sa valeur déduite

de l'égalité : $\dfrac{1}{p} + \dfrac{1}{p'} = \dfrac{1}{f}$ quand il s'agira du foyer réel et de l'égalité,

$\dfrac{1}{p} - \dfrac{1}{p'} = \dfrac{1}{f}$, quand il s'agira du foyer virtuel. Dans le premier cas

(celui des images réelles) le rapport en question aura pour valeur :

$$\frac{1}{0} = \frac{f}{p-f}$$

donc si

$$
\begin{array}{ll}
p > 2f & 1 > 0 \\
p = 2f & 1 = 0 \\
p < 2f & 1 > 0
\end{array}
$$

Dans le second cas (*fig.* 722), quand l'image est virtuelle, on aura :

$$\frac{1}{0} = \frac{f}{f-p} \quad \text{donc toujours : } 1 > 0.$$

On le voit, les résultats du calcul s'accordent parfaitement avec ceux que nous ont donnés les constructions géométriques, et ils ont l'avantage d'être plus précis, et de permettre des évaluations numériques.

1498. Vérification expérimentale. — La vérification expérimentale

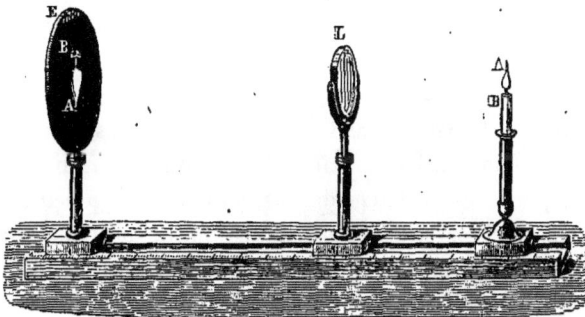

Fig. 728.

est aisée à obtenir. Dans la chambre noire, on place une bougie AB (*fig.* 728) devant une lentille L ; la bougie est d'abord à une grande distance. Sur un écran E que l'on avance ou que l'on recule, on finit par obtenir, à la suite de quelques tâtonnements, l'image nette de la bougie. Cette image est très-petite, renversée et très-près du foyer principal. La bougie avance-t-elle? son image recule; la bougie est-elle au double de la distance focale principale? L'image est à la même distance et de la même dimension que l'objet. On continue à avancer, l'image s'éloigne, elle devient plus grande que l'objet, comme notre figure le représente, et bientôt elle devient si grande et si éloignée qu'on ne peut plus l'atteindre. Quand l'objet a dépassé la distance focale, l'image ne peut plus se former sur l'écran, elle paraît droite et grossie pour l'œil qui la regarde à travers la lentille.

1499. **Mégascope.** — Voici une autre forme de l'expérience précédente, mais une forme qui offre plus d'intérêt. Au volet de la chambre noire est adaptée une lentille ; on dispose extérieurement, sur un fond noir, un petit bas-relief renversé que l'on éclaire vivement, en accumulant sur lui une grande quantité de lumière, à l'aide de miroirs convenablement disposés. Une image redressée se forme dans l'intérieur de la chambre, image que l'on reçoit sur un écran placé à la distance où elle paraît parfaitement nette. Le bas-relief, porté par un pied mobile sur des roulettes, est avancé ou reculé progressivement. D'abord, il est placé assez loin de la lentille à une distance plus grande que 2*f*, l'image du bas-relief apparaît plus petite que l'objet. On le rapproche, l'image grandit et recule, et l'on obtient facilement de cette manière un grossissement de 10, 20, 30 fois le diamètre du bas-relief. L'image, apparaissant très-brillante dans l'obscurité de la chambre noire, donne au spectateur une illusion complète. C'est une intéressante application de la théorie des lentilles. L'appareil qui la réalise s'appelle le *mégascope ;* il a été inventé par Charles, physicien français.

1500. **Microscope solaire.** — Le mégascope est un instrument qui sert à produire l'image agrandie des objets, dont les dimensions sont déjà notables. On a utilisé les effets des lentilles pour obtenir l'image agrandie, plusieurs centaines de fois, des objets trop petits pour que l'œil puisse en observer les détails. L'instrument qui remplit ce but et dans lequel l'objet qu'on veut grossir se trouve éclairé, soit par la lumière du soleil, soit par la lumière électrique, est nommé microscope solaire. Il se compose d'une lentille à court foyer L (*fig.* 729) devant laquelle l'objet microscopique se place un peu au delà du foyer principal. On reçoit l'image agrandie sur un écran. La lentille doit être à court foyer, afin qu'il soit possible de réaliser la condition principale que doit remplir le microscope.

Un exemple fera d'ailleurs concevoir la nécessité de ne donner à la lentille employée qu'une faible distance focale. Veut-on grossir un objet 1,000 fois : il faut que son image soit à une distance de la lentille égale à 1,000 fois celle qui sépare l'objet du verre convergent ; et comme cet objet doit se trouver au delà du foyer, son image sera distante de l'appareil d'au moins 1,000 fois la distance focale. Si donc cette dernière était seulement de 1 décimètre, l'image devrait se trouver à 100 mètres, il n'y aurait pas de chambre noire qui permît d'observer avec un tel instrument. Si la distance focale était au contraire de 1 centimètre, une chambre noire de 10 mètres suffirait ; en réalité, la distance focale est toujours plus petite que 1 centimètre.

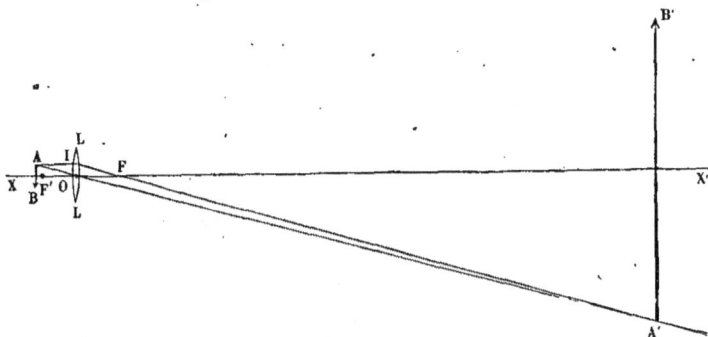

Fig. 729.

La lentille destinée à donner le grossissement, quèlle que soit son importance, ne constitue pas cependant à elle seule le microscope solaire. Ici, encore plus que dans le mégascope, l'objet a besoin d'être considérablement éclairé. Les rayons émanés de chacune de ses parties viennent en effet couvrir une vaste surface sur l'écran ; il faut donc que l'éclat de l'objet soit de beaucoup supérieur à celui des corps qui sont éclairés par la lumière solaire directe, si l'on veut que son image apparaisse avec une netteté suffisante.

C'est dans le but d'éclairer vivement l'objet que les deux lentilles O et F (*fig.* 750) font partie du microscope solaire. La lentille O est très-large, elle reçoit les rayons solaires envoyés parallèlement à l'axe de l'instrument. La seconde lentille F concentre en un petit espace tous les rayons déjà rendus convergents par la première, et c'est au point où la concentration de la lumière est au maximum que l'on place l'objet.

Toutes les pièces sont portées par un tube métallique formé de tuyaux qui s'emboîtent les uns dans les autres. A la suite du porte-objet P, vient le microscope proprement dit, constitué par la lentille L que soutient une monture métallique. Lorsque l'objet intercalé entre des lames de verre a été placé, par tâtonnement, dans la position voulue, on obtient, avec un système de crémaillère, l'ajustement de la lentille L dont la position dépend de celle de l'écran tenu généralement à poste fixe.

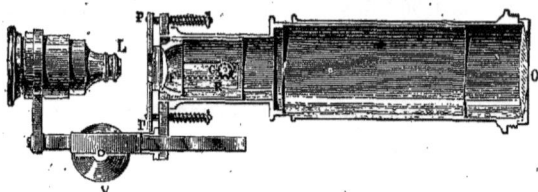

Fig. 730.

1501. Chambre noire. — A la chambre noire qu'il avait inventée et qui a été décrite (1410), Porta ajouta un perfectionnement important au moyen duquel les images pâles et un peu vagues des objets extérieurs devenaient nettes et brillantes. Il lui suffit pour arriver à ce résultat d'adapter une lentille au volet. Ce volet n'est plus percé d'un petit trou, mais bien d'une ouverture assez grande pour qu'une large lentille puisse y être enchâssée. Il est inutile d'insister sur la théorie ; seulement nous dirons que l'image n'a des dimensions un peu considérables que dans le cas où la distance focale de la lentille est grande. Cela résulte des formules qui ont été données.

Nous avons dit, en effet (1497), qu'on obtenait la valeur du rapport $\frac{I}{O} = \frac{p'}{p}$, dans le cas des images réelles, en remplaçant p' par sa valeur $\frac{pf}{p-f}$; on a donc $\frac{I}{O} = \frac{f}{p-f} = \frac{1}{\dfrac{p}{f}-1}$ · Or, on voit de suite, en considé-

rant le second membre de cette égalité, que si f augmente, p restant constant, $\dfrac{1}{\dfrac{f}{p}-1}$ augmente aussi. Donc le rapport $\frac{I}{O}$ devient plus grand, quand la distance focale de la lentille est elle-même plus considérable.

La chambre noire a servi aux dessinateurs pour la reproduction des monuments ou des paysages.

1502. Dispositions adoptées dans la chambre noire. — Souvent, on projette directement les images sur la feuille de papier et le dessinateur n'a qu'à suivre leurs contours. Dans ce but, un prisme à réflexion totale est placé vers la partie supérieure d'un tuyau soutenu par trois pieds. Une toile noire (*fig.* 731) forme comme une petite tente, au-dessous de laquelle se place le dessinateur afin que la lumière extérieure ne l'empêche pas de distinguer nettement l'image projetée sur l'écran. Cet écran consiste en une feuille de papier posée sur une table mobile qu'on peut faire monter ou descendre pour la mettre au point. Les rayons qui traversent le prisme se réfléchissent et viennent dessiner l'image sur la feuille de papier. Une lentille convergente placée devant le prisme serait indispensable pour donner de la netteté aux images; mais on évite les pertes de lumière en faisant servir le prisme P'(*fig.* 731), à la fois de lentille et de miroir. La face antérieure du prisme est convexe, la face inférieure est concave, de manière que cette pièce représente un ménisque convergent, en même temps que la face hypoténuse joue le rôle de miroir. Cette adaptation à la chambre noire du prisme ménisque achromatique est due à Charles Chevalier; elle date de 1819.

Fig. 731.

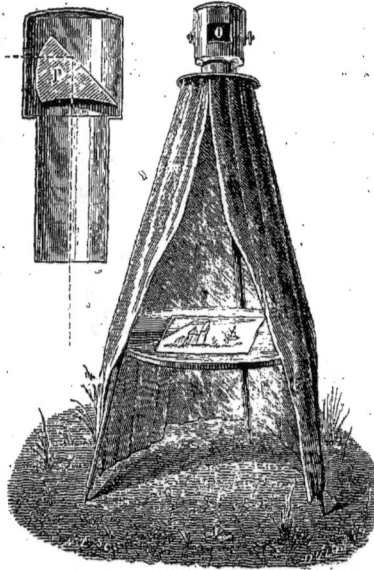

On comprend du reste très-aisément, comment l'image de l'objet AB, qui se formerait en A'B' dans la chambre noire, est renvoyée en A''B''.

Fig. 732.

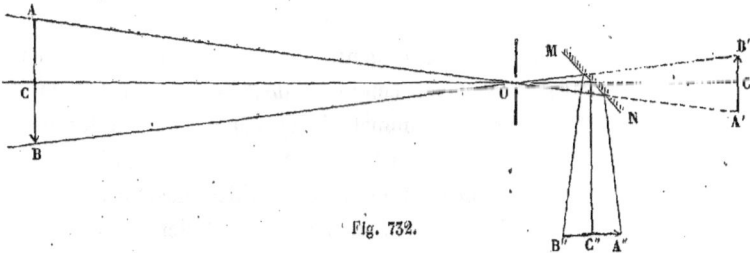

La figure 732 montre la marche des rayons qui se réfléchissent sur le miroir MN, comme ils le font sur la face hypoténuse d'un prisme à réflexion totale.

1503. Nécessité de tenir compte de l'épaisseur des lentilles. — Dans tout ce qui précède, nous avons supposé que la lentille étudiée était infiniment mince, puisque nous avons constamment négligé son épaisseur. Aussi, les vérifications expérimentales que l'on fait de la formule des foyers laissent-elles trop souvent à désirer. L'épaisseur a, dans certains cas, une importance véritable qui se manifeste, quand on la néglige, par un désaccord complet entre la théorie et l'expérience. Gauss a étudié son influence, à propos de la construction des instruments d'optique ; il a publié sur ce sujet un travail important qui date de 1840. Plus récemment, MM. Gavarret et Martin ont donné de la théorie des lentilles de Gauss une interprétation géométrique qui va nous permettre d'obtenir des résultats théoriques susceptibles d'une application pratique.

1504. Points nodaux. — D'après la définition même du centre optique C (§ 1482), nous pouvons concevoir ce point comme le sommet d'un cône lumineux à deux nappes, dont les rayons, en émergeant dans un même milieu l'air, par les deux faces de la lentille, donnent naissance à des rayons nommés, d'après la marche ordinaire de la lumière : les uns rayons incidents, les autres rayons émergents, et qui offrent cette particularité importante d'être parallèles deux à deux. Supposons, pour un instant, que la lumière émane du point C et ait une marche inverse de sa marche réelle. Alors l'ensemble des rayons dits habituellement incidents représentera un nouveau cône dont le sommet sera le foyer conjugué de C par rapport à la première face de la lentille considérée comme existant seule. De même l'ensemble des rayons dits habituellement rayons émergents constituera un nouveau cône dont le sommet sera le foyer conjugué de C par rapport à la seconde face de la lentille. Les sommets de ces cônes qui sont les foyers conjugués de C par rapport aux deux surfaces lenticulaires offrent donc cette propriété remarquable qu'à tout rayon incident passant par le premier sommet correspond un rayon émergeant parallèlement du second. M. Listing a appelé ces deux points : *points nodaux*.

1505. Position des points nodaux. — Déterminons la position de ces points. Soit L la lentille considérée (*fig.* 733), ayant le point C pour centre optique, XY pour axe principal, O et O' pour centres des deux surfaces sphériques qui la forment. Soient IF, I'F, les plans focaux principaux intérieurs, l'un par rapport à la face mn, l'autre par rapport à la face $m'n'$. Soit AB l'un des rayons lumineux qui traversent la lentille, en passant par le centre optique. Pour avoir la direction des rayons incidents et émergents correspondants, nous suivrons la marche indiquée (§ 1490). Prolongeons AB jusqu'à la rencontre des plans focaux principaux en P et P_1, menons PO et P_1O'; QA parallèle à P_1O' sera le rayon incident, BR parallèle à PO le rayon émergent. Les points N et N' de

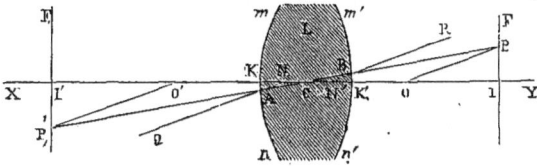

Fig. 735.

rencontre de QA et de BR avec l'axe principal sont précisément les points nodaux. Nous allons prouver que les longueurs ON, O'N' sont constantes et indépendantes de la direction prise pour AB.

On a, en effet, par suite de la similitude des triangles tracés sur la figure

$$\frac{CN}{CO} = \frac{CA}{CP} = \frac{CK}{CI} \quad \text{ou} \quad \frac{CN}{CK} = \frac{CO}{CI}$$

d'où l'on déduit :

$$\frac{CN + CO}{CK + CI} = \frac{CO}{CI} \quad \text{ou} \quad \frac{ON}{KI} = \frac{CO}{CI}$$

mais

$$\frac{CO}{CO'} = \frac{CP}{CP_1} = \frac{CI}{CI'} \quad \text{ou} \quad \frac{CO}{CO + CO'} = \frac{CI}{CI + CI'}.$$

ou bien enfin

$$\frac{CO}{CI} = \frac{D}{\Delta},$$

et par suite

$$\frac{ON}{KI} = \frac{D}{\Delta},$$

en appelant D la distance des centres et Δ la distance des plans focaux PI, P_1I'.

Remplaçant KI par sa valeur déjà obtenue (§ 1488), on a :

$$ON = n\varphi \frac{D}{\Delta} = D \frac{n\varphi}{\varphi + \varphi_1 + D}$$

et :

$$O'N' = D\,\frac{n\varphi_1}{\varphi + \varphi_1 + D}.$$

Les points N et N' sont donc des points fixes, puisque leurs distances aux centres sont indépendantes de la direction choisie pour le rayon AB. On peut obtenir aisément leur distance NN'. On a en effet :

$$\frac{CN}{CK} = \frac{CO}{CI}$$

$$\frac{CN'}{CK'} = \frac{O'C}{CI'}$$

mais

$$\frac{CO}{O'C} = \frac{CI}{CI'} \quad \text{ou} \quad \frac{CO}{CI} = \frac{O'C}{CI'}$$

$$\frac{CN + CN'}{CK + CK'} = \frac{CO + O'C}{CI + CI'} \quad \text{ou} \quad NN' = e\,\frac{D}{\Delta}$$

e étant l'épaisseur de la lentille.

1506. Foyer des rayons parallèles. — La connaissance des points nodaux dans une lentille permet d'obtenir, avec plus de précision que par les méthodes déjà données, le foyer conjugué d'un point lumineux.

Occupons-nous d'abord du foyer des rayons parallèles. Il suffit, pour déterminer ce foyer, de connaître la marche de deux rayons du faisceau : comme à leur émergence ils doivent passer tous les deux au foyer, leur intersection nous donnera ce point.

L'un de ces rayons S (*fig.* 734), passe au point N et émerge parallèlement de N' suivant N'Z. Un autre rayon S' parallèle au premier passe

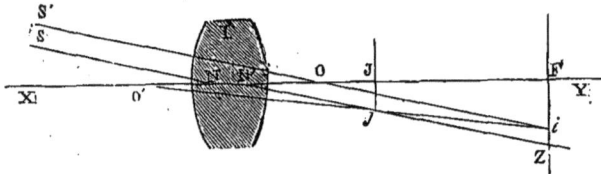

Fig. 734.

par le centre O de la première surface, et rencontre en i le plan focal intérieur F de la première surface : ce point i est donc le point de concours des rayons, après la première réfraction. Or, l'un de ces rayons réfractés qui passe en i passe en même temps par le centre O' de la seconde surface, et comme il la rencontre normalement il n'est pas dévié par elle : iO' est donc la direction d'un second rayon émergent.

· Enfin, la rencontre de N'Z avec iO' donne en j le foyer des rayons·qui, avant de pénétrer dans la lentille, étaient parallèles entre eux. Si par le point j nous menons un plan perpendiculaire à XY, et que nous prenions seulement une petite portion de ce plan, jJ sera l'un des plans focaux principaux de la lentille considérée. On démontre en effet facilement, en suivant la marche indiquée (§ 1490), que les foyers des différents systèmes de rayons parallèles se trouvent sur une surface sphérique décrite du point N' comme centre, avec N'j pour rayon.

1507. **Foyer des rayons émanés d'un point situé sur l'axe de la lentille.** — Soit le point lumineux en P (*fig.* 735) sur l'axe XY de la lentille. Il envoie des rayons de lumière dans toutes les directions ; PB

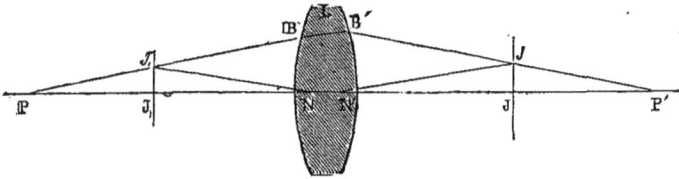

Fig. 735.

est l'un de ces rayons. Or, nous pouvons considérer PB comme faisant partie d'un faisceau de rayons parallèles entre eux ; et, d'après ce qui précède, nous aurons le foyer de ces rayons parallèles, en menant d'abord par le point nodal N' une parallèle à PB. Le point de rencontre j de cette parallèle avec le plan focal J obtenu comme il vient d'être dit (1506), nous donne le foyer des rayons qui, à leur incidence, étaient tous parallèles à PB. Par conséquent, j sera l'un des points du rayon émergent correspondant au rayon incident PB. Il faut en trouver un second ou avoir la direction même du rayon qui passe en j. Pour cela, remarquons que le point j_1, où le rayon incident PB rencontre le second plan focal J_1 de la lentille, peut être considéré comme le foyer d'un système de rayons parallèles entre eux à leur incidence, et suivant dans leur propagation une marche inverse de celle qui a été admise jusqu'à présent. Selon ce qui a été dit plus haut, la direction de ces rayons sera donnée par la ligne Nj_1 ; il suffira donc de mener par le point j une parallèle jB' à Nj_1 pour avoir la direction cherchée du rayon émergent. En prolongeant jB' jusqu'à la rencontre de l'axe, on aura en P' le foyer des rayons émanés primitivement de P.

Si nous appelons Φ et Φ' les distances N'J, NJ_1 des points nodaux de la lentille aux plans focaux correspondants ; f et f', les distances du point lumineux P et de son image P' aux mêmes plans focaux, nous aurons, par la comparaison des triangles semblables Pj_4J_4, $N'jJ$, d'une part, et de l'autre j_4J_4N, jJP', les égalités

$$\frac{J_4P}{N'J} = \frac{J_4j_4}{Jj} = \frac{J_4N}{JP'}, \quad \text{ou bien} \quad \frac{f}{\Phi} = \frac{\Phi'}{f'},$$

ou enfin $ff' = \Phi\Phi'$, comme dans le cas d'une seule surface.

Quand le point P est situé hors de l'axe, les mêmes relations subsistent et on les obtient de la même façon. On substitue dans ce cas à la ligne des centres le rayon nodal qui forme alors la ligne brisée PNN'J ; P étant cette fois au-dessus de l'axe, par exemple, et par suite J au-dessous. La rencontre de N'J avec le second rayon, obtenu comme il a été dit, donne le foyer cherché. L'image d'un objet pourra être obtenue avec la même facilité, puisqu'on sait trouver celle d'un point quelconque.

II — LENTILLES DIVERGENTES

1508. **Étude géométrique de la marche des rayons lumineux.** — Les lentilles divergentes déterminent un écart des rayons qui les traversent; elles augmentent la divergence de ceux qui divergent déjà, elles diminuent la convergence de ceux qui concourent vers le même

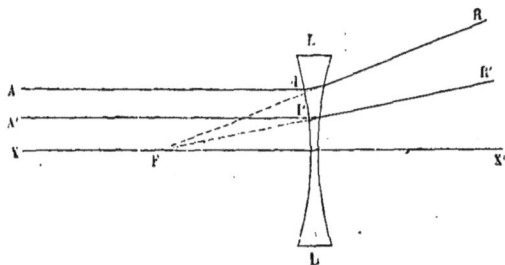

Fig. 736.

point. Elles doivent cette propriété à leur forme, qui est celle d'un solide terminé par deux surfaces sphériques, disposées de telle manière que l'épaisseur est moindre au milieu que sur les bords. LL (*fig.* 736) est le profil de l'une d'elles, celui de la lentille biconcave que nous prendrons comme type. Son axe principal XX' est une ligne passant par les centres des deux surfaces sphériques qui limitent la lentille.

1509. Foyer principal. — Lorsque les rayons AI, A'I' (*fig.* 736), parallèles à l'axe principal, frappent la lentille, ils divergent après avoir traversé le milieu réfringent. Tous s'écartent comme s'ils partaient d'un même point F situé du côté de la lentille par lequel arrivent ces rayons parallèles. Ce point est dit le *foyer principal*. Entre ce foyer principal et celui des lentilles convergentes, il est une différence capitale dont il importe de bien se pénétrer, sans quoi l'on tombe dans les erreurs les plus graves. Cette différence consiste en ce que le foyer principal d'une lentille divergente est un foyer virtuel, où ne viennent pas en réalité se rencontrer les rayons ; mais c'est le point où concourent les prolongements géométriques des rayons émergents. Il en est de même des rayons parallèles à tout axe secondaire : ils ont un foyer virtuel placé sensiblement à la même distance de la lentille que le foyer principal.

L'expérience se réalise dans la chambre noire, en plaçant une lentille divergente (*fig.* 737) sur le trajet d'un faisceau de rayons solaires parallèles. A une certaine distance, on fixe un écran EE', et on couvre la lentille d'un disque opaque DD', qui est percé de petites ouvertures

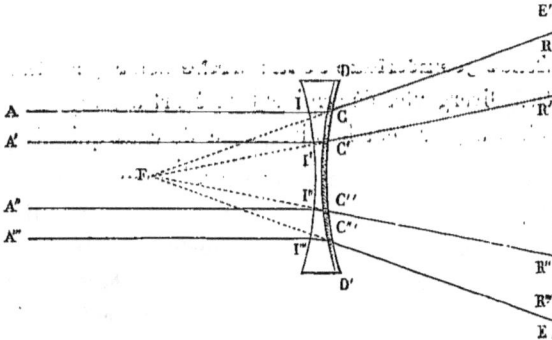

Fig. 737.

C, C', C'', C'''. Parmi les rayons qui composent le faisceau émergent, ceux qui rencontrent les ouvertures sont les seuls qui puissent trouver passage, et sur l'écran on peut aisément marquer les points R, R', R'', R''', etc., où viennent aboutir ces rayons. Lorsque la lentille est enlevée sans que l'on ait touché ni au disque DD' ni à l'écran EE', il est facile de vérifier que les lignes droites RC, R'C', R''C'', etc., menées du centre de chaque image au centre de l'ouverture correspondante, se rencontrent en un même point F placé derrière la lentille. Quelle que soit la direction des faisceaux, on reconnaît que l'un d'eux passe sans déviation, c'est celui qui correspond à l'axe principal.

Le plus souvent, pour démontrer cette divergence, on se contente de placer l'œil sur la route des rayons CR, C'R, qui viennent de traverser la lentille; la sensation produite est la même que s'ils émanaient d'un point lumineux tel que F; on en conclut que les rayons divergent, comme s'ils partaient de ce point.

1510. Foyers conjugués. — Une lentille divergente est-elle placée sur le trajet d'un cône de rayons lumineux PI, PI' qui partent d'un même point P (*fig. 738*), et qui la traversent pour émerger ensuite? La direction des faisceaux de lumière CR, C'R' est telle qu'ils forment un

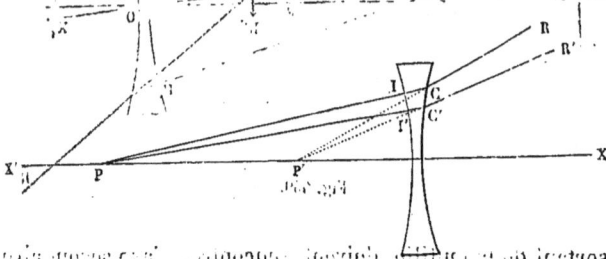

Fig. 738.

nouveau cône plus ouvert que le premier et dont le sommet P' est du même côté que le point lumineux et en même temps plus rapproché de la lentille que ne l'est ce dernier point. En un mot, à tout point lumineux P placé sur l'axe principal, correspond un foyer conjugué virtuel P' situé sur la même ligne. La démonstration expérimentale se fait par la méthode déjà donnée, c'est-à-dire en se plaçant dans les conditions indiquées.

1511. Axes secondaires. — **Centre optique.** — Tout ce que nous avons dit sur le centre optique des lentilles convergentes (1485) s'applique presque sans modification aux lentilles divergentes, aussi bien que ce qui a rapport aux axes secondaires. Ainsi, il y a deux foyers principaux, mais virtuels, pour chaque axe secondaire; tous deux sont également distants du centre optique; et tout point lumineux situé sur un axe secondaire donne une image virtuelle située sur ce même axe.

1512. Tracé géométrique des images. — Les deux expériences qui précèdent suffisent pour la détermination des images des objets. Soit AB (*fig. 739*), un objet placé devant une lentille, l'image du point A se trouvera sur l'axe secondaire AOX, qui passe en A. On obtiendra le point où cette image se produit, par le tracé du rayon AI, parallèle à l'axe principal : ce rayon émerge en suivant la direction IR, qui est telle que, prolongée, elle passe par le foyer principal F de la lentille. Cela suppose, il est vrai, que le point I, où se fait l'incidence, se confond sensiblement avec le point C, par lequel a lieu l'émergence : mais cette hypothèse peut être considérée comme suffisamment exacte, car la lentille est en général peu épaisse relativement à sa distance focale. La figure montre aussi que ce rayon prolongé rencontre nécessairement l'axe secondaire en A'. Or nous savons que les prolongements de tous les

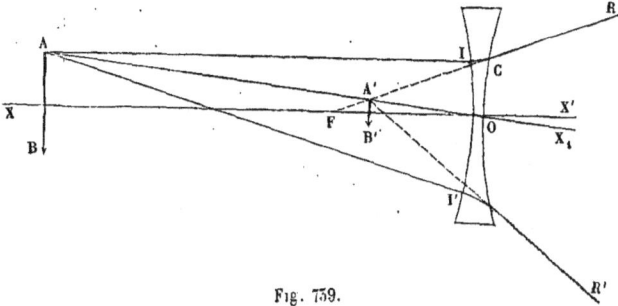

Fig. 739.

rayons sortant de la lentille doivent rencontrer l'axe secondaire en un même point : A' représentera donc l'image virtuelle de A ; l'œil, placé sur le trajet des rayons émergents, verra le point lumineux en A'. Il en sera de même de l'image B' du point B et de l'image de tous les autres points de l'objet.

Cette construction montre que l'image A'B' est droite et plus rappro-chée de la lentille que l'objet AB, et nécessairement plus petite que cet objet ; car elle est parallèle à AB et située dans le même angle AOB, et comme elle est plus voisine que l'objet du sommet de l'angle, elle doit être plus petite que lui. En répétant la construction, on reconnaîtrait que l'image grandit à mesure que l'objet s'approche.

1513. Étude algébrique de la marche des rayons lumineux dans les lentilles divergentes. — Pour établir la formule relative aux len-tilles divergentes, ou simplement aux lentilles bi-concaves, que nous prendrons pour type du groupe, nous suivrons la même marche que pour les lentilles convergentes.

Le cas où la lumière incidente PD (*fig.* 740), passe de l'air dans un milieu indéfini plus réfringent (le verre), présentant comme surface d'entrée une surface sphérique concave MN, se déduit du cas général 1° en changeant dans l'équation (1) (1488) le signe de p_1, puisque, comme nous l'avons établi (1510), le foyer conjugué d'un point lumi-neux est virtuel dans le cas dont il s'agit ; 2° en prenant le rayon r

avec un signe contraire. Il vient alors :

$$\frac{n}{p_1} - \frac{1}{p} = \frac{n-1}{r} \qquad (6)$$

On supposera ensuite le milieu réfringent d'indice n, limité par une

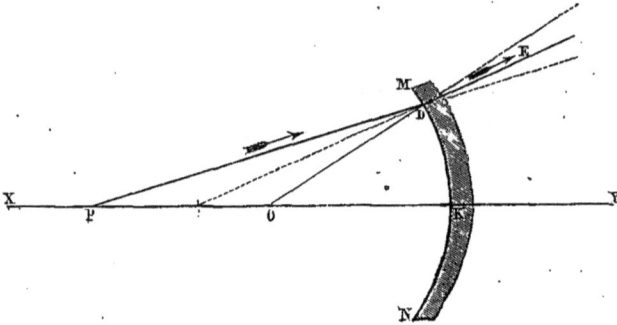

Fig. 740.

nouvelle surface sphérique M'N' (*fig. 741*) concave du côté de l'air. Les rayons réfractés tels que DE passant cette fois du verre dans l'air seront dans les mêmes conditions que s'ils émanaient tous, sans changer de milieu, du point P', Il faudra donc, pour tenir compte des conditions nouvelles relatives à la marche des rayons lumineux, changer dans la

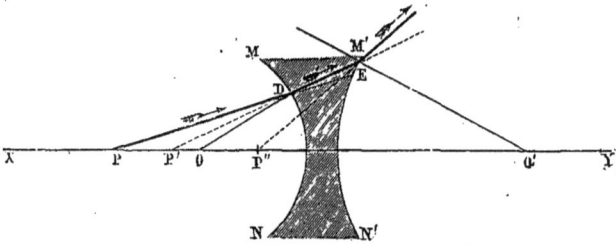

Fig. 741.

même équation (1), p en p_1; p_1 en $-p'$, puisque le foyer des rayons émergents est virtuel; r en r'; et enfin, n en $\frac{1}{n}$. La formule qui répond à ce second cas est par suite :

$$\frac{1}{p'} - \frac{n}{p_1} = \frac{n-1}{r'} \qquad (7)$$

Éliminant p_1 entre les égalités (6) et (7), il vient :

$$\frac{1}{p'} - \frac{1}{p} = (n-1)\left(\frac{1}{r} + \frac{1}{r'}\right)$$

ou

$$\frac{1}{p} - \frac{1}{p'} = -\frac{1}{f} \qquad (8)$$

pour représenter algébriquement la marche des rayons lumineux dans les lentilles divergentes.

1514. Cette formule est facile à discuter : Il n'y a qu'à suivre la marche indiquée pour les lentilles convergentes. La grandeur de l'image est donnée par la même relation qui nous a déjà servi dans le cas des lentilles convergentes :

$$\frac{I}{O} = \frac{A'B'}{AB} = \frac{p'}{p}.$$

On l'établit en partant de la similitude des deux triangles AOB, A'OB', et le raisonnement à faire pour discuter le résultat est tout à fait analogue à celui qui a été exposé (§ 1497).

1515. **Image d'un objet virtuel.** — Parmi les divers cas qui peuvent se présenter, il en est un cependant qui doit plus spécialement fixer notre attention : c'est le cas où l'objet est virtuel. Des rayons viennent converger par exemple au point A' (fig. 742), par l'emploi d'un système optique quelconque, telle qu'une lentille convergente L'L'; un autre fais-

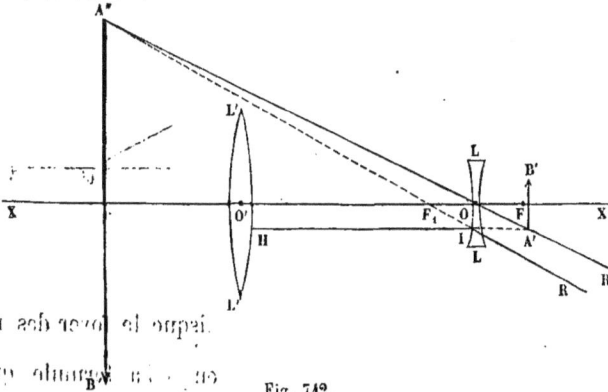

Fig. 742

ceau convergent arrive en B'; en un mot, des rayons lumineux donnent, par l'ensemble de leurs points de croisement l'image A'B'. Sur le trajet de ces rayons et avant que les rencontres n'aient lieu, une lentille divergente est interposée, quel sera l'effet produit? Le cas où le foyer F de cette lentille se trouve compris entre A'B' et la lentille est le plus important, il nous occupera de préférence. L'analogie nous conduit à appliquer la construction déjà employée. Nous dirons : en premier lieu, l'image du point lumineux doit se trouver sur l'axe secondaire A′O, passant par ce point A′ ; secondement, parmi les rayons qui convergeaient vers A′ avant que la lentille LL fût interposée, tout rayon tel que HIA′, qui cheminait parallèlement à l'axe, donnera, en traversant la lentille LL, un rayon réfracté IR qui, prolongé, viendra passer en F_1. Mais ce rayon, si l'on continue à suivre sa direction, rencontre l'axe secondaire A′O au point A″. C'est donc en A″ que tous les prolongements des rayons, qui aboutissaient en A′ et qui maintenant divergent, rencontreront l'axe secondaire. L'œil verra en A″ l'image virtuelle formée par le prolongement des rayons émergents ; il verra également en B″ l'image du point B′. En définitive, A″B″ est l'image virtuelle de A′B′ et elle est renversée.

L'image n'est virtuelle que parce que OF, ou son égal OF_1, est plus petit que A′I. C'est à cause de cela que les côtés IF_1 et A′O du trapèze $IF_1OA′$ se sont rencontrés du côté indiqué sur la figure.

CHAPITRE V

DISPERSION — SPECTRE SOLAIRE

§ I — DÉCOMPOSITION DE LA LUMIÈRE

1516. Expérience du spectre solaire. — La déviation que subit un rayon de lumière solaire en traversant un prisme est accompagnée d'un autre phénomène qui, dans la chambre noire, présente aux yeux l'une des plus belles expériences de la physique. Sur un écran placé à distance (*fig.* 743), les rayons émergents du prisme forment une

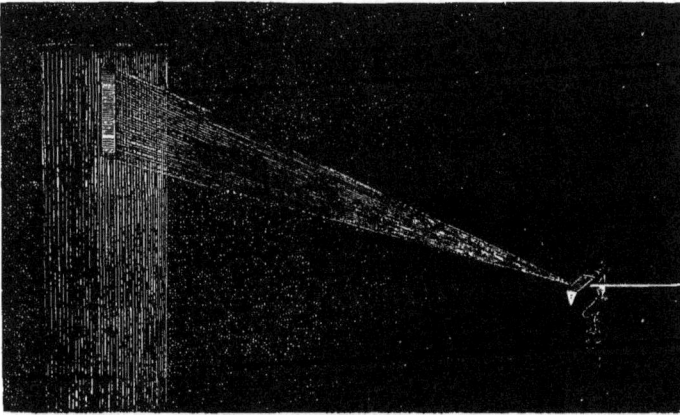

Fig. 743.

image brillamment colorée; on la nomme *spectre solaire*. On y distingue sept couleurs principales : le *violet*, l'*indigo*, le *bleu*, le *vert*, le *jaune*, l'*orangé*, le *rouge;* elles sont disposées sur sept bandes parallèles qui se fondent l'une dans l'autre en passant par des nuances insensibles.

L'image spectrale est toujours limitée latéralement par des côtés rec-

tilignes perpendiculaires à la direction des bandes; à ses deux extrémités, elle se termine en demi-cercle, si l'ouverture de la chambre
noire est ronde, ou bien en ligne doite, si cette ouverture est une fente
longue, étroite et parallèle aux arêtes du prisme.

Si, après avoir examiné le spectre solaire dans son ensemble, on
cherche à déterminer la position qu'il occupe, on reconnaît que l'axe
qui le traverse, en allant du rouge au violet, a une direction perpendiculaire aux arêtes du prisme, c'est-à-dire qu'il se trouve dans le plan de
réfraction; et, par conséquent, les diverses couleurs se succèdent sur
l'écran en s'éloignant inégalement du point qu'aurait atteint le faisceau
solaire si le milieu réfringent n'avait pas été interposé : le rouge est le
moins dévié, puis l'orangé, et ainsi de suite, jusqu'au violet, qui se
trouve toujours, plus que toute autre couleur, écarté de l'arête de réfringence A.

1517. Théorie de Newton. — Newton a rendu compte le premier
de ce curieux phénomène, et a prouvé la vérité de son explication
par un grand nombre d'expériences très-ingénieuses. Il a fait voir
que la lumière blanche du soleil est formée par la réunion d'un grand
nombre de rayons de diverses couleurs, possédant des réfrangibilités
inégales. Ces rayons, quand ils cheminent réunis, nous donnent la sensation de la couleur blanche; mais, comme ils possèdent chacun un indice de réfraction spécial, ils sont déviés inégalement en traversant un
prisme et cessent dès lors d'être parallèles; c'est pour cette raison qu'ils
atteignent, en des points différents, l'écran placé derrière le prisme.
L'expérience que nous venons de rapporter n'est donc qu'une analyse de
la lumière, ainsi que Newton l'a affirmé le premier.

Les expériences de Newton peuvent être distribuées en deux groupes :
par les unes, il prouve clairement que les différentes couleurs sont
inégalement réfrangibles ; par les autres, il fait une synthèse des rayons
diversement colorés, et il établit que les sept couleurs du spectre, quand
elles sont réunies, reconstituent la lumière blanche. Occupons-nous, en
premier lieu, des expériences d'analyse.

1518. 1° Expérience des deux bandes. — Sur un fond noir, deux
bandes étroites I (*fig.* 744), l'une bleue, l'autre rouge, sont collées l'une
à la suite de l'autre, sur une même ligne horizontale, comme l'indique
la figure. A travers un prisme P dont les arêtes sont aussi horizontales,
ces bandes apparaissent toutes deux déplacées parallèlement à leur position primitive; elles sont vues en I'. Mais elles sont déplacées inégalement; on reconnaît que toujours la plus déviée est la bande bleue : il

faut donc admettre que les rayons bleus sont plus réfrangibles que les
rayons rouges. Pour se rendre un compte plus exact du phénomène et

Fig. 744.

comprendre pourquoi les bandes paraissent relevées, il suffit de considérer le prisme ABC (*fig.* 745), dont l'angle A, formé par les faces que la
lumière traverse, se trouve à la
partie supérieure. Un rayon HG, qui
tombe sur ce prisme, émerge suivant FE; l'œil, placé en E, verra la
lumière venir dans la direction de
FE et rapportera le point lumineux
à une position qui se trouve sur le
prolongement de cette direction EF.

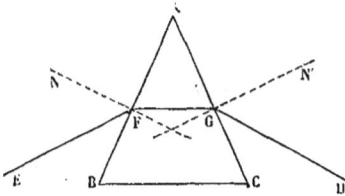

Fig. 745.

Si donc le rayon émergent est rejeté plus bas que EF vers la base du
prisme, ou, ce qui revient au même, si son indice de réfraction est plus
grand, le point lumineux d'où il paraîtra provenir sera pour l'œil plus
haut placé. Le bleu, dans l'expérience précédente, paraît plus élevé que
le rouge; donc il est plus réfrangible.

Mais cette expérience, faite avec des matières recouvertes de couleurs
artificielles, et non avec les rayons du spectre solaire même, ne peut
conduire à des conséquences rigoureuses. Dans les expériences qui vont
être décrites, Newton agissait directement sur les rayons qui forment le
spectre.

1519. 2° Étude successive des divers rayons colorés. — Un premier écran, qui reçoit le spectre solaire, est percé d'une ouverture O
par laquelle les rayons rouges seuls peuvent passer (*fig.* 746). La lumière

rouge continue sa marche au delà de l'ouverture, arrive sur un second
écran placé à distance et le frappe en un point P que l'on a soin de
marquer. Ces opérations préliminaires effectuées, on dispose derrière le
premier écran un prisme réfringent maintenu dans une position inva-

Fig. 746.

riable. Le rayon rouge traverse ce prisme, il est rejeté vers la base du
prisme et vient en un point R éloigné de P. On fait alors tourner le premier prisme, celui qui détermine la formation du spectre, jusqu'à ce
que le rayon violet qui s'en échappe passe par la même ouverture et
suive exactement la route que suivait, en premier lieu, le rayon rouge.
La lumière violette traverse le second prisme ; elle est déviée et vient en
un point V. L'expérience montre que ce point V se trouve plus loin de P
que ne l'était le point R dont on avait marqué la position.

Pour s'assurer que le rayon violet est bien tombé sur le second prisme
en suivant la même route que le rayon rouge, on retire ce prisme auxi-
liaire, et si l'expérience est bien faite, on doit voir le rayon violet rencontrer le point P du second écran.

Les différents rayons colorés, autres que le violet, sont substitués
successivement au rayon rouge, et on trouve que leur ordre de réfrangibilité est bien celui qui est indiqué par leur distribution dans le spectre
solaire.

1520. **3° Expérience des prismes croisés.** — Les expériences successives qui viennent d'être exécutées (1519) sont reproduites d'un seul
coup, en adoptant une autre disposition. Un spectre vertical RV
(*fig.* 747 et 748), produit par un prisme dont l'arête de réfringence est
horizontale, est reçu sur un écran éloigné. L'observateur marque les
positions occupées par les diverses couleurs, puis entre ce premier

prisme et l'écran, il interpose un second prisme dont les arêtes sont verticales. Le spectre, déplacé par cette interposition, est rejeté de côté en R'V', et ne conserve plus sa verticalité primitive ; le rouge est moins écarté de sa position primitive que le violet. Toutes les autres couleurs ont subi des déviations intermédiaires.

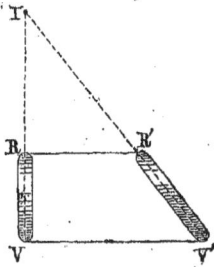

Fig. 747.

Les figures 747 et 748 représentent cette expérience telle que nous venons de la décrire ; mais les dispositions adoptées sont toujours telles qu'une partie seulement du rayon direct soit intercepté par le premier prisme, et que les rayons qui forment le premier spectre ne soient pas tous réfractés par le second prisme. Par ces dispositions, on aperçoit simultanément le faisceau direct, qui est blanc, le faisceau dispersé par le

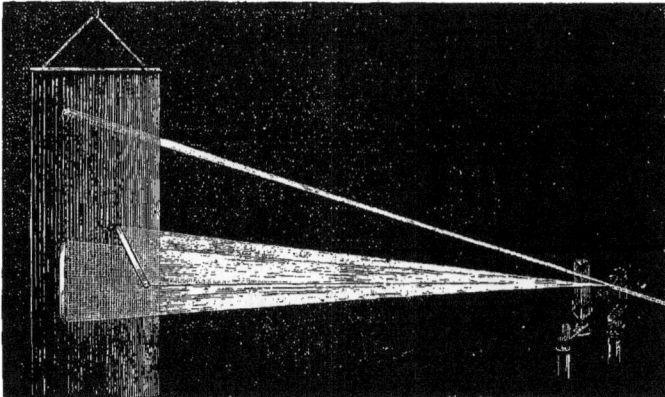

Fig. 748.

premier prisme, qui offre les différentes couleurs du spectre disposées verticalement, et enfin on voit ces couleurs simples elles-mêmes inégalement déviées dans le sens horizontal par le second prisme.

1521. 4° Une lentille dévie inégalement les divers rayons colorés. — Au lieu d'un prisme, on peut employer une lentille, et il devient possible de constater, comme dans les précédentes expériences, les réfrangibilités inégales des rayons colorés du spectre. Si les rayons violets sont plus réfrangibles que les rayons rouges, un objet, placé au delà du foyer d'une lentille convergente et qui sera éclairé par la lumière vio-

lette, devra former son image réelle plus près de la lentille que si l'éclai-·
rement était produit par la lumière rouge.

Voici l'expérience de Newton, qui s'exécute dans la chambre noire.

Sur une page imprimée d'un livre I (*fig.* 749), on fait tomber l'une des
couleurs du spectre solaire, le rouge par exemple. Devant le livre, on
dispose une lentille convergente L, et en arrière de celle-ci, un écran
de papier huilé I′ ; par un déplacement convenable de cet écran, on

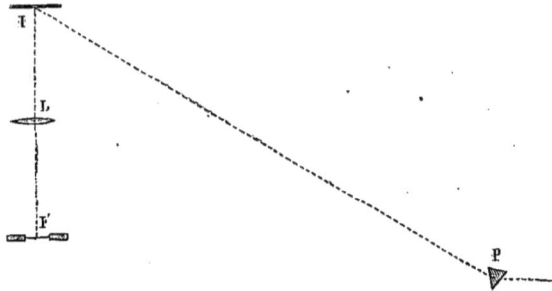

Fig. 749.

obtient aisément une image très-distincte des caractères d'imprimerie ;
ce résultat obtenu, on fixe l'écran dans sa position actuelle. Puis, en
tournant le prisme qui fournit le spectre, on éclaire la même page avec
de la lumière bléue. Aussitôt l'œil placé derrière l'écran huilé ne voit
plus les mêmes caractères d'une manière aussi distincte. Mais si l'on
fait avancer peu à peu l'écran vers la lentille, on atteint bientôt une position nouvelle où la netteté des caractères reparaît. Il est démontré
par là que les rayons bleus divergents sont plus énergiquement ramenés
à la convergence que les rayons rouges. C'est une nouvelle preuve de leur
plus grande réfrangibilité.

1522. Cette inégale réfrangibilité se manifeste encore, quand on exé-

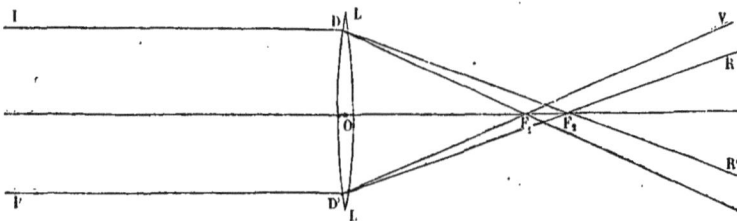

Fig. 750.

·cute l'expérience, qui consiste à rassembler les rayons solaires au moyen
d'une lentille convergente. Les rayons violets forment leur foyer en F,

(*fig.* 750), les rayons rouges en F_2; la séparation des deux foyers s'accuse alors par les irisations qui apparaissent, lorsque la lumière émergente est reçue sur un écran. L'écran est-il placé entre la lentille et F_1? l'image est entourée d'un cercle rouge formé par les rayons rouges extrêmes qui n'ont pu se réunir avec d'autres; est-il reculé au delà de F_2? le bord du cercle éclairé est bleu violet.

1525. **5° Preuve par la réflexion totale.** — De l'étude que nous avons faite de la réflexion totale, il est résulté que l'angle limite pour lequel cette réflexion peut déjà se manifester est d'autant plus grand que l'indice de réfraction du rayon lumineux est plus petit. Car, le sinus de l'angle limite étant égal à $\dfrac{1}{n}$, si n diminue, la valeur de cet angle augmente. Par l'observation des angles de réflexion totale qui correspondent aux différents rayons colorés, il est donc possible de s'assurer des différences de réfrangibilité. C'est ce qui a conduit Newton à l'expérience suivante : sur un prisme isocèle ABC (*fig.* 751), dont

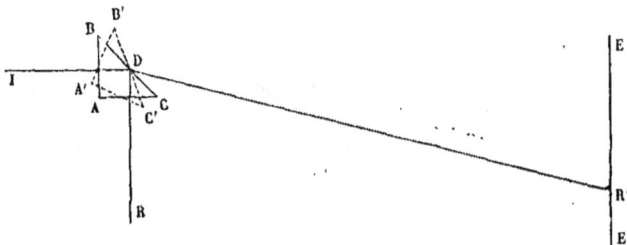

Fig. 751.

l'angle A est droit, on fait tomber perpendiculairement à la face AB un rayon solaire qui vient ensuite frapper la face BC et se réfléchit totalement — un pareil résultat a déjà été expliqué plus haut — mais si, en tournant lentement le prisme, on lui donne une certaine position A'B'C' qui rende l'angle d'incidence du faisceau sur la face BC de plus en plus petit, il arrivera un moment où la lumière incidente traversera le prisme, et les différentes régions du spectre apparaîtront successivement sur l'écran EE'. En opérant ainsi, on voit se montrer, l'une après l'autre, par voie de transmission, les différentes couleurs : le rouge, puis l'orangé, le jaune, le vert, etc., enfin le violet apparaît le dernier, et dès lors le spectre est complet. L'apparition tardive du violet dans le spectre montre que les rayons violets sont encore réfléchis totalement sous un angle plus petit que celui qui convient à la réflexion totale des autres rayons : cela prouve, par suite, que les rayons violets sont les plus réfrangibles;

puis viennent l'indigo, le bleu... etc. Le rouge traverse le premier suivant DR', la surface de séparation du verre et de l'air, c'est une preuve que, de tous les rayons qui impressionnent la rétine, le rouge est celui qui possède le plus petit indice de réfraction.

II — RECOMPOSITION DE LA LUMIÈRE

1524. Newton, après avoir opéré, dans les expériences que nous venons de décrire, une analyse des rayons solaires, a complété la démonstration du principe qu'il avait énoncé, en réalisant la synthèse de la lumière blanche. Ces nouvelles expériences ajoutées aux précédentes doivent apporter la conviction dans tous les esprits : elles prouvent que la théorie des phénomènes que nous étudions est bien connue, et cela, sans qu'il y ait aucune lacune dans leur explication, puisque l'expérimentateur est capable de reconstituer le sujet de son analyse en se servant des éléments qu'il a d'abord isolés.

1525. **1° Première expérience.** — Newton prit des poudres de diverses couleurs; et après des essais répétés, il parvint à composer un mélange qui semblait d'un blanc parfait. « J'en étendis une couche « assez épaisse sur le plancher de ma chambre, là où le soleil donnait; « et, à l'ombre, je plaçai un morceau de papier blanc. A une distance « de dix-huit pieds, cette composition me parut d'un blanc éclatant qui « surpassait celui du papier. Un de mes amis, qui n'était pas prévenu, « après les avoir examinés, me répondit que les deux objets que je lui « désignais lui paraissaient également blancs. »

On répète cette expérience dans les cours, au moyen d'un carton circulaire partagé en sept secteurs, portant chacun, l'une des couleurs du spectre solaire; de plus, on a donné à chaque secteur l'étendue relative que la couleur qui lui correspond occupe dans le spectre; on imprime au carton un mouvement de rotation rapide autour d'un axe qui est perpendiculaire à son plan et qui passe par son centre. La vitesse du mouvement est telle, que l'impression produite par chaque couleur sur l'œil qui regarde, persiste pendant tout le temps que les autres couleurs mettent à venir la remplacer. Toutes les couleurs sont donc vues à la fois, en tous les points de la surface du disque qui paraît alors d'un gris blanchâtre. Elle est d'un blanc plus ou moins parfait, selon l'exactitude avec laquelle les couleurs du spectre ont été rendues. En général, la teinte tend vers le gris ou vers le jaune.

1526. 2° Recomposition de la lumière blanche par une lentille convergente. — L'expérience du carton tournant n'est pas faite avec les couleurs véritables du spectre : ce qui suffit pour expliquer la petite coloration qui subsiste. Il est évident que l'expérience ne peut être concluante qu'en se servant des rayons mêmes du spectre : il faut seulement en disposer de manière à éclairer par chacun d'eux tous les points d'une même surface. Newton y a réussi au moyen d'une lentille convergente. Un spectre produit par un prisme est reçu sur cette lentille. Les rayons diversement colorés sont alors réfractés par elle et viennent former leur foyer à peu près tous au même point ; les rayons violets un peu plus près de la lentille, les rayons rouges un peu plus loin : mais, quoique différents, les foyers sont voisins et les faisceaux qui viennent y aboutir s'entre-croisent dans un certain espace où les couleurs s'entremêlent ; ils forment, sur un écran convenablement placé, une image qui paraît tout à fait blanche.

Cette expérience permet de reproduire, avec une grande perfection, le résultat déjà obtenu par l'emploi du carton tournant : il suffit de se servir, comme le faisait Newton, d'un instrument en forme de peigne qui, placé près de la lentille, entre elle et le prisme, intercepte un ou plusieurs des rayons du spectre qui vont la rencontrer ; le champ éclairé se colore aussitôt et prend la teinte qui résulte du mélange des couleurs restantes. En déplaçant lentement le peigne, la coloration du champ varie pour chaque déplacement, et la succession des couleurs se montre très-distincte ; mais quand le mouvement du peigne devient rapide, l'image se maintient d'une blancheur parfaite.

1527. 3° Expérience des prismes opposés. — Newton a recomposé la lumière blanche par un grand nombre d'autres moyens ; nous nous bornerons à ajouter, aux expériences qui précèdent, celle des prismes opposés.

Sur le trajet des rayons qui ont traversé déjà un prisme et qui donnent un spectre solaire, Newton place un second prisme tout à fait identique, dont l'arête de réfringence A' est parallèle à celle A du premier, mais disposée en sens inverse, comme le montre la figure 752. Les rayons déviés par le premier prisme, sont déviés en sens inverse par le second, et comme les déviations inverses sont exactement de la même grandeur, les rayons du faisceau primitif sont ramenés au parallélisme. Dès lors, on n'aperçoit plus le spectre solaire ; les rayons qui le formaient ont été réunis et donnent désormais de la lumière blanche.

Si l'on étudie le phénomène de très-près, on reconnaît que les rayons tels que I_1D_1 donnent des rayons émergents $R''_1R'''_1$ et $V''_1V'''_1$ qui sont parallèles, il est vrai, mais qui ne se superposent pas. Les rayons $R''_1R'''_1$ et $V''_1V'''_1$ ne pouvant pas se rassembler pour former de la lumière blanche, il semble, qu'après la réfraction, un spectre doit apparaître

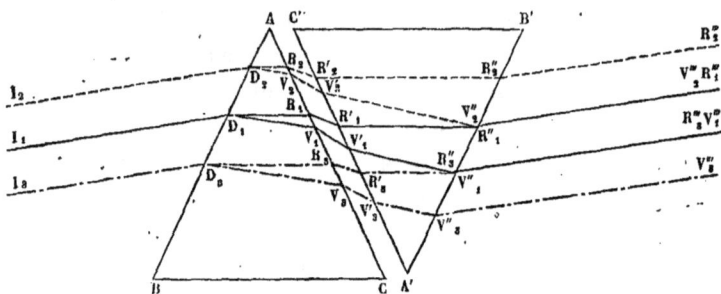

Fig. 752.

encore. Mais hâtons-nous de remarquer qu'un faisceau de rayons incidents n'est jamais réduit à une ligne géométrique, comme ce que nous venons de dire semblerait l'indiquer. Au-dessus de I_1D_1 est un rayon I_2D_2; au-dessous est un rayon I_5D_5, et le rayon violet émergent produit par I_2D_2 se superpose au rayon rouge donné par I_1D_1; le rayon rouge venant de I_5D_5 au rayon violet de I_1D_1, et ainsi la recomposition a lieu entre des rayons colorés qui ne suivaient pas primitivement la même route. Cependant le bord supérieur de l'image blanche est coloré en rouge orangé, et son bord inférieur en bleu violet; car les rayons extrêmes n'ont pu se recombiner avec aucun autre.

1528. Homogénéité des couleurs du spectre. — Lorsque l'on considère la succession des couleurs du spectre et que l'on observe par quelles nuances insensibles elles se fondent les unes dans les autres, une pensée ne peut manquer de venir à l'esprit; c'est que les couleurs qui forment les teintes de transition ne sont autres que le produit du mélange des deux couleurs franches dont elles sont les limites. Ainsi, entre le jaune et le bleu du spectre apparaît le vert, et nous savons tous qu'en mêlant du bleu et du jaune l'on peut obtenir du vert : il y a plus, en voyant une couleur verte, l'œil croit le plus souvent y reconnaître une teinte bleue et une teinte jaune; il y a donc lieu de penser que, dans le spectre, le vert n'est qu'un mélange des deux couleurs voisines qui empiètent l'une sur l'autre. — Il n'en est rien cependant. — Si l'on répète l'expérience de Newton et que l'on fasse passer une de ces couleurs limites du spectre à travers un ou plusieurs prismes successifs, comme dans l'expérience du § 1519, jamais le vert ne se décompose en jaune et en bleu : jamais l'orangé ne se dédouble en rouge et en jaune. Les couleurs du spectre sont indécomposables.

Ce n'est pas qu'on ne puisse obtenir avec des rayons jaunes, et des rayons bleus réunis, une couleur verte toute semblable à celle qui se montre dans le spectre solaire. Newton réalisait ce phénomène en interceptant toutes les couleurs d'un spectre avant leur transmission à travers une lentille convergente (1520), toutes, sauf deux, celles qu'il voulait combiner ; et au foyer, une image verte apparaissait. Mais si l'on regardait cette image à travers un prisme, comme dans l'expérience des deux bandes (1518), elle se divisait en deux autres inégalement déviées, représentant chacune, l'une des couleurs mélangées. Regarde-t-on, au contraire, par le même procédé, le vert du spectre, il est dévié, mais il ne se dédouble pas.

1529. **Couleurs des corps.** — Examinons de même une bande colorée, artificiellement ou présentant une de ces teintes que nous trouvons dans la nature, et exécutons de nouveau l'expérience des deux bandes (1518) : regardons ainsi une étoffe, un papier, les pétales d'une fleur ou l'aile d'un papillon, nous reconnaîtrons qu'aucune des couleurs que ces objets présentent n'est simple : toutes sont décomposables par le prisme.

Lorsque la lumière blanche vient à frapper un objet, les rayons diffusés dans tous les sens par sa surface ne sont pas toujours de même espèce. Chaque sorte de surface exerce une action spéciale sur la lumière incidente, absorbe certains rayons, en renvoie d'autres, et c'est de l'ensemble des rayons ainsi renvoyés que dépend la couleur des corps. Quand le corps a une certaine transparence, la lumière qu'il transmet à travers sa masse a précisément une teinte, résultant du mélange des rayons colorés qu'il ne réfléchit pas ou qu'il ne diffuse pas ; ainsi l'or qui est jaune rougeâtre par réflexion est vert par transmission, quand on le réduit en lames excessivement minces. Les rayons que sa surface réfléchit ajoutés à ceux qui traversent la feuille d'or reproduiraient par leur ensemble de la lumière blanche. On exprime ce résultat en disant que le faisceau transmis est complémentaire du faisceau réfléchi. Si les rayons qu'un corps diffuse à sa surface contiennent les différentes couleurs dans les mêmes proportions que la lumière solaire, l'objet paraît blanc : tel est le cas d'une feuille de papier ordinaire.

1550. Diverses espèces de rayons. — D'après les impressions produites sur la rétine par les rayons lumineux appartenant aux diverses régions du spectre, les radiations solaires ont été classées, comme nous le savons, en sept groupes qui ont reçu leurs noms de la teinte dominante qui les caractérisait. Toutefois, de ce que l'œil ne distingue que sept couleurs dans le spectre, il ne faut pas en conclure qu'il n'y a en réalité que sept espèces de rayons de lumière ; que toute la bande rouge, par exemple, est formée par des rayons absolument identiques. Il n'en est rien : une bande colorée choisie dans une région quelconque de l'image spectrale est formée par plusieurs rayons qu'on ne saurait confondre, car ils se distinguent les uns des autres par les valeurs différentes de leurs indices de réfraction.

Pour nous en convaincre, imaginons un faisceau de rayons parallèles II' (*fig.* 755) possédant tous une *même* réfrangibilité ; si ce faisceau

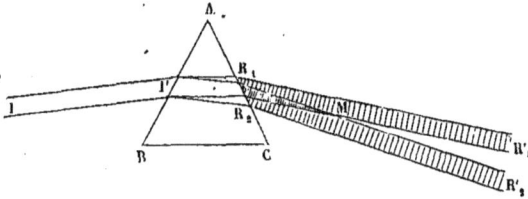

Fig. 755.

tombe sur un prisme, les rayons émergents sortiront parallèles entre eux suivant $R_1R'_1$; car chaque élément du faisceau subit, en pénétrant dans le prisme et en le quittant, une déviation identique à celle des autres rayons qui arrivent sous la même incidence. Si donc la lumière solaire ne contenait que sept espèces de rayons, les faisceaux lumineux, en sortant d'un prisme, se diviseraient en sept groupes semblables aux deux groupes $R_1R'_1$, $R_2R'_2$ que nous avons figurés ; chacun suivrait une route déterminée, et ces groupes, entremêlés d'abord jusqu'à une certaine distance, se sépareraient à mesure qu'ils s'éloigneraient du milieu réfringent, et peindraient, sur un écran placé assez loin, un spectre formé de sept bandes complétement séparées. Newton, dans ses expériences, bien qu'il réalisât les conditions les plus favorables, ne put

jamais obtenir une séparation des couleurs, et il en conclut avec raison,
que les rayons lumineux qui forment le spectre n'ont pas sept réfrangibilités appartenant chacune à une couleur spéciale, mais qu'en réalité, toute couleur est formée par une multitude de rayons lumineux
dont les réfrangibilités varient par degrés insensibles et croissent d'une
manière continue d'une extrémité à l'autre du spectre, du rouge au
violet extrême.

  Une particularité importante, offerte par le spectre solaire et qui
avait échappé à Newton, a été plus tard reconnue par Wollaston et étudiée par Frauenhofer. Le spectre solaire, quand il est obtenu dans des
conditions favorables, est constitué par une multitude de petites bandes
brillantes, qui sont séparées les unes des autres par des espaces noirs
très-étroits, ou plutôt par des lignes obscures dont la direction est perpendiculaire aux côtés du rectangle qui limitent le spectre. On leur a
donné le nom de *raies du spectre.*

  1551. Raies du spectre. — La meilleure manière de rendre ces raies
nettement visibles, pour tout un auditoire, consiste à placer une lentille
achromatique sur le trajet du faisceau solaire avant qu'il ne rencontre
le prisme ; on peut alors donner au spectre une extrême netteté. Voici,
dans ce cas, comment on dispose l'expérience. Par une fente verticale O
très-étroite (*fig.* 754), les rayons solaires sont introduits dans la chambre

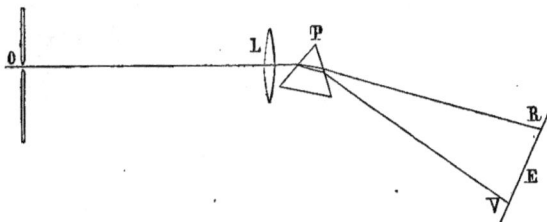

Fig. 754.

noire et reçus sur une lentille achromatique L dont la distance focale
est de $0^m,50$, et qui se trouve placée juste à 1 mètre de l'ouverture.
On reçoit alors une image très-nette de la fente sur un écran situé derrière la lentille. Cette image est produite par les rayons solaires qui, se
croisant à l'ouverture, forment par leur ensemble comme un objet lumineux ; elle en a les dimensions et se trouve placée, comme nous l'avons
établi (1497), à une distance double de la distance focale principale,
c'est-à-dire à 1 mètre de la lentille ; de plus, cette dernière étant achromatique, on n'aperçoit aucune coloration sur les bords de l'image. Mais

place-t-on, sur le trajet des rayons lumineux, un prisme P dont les arêtes soient verticales et dans la position qui convient au minimum de
déviation ; ces rayons sont alors
déviés, chacun selon sa réfrangibilité propre ; et sur l'écran se
peignent en RV, les unes à la
suite des autres, une foule d'i-
mages colorées séparées par de
véritables lacunes où la lumière
fait complétement défaut : ce sont
les raies noires si bien observées par Fraüenhofer. Ces raies
sont innombrables si l'expérience est bien faite ; et plus les
conditions dans lesquelles on
opère sont favorables à la séparation complète des couleurs,
plus nombreuses sont les lignes
obscures que l'œil peut distinguer. Il y a plus : telle raie qui
paraît plus grosse que les autres
et qui tranche sur l'ensemble
comme une large barre noire,
se dédouble, quand les moyens
d'observation se perfectionnent,
en plusieurs lignes très-déliées
que l'œil sépare nettement. On
peut donc affirmer, comme le
faisait Newton, qu'il y a une
multitude de rayons lumineux,
mais il faut ajouter, qu'il existe
des solutions de continuité dans
la série de leurs réfrangibilités.

   L'importance de ces raies est
grande pour le physicien, elles
lui offrent de véritables repères

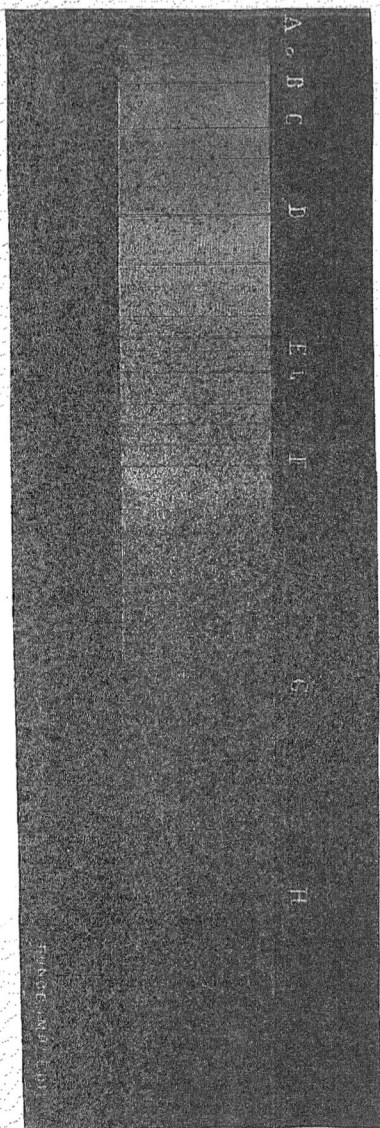

Fig. 755.

qui permettent de désigner nettement avec quelle espèce de lumière ont
été exécutées les expériences dont il donne les résultats. Aussi, pour évi-

ter toute confusion, est-on convenu de désigner les groupes de lignes les plus saillants qui se trouvent distribués dans les sept couleurs princi-pales, par les huit premières lettres de l'alphabet; la raie A (*fig.* 755) étant marquée dans le rouge et la raie H vers le milieu du violet. Dès lors, on voit bien que, dans le spectre, les raies obscures sont comme des repères, des degrés présentant un avantage analogue à celui des de-grés du thermomètre. Chaque expérimentateur peut toujours, sans équi-voque, se reporter aux rayons qui ont été indiqués.

Tel a été, d'abord, le seul parti que l'on ait tiré de ce phénomène; mais bientôt l'étude des raies du spectre acquit une bien autre impor-tance, lorsque Frauenhofer reconnut que l'existence de telle ou telle raie était liée intimement avec la nature de la source qui émettait les rayons lumineux. C'est l'examen de cette relation et des conséquences qui s'en déduisent qui va nous occuper en ce moment.

1532. Les raies caractérisent les diverses sources de lumière. —Dès que Frauenhofer eut trouvé dans le spectre les repères dont nous venons de parler, il comprit que la découverte qu'il venait de faire ne devait pas avoir seulement un résultat pratique, et qu'elle allait proba-blement permettre de caractériser les diverses sources lumineuses. Dans ce but, il analysa la lumière des étoiles, et il reconnut que les spectres obtenus se distinguaient par un nombre et par un groupement de raies noires différents de ceux que présentait le spectre solaire. A chaque étoile correspond un système spécial, mais toujours constitué par des lignes noires parallèles aux arêtes du prisme de verre qui provoque la dispersion des rayons lumineux.

Quant à la lune et aux planètes qui sont éclairées par le soleil, elles donnent de la lumière qui offre à l'analyse toutes les particularités du spectre solaire.

1533. Absence de raies dans les flammes ordinaires. — Quand on examine la flamme d'une lampe, d'un bec de gaz ou de toute autre source, qui ne contient aucune trace de vapeur métallique, les spectres que l'on obtient, en répétant l'expérience de Newton, et en prenant les dispo-sitions les plus convenables pour faire apparaître les raies, offrent toujours une continuité parfaite, et il n'est possible d'y apercevoir au-cune ligne obscure. Toutefois, l'expérience ne réussit parfaitement qu'en recourant à des précautions que nous ne tarderons pas à faire connaître.

1534. Raies produites dans le cas où la lumière a traversé cer-tains gaz.—Brewster, en réfléchissant sur les expériences qui viennent d'être rapportées, les rattacha à d'autres, faits antérieurement observés et fut conduit, par cette relation qui le frappa, à tenter des essais nouveaux. Il avait remarqué que les solides et les liquides colorés, interposés sur le trajet des rayons solaires, produisent dans le spectre de larges solutions de continuité ; ce sont des bandes noires d'une étendue plus ou moins considérable qui se montrent dans diverses régions de l'image spectrale. Les couleurs se trouvent souvent réduites à un moindre nombre, par l'absence de plusieurs d'entre elles qui ont tout à fait disparu : le milieu coloré les a absorbées, et l'espace qui reste noir est celui qu'elles auraient dû éclairer. Dès lors Brewster se demanda si les raies découvertes par Frauenhofer n'étaient pas dues à quelque milieu absorbant à travers lequel les rayons solaires auraient été obligés de passer avant d'arriver jusqu'à nous. Mais, comme les liquides ou les solides colorés ne donnaient, par leur interposition, que des bandes noires très-étendues, il eut recours aux gaz, dans l'espérance qu'il verrait apparaître des lignes étroites comparables à celles du spectre solaire. — Il réussit parfaitement. — L'acide hypoazotique, placé dans un tube sur le trajet, soit de la lumière solaire, soit d'une lumière artificielle, exerça un pouvoir absorbant électif et tel que des raies nombreuses et nouvelles sillonnèrent le nouveau spectre, surtout dans la partie violette. Brewster crut même reconnaître que plusieurs de ces raies étaient exactement à la place occupée par quelques-unes de celles qui se montrent dans le spectre solaire ; ce dernier résultat aurait peut-être besoin d'être confirmé. Quoi qu'il en soit, Müller a constaté depuis que l'iode et le brome en vapeur produisaient des effets du même genre.

1535. **Raies brillantes des vapeurs métalliques.** — Les lignes noires, dont il vient d'être question, ne sont pas les seules qui aient été aperçues, quand on a fait avec soin une analyse spectrale de la lumière. Frauenhofer avait déjà constaté que lorsqu'on prend, comme source lumineuse, une vapeur métallique incandescente, le spectre obtenu présente au lieu de raies noires des lignes excessivement brillantes, qui varient en nombre, en éclat et en étendue, selon la nature du métal. Ces raies sillonnent d'ailleurs le spectre dans le même sens que les lignes obscures qui nous ont déjà occupé. M. Wheatstone a repris l'étude du même phénomène ; Masson a étendu à un grand nombre de métaux des recherches semblables ; et chacun de ces expérimentateurs a indiqué les raies principales qui caractérisent chaque métal.

Les vapeurs incandescentes s'obtiennent directement, quand le métal est volatil, en le portant à une haute température; et alors, ces vapeurs peuvent être considérées comme de véritables sources de lumière et être utilisées, à ce titre, dans les expériences; mais ce procédé n'est applicable qu'à un très-petit nombre de métaux. Le mieux est de faire jaillir l'étincelle électrique entre deux fils formés par le métal que l'on veut étudier : la machine de Ruhmkorff est excellente pour cet objet; la succession rapide des étincelles fait voir le phénomène pour ainsi dire sans interruption. On peut aussi se servir du courant voltaïque pour réaliser la haute température nécessaire à la vaporisation d'un métal : on emploie dans ce cas l'appareil destiné à produire la lumière élecque (1031) et l'on creuse le sommet du charbon inférieur C' d'une cavité dans laquelle on dépose un globule du métal choisi. Celui-ci s'échauffe par le passage du courant, et, en se volatisant, il donne à l'arc voltaïque une teinte spéciale.

Enfin, on peut encore observer une combinaison volatile dans laquelle entre le métal; les raies que l'on obtient sont celles qu'eût données ce métal employé directement. Un fil de platine imprégné de chlorure de potassium et maintenu dans une flamme pâle et très-chaude, donne les raies du potassium. La flamme que MM. Kirchhoff et Bunsen préfèrent est celle du gaz de l'éclairage brûlant avec une lueur pâle dans la *lampe* dite de *Bunsen*.

1556. Pouvoir émissif et pouvoir absorbant d'une vapeur métallique.—Un métal en vapeur donne un spectre qui offre toujours des raies brillantes d'une certaine réfrangibilité; cela revient à dire que la vapeur du métal en question a le pouvoir d'émettre en grande quantité l'espèce de lumière correspondante à ces raies. Le spectre du sodium, par exemple, fournit une raie jaune excessivement éclatante; le pouvoir émissif du sodium en vapeur pour cette lumière jaune est donc considérable. Quoique nous n'ayons fait ainsi qu'exprimer le phénomène sous une forme nouvelle, cette forme même reporte notre esprit vers deux principes importants mis en évidence dans notre étude de la chaleur rayonnante. Elle rappelle d'abord l'identité que nous avons été conduits à admettre entre la chaleur rayonnante et la lumière (chapitre de la chaleur rayonnante), et, en second lieu, l'égalité du pouvoir émissif et du pouvoir absorbant, égalité qui est vraie, quand on ne considère qu'une espèce de chaleur bien déterminée. Nous sommes donc amenés à rechercher quel est le pouvoir absorbant de la vapeur de sodium pour la lumière jaune que cette vapeur émet en si forte proportion; et de plus, nous sommes, *a priori*, portés à penser que ce pouvoir sera considérable

1537. Résultats obtenus par M. Kirchhoff. — Telle a été en effet l'idée de M. Kirchhoff, idée dont la justesse a été démontrée par les faits. Ce physicien a fait passer un rayon de lumière très-éclatant à travers la vapeur du sodium, et ce qu'il avait prévu est arrivé : le nouveau spectre s'est trouvé marqué d'une double raie noire, à l'endroit même où la ligne jaune brillante du sodium se montrait tout à l'heure, quand on formait exclusivement le spectre avec la vapeur de ce métal. C'est ainsi que ce principe bien compris de l'identité de la lumière et de la chaleur rayonnante est devenu le point de départ d'une des plus importantes découvertes de notre époque,

Les recherches de M. Kirchhoff ont surtout porté sur les alcalis. Parmi les résultats qu'il a obtenus, nous citerons deux des plus nets : la vapeur du lithium donne un spectre à peu près réduit à deux raies brillantes principales, dont l'une est d'un rouge très-vif et se trouve comprise entre les raies B et C (*fig.* 755). Le potassium donne deux raies rouges très-belles dont l'une correspond à peu près à la raie A du spectre solaire et l'autre à la raie B. Les raies de ces métaux ont été *renversées* et sont apparues en noir dans les spectres formés par les rayons lumineux très-intenses qui ont été obligés de traverser les vapeurs de ces métaux avant d'être décomposés par le prisme.

1538. Méthode d'expérience de M. Kirchhoff. — Pour observer commodément ces phénomènes, M. Kirchhoff emploie une méthode d'expérience qui n'est autre au fond que celle de Frauenhofer. Il dispose la source de lumière (*fig.* 756) devant une fente O qui est placée au foyer principal d'une lentille convergente L'. Le faisceau lumineux qui pénètre à travers la fente dans le tube L'O donne, après

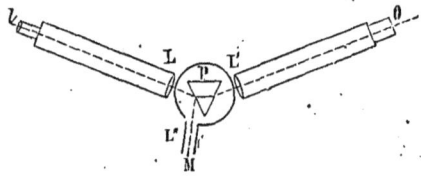

Fig. 756.

avoir traversé la lentille, des rayons parallèles à l'axe qui tombent sur le prisme P placé dans la position qui correspond à la déviation minimum. Ces rayons forment, après leur émergence, un spectre qui est reçu sur une lentille convergente L. Cette lentille fournit, à son foyer, une image très-petite et très-brillante du même spectre, image qu'on examine avec une loupe *l*, située à une distance convenable.

Afin qu'il soit possible de comparer les positions respectives des raies, dans les expériences diverses qui seront faites, M. Kirchhoff place latéralement à l'extrémité d'un tuyau L''M un micromètre; c'est une

plaque de verre portant des lignes fines équidistantes dont la direction
est parallèle à la fente. Au bout L″ du tuyau, une lentille pareille à L′
renvoie les rayons émanés du micromètre sur une face latérale du
prisme qui les réfléchit vers la loupe *l*. De cette façon, l'œil placé en *l*
voit en même temps que le spectre les divisions grossies du micromètre.

1539. **Emploi du spectroscope.** — Avec cet instrument qu'on a nommé
le *spectroscope*, on commence par noter sur le micromètre les positions
occupées par les raies noires du spectre solaire; il suffit pour cela de
faire parvenir dans la direction OL′ un faisceau très-délié de la lumière
du soleil. Puis, veut-on observer la raie brillante du sodium : on supprime la lumière du soleil, et, sans toucher à l'instrument, on met devant
la fente O la lampe à gaz, dans la flamme de laquelle on introduit un fil
de platine chargé de chlorure de sodium. L'on voit aussitôt se projeter
sur un fond peu éclairé une raie jaune très-brillante qui représente, à

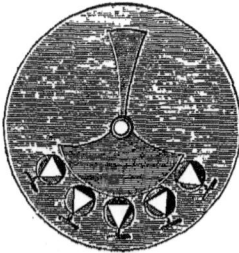
.Fig. 757.

elle seule, à peu près tout le spectre de la vapeur de sodium; elle est juste placée sur la
division du micromètre qu'occupait auparavant la double raie noire D du spectre solaire.

1540. **Spectroscope à plusieurs prismes.**
— L'appareil à un seul prisme n'a pas une
puissance suffisante pour réaliser certaines
expériences délicates; on a augmenté considérablement le pouvoir dispersif du spec-

troscope en plaçant, sur le trajet du faisceau à décomposer, un plus
grand nombre de prismes disposés, comme l'indique la figure 757.
Cette disposition permet de les placer tous, sans difficulté, dans la position qui correspond à la déviation minimum pour la couleur que l'on
veut spécialement étudier.

1541. **Expérience de M. Debray.** — Quand on remplace la lampe à
gaz par la lumière de Drummond, obtenue en projetant sur la chaux un
jet enflammé de gaz oxyhydrogène, on n'aperçoit dans la partie jaune
du spectre, ni raie brillante, ni raie obscure. Mais si l'on interpose,
entre la lumière de Drummond et la fente, la flamme de la lampe de
Bunsen, chargée de chlorure de sodium, celle-là même qui a été employée dans l'expérience précédente, ou bien encore la flamme de l'alcool
salé, aussitôt une raie noire apparaît exactement à la place où la raie
brillante indiquait auparavant une quantité considérable de lumière
émise par le sodium. Ainsi que nous l'avons déjà affirmé, l'expérience
montre donc clairement que le pouvoir absorbant de la vapeur du so-

dium est considérable pour cette même lumière à l'égard de laquelle
son pouvoir émissif est maximum. La méthode qui vient d'être décrite
et par laquelle on produit si facilement l'inversion de la raie du sodium
en se servant de la lumière Drummond et de la lampe à alcool salé est
due à M. Debray. On peut y recourir, avec avantage, pour montrer ce
phénomène par projection à un auditoire nombreux.

1542. Explication des raies obscures par le spectre solaire. — Il
est une question que l'on pourrait se faire à ce sujet et que nous ne
devons pas passer sous silence. Comment la vapeur incandescente du
sodium, qui seule placée devant l'ouverture O donnait une ligne jaune
brillante, peut-elle obscurcir le spectre de la lumière de Drummond? Si
elle absorbe une partie de cette lumière, elle ne continue pas moins à
en émettre qui lui est propre, et toute celle qu'elle fournirait si elle était
seule doit encore venir se réfracter dans le prisme. Cette remarque est
juste; il est vrai de dire que la raie brillante du sodium existe comme
précédemment, mais sa clarté est très-faible relativement à celle de la
lumière éclatante qui l'environne et qui est due au rayonnement intense
de la lampe Drummond; aussi se détache-t-elle obscure sur un fond clair.
Mais lorsqu'elle est seule, elle se détache brillante sur le fond obscur,
parce que tout le reste du champ visible est peu éclairé.

**1543. Applications du spectroscope par MM. Kirchhoff et Bunsen.
Découverte de trois métaux.** — Ces résultats obtenus, MM. Kirchhoff
et Bunsen travaillèrent ensemble pour rechercher avec quel degré
d'exactitude l'analyse spectrale de la lumière pouvait accuser la présence des divers métaux; ils constatèrent qu'il n'y avait pas de réaction
chimique connue qui présentât un pareil degré de sensibilité. Pour en
citer le plus bel exemple : 2 milligrammes environ de chlorure de sodium, disséminés dans l'atmosphère d'une salle ayant une capacité de
60 mètres cubes, ont donné à la flamme de la lampe qui brûlait dans
cette salle la coloration jaune caractéristique du sodium et, en regardant à travers l'appareil, on vit se produire pendant plus de dix minutes
la raie jaune dont nous avons parlé.

Dès lors, une nouvelle méthode d'analyse chimique, supérieure aux
méthodes connues était découverte, et nos deux observateurs n'ont pas
manqué, dès qu'une substance nouvelle leur arrivait, de l'introduire
dans la flamme de la lampe à gaz. Or, il est advenu que deux fois déjà
(et leur travail datait alors à peine de deux années), ils ont aperçu, à
leur grande satisfaction, des raies brillantes qui ne s'étaient jamais mon-
trées dans les autres spectres. Pour eux, il n'y eut pas un instant de

doute, l'apparition de ces raies nouvelles devint le signe certain de la présence dans la flamme de la vapeur d'un métal nouveau. En effet, les réactions chimiques mirent bientôt en évidence les substances jusqu'alors ignorées qu'avait dévoilées ce nouveau procédé d'investigation. L'un des métaux découverts fut nommé *rubidium*, à cause de la belle raie rouge qui l'avait annoncé, et l'autre, qui fournit une belle raie bleu verdâtre, fut nommé *cæsium*. Plus tard, au mois de mai 1862, M. Lamy arriva, par l'emploi de la même méthode, à l'isolement d'un troisième métal, le *thallium*, qu'il a pu extraire en quantités assez considérables des boues des chambres de plomb recueillies dans une usine où l'on prépare l'acide sulfurique par la combustion des pyrites de fer. Avant lui, M. Crookes avait aperçu, il est vrai, la raie verte caractéristique du thallium, en opérant sur les résidus de certains séléniums, mais il n'avait pu l'isoler et considérait même ce corps comme un métalloïde analogue au sélénium et au tellure. Le thallium est un vrai métal bien caractérisé que M. Lamy a obtenu en lingots assez volumineux. Il offre cette particularité curieuse de se rapprocher du plomb par certaines propriétés chimiques, et par d'autres du potassium. Il fait incontestablement partie du groupe des métaux alcalins. Plus récemment encore, de nouveaux corps simples ont été découverts par le même procédé.

1544. Métaux appartenant à l'atmosphère solaire. — Une idée vraie est toujours féconde en conséquences utiles. MM. Kirchhoff et Bunsen ne manquèrent pas de poursuivre sans relâche leurs curieuses recherches ; ils essayèrent de déterminer, par leur procédé, la nature chimique des métaux que renferme l'atmosphère du soleil.

« L'analyse par le spectre, écrivent-ils, ouvre aux investigations de la « chimie un champ jusqu'à présent inexploré et dont les limites s'éten- « dent même au delà de notre système solaire. Comme cette nouvelle « méthode d'analyse n'exige que l'observation par la *vision* d'un gaz in- « candescent, on comprend facilement qu'elle doit être applicable à « l'atmosphère du soleil et à celle des étoiles fixes ; seulement elle subit « une modification, par suite de la lumière qu'émettent les noyaux de « ces astres. » Dans un mémoire précédent « il a été démontré que le « spectre d'un gaz en combustion se trouve renversé, c'est-à-dire que « les raies brillantes deviennent obscures, lorsqu'un foyer lumineux « assez intense et donnant lui-même un spectre continu se trouve placé « en arrière de la flamme de ce gaz. On peut conclure de ce fait que le « spectre solaire avec ses raies obscures n'est autre que le spectre *ren-* « *versé* de l'atmosphère du soleil. Par conséquent, pour analyser l'at-

« mosphère solaire, il suffit de rechercher quels sont les corps qui,
« introduits dans une flamme, donnent des raies brillantes coïncidant
« avec les raies obscures du spectre solaire. »

Par cette méthode, MM. Kirchhoff et Bunsen ont signalé le fer, le
chrome, le nickel parmi les éléments de l'atmosphère solaire ; le fer, en
particulier, donne jusqu'à soixante-dix raies brillantes qui ont chacune
leur raie noire correspondante dans le spectre solaire : ce résultat ne
peut laisser aucun doute sur la présence de sa vapeur dans le soleil.
L'argent, le cuivre, le zinc, le plomb et le thallium ne font pas partie
de l'atmosphère solaire, au moins de la portion visible pour nous, car les
vapeurs de ces métaux, dont les spectres présentent des raies extrêmement brillantes, n'en donnent aucune qui coïncide avec les raies obscures du spectre solaire.

1545. **Raies telluriques.** — Dans ces derniers temps, on a reconnu
dans le spectre solaire la présence de raies ou plutôt de bandes obscures,
formées par un grand nombre de lignes très-fines et d'un aspect tout
particulier. Elles sont dues à une absorption élective exercée sur les
radiations solaires par l'atmosphère terrestre. M. Janssen, qui s'est beaucoup occupé de leur étude, attribue l'existence de ces raies à une action
spéciale de la vapeur d'eau, qui, comme nous le savons, se trouve toujours diffusée en proportion plus ou moins considérable dans l'air atmosphérique. On les a nommées : *raies telluriques*. M. Janssen a établi,
par une expérience très-concluante, que telle était en effet l'origine véritable de ces raies. — Une lumière artificielle donnait un spectre qui
en était dépourvu ; or, il a suffi de faire passer les faisceaux qu'elle
émettait à travers un long tube contenant de la vapeur d'eau pour que
l'analyse spectrale décelât aussitôt l'existence de ces raies spéciales dont
nous venons de parler.

La méthode spectroscopique est aujourd'hui employée par un grand
nombre d'expérimentateurs. Elle a véritablement ouvert une voie nouvelle aux études des physiciens. En dehors des phénomènes sur lesquels
nous venons d'insister, des faits curieux ont été constatés ; ainsi : la variation qu'éprouve le spectre d'un gaz ou d'une vapeur quand on fait varier la température ou la pression ; ainsi : la possibilité d'un classement des nébuleuses d'après leur constitution et le rôle qu'elles remplissent dans l'univers. Seulement, les résultats acquis ne donnent pas
encore toute la certitude désirable. Quant aux conséquences qu'on pourrait légitimement en déduire, nous nous abstiendrons pour le moment
'entrer dans une discussion quelconque à ce sujet.

IV — ACTIONS DIVERSES PRODUITES PAR LE SPECTRE SOLAIRE

Les radiations qui, par leur ensemble, constituent le spectre solaire, produisent trois genres d'effets, qu'il importe de signaler : ce sont les *effets lumineux*, les *effets calorifiques* et les *effets chimiques*.

1546. Intensité lumineuse des diverses parties du spectre solaire. — Lorsque l'on examine avec quelque attention un spectre solaire, on reconnaît de suite que les différentes couleurs n'ont pas le même pouvoir éclairant. Une page imprimée en caractères fins, par exemple, est beaucoup plus facile à lire dans la chambre noire quand on projette sur elle la lumière jaune du spectre, que lorsqu'on l'éclaire par l'emploi de tout autre rayon lumineux. Mais si l'on a pu constater qu'il y avait une différence entre les pouvoirs éclairants des différentes régions du spectre, on n'a pas jusqu'ici déterminé d'une manière satisfaisante les rapports de leurs intensités lumineuses. Frauenhofer, dans diverses expériences faites à ce sujet, a trouvé des résultats assez peu concordants; cependant il paraît certain que, c'est entre les raies D et E que se trouve le maximum de clarté.

1547. Effets calorifiques. — Lorsqu'un thermomètre sensible stationne successivement dans les différentes parties du spectre, on trouve que ses indications sont très-variables d'un point à l'autre, et, chose remarquable ! ce n'est pas dans les parties les plus lumineuses que la température s'élève le plus. Jusqu'à Melloni, les physiciens n'avaient pas été d'accord sur le mode de distribution de la chaleur dans le spectre solaire; ces divergences d'opinion tenaient à la différence de nature des prismes employés pour réaliser l'expérience. Melloni a fait voir que le sel gemme était la seule substance qui donnât des résultats comparables. Il a démontré, le premier, que les autres milieux réfringents absorbaient très-inégalement les rayons calorifiques de diverses espèces, et que là était la cause du désaccord. Le sel gemme seul laisse passer *à peu près* également bien les rayons calorifiques qui tombent sur lui, quelle que soit leur nature : il peut donc servir à reconnaître, plus exactement que toute autre substance, en quelle proportion la chaleur se trouve accumulée dans chacune des couleurs dont l'ensemble constitue le spectre solaire. Il résulte des expériences de Melloni que la température du thermomètre s'élève de plus en plus à mesure qu'on s'écarte du violet pour se diriger vers le rouge. En continuant le déplacement du thermomètre au delà du rouge, en le faisant arriver dans la partie obscure du spectre, la température croît jusqu'à une petite distance ; puis un peu plus loin, elle commence à baisser, pour décroître de plus en plus à mesure qu'on s'éloigne davantage de la région lumineuse. Toutefois, il y a encore une élévation de température sensible alors même que l'instrument se trouve distant du rouge d'une longueur égale à la longueur du spectre visible.

Ce résultat très-remarquable prouve qu'au delà des limites du spectre, dans des parties de l'écran atteintes par des rayons que l'œil ne perçoit pas, il existe encore des radiations qui émanent du soleil et dont le thermomètre paraît jusqu'à présent seul apte à accuser l'existence.

1548. **Effets chimiques.** — La lumière provoque, selon les cas, des modifications diverses dans la nature chimique des corps que l'on met en présence. Le chlore sec et l'hydrogène sec, qui restent mélangés, sans s'unir, dans une obscurité profonde, se combinent sous l'influence des rayons lumineux. Les sels haloïdes d'argent subissent, au contraire, une décomposition sous la même influence. Cette dernière action de la lumière, qui est utilisée dans le daguerréotype et dans la photographie, se manifeste avec une intensité variable selon l'espèce des rayons qui tombent sur la substance sensible. La décomposition de l'iodure d'argent est surtout prononcée dans la partie violette du spectre ; elle est nulle dans le jaune, l'orangé et le rouge.

Niepce de Saint-Victor, qui fit faire de si grands progrès à l'art de la photographie, réussit à fixer sur la plaque daguerrienne les couleurs mêmes du spectre solaire, en recourant à l'action chimique des rayons lumineux. Malheureusement, la lumière détruit assez promptement l'effet qu'elle a déterminé une première fois, et les couleurs s'effacent peu à peu. Après deux ou trois jours d'exposition à la lumière solaire, elles ont disparu complétement. Il y a eu cependant un progrès réel accompli au point de vue de la stabilité des teintes, progrès qui est dû à Niepce. Dans les premiers essais de ce genre tentés par M. E. Becquerel, les teintes obtenues étaient beaucoup plus fugaces, et l'exposition à la lumière, pendant quelques heures seulement, suffisai pour les faire disparaître. Pour réaliser ce genre d'expérience, M. Becquerel chlorurait une lame d'argent à sa surface en l'employant, comme pôle positif d'une pile, dans l'auge où l'on décomposait l'acide chlorhydrique ; la plaque étant sortie du bain, le spectre reçu sur elle ne tardait pas à se montrer persistant avec ses couleurs naturelles. Niepce employa peu après un procédé de beaucoup préférable : il détermina la chloruration par le contact d'un hypochlorite alcalin dans lequel il immergea la plaque, il recouvrit ensuite celle-ci d'un vernis au chlorure de plomb, la fit recuire et l'exposa à l'action des faisceaux de lumière colorée. Les couleurs apparurent comme dans l'expérience de M. Becquerel ; mais elles persistèrent beaucoup plus longtemps.

1549. Spectre ultra-violet. — Un autre phénomène bien digne d'attention mérite d'être signalé : au delà du violet, dans la partie obscure, il s'opère une décomposition des sels d'argent : le chlorure et l'iodure noircissent ; et sur les parties attaquées, des raies apparaissent, dont la disposition est analogue à celle qui est offerte par les raies du spectre lumineux ; elles ressortent, en blanc, sur le fond noir du sel d'argent décomposé, indiquant ainsi des solutions de continuité dans la réfrangibilité des rayons actifs. Au delà du violet, existent donc des radiations particulières que l'œil n'est pas capable de saisir, auxquelles le thermomètre est insensible, mais dont l'activité chimique est puissante. Nous arrivons ainsi à cette conséquence nécessaire, que le spectre complet formé par les radiations solaires se prolonge au delà du violet et au delà du rouge, et c'est seulement la partie moyenne du spectre total que nos yeux peuvent distinguer.

On démontre l'existence de ces raies qui n'impressionnent pas la rétine en projetant sur une substance altérable le spectre produit par la lumière solaire. Le spectre ainsi obtenu n'est pas très-étendu, parce que les lentilles et les prismes de verre absorbent les rayons ultra-violets avec une grande énergie ; d'autre part, les raies ne sont pas très-nombreuses, parce que la fente doit rester assez large, si on veut que le faisceau de lumière solaire étalé sur un écran conserve une activité chimique appréciable. On arrive à produire des images plus étendues, en substituant, aux appareils de verre, des lentilles et des prismes en quartz, comme l'a indiqué M. Stokes.

1550. Expériences de M. Mascart. — Le résultat est surtout excellent quand on place une petite plaque sensible au foyer de la lunette d'un spectroscope à lentilles de quartz. L'image qui se produit en ce point est très-petite, mais très-intense, ce qui permet de diminuer la largeur de la fente, c'est-à-dire d'épurer le spectre, autant qu'on le fait pour les rayons lumineux ; cette petite image, reproduite par les procédés photographiques ordinaires, peut ensuite être étudiée à la loupe ou au microscope. Telle est la méthode que M. Mascart a employée dans ces dernières années ; il a montré que le spectre solaire ultra-violet est

plus large que le spectre lumineux lui-même et qu'il renferme un nombre
considérable de raies inactives susceptibles d'être étudiées avec la même
précision que les raies obscures de la région lumineuse.

Les vapeurs métalliques incandescentes donnent surtout des raies
chimiquement inactives, plus réfrangibles que le violet; on le constate
aisément en plaçant un sel volatil quelconque dans la flamme d'une
lampe de Bunsen, ou même dans le dard d'un chalumeau à gaz d'éclairage alimenté par un courant d'oxygène : les raies que l'on obtient ainsi
sur des plaques sensibles sont encore caractéristiques pour chaque métal. L'expérience réussit mieux si on volatilise le métal lui-même à l'aide
d'étincelles électriques, et les spectres acquièrent alors une largeur
tout à fait inattendue. En faisant passer une série d'étincelles entre deux
fils d'argent à l'aide d'une puissante bobine, M. Mascart a pu reproduire
un spectre ultra-violet très-pur, six fois plus long que le spectre lumineux. Il y a lieu de s'étonner que la lumière solaire donne un spectre si
petit par rapport à celui que produisent les vapeurs incandescentes; il
est très-probable que les rayons très-réfrangibles qui émanent du soleil
sont absorbés par notre atmosphère terrestre. Ne voyons-nous pas, en
effet, le verre absorber une grande partie des rayons ultra-violets; que
l'emploi de milieux différents nous permet d'apercevoir dans le spectre
solaire tel que nous pouvons l'obtenir à la surface de la terre.

1551. Phosphorescence. — Pour achever l'étude des effets de la lumière, il nous reste à signaler la propriété que présentent certains
corps qui, après avoir été exposés quelque temps au soleil, apparaissent
ensuite brillants dans l'obscurité, comme de véritables sources lumineuses. Cette propriété rappelle des phénomènes connus de tout le
monde, alors qu'il s'agit de la chaleur. Un corps qui a été exposé au
rayonnement d'un corps chaud constitue, au bout de peu de temps, une
source de chaleur. De même un corps, exposé à l'action d'un corps
lumineux, devient lumineux lui-même après que la source excitatrice a
disparu. Le phosphore de Canton, que l'on obtient en calcinant des
écailles d'huîtres, est de tous les corps phosphorescents le plus anciennement connu. Après avoir subi l'insolation pendant quelque temps,
il répand dans l'obscurité une lueur qui persiste pendant plusieurs
minutes. La substance ne perd pas ses propriétés par les insolations
successives auxquelles on la soumet. On peut renouveler ce genre
d'essais sur le même corps aussi souvent que l'on veut; la réussite est
toujours certaine.

M. E. Becquerel a étendu considérablement le nombre des corps

phosphorescents connus, et cela, en employant un appareil assez simple
nommé *phosphoroscope*, qui permet d'apercevoir un corps, quelques
millièmes de seconde après son exposition au soleil, ou à une lumière
artificielle, c'est-à-dire au moment où le phénomène de la phosphorescence est le plus intense. En outre, l'appareil reproduit les mêmes
effets à des intervalles de temps assez rapprochés, pour que les impressions qui se succèdent persistent sur la rétine comme si elles étaient
continues. Par ce procédé, la plupart des corps se montrent phosphorescents. Il en est bien peu qui résistent à un pareil mode d'investigation.

Les phénomènes de phosphorescence présentent, dans leurs manifestations, des circonstances variées que M. E. Becquerel a étudiées. Il a
recherché l'espèce des rayons qui déterminent la phosphorescence, l'espèce de ceux qui sont émis par le corps devenu lumineux, et enfin la
durée appréciable pendant laquelle la lueur est perceptible.

Il a reconnu que les diverses espèces de rayons solaires n'étaient pas
également aptes à communiquer aux corps la faculté d'être phosphorescents. Les rayons qui la communiquent le mieux sont en général les
rayons les plus réfrangibles : les rayons situés dans la partie obscure
du spectre, au delà du violet, sont particulièrement aptes à engendrer
la phosphorescence. Quant aux rayons émis par un corps phosphores-
cent, ils sont moins réfrangibles que ceux qui lui ont servi à rendre
manifeste cette propriété de répandre une lueur dans l'obscurité.

1552. Espèce de lumière donnée par les corps phosphorescents.
— La couleur de la lumière émise varie suivant la nature de la substance, et quelquefois même suivant son état physique : le spath calcaire
fait apercevoir une lueur orangée, l'alumine émet de la lumière rouge,
l'azotate d'urane donne du vert et le sulfure de strontium rayonne de la
lumière rouge, verte, bleue ou orangée, selon le mode de préparation
qui a fourni le sel.

1553. Durée du phénomène. — Le temps pendant lequel la phosphorescence persiste est très-variable d'une substance à l'autre. Voici
quelques résultats :

NOM DE LA SUBSTANCE	DURÉE DE LA PHOSPHORESCENCE
Sulfure de strontium.	Plusieurs heures.
Spath calcaire.	$\frac{1}{2}$ de seconde.
Alumine.	$\frac{1}{20}$ —
Azote d'urane.	$\frac{1}{100}$ —
Platino-cyanure de potassium.	$\frac{1}{5000}$ —

1554. Phosphorescence du sulfate de quinine. — Parmi les corps phosphorescents, il en est un qui présente un très-bel éclat, c'est la dissolution acide du sulfate de quinine; mais si sa phosphorescence est vive, elle ne dure que pendant un temps extrêmement petit. M. E. Becquerel l'évalue à $\frac{1}{10000}$ de seconde. Ce sont les rayons ultra-violets surtout qui la produisent et qui donnent une lueur si intense qu'elle peut être aperçue en plein jour. Place-t-on dans un verre une dissolution de sulfate acide de quinine? on reconnaît que la dissolution offre toujours une teinte bleuâtre du côté par lequel arrive la lumière.

Les rayons qui produisent cette phosphorescence sont surtout, avons-nous dit, les rayons ultra-violets. On peut s'en assurer en recevant le spectre solaire sur un papier imprégné de cette dissolution, il se colore aussitôt d'une teinte bleue dans la partie habituellement obscure qui est au delà du violet, et les raies correspondantes se montrent très-nombreuses dans cette région. On le voit : des radiations qui n'impressionnent pas directement notre rétine sont capables, en agissant sur certains corps, de provoquer d'autres radiations que notre œil peut saisir, et, phénomène bien digne de remarque, la teinte bleuâtre du sulfate de quinine placé dans la région ultra-violette est sillonnée de raies identiques à celles qui se dessinent sur la plaque de chlorure d'argent. Du reste, le sulfate acide de quinine n'est pas la seule substance qui produise des effets de ce genre; l'infusion de l'écorce du marronnier d'Inde et quelques autres infusions végétales sont dans le même cas.

V — ACHROMATISME

1555. L'aberration de réfrangibilité des lentilles, que nous avons plusieurs fois constatée dans les précédents chapitres et dont nous connaissons actuellement la cause, est un inconvénient.très-grave, qui compromet le succès de la plupart des expériences d'optique; elle empêche la formation des images nettes. Les espaces brillants, au lieu d'être limités par des traits déliés, le sont par des lignes épaisses dans lesquelles se trouvent séparés les divers éléments du spectre. Chaque ligne empiète quelquefois tellement sur les espaces voisins, que, dans certaines circonstances défavorables, il peut arriver que l'image soit tout à fait méconnaissable. Newton, trompé par des expériences incomplètes, affirma avec trop de précipitation qu'il était impossible de corriger ce défaut, attendu que, selon lui, on ne pouvait supprimer la dispersion dans un système réfringent qu'en annulant en même temps la réfraction, c'est-à-dire en ôtant au prisme et aux lentilles leurs propriétés essentielles. Mais cette assertion de Newton ne tarda pas à être démentie par l'expérience. Un amateur nommé Hall, en 1733, et un peu plus tard Dollond, en 1757, montrèrent de la manière la plus évidente l'erreur dans laquelle Newton était tombé ; ils parvinrent à construire des lentilles donnant des images incolores. Ces lentilles sont dites *achromatiques*.

1556. **Achromatisme des prismes.** — Dans le but de faire comprendre comment Newton était arrivé à la conclusion inexacte dont nous venons de parler ; et comment, d'autre part, l'achromatisme est possible, considérons la marche de la lumière dans les prismes. On comprend aisément, en effet, que les différents éléments dont se compose une lentille peuvent être considérés, quand on les groupe convenablement, comme limitant des milieux réfringents de forme prismatique.

Soit ID (*fig.* 758) un rayon de lumière blanche qui tombe sur la face AB du prisme ABC. Ce rayon, décomposé par le prisme, donne un spectre limité, d'un côté, par le rayon rouge RR', et de l'autre, par le rayon violet VV'. L'angle formé par ces deux rayons extrêmes s'appelle l'angle de dispersion du prisme, et c'est la valeur de cet angle qui détermine l'étendue des bandes irisées ou de l'aberration chromatique. Un prisme A'B'C', placé d'une manière inverse par rapport au prisme ABC, dévie

les deux rayons RR' et VV' en sens inverse, et les rayons émergents
R"R'", V"V'", pourront, par un choix convenable du prisme A'B'C', être
rendus parallèles, comme dans l'expérience des prismes opposés. Mais
la déviation produite par le premier prisme sera évidemment diminuée
par le second, et même n'est-il pas à craindre que finalement les rayons

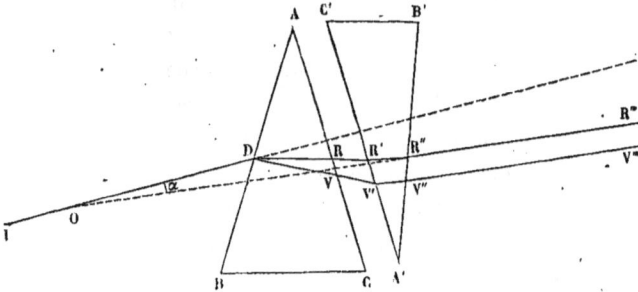

Fig. 758.

émergents ne soient devenus parallèles aux rayons incidents ID? Ceci
aurait lieu infailliblement si le second prisme A'B'C' était de même nature et de même angle que le prisme ABC. Dans ce cas, la dispersion
serait détruite, il est vrai, mais la déviation le serait en même temps.
Newton affirmait qu'il ne pouvait pas en être autrement, et que, quelle
que fût la nature du prisme A'B'C', l'achromatisme n'était possible,
qu'à une condition, c'est que le système achromatique ne déviât pas du
tout la lumière, ce qui revient en définitive à le rendre inactif. Heureusement la perspicacité de Dollond et son habileté comme constructeur lui permirent de montrer clairement qu'il suffisait d'accoler deux
prismes formés de substances inégalement réfringentes et dont les angles
fussent convenablement choisis pour rendre un système donné achromatique, du moins pour les couleurs extrêmes, sans lui enlever la propriété de dévier les rayons lumineux. Ainsi un prisme de flint-glass,
dont l'indice de réfraction moyen est 1,634, peut achromatiser un
prisme de crown-glass, dont l'indice de réfraction moyen est 1,53, à la
condition que les angles des deux prismes satisferont à certaines relations qu'indique la théorie.

1557. **Expérience**. — Dans les cours, on emploie, pour faire cette
démonstration, deux prismes P et P' (fig. 759) taillés sous des angles
convenables, capables de donner deux spectres également dilatés; ils
produisent la même dispersion sans déterminer la même déviation.
D'après cela, quand ces prismes sont opposés, l'un corrige la disper-

sion de l'autre, mais les faisceaux émergents n'en font pas moins un angle avec les rayons incidents.

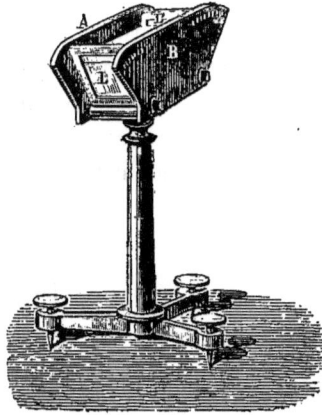

Fig. 759.   Fig. 760.

Une autre expérience permet de constater le même résultat. Sur le trajet des rayons réfractés par un prisme ordinaire de verre à arêtes horizontales, on place un vase prismatique dont deux faces latérales sont formées par deux lames de glace L et L′ mobiles autour de charnières (*fig.* 760). Les glaces étant d'abord placées parallèlement l'une à l'autre, et le vase étant plein d'eau, le spectre n'est pas modifié, mais à mesure que l'on écarte les deux glaces de leur parallélisme primitif, et que l'on forme ainsi un prisme opposé au premier, et dont l'angle réfringent est en sens inverse, les rayons rouges et les rayons violets se rapprochent peu à peu les uns des autres, le spectre solaire s'efface, et quand il a disparu et qu'une image blanche se peint sur l'écran, on reconnaît que la déviation n'est pas pour cela annulée. Le faisceau émergent fait encore un angle appréciable avec le faisceau incident. Si l'on continuait à ouvrir l'angle du prisme liquide, les rayons rouges et les rayons violets finiraient par se croiser pour se séparer de nouveau.

1558. Calcul relatif à l'achromatisme des prismes. — Il est, du reste, facile de comprendre comment on peut calculer *à priori* la valeur A′ de l'angle réfringent du second prisme, quand on donne l'angle A du premier et les indices de réfraction des substances qui forment les deux prismes. Nous supposerons qu'on veuille produire l'achromatisme pour deux couleurs, le rouge et le violet par exemple.

Appelons d l'angle de déviation dans le prisme BAC (*fig.* 761), c'est-à-dire l'angle formé par le rayon incident EF et par le rayon émergent GH, que l'on suppose prolongés l'un et l'autre jusqu'à leur rencontre et constitués par un rayon de lumière simple, le rayon rouge. Soit n_r, l'indice de réfraction du verre pour la lumière rouge, et enfin désignons par i et r les angles d'incidence et d'émergence en G ; nous aurons, en partant des propriétés ordinaires des triangles

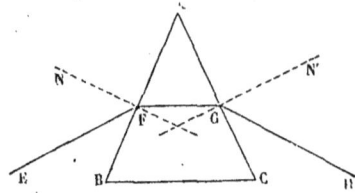

Fig. 761.

$$d = i - r + e - r'$$

Mais si le rayon incident fait un angle assez petit avec la normale, on peut écrire, au lieu de $\dfrac{\sin i}{\sin r} = n_r$,

$$i = n_r r$$

et aussi

$$e = n_r r'$$

remplaçant, il vient :

$$d = (n_r - 1)(r + r')$$

Mais

$$r + r' = A$$

donc

$$d = (n_r - 1) A$$

Pour un second prisme d'angle réfringent A', dont l'indice de réfraction pour le rouge serait n'_r, l'angle de déviation d' formé par le rayon émergent R″ R‴ avec le rayon incident RR′ sur ce prisme (*fig.* 758), aurait pour valeur :

$$d' = (n'_r - 1) A'$$

Mais quand les deux prismes sont inverses l'un de l'autre, comme l'indique la figure 758, on a évidemment, pour la déviation totale α, à travers les deux prismes,

$$\alpha = d - d'$$

ou

$$\alpha = (n_r - 1) A - (n'_r - 1) A'$$

Si le rayon ID, qui traverse les deux prismes, au lieu d'être rouge, était constitué par de la lumière violette, on aurait pareillement, en appelant n_v et n'_v les indices de réfraction des deux substances pour le violet, et α' le nouvel angle de déviation totale

$$\alpha' = (n_v - 1)\,\mathrm{A} - (n'_v - 1)\,\mathrm{A}'$$

Si le rayon ID, au lieu d'être simple, est formé par la superposition de deux rayons, le rouge et le violet, il faudra, pour que, à leur sortie, la même superposition ait lieu, que les rayons émergents rouge et violet soient parallèles, c'est-à-dire que les angles de déviation totale soient égaux.

On aura, par suite, la condition :

$$(n_r - 1)\,\mathrm{A} - (n'_r - 1)\,\mathrm{A}' = (n_v - 1)\,\mathrm{A} - (n'_v - 1)\,\mathrm{A}'$$

Ou bien

$$\frac{\mathrm{A}'}{\mathrm{A}} = \frac{n_v - n_r}{n'_v - n'_r}.$$

On peut donc aisément calculer A'.

Quand on veut un achromatisme plus complet, il faut employer un plus grand nombre de prismes ; le calcul des angles se fait toujours, du reste, par une méthode semblable à celle qui vient d'être indiquée.

1559. Achromatisme des lentilles. — Les deux éléments de surface que rencontre un rayon lumineux en traversant une lentille, peuvent être considérés comme appartenant à un prisme. Ce qui précède permet donc de comprendre que la dispersion subie par la lumière blanche en traversant un pareil milieu puisse être combattue avec succès par un milieu de même forme, mais qui joue le rôle de prisme inverse. Une lentille divergente de flint-glass et une lentille convergente de crown-glass donnent, par leur réunion, quand les surfaces présentent des courbures convenables, un ensemble doué de la propriété de rassembler en un même foyer les rayons de deux réfrangibilités différentes, si bien que les rayons rouges et les violets émanés d'un point lumineux P situé à distance viennent, après les réfractions successives, former leur foyer en un même point P'. L'une des faces convexes du crown a exactement la même courbure que la face concave du flint qui lui correspond. Ordinairement, ces deux faces sont soudées ensemble par un mastic transparent ; quelquefois on laisse les deux lentilles libres dans la même monture. C'est le groupement de ces deux verres accolés l'un à l'autre par une face de même courbure qui forme l'*objectif* dit *achromatique* dans les instruments d'optique que nous décrirons bientôt.

La condition à laquelle doivent satisfaire les deux lentilles pour con-

stituer un système achromatique au moins pour deux rayons, le rouge
et le violet par exemple, est facile à établir. Soit MN (*fig.* 762) la lentille
convergente de crown, d'indice *n* et M′ N′ la lentille divergente de flint

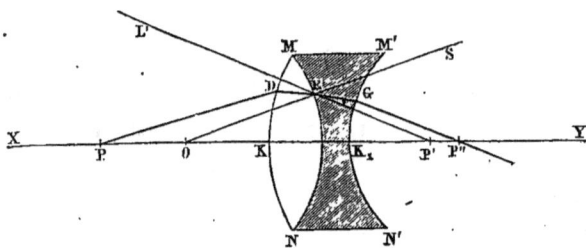

Fig. 762.

d'indice *n′* accolés par la face de même courbure MEN. Le point lumineux est en P. Traçons la marche PDE d'un rayon lumineux dans la lentille biconvexe. Si ce rayon émergeait dans l'air, il prendrait la direction EP′, telle que l'on aurait :

$$\frac{SEP'}{DEO} = n \qquad (a)$$

Au lieu de cela, le rayon lumineux pénètre dans la seconde lentille
suivant EG, et finalement passe dans l'air suivant GP″ de manière que
P″ sera le foyer conjugué de P par rapport au système des deux lentilles.
Si, au contraire, on avait supposé le point lumineux en P″, la lumière
eût suivi exactement la marche inverse P″GEDP ; et, si le rayon lumineux
en quittant la lentille de flint en E eût passé dans l'air, il aurait pris une
direction EL (le point L n'est pas indiqué sur la figure) telle qu'on eût
eu :

$$\frac{LEO}{GES} = n' \qquad (b)$$

Or si on divise les équations (*b*) et (*a*) membre à membre, on a :

$$\frac{LEO}{SEP'} = \frac{n'}{n} \frac{GES}{DEO}$$

Mais, d'après le principe établi,

$$\frac{GES}{DEO} = \frac{n}{n'}$$

donc,

$$\frac{LEO}{SEP'} = 1$$

d'où :

$$LEO = SEP'$$

Ce qui veut dire que la ligne EL est sur le prolongement de EP′, ou que P′ peut être considéré, comme le foyer conjugué de P″, dans le cas de la lentille divergente considérée seule.

Si maintenant, nous donnons aux distances de P, P′, P″ à la lentille les noms antérieurement adoptés p, p_1, p' que nous nommions n_v et n'_v, les indices de réfraction du crown et du flint pour le violet, nous aurons pour la première lentille la relation :

$$\frac{1}{p} + \frac{1}{p_1} = (n_v - 1) \left(\frac{1}{R} + \frac{1}{R'} \right)$$

en appelant R et R′ les rayons de courbure des deux faces de la lentille MN. Pour la seconde :

$$\frac{1}{p'} - \frac{1}{p_1} = - (n'_v - 1) \left(\frac{1}{R'} + \frac{1}{R''} \right)$$

en nommant R″ le rayon de courbure de la face M′K₁N′ de la lentille divergente; et ajoutant membre à membre :

$$\frac{1}{p} + \frac{1}{p'} = (n_v - 1) \left(\frac{1}{R} + \frac{1}{R'} \right) - (n'_v - 1) \left(\frac{1}{R'} + \frac{1}{R''} \right)$$

On aurait pareillement pour le rayon rouge partant du même point P

$$\frac{1}{p} + \frac{1}{p''} = (n_r - 1) \left(\frac{1}{R} + \frac{1}{R'} \right) - (n'_r - 1) \left(\frac{1}{R'} + \frac{1}{R''} \right)$$

Pour qu'il y ait achromatisme dans le cas de ces deux couleurs, P″ doit être égal à P′. La condition de cet achromatisme sera donc :

$$(n_v - n_r) \left(\frac{1}{R} + \frac{1}{R'} \right) = (n'_v - n'_r) \left(\frac{1}{R'} + \frac{1}{R''} \right)$$

On pourra donc, après avoir déterminé, par des expériences préalables, les valeurs de n_v, n_r, n'_v, n'_r, et s'être donné R et R′, calculer quelle doit être la valeur de R″ pour que l'achromatisme ait lieu dans les conditions indiquées.

1560. Imperfection de l'achromatisme. — Que l'on se reporte à ce qui a été dit pour l'achromatisme des prismes, et l'on comprendra que deux prismes combinés ne donnent qu'un achromatisme imparfait. Dans l'exemple que nous avons développé (1557), les rayons rouges et les violets ont émergé parallèles entre eux; mais rien n'indique que les autres rayons sortiront exactement parallèles aux deux précédents. En réalité, ce parallélisme n'a pas lieu, mais il est, le plus souvent, très-approché. Deux prismes associés ne pouvant achromatiser que deux espèces de rayons, on choisit, parmi les rayons du spectre, ceux qui sont les plus éclatants et qui donneraient aux images la coloration la plus sensible aux yeux ; c'est le jaune et le bleu. Il en est de même pour les lentilles ; l'achromatisme imparfait de l'objectif est, du reste, amélioré dans les instruments d'optique, au moyen d'un second système de verres très-différent du premier, et dont nous parlerons plus loin.

CHAPITRE VI

DE LA VISION

1561. L'étude de l'œil, qui fera le sujet de ce chapitre, rentre évidemment dans le domaine de la physiologie ; mais, en fait, les physiciens ont beaucoup contribué, par leurs travaux, aux progrès de la théorie de la vision. Cette sorte d'empiètement sur le terrain d'une science voisine est d'ailleurs facile à concevoir : l'expérimentateur qui s'occupe des phénomènes de l'optique ne peut pas rester indifférent à la connaissance de l'organe à l'aide duquel ils lui sont dévoilés ; il lui est nécessaire d'en connaître, soit les défauts, pour les corriger, soit les qualités pour que, à l'occasion, il puisse les mettre à profit. A cet intérêt, qui suffirait seul pour diriger ses recherches vers l'étude de la vision, s'en joint un autre non moins puissant. L'œil est un véritable instrument d'optique tout à fait comparable à ceux que les physiciens emploient dans leurs expériences ; les milieux dont il se compose sont limités par des surfaces semblables à celles des diverses pièces qui entrent dans la construction des instruments dont on fait usage pour l'étude de la lumière ; ces milieux présentent, en outre, un ensemble invariable ou presque invariable dans la disposition de leurs parties, et il est tout aussi facile de suivre les phénomènes qui s'y accomplissent que si l'organe n'était pas actuellement sous l'influence de la vie.

Toutefois, quelle que soit l'importance des motifs qui nous entraînent à prendre l'œil comme objet de cette étude, nous n'oublierons pas que notre seul but doit être de nous occuper des conditions physiques de la vision. Quant aux conditions physiologiques de la sensation, elles sont entièrement hors de notre compétence. Ainsi, dès que nous aurons suivi la radiation lumineuse jusqu'au point où elle rencontre le nerf chargé de transmettre les impressions au cerveau, nous nous arrêterons, en laissant aux physiologistes le soin de compléter la solution du problème, et d'étudier là l'espèce de *conflit qui a lieu entre la rétine et le sensorium.*

1562. **Description de l'œil.** — C'est Képler qui, le premier, à la fin du seizième siècle, a reconnu la marche véritable que la lumière suit à travers les milieux de l'œil. Peu de temps après la découverte de la chambre noire, il trouva que l'organe de la vue était un appareil optique où se trouvaient réalisées les conditions que Porta avait ingénieusement combinées pour obtenir l'image des objets extérieurs. Les travaux que l'on a faits depuis sur ce sujet ont prouvé, en outre, qu'aucune des chambres noires exécutées par les physiciens n'approchait, pour la perfection des résultats obtenus, de celle qui se trouve réalisée dans le globe oculaire.

Cette chambre a ses parois constituées par une membrane fibreuse S (*fig.* 763) nommée *sclérotique*, qui est opaque, sauf dans la partie antérieure de l'œil T où sa transparence lui a fait donner le nom de *cornée transparente;* par opposition, le reste de la sclérotique est souvent appelé *cornée opaque.* Enchâssé derrière la cornée transparente, le *cristallin* C représente la lentille convergente de la chambre noire de Porta ; il se trouve enveloppé d'une membrane transparente formant une sorte de poche : la *capsule* du cristallin. L'action réfringente qu'il exerce

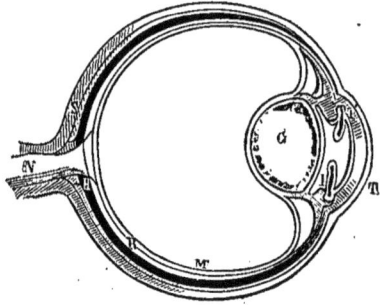

Fig. 763.

pour donner naissance à l'image se combine avec celle des deux liquides qui le baignent : l'un d'eux, l'*humeur aqueuse,* occupe l'intervalle compris entre le cristallin et la cornée transparente ; le second, le *corps vitré,* matière de consistance gélatineuse, remplit tout l'espace libre entre le cristallin et le fond de l'œil. Enfin, l'image des objets extérieurs, qui est produite par la transmission de la lumière à travers ces milieux réfringents, ne tombe pas sur les parois de la sclérotique qui sont insensibles, elle est reçue par une membrane nerveuse, la *rétine* R, qui tapisse le fond le l'œil. Formée par une expansion du *nerf optique* N, cette membrane est un écran dont toutes les parties possèdent une sensibilité exquise pour la lumière ; et, sans entrer dans la question physiologique, nous pouvons dire que les actions exercées aux points qu'atteignent les rayons lumineux, se transmettent, sans confusion, jusqu'au centre nerveux.

Au point de vue optique, les parties de l'œil que nous venons de décrire sont les plus essentielles ; mais il en est encore d'autres qui contribuent à la perfection de l'organe de la vision. Ainsi, derrière la rétine, une membrane, la *choroïde*, est recouverte d'un pigment noir qui absorbe la lumière et empêche les réflexions intérieures : cette membrane, très-vasculaire, sert d'ailleurs à la nutrition de l'organe. Au-devant du cristallin, un diaphragme à ouverture variable II′ permet à la lumière de pénétrer avec plus ou moins d'abondance ; il est formé par une membrane contractile, l'*iris*, que tout le monde peut distinguer à travers la cornée transparente : c'est elle qui donne aux yeux la couleur bleue, grise ou noire, variable d'un individu à l'autre. L'ouverture de ce diaphragme, qui correspond à la partie centrale de l'iris, prend le nom de *pupille*.

1563. Marche de la lumière à travers les milieux de l'œil. — La marche de la lumière à travers les milieux de l'œil est facile à suivre, si l'on se reporte à ce qui a été dit précédemment sur les lentilles. Considérons, par exemple, un objet AB (*fig.* 764) : de chaque point de cet objet ; du point A, si l'on veut, partent des rayons divergents qui vien-

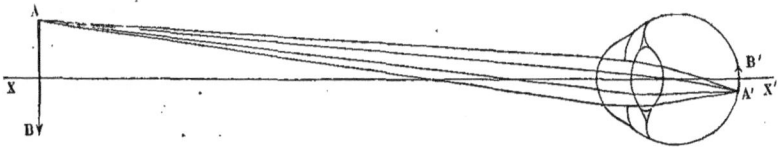

Fig. 764.

nent tomber sur la cornée transparente : un certain nombre de ces rayons pénètre dans l'œil. Au passage de l'air dans la cornée et dans l'humeur aqueuse, ces rayons, de divergents qu'ils étaient d'abord, deviennent convergents, et leur convergence augmente encore, après qu'ils ont traversé le cristallin dont le pouvoir réfringent est supérieur à ceux des milieux qui l'entourent. Ces rayons vont alors se réunir sur la rétine en A′ où ils forment, par leur croisement, le foyer conjugué du point A. Le même phénomène se produit pour chacun des points de l'objet, et l'ensemble de tous les foyers conjugués ainsi obtenus constitue une image A′B′ réelle et renversée de l'objet.

1564. Les images se peignent renversées sur la rétine. — Ainsi

les images se peignent sur la rétine, et elles se peignent renversées ;
notre construction suffit pour le prouver ; il est bon, cependant, de le
démontrer par l'expérience. C'est ce que Magendie faisait avec l'œil d'un
lapin atteint d'albinisme, c'est-à-dire dont la choroïde, ne contenant
pas de pigment noir, mais bien une matière colorante blanche et translucide, se laisse facilement traverser par la lumière. L'œil étant isolé et
placé devant un objet vivement éclairé, l'image renversée de cet objet
s'observait très-nettement sur la rétine. La même expérience réussit avec
un œil de bœuf ou de mouton dont on amincit la sclérotique, dans les
portions placées en regard de la cornée transparente ; mais on voit cette
fois le phénomène moins distinctement.

Ce renversement des images a beaucoup préoccupé les anciens physiologistes ; ils se sont demandé comment il était possible que les objets
nous parussent droits dans de pareilles conditions. C'est une question
que nous n'avons pas à traiter : toutefois, nous croyons pouvoir dire que
c'est une difficulté dont il n'y a pas à s'inquiéter pour le moment, puisque nous n'avons aucune idée nette sur la manière dont une action
purement mécanique subie par l'organe se change en une sensation.

1565. Axe optique. — L'assimilation des milieux de l'œil à une lentille unique nous entraine à considérer les lignes AA′, BB′ (*fig.* 764)
comme tout à fait semblables à celles que nous avons appelées dans l'é-
tude des lentilles des axes secondaires, et à nommer *centre optique de
l'œil* le point où elles se croisent, point qui est à peu près situé au centre
de l'œil. Parmi ces lignes, il en est une qui passe par l'axe géométrique
de l'organe et à laquelle on donne le nom d'*axe optique ;* tout le monde
peut s'assurer que cet axe se dirige spontanément vers le point que l'œil
veut fixer.

1566. Angle visuel. — Les limites de l'image qui se forme sur la
rétine sont déterminées par les deux axes secondaires dont l'un atteint
l'un des bords de l'objet et dont l'autre arrive au bord opposé. L'écartement de ces axes est appelé *angle visuel :* il règle les dimensions de
l'image, et par suite détermine la grandeur sous laquelle l'objet nous
apparaît. L'angle visuel qui donne le *diamètre apparent* d'un objet change
d'ailleurs de grandeur quand l'objet se déplace, et sa valeur est inversement proportionnelle à la distance.

1567. Distance de la vision distincte. — Un écran placé derrière
une lentille ne reçoit l'image nette d'un corps éclairé que s'il est placé
à l'endroit même RR (*fig.* 765), où cette image se forme. S'il se trouve,
par rapport à la lentille LL′, plus proche, en R″R″, ou plus éloigné,

en R'R', les rayons émanés de chaque point de l'objet éclairent une
notable portion de la surface qui les reçoit ; de là naît une confusion
qui enlève toute netteté à l'image.

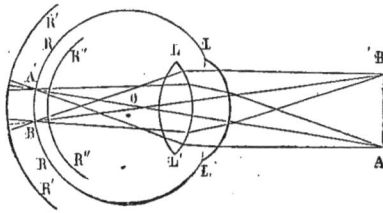

Fig. 765.

Ce résultat se produit sur la rétine
quand l'objet est trop rapproché
ou trop éloigné de l'œil, pour
former distinctement son image
sur cette sorte d'écran que est
constitué ici par l'épanouissement
du nerf optique.

L'imperfection de la vue, que vient de nous faire concevoir la théorie,
devient manifeste par les expériences les plus simples. Ainsi, que l'on
place à 3 ou 4 centimètres de l'œil un petit objet brillant tel que la tête
d'une épingle ; et au lieu de cet objet, on apercevra une nébulosité confuse
dont les bords seront imparfaitement délimités. On appelle *distance de
la vision distincte* la distance à laquelle un objet de petite dimension
doit être placé pour être vu le plus nettement possible ; elle est en
moyenne de 30 centimètres, mais elle varie, selon les individus, entre
des limites assez larges. Lehot a construit un appareil qui permet de la
déterminer pour les différentes vues. Un fil blanc *a* (*fig.* 766) est tendu

Fig. 766.

horizontalement sur un fond
noir. On le regarde en plaçant
l'œil au-dessus de l'une des
extrémités et derrière un
écran percé en O d'une ouverture convenable ; il apparaît
alors très-nettement délimité

dans une certaine longueur : plus près ou plus loin, il semble renflé et
donne la sensation d'une petite surface blanche de plus en plus large à
mesure qu'on s'écarte davantage du point où il est vu distinctement. On
arrive donc assez promptement, par ce procédé, à une mesure directe
de la *distance de la vision distincte.*

1568. L'œil peut s'accommoder pour voir à différentes distances.
— Si l'on s'en tenait à considérer l'œil comme une chambre noire,
dont toutes les parties sont invariables et invariablement situées à la
même distance d'un objet extérieur, il est clair qu'il n'y aurait qu'une
distance déterminée à laquelle un objet serait parfaitement visible.

Mais tout le monde sait par expérience que la vue est loin d'être
aussi imparfaite : l'œil se porte-t-il sur un objet placé à 15 centimètre

..xcmple, sur un fil métallique très-brillant ? il le voit
avec netteté, tout aussi bien que s'il était à la distance de 30 centimètres. Mettons le même fil à une distance de 40 centimètres, de
50 centimètres, et même beaucoup plus loin, à plusieurs mètres de
distance, la netteté continue à être parfaite pour les vues assez bonnes.
L'œil possède donc une faculté toute spéciale d'accommodation, dont
chacun de nous a conscience. Plaçons deux points lumineux à des
distances très-différentes de l'œil, nous avons le sentiment de l'effort
exercé pour voir successivement celui qui est le plus proche et celui qui
est le plus éloigné.

La manière la plus simple de reconnaître cette faculté consiste à mettre
deux épingles l'une devant l'autre ; un seul œil étant ouvert, on considère l'épingle la plus voisine, qui paraît d'abord confuse, si elle est près
de l'œil ; mais par un effort de volonté exercé sur l'organe, l'image devient très-nette. Si, tout en conservant la netteté de cette image, on
porte son attention sur l'impression que produit la seconde épingle, on
reconnaît qu'elle donne une image confuse et sans netteté. Mais vient-on
à faire un effort pour distinguer les contours de l'épingle la plus éloignée, on y parvient, et dès lors l'épingle la plus voisine ne donne plus
qu'une image mal définie.

Cette faculté d'accommodation a beaucoup embarrassé, pour son explication, les physiologistes et les physiciens : les premiers se sont tirés d'affaire en la niant ou à peu près ; les autres ont voulu que le fond de l'œil
pût se mouvoir comme l'écran de la chambre obscure ; d'autres ont attribué à la cornée transparente la faculté de se bomber, de manière à
changer son pouvoir convergent et à diminuer ou à augmenter la distance focale de l'appareil optique. On a aussi pensé à un déplacement
exécuté par le cristallin et au changement de courbure des surfaces qui
le limitent ; mais, jusqu'à ces dernières années, les anatomistes et les
physiologistes en ont nié la possibilité. C'est à M. Cramer que l'on doit
d'avoir montré quelle direction il fallait suivre pour résoudre la question, et c'est M. Helmholtz qui a donné la solution précise, et on pourrait dire mathématique, des difficultés qu'elle renfermait.

1569. **Expériences de M. Cramer.** — M. Cramer trouva moyen de
déterminer, sur l'œil vivant, le rayon de courbure de la cornée et celui
des deux faces du cristallin. Il eut recours, dans ce but, à une expérience que Samson avait faite déjà pour l'étude de certaines maladies de
l'œil ; cette expérience consiste à observer les images que donne une
source lumineuse dont les rayons viennent frapper les surfaces de chacun

des milieux réfringents. Une bougie L (*fig.* 767), étant placée devant l'œil O′, la lumière qu'elle émet et qui tombe sur la cornée transparente pénètre dans l'œil comme nous l'avons dit ; mais elle n'y pénètre qu'en partie : une portion est réfléchie, et il se forme, comme dans le cas d'un miroir convexe, une image droite A de la flamme (*fig.* 768) ; cette image est très-facile à distinguer à cause de son éclat. La lumière, qui a pénétré et qui traverse la pupille, tombe sur la face antérieure du cristallin, qui produit encore l'effet d'un miroir convexe et une seconde image droite B se forme. Cette seconde image est plus pâle et plus grande que la précédente. Enfin la lumière qui a pénétré dans le cristallin arrive sur la face postérieure, une partie se réfléchit, et en se réfléchissant sur un miroir concave, elle donne une image renversée C ; cette image,

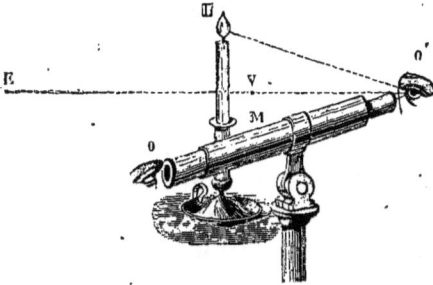

Fig 767.   Fig. 768.

d'ailleurs, est très-petite, et, par suite, très-brillante. Pour observer ces images, M. Cramer se servait d'un microscope M, muni d'un réticule permettant de mesurer la grandeur des images. Ce microscope était installé devant l'œil O′ (*fig.* 767) à observer, et on remarquait les variations qui se produisaient dans la grandeur des images, lorsque l'œil, sans changer la direction de son axe optique, passait de l'observation des objets voisins tels que V à celle des objets éloignés E. C'est ainsi que ce savant put constater :

1° Que l'image A (*fig.* 768), qui se forme à la surface de la cornée, reste, dans les deux cas, de grandeur invariable, d'où il résulte que la forme de la partie antérieure du globe de l'œil est invariable elle-même ;

2° Que l'image B, qui se forme à la première surface du cristallin, diminue à mesure que l'œil regarde de plus près, ce qui démontre que cette face de la lentille cristalline se bombe de plus en plus, et dès lors que sa distance focale doit diminuer ; résultat conforme aux exigences de a théorie, pour que les images puissent, dans la vision des objets rapprochés, venir se former sur la rétine ;

3° Que la troisième image C, celle qui est produite par la face postérieure du cristallin, reste à peu près invariable.

Les résultats de Cramer sont très-faciles à constater. En se mettant devant l'œil de celui qui regarde successivement deux objets placés sur une même ligne droite et inégalement éloignés de lui, on peut dire nettement, même sans aucun instrument, par la dimension des images de la bougie, vers lequel des deux objets le regard vient de se porter.

1570. **Expériences de M. Helmholtz.** — M. Helmholtz, qui ne connaissait pas les expériences de M. Cramer, a opéré de son côté dans la même direction d'idées. Il a apporté, dans les mesures qu'il a effectuées, une plus grande précision. Les changements de courbure étaient évalués au centième de millimètre près, et il a reconnu, par le calcul, que ces changements étaient suffisants pour amener, dans tous les cas, l'image des objets à se former sur la rétine.

Ces résultats remarquables résolvent d'une manière définitive la question du mécanisme de l'accommodation : ils nous montrent que c'est dans le cristallin seul que réside cette précieuse faculté. Nous pouvons instinctivement, et selon nos besoins, faire varier la courbure de sa face antérieure. Quant au mécanisme à l'aide duquel cette variation s'accomplit, c'est encore là une question pendante et qui est du ressort de la physiologie.

1571. **Myopie, presbytie, hypermétropie.** — D'après ce qui précède on pourrait dire qu'il n'y a pas, à proprement parler, pour chaque individu, une distance bien définie qui puisse être appelée distance de la vision distincte — cela est vrai — mais la faculté que l'œil possède de s'accommoder aux distances a des limites qui varient selon la conformation des différents yeux. Les vues dites *myopes* sont celles qui n'aperçoivent bien que les objets très-voisins, et qui ne peuvent pas s'accommoder pour obtenir une perception nette et détaillée des objets placés à une distance de quelques décimètres. Elles ont un avantage, c'est qu'elles permettent l'observation des petits détails qui échappent souvent à une vue dite normale ; car l'objet à examiner pouvant être mis très-près de l'œil, le diamètre apparent sous lequel il est vu se trouve augmenté : par suite, sur la rétine, se forme une image dont les grandes dimensions facilitent la distinction de ses diverses parties. Mais ces vues myopes ont un inconvénient très-grave, dès qu'il s'agit de prendre une connaissance exacte des objets qui ne sont pas très-rappro-

chés ; le myope, dans un musée, voit mal les tableaux ; à la campagne,
il·ne distingue que vaguement les formes dans le lointain ; sa faculté
d'accommodation, qui est très-restreinte, le prive évidemment d'une
foule de jouissances.

Il est facile de voir à quoi tiennent ces qualités et ces défauts des
vues myopes : les objets très-rapprochés sont distingués par le myope
avec une grande netteté ; il est par suite évident que ces objets forment
dans ce cas, une image nette sur la rétine. Quand l'objet s'éloigne, l'image
ne va plus se former au fond de l'œil, elle se produit plus près du cris-.
tallin, et, faute d'un pouvoir d'accommodation suffisant, le croisement
des rayons qui donne l'image réelle du point lumineux ne peut pas être
amené à s'effectuer sur la ré-
tine. On corrige ce défaut, en
plaçant devant les yeux des
verres concaves L (*fig.* 769). Les
rayons, émanés de chaque point
A d'un objet éloigné (1510),

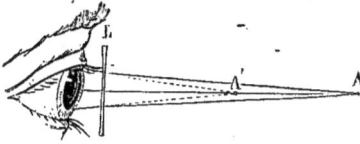

Fig. 769.

possèdent alors, après avoir traversé la lentille concave, le même écartement que s'ils partaient d'un point A' plus, rapproché de l'œil, et la
vision distincte de cet objet éloigné devient possible pour le myope.

Les presbytes ont le défaut contraire ; la distance focale correspondante à la distance de leur vi-
sion distincte est plus grande
que dans l'état normal, et l'accommodation ne peut pas se
réaliser pour les objets trop voisins de l'œil : il est clair qu'on

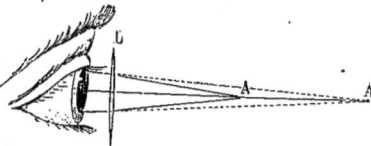

Fig. 770.

remédiera à ce défaut, en plaçant devant le cristallin une lentille convexe qui donnera aux rayons émanés du point voisin A, la même direction que s'ils partaient d'un point éloigné A' (*fig.* 770).

Il y a une troisième affection de la vue, que l'on a appelée l'*hypermétropie*. Dans ce cas, par suite de l'intervalle trop petit qui existe entre
la rétine et le cristallin, l'image des objets, même de ceux qui sont placés à une distance très-grande de l'œil, se forme au delà de la rétine.
On voit mieux de loin que de près, comme cela a lieu pour les presbytes,
mais on a le clignement de l'œil particulier aux myopes ; car pour distinguer mieux les détails d'un objet, l'individu atteint d'hypermétropie
est obligé de s'en rapprocher le plus possible, pour que l'image formée
sur la rétine ait plus d'étendue.

Cette affection de la vue se corrige, mais toujours fort imparfaitement. par l'emploi de lentilles suffisamment convergentes.

Les considérations précédentes contiennent toute la théorie des lunettes. ordinaires ou bésicles. Ajoutons seulement que le presbytisme est une affection qui survient généralement avec l'âge. On perd, en vieillissant, la faculté d'accommodation qu'on possédait si complétement dans la jeunesse; le cristallin devient moins souple, et ses changements de courbure ne s'accomplissent plus avec la même facilité. La même cause engendre un aplatissement sensible de la cornée, et, par suite, une diminution dans l'action convergente de l'œil sur les rayons lumineux. Aussi, un œil bien conformé devient, avec le temps, d'abord un peu hypermétrope, mais il continue à distinguer nettement les objets placés à l'infini. A la longue, la presbytie se caractérise de plus en plus. Au contraire, la myopie est naturelle à l'individu qui en est atteint, ou bien elle se déclare à la suite de certaines maladies de l'œil.

1572. Ophthalmoscope. — La méthode de M. Cramer, perfectionnée par M. Helmholtz, a été appliquée à l'étude complète et détaillée de l'œil vivant. On peut aujourd'hui, par l'emploi d'un appareil très-simple, l'*ophthalmoscope*, étudier l'œil, pour ainsi dire pièce à pièce, sans être obligé de recourir à la moindre lésion. Un petit miroir concave, percé d'un trou à son centre de figure, et une petite lentille biconvexe constituent tout l'instrument. Veut-on, par exemple, examiner la rétine d'un œil malade? on projette sur cette rétine, avec le miroir concave, un faisceau lumineux emprunté à une lampe voisine; le faisceau traverse sans inconvénients les milieux transparents de l'œil en passant par l'ouverture de la pupille, il éclaire ainsi suffisamment le fond de l'organe. La rétine représente alors un objet lumineux dont l'image irait se former en avant du cristallin et à une grande distance de lui. Mais, en plaçant sur le trajet des rayons qui en émanent une lentille fortement convergente, on peut obtenir à quelques centimètres de l'œil une image très-nette de la rétine. Un observateur, en regardant alors par le trou central du miroir concave, dont la face réfléchissante est toujours tournée du côté de l'œil examiné, peut distinguer nettement la surface de la rétine, constater les altérations morbides dont elle est le siége, en un mot, acquérir une connaissance exacte de son état pathologique.

1573. Achromatisme de l'œil. — Outre la propriété remarquable que possède l'œil de s'accommoder aux distances et qui en fait un organe si parfait, il en est une autre que les physiciens n'ont jamais pu réaliser d'une manière aussi complète dans leurs instruments, je veux parler de l'achromatisme. Quand on regarde un objet blanc se détachant sur un fond noir, on ne voit apparaître aucune frange colorée à la limite de séparation du blanc et du noir; tandis que, dans les mêmes circonstances, une lentille ordinaire donne une image irisée sur ses bords. Si la rétine recevait une pareille image, les bords de l'objet paraîtraient à l'observateur mal définis et comme entourés d'une auréole colorée. Puisqu'il n'en est rien, c'est que l'œil est achromatique. Quelques expériences, il est vrai, tendraient à établir que l'achromatisme de l'œil n'est pas parfait; mais ces expériences ne sont pas faites dans les conditions normales de la vision.

Aucune des explications qui ont été données de l'achromatisme de l'œil ne se trouve appuyée sur des preuves concluantes; aussi nous contenterons-nous de signaler le fait sans entrer dans aucun détail sur les théories proposées.

1574. Absence d'aberration de sphéricité. — Ce que l'on comprend beaucoup mieux, c'est l'absence d'aberration de sphéricité dans l'œil. Le diaphragme, que nous plaçons devant nos lentilles pour diminuer ce défaut quand il devient trop fâcheux, est ici représenté par l'iris dont l'ouverture est variable, et qui intercepte à l'occasion les rayons marginaux. Il n'est pas douteux, d'autre part, que la constitution anatomique du cristallin, qui en fait une lentille exceptionnelle, formée de couches concentriques dont le pouvoir réfringent va en augmentant à mesure qu'on s'approche du centre, ne contribue pour beaucoup à rendre l'organe plus parfait, à ce dernier point de vue.

1575. Vision binoculaire. — Jusqu'ici nous nous sommes occupés de la vision telle qu'elle a lieu quand un seul de nos yeux se trouve dirigé vers un objet. Pour compléter notre étude, il est indispensable, à présent, de rechercher quelles sont les particularités que présente la vision habituelle effectuée avec les deux yeux à la fois.

Dans la vision binoculaire, les axes optiques des deux yeux se dirigent simultanément vers le même point. Quand ce point est très-rapproché, les axes font un angle assez grand qui diminue, d'ailleurs, de plus en plus, à mesure que le point observé s'éloigne, et qui devient nul quand le point lumineux est à l'infini. On croit que c'est à cette inclinaison, dont nous avons conscience, qu'il faut attribuer, en partie du moins, le jugement que nous portons sur la distance d'un objet; mais il ne faudrait pas s'y tromper, les dégradations d'ombre et de lumière, l'angle visuel sous lequel nous observons, donnent des indications plus sensibles, et dont nous tenons surtout grand compte, lorsqu'il s'agit de juger de la distance d'objets très-éloignés.

Deux images d'un même objet se forment, l'une au fond de l'œil droit, l'autre au fond de l'œil gauche. Chaque point visible produit donc deux impressions exercées chacune, sur une fibre nerveuse différente. Cependant, nous n'avons pas la conscience de deux sensations distinctes; les impressions s'accordent (c'est l'expérience journalière qui le montre) pour signaler la présence d'un point lumineux unique. C'est une question physiologique des plus délicates que celle de savoir comment deux actions séparées, s'exerçant en deux points différents de notre organisme, peuvent arriver à se composer en une sensation unique : nous en abandonnons l'étude à qui de droit.

1576. Des deux perspectives qui s'offrent à un même spectateur. Principe du stéréoscope. — En second lieu, les yeux dirigés vers le même objet ne le voient pas exactement sous le même aspect : l'œil droit et l'œil gauche du même individu, à cause de leurs positions respectives et de leur distance mutuelle, représentent comme deux observateurs distincts, qui, de deux stations différentes, regarderaient simultanément, d'un seul œil, le même corps. Évidemment, le spectacle qui s'offre à eux ne saurait être le même pour l'un et pour l'autre à cause de la différence des deux points de vue. Si l'on veut s'en convaincre, on n'a qu'à placer un cube à une petite distance, de telle façon que deux de ses arêtes verticales soient dans un plan perpendiculaire à la ligne droite qui joint les centres des deux yeux; une des faces D (*fig.* 772) de ce cube, celle qui est à la droite du spectateur, apparaîtra large quand l'œil droit sera seul ouvert,

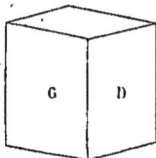 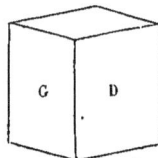

Fig. 771.   Fig. 772.

l'autre G paraîtra plus étroite. L'effet inverse se manifestera (*fig.* 772) quand on fermera l'œil droit et que l'on regardera avec l'œil gauche. Le cube est-il tout près des yeux? le rapport entre les dimensions des deux faces est très-grand; le cube est-il éloigné? les deux perspectives deviennent presque identiques.

Ainsi, le problème à résoudre, pour expliquer comment les deux images d'un même corps formées sur la rétine se fondent l'une dans l'autre et produisent une sensation unique, ce problème est plus complexe que nous ne l'avions laissé supposer tout d'abord : car ce ne sont pas deux

impressions identiques qui se combinent pour en former une seule, mais
bien deux impressions différentes, et dont les différences dépendent d'ailleurs de la distance à laquelle les objets sont placés devant nous. Le défaut d'identité de ces deux images avait été déjà remarqué par Léonard
de Vinci; mais, depuis longtemps, l'observation qu'il avait faite de ce
genre de phénomènes était tombée dans l'oubli. M. Wheatstone eut
l'occasion de faire la même remarque, il y a quelques années; et cette
remarque faite, il en tira parti pour montrer que la vision binoculaire
avait, entre autres avantages, celui d'accuser le relief des corps et de
nous donner un sentiment plus précis de la distance qui nous sépare de
leur position actuelle. Voici de cette assertion une preuve expérimentale
très-simple, preuve qui s'obtient sans le moindre instrument. Que l'on
regarde, avec un œil seulement, un objet placé en avant d'un mur et à
une petite distance de sa surface. Au bout d'une à deux minutes, en ou-
vrant l'œil qu'on avait jusque-là maintenu fermé, on voit l'objet qui pa-
raissait presque en contact avec le mur s'en détacher tout à coup et
comme par enchantement. On a acquis la notion de l'espace libre situé
derrière l'objet et celle de la distance qui le sépare du mur.

M. Wheatstone a montré l'importance de la double image pour donner
l'idée du relief, en exécutant des expériences très-curieuses qui sont
maintenant connues de tout le monde. Il place devant l'œil droit le
dessin d'un cube (*fig.* 772), dessin qui est la reproduction fidèle de la
perspective que ce cube aurait présentée à l'œil droit; il dispose en
même temps, devant l'œil gauche et sur le même plan que le précédent, un dessin du même objet qui représente la perspective (*fig.* 771)
qu'aurait vue l'œil gauche. Ces dessins ne sont pas séparés comme sur
nos figures, mais ils sont disposés là où ils auraient paru dans l'espace,
si l'objet eût existé réellement. Dans ces conditions, au lieu d'apercevoir
deux perspectives, on voit un objet unique avec un relief parfaitement
accusé.

1577. Stéréoscope de M. Wheatstone. — L'instrument qui permet
de placer ainsi sous les yeux d'un observateur, deux perspectives d'un
même objet ou d'un même groupe d'objets, s'appelle le *stéréoscope*. Celui qu'on emploie le plus souvent aujourd'hui, est composé d'une sorte
de chambre noire munie de deux fragments de lentilles convergentes
L,L' (*fig.* 773 et 774), dont les bords sont dans le voisinage l'un de l'autre;
ces deux lentilles correspondent chacune à l'un des yeux. A une distance
convenable, on dispose les deux perspectives AB, A'B' tracées sur le papier; alors, par l'effet des lentilles, chacune d'elles se trouve rejetée à

la distance de la vision distincte et ramenée sur la ligne centrale de
l'appareil, au point où elle eût été si l'objet lui-même l'avait fournie.
Soient en effet O et O′ les points où les centres optiques des lentilles
se trouveraient si ces lentilles étaient complètes, et supposons que AB
et A′B′ soient placés entre chaque lentille et son foyer principal. On reconnaîtra facilement, par ce qui a déjà été établi dans l'étude des lentilles convergentes (1488), que les deux images iront se former l'une et
l'autre en A″B″.

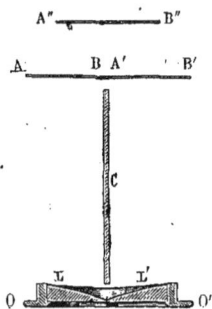

Fig. 773.

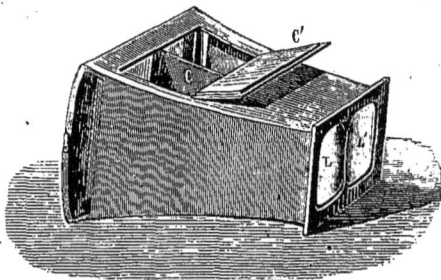

Fig. 774.

A tout ce que nous venons de dire et qui constitue l'étude du mécanisme de la vision, nous devons ajouter encore l'indication de quelques
phénomènes particuliers qu'il est important de connaître, quand on se
livre à l'étude de certaines parties de l'optique.

1578. **Durée des impressions sur la rétine.** — Le premier que nous
signalerons est celui de la persistance des impressions de la rétine.
Lorsqu'un charbon enflammé décrit une circonférence d'un mouvement
assez rapide, une ligne lumineuse non interrompue apparaît à l'œil qui
regarde ; et cependant, à un instant donné, le charbon ne se trouve
qu'en un seul point de cette ligne. On a mesuré la durée de cette persistance par l'emploi d'appareils fondés sur le principe que nous venons
d'indiquer. On imprime un mouvement de rotation à une roue qui porte
un point lumineux ; on fait tourner la roue lentement, et la circonférence décrite par le point lumineux ne brille pas tout entière à la fois.
On accélère la vitesse ; un arc de cercle de plus en plus grand apparaît
éclairé simultanément en tous ses points. Enfin, en tournant plus rapidement encore, on arrive à une vitesse de rotation pour laquelle la circonférence se trouve éclairée sur toute son étendue. Si, à ce moment, la
roue fait un tour complet : en $\frac{1}{10}$ de seconde par exemple, on en conclut

que l'impression produite par un point lumineux persiste pendant tout le temps que ce point met à revenir à sa position première, c'est-à-dire que la persistance de l'impression sur rétine est égale à $\frac{1}{10}$ de seconde.

1579. Irradiation. — Lorsque nous regardons un objet lumineux ou très-vivement éclairé, nous le voyons toujours avec un diamètre apparent plus considérable que celui qui lui convient réellement, et cette augmentation de grandeur apparente est d'autant plus forte que le corps émet une lumière plus intense. C'est ainsi, par exemple, que le disque du soleil nous paraît, à l'œil nu, beaucoup plus grand que lorsque nous le regardons au travers d'un verre coloré qui en obscurcit en partie la clarté. Une expérience d'irradiation devenue classique est celle qui consiste à regarder deux cercles de carton de diamètres égaux, l'un noir placé sur un fond blanc, l'autre blanc placé sur un fond noir. Le cercle blanc paraît constamment plus grand que le cercle noir ; c'est que l'irradiation tend à augmenter les dimensions du premier et à diminuer celles du second. Il semble résulter de ces phénomènes d'irradiation que, lorsqu'un rayon lumineux vient frapper la rétine, l'ébranlement qu'il y excite se propage toujours au delà du point touché, de sorte que l'image d'un objet lumineux est toujours perçue plus grande que ne le comporte l'image géométrique qui se forme en réalité sur l'écran placé au fond de l'œil. Il est clair, en outre, que cette propagation de l'ébranlement dans les parties de la rétine voisines de celles qu'atteignent effectivement les rayons lumineux doit ôter de la netteté à la vision : c'est du reste ce que l'expérience confirme.

1580. Images consécutives. — Le phénomène des images consécutives ou des couleurs accidentelles résulte essentiellement de l'observation suivante. Si l'on fixe la vue pendant un temps un peu long sur un objet coloré et vivement éclairé, et qu'ensuite on détourne brusquement les yeux pour les diriger vers un fond blanc d'une teinte uniforme, on éprouve alors la sensation de l'objet avec ses formes véritables, mais il apparaît coloré d'une teinte complémentaire, c'est-à-dire que la nuance qu'il offre cette fois est toujours telle que si on la superposait à sa nuance véritable, on obtiendrait du blanc tout à fait pur. C'est ainsi qu'un objet rouge donne une image consécutive verte ; au contraire, un objet de couleur verte produit une image consécutive rouge. L'expérience réussit très-bien avec le disque solaire quand on le regarde à son couchant, et qu'on porte ensuite la vue sur un mur blanc situé dans le voisinage du lieu d'observation.

Les phénomènes d'images consécutives ont été, de la part de M. Plateau, le sujet d'études très-intéressantes ; mais la théorie de ces phénomènes ne nous semble pas assez bien établie pour l'exposer ici.

1581. **Couleurs subjectives.** — L'excitant naturel du nerf optique est la lumière ; mais il ne faudrait pas croire que la lumière seule puisse nous donner la sensation lumineuse ; il existe un grand nombre d'excitants, tels que les narcotiques, l'électricité, les congestions sanguines dans la région des yeux, etc., qui peuvent ébranler la rétine et donner des sensations lumineuses parfaitement accusées. L'explication de ces faits est toute naturelle. Lorsque la lumière vient frapper le nerf optique, ce n'est pas la lumière que nous sentons, mais bien la modification spéciale que notre nerf a subie par une action purement mécanique ; dès lors on conçoit que d'autres agents puissent imprimer aux fibres nerveuses une modification du même genre, et, par suite, nous faire éprouver des sensations analogues.

1582. **Tutamina oculi.** — On désigne sous ce nom l'ensemble des organes qui protègent la vue contre les agents extérieurs. Chacun connaît à cet égard le rôle des paupières, des cils, etc. Aussi n'insisterons-nous que sur deux propriétés physiques spéciales des milieux protecteurs, propriétés qui garantissent la rétine de l'influence fâcheuse que certaines radiations peuvent exercer sur elle : ainsi, M. J. Regnault a reconnu que les milieux oculaires ont la propriété d'arrêter, au moins en partie, les rayons ultra-violets que peut contenir la lumière qui pénètre dans l'œil. Or, il paraît démontré que ces rayons agissent d'une manière très-nuisible sur la rétine.

M. Janssen (M. Cima, de Turin, avait déjà touché à ce sujet à l'insu du savant français) a constaté par des mesures nombreuses et précises que les milieux de l'œil jouissent encore de la faculté d'arrêter la presque totalité de la chaleur rayonnante obscure qui accompagne toujours la lumière en proportion considérable : cet avantage mérite d'être signalé, car dans le cas, par exemple, de nos lampes modérateur, aujourd'hui si employées partout, la proportion des rayons obscurs est beaucoup plus que décuple de celle des rayons lumineux. On comprend donc, qu'en raison de cette propriété, la chaleur rayonnante obscure, qui par son pouvoir calorifique pourrait altérer le tissu si délicat de la rétine, soit arrêtée, et que les radiations capables de produire la vision puissent seules être transmises au nerf optique.

CHAPITRE VII

INSTRUMENTS D'OPTIQUE

Les surfaces réfléchissantes, les milieux réfringents, dont les effets sont intéressants à étudier par eux-mêmes, présentent une importance considérable, en raison des applications qui ont été faites de leurs propriétés. Déjà, quelques-unes de ces applications ont été signalées par nous à propos des miroirs plans, de la chambre noire, du microscope solaire. Cependant jusqu'ici, à cause de la nécessité où l'on est de commencer toujours par l'examen des cas les plus simples, nous nous sommes bien gardé de composer un appareil dans lequel plusieurs éléments optiques fussent combinés ; et si pareil groupement a été quelquefois signalé (comme pour le microscope solaire), c'est qu'en réalité une seule pièce jouait un rôle important, tandis que les autres n'avaient qu'une fonction accessoire, celle d'éclairer fortement l'objet.

Dans les appareils que nous allons décrire, plusieurs des éléments optiques, dont la théorie nous est connue, vont être assemblés, et si un miroir isolé, si une lentille toute seule peuvent recevoir des applications importantes, nous verrons qu'une association convenable de lentilles, de miroirs et de prismes fournit des effets plus remarquables encore, et d'un emploi très-fréquent dans la pratique. Ces ensembles, qu'on appelle *instruments d'optique*, sont destinés, pour la plupart, à venir au secours de l'œil, à rendre notre vue plus pénétrante ou plus précise, et leur valeur est telle, qu'ils constituent aujourd'hui les auxiliaires indispensables des sciences d'observation : l'astronomie et les sciences naturelles.

Au début, nous décrirons deux instruments assez simples : la chambre claire et la loupe.

1583. Chambre claire. — La chambre claire a été inventée en 1804 par Wollaston. Elle se composait d'abord de deux miroirs plans AB et BC (*fig.* 775), faisant entre eux un angle de 135°. L'image d'un objet *ab* placé devant ce système réfléchissant, se forme d'abord en *a'b'* par la réflexion de la lumière qui tombe sur le miroir BC; mais *a'b'* joue, par rapport au miroir AB, le rôle d'un objet, et il se forme en *a"b"* une image qui sera visible pour l'œil situé au-dessus de AB. Si l'objet est vertical, l'image paraîtra horizontale et droite à l'observateur : cela tient à ce que tout rayon qui se réfléchit sur deux miroirs comprenant entre eux un espace angulaire, se brise, en faisant avec sa direction primitive un angle égal au double de l'angle des deux miroirs diminué

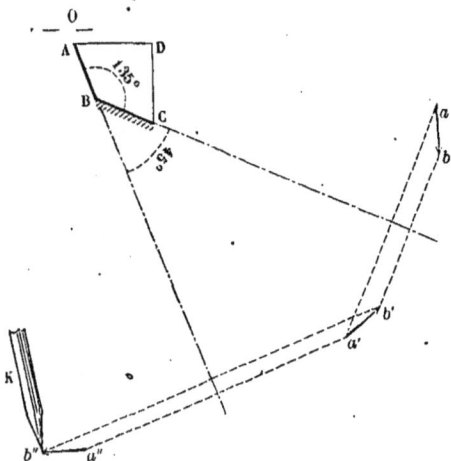

Fig. 775.

de 180 degrés : 2(ABC) — 180. Si, par exemple, ABC = 135°, l'angle que fera le rayon réfléchi ur e second miroir avec le rayon incident sur le premier sera de 90° : le lecteur trouvera sans peine la démonstration. Wollaston prenait pour ce dernier miroir AB une lame de verre non étamée; en même temps que l'image *a"b"*, il pouvait donc apercevoir une feuille de papier placée à la distance de la vision distincte, et avec un crayon K, suivre les contours des images et les dessiner.

Mais un pareil système laissait perdre une grande quantité de lumière, et l'image *a"b"* était trop peu intense : Wollaston le remplaça par un prisme de verre à quatre faces ABCD (*fig.* 776) tel, que l'angle dièdre D fût droit, l'angle ABC égal à 135° et les angles A et C égaux entre eux. Les rayons arrivent sur BC et sur AB sous l'angle de réflexion totale, et les images acquièrent alors une grande vivacité. Mais, dans ce cas, l'œil placé au-dessus de AB ne peut plus voir ni le papier ni le crayon qui se trouvent l'un et l'autre cachés par le prisme. On est dans la nécessité de placer l'œil en O (*fig.* 775), dans une position telle que l'ouverture de la pupille soit, pour ainsi dire, coupée en deux parties égales par l'arête du prisme. Dans ces conditions, la rétine peut être impressionnée à la fois et par la lumière directe qu'envoie le papier et par la lumière réfléchie qui produit l'image. Afin que l'œil prenne une bonne position, la face AD est recouverte d'une plaque qui est percée d'un petit trou divisé en deux moitiés par l'arète A du prisme.

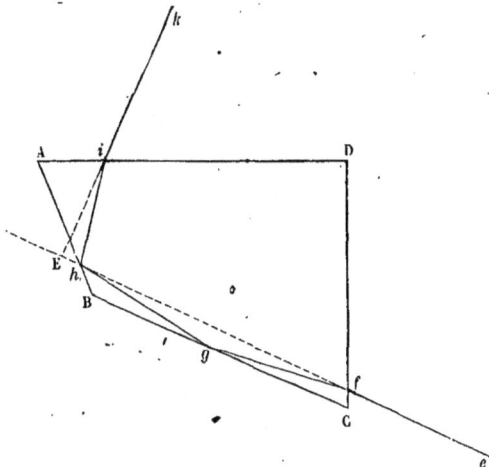

Fig 776.

Nous avons admis, dans ce qui précède, que les rayons qui émanaient des différents points de l'objet éclairé tombaient sur les surfaces réfléchissantes, comme dans le cas où la chambre claire était formée seulement des deux miroirs AB et BC; cependant la lumière, en pénétrant dans le prisme ou en s'en échappant, se réfracte, les deux réfractions ainsi produites n'amèneront-elles pas quelque déviation capable de troubler le phénomène? Ce danger n'est pas à craindre. La lumière subit deux réfractions successives, cela est vrai, mais toutes deux se compensent, comme elles le font, dans le cas où les rayons traversent une lame à faces parallèles. On le démontre sans difficulté par le raisonnement : nous donnerons simplement la figure ci-jointe (fig. 776) qui fait voir que le rayon émergent ik est toujours perpendiculaire au rayon incident ef.

Cet ensemble de deux miroirs présente pour le dessin des paysages ou des monuments, des avantages précieux. Son champ est illimité dans le sens vertical. En effet, que l'on fasse tourner le système des deux miroirs autour de leur intersection commune, l'image restera immobile, et; quelle que soit la hauteur des objets, la chambre claire la plus petite permettra de les dessiner dans toute leur étendue.

Cet instrument offre un autre avantage très-important pour les dessinateurs, c'est qu'il donne les images sans aucune *déformation* de la perspective.

1584. Perfectionnement de la chambre claire. — Une chambre claire aussi simple que celle que nous avons décrite exige, de la part du dessinateur, un effort d'accommodation impossible à réaliser et qui, dans tous les cas, occasionne une grande fatigue. Le papier et le crayon étant placés à la distance de la vision distincte, l'œil, pour les voir, doit s'accommoder à cette distance, et, d'autre part, l'image de l'objet à dessiner se formant derrière la face réfléchissante AB, à la distance même où il se trouve, l'œil doit s'accommoder en même temps pour voir à une grande distance, quand cet objet est éloigné. Ce sont deux états que le même œil ne peut réaliser à la fois, et une lutte s'établit entre les deux tendances à ces accommodations souvent très-différentes; l'observateur, passant sans cesse de l'une à l'autre, ne tarde pas à éprouver une fatigue très-grande.

Un autre défaut de cette chambre, c'est que si le prisme peut tourner sans inconvénient, les déplacements de l'œil sont, au contraire, très-fâcheux : ils changent la position relative de l'image et du papier, et ce changement est tout à fait comparable à celui qui se manifeste, lorsque nous regardons en marchant deux objets inégalement distants de notre vue.

Déjà, pour remédier à ces défauts, Wollaston avait adapté une lentille divergente au-dessus de la face AD, et il la construisait de telle sorte qu'elle fît apparaître les objets éloignés juste à la distance de la vision distincte ; à travers cette lentille, le dessinateur regarde l'image donnée par le miroir AB, et il la voit à la même distance que le papier. Il n'a pas à lutter pour réaliser une accommodation impossible. Cette lentille pourrait être formée par un verre plan-concave placée sur la face AB ; mais il vaut mieux qu'elle fasse corps avec la chambre claire, qui présente alors une disposition analogue à celle que nous avons figurée ici (*fig.* 777).

Fig. 777.

Par ce perfectionnement, on évite, en outre, l'erreur due aux petits déplacements de l'œil, puisque l'image et le papier sont exactement en coïncidence. Le spectateur a beau se déplacer, il ne peut pas les voir changer dans leurs positions relatives.

1585. Chambre claire de M. Laussedat. — La position du centre

optique de la lentille divergente est importante à considérer dans l'instrument que nous étudions, et cependant Wollaston ne s'en était point
préoccupé. M. Laussedat, voulant utiliser la chambre claire pour le lever des plans, et ayant besoin de retrouver facilement ce point sur le
prisme, « l'a transporté sur l'arête près de laquelle on place l'œil, en
prenant le centre de la sphère qui entaille la face du prisme sur une
perpendiculaire à cette face, menée par un point de l'arête elle-même. »
La figure 778 montre la chambre claire de M. Laussedat ; seulement
l'entaille du prisme a été exagérée pour qu'elle soit sensible.

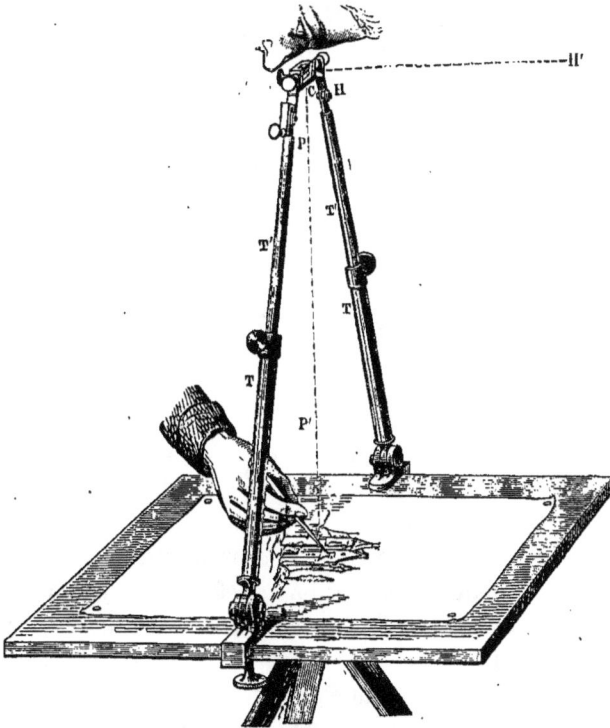

Fig. 778.

L'utilité de cette construction résulte de ce que l'œil qui regarde est
placé sur l'axe principal de la lentille, et la vision est dès lors très-distincte. Mais le principal avantage, c'est que, lorsque l'on dessine une
perspective, « le centre optique de l'appareil peut être considéré comme
le point de vue *mathématique* de la perspective. » Par conséquent, dès
qu'on sera sûr que les angles du prisme ont exactement la grandeur

voulue, la verticale PP' (*fig.* 778) menée par le centre optique rencontrera, sur le dessin, le point même qu'aurait rencontré, sur le paysage, l'horizontale HH' menée par le même point, dans un plan perpendiculaire aux arêtes du prisme.

1586. **Loupe.** — La loupe est le plus simple des instruments d'optique : elle se compose d'une lentille convergente, à travers laquelle on regarde un objet de petite dimension placé à une distance de la lentille un peu moindre que la distance focale principale.

A vrai dire, la théorie de la loupe a déjà été donnée; elle rentre, comme cas particulier, dans l'étude générale des lentilles convergentes. Nous avons montré que l'image de l'objet AB (*fig.* 779) était

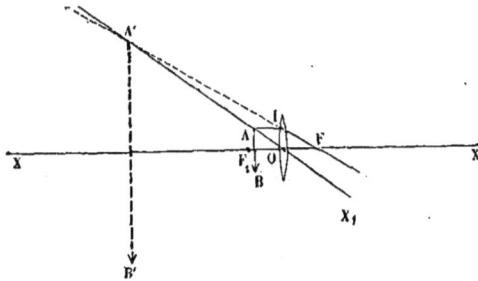

Fig. 779.

virtuelle et plus grande que l'objet, toutes les fois que cet objet était placé entre la lentille et le foyer principal; l'œil placé derrière la loupe aperçoit alors l'image en A'B'. Mais pour que la perception soit nette, il faut que la distance de cette image à l'œil soit celle de la vision distincte. L'observateur qui se sert de cet instrument arrive, en tâtonnant, à réaliser cette condition pratique. A cet effet, il avance ou il recule l'objet, ce qui déplace progressivement l'image dans un sens ou dans l'autre, et enfin il parvient ainsi à mettre l'objet *au point* après quelques tâtonnements de courte durée.

Les services que rend la loupe sont bien connus : elle permet d'apercevoir dans cette image agrandie de l'objet des détails dont la petitesse échapperait à notre vue ; et jusque dans les premières années de ce siècle, c'est avec cet appareil si peu compliqué qu'ont été exécutés les travaux les plus importants des naturalistes.

Il est utile, dans beaucoup de cas, de déterminer quel est le grossissement d'une loupe : il suffit pour résoudre la question de recourir à la formule déjà employée (1497) $\dfrac{p'}{p} = \dfrac{I}{O}$ dans laquelle p' est donné d'avance : c'est, en valeur absolue, la distance D de la vision distincte, tandis que p est inconnu et se déduit de l'égalité : $\frac{1}{p} - \frac{1}{D} = \frac{1}{f}$, d'où $p = \frac{Df}{D+f}$, on en déduit le grossissement :

$$\frac{I}{O} \quad \text{ou} \quad G = \frac{p'}{p} = \frac{D+f}{f} = 1 + \frac{D}{f}.$$

Le grossissement d'une même loupe augmente donc avec la distance D de la vision distincte, il diminue à mesure que la distance focale f de la lentille devient plus grande.

MICROSCOPE COMPOSÉ

1587. **Théorie du microscope composé.** — Le microscope composé est un instrument qui donne les images agrandies des objets de très-petite dimension ; de plus, il les présente à l'œil à la distance de la vision distincte. Son but, on le voit, est le même que celui de la loupe ;

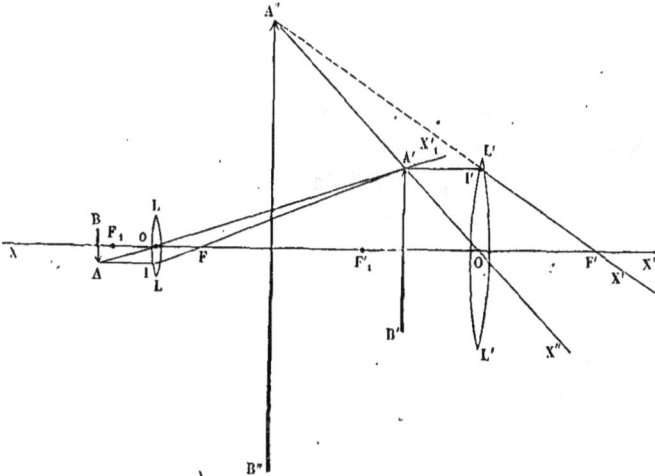

Fig. 780.

mais ses effets sont plus puissants. Dans cet instrument, l'œil regarde à travers une lentille convergente appelée *oculaire*, qui sert de loupe ; mais ce qu'il regarde, ce n'est pas le petit objet lui-même, c'est une image réelle de cet objet déjà agrandie au moyen d'une première lentille convergente qui a le nom d'*objectif*. Les objets sont donc amplifiés par un double système de lentilles. Au grossissement de la loupe se trouve ajouté celui de l'objectif.

La figure 780 représente l'objectif L et ses deux foyers F, F_1 ; l'oculaire L' et ses foyers F', F'_1. L'objet AB, un peu au delà du foyer F_1, mais à une distance de la lentille moindre que le double de la distance focale principale, donne une image réelle et renversée qui se déterminerait suivant les règles établies dans la théorie des lentilles. Veut-on l'obtenir par un tracé géométrique; on mène, du point A, l'axe secondaire AX'_1, puis le rayon AI parallèle à l'axe principal, et le rayon réfracté correspondant IF, qui vient couper l'axe secondaire au point A'; ainsi, on a en A' l'image de A. On tracerait de même l'image B' du point B, et l'on voit que, devant la loupe L', il se forme l'image A'B' agrandie et renversée de l'objet. Pour que la lentille L' joue le rôle de loupe, il faut que cette image A'B' se forme entre la lentille L' et le foyer F'_1 : c'est ce que la figure représente. En traçant l'axe secondaire A'X'', puis le rayon A'I' parallèle à l'axe XX', et enfin le rayon réfracté I'F', on obtient, par le prolongement de ce dernier, l'image virtuelle A'' du point A', et par suite l'image A''B'', qui est plus grande que A'B', renversée comme elle, et qui, par une position convenable donnée à l'oculaire, se trouve rejetée à la distance de la vision distincte.

1588. Diverses pièces d'un microscope. — L'objectif et l'oculaire sont les deux pièces essentielles du microscope, mais l'instrument exige des pièces accessoires. Ce sont (*fig.* 781) : 1° les tubes qui portent les lentilles; 2° la plate-forme P, destinée à soutenir l'objet; 3° un système d'éclairage M qui rend l'objet très-lumineux; enfin, 4° le pied S de l'instrument, sur lequel toutes les pièces sont fixées.

Tubes. — Les tuyaux qui portent les lentilles s'emboîtent l'un dans l'autre. Au bout du tuyau inférieur O est enchâssé l'objectif L (*fig.* 780) et au bout opposé O' du tuyau supérieur est fixé l'oculaire L'. Ces deux verres sont écartés à volonté, en faisant glisser les tuyaux l'un dans l'autre; mais le plus souvent l'observateur les maintient à une distance fixe.

Porte-objet. — Une plate-forme P, percée d'une ouverture qui peut être diminuée ou agrandie par l'emploi de diaphragmes, sert à supporter les corps très-petits que l'on veut étudier; on l'appelle le *porte-objet*. Des ressorts sont destinés à retenir les lames de verre sur lesquelles, en général, ces corps sont déposés. Une tige à crémaillère permet, au moyen d'une tête de vis V', d'approcher ou d'éloigner la plate-forme de l'objectif afin d'effectuer aisément la *mise au foyer*. Par le moyen d'une vis V à mouvement lent, on peut élever ou abaisser le corps supérieur T de l'instrument, et l'on achève alors facilement la mise au point.

Éclairage. — La substance placée sur le support ne serait pas visible, si elle n'était pas fortement éclairée. Le plus généralement, elle est transparente, on doit alors l'éclairer par dessous. On emploie à cet effet un miroir concave M qui accumule sur elle les rayons lumineux provenant, soit des nuées, soit d'une lampe. Quand l'objet que l'on veut étudier n'est pas transparent, il faut en éclairer la face supérieure. On se sert alors d'une lentille convergente placée au-dessus du porte-objet, et soutenue par un système de tiges articulées qui permet toute espèce de mouvements. On emploie aussi quelquefois un miroir concave traversé en son centre par le tuyau de l'objectif, et ayant sa face réfléchissante tournée vers la partie supérieure de l'objet; il est facile, par ce moyen, de concentrer la lumière sur la partie de l'objet que l'on veut explorer.

Nous avons figuré ici le microscope que construit M. Hartnack, successeur d'Oberhauser. Les pièces essentielles sont les mêmes dans tous les microscopes; mais leur agencement diffère selon le constructeur.

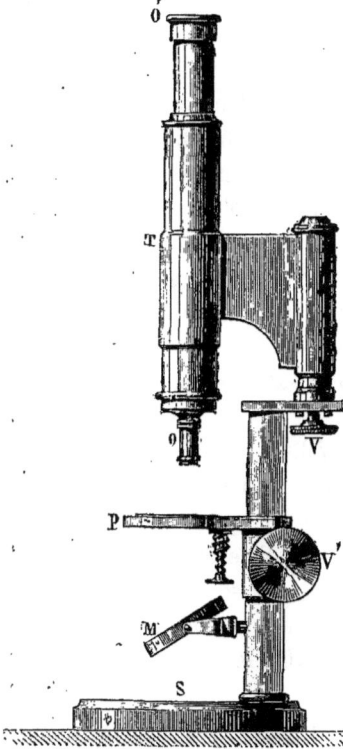

Fig. 781.

1589. Mode d'observation. — Veut-on faire une observation avec le microscope, on met l'œil à l'oculaire, en O', et on fait tourner l'instrument de telle manière qu'il reçoive, dans la direction de son axe, les rayons lumineux renvoyés par le miroir M. L'œil reconnaît que cette condition est réalisée lorsqu'il aperçoit, dans le champ de l'instrument, une surface uniformément éclairée. L'objet est alors placé sur la plateforme, puis on fait monter ou descendre cette dernière, jusqu'à ce qu'on aperçoive l'image le plus distinctement possible. Quant à l'oculaire, on fait varier une fois pour toutes sa distance à l'objectif, de façon à obtenir le maximum de netteté avec un grossissement déterminé.

1590. Microscope horizontal. — Les naturalistes observent souvent pendant plusieurs heures de suite, et le microscope qui les obligerait à tenir la tête inclinée, pendant toute la durée des observations, occasionnerait une grande fatigue qu'Amici a cherché à leur éviter. Dans le microscope d'Amici, l'observateur regarde à travers un tuyau horizontal, en tenant la tête dans la position ordinaire, et cependant le porte-objet resté aussi horizontal. A cet effet, le tube qui porte l'objectif est recourbé à angle droit, et l'axe principal de l'oculaire se trouve horizontal. Au coude, est disposé un prisme de verre à réflexion totale semblable à celui que nous avons déjà décrit; ce prisme renvoie à l'oculaire les rayons qui ont traversé l'objectif et présente alors à l'observateur les images renversées des objets qui se projettent pour lui sur un plan vertical placé à la distance de sa vision distincte.

1591. Mesure du grossissement par le calcul et par l'observation directe. — Le grossissement du microscope est le rapport de la grandeur de l'image $A''B''$, à celle de l'objet AB. Si l'une des dimensions de $A''B''$ est égale à 100 fois la dimension homologue de AB, on dit que le grossissement du microscope en diamètre est égal à 100 : le grossissement est ainsi compté en comparant une dimension de l'image à la dimension correspondante de l'objet. Le grossissement en surface est, d'après cela, le carré du précédent. Dans l'exemple choisi, où le grossissement en diamètre a été supposé égal à 100, le grossissement en surface serait de 10,000.

Les calculs des lentilles s'appliquent au cas actuel, et permettent la détermination du rapport $\dfrac{A''B''}{AB} = \dfrac{I}{O}$, qui donne la mesure de la grandeur relative de l'image et de l'objet. Il suffit d'évaluer successivement le grossissement dû à l'objectif, puis celui qui appartient à l'oculaire, et pour cela, il n'y a qu'à répéter les calculs qui se rapportent à une lentille convergente donnant l'image réelle d'un objet situé au delà du foyer principal, puis ceux qui concernent la loupe.

Le rapport $\dfrac{A'B'}{AB}$ est le grossissement de l'objectif; $\dfrac{A''B''}{A'B'}$ est le grossissement de l'oculaire; le produit de ces deux quotients $\dfrac{A''B''}{AB}$ est précisément le grossissement du microscope. Or, nous avons démontré que

$\dfrac{A'B'}{AB} = \dfrac{p'}{p} = \dfrac{f}{p-f}$; p étant la distance actuelle, qu'on suppose connue,

de l'objet à la lentille objective, et f la distance focale principale de cette

dernière. Semblablement, le rapport $\dfrac{A''B''}{A'B'}$ qui se rapporte à la loupe a

été trouvé égal à $\dfrac{D+f'}{f'}$, D étant la distance de la vision distincte de

l'observateur et f' la distance focale principale de la loupe. Donc, dans

le microscope composé, le grossissement est donné par la formule :

$$\frac{I}{0} = \frac{f(D+f')}{f'(p-f)}.$$

On voit donc que le grossissement pour un même instrument dépend de
la distance p de l'objet à la lentille objective, et de la distance D de la
vision distincte de celui qui fait l'observation.

La méthode par le calcul n'est pas celle que l'on préfère ; elle exigerait des mesures très-délicates, à savoir, les déterminations exactes de
p, de f et de f', déterminations qu'il ne serait guère facile d'obtenir avec
quelque précision. On a plus d'exactitude, et l'on arrive plus vite au
but, par une méthode expérimentale directe. Cette méthode consiste à
regarder, à travers le microscope, un objet de dimension connue, et à
comparer la grandeur de l'image que l'on aperçoit à celle de l'objet lui-
même. Une chambre claire est disposée en avant de l'oculaire ; elle donne
à l'œil placé de côté, l'image de l'objet situé sur la plate-forme. Cette
image est celle qui serait aperçue si on regardait directement dans le
microscope ; mais elle apparaît comme projetée sur un plan vertical,
quand on adopte la disposition du microscope indiquée au § 1588. L'objet mis en observation est une lame de verre, nommée *micromètre*, sur
laquelle sont tracés des traits très-fins également espacés et distants, en
général, l'un de l'autre, d'un centième de millimètre. Ce que l'œil aperçoit, ce sont ces centièmes de millimètre tels que le microscope les
grossit. Mais l'œil est placé au bord de la chambre claire, il distingue
en même temps un écran vertical placé à la distance de la vision distincte, sur lequel les divisions grossies du micromètre semblent être
dessinées. Avec un compas, on prend l'intervalle d'un certain nombre de
ces divisions : 10, par exemple. On porte le compas, sans en changer
l'ouverture, sur une règle divisée en millimètres ; il comprend, je suppose, entre ses pointes, une longueur de 25 millimètres. Cette opération
donne le grossissement ; en effet, 10 centièmes de millimètre paraissent

à l'œil, qui regarde dans le microscope, occuper une longueur de 25 millimètres, 1 millimètre semblera occuper 10 fois 25 millimètres ou 250 millimètres. Le grossissement est donc égal à 250 en diamètre.

1592. **Autre méthode.** — La chambre claire n'est pas indispensable pour la détermination précédente. Que l'observateur regarde dans le mi-croscope avec l'œil droit, par exemple, il voit une image, qui semble à l'œil beaucoup plus large que le tuyau de l'instrument. L'œil gauche, qui est alors ouvert, aperçoit une feuille de papier placée à la distance de la vision distincte. Les deux yeux transmettent ainsi à la fois des im-pressions différentes : les deux sensations perçues à droite et à gauche se confondent, et les divisions qui sont aperçues par l'œil droit semblent tracées sur la feuille de papier. Avec un compas, on prend 10 de ces di-visions et l'on achève l'opération comme dans la première méthode.

1593. **Achromatisme dans le microscope.** — L'image formée par une lentille est colorée, sur ses bords, des couleurs du spectre, à cause de la décomposition de la lumière qui s'opère en même temps que la réfrac-tion, par suite de l'inégale réfrangibilité des rayons de différentes cou-leurs. L'objet AB (*fig.* 782) est-il blanc, il se forme derrière l'objectif L

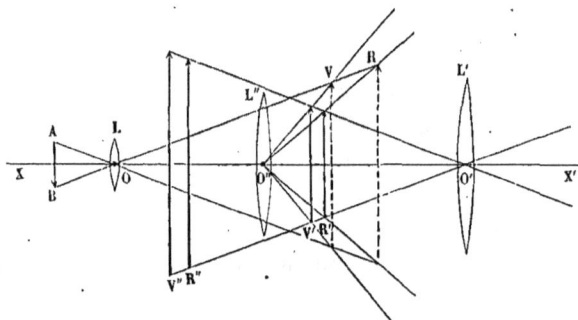

Fig. 782.

une série d'images qui sont toutes comprises entre les axes secondaires extrèmes, et qui, par conséquent, sous-tendent un même angle AOB ayant pour sommet le centre optique O de la lentille. La plus petite est l'image violette V, et la plus grande l'image rouge R. L'œil regardant ces images d'inégal diamètre avec une loupe, verra les bords colorés en rouge, et il n'y aura pas que les bords extrêmes qui présenteront cette colora-tion; toutes les lignes brillantes de l'objet seront irisées, et dès lors toute netteté sera enlevée aux images. Ce défaut a été corrigé par une lentille L″, qui offre, en outre, l'avantage d'augmenter l'étendue visible : ce qu'on appelle le champ de l'instrument. Elle est disposée entre l'objectif et les images qu'elle doit former. On la nomme *lentille de champ*.

L'effet de cette lentille peut être rendu manifeste par des constructions géométriques. Par le fait de son introduction dans l'instrument, des images autres que R et V se formeront et leurs bords seront sur des axes secondaires passant par O″, centre optique de la *lentille de champ*. La nouvelle image rouge doit être comprise entre les axes secondaires O″R, la nouvelle image violette entre les axes O″V. Or, le cône, formé par les axes secondaires correspondant au violet, enveloppe, comme on le voit, le cône correspondant aux axes secondaires des rayons rouges. On conçoit donc qu'en choisissant convenablement les rayons de courbure et l'indice de réfraction de la nouvelle lentille, on puisse obtenir à la place des images R et V, deux images nouvelles R′ et V′, telles que l'image rouge soit plus petite que l'image violette. Si l'on joint alors par une droite les points V′, R′, et si à l'endroit même où cette ligne rencontre l'axe de l'instrument, on met le centre optique O′ d'une troisième lentille qui remplira l'office de loupe, on apercevra les extrémités V′ et R′ placées sur une même ligne droite. Les rayons des couleurs extrêmes qui appartiennent au même point arriveront alors à l'œil en formant des faisceaux dont les axes se confondront. Ces rayons devront se superposer, et l'image ne semblera pas colorée sur ses bords.

La construction des microscopes a fait, dans ces dernières années, de grands progrès. Aujourd'hui, on rend, à la fois achromatiques, l'oculaire et l'objectif. Cet achromatisme complet du microscope a été réalisé pour la première fois, en France, par Charles Chevalier en 1823. L'objectif est, en général, composé de plusieurs petites lentilles qui se vissent l'une au-dessous de l'autre dans une même monture; ces lentilles diffèrent par la grandeur de leur distance focale principale : on peut, par leur introduction ou leur suppression, faire varier à volonté le grossissement de l'instrument.

1594. **Champ de l'instrument.** — La lentille L″, dont nous venons de faire comprendre l'importance au point de vue de l'achromatisme de l'instrument, a un autre avantage : elle en augmente le champ, et ce résultat est très-important; sans elle, le champ se trouverait beaucoup trop restreint. Considérons, en effet, l'image rouge du point A (*fig.* 783), et déterminons quel est le faisceau des rayons qui forment cette image. Ce faisceau est très-délié : les rayons extrêmes AL, qui frappent la lentille L, viennent au point R, et les rayons convergents sont tous compris dans le cône LRL. Il n'arrive pas au point R un seul rayon qui soit en dehors de ces limites, et elles sont étroites, car l'objectif est de très-petite dimension. Les rayons divergent à partir de R, et forment un cône étroit MRM' de rayons divergents qui s'écartent de l'axe de l'instrument. Il faudrait que la loupe fût d'une grande étendue pour qu'un grand

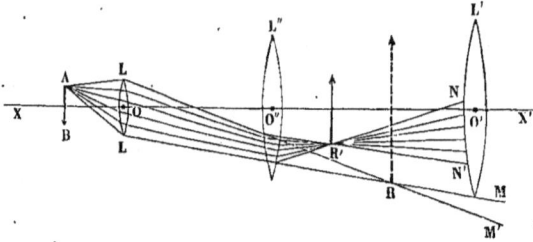

Fig. 783.

nombre de ces faisceaux vînt la traverser, et la pupille devrait être d'une très-grande largeur pour les recevoir tous à la fois. La lentille de champ les ramène vers l'axe de l'instrument et force un plus grand nombre d'entre eux à traverser la loupe, et à parvenir ensuite à l'œil. On voit comment le faisceau MRM' se convertit en NR'N'.

LUNETTE ASTRONOMIQUE

1595. Théorie de la lunette. — La lunette astronomique est un instrument qui a pour effet de fournir à l'observateur une image des objets très-éloignés. Cette image se forme à la distance de la vision distincte, ce qui en rend les contours très-nettement définis. En outre, quand les objets ont des dimensions sensibles (le soleil, la lune, les planètes), leur image se montre à l'observateur avec un diamètre apparent plus grand que lorsqu'il les regarde à l'œil nu. Ainsi, grâce à la lunette astronomique, l'œil voit l'astre sous un angle plus ouvert, et l'instrument nous place dans les mêmes conditions que si cet astre s'était rapproché de nous.

La lunette astronomique se compose essentiellement de deux lentilles convergentes. La première lentille, l'objectif L, donne de l'objet une image très-petite et très-brillante, qui, à cause du grand éloignement de l'objet, se forme à peu près à son foyer principal, et la seconde, l'oculaire L', joue le rôle d'une véritable loupe qui sert à regarder la petite image fournie par l'objectif.

Un tracé géométrique rend compte des effets observés. Soit AB (*fig.* 784), un objet très-éloigné, beaucoup plus éloigné qu'il n'est possible de le figurer ; soient L la lentille objective, F son foyer. L'image du point A se trouve en menant la ligne AO passant par le centre optique ; puis on

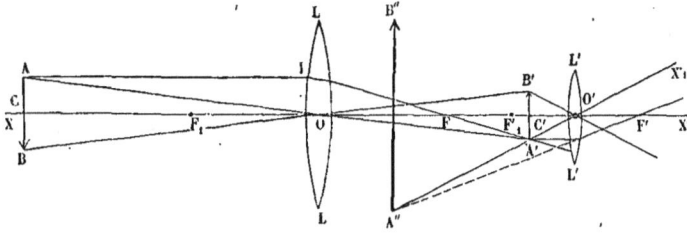

Fig. 784.

tracé le rayon AI parallèle à l'axe principal ; ce rayon, après sa réfraction, passe au point F et coupe AO en A'; A' est l'image du point A. Ce point A' est très-près de l'axe principal XX', parce que l'objet, quelque considérables que soient ses dimensions, est toujours d'une grandeur extrêmement faible, par rapport à la distance d'où il est observé. On trace l'image qui est vue à travers la loupe, en suivant la méthode ordinaire. L'image A''B'' est celle que l'observateur aperçoit en plaçant l'œil derrière O'.

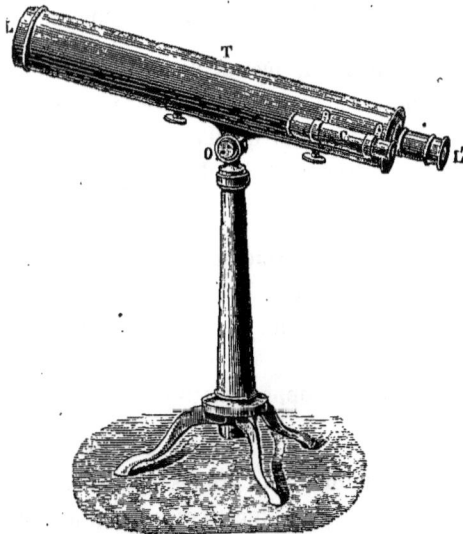

Fig. 785.

La figure 784 se rapporte au cas où l'objet AB est à une distance de L non infiniment grande. S'il en est autrement, chaque point de l'objet envoie sur la lentille L des faisceaux de rayons parallèles entre eux et à l'axe secondaire passant par ce point.

1596. Les lentilles sont aux extrémités d'une série de tuyaux qui s'emboitent les uns dans les autres. L'objectif L (*fig.* 785), de grandes dimensions, est au bout d'un premier tuyau très-large ; l'oculaire L', de dimensions plus petites, est fixé à l'extrémité du dernier tuyau qui est relativement étroit. L'observateur, ayant dirigé la lunette vers l'objet, enfonce ou retire le tube qui porte l'oculaire, jusqu'à ce que l'image lui présente un maximum de netteté. Une crémaillère est souvent employée pour permettre d'exécuter la mise au point d'une manière progressive et sans secousse brusque. Une différence essentielle entre l'emploi de la lunette astronomique et celui du microscope doit être, dès à présent, remarquée. Pour observer avec le microscope, on déplace l'objet en soulevant ou en abaissant le porte-objet; et le déplacement de l'oculaire ne joue qu'un rôle secondaire. Pour mettre au point la lunette astronomique, c'est le déplacement de l'oculaire qui joue le rôle important; on en conçoit bien la raison : l'observateur n'est pas maître de déplacer les corps éloignés, il n'a d'autre ressource que celle de changer la distance relative des lentilles à travers lesquelles cheminent les faisceaux lumineux envoyés par ces corps.

1597. **Grossissement.** — On appelle grossissement d'une lunette astronomique le rapport qui existe entre l'angle sous lequel l'observateur voit l'image $A''B''$ et l'angle sous lequel il verrait l'objet AB, à l'œil nu. Dans le cas de la figure 784, le grossissement sera exprimé par $\dfrac{A''O'B''}{AOB}$ ou bien par $\dfrac{A'O'B'}{A'OB'}$. Pour trouver le rapport de ces angles, il suffit de déterminer le rapport des arcs qui, décrits du sommet comme centre, avec l'unité comme rayon, seraient compris entre leurs côtés. Or, ces angles sont toujours assez petits pour que l'on puisse approximativement prendre les cordes pour les arcs. L'angle $A'O'B'$, qui comprend entre ses côtés l'arc $A'B'$ décrit avec un rayon $A'O'$, comprendrait un arc $\dfrac{A'B'}{A'O'}$, s'il était au centre d'un cercle de rayon 1; de même la mesure de l'angle $A'OB'$ est $\dfrac{A'B'}{A'O}$. Le rapport de ces angles est donc $\dfrac{A'B'}{A'O'} : \dfrac{A'B'}{A'O} = \dfrac{A'O}{A'O'}$. Or, ce rapport $\dfrac{A'O}{A'O'}$ est approximativement égal à $\dfrac{F}{f}$, en appelant F et f les distances focales de l'objectif et de l'oculaire.

Cette formule montre qu'une lunette donne un grossissement d'autant plus considérable que la distance focale de l'objectif est plus grande et que celle de l'oculaire est plus petite. Cette observation est mise à profit dans la pratique.

1598. **Mesure du grossissement.** — En fait, la formule qui a été trouvée ne donne le grossissement qu'avec une approximation assez

grossière. Si on veut l'obtenir exactement, il vaut mieux opérer d'une
manière directe, en comparant, par un procédé expérimental, l'angle
sous lequel on voit un objet dans la lunette, à l'angle sous lequel on le
verrait à l'œil nu. La méthode la plus simple est analogue à celle qui a
été employée pour le microscope. On se sert d'une règle verticale divisée A qui est située à une grande distance, à 300 mètres, par exemple ;
on la regarde à l'œil nu ; à cette distance de 300 mètres, chaque partie
de la règle est vue avec un diamètre apparent beaucoup plus petit que
si elle était placée à la distance de la vision distincte, qui peut être prise
égale, comme nous le savons, à 30 centimètres. Comme ce nombre
300 mètres est égal à 1,000 fois 30 centimètres, l'angle sous lequel on
apercevra chaque division de la règle sera 1,000 fois plus petit que si
cette règle était à la distance de la vision distincte, et une longueur de
1 mètre ne semblera pas plus grande qu'une longueur de 1 millimètre
qui serait placée à 30 centimètres de l'œil.

Cette règle A est regardée à travers la lunette par l'œil droit. Vis-à-vis
de l'œil gauche, on fixe une seconde règle B placée à la distance de la
vision distincte ; les traits de l'image aperçue dans le champ de la lunette semblent se dessiner sur la règle qui est regardée directement, et
l'on trouve, par exemple, qu'une longueur de 1 mètre appartenant à la
règle A occupe une longueur de 70 millimètres sur la règle B. L'objet,
par le fait de la lunette, est donc rendu visible à l'observateur sous un
angle 70 fois plus grand. Le grossissement de l'instrument est égal à 70.

1599. **Champ.** — Le *champ* de la lunette correspond à l'espace qui
est rendu visible par l'emploi de l'instrument. Il est déterminé par l'ensemble des faisceaux qui, traversant l'objectif, peuvent passer à travers
l'oculaire et arriver enfin jusqu'à l'œil. Pour exécuter cette détermination, il faut suivre la marche des rayons partis d'un point A quelconque
placé devant l'objectif, et voir à quelles conditions ils émergeront, en
totalité ou en partie, à travers l'oculaire.

Les rayons qu'un point A (*fig.* 786) envoie à l'objectif sont tous compris dans le cône dont A est le sommet et dont la surface de la lentille L
forme la base. Après la réfraction, ces rayons forment un cône convergent vers A' ; puis, les rayons s'écartent en divergeant. Si les rayons de
ce cône tombent tous sur l'oculaire, il est évident que le point lumineux
sera visible ; si aucun d'eux n'y parvient, ou s'il n'en arrive qu'un nombre trop petit pour produire un éclat suffisant, le point A ne pourra pas
être aperçu. On admet un peu arbitrairement, mais avec une approximation convenable, qu'un faisceau est visible quand son axe touche le bord

de l'oculaire. L'axe de ce cône, c'est ce qu'il importe le plus de remarquer, n'est autre chose que l'axe secondaire AA' mené du point A ; et en
résumé, les axes secondaires tels que AOA', constitués par des lignes qui

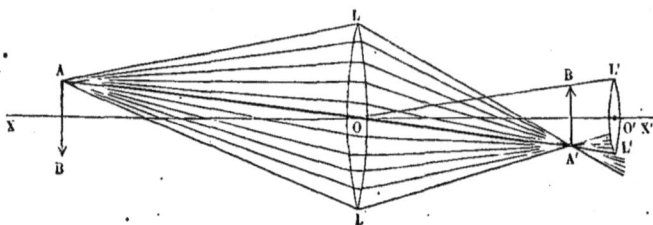

Fig. 786.

vont du centre optique de l'objectif aux bords de l'oculaire L', limite-
ront l'espace visible. L'on pourra dire, par conséquent, que celui-ci est
renfermé tout entier dans un cône ayant pour base le grand cercle de
l'oculaire et pour sommet le centre optique de l'objectif. L'angle L'OL'
servira donc de mesure au champ de la lunette. L'oculaire est toujours
de petite dimension ; L'L' pourra être pris pour l'arc décrit du point O
comme centre avec la distance des deux lentilles $F + f$ comme rayon. La
valeur de cet angle pourra donc être considérée comme égale à $\dfrac{D}{F+f}$;
D représentant le diamètre de l'oculaire.

1600. Détermination expérimentale. — Ce calcul, qui n'est qu'approximatif, ne peut donner qu'une première *indication* sur la grandeur
du champ ; il faudrait étudier avec soin l'influence exercée par les différentes quantités dont elle dépend ; mais il vaut mieux, dans tous les
cas, la déterminer directement par l'expérience. A cet effet, une règle
divisée est placée à une distance assez grande, 500 mètres par exemple ;
on regarde quelle est l'étendue visible de la règle à travers la lunette,
et on divise cette étendue par la distance. On a ainsi la longueur de l'arc
qui mesure l'angle du champ et le nombre de degrés de cet arc donne
l'angle cherché. Cette méthode a l'avantage de permettre l'étude des
diverses parties du champ réel. En se guidant d'après la netteté de
l'image observée, on note quelles sont les parties du champ où ces
images sont bonnes et celles où elles sont médiocres. Dès lors, la valeur
optique de l'instrument peut être appréciée en parfaite connaissance de
cause.

1601. Anneau oculaire. — La lentille objective d'une lunette astronomique peut être considérée elle-même comme un objet lumineux dont

chaque point envoie des rayons dans toutes les directions, et en particulier vers la lentille oculaire placée à la distance $F+f$. Il doit donc
se former en avant de cet oculaire une image petite et réelle de l'objectif,
image qui se présente en effet sous l'aspect d'un disque étroit fortement
éclairé : on l'a nommé l'*anneau oculaire*. La connaissance de la position
de l'anneau oculaire a de l'importance : c'est à peu de distance de la
région qui lui correspond que doit être placé l'*œilleton*, petite lame
métallique percée d'un trou contre lequel vient se placer l'œil. C'est là
seulement, que l'observateur, armé de la lunette, peut apercevoir les
objets qu'il examine, avec leur maximum de clarté et avec la plus grande
étendue de *champ* possible. Chaque rayon lumineux parti de l'objet et
venu jusqu'à l'oculaire en passant par l'objectif, s'est nécessairement
superposé, pour ne plus le quitter, à un rayon émis par le point de l'objectif que ce rayon a traversé ; mais les faisceaux qu'envoie l'objectif
sont tous contenus dans l'anneau oculaire : donc ceux qui, provenant de
l'objet, ont pu parcourir la lunette, viennent tous se croiser dans ce
même petit espace, et si la pupille est placée là, l'œil pourra · recevoir
la totalité de ces rayons.

En mesurant le rapport du diamètre 0 de l'objectif à celui I de l'anneau oculaire, on obtient la valeur du grossissement dans la lunette
astronomique. En effet, on a ($\S$ 1495) :

$$\frac{1}{F+f}+\frac{1}{p'}=\frac{1}{f},$$

d'où

$$p'=\frac{f}{F}(F+f).$$

mais $\dfrac{0}{I}=\dfrac{p}{p'}=\dfrac{F}{f}$. et comme le grossissement G dans la lunette a pour

valeur générale : $\dfrac{F}{f}$, on en déduit $G=\dfrac{0}{I}$.

1602. Axe optique. — La lunette astronomique a pour but de permettre à l'observateur d'apercevoir plus nettement les détails des objets
qu'il étudie ; elle met l'astronome en rapport plus direct avec les astres
éloignés ; elle lui donne la faculté d'acquérir quelques notions précises
sur leur constitution, sur les changements qui s'y opèrent, et enfin de
découvrir des mondes que la sensibilité très-restreinte de notre œil n'eût
jamais permis d'apercevoir dans les profondeurs du ciel. Mais elle a un
autre usage, on pourrait presque dire plus important que le premier :
elle rend d'immenses services par l'exactitude très-grande avec laquelle

elle donne la mesure des angles. Pour satisfaire à cette nouvelle destination, elle porte un *réticule* au foyer de son oculaire ; ce réticule, dans
sa plus grande simplicité, consiste en deux fils d'une finesse extrême,
croisés à angle droit et formant un plan perpendiculaire à l'axe de la
lunette. La ligne qui joint le *point de croisée* des fils au centre optique
de l'objectif porte le nom d'*axe optique* de la lunette ; cette ligne, prolongée indéfiniment au delà de la lunette, suit l'axe principal ou bien un
axe secondaire très-voisin du premier, et rencontre tous les points qui
font leur image à la croisée des fils. Cette image, regardée à travers l'o-
culaire, se confondra avec ce point de croisement. Une ligne fixe est donc
déterminée dans l'instrument, pourvu toutefois que l'on ait soin, dans
le cours d'une série d'observations, de ne pas toucher au réticule.
L'angle dont il faut faire tourner la lunette pour apercevoir successivement deux points éloignés, est précisément l'angle sous-tendu par la
ligne qui joint ces deux points. Le grossissement de la lunette permet
d'ailleurs de diriger avec précision l'axe optique alternativement vers
l'un et l'autre de ces points.

1603. **Achromatisme.** — Un observateur qui n'aurait à sa disposition
qu'une lunette astronomique à deux verres verrait toutes les lignes lumineuses sous la forme de bandes colorées ; il est donc indispensable
d'achromatiser l'instrument. On y parvient en achromatisant à la fois
l'objectif et l'oculaire. L'objectif se compose de deux lentilles, l'une biconvexe et formée de crown-glass, l'autre biconcave ou concave-convexe
et formée de flint-glass. Le système de ces deux lentilles n'est qu'imparfaitement achromatique (1560); on complète l'achromatisme de la lunette
en modifiant convenablement l'oculaire. L'oculaire d'Huyghens, oculaire
dit *négatif* qui a été donné déjà, à propos du microscope, convient très-
bien; il corrige en même temps, et les effets nuisibles de coloration,
et les aberrations de sphéricité. Il est excellent, lorsqu'il ne s'agit d'employer la lunette que pour présenter aux yeux les détails d'un objet
éloigné, et lorsque l'on ne tient pas à mesurer des angles. Mais, si la lunette devait satisfaire à cette dernière destination, l'oculaire d'Huyghens
serait d'un très-mauvais usage. Dans ce cas, en effet, comme il est nécessaire que l'œil aperçoive le réticule superposé à l'image, il faut que
le réticule et l'image grossis par la loupe L' soient placés à la même
distance de cette dernière. Or, cela n'est possible avec l'oculaire d'Huyghens que si le réticule est placé entre les deux lentilles qui composent
l'oculaire. Mais, d'autre part, l'oculaire est déplacé quand on l'ajuste
pour mettre au point et alors le point de croisée du réticule, en raison

de ce déplacement, est exposé à des mouvements ayant lieu à droite et à gauche de l'axe optique primitif : l'instrument ainsi construit ne posséderait donc pas un axe optique absolument fixe : il serait impossible de se fier à ses indications pour la mesure des angles.

Ramsden a construit un oculaire, dit *oculaire positif*, qui peut se placer en avant du réticule, et dont l'achromatisme se fait par les mêmes principes qui ont servi à établir celui de l'oculaire d'Huyghens (1593).

1604. Clarté des images. — La lumière reçue par l'objectif de la lunette, et qui forme devant l'œil l'image agrandie d'un corps lumineux, se trouve disséminée sur toute la surface de cette image : celle-ci devra, par suite, se trouver d'autant plus pâle qu'elle sera plus étendue. Mais la clarté de l'image est, d'autre part, augmentée par les grandes dimensions de l'objectif, qui recueille une quantité de lumière d'autant plus considérable que son diamètre est plus grand ; toutefois, de ces deux effets, celui du grossissement qui pâlit l'image est, dans la plupart des lunettes, plus puissant que l'effet inverse que produisent les grandes dimensions de l'objectif pour en aviver la clarté. Une lunette de moyenne grandeur (celle que nous avons à notre disposition, par exemple) grossit-elle 70 fois en diamètre, son grossissement en surface est $(70)^2$ ou 4,900. Toute la lumière qui frappe l'objectif est comme étalée sur 4,900 surfaces égales à celle que semble avoir l'objet vu directement à l'œil nu. Si donc les dimensions de l'objectif étaient les mêmes que celles de la pupille, la clarté de chaque partie de l'objet serait réduite à $\frac{1}{4900}$. et encore faudrait-il, dans le calcul, admettre qu'il n'y a aucune perte de lumière par l'action absorbante des lentilles placées sur le trajet des rayons lumineux. Mais la lunette qui est entre nos mains a un objectif d'une étendue égale à 625 fois celle de la pupille, ce qui rend l'image 625 fois plus brillante ; son intensité est donc $\frac{625}{4900}$ de ce qu'elle serait à l'œil nu ; elle est environ 8 fois plus pâle que l'objet vu à l'œil nu. Et encore, dans cette estimation, ne tenons-nous aucun compte des pertes de lumière qui s'effectuent dans l'instrument.

Il est évident que tout ce qui précède ne saurait s'appliquer à l'observation des étoiles par les lunettes. Ces astres n'ont jamais de diamètre apparent appréciable, quel que soit le grossissement employé ; l'intensité de leur lumière ne saurait donc être affaiblie par cette cause. Aussi peut-on, avec une bonne lunette, distinguer dans le ciel des étoiles très faibles qui sont invisibles à l'œil nu.

Pour tous les objets qui, vus à l'aide d'une lunette, ont un diamètre apparent sensible, les effets fâcheux du défaut de clarté de l'image sont en partie compensés par l'avantage qu'il y a à regarder à travers un tube qui élimine la lumière venant des corps autres que celui que l'on observe, lumière qui trouble la vision dans les circonstances ordinaires.

1605. Lunette terrestre. — La lunette astronomique fait voir les objets renversés ; ce renversement est tout à fait indifférent pour l'astronome, mais il est inacceptable quand il s'agit d'observer au loin les objets que nous sommes habitués à voir à la surface de la terre. Pour ces sortes d'observations, on munit la lunette d'un oculaire spécial qui redresse les images. Il est composé de trois lentilles : la première L (*fig.* 787) est placée de telle sorte que l'image AB fournie par l'objectif

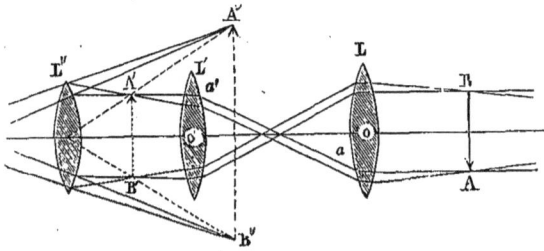

Fig. 787.

se forme à son propre foyer principal. Cette image est, en réalité, très-petite, mais nous sommes obligés de la figurer un peu grande pour que les constructions puissent être tracées nettement. Chaque point de AB est alors le foyer principal de l'axe secondaire qui passe par ce point, et les rayons qui émaneront de A, par exemple, sortiront tous de la lentille L suivant des lignes parallèles à l'axe secondaire AO correspondant à ce point. La seconde lentille L' reçoit ces rayons et les fait converger en un point A' qui est, par rapport à la lentille L', le foyer principal de l'axe secondaire A'O' parallèle aux rayons aa' ; si bien que l'image de AB se formera redressée en A'B'. Cette image sera égale à la première image AB si les deux lentilles L et L' sont identiques.

Les axes secondaires AO et A'O' sont, en effet, parallèles entre eux comme parallèles l'un et l'autre aux rayons aa', et pour que A' et A soient à la même distance de l'axe principal, il faut que les distances focales AO, A'O' soient égales entre elles. L'image A'B' ainsi redressée est regardée avec une loupe L".

Le système des trois lentilles est d'ailleurs porté par un tuyau qui les tient ensemble à une distance fixe l'une de l'autre. L'observateur met l'oculaire au *point*, en l'écartant ou en le rapprochant de l'objectif, comme dans le cas de l'oculaire de la lunette astronomique.

1606. Lunette de Galilée. — L'invention de la première lunette connue est attribuée à Galilée et on l'appelle aujourd'hui lorgnette de spectacle à cause de l'usage auquel elle est presque exclusivement employée.

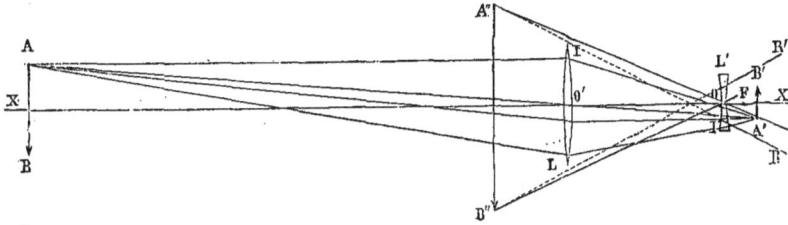

Fig. 788.

Cette lunette se compose de deux verres, l'un L (*fig.* 788 et 789) placé du côté de l'objet est une lentille convergente qui donnerait une image

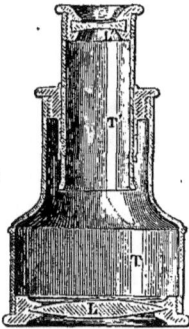

Fig. 789.

réelle A′B′ d'un objet éloigné AB; mais on ne laisse pas l'image A′B′ se former. Une lentille divergente L′ servant d'oculaire, est interposée de telle sorte que son foyer F soit voisin du point où se produirait l'image A′B′, et alors, comme nous l'avons montré (1515), il se forme, de l'objet virtuel et renversé A′B′, une image virtuelle redressée et agrandie qui apparaît en A″B″ pour l'œil placé derrière L′. Il est inutile de reproduire ici le raisonnement déjà fait. Le lecteur n'a qu'à se reporter au paragraphe que nous venons d'indiquer.

Un système de tuyaux T, T′ (*fig.* 789) porte les lentilles; et chacun, selon sa vue, éloigne plus ou moins l'oculaire de l'objectif, pour obtenir une perception nette des objets. — L'œil doit être placé aussi près que possible de la lentille oculaire, afin de recevoir un grand nombre des rayons divergents qui en émergent.

1607. Quant au grossissement, il s'établit dans le cas de la lunette de Galilée, en s'appuyant sur les principes déjà utilisés pour l'évaluation du grossissement dans la lunette astronomique.

Il est à remarquer, en premier lieu, que la distance L des deux verres ou la longueur de la lunette est sensiblement égale à la différence F—f des distances focales principales de l'objectif et de l'oculaire. En effet, l'image A″B″ provenant de l'objet virtuel A′B′ doit se former à une distance de O égale à D, distance de la vision distincte. On a donc, dans le cas particulier de l'objet virtuel dans la lentille divergente :

$$\frac{1}{F-l} + \frac{1}{D} = \frac{1}{f},$$

d'où

$$l = F - \frac{fD}{D-f},$$

et comme la distance focale de l'oculaire est toujours très-petite, f est négligeable en présence de D, et, par suite, l est sensiblement égal à F—f. D'autre part, le grossissement est représenté par le rapport $\frac{A''OB''}{A'O'B}$ ou $\frac{A'OB'}{A'O'B'} = \frac{F}{f}$. Il a la même expression que dans la lunette astronomique.

TÉLESCOPES

1608. On donne le nom de télescopes à des instruments qui sont destinés, comme la lunette astronomique, à l'observation des objets éloignés, mais où les fonctions de l'objectif sont remplies par un miroir concave qui rassemble en une image petite et très-brillante, les rayons divergents qu'il reçoit sur sa large surface. Cette image est ensuite observée avec un oculaire analogue à l'un de ceux que nous avons déjà décrits en parlant des lunettes.

1609. **Télescope d'Herschell.** — Le télescope le plus simple est celui qu'Herschell employait pour ses observations astronomiques. Il était composé d'un miroir concave que l'on dirigeait vers les régions du ciel que l'on voulait explorer. Au foyer principal de chaque axe secondaire, se formait l'image du point situé à l'extrémité de cet axe. Avec une loupe qu'il tenait à la main, Herschell pouvait étudier, dans tous ses détails, l'image grossie qui provenait du croisement des rayons renvoyés par le miroir. Nous avons vu, dans le chapitre de la réflexion, que le miroir concave donne, entre le foyer principal et le centre, les images renversées des objets situés au delà du centre; d'autre part, la loupe ne change pas le sens de cette image. C'était donc le ciel renversé qui s'étalait, sous les yeux d'Herschell, au foyer de son instrument, mais cette circonstance ne présente aucun inconvénient, quand l'observateur est prévenu.

Un télescope de cette espèce a un défaut qui résulte de sa simplicité même. Pour que l'observateur puisse regarder, il faut qu'il se place sur le prolongement des rayons qui viennent de s'entre-croiser pour former l'image, et sa tête s'interpose alors entre le ciel et le miroir; dès lors une partie des rayons incidents ne peut arriver sur la surface réfléchissante, ce qui nuit évidemment à la clarté des images. Avec un miroir de petites dimensions, ce défaut ne serait pas tolérable, car preque toute la surface serait cachée par l'observateur. Mais Herschell employait des miroirs qui mesuraient jusqu'à 2 mètres de diamètre, et une partie, relativement faible, de la surface réfléchissante était seule perdue par la nécessité de se placer devant le miroir. D'ailleurs, il diminuait encore l'inconvénient signalé en n'observant que les images qui se formaient sur un axe secondaire voisin des bords du miroir. A cela toutefois il y avait un désavantage; les images étaient moins nettes que si elles eussent été placées sur l'axe principal.

Le miroir du télescope d'Herschell, dont nous avons fait connaître les dimensions, était en métal. Afin qu'il ne s'infléchit pas sous son propre poids, il fallait lui donner une épaisseur très-grande. Pour changer l'orientation d'une masse aussi considérable, on avait donc besoin d'énormes machines mises en mouvement par plusieurs hommes. La charpente qu'il avait fallu ériger pour supporter et faire mouvoir le colossal instrument occupait un très-grand espace. Depuis Herschell, lord Ross a construit un télescope encore plus puissant, et semblable d'ailleurs, en théorie, à celui d'Herschell; mais les dépenses d'installation sont tellement fortes que peu d'imitateurs se sont trouvés pour établir des appareils aussi coûteux.

1610. Télescope de Newton. — La méthode d'Herschell n'est pas applicable aux télescopes de petites dimensions. On emploie alors la disposition imaginée par Newton. Elle consiste à recevoir sur un miroir plan P les rayons qui, venant en A'B (*fig.* 790), donneraient l'image renversée des objets extérieurs. Ce miroir incliné à 45° sur l'axe et placé en avant du point de l'espace où viennent se croiser les rayons réfléchis, donne une image A″ B″ placée à angle droit par rapport à la première. C'est A″ B″ que l'on regarde avec une loupe O.

Les deux réflexions successives occasionnent sans doute une perte de lumière considérable : c'est pour éviter la seconde de ces réflexions qu'Herschell employait son système. De son côté, Newton en avait

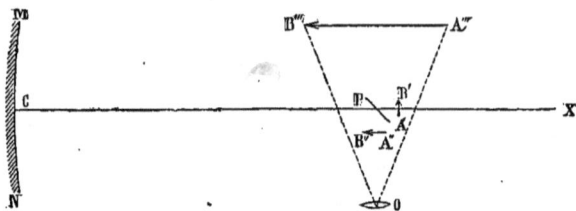

Fig. 790.

amoindri les inconvénients en rendant la perte de lumière aussi faible que possible; il se servait, dans ce but, de la face hypoténuse d'un prisme à réflexion totale.

1611. Télescope de Foucault. — Les deux espèces de télescopes décrits sont les seuls qui aient été employés, avec quelque succès, par les astronomes, bien qu'un grand nombre d'autres systèmes aient été proposés, systèmes ingénieux en théorie, mais sans aucun intérêt pratique. Nous pouvons même ajouter que, depuis la construction des lunettes achromatiques, les seuls télescopes qui présentent une supériorité véritable sur les lunettes, pour donner une perception distincte et détaillée des objets célestes, sont les télescopes d'Herschell. Mais, comme nous le disions plus haut, la construction et l'installation des grands miroirs occasionnent des dépenses tellement considérables, que l'emploi de ces télescopes est demeuré très-restreint. En outre, le poids de ces instruments rend impossible leur transport sur les hautes montagnes, là où la transparence de l'atmosphère permettrait d'utiliser toute leur puissance. Tel était l'état de la question, lorsque Foucault fut conduit à s'occuper du télescope. Avec sa sagacité ordinaire, l'habile physicien arriva promptement à construire des instruments qui l'emportèrent de beaucoup, pour la netteté des images, sur le télescope d'Herschell; ils ne sont plus, ni gênants par leur masse énorme, ni inabordables à cause de leur prix élevé.

Foucault eut d'abord l'idée de substituer le verre au métal, et de recouvrir d'une couche très-mince d'argent la surface vitreuse, après lui avoir donné la courbure voulue. Cette idée, qui avait été mise à l'essai, mais non poursuivie, par M. Steinheil, quelque temps auparavant, sans que Foucault en eût eu connaissance, cette idée réalisée par lui procura plusieurs avantages : 1° le poids du télescope fut diminué; 2° la taille en fut moins coûteuse; 3° enfin, la couche d'argent poli possède un pouvoir réfléchissant beaucoup plus grand que celui du métal des miroirs, et dès lors les images acquièrent un plus vif éclat.

1612. Procédé des retouches locales. — Foucault ne construisit, dans ses premiers essais, que des miroirs de petite surface. Puis il aborda la construction d'un miroir de 42 centimètres de diamètre. L'ouvrier chargé de le tailler, en forme de calotte sphérique, échoua à cinq reprises différentes. La surface présentait des irrégularités qui auraient enlevé toute netteté aux images. Cet insuccès, qui montra l'insuffisance des procédés employés pour la taille des verres, eut d'heureuses conséquences, car Foucault fut obligé d'entreprendre une série de recherches dans le but de reconnaître exactement où se trouvaient les défauts des surfaces taillées, afin de pouvoir ensuite les corriger un à un. Ce fut alors qu'il imagina le procédé si ingénieux des *retouches locales*, dont nous allons tâcher de faire comprendre le principe.

Supposons qu'au centre de courbure d'un miroir sphérique concave on place un point lumineux très-brillant et de très-petite dimension ; si la surface est parfaite, les rayons émanés de cette source de lumière viendront, après avoir été réfléchis par le miroir, se concentrer tous au centre même, et l'image obtenue sera en coïncidence exacte avec le point brillant. Quand le point lumineux s'écartera du centre, d'une petite quantité, son image ira se former de l'autre côté du centre, tout près de lui, et elle deviendra facilement observable dans tous ses détails, à l'aide d'un microscope. Un examen rapide de l'image ainsi obtenue fournit déjà quelques indications utiles sur l'état de la surface réfléchissante. Cette surface est-elle de révolution, l'image du point brillant paraît parfaitement ronde, quand le microscope est mis au point ; elle offre de plus des altérations symétriques dans l'intensité lumineuse des différentes zones concentriques qui la constituent, lorsque par le déplacement alternatif de l'appareil grossissant on l'examine tantôt en avant, tantôt en arrière du foyer.

Voilà déjà une première notion acquise; admettons qu'il ait été reconnu de cette manière que la surface explorée est de révolution, reste à savoir si elle est sphérique. Si elle l'est exactement, l'image circulaire nettement délimitée que l'on aperçoit au foyer, comprend tous les rayons réfléchis; et de plus, chacun des points de cette image reçoit des rayons venant à la fois de tous les éléments de la surface du miroir. Dès lors, qu'un observateur porte l'œil vers le foyer et un peu en arrière de ce dernier, en un point tel, que le miroir lui paraisse entièrement éclairé, voici les phénomènes qu'il pourra constater. — Il faudra, dans l'hypothèse d'une sphéricité parfaite, que si l'on vient à faire mouvoir transversalement avec lenteur, au foyer même, un écran à bord rectiligne pour intercepter progressivement l'image, l'observateur, placé comme il vient d'être dit, aperçoive l'illumination décroître à la fois également sur toute l'étendue du miroir. L'empiétement de l'écran sur l'image aura, en effet, pour résultat de supprimer un certain nombre des rayons réfléchis qui pénétraient tout à l'heure dans l'œil; mais, comme tous les points du miroir continueront toujours à en envoyer, autant les uns que les autres, dans la partie restante de l'image, dans celle qui atteint la rétine de l'observateur, la teinte de la surface vitreuse demeurera constamment plate et uniforme, tout en s'obscurcissant de plus en plus. Enfin l'éclairement du miroir cessera dans tous les points en même temps, à l'instant même où l'écran masquera complètement l'image circulaire.

Si, au contraire, la surface est défectueuse, la distribution des faisceaux envoyés par les différents éléments du miroir sera inégale dans les diverses régions de l'image; l'extinction progressive de la lumière ne produira plus la teinte uniformément décroissante dont nous venons de parler. Dans ce cas, on verra, comme superposé à la surface plane lumineuse que donnerait la sphère idéale, un solide dont les saillies dépendront des excès des rayons de courbure de la surface explorée sur ceux des éléments correspondants de la surface correcte. Ainsi, la partie centrale du miroir présente-t-elle une trop faible courbure, ce défaut sera révélé à l'observateur par l'apparition d'une proéminence centrale qui se manifestera à lui par le contraste des ombres et de la lumière, en lui donnant le sentiment d'un relief exagéré. En un mot, comme l'explique très-clairement Foucault : « Tous les versants inclinés du côté de l'écran paraîtront noirs; tous les versants inclinés du côté opposé paraîtront brillants... En définitive, l'aspect d'une telle surface sera le même que celui d'une surface mate qui présenterait avec un degré d'exagération extrême, des saillies et des creux semblablement distribués et qui serait éclairée par une lumière oblique provenant d'une source placée du côté opposé à l'écran qui intercepte l'image.

On conçoit maintenant comment il a été possible à Foucault, à la suite d'une pareille exploration de la surface réfléchissante, de faire disparaître les irrégularités de tout genre aux points mêmes où elles se montraient à lui, et d'amener, par un polissage convenablement dirigé, la surface primitive à un degré de perfection qu'il eût été impossible d'atteindre par les procédés ordinaires.

Il y a mieux : une étude attentive de la question lui a montré que ses procédés d'examen des surfaces étaient assez sensibles et ses moyens d'attaquer le verre assez précis pour qu'on dût espérer arriver à la production de surfaces parfaites dépourvues de toute aberration. Dès lors, il a pu construire des télescopes tels que les rayons émanés d'un point situé à une distance infinie vinssent tous converger rigoureusement au même point. Finalement, à la courbure sphérique a été substituée une courbure parabolique qui permet d'obtenir des images admirables de netteté ; l'aberration de sphéricité étant cette fois totalement annulée.

1613. Argenture des miroirs de verre. — La surface vitreuse préparée avec les précautions qui viennent d'être indiquées, doit être recouverte d'une couche d'argent. L'argenture du verre avait déjà été pratiquée en Angleterre par la méthode de Drayton, pour remplacer l'étamage des glaces ordinaires. Le procédé a été depuis régularisé et perfectionné par Foucault, dans le but d'obtenir, à froid, à la surface des miroirs concaves, une couche d'argent d'égale épaisseur dans tous les points, et assez adhérente pour pouvoir résister au frottement d'une peau de chamois chargée de rouge d'Angleterre. Ce frottement est destiné, on le devine, à amener un polissage aussi parfait que possible de la couche métallique. Le procédé de Drayton est aujourd'hui abandonné et remplacé avec beaucoup d'avantage par une méthode d'argenture due à M. Adolphe Martin, et fondée sur la réduction des solutions argentifères par le sucre interverti agissant en présence des alcalis. Voici cette méthode :

On commence par préparer les quatre solutions suivantes :

I. *Solution d'azotate d'argent dans l'eau distillée.* — 4 grammes d'azotate d'argent pour 100 grammes d'eau.

II. *Solution ammoniacale.* — Elle a un degré de concentration tel que 66 centimètres cubes de cette solution (II) suffisent pour faire apparaître d'abord et pour redissoudre ensuite complétement le précipité fourni par 100 centimètres cubes de la solution (I). On l'obtient à peu près au degré voulu en ajoutant à l'ammoniaque pure du commerce, à 24° Cartier, 14 fois son volume d'eau, puis on achève le titrage par tâtonnement.

III. *Solution de potasse pure dans l'eau distillée.* — 4 grammes de potasse à l'alcool, 100 grammes d'eau.

IV. *Solution de sucre interverti.* — On l'obtient en traitant 25 grammes de sucre blanc ordinaire dissous dans un 1/2 litre d'eau par 2 centimètres cubes d'acide nitrique du commerce. On porte à l'ébullition et on laisse refroidir, puis on ajoute assez d'eau pour donner 750 centimètres cubes de la solution.

Quand on veut argenter un miroir, on commence par bien nettoyer sa surface avec un tampon imprégné d'acide azotique étendu ; on le lave ensuite à grande eau, et on plonge le miroir encore humide dans la couche supérieure d'un liquide formé par le mélange à volumes égaux des quatre solutions précédentes ajoutées l'une à l'autre dans l'ordre indiqué plus haut. Au bout d'un quart d'heure environ et sous l'influence de la lumière diffuse, une couche d'argent brillante des deux côtés s'est déposée sur la surface vitreuse, et y demeure fortement adhérente. On reconnaît que l'opération est terminée à ce signe que le liquide qui était devenu brun d'abord, puis grisâtre, s'est recouvert d'une pellicule d'argent brillant. On lave alors le miroir à l'eau distillée ; on laisse sécher et on passe sur la couche métallique un tampon recouvert d'un peu de rouge d'Angleterre.

La disposition de l'instrument est d'ailleurs celle que Newton employait ; un prisme à réflexion totale renvoie l'image produite vers un oculaire qui, au lieu d'être constitué par une simple loupe, n'est autre·

Fig. 791.

que l'oculaire de la lunette astronomique. En MN (*fig.* 791) est le miroir concave, en O se trouve l'oculaire par lequel on regarde l'image réelle fournie par le miroir. Les pièces AA′, PQ, SS′ forment le pied de l'instrument qui peut tourner autour de l'axe AA′, prendre des inclinaisons diverses au moyen du support PQ, si bien qu'il est facile de le diriger très-promptement vers le point du ciel que l'on veut observer.

CHAPITRE VIII

DAGUERRÉOTYPIE — PHOTOGRAPHIE

—

1614. Première idée de la photographie. — La chambre noire munie d'une lentille convergente enchâssée dans un trou que l'on a pratiqué dans le volet, nous permet d'obtenir une image réelle, renversée, d'un objet extérieur et plus petite que lui, lorsque cet objet est placé à une distance de la lentille plus grande que le double de la distance focale principale. Nous avons vu (1502) qu'à l'aide de dispositions faciles à réaliser, cette image vient se peindre, soit sur une lame de verre dépolie, soit sur une feuille de papier, de telle manière qu'il est possible à un dessinateur d'en suivre, avec le crayon, tous les contours et d'en indiquer les moindres détails. Mais cette opération si simple en apparence présente, quand on en vient à l'exécution, des difficultés réelles. Il faut une grande patience et une grande habitude de ce genre de dessin pour obtenir un croquis satisfaisant d'une image qui vient pourtant s'étaler sur l'écran avec tant de netteté et de finesse, et qui conserve même, aux différents corps, les teintes véritables qu'ils ont dans la nature. Il était, à coup sûr, bien séduisant pour le génie de l'homme d'arriver à la solution d'une question qui se présentait naturellement à l'esprit, et qu'on pouvait formuler ainsi : supprimer le dessinateur et le remplacer par la lumière elle-même qui, en vertu de son action chimique, formera d'une manière durable sur un écran convenablement choisi, l'image jusque-là fugitive des corps placés en dehors de la chambre noire. Ce problème a été posé ; il a été résolu, et les résultats obtenus offrent aujourd'hui une perfection qu'on n'eût point osé espérer il y a trente ans.

1615. Propriétés photogéniques du chlorure d'argent. — Vers la fin du dernier siècle, Scheele avait remarqué, sans y attacher aucune importance, que du papier imprégné de chlorure d'argent humide se conserve parfaitement blanc dans l'obscurité, tandis qu'il acquiert, par son exposition au soleil et même à la lumière diffuse, une teinte violacée passant rapidement au noir foncé. Le sel d'argent, comme nous l'avons déjà indiqué (1546), éprouve une réduction partielle sous l'influence des rayons lumineux, et abandonne de l'argent métallique. Celui-ci, dans l'état de division extrême où il se trouve à la suite de sa mise en liberté, produit* une teinte noirâtre sur la feuille de papier qu'il recouvre.

1616. Progrès dus à Daguerre (*Daguerréotype*). — Il est remarquable que le chlorure d'argent, dont l'impressionnabilité, sous l'action de la lumière, avait été tout d'abord constatée, et qui rend de nos jours de si grands services pour la production des images daguerriennes, ait été méconnu dans ses bons effets et négligé par les premiers inventeurs de la photographie. Niepce, à qui on doit la première solution du problème qui nous occupe, employait dès 1826, comme substance photogénique, le bitume de Judée.

Mais sa méthode ne donna que des résultats très-imparfaits. Ce fut Daguerre qui, à la suite de son association avec Niepce, découvrit un procédé d'une application facile et dont le succès est toujours certain, quand on suit exactement les prescriptions de l'inventeur. Les détails de ce procédé furent dévoilés au public en 1839, dans un rapport remarquable présenté par Arago à la Chambre des députés. L'appareil imaginé par Daguerre, et qui n'est, au fond, que la chambre noire de Porta, a reçu depuis cette époque le nom de *daguerréotype*.

La couche impressionnable déposée sur la plaque métallique était l'iodure d'argent, qui, dans les parties atteintes par la lumière, éprouvera une modification dans sa nature chimique, puisqu'on l'exposera aux radiations lumineuses. Cette modification ne se traduit d'abord par aucun changement visible dans l'aspect uniforme de la couche. Mais si la plaque impressionnée est soumise à l'action d'un courant ascendant de vapeur mercurielle produite à la température de 60°, l'image, jusque-là inaperçue, se développe avec une vigueur croissante, et reproduit bientôt, dans ses moindres détails, l'objet lumineux placé devant l'objectif de la chambre obscure. L'examen microscopique de la plaque, effectué à la suite du développement de l'image, montre que de nombreux globules de mercure extrêmement petits se sont déposés dans tous les points primitivement frappés par la lumière. C'est leur teinte blanche qui corres-

pond aux tons clairs de l'objet; au contraire, dans les portions demeurées dans l'obscurité, l'iodure s'est conservé intact, le mercure n'a effectué aucun dépôt sensible, et si l'on vient alors à dissoudre cet iodure
inaltéré, par l'emploi d'un réactif approprié, l'hyposulfite de soude, ce
sont les parties dénudées du métal poli, qui reproduisent les parties
sombres de l'objet.

Nous n'avons pas l'intention de décrire ici, d'une manière complète,
le procédé de Daguerre; il est aujourd'hui tout à fait abandonné et remplacé avec beaucoup d'avantage par la photographie sur papier. Nous
nous bornerons, dans un intérêt purement historique, à donner un résumé succinct de la méthode.

1617. Production des images sur les plaques métalliques. — La
lame métallique, destinée à recevoir l'image, était constituée par une
plaque mince d'argent pur soudée à une plaque de cuivre. Elle était
nettoyée avec les plus grands soins, d'abord avec l'acide nitrique faible,
puis avec l'alcool, et finalement, on lui donnait un poli aussi parfait
que possible, en se servant de tripoli très-fin et de rouge d'Angleterre.
La plaque était ensuite soumise, dans une boite close, à l'action de la
vapeur d'iode jusqu'à ce qu'elle eût pris une teinte uniforme d'un beau
jaune d'or. A partir de ce moment, elle était devenue sensible à la lumière, et on ne devait plus la manier que dans l'obscurité. On l'intro-
duisait alors dans la chambre obscure, à la place même de la lame de
verre dépolie mise préalablement au foyer. Quand on jugeait que la
durée de l'exposition était suffisante, ce qu'on estimait par des expériences d'essai exécutées à l'avance, on la retirait de la chambre noire
pour la porter dans la boite à mercure, et la soumettre sous une inclinaison de 45°, à l'action de la vapeur mercurielle. Enfin, quand l'image
avait acquis son maximum d'intensité, on la rendait désormais inaltérable par la lumière, en la plongeant dans une dissolution d'hyposulfite de
soude. Il n'y avait plus, à la suite de cette fixation de l'image, qu'à laver
la plaque à grande eau et à la sécher.

**1618. Inconvénients résultant de l'emploi d'une plaque métal-
lique.** — Le procédé de Daguerre, quoique bien complet, laissait à désirer sous plusieurs rapports. Les images étaient trop plates, elles manquaient de relief; l'opposition des lumières et des ombres était souvent
trop peu marquée; enfin, la durée de l'exposition dans la chambre obscure était trop grande; il fallait au moins un quart d'heure pour obtenir l'image d'un édifice éclairé par le soleil. Aussi, dans les premiers
temps de l'emploi du daguerréotype, désespérait-on de pouvoir jamais

faire le portrait. Mais des perfectionnements nombreux ne tardèrent
pas à être découverts : le dépôt successif de la vapeur d'iode et de la
vapeur de brome, sur une même plaque, donna à la couche impressionnable cette sensibilité qu'il était si important de lui faire acquérir ; et
bientôt, on put faire des portraits à l'ombre, après une pose de vingt à
trente secondes ; la dissolution aqueuse de brome, le bromure d'iode,
la chaux bromée furent les réactifs successivement employés pour rendre la couche très-sensible.

1619. Perfectionnement dû à M. Fizeau. — M. Fizeau introduisit
un perfectionnement qui constitue peut-être, à lui seul, le plus grand ·
progrès qu'ait accompli la daguerréotypie proprement dite, depuis 1839.
Il proposa de chauffer la plaque métallique, à la suite de la fixation de
l'image, au contact d'une dissolution faible d'hyposulfite double d'or
et de soude. Dans ces conditions, l'image se renforce visiblement, elle
prend du relief, un ton vigoureux qu'elle n'avait pas auparavant, et
en même temps, comme elle se recouvre d'une couche d'or qui est
assez mince pour demeurer transparente, elle devient à peu près inaltérable.

Malgré tout, deux inconvénients graves restaient inhérents à l'emploi
d'une plaque de métal. Les noirs de l'image offraient, dans tous les cas,
un miroitement désagréable qui ne permettait de saisir l'ensemble du
dessin, que lorsqu'on était parvenu, en tâtonnant, à placer la lame
brillante dans une inclinaison convenable par rapport aux rayons lumineux qui la frappaient. En outre, l'image obtenue une première fois ne
pouvait se reproduire par elle-même, il fallait l'emploi de la chambre obscure pour chaque épreuve nouvelle. La production de clichés
indélébiles comparables à la planche burinée par le graveur et capables, comme elle, de reproduire, autant de fois qu'on le voudrait, une
même image daguerrienne : tel était évidemment le nouveau problème
qui devait fournir un intéressant sujet d'études aux physiciens et aux
nombreux adeptes de la photographie.

Il est juste de signaler, à la reconnaissance des amis des sciences expérimentales, les noms de MM. Talbot, Bayard, Blanquart-Évrard, Niepce
de Saint-Victor, le neveu du premier inventeur, Poitevin, qui par leurs
travaux persévérants et leur dévouement à la science, ont le plus contribué aux progrès admirables que la photographie a accomplis, dans
un si petit nombre d'années. Nous ne saurions suivre ici les transformations diverses qu'ont subies les procédés mis en œuvre, aux différentes époques. Ces détails, qui ont pris maintenant le caractère de docu-

ments historiques, trouvent naturellement leur place marquée, dans un traité spécial de photographie, nous devons nous contenter de décrire la méthode qui est généralement suivie en ce moment, et dont tout le monde est en mesure d'apprécier les excellents résultats.

PHOTOGRAPHIE SUR PAPIER

1620. Indication générale des opérations. — La marche générale des opérations est celle-ci : 1° Déposer à la surface d'une lame diaphane (une lame de verre, une feuille de papier), sous la forme d'une pellicule mince et homogène, une substance impressionnable à la lumière : le chlorure, le bromure, l'iodure d'argent; ou un mélange de quelques-uns de ces composés; 2° introduire la lame dans la chambre obscure, pour qu'elle y subisse l'action de la lumière; 3° faire apparaître l'image par l'emploi d'un agent chimique convenable qui réduira partiellement le sel d'argent dans les parties que la lumière aura atteintes, et qui constituera dès lors l'agent révélateur. De cette façon, les blancs de l'objet seront représentés par des noirs sur l'image, et les noirs par des blancs. En un mot, l'image sera l'inverse de l'objet ; ou, comme on le dit, l'image sera *négative;* 4° fixer l'image, c'est-à-dire la rendre désormais inaltérable par la lumière, en dissolvant toute la portion des sels métalliques que les radiations lumineuses n'ont point modifiée.

Ces quatre opérations nous ont mis en possession du cliché. Maintenant l'image négative ainsi obtenue et fixée sur la lame diaphane va servir à la production, sur papier, d'autant d'images qu'on le voudra, dans lesquelles les clairs et les ombres de l'objet reprendront leur place naturelle. Ces images, par opposition avec les précédentes, sont appelées *positives*. Il suffira, pour les obtenir, de placer derrière le cliché une feuille de papier imprégnée de chlorure d'argent dans l'obscurité, et d'exposer le tout, dans un châssis, à l'action de la lumière solaire. Les rayons, passant à travers les parties blanches de l'image négative, les traduiront en noir sur le papier chloruré, et inversement, les parties noires du cliché, arrêtant les rayons lumineux au passage, laisseront des blancs correspondants sur la feuille en contact, il n'y aura plus qu'à dissoudre l'excès de chlorure pour avoir une image positive fixée.

- Telle est la suite ordinaire des opérations à exécuter ; étudions-les maintenant de près, une à une.

1621. Formation de la couche sensible. — Emploi du collodion. — Négatifs sur collodion. — Le réactif chimique (habituellement iodure d'argent), destiné à recevoir l'impression lumineuse, se présenterait sous la forme d'une matière pulvérulente, sans cohésion, si l'on se contentait de le déposer à la surface de la lame de verre ; il est indispensable de le convertir, par l'intermédiaire d'une liqueur visqueuse susceptible de dessiccation, en une couche continue, homogène, suffisamment résistante, qui adhère fortement à la lame diaphane. Le véhicule employé dans ce but a beaucoup varié ; on s'est successivement servi de l'albumine et de la gélatine ; on emploie aujourd'hui de préférence le collodion qui provient de la dissolution dans un mélange d'éther et d'alcool d'une variété convenablement choisie de coton-poudre. C'est de la production des négatifs sur glace collodionnée que nous nous occuperons tout d'abord.

La composition des liqueurs photogéniques destinées à sensibiliser la couche de collodion, à faire apparaître l'image, à la renforcer et à la fixer, change pour ainsi dire avec chaque opérateur ; aussi trouve-t-on dans les livres et les recueils scientifiques l'indication de formules très-différentes, pour arriver à un même résultat. Voici des dosages qu'une longue expérience a consacrés et avec lesquels on obtient d'excellents résultats.

I — PRÉPARATION DES LIQUEURS PHOTOGÉNIQUES POUR IMAGES NÉGATIVES

1622. (A) Collodion ioduré. — On prend :

Éther rectifié à 60°.. . . . . :	65ᶜᶜᶜ
Alcool à 40°..	35ᶜᶜᶜ
Iodure de cadmium. . . . . :	0ᵍʳ,6
Iodure d'ammonium.	0ᵍʳ,4
Bromure d'ammonium.	0ᶜʳ,1

On fait dissoudre les iodures et le bromure dans l'alcool, on filtre la solution et on l'ajoute à la quantité d'éther indiquée ; puis on introduit dans le mélange 1 gramme de coton-poudre, soluble sans résidu. — On laisse la liqueur ainsi préparée se reposer pendant deux jours dans un flacon bien bouché, et au bout de ce temps, on la décante pour la distribuer dans plusieurs petits flacons qu'on devra conserver, pour l'usage, pleins et hermétiquement clos. En opérant comme il vient d'être dit, la liqueur obtenue est très-limpide, elle présente une légère teinte jaune et peut se conserver indéfiniment, sans altération.

1623. (B) **Bain d'argent.** — Il est très-important que le nitrate d'argent, qui, par sa réaction sur l'iodure de cadmium et l'iodure d'ammonium, donnera l'iodure d'argent, soit à l'avance saturé de ce dernier sel. Par ce moyen, il ne pourra dissoudre aucune portion de l'iodure développé sur la plaque, et dès lors une cause fréquente de variation dans l'état de la couche sensible se trouvera éliminée. Cette saturation du bain doit être faite dans l'obscurité. On prend :

> Nitrate d'argent cristallisé. . . . . 40^{gr}
> Eau distillée.. . . . . 100^{cc}

Dans cette dissolution, on ajoute quelques gouttes de la solution suivante :

> Alcool à 40°. . . . . 10^{cc}
> Iodure de cadmium.. . . . . 2^{gr}
> Iode en grain. . . . . 0^{gr},5

Il se forme un précipité d'iodure d'argent qui se redissout d'abord ; mais on continue de verser la solution alcoolique, goutte à goutte, jusqu'à la production d'un précipité permanent. On filtre à ce moment, on ajoute à la liqueur filtrée 40^{cc} d'eau distillée, elle se trouble de nouveau, prend un aspect laiteux et exige, pour être prête à servir, une seconde filtration.

1624. (C) **Liquide révélateur employé pour le développement de l'image, au sortir de la chambre obscure.** — Si l'on doit faire un grand nombre d'expériences le même jour, on prend :

> Eau distillée ou eau de pluie. . . . . 400^{cc}
> Acide acétique cristallisable, de. . . . . . . 15^{cc} à 25^{cc}
> Acide pyrogallique. . . . . 1^{gr}

La liqueur est renfermée dans un flacon qu'on conserve à l'abri de la lumière. Il est bon toutefois de la préparer, peu de temps avant son emploi. Quand on a quelque raison de penser que la durée de la pose a été insuffisante, au lieu d'employer la liqueur (C), on développe l'image, en se servant, comme réducteur, d'une dissolution de sulfate de fer ; seulement, comme le sulfate de fer du commerce renferme, le plus souvent, de l'acide sulfurique libre qui nuit à la vigueur de l'épreuve, on se dé-

barrassé de cet acide en excès, en préparant la liqueur réductrice de la
manière suivante : on fait dissoudre d'une part, dans

(D)   Eau. 250ᶜᶜᶜ
        Sulfate de fer pur. 50ᵍʳ

d'autre part dans

        Eau. 100ᶜᶜᶜ

on fait dissoudre

        Acétate de plomb. 5ᵍʳ

On filtre la deuxième solution ; on l'additionne de 20 centimètres cubes
d'acide acétique, et on la mélange à la première ; il se forme un précipité de sulfate de plomb ; on filtre et on ajoute à la liqueur obtenue :

        Eau. 400ᶜᶜᶜ
        Éther acétique. 5ᶜᶜᶜ
        Éther nitreux (nitrique du commerce). 5ᶜᶜᶜ

Enfin, si la durée de la pose a été extrêmement courte ; si, en un mot,
on veut arriver à l'instantanéité des épreuves, tout en conservant au collodion et au bain d'argent leur composition primitive, on double la dose
d'éther nitreux dans l'eau éthérée dont nous venons de donner la composition, et on l'ajoute au bain de fer (D) : on ne fait alors le mélange
qu'au moment de s'en servir.

La liqueur qui résulte de ce mélange fait apparaître l'image avec une
grande rapidité et lui donne des noirs très-intenses.

1625. (E) **Liqueur propre à renforcer l'image quand les noirs
manquent de vigueur.** — L'image venue à l'acide pyrogallique ou au
sulfate de fer est souvent trop faible ; le cliché qu'elle fournirait ne pourrait donner que des positifs très-pâles. D'un autre côté, sous peine de
détériorer l'épreuve, on ne saurait prolonger l'action de l'acide pyrogallique au delà du moment où ce liquide prend une teinte brun de lessive.
On fait alors écouler de la surface de la lame de verre la liqueur bru-
nâtre qui y formerait un dépôt noir, et on renforce l'image de la manière
suivante :

Quelques gouttes d'une solution de nitrate d'argent dans l'eau à
5 p. 100 sont versées dans cette même liqueur (C), qui a servi au développement de l'image ; puis le mélange des deux liquides est répandu
sur l'épreuve, dont il augmente presque aussitôt la vigueur. Le nitrate
d'argent ainsi ajouté est peu à peu réduit par l'acide pyrogallique ; l'ar-

gent métallique se dépose sur les parties noires de l'image et les renforce.

1626. (F) **Liqueur pour fixer l'image négative**. — On mélange des parties égales d'eau de pluie et de dissolution saturée d'hyposulfite de soude. Ce liquide, au contact de l'épreuve, dégage rapidement l'image, en dissolvant tout l'iodure d'argent en excès.

PROCÉDÉ OPÉRATOIRE POUR LA PRODUCTION DES CLICHÉS

Les liqueurs étant préparées, en suivant les dosages que nous venons d'indiquer, et en se servant de produits purs (précaution capitale qu'il faut se garder de négliger), on procède à la *mise au point*.

1627. **Chambre obscure**. — **Mise au point**. — La chambre obscure qu'on construit aujourd'hui n'est plus aussi simple que du temps de Daguerre ; au lieu d'un simple objectif achromatique qu'employait ce dernier, on se sert de préférence d'un objectif double qui est dû à Petzewall, physicien allemand. Il se compose de deux lentilles achromatiques O et O' (*fig.* 792), qui sont fixées à une distance invariable l'une de l'autre, aux deux extrémités d'un même tube de cuivre ; ce tube, par

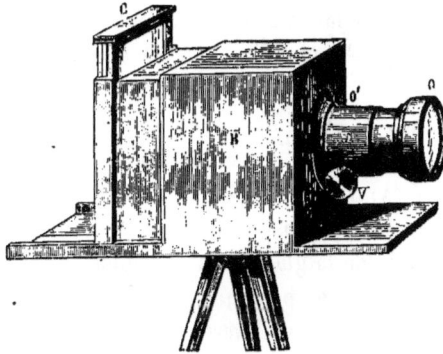

Fig. 792.

l'emploi d'une vis sans fin V et d'une crémaillère, peut être rapproché ou écarté, tout d'une pièce, de l'écran de verre dépoli G placé au fond de la chambre, quand on veut effectuer la mise au point. Quelquefois, la lentille antérieure est mobile par rapport à l'autre O', et son déplacement a lieu à l'aide d'une disposition mécanique semblable à la précédente. L'emploi des objectifs à verres combinés a permis de raccourcir le temps de pose ; et, en même temps, l'introduction de diaphragmes de diamètres convenables, soit en avant de la première lentille, soit entre les deux lentilles, a pour effet de supprimer les rayons marginaux et de contribuer ainsi à donner plus de netteté à l'image.

La boîte de bois B, dans l'intérieur de laquelle la plaque de verre recouverte de la couche sensible subira, après avoir pris la place de la glace dépolie, l'action des faisceaux lumineux réfractés par l'objectif, est formée de deux parties : l'une fixe qui porte les verres convergents, l'autre mobile qui porte la glace dépolie.

On dirige l'axe de la lunette antérieure OO' vers la partie centrale de l'objet à reproduire, de façon à rendre cet axe perpendiculaire au plan tangent aux diverses surfaces dont les contours doivent être dessinés avec le plus de netteté. Alors, en faisant mouvoir lentement, soit le fond mobile de la boîte, soit l'objectif, on arrive aisément à obtenir sur la glace dépolie une image très-nette de l'objet. La mise au point est réalisée.

1628. **Nettoyage des glaces.** — La lame de verre est-elle neuve ? il suffit de la laver avec soin à l'alcool et de la frotter avec un tampon de coton imprégné de tripoli fin délayé dans l'alcool ; quand la surface du verre s'est un peu séchée, on enlève les dernières traces de tripoli avec du coton bien sec. La glace a-t-elle déjà servi à la production d'images daguerriennes ? on la laisse séjourner, pendant plusieurs heures, dans l'acide azotique très-étendu d'eau, et on achève le nettoyage comme précédemment.

1629. **Dépôt sur la glace du collodion ioduré.** — On saisit la glace de la main gauche, par l'un des angles, et on verse de la main droite le collodion ioduré (A) de manière à recouvrir de liquide toute la surface vitreuse. On fait écouler ensuite l'excédant de collodion, en introduisant un autre angle de la glace dans le goulot d'un flacon, et on relève lentement cette dernière, pour que la liqueur en excès, se dirigeant vers le point le plus bas, se déverse dans le flacon. Le verre se trouve alors recouvert d'une couche mince, transparente et homogène de collodion ioduré.

1630. **Sensibilisation de la couche de collodion.** — Cette couche, par suite de l'évaporation de l'éther et de l'alcool, se dessécherait promptement ; mais on immerge la glace, peu de temps après la formation de la couche visqueuse, dans le bain (B), où on l'abandonne à elle-même pendant deux minutes. Cette opération et celles qui suivent doivent être faites dans l'obscurité, ou du moins dans une chambre qui ne reçoive la lumière du jour ou celle d'une lampe qu'à travers des verres jaunes. Une réaction chimique importante s'accomplit dans le bain : les iodures et les bromures de cadmium et d'ammonium se transforment en iodure et bromure d'argent, et quand on retire la glace, on la trouve recouverte d'une couche d'un blanc très-légèrement jaunâtre qui présente un aspect opalin.

1631. Exposition dans la chambre noire. — Au sortir du bain d'argent, on laisse la glace s'égoutter pendant quelques instants, on l'introduit dans un châssis à volet mobile, et on la porte rapidement dans la chambre noire, où elle est substituée à la glace dépolie. Le volet du châssis est soulevé, l'obturateur de la lunette écarté, et dès lors l'impression de la lumière peut librement se produire sur la couche sensible. Au bout d'un nombre de secondes qui dépend de l'intensité de la lumière (huit ou dix secondes au plus par un temps favorable, et pour un portrait à l'ombre), on replace l'obturateur, on abaisse le volet du châssis, et la plaque est reportée dans la chambre éclairée par les rayons jaunes.

1632. Apparition de l'image négative. — On verse à sa surface la quantité de l'un des liquides réducteurs (C), ou (D), juste nécessaire pour la recouvrir ; on voit alors l'image se développer, sous l'influence du réactif, d'une manière progressive, quand on emploie la liqueur (C) ; d'une manière presque subite, quand on se sert de la liqueur (D). Si on ne la trouve pas assez vigoureuse, on la renforce avec la liqueur (E), comme il a été dit plus haut (1625).

Il est utile de remarquer qu'un réducteur, quelle que soit sa nature, n'agit sur l'iodure d'argent que la lumière a frappé, pendant quelques instants seulement, qu'autant que cet iodure est en contact avec un excès de nitrate d'argent ; ceci nous explique le mode d'action de la liqueur renforçante, où l'acide pyrogallique intervient concurremment avec le nitrate.

1633. Fixage du cliché. — L'épreuve renforcée est lavée à grande eau et introduite dans le bain d'hyposulfite de soude (F). Quand elle est bien éclaircie, on la lave de nouveau avec soin ; on la sèche ; et, si elle doit servir à tirer un grand nombre de positifs, on la vernit, soit avec de l'eau de gomme très-légère, soit avec un vernis au copal.

1634. (G) **Bain d'argent.**

Eau distillée....................	400ʳ
Nitrate d'argent fondu..............	80ᵉʳ

1635. (H) **Bain pour le fixage et le virage de l'épreuve.** — On prépare : d'une part, une dissolution de

Hyposulfite de soude..............	100ᵉʳ

dans

Eau de fontaine..............	500ᵉʳ

de l'autre, on fait dissoudre

Chlorure d'or..............	1ᵉʳ

dans

Eau ordinaire................	500ᵉʳ

On mélange parties égales de ces liqueurs, en versant la seconde dans la première, quelques heures avant de procéder au tirage.

PROCÉDÉ OPÉRATOIRE POUR LE TIRAGE DES ÉPREUVES POSITIVES

1636. On prend du papier albuminé et salé tel qu'on le trouve aujourd'hui dans le commerce. Après lui avoir donné des dimensions un peu plus grandes que celles du cliché, on l'étend à la surface du bain d'argent (G), où on le laisse s'imprégner pendant cinq minutes. Il se forme du chlorure d'argent dans la pâte même du papier et à sa surface. Au sortir du bain, on le laisse s'égoutter et on le fait sécher dans l'obscurité, en le suspendant à un crochet par l'un de ses angles : celui par lequel on l'a saisi, au moment où il a été retiré du bain. Le papier sensible, quand il est bien sec, est placé derrière le cliché, sa face chlorurée en contact avec le collodion ; et on expose le tout au soleil dans un châssis fermé par une lame épaisse de verre, qui maintient le contact invariable du papier sensible avec le cliché. Les bords du papier qui dépassent les limites de l'image négative, prennent successivement, à mesure que l'action solaire se prolonge, les teintes violet pâle, violet foncé, bistre ;

vert bronze ; quand cette dernière teinte est obtenue, on reporte le châssis dans une chambre éclairée faiblement, et on voit que l'image est un peu plus venue qu'elle ne doit l'être finalement. Cette circonstance est favorable, parce que, dans le bain d'hyposulfite, l'épreuve pâlit toujours un peu.

La feuille de papier sur laquelle l'image a été développée est lavée avec soin à l'eau de pluie, pour la débarrasser du nitrate d'argent qu'elle a retenu, et immergée ensuite dans le bain (H). L'hyposulfite double d'or et de soude que contient ce bain fait virer l'épreuve et lui donne un ton noir fort agréable ; d'autre part, l'hyposulfite en excès dissout le chlorure d'argent que la lumière n'avait point altéré et fixe ainsi l'épreuve. Après une heure de contact avec la liqueur (H), l'épreuve est lavée plusieurs fois à grande eau et laissée, pendant vingt-quatre heures au moins, dans un bain d'eau de fontaine qu'on renouvelle de temps en temps. La feuille de papier, après ce lavage complet, est enfin séchée à l'air libre.

COLLODION SEC

1637. Dans le procédé qui vient d'être décrit, le collodion est toujours employé humide ; il offre en effet, dans ces conditions, une très-grande sensibilité ; et la durée de la pose, quand il s'agit de faire le portrait, peut être réduite à deux ou trois secondes par une bonne lumière ; mais cette manière d'opérer ne laisse pas que d'être fort incommode, lorsqu'on fait de la photographie loin de son laboratoire, en plein champ : lorsque, par exemple, on veut prendre, en voyage, des vues de monuments ou des paysages. On a donc naturellement cherché à substituer, au collodion humide qui exige une exposition immédiate à la chambre obscure, et une foule d'opérations diverses et de lavages exécutés sans retard, un collodion sec qu'on pourra préparer et sensibiliser, tout à l'aise, dans son laboratoire, pour ne l'employer que trois semaines ou un mois après. La plaque collodionnée et déjà recouverte d'iodure d'argent, par la méthode ordinaire, sera alors enfermée dans une boîte bien close, à l'abri de la lumière. Quand on voudra prendre une vue ou faire un portrait, la plaque sensibilisée longtemps à l'avance, sera introduite dans la chambre obscure, sans qu'elle ait vu le jour ; puis, à la la suite d'une exposition suffisamment prolongée, on la replacera de nouveau dans la même boîte, et ce ne sera que plusieurs jours après l'exposition, qu'on s'occupera de faire apparaître l'image.

1638. Préparation du collodion sec au tannin. — On a longtemps tâtonné pour arriver à ce résultat. Le collodion ordinaire, quand il est tout à fait sec, est devenu presque insensible à l'action de la lumière; il fallait donc introduire dans sa masse une substance qui conservât à la couche sensible une certaine moiteur.

Le collodion ordinaire, dont la composition a été donnée (1622), peut être employé. On le verse à la surface de la glace et on le sensibilise par l'immersion dans le bain d'argent (B) (1623), sans rien changer à la méthode déjà décrite. Au sortir du bain d'argent, la glace est lavée avec soin à l'eau distillée, puis immergée successivement dans plusieurs bains d'eau de pluie, pour enlever les dernières traces de nitrate. Après ces lavages répétés, on verse à la surface de la plaque une dissolution de tannin composée comme nous le dirons bientôt, on la laisse quelques instants au contact du collodion, pour s'en débarrasser ensuite; on fait égoutter la plaque, puis on y verse une seconde fois la même liqueur tannique, en opérant de la même manière. Il n'y a plus alors qu'à la laisser sécher dans une obscurité complète; elle est prête à servir.

La durée de la pose est égale à deux fois et demie celle qui est nécessaire pour obtenir, dans les mêmes circonstances, de bonnes épreuves, avec le collodion humide.

Quand on veut développer l'image, on vernit d'abord la plaque sur ses bords, pour y faire adhérer le collodion, puis on verse à sa surface de l'eau alcoolisée, afin qu'elle soit facilement mouillée par la liqueur réductrice. La liqueur pyrogallique peut être dès lors employée à la façon habituelle; on la laisse en contact avec la surface collodionnée jusqu'à ce que celle-ci soit bien unie et également imprégnée par le liquide. L'image n'apparaît pas encore; on ajoute au réducteur pyrogallique une liqueur contenant 5 pour 100 de nitrate d'argent et 6 pour 100 d'acide citrique; l'emploi de la liqueur, ainsi modifiée, fait apparaître l'image; on la renforce peu à peu en augmentant, si besoin est, la dose du nitrate. Enfin, on lave et on fixe à la façon habituelle.

1639. Liqueur tannique. — La solution de tannin est ainsi préparée : dans 100 grammes d'eau distillée on fait dissoudre 4 grammes d'acide tannique pur; on filtre plusieurs fois la solution jusqu'à ce qu'elle devienne parfaitement limpide, et on l'additionne de 4 pour 100 de son volume d'alcool à 40°. Elle se conserve très-bien dans un flacon bouché à l'émeri.

Les négatifs obtenus par l'emploi du collodion au tannin ont, en général, une grande vigueur, de beaux tons noirs; mais les opérations précédemment indiquées doivent être faites avec beaucoup de soin, sans
cela l'épreuve présente souvent des taches et des piqûres.

1640. **Procédé Taupenot**. — On doit à M. Taupenot, ancien professeur de physique au Prytanée militaire de la Flèche, une méthode pour
l'emploi du collodion sec, préférable à la précédente quant à la sûreté
des résultats et à la sensibilité de la couche impressionnable.

On verse, sur une glace nettoyée avec beaucoup de soin, une couche
de collodion qui ne diffère de celui que l'on emploie dans le procédé
ordinaire qu'en ce que la dose des iodures a été réduite de moitié, puis
on plonge la glace dans un bain de nitrate à 8 pour 100; elle y séjourne
quelque minutes. Après l'avoir bien égouttée, on la lave dans plusieurs
eaux successives, de manière à entraîner tout le nitrate d'argent en excès.
On laisse égoutter de nouveau, puis on verse sur la couche de collodion
une quantité convenable d'albumine étendue de son volume d'eau et
tenant en dissolution 1 pour 100 de son poids d'iodure d'ammonium et
quelques gouttes d'ammoniaque. Cette préparation d'albumine a été faite
à l'avance par le battage des blancs d'œuf, et filtrée après un repos suffisant. Lorsque l'albumine a imprégné la couche de collodion d'une manière bien uniforme, on rejette l'excès de liquide et on laisse sécher. Les
glaces ainsi préparées peuvent se conserver indéfiniment dans un endroit sec.

Quand on veut les utiliser, on les plonge de nouveau dans un bain
d'argent différent du premier, et formé de 10 grammes de nitrate d'argent, de 10 centimètres cubes d'acide acétique pur et de 100 grammes
d'eau. Un séjour de 30 secondes de la glace dans ce bain est suffisant;
il n'y a plus qu'à laver rapidement et à mettre la glace à sécher dans
l'obscurité. Aussitôt qu'elle est sèche, elle peut être employée, et elle
conserve sa sensibilité pendant plusieurs jours.

Il est à remarquer que, à l'exception de cette dernière immersion dans
le bain de nitrate, toutes les opérations qui précèdent peuvent être faites
au grand jour, sans aucun inconvénient; et comme ce sont les plus importantes pour la production de la couche sensible, il s'ensuit qu'un
opérateur soigneux peut compter sur des résultats excellents.

La durée de l'exposition à la chambre noire est notablement plus
longue que dans le cas du collodion humide. Cependant, quelques opérateurs, employant des procédés de développement de l'image que nous
n'avons pas à décrire ici à cause de leur peu de certitude, sont parvenus

à obtenir avec les glaces telles que nous venons de les préparer, des images fort belles, en un temps extrêmement court (quelques secondes à peine).

Le procédé ordinaire de développement de l'image consiste à plonger d'abord la glace dans l'eau, afin de bien mouiller sa surface, puis à verser sur cette glace, maintenue horizontale, une certaine quantité de la solution suivante :

Acide gallique.	1^{gr}
Acide pyrogallique.	1^{gr}
Acide acétique cristallisable	20^{cc}
Eau.	500^{gr}

Lorsque cette solution a bien mouillé la couche, on la rejette, et on en prend une nouvelle quantité à laquelle on ajoute une solution de 2 pour 100 de nitrate d'argent. Par l'action de ce mélange, l'image apparaît lentement, et en augmentant successivement la dose des nitrates, on l'amène au degré d'intensité voulu.

On enlève, par l'emploi de l'hyposulfite de soude, l'iodure d'argent non altéré qui reste sur l'épreuve, on lave à grande eau et on laisse sécher.

Les clichés obtenus sont d'une grande finesse de détail et offrent une douceur de tons que l'on demanderait inutilement à l'albumine seule.

CHAPITRE IX

DOUBLE RÉFRACTION

———

Les lois de la réfraction, telles que nous les avons énoncées et démontrées expérimentalement au chapitre III *de l'Optique*, se vérifient toujours, à la condition que les milieux réfringents traversés par la lumière soient homogènes, et offrent, dans toutes les directions autour d'un même point, une élasticité égale. On a donné à ces milieux le nom d'*isotropes*. Dans ce cas, rentrent les différents verres, les liquides, les cristaux appartenant au système cubique, tels que le sel gemme et l'alun. Mais, si nous étudions le passage de la lumière, du vide ou de l'air, dans un cristal appartenant aux autres systèmes, ou plus généralement dans un corps transparent qui présente une élasticité inégale dans les différentes directions, les choses changent, et une plus grande complication apparaît.

1641. **Cristaux à un axe. — Cristaux à deux axes.** — A ce point de vue, les cristaux se partagent en deux groupes. Dans le premier groupe, nous rangerons ceux qui présentent le caractère suivant de symétrie : autour d'une certaine ligne ou *axe*, facilement déterminable dans le cristal, et suivant une direction quelconque prise dans un plan perpendiculaire à cette ligne, l'élasticité est constante, mais différente de ce qu'elle est dans la direction de l'axe même ; on les nomme *cristaux à un axe*. De ce nombre sont les cristaux qui peuvent être considérés comme dérivant d'un prisme droit à base carrée ; le zircon, par exemple, et ceux qui appartiennent au système *hexagonal* ou *rhomboédrique*, comme le quartz et le spath d'Islande. Dans le second groupe, rentrent tous les autres cristaux pour lesquels les lois de symétrie sont plus

compliquées, et qu'on appelle *cristaux à deux axes*. Nous nous occuperons exclusivement ici des propriétés réfringentes des corps du premier
groupe.

1642. **Spath d'Islande.** — Nous prendrons comme type le *spath d'Islande*, qui, au point de vue chimique, n'est autre chose que du carbonate de chaux tout à fait pur. Ce corps, à
cause de sa transparence parfaite et de la
grosseur des échantillons que l'on trouve
dans la nature, se prête admirablement
à l'étude expérimentale que nous allons
faire. Il se présente sous la forme d'un
rhomboèdre ou parallélipipède oblique
limité extérieurement par six faces planes
qui sont des losanges égaux entre eux.
La ligne XY, qui joint les sommets A
et A′ (*fig.* 793) des angles solides, formés
chacun par trois angles plans obtus égaux,

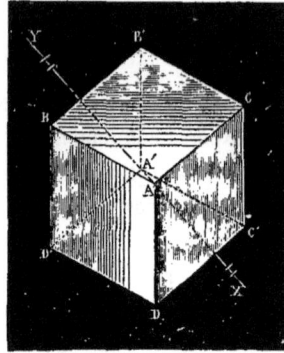

Fig. 793.

représente l'*axe cristallographique* de la substance. Nous verrons bientôt
pourquoi on l'a nommée aussi l'*axe optique*.

Si l'on pose à plat un spath bien transparent, sur une feuille de papier
blanc portant un petit point noir, et qu'on regarde ce point à travers
le cristal, on le voit distinctement
dédoublé. Les deux images du point
noir sont d'autant plus écartées l'une
de l'autre que le cristal est plus
épais. De même, si l'on taille un
spath de manière à lui donner la
forme d'un prisme triangulaire BAC
(*fig.* 794), et qu'on fasse tomber sur

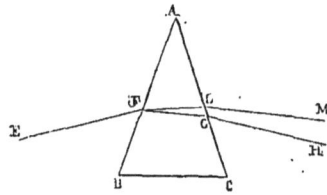

Fig. 794.

la face AB un faisceau délié EF de lumière solaire, on obtient en M et
en H deux spectres complets; la lumière, en passant dans le prisme,
se divise en deux faisceaux distincts, l'un FL, l'autre FG, qui émergent ensuite dans des directions différentes. Cette propriété a fait
donner au spath et aux corps du même groupe le nom de *corps biréfringents*. Il n'y a qu'un seul cas où le rayon incident ne se bifurque
pas, c'est lorsqu'il pénètre dans le cristal en suivant une direction
parallèle à celle de l'axe cristallographique. Si, dans le prisme considéré, la face AB a été taillée perpendiculairement à cet axe, et qu'on
fasse tourner le prisme jusqu'à ce que cette face AB soit normale

au rayon EF, on constate (*fig.* 795) que le dédoublement du faisceau lumineux n'a plus lieu : il continue sa marche en ligne droite, suivant FG, et émerge dans la direction GH sans éprouver de dédoublement en aucun point de son parcours. Du reste, la direction de l'axe est la seule, dans le cristal, qui jouisse de cette propriété de supprimer la double réfraction; elle a, par suite, une importance spéciale relativement à la lumière, et c'est à cause de cela qu'on l'a nommée *axe*

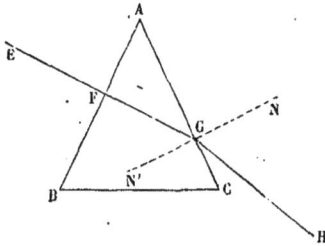

Fig. 795.

optique. — *Tout plan contenant l'axe optique, qui est perpendiculaire à une face naturelle ou artificielle du cristal, se nomme section principale.*

1643. Image ordinaire. — Image extraordinaire. — Quand on répète l'expérience décrite en premier lieu dans le paragraphe précédent, et qu'on fait tourner autour de la verticale menée au point d'incidence, le cristal de spath reposant horizontalement sur la feuille de papier blanc, on reconnaît que l'une des images du point noir demeure immobile pendant la rotation, tandis que l'autre semble tourner en même temps que le cristal. La première correspond donc à des rayons lumineux qui, pour un même angle d'incidence, donnent un angle de réfraction constant, quel que soit l'azimut dans lequel s'opère cette réfraction, tandis que les rayons qui forment la seconde sont influencés dans leur direction par la variation de l'azimut primitif. En d'autres termes, tout se passe pour la première image comme si elle était vue à travers une lame de verre ou de toute autre substance monoréfringente, tandis que la seconde est soumise, quant à sa formation, à des lois différentes ; aussi a-t-on nommé la première : *image ordinaire*; la seconde : *image extraordinaire.* On dira de même, dans le cas du prisme de spath ABC (*fig.* 794), que le rayon de lumière EF, en tombant sur lui, se dédouble en un *rayon ordinaire* FG, et en un *rayon extraordinaire* FL. L'expérience montre, en effet, que le rayon FG suit, dans tous les cas, les deux lois de la réfraction simple découvertes par Descartes, c'est-à-dire que : 1° les rayons EF, FG, et la normale à la surface, au point F, sont trois lignes toujours contenues dans un même plan, et que : 2° quelles que soient les valeurs de l'angle d'incidence *i* et de l'angle que fait le plan d'incidence avec la section principale du cristal, l'angle de réfraction r est toujours tel, que l'on a : $\dfrac{\sin i}{\sin r}$ = constante. Dans le cas particulier du spath $\dfrac{\sin i}{\sin r}$ = 1,654.

1644. Procédé de Malus. — Malus a donné une méthode très-simple pour déterminer dans un spath les directions exactes du rayon ordinaire et du rayon extraordinaire qui correspondent à un rayon incident donné. Sur une lame d'ivoire est tracé en noir un triangle ABC, rectangle en B, dont l'angle C est très-aigu, et dont l'hypoténuse AC et le côté BC portent des divisions d'égale longueur. Il place sur la lame rendue horizontale un cristal de spath à faces parallèles. Le triangle vu à travers le spath ne paraît plus simple; on en a deux images ABC, A'B'C (*fig.* 796), telles, par exemple, que l'image extraordinaire A'C', du côté

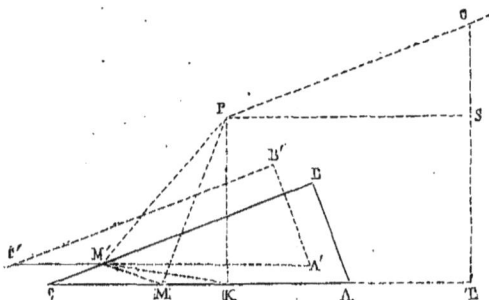

Fig. 796.

AC, vient couper l'image ordinaire de BC en un point M'. Si donc nous prenons AM = A'M', ce qui est facile, puisque les côtés du triangle portent une graduation, nous pouvons affirmer que la propagation de la lumière a été telle dans le cristal que deux rayons ayant pour point de départ : l'un le point M, l'autre le point M', se sont confondus en un rayon unique PO aboutissant à l'œil placé en O. Donc, en raison de la propriété connue de la marche inverse de la lumière (1463), nous pourrons dire que si un rayon de lumière tel que PO était tombé sur le prisme, il se serait dédoublé en pénétrant dans le cristal en deux rayons : l'un ordinaire PM, l'autre extraordinaire PM'. Il s'agira par suite, pour résoudre la question posée plus haut, de déterminer les directions de PM et de PM'. Dans ce but, Malus se servait d'un limbe vertical identique à celui que nous avons déjà employé (1430). Le plan vertical du limbe contenait l'hypoténuse AC du triangle, et son centre était en O; de plus, on mesurait à l'avance : 1° l'épaisseur du cristal

qui est ici égale à PK ; 2° la hauteur OT du centre du limbe au-dessus
de la surface prolongée de la lame d'ivoire ; 3° la distance TA' ou TC.
La direction qu'on est obligé de donner à la lunette pour saisir le faisceau émergent OP, donne la valeur de l'angle d'incidence SOP. On connaît donc, dans le triangle SOP, qui est rectangle, l'un des angles aigus,
et le côté SO, qui est égal à OT — PK ; on en déduit la valeur de SP ou
de TK, par suite la longueur KM. Dans le triangle rectangle KMP, on a
donc deux côtés connus PK, KM ; par suite, on en déduit l'angle KPM,
qui est l'angle de réfraction du rayon ordinaire. De même, le triangle
rectangle PKM' se trouve déterminé, puisqu'on connaît PK et KM' ; on
en conclut PM'. Enfin, dans le triangle MPM', on a maintenant les valeurs des trois côtés ; donc l'angle MPM' peut être calculé. En somme,
le trièdre KMM'P est, par cette méthode, complétement déterminé, et
l'on peut estimer les valeurs des angles de réfraction du rayon
ordinaire et du rayon extraordinaire pour un angle d'incidence quelconque.

1645. Plan d'incidence perpendiculaire à l'axe du cristal. —
Examinons maintenant quelques cas particuliers. Supposons, en premier lieu, que le plan d'incidence soit perpendiculaire à l'axe du cristal. Cette condition est facile à réaliser ; il suffit de faire tailler un
prisme de spath de manière que les trois arêtes latérales soient parallèles à l'axe optique, et de s'en servir, comme nous l'avons déjà fait,
pour les prismes de verre, dans les expériences de réfraction (1475).
Dans ce cas, l'expérience montre que le rayon ordinaire et le rayon extraordinaire suivent les deux lois de la réfraction simple, ils sont l'un
et l'autre contenus dans le plan d'incidence ; et quel que soit l'angle
d'incidence, l'angle r' de réfraction du rayon extraordinaire est toujours
tel que l'on a $\dfrac{\sin i}{\sin r'} = \text{constante} = n'$.

n' est appelé l'indice de réfraction extraordinaire de la substance. On
peut en déterminer la valeur par la méthode indiquée (1476) en prenant un prisme taillé comme il vient d'être dit, et mesurant l'angle D'
de déviation minimum du rayon extraordinaire, et l'angle réfringent A'
du prisme employé. La relation $n' = \dfrac{\sin\frac{1}{2}(D'+A')}{\sin\frac{1}{2} A'}$ sera alors parfaitement applicable. Comme d'autre part, pour le rayon ordinaire, on a
toujours :

$$\frac{\sin i}{\sin r} = n.$$

On en conclura la relation générale suivante, entre r et r', dans tout plan d'incidence perpendiculaire à l'axe :

$$\frac{\sin r}{\sin r'} = \frac{n'}{n}.$$

n' pour le spath, est égal à 1,483 ; n ayant pour valeur, comme il a été dit plus haut, 1,654, il s'ensuit que n' est plus petit que n. Newton, en partant de certaines hypothèses sur les phénomènes de la double réfraction, avait été conduit à admettre que l'axe, dans le cas du spath, exerce sur la lumière une action répulsive, de là le nom de *cristaux à axe répulsif* donné au spath et à tous les cristaux pour lesquels n' est plus petit que n. Dans le cas du quartz, on a $n' = 1,557$ et $n = 1,548$, ici $n' > n$. Il avait appelé les corps présentant cette même propriété du quartz, *cristaux à axe attractif*. Aujourd'hui, ces dénominations, fondées sur des idées théoriques non acceptables, sont abandonnées. On appelle les cristaux du premier groupe, pour lesquels, $n' - n < 0$, *cristaux négatifs*, ceux du second, où $n' - n > 0$, *cristaux positifs*.

1646. Le plan d'incidence coïncide avec la section principale. — Le second cas que nous examinerons est celui où le plan d'incidence est une section principale. Alors, le rayon extraordinaire se trouve dans le plan d'incidence, comme cela a toujours lieu pour le rayon ordinaire. La première loi de la réfraction simple est donc vérifiée pour ce rayon, mais la seconde ne l'est pas. On trouve expérimentalement que les angles de réfraction r et r' des rayons ordinaires et des rayons extraordinaires, dans ce plan, sont liés entre eux par la relation

$$\frac{tg\,r'}{tg\,r} = \frac{n'}{n}.$$

1647. Constructions d'Huyghens.
— Huyghens a indiqué des constructions géométriques fort simples qui permettent de trouver aisément, dans tous les cas, la direction des rayons réfractés.

Premier cas : *Plan d'incidence perpendiculaire à l'axe du cristal.* — Soit

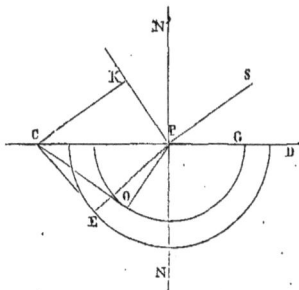

Fig. 797.

CD (*fig.* 797) la trace du plan d'incidence sur la face du cristal considérée, soit PS le rayon incident. Du point P comme centre. Avec des rayons $PO = \frac{1}{n}$ $PE = \frac{1}{n'}$, je décris des demi-circonférences, je mène

PK perpendiculaire à PS, et dans l'angle KPC j'inscris une ligne KC parallèle à PS, et dont la longueur soit 1, j'obtiens ainsi le point C. De ce point, je mène des tangentes aux demi-circonférences, et je dis que les lignes PO, PE, qui joignent le point P aux points de tangence, représentent, la première, le rayon ordinaire ; la seconde, le rayon extraordinaire. En effet, on a PO = PC sin PCO, ou PO = PC sin OPN ; mais

$$PC = \frac{KC}{\sin KPC} = \frac{1}{\sin SPN}, \text{ ou } PC = \frac{1}{\sin i}. \text{ — Substituant, il vient :}$$

$$PO = \frac{\sin OPN}{\sin i};$$

Ou, enfin :

$$\frac{\sin i}{\sin OPN} = n.$$

Donc OPN est bien l'angle de réfraction du rayon ordinaire. On aura de même :

$$\frac{\sin i}{\sin EPN} = n'.$$

Par suite, EPN est l'angle de réfraction du rayon extraordinaire.

1648. *Deuxième cas : Le plan d'incidence coïncide avec la section principale du cristal.* — Soit P (*fig.* 798) le point d'incidence sur la face du

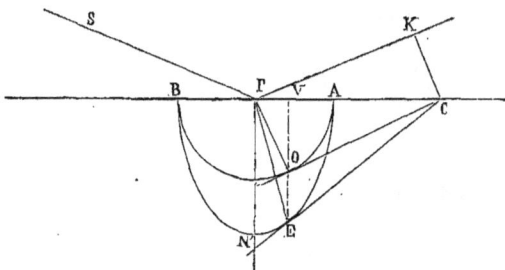

Fig. 798.

spath, par le point P, et dans le plan d'incidence, menons CB parallèle à l'axe ; menons PK perpendiculaire au rayon incident ; $OP = \frac{1}{n}$; nous répétons ensuite la même construction que tout à l'heure pour obtenir le point C ; PO représente bien la direction du rayon ordinaire, puisqu'il satisfait à la condition $\frac{\sin i}{\sin OPN} = n$. Remplaçons la demi-circonférence de rayon PB par une demi-ellipse dont le petit axe soit égal à PO ou $\dfrac{1}{n}$, et le grand axe à $\dfrac{1}{n'}$. Menons par le point C une tangente à cette ellipse, PE est le rayon extraordinaire. En effet, d'après une propriété connue, les points O et E étant placés sur une ligne VOE parallèle à PN', on a :

$$VP = VO\,tg\,VOP = V''\,OPN'$$
$$VP = VE\,tg\,VEP = VE\,tg\,EPN'$$

d'où

$$VO\,tg\,OPN' = VE\,tg\,EPN'$$

ou, enfin,

$$\frac{tg\,r}{tg\,EPN'} = \frac{VE}{VO} = \frac{PN'}{PO} = \frac{n}{n'};$$

donc EPN' est bien l'angle r' cherché.

1649. *Troisième cas : Le plan d'incidence est quelconque.* — Par le point d'incidence P (*fig.* 799), nous menons la trace du plan d'incidence sur la face du cristal, et une ligne AA' parallèle à l'axe, ligne qui n'est pas généralement contenue dans le plan d'incidence. Autour de cet axe, considéré comme axe de rotation, et avec la longueur $\dfrac{1}{n}$ comme rayon, nous décrivons une sphère, puis un ellipsoïde, dont le demi-petit axe soit $\dfrac{1}{n}$ et le demi-grand axe $\dfrac{1}{n'}$. Du point C obtenu par la con-

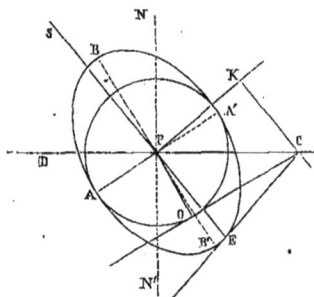

Fig. 799.

struction géométrique précédente, nous menons deux plans tangents : l'un à la sphère, l'autre à l'ellipsoïde. Les lignes qui joignent le point P aux points de tangence représentent, l'une, le rayon ordinaire, l'autre le rayon extraordinaire.

Cette construction géométrique, à laquelle Huyghens avait été conduit par suite de nombreux essais, a été vérifiée de la manière la plus complète par un grand nombre d'expérimentateurs; elle présente, sous une forme synthétique très-élégante, toutes les lois de la double réfraction. Du reste, les constructions que nous avons données pour les deux premiers cas se déduisent, comme des corollaires, [de la construction plus générale indiquée en dernier lieu.

1650. Entre-croisement des faisceaux dans le spath. — La connaissance de la marche du rayon ordinaire et du rayon extraordinaire dans les cristaux biréfringents permet d'expliquer le fait suivant, observé par Monge. Si on regarde à travers un cristal naturel de spath un objet quelconque placé à une certaine distance, un point noir P, par exemple (*fig.* 800), on aperçoit deux images, l'une en P′, l'autre en P″.

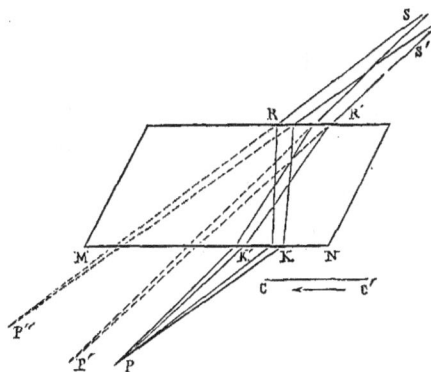

Mais si, au-dessous du cristal et dans le sens C′C indiqué par la flèche, on fait glisser un écran C′C qui arrête successivement les faisceaux incidents venant de P ; on remarque que les deux images disparaissent dans un ordre inverse de celui que ferait supposer le sens du déplacement de l'écran : P″ d'abord, P′ ensuite. Cela tient à l'entre-croisement des faisceaux ordinaire et extraordinaire RK, R′K′, qui a lieu dans l'intérieur du cristal. La figure rend compte de la marche des deux faisceaux. L'œil est en SS′ ; les rayons qui lui arrivent suivant RS et R′S′ sont respectivement parallèles aux faisceaux incidents PK, PK′ tombant sur la face d'incidence MN. Il doit en être ainsi, puisque le milieu réfringent est terminé par des faces parallèles. L'inégale valeur des deux indices rend nécessaire l'entre-croisement observé. Alors l'écran CC′, dans son mouvement progressif, interceptant d'abord le faisceau incident PK, empêche RS d'arriver à l'œil ; l'image P″ doit donc disparaître la première.

Fig. 800.

1651. Milieux biréfringents autres que les cristaux. — Nous devons ajouter que les cristaux à un axe ne sont pas les seules substances qui présentent le phénomène de la double réfraction. Prenez un corps transparent parfaitement homogène et non cristallisé, et, par un procédé quelconque, un moyen mécanique, par exemple : la compression, la flexion, etc., faites varier, dans une direction seulement, la distance des molécules de manière à rendre l'élasticité variable autour d'un point, et vous lui ferez acquérir quelques-unes des propriétés d'un milieu biréfringent. Ainsi, un prisme de verre qu'on comprime à l'aide d'un étau dans le sens de sa longueur, une lame de verre qui exécute des vibra-

tions transversales, manifestent dans tous les points où l'élasticité a
éprouvé des variations symétriques, la propriété de biréfringence.

1652. Application de la double réfraction. — Lunette de Rochon.
— La lunette de Rochon, ou micromètre à double image, dont le principe repose sur les phénomènes de la double réfraction, permet de mesurer la distance qui sépare, d'un objet de grandeur connue, l'observateur muni de la lunette, ou, inversement, d'estimer la grandeur de
l'objet quand on connaît sa dis-
tance à l'observateur. Un prisme
rectangle de quartz ABCB′B′C′
(*fig.* 801), dont les arêtes CC′,
BB′, AA′ sont parallèles à l'axe
du cristal, est achromatisé par
un prisme rectangle de même
substance *abca′b′c′*, identique
quant à la forme, mais dont la
face *aba′b′* est perpendiculaire
à l'axe. Un rayon SP, qui tombe
normalement sur cette face
aba′b′, figurée en coupe, par la

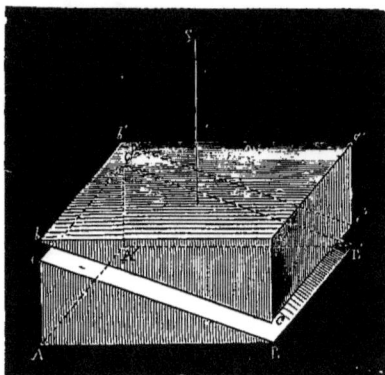

Fig. 801.

ligne *ab* (*fig.* 802) pénètre, sans déviation et sans dédoublement, jusqu'à la face hypoténuse *a*A. En Q, le plan d'incidence est perpendiculaire à l'axe ; la double réfraction se produit ; le rayon ordinaire con-

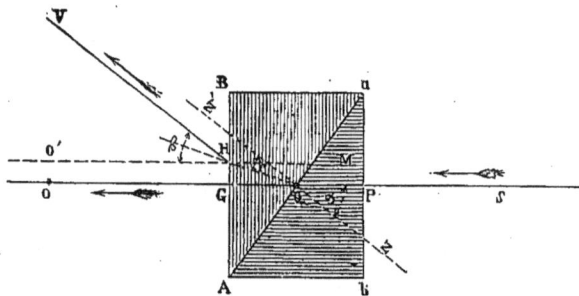

Fig. 802.

tinue sa marche en ligne droite QGO, car il ne change pas de milieu,
tandis que le rayon extraordinaire dévie, en se rapprochant de la normale, et prend la direction QH ; puis, en passant dans l'air, il s'éloigne
de la normale dans la direction HV. Or il est facile de calculer l'angle ε

que font les deux rayons à leur émergence. On a, d'après la loi établie
plus haut (1645) :

$$\frac{\sin \alpha}{\sin r} = \frac{n'}{n} \qquad \frac{\sin \epsilon}{\sin (\alpha - r)} = n'.$$

α étant connu à l'avance, c'est l'angle Aab du demi-prisme ; l'angle r
sera fourni par la première équation ; en mettant à la place de r sa
valeur dans la seconde, on aura celle de ϵ.

La valeur de ϵ, qui est constante pour un même prisme, puisqu'elle
ne dépend que de α, de n et de n', est en général assez petite ; ainsi,
pour α $= 30°$, ϵ a pour valeur 19′30, et pour α $= 60°$, ϵ est encore un
peu plus petit que 1°.

1653. Ceci connu, supposons l'œil de l'observateur placé en O
(*fig.* 803), derrière un prisme de Rochon construit comme il vient d'être

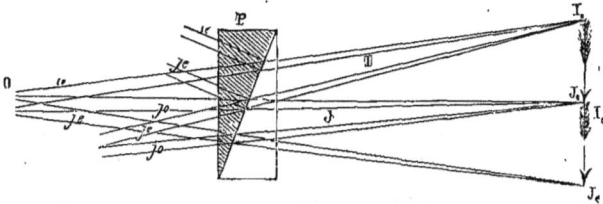

Fig. 803.

dit. Supposons, de plus, le point lumineux en avant du prisme et à
une assez grande distance, vers I. Quelques-uns des faisceaux émanés
de I ne pourront, à leur émergence du prisme, envoyer vers l'œil que
des rayons ordinaires qui, prolongés, feront apparaître en I_o l'image
ordinaire du point ; d'autres faisceaux voisins des précédents donneront à leur émergence du prisme des rayons extraordinaires qui
permettront à l'œil d'apercevoir en I_e l'image extraordinaire du
même point lumineux. La figure 803 donne le tracé de ces différents
rayons.

1654. Lorsque, au lieu d'un point lumineux I, se trouvera placé devant
l'instrument un objet IJ, il est facile de comprendre, en suivant la
marche des divers rayons sur la figure 803, que l'observateur placé
en O devra apercevoir deux images distinctes de l'objet, l'une ordinaire, $I_o J_o$, l'autre extraordinaire, $I_e J_e$. Les images seront généralement écartées l'une de l'autre ; mais il est évident qu'en faisant
varier convenablement la distance du prisme à l'objet, on pourra
toujours les rapprocher au point de les mettre en contact, I_e se con-

fondant alors avec J$_0$. C'est dans ces conditions que la figure a été construite.

Le prisme de Rochon est placé dans l'intérieur d'une lunette astronomique, perpendiculairement à son axe, entre l'objectif L et son foyer principal. Dès lors l'image réelle qui se formait, renversée au foyer, avant l'interposition du prisme, s'y trouvera encore, constituant cette fois une image ordinaire mn (fig. 804) ; car les rayons qui la forment étant

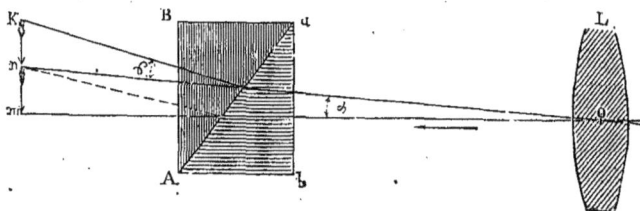

Fig. 804.

très-peu inclinés sur l'axe de la lunette, peuvent être considérés comme tombant normalement sur le prisme. L'œil, placé derrière l'oculaire, apercevra, en outre, l'image extraordinaire Kn, qui aura sensiblement la même grandeur que la précédente, et qui sera placée dans son voisinage. On pourra alors, par un déplacement convenable donné au prisme, amener les images en contact comme dans le cas précédent (*fig.* 803).

1655. **Calcul relatif à la lunette de Rochon.** — Appelons h la grandeur de l'image, α l'angle qu'elle sous-tend au centre O de l'objectif, α est donc le diamètre apparent de l'objet vu du point O, f la distance focale principale de l'objectif, ε l'angle de duplication ; c'est une constante pour le prisme employé, et d la distance à laquelle on a été obligé de placer le prisme de l'image pour obtenir le contact en n. Nous aurons :

$$h = d \, tg \, \varepsilon \quad h = f \, tg \, \alpha$$

par suite

$$d \, tg \, \varepsilon = f \, tg \, \alpha$$

ou

$$tg \, \alpha = d \, \frac{tg \, \varepsilon}{f}.$$

Mais $\dfrac{tg \, \varepsilon}{f}$ est une constante pour une même lunette de Rochon. Appelons-la c, nous aurons :

$$tg \, \alpha = cd$$

D'autre part, si H est la hauteur vraie de l'objet, et D sa distance à la lunette, on aura :

$$\frac{H}{D} = tg\,\alpha,$$

d'où

$$\frac{H}{D} = cd.$$

Par conséquent, si l'un des termes du rapport $\frac{H}{D}$ est donné, on en conclura l'autre ; il suffira de viser l'objet avec la lunette et d'estimer sur l'instrument la valeur de d; à cet effet, une rainure latérale est pratiquée, suivant une arête dans le tube cylindrique qui sert à constituer la lunette, et un bouton extérieur qui est fixé à la monture du prisme permet de déplacer ce dernier d'une manière progressive. Le long de la rainure est tracée une graduation qui donne d, ou plutôt la valeur du produit cd pour chaque position que l'on fait occuper au prisme.

Quant à la constante c, on peut déterminer sa valeur, une fois pour toutes, en plaçant une mire de hauteur connue H' à une distance connue D', regardant à travers la lunette, et cherchant sur l'instrument lui-même quelle est la valeur d' qui se rapporte cette fois à la position du prisme biréfringent pour que les deux images de la mire soient en contact. Alors de l'équation

$$\frac{H'}{D'} = cd',$$

on peut déduire la valeur de c, qui, cette fois, est la seule inconnue du problème.

1656. Emploi du prisme de Rochon pour mesurer le grossissement des lunettes. — Arago a encore employé le prisme biréfringent de Rochon à la mesure du grossissement des lunettes. Voici sa méthode : Il regardait une mire avec la lunette dont il voulait évaluer le grossissement, et plaçait le prisme biréfringent entre l'œil et l'oculaire, puis il faisait avancer ou reculer la mire jusqu'à ce que les deux images auxquelles le prisme donnait naissance, fussent en contact. Le grossissement cherché était alors égal au rapport de l'angle ϵ de duplication au diamètre apparent α de la mire. Il restait à obtenir la valeur de chacune de ces deux quantités: α était estimé, dans chaque expérience, d'une manière rigoureuse par la mesure du diamètre réel de la mire et de la distance à laquelle elle se trouvait. Quant à l'angle ϵ, on l'éva-

luait une fois pour toutes pour le prisme employé. A cet effet, on regardait directement à travers son épaisseur, sans l'emploi d'aucune lunette,
une mire de hauteur connue l, qu'on déplaçait par tâtonnement à une
distance δ convenable pour que le contact des deux images eût lieu.
Alors on avait :

$$tg\varepsilon = \frac{l}{\delta}$$

D'où l'on déduisait la valeur de ε.

CHAPITRE X

DE LA POLARISATION

—

1657. Dans l'étude qui vient d'être faite de la transmission de la lumière par les milieux doués de la double réfraction, nous ne nous sommes jamais occupés des propriétés diverses que peuvent présenter, au point de vue de leurs intensités relatives, les deux faisceaux émergents. C'est qu'en effet, pour les conditions simples dans lesquelles nous nous sommes placés, le fait observé est toujours le même : l'image ordinaire et l'image extraordinaire offrent des intensités égales. Il n'en est plus ainsi lorsque la lumière incidente, avant de pénétrer dans le spath, a déjà traversé un cristal à un axe ; nous allons voir que le fait de cette transmission préalable a modifié profondément le faisceau lumineux et lui a imprimé des qualités spéciales, une sorte de dissymétrie.

1658. **Analyse des propriétés des faisceaux ordinaires et extraordinaires.** — Prenons d'abord isolément le rayon ordinaire a_o, fourni par un premier spath A, et faisons-le tomber sur un second spath B. Généralement il se partage en deux rayons, l'un que nous appellerons encore ordinaire b_o, l'autre extraordinaire b_e. Ces deux rayons donnent en général à leur sortie de B des images d'intensité différentes ; mais le rapport de leurs intensités dépend de l'angle que fait la section principale de B avec celle de A. Si les deux sections sont contenues dans un plan commun, si elles se confondent, les deux images b_o, b_e se réduisent à une seule b_o. C'est comme si les deux spaths avaient formé un cristal unique. Si maintenant on fait tourner le cristal B, de manière que l'angle α, que vont faire les sections principales des deux sections, aille en croissant à partir de zéro, on voit l'image b_e apparaître d'abord très-faible; puis croître en intensité de plus en plus, à mesure que de son côté b_o décroît. Pour $\alpha = 45°$ $b_e = b_o$. Si α continue à croître au delà de 45°, alors b_e l'emporte de plus en plus en intensité sur b_o, et pour $\alpha = 90°$ l'image b_o s'est éteinte complétement et b_e a pris son éclat maximum. A partir de $\alpha = 90°$ jusqu'à $\alpha = 180°$, l'inverse a lieu, b_o reparaît, son intensité va croissant, en même temps b_e s'affaiblit; pour $\alpha = 135°$, les deux images redeviennent égales, et pour $\alpha = 180°$ b_e s'éteint et b_o possède son intensité maximum. De 180° à 360°, les deux images repassent par les mêmes variations; ces changements d'intensité peuvent être tous résumés dans le tableau suivant :

$\alpha = 0$............. une seule image, b_o.
$\alpha > 0 < 90°$.......... b_o diminue, b_e augmente.
$\alpha = 45°$............ $b_o = b_e$.
$\alpha = 90°$........... une seule image, b_e.
$\alpha > 90° < 180°$........ b_e diminue, b_o augmente.
$\alpha = 135°$........... $b_e = b_o$.
$\alpha = 180°$.......... une seule image, b_o.

Des résultats tout à fait analogues sont obtenus quand on fait tomber sur le spath B le rayon extraordinaire a_e fourni par le spath A. On peut les résumer ainsi :

$\alpha = 0$............ une seule image, e_e.
$\alpha > 0 < 90°$.......... e_e diminue, e_o augmente.
$\alpha = 45°$........... $e_e = e_o$.
$\alpha = 90°$........... une seule image, e_o.
$\alpha > 90° < 180°$........ e_o diminue, e_e augmente.
$\alpha = 135°$........... $e_o = e_e$.
$\alpha = 180°$.......... une seule image, e_e.

1659. **Loi de Malus.** — En résumé, quand un objet lumineux est regardé à travers deux spaths superposés, on aperçoit en général quatre images de cet objet : deux plus faibles, deux plus intenses. Elles ont toutes la même intensité quand les sections principales des deux cristaux font un angle de 45°. Les quatre images se réduisent à deux, dans quatre positions rectangulaires : celles où les sections principales sont parallèles ou perpendiculaires entre elles.

Les variations d'intensité des quatre images ont été évaluées numériquement par les méthodes photométriques; elles sont exprimées toutes dans la loi très-simple dont voici l'énoncé : b_o et e_e *varient proportionnellement à* $\cos^2 \alpha$; b_e et e_o *varient proportionnellement à* $\sin^2 \alpha$. Cette loi

du phénomène est dite *loi de Malus*, du nom du physicien qui l'a découverte.

1660. **Lumière polarisée.** — La lumière qui a été transmise par un
milieu biréfringent a donc perdu, par le fait même de cette transmission, les caractères de la lumière naturelle. Elle a acquis des propriétés
spéciales définies par la loi de Malus ; on l'a nommée lumière *polarisée*.
Les deux rayons, l'ordinaire et l'extraordinaire, quoique identiques en
apparence, éprouvent des changements différents dans leurs intensités
quand la section principale d'un cristal à un axe se présente à eux suivant tel ou tel azimut. Leur polarité n'est donc pas identique ? Ces faits,
qui ont été mis ici en évidence par le phénomène de la double réfraction, peuvent l'être aussi par l'emploi d'une surface réfléchissante.
Ainsi, qu'on fasse tomber le rayon a_o fourni par le premier spath, sur
une lame de verre, avec une inclinaison de 35°25' sur la surface, on reconnaîtra que ce rayon sera réfléchi à la façon d'un rayon de lumière
naturelle si le plan d'incidence sur le verre coïncide dans ce cas avec la
section principale du spath A, ou, en d'autres termes, si l'angle α des
deux plans égale zéro. Mais si α est > 0 et va croissant, l'intensité du
rayon réfléchi diminue, quoique l'inclinaison de la lumière sur la sur
face vitreuse ne varie pas ; pour $\alpha = 90°$, la réflexion n'a plus lieu, l'intensité du rayon réfléchi est nulle. Elle va croissant à partir de 90° pour
atteindre son maximum à 180°, lorsque le plan d'incidence se confond
de nouveau avec la section principale. On voit encore là se manifester
cet état particulier de dissymétrie du rayon et se prononcer clairement
la polarité qui lui appartient. Si au lieu de a_o on fait servir le rayon a_e
à la même expérience, on trouve pour $\alpha = 0$ l'intensité du rayon réfléchi nulle, et pour $\alpha = 90°$ l'intensité de ce rayon maximum.

1661. **Polarisation par réflexion.** — La lumière naturelle peut être
convertie en lumière polarisée par d'autres méthodes que par celle de la
double réfraction ; la réflexion et la réfraction simples peuvent opérer la
même conversion. Sur une plaque de verre noir non étamée MM₁, placée
à l'extrémité d'un tube, et faisant avec l'axe PP' de ce tube un angle
P'PM₁ (*fig.* 805) égal à 35° 25', on fait tomber un rayon de lumière naturelle dans une direction SP telle que l'angle SPM égale aussi 35° 25
Dans ces conditions, la lumière se réfléchit suivant PP'. On la reçoit
en P' sur un spath dont la section principale coïncide avec le plan d'incidence SPP' du rayon, et on constate que le rayon réfléchi PP' traverse
le spath et donne une seule image qui est identique par ses propriétés à
l'image b_o déjà obtenue. Deux images, b_o, b_e, d'inégale intensité, appa-

raissent quand la section principale fait un angle avec le plan primitif de réflexion du rayon sur le miroir. Les deux images sont égales quand cet angle est de 45°. Enfin, b_0 s'éteint et b_e apparait seul quand les deux

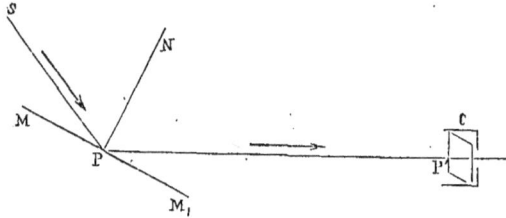

Fig. 805.

plans sont perpendiculaires. En un mot, le rayon réfléchi PP' se comporte comme le ferait un rayon ordinaire a_0 sortant d'un cristal biréfringent dont la section principale serait parallèle au plan SPP'.

Le plan d'incidence SPP', dans lequel la lumière naturelle se transforme par voie de réflexion en lumière polarisée, a été appelé *plan de polarisation*. Nous dirons, par suite, comme conséquence des résultats d'expérience qui ont été indiqués dans le chapitre *de la double réfraction* et dans les paragraphes précédents, qu'un rayon de lumière naturelle, par sa transmission dans un cristal à un axe, se convertit (1660) en un rayon ordinaire polarisé dans le plan de la section principale et en un rayon extraordinaire polarisé dans un plan perpendiculaire à la section principale.

Si l'on fait tourner la glace MM_1 de manière à changer l'angle d'incidence du rayon SP avec la surface ; et qu'en même temps on fasse mouvoir le tube de telle sorte que le nouveau rayon réfléchi suive toujours l'axe PP', on reconnaît que, dans ces conditions nouvelles, la lumière réfléchie renferme d'autant moins de lumière polarisée que l'angle SPM s'écarte davantage de 35°,25. Aussi a-t-on nommé cet angle de 35°,25 l'*angle de polarisation* pour le verre. En général, pour un corps quelconque, solide ou liquide, l'angle de polarisation sera l'angle que doit faire un rayon incident de lumière naturelle avec la surface polie de ce corps pour que le rayon réfléchi soit polarisé au maximum.

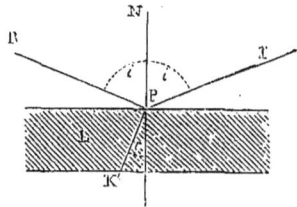

Fig. 806.

1662. Loi de Brewster. — Brewster a énoncé le premier une loi d'une expression simple concernant l'angle de polarisation, et qui permet d'en déterminer *a priori* la valeur par la seule connaissance de l'indice de réfraction du corps étudié. *La tangente de l'angle de polarisation d'une substance est égale à l'inverse de l'indice de réfraction de cette substance*

$$\text{Tg } \alpha = \frac{1}{n}.$$

Cela revient à dire que l'angle de polarisation est toujours tel qu, le rayon réfléchi est perpendiculaire au rayon réfracté. En effet, soient IP (*fig.* 806) le rayon incident formant avec la normale PN un angle *i* égal à (90° — α), PR le rayon réfléchi, PK le rayon réfracté dans la lame transparente L. On a, d'après les lois de la réfraction simple :

$$\sin (90° - \alpha) = n \sin r.$$

ou

$$\frac{\sin r}{\cos \alpha} = \frac{1}{n},$$

ou bien

$$\sin r \text{ tg } \alpha = \frac{1}{n} \sin \alpha.$$

α étant l'angle de polarisation. Mais d'après la loi de Brewster tg $\alpha = \frac{1}{n}$, donc $\sin r = \sin \alpha$, $\alpha = r$, l'angle RPK est droit.

Cette loi n'a une signification réelle qu'autant que la réflexion n'a pas lieu à la surface d'un cristal biréfringent.

1665. **Appareil de Biot.** — Pour prouver que la lumière naturelle est polarisée, quand elle a été réfléchie par un corps sous une incidence

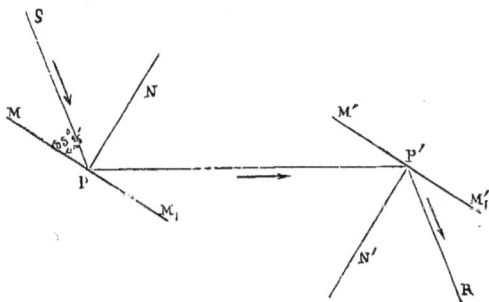

Fig. 807.

convenable, nous nous sommes servis tout à l'heure d'un rhomboïde de spath qui recevait le faisceau renvoyé par la surface réfléchissante. On peut tout aussi bien employer un second miroir. La figure 807 donne une idée de l'appareil imaginé à cet effet par M. Biot. Un tube dont l'axe est représenté ici par PP′, est muni de deux diaphragmes intérieurs qui dirigeront les faisceaux lumineux suivant cet axe; il porte, à chacune de ses extrémités, un tambour cylindrique A et B disposé comme il suit (*fig.* 808), et auquel on peut imprimer un mouvement de rotation autour de PP′. Aux deux extrémités d'un même diamètre, deux arêtes du cylindre qui doit constituer le tambour, se prolongent sous forme de deux tiges de cuivre parallèles supportant l'axe de rotation d'un miroir plan non étamé (glace noire polie). A l'aide d'un cercle gradué qui est fixé à l'axe de rotation de chaque miroir, on peut donner à la surface réfléchissante telle inclinaison que l'on veut sur l'axe du tube — 35°,25, quand il s'agit, comme ici, du verre ordinaire.

— Cela fait, le miroir MM₁ ayant désormais une position fixe, on rend le miroir M′M₁′ parallèle à MM₁; les deux plans SPP′, PP′N′ coïncident alors, et on constate que le rayon PP′, polarisé dans le plan SPP′, se réfléchit suivant P′B, et que l'intensité de la lumière réfléchie est maximum. Le résultat est le même si M′M₁′ est disposé comme l'indique la figure 809, de manière que sa surface forme avec l'axe PP′ du tube un angle de 35°,25, et que la normale en P′ soit dans le plan SPP′;

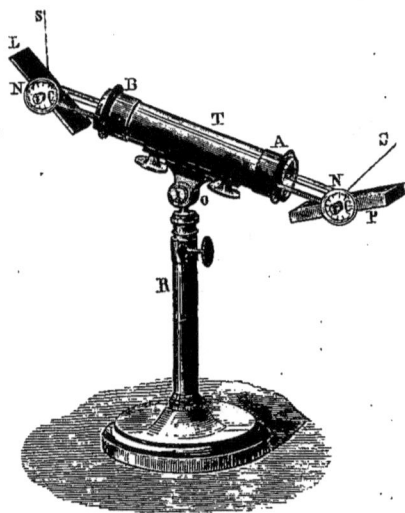

Fig. 808.

dans ce cas, le plan d'incidence du rayon polarisé sur le second mi-

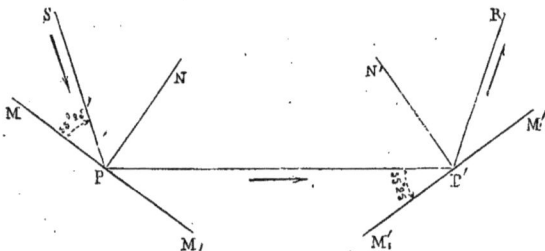

Fig. 809

roir coïncide avec le plan de polarisation de ce rayon, et la quantité de lumière réfléchie est maximum comme dans le premier cas. Si maintenant le miroir MM$_1$, demeurant immobile, on fait tourner le tambour qui porte M'M$_1$', de manière à faire croître l'angle que fait le plan d'incidence sur le second miroir avec le plan primitif de polarisation du rayon ; on reconnaît que la lumière réfléchie va décroissant, et l'extinction est complète quand les deux plans sont perpendiculaires. On remarquera que la rotation du tambour ne change rien à l'angle de PP' avec la surface du miroir, seulement la normale à M'M$_1$' décrit un cône autour de PP', et, par suite, le plan PP'N' d'incidence sur le second miroir tourne lui-même autour de cette ligne.

1664. Nous avons dit que, pour communiquer, par voie de réflexion, au faisceau de lumière naturelle le maximum de polarisation, il fallait que l'angle du faisceau avec la surface eût une valeur déterminée pour chaque substance. Cela est vrai quand on n'a recours qu'à une seule réflexion ; mais quand on dispose, par exemple, les deux miroirs, comme l'indique la figure 810, de manière à obtenir plusieurs réflexions successives, le rayon incident SP peut tomber sur la surface MN, sous un

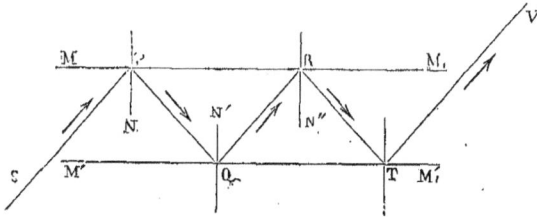

Fig. 810.

angle différent de l'angle de polarisation, et cependant le rayon TV obtenu après un nombre suffisant de réflexions, peut être aussi complètement polarisé que possible.

On prouve encore, par expérience, que la seconde surface d'une lame transparente polarise, par voie de réflexion, le rayon de lumière naturelle qui lui arrive à travers l'épaisseur de la lame, sous le même angle et dans les mêmes conditions que la face antérieure.

1665. **Polarisation par réfraction simple. — Pile de glaces.** — La réfraction simple polarise la lumière naturelle dans un plan perpendiculaire au plan d'incidence. Pour obtenir le maximum d'effet, le rayon lumineux doit tomber sur la surface de séparation des deux milieux, sous l'angle de polarisation. On peut vérifier par expérience ce fait important, en recevant le rayon qui s'est réfracté dans une lame de

verre à faces parallèles, sous l'incidence de 35°,25, sur un rhomboïde
de spath ou sur un second miroir. La lumière réfractée, de même que
la lumière réfléchie, n'est polarisée qu'en partie, mais on peut polariser
complétement le faisceau en lui faisant subir des réfractions successives
à travers plusieurs lames de verre constituant ce qu'on a appelé *une
pile de glaces* (*fig.* 808).

En effet, le rayon incident formé par la lumière naturelle se réfléchit
en partie sur la surface de la première lame, et est en partie réfracté.
La portion réfractée se compose de rayons polarisés dans un plan perpendiculaire au plan d'incidence et de lumière naturelle ; la partie polarisée ne peut se réfléchir sur la seconde face, puisque son plan de polarisation est perpendiculaire au plan d'incidence sur cette seconde
face, elle pénètre dans la seconde lame. Au contraire, la lumière naturelle qui l'accompagne est en partie réfléchie, en partie réfractée ;
elle fournit donc une nouvelle quantité de lumière polarisée qui
s'ajoute à la précédente. On voit ainsi que, par l'emploi d'un nombre
suffisant de lames, on arrivera à une polarisation complète du rayon
réfracté.

1666. **Polariseurs. — Analyseurs.** — On donne le nom de *polariseur* à tout appareil destiné à convertir la lumière naturelle en lumière
polarisée. On appelle *analyseurs* les instruments servant à reconnaître
la polarisation soit partielle, soit totale, d'un faisceau lumineux, et à
assigner le plan de polarisation de ce faisceau. En général, le même appareil peut servir suivant les circonstances dans lesquelles on l'emploie,
ou de *polariseur* ou d'*analyseur*.

Une lame de glace noire G (*fig.* 811), recevant sous l'angle de 35°,25 le
faisceau qui lui arrive, le polarisera, s'il est constitué par de la lumière

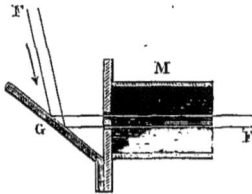

Fig. 811.

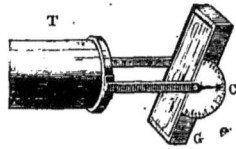

Fig. 812.

naturelle, et jouera ainsi, dans ce premier cas, le rôle de *polariseur*.
Si, au contraire, on fait tomber sur elle, avec la même inclinaison, un
rayon dont la polarisation partielle ou totale soit douteuse ou inconnue,
il suffira de faire tourner le miroir autour de l'axe du tambour T, axe

qui représente la direction du rayon incident, et de voir si le rayon réfléchi conserve, oui ou non, malgré la rotation du tambour, une intensité constante. Si l'intensité ne varie pas, on a affaire à de la lumière
naturelle. Si l'intensité change dans les différents azimuts, il y a polarisation, et le plan de polarisation est perpendiculaire au plan d'incidence pour lequel l'intensité est minimum. Le plan de polarisation est
donc ainsi déterminé. Enfin, si le minimum d'intensité est représenté
par zéro, le faisceau étudié est complétement polarisé. — Dans ce second cas, le verre noir a rempli l'office d'*analyseur*.

La pile de glaces (*fig.* 812) peut de même remplir, au gré de l'opérateur, cette double fonction. D'abord elle polarisera un rayon de lumière
naturelle perpendiculairement à son plan d'incidence. Ensuite, placée
sur le trajet d'un rayon déjà polarisé, et traversée par lui, elle produira
le maximum d'extinction quand le plan d'incidence du rayon sera parallèle à son plan de polarisation, elle constituera cette fois, comme la
lame de verre noir employée plus haut, un analyseur véritable.

Le rhomboïde de spath peut être employé à ces deux titres, seulement il est préférable de donner, dans ce cas, à la substance cristallisée, la forme d'un prisme biréfringent qui sépare davantage les deux
images. Ce prisme de spath est achromatisé par un prisme de verre
(*fig.* 813). Nous savons que, par une transmission de ce genre, le rayon
ordinaire est toujours polarisé dans le plan de la section principale, et

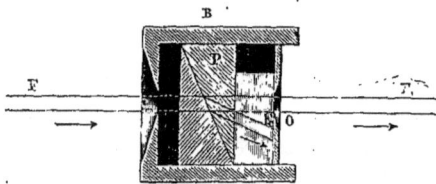

Fig. 813.

le rayon extraordinaire
dans un plan perpendicu-
laire à la section principale. On peut intercepter
l'un des rayons avec un
diaphragme convenable-
ment disposé, et alors uti-
liser, à son gré, l'autre rayon, qui sera polarisé dans un plan connu.
Mais une disposition simple permet d'obtenir le même effet sans recourir à l'emploi d'un diaphragme.

1667. **Prisme de Nicol.** — On prend un prisme de spath différant
de la forme primitive en ce que les quatre arêtes latérales (*fig.* 814) ont
une longueur égale à celle de l'arête de base multipliée par 3,7. Par un
trait de scie, on partage le prisme en deux moitiés, suivant un plan passant par les sommets des deux trièdres formés de trois angles plans obtus. Les nouvelles surfaces de section ainsi obtenues dans chaque moitié
de prisme sont collées, l'une contre l'autre, après avoir été repolies avec

soin. On interpose entre elles, au moment de leur juxtaposition, une mince couche de baume du Canada dont l'indice de réfraction est compris entre 1,654 et 1,483, indices de réfraction ordinaire et extraordinaire du spath. De cette façon, quand un rayon de lumière naturelle arrive dans la direction FA, parallèle aux arêtes du prisme, il se bifurque, le rayon ordinaire arrive à la face de jonction, se réfléchit totalement, et il sort seulement du prisme, suivant une direction BR parallèle à FA le rayon extraordinaire polarisé dans un plan perpendiculaire à la section principale. Le cône des rayons émergents n'a pas un angle très-considérable i; dans les conditions ordinaires des prismes de spath employés, cet angle ne dépasse guère 30 degrés. M. Foucault substitue à la couche de baume du Canada une mince lame d'air, et de cette manière on peut se procurer le polariseur de Nicol sans recourir à des prismes d'une grande longueur. Il est clair, d'après ce qui vient d'être dit, que le prisme de Nicol constituera aussi un excellent analyseur. Un rayon polarisé sera éteint par lui quand le plan de polarisation de ce rayon sera parallèle à la section principale du prisme.

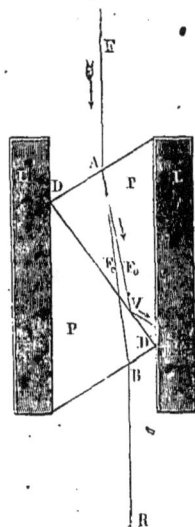

Fig. 814.

1668. **Tourmaline.** — La tourmaline est un cristal biréfringent d'une teinte verdâtre plus ou moins foncée, dont la forme est prismatique, les arêtes du prisme étant parallèles à l'axe optique. Si on taille la tourmaline en prisme triangulaire, dont les arêtes soient parallèles à l'axe, et qu'on regarde un objet lumineux à travers la portion voisine de l'arête de réfringence, où l'épaisseur est très-faible, on en voit deux images distinctes; mais si on regarde à travers une épaisseur de quelques millimètres, on n'a plus qu'une seule image, l'image extraordinaire; quant à l'image ordinaire, elle se trouve complétement éteinte. On a donc encore là, soit un polariseur, soit un analyseur, qui permet de fixer à l'avance ou de reconnaître, suivant les cas, la position exacte du plan de polarisation d'un faisceau lumineux. La propriété de la tourmaline permet de réaliser une expérience assez curieuse. Deux cristaux naturels de cette substance placés l'un en face de l'autre, avec les axes parallèles, se laissent traverser par la lumière incidente, comme le ferait une seule tourmaline d'une épaisseur double; mais, si l'on fait tourner l'un des cristaux, tandis que l'autre demeure fixe, jusqu'à ce que leurs axes soient perpendiculaires, on produit une extinction complète du faisceau lumineux. Le système des deux tourmalines se présente, dans ce cas, comme un corps opaque. En effet, le rayon qui a traversé la première en sort polarisé dans un plan perpendiculaire à son axe, il ne saurait donc traverser la seconde sous la forme d'un rayon extraordinaire, le seul qu'elle puisse transmettre.

CHAPITRE XI

POLARISATION ROTATOIRE

——————

1669. Premiers faits de polarisation rotatoire. — Quartz perpendiculaire à l'axe. — Recevons sur un prisme de Nicol un rayon de lumière simple polarisée et faisons tourner le prisme jusqu'à ce que le rayon soit complétement éteint. Nous savons, d'après ce qui a été dit (§ 1667), qu'à ce moment la section principale de l'analyseur est parallèle au plan de polarisation du rayon. — Le prisme est enchâssé dans un anneau de cuivre portant une alidade qui se déplace elle-même sur un cercle gradué fixe; on peut ainsi, dans chaque expérience nouvelle, noter la position exacte du zéro de l'alidade sur la graduation du limbe. — Supposons, qu'au moment où l'extinction complète du rayon lumineux est produite par le prisme, le zéro de l'alidade soit en coïncidence avec le zéro de la graduation. Ceci constaté, interposons sur le trajet du même rayon polarisé, avant qu'il ne pénètre dans l'analyseur, et perpendiculairement à sa direction, une lame de quartz taillée perpendiculairement à l'axe et d'une épaisseur de quelques millimètres. Nous reconnaîtrons aussitôt que le Nicol, qui n'a pas bougé, n'éteint plus le rayon lumineux. Ce rayon est pourtant encore polarisé ; c'est son plan de polarisation qui seul a changé ; car en faisant tourner l'analyseur dans un sens convenable, on finit par éteindre de nouveau complétement le faisceau transmis. — Ce fait est en opposition évidente avec les lois déjà indiquées de la double réfraction. — Puisque la lame de quartz est perpendiculaire à l'axe, le plan d'incidence du faisceau polarisé sur cette lame est nécessairement une section principale ; donc le plan primitif de polarisation du rayon n'eût point dû être modifié par son passage dans le quartz,

Avec le spath et les autres cristaux biréfringénts, les choses se seraient passées ainsi. Nous sommes donc conduits à reconnaître que le quartz offre une exception aux lois ordinaires de la polarisation de la lumière. Dans les conditions qui viennent d'être indiquées, il exerce une action toute spéciale sur le rayon polarisé qu'il transmet, il fait tourner d'une certaine quantité son plan de polarisation. Cette rotation est, du reste, très-notable. — Des mesures exactes ont prouvé qu'une lame de quartz perpendiculaire à l'axe, d'un millimètre d'épaisseur, fait tourner le plan de polarisation du rouge extrême de 17°,496.

1670. **Lois expérimentales de Biot.** — Biot a poursuivi les recherches commencées par Arago et a découvert les lois des phénomènes, dits de *polarisation rotatoire*. L'appareil qu'il a employé est analogue, pour les dispositions, à celui que nous avons figuré ci-contre et qui est con-

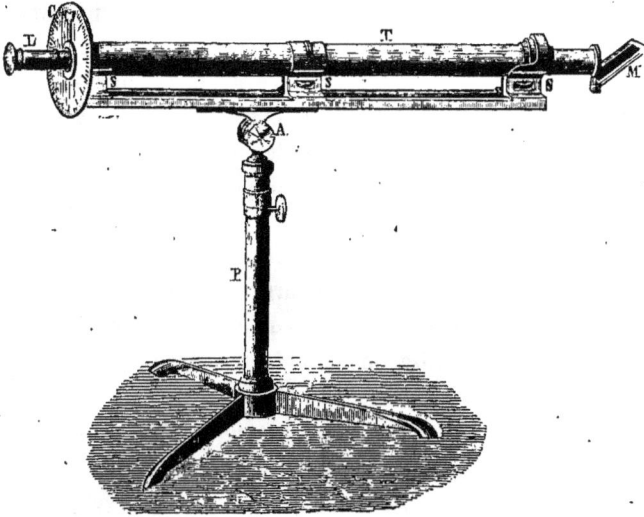

Fig. 815.

struit par M. Duboscq. Le polariseur est une glace non étamée M placée sous l'angle convenable. L'analyseur contenu dans le tube L est, ou un prisme de Nicol, ou un prisme de spath biréfringent dont la monture entraine avec elle une alidade qui permet d'estimer à chaque instant sur un cercle gradué fixe C l'angle que fait la section principale de l'analyseur avec le plan primitif de polarisation. Entre le polariseur et l'analyseur est un tube de cuivre T, muni de diaphragmes; enfin les lames de quartz fixées dans des anneaux métalliques peuvent être placées dans une direction perpendiculaire à l'axe de l'appareil.

Biot a démontré : 1° Que les lames de quartz taillées perpendiculairement à l'axe font éprouver au plan de polarisation du rayon de lumière simple qui les traverse une rotation proportionnelle à leur épaisseur ; — 2° Que, suivant l'échantillon choisi, le quartz fait tourner *à droite* ou tourner *à gauche* le plan de polarisation de la lumière. Les cristaux du premier groupe sont nommés *dextrogyres*, ceux du second *lævogyres*. Dans tous les cas, une épaisseur constante de quartz, 1 millimètre, par exemple, fait tourner, quel que soit le sens, d'un même nombre de degrés, le plan de polarisation d'un même rayon simple. Il suit de là, et l'expérience le confirme, qu'en superposant, dans un ordre quelconque, des plaques de quartz perpendiculaires à l'axe : les unes dextrogyres, les autres lævogyres, la rotation observée est la somme algébrique des rotations individuelles de chaque lame ; — 4° La rotation produite par une lame de quartz donnée dépend de la réfrangibilité du rayon lumineux que l'on emploie ; elle croît avec la réfrangibilité de ce rayon, et est inversement proportionnelle au carré d'une certaine quantité constante pour chaque lumière homogène, et que nous apprendrons bientôt à connaître et à mesurer, sous le nom de *longueur d'onde*. Tandis que pour le *rouge extrême* elle est de 17°,496, pour le *violet extrême* elle est de 44°,083.

Une conséquence importante se déduit de cette dernière loi : c'est que si l'on fait tomber, sur la lame de quartz perpendiculaire à l'axe, un faisceau polarisé de lumière blanche, et qu'on prenne pour analyseur un prisme de spath achromatisé, on doit obtenir deux images colorées complémentaires. En effet, les plans de polarisation des différents rayons de lumière simple qui, par leur ensemble, forment la lumière blanche se trouvent inégalement déviés par le quartz ; par suite chacune des deux images que donne le spath sera formée par des proportions diverses de ses différents rayons simples. Il y aura donc une coloration nécessaire. De plus, la portion de chaque faisceau de lumière homogène qui manque dans l'image ordinaire se retrouve nécessairement dans l'image extraordinaire ; par suite les deux images doivent être complémentaires. L'expérience confirme pleinement cette prévision.

On remarque, en outre, que si la section principale de l'analyseur garde une position invariable, par rapport au plan de polarisation du faisceau lumineux, on peut faire tourner impunément la lame de quartz autour de l'axe de figure de l'appareil, les teintes des deux images ne changent pas. Si, au contraire, le cristal de quartz demeurant immobile, on imprime un mouvement de rotation à l'analy-

seur, les colorations des images changent d'une manière continue, tout
en restant complémentaires. Dans aucun cas, quelle que soit la rotation de l'analyseur, il n'est possible d'éteindre aucune des deux
images.

1671. **Teinte sensible.** — Cette extinction complète n'a lieu que
lorsqu'on a recours à un faisceau polarisé constitué par une lumière
simple. Quand on emploie de la lumière blanche, on ne peut plus éteindre le faisceau ; mais, dans ce cas particulier, on constate le fait suivant, découvert par Biot, et qui a son importance dans la pratique. Prenons d'abord comme lumière simple polarisée le jaune moyen ; nous la
recevons sur un prisme biréfringent que nous faisons tourner jusqu'à
l'extinction complète de l'image extraordinaire. Interposons ensuite une
lame de quartz perpendiculaire, d'un millimètre d'épaisseur. Nous le
savons, l'extinction de l'image extraordinaire n'a plus lieu, et pour la
produire de nouveau il faut faire tourner l'analyseur de 24°,50. Cette
rotation effectuée, substituons à la lumière jaune un faisceau de lumière blanche polarisée dans le même plan, et laissons l'analyseur dans
la position qui vient de lui être donnée. L'image extraordinaire fournie
par l'analyseur ne sera plus éteinte, il est vrai, mais elle aura acquis
son minimum d'intensité, elle aura pris une nuance *gris de lin*, *fleur
de pêcher*, toujours facile à reconnaître ; elle sera formée par un mélange
de rouge, de bleu et de violet, et elle offrira ce caractère, que pour la
plus petite rotation de l'analyseur elle virera immédiatement au rouge
ou au bleu, suivant qu'on fera tourner celui-ci de gauche à droite ou de
droite à gauche. On l'a nommée, à cause de la variation brusque et facilement saisissable de couleur qu'elle subit quand on fait mouvoir
l'analyseur, même d'une très-petite quantité, *teinte sensible* ou *teinte de
passage*. L'emploi de la teinte sensible a cet avantage qu'il est très-facile
d'estimer avec précision sur le cercle gradué de l'appareil, à quel azimut elle correspond ; tandis que lorsqu'on veut procéder à l'extinction
de l'image extraordinaire pour une lumière simple, l'analyseur peut être
déplacé un peu plus à droite, un peu plus à gauche, sans que l'extinction paraisse sensiblement modifiée. Il y a donc, dans ce dernier cas,
indécision, sur l'azimut véritable auquel doit correspondre la section
principale de l'analyseur.

1672. **Substances douées d'un pouvoir rotatoire.** — Le cristal de
roche ou acide silicique cristallisé doit l'action rotatoire qu'il exerce
sur le rayon polarisé à sa texture cristalline. La molécule même du
quartz ne la possède en aucune façon ; aussi quand on fait dissoudre la

silice dans un liquide quelconque, quand on la prend sous forme d'hy-
drate, quand on l'examine à l'état d'agate, de cornaline, d'opale, etc.,
on ne découvre en elle aucune propriété rotatoire. Parmi les substances
minérales on n'en connaît que trois : le *cinabre* (sulfure de mercure
cristallisé), le *chlorate* et le *bromate de soude* cristallisés, qui produisent sur la lumière polarisée une action du même genre que le quartz.
Du reste, quand on veut comparer l'action rotatoire exercée par un
corps solide actif à celle du quartz, on cherche sous quelle épaisseur x
le corps en question imprimerait au plan de polarisation d'un rayon
simple la même rotation qu'une plaque de quartz d'un millimètre
d'épaisseur. Pour cela on prend la substance à étudier sous une épaisseur connue E, et on mesure de quel angle il faut faire tourner l'analyseur, disposé comme il a été dit plus haut (§ 1671) pour faire apparaître la teinte sensible. Soit a l'angle de rotation observé, on aura, en

appliquant la première loi découverte par Biot : $\dfrac{x}{E} = \dfrac{24^\circ,50}{a}$ ou

$$x = E\,\frac{24^\circ,50}{a}.$$

1673. Pouvoir rotatoire moléculaire. — Le mode de groupement
des molécules dans un cristal paraît être la cause déterminante de l'action
rotatoire que ce cristal exerce sur un rayon polarisé ; c'est précisément
le cas que nous venons d'examiner, et au sujet duquel ont été établies
les lois précédentes. Mais cette même faculté peut appartenir à la molécule élémentaire d'une substance prise isolément, en dehors de tout phénomène de cristallisation. — Les faits de ce genre sont très-nombreux. —
Les corps dont la molécule présente cette aptitude à faire tourner le
plan de polarisation sont en nombre considérable. On peut même dire,
qu'à part un très-petit nombre d'exceptions, les matières de composition
définie, les principes immédiats qui ont pris naissance dans les corps
organisés sous l'influence de la vie, jouissent du pouvoir rotatoire moléculaire. Ainsi les différentes essences : de térébenthine, de citron, de
lavande, etc. ; les acides organiques, tels que les acides tartrique, ma-
lique, etc. ; l'amidon, la dextrine et les sucres ; les alcaloïdes végétaux :
quinine, cinchonine, et enfin plusieurs liquides animaux manifestent le
pouvoir rotatoire. Le fait remarquable présenté par les différents échantillons de quartz de faire tourner les uns à droite, les autres à gauche,
le plan de polarisation de la lumière, se retrouve encore ici. Parmi ces
corps à pouvoir rotatoire moléculaire, les uns sont dextrogyres, les
autres sont lævogyres. Au reste, les lois découvertes par Biot trouvent

encore leur vérification dans cette classe de substances, et en particulier
l'action rotatoire exercée sur un rayon simple polarisé est toujours proportionnelle à l'épaisseur. En renfermant successivement le même liquide, l'essence de térébenthine, dans des tubes de longueurs diverses,
faisant passer le faisceau polarisé suivant l'axe des tubes et mesurant
chaque fois l'angle de rotation, la loi de proportionnalité se vérifie
aisément.

1674. Une difficulté se présente quand le corps à étudier, au point de
vue qui nous occupe, est solide et ne peut être examiné qu'après sa dissolution préalable dans un liquide approprié. On choisit alors, comme
dissolvant, un liquide inactif : l'eau, l'alcool, et l'on reconnaît encore
que le pouvoir rotatoire de la solution est toujours proportionnel à la
quantité absolue de la substance active placée sur le trajet du faisceau
polarisé. Ainsi, quand on prend deux dissolutions de quinine dans
l'alcool, contenant pour le même volume de la liqueur : l'une un poids
1 de l'alcaloïde, l'autre un poids 2 ; on trouve que, employées sous la
même épaisseur, elles font tourner le plan de polarisation d'un rayon
simple de quantités angulaires qui varient dans le rapport de 1 à 2.

1675. **Pouvoir rotatoire spécifique des substances actives solubles
dans un liquide inactif.** — M. Biot a défini le pouvoir rotatoire moléculaire de la manière suivante : *C'est l'angle de déviation que la substance examinée imprime au plan de polarisation des rayons rouges,
quand on la prend sous une épaisseur de 1 millimètre et avec une densité
égale à l'unité.* Il est dès lors possible de donner une évaluation numérique de ce caractère spécifique pour chaque substance active. — Ainsi
prenons une dissolution d'un poids p de la substance active dans un
poids p' d'un dissolvant inactif ; il suffira, en premier lieu, de connaître
le rapport $\dfrac{p'}{p}$, puis la densité d de la dissolution. En second lieu, à l'aide
de l'appareil de Biot déjà décrit, nous mesurerons l'angle α de déviation
imprimée au plan de polarisation du rayon rouge par un tube de longueur l rempli de cette dissolution. — La déviation qu'aurait donnée
une longueur de 1 millimètre eût été $\dfrac{\alpha}{l}$. Reste à savoir ce qu'eût été la
déviation pour une densité égale à 1 de la matière active considérée seule.
Or, le poids du corps actif et de son dissolvant étant $p + p'$, le volume
correspondant de la dissolution est $\dfrac{p + p'}{d}$; c'est aussi le volume de la
substance active considérée seule, les molécules qui la composent gar-

dant leurs places actuelles. La densité vraie de cette substance active est le rapport de son poids p à son volume $\dfrac{p+p'}{d}$ ou $\dfrac{pd}{p+p'}$. La question est donc ramenée à celle-ci : La déviation angulaire produite par 1 millimètre de la substance active est $\dfrac{\alpha}{l}$, sa densité étant $\dfrac{pd}{p+p'}$; quelle eût été la déviation x pour une densité égale à 1 ? On aura, par une simple proportion :

$$x = \frac{\alpha}{l}\ \frac{p+p'}{pd},$$
$$x = \frac{\alpha}{ld}\left(1 + \frac{p'}{p}\right).$$

Mais $\dfrac{\alpha}{ld}$, c'est le pouvoir rotatoire de la solution ; donc le pouvoir rotatoire moléculaire de la substance active s'obtiendra en multipliant celui de la solution par le facteur $(1 + r)$, r étant le rapport $\dfrac{p'}{p}$ du poids du dissolvant inactif à celui de la substance active employée.

1676. Saccharimétrie. Saccharimètre de MM. Soleil et Duboscq. — La détermination des pouvoirs rotatoires des sucres a une grande utilité au point de vue industriel, car la richesse saccharine d'un sucre brut est évidemment liée à son pouvoir rotatoire. Avec un appareil de polarisation convenable, on peut, en quelques instants, estimer dans un sucre du commerce, qui est un mélange de substances très-diverses, actives et inactives, la quantité absolue de sucre cristallisable qui s'y trouve, c'est-à-dire obtenir la valeur commerciale du produit.

On pourrait employer à cet usage l'appareil de Biot que nous avons déjà décrit (1670) ; mais MM. Soleil et Duboscq ont construit un appareil spécial (fig. 816), nommé *saccharimètre*, qui permet d'arriver, sans aucun calcul, à l'appréciation exacte et rapide de la richesse saccharine d'un sucre quelconque du commerce. Cet appareil n'est autre, quant à ses dispositions principales, que celui que nous venons de décrire (§ 1670). Pour en faire un *saccharimètre*, il suffit de remplacer le tube L par le tube T', et la glace noire M par le tube T''. Voici le principe de sa construction : Un faisceau de lumière naturelle, fourni par une lampe, traverse d'abord un prisme de Nicol P' placé dans le tube T'', et qui sert de polariseur ; puis une plaque de quartz Q' dite plaque *à deux rotations* constituée de la manière suivante. — Elle est formée de deux demi-disques de quartz, juxtaposés suivant un diamètre commun, d'égale épaisseur et appartenant : l'un à un échantillon *dextrogyre*, l'autre à un cristal *lævogyre*. Comme la valeur absolue du pouvoir rotatoire du quartz est constante, quand l'épaisseur est la même, quel que soit le sens de la rotation, nous devrons avoir la même dispersion des couleurs simples dans les deux demi-disques d'égale épaisseur. — La section principale de l'analyseur oculaire P′ étant parallèle ou perpendiculaire à celle du polariseur, les deux demi-disques nous offriront une coloration identique, ils constitueront comme une plaque unique d'une teinte parfaitement uniforme dans tous ses points. De plus, l'épaisseur de ces demi-disques a été choisie telle que la teinte commune obtenue dans les conditions qui viennent d'être indiquées soit précisément celle de la teinte sensible. Cette épaisseur doit être de 5^{mm},77, quand les sections principales de l'analyseur et du polariseur sont perpendiculaires et de 7^{mm},5 quand elles sont parallèles. Cette disposition étant adoptée, il est évident que si, sur le trajet du faisceau polarisé qui a traversé la plaque à deux rotations, nous plaçons une colonne T d'un liquide actif, tournant à droite ou à gauche, son action rotative augmentera d'autant celle du demi-disque qui fait tourner le plan de polarisation dans le même sens, et diminuera d'autant celle du demi-disque qui le fait tourner en sens inverse; nous aurons alors deux teintes très-différentes pour les deux portions de la plaque. Donc, la propriété rotatoire du liquide essayé sera déjà mise en évidence, alors même qu'elle serait très-faible.

1677. **Compensateur.** — Ce n'est pas tout : il faut évaluer l'intensité de l'action rotatoire du liquide employé, et pour cela chercher quelle serait l'épaisseur de la lame de quartz de rotation inverse qui équivaudrait à la colonne de liquide employée. MM. Soleil et Duboscq ont imaginé à cet effet un compensateur L′Q (*fig.* 816), dont voici la disposition. Sur le trajet du faisceau qui a parcouru successivement le polariseur, la plaque à deux rotations et le tube plein du liquide à examiner, ils placent une plaque de quartz *dextrogyre* Q de 3 millimètres d'épaisseur, puis une plaque de quartz *lævogyre* L′ d'une épaisseur variable, au gré de l'opérateur, depuis 3 jusqu'à 4 millimètres. Cette dernière plaque est formée de deux prismes triangulaires de quartz faisant tourner le plan de polarisation dans le même sens, présentant le même angle très-aigu et pouvant glisser l'un sur l'autre, de manière que les faces d'entrée et de sortie de la lumière dans le système des deux prismes soient parallèles. Chaque prisme est individuellement achromatisé par un prisme de verre. Par la manière dont les deux prismes sont disposés dans leur monture M′, l'opérateur a la faculté de rendre l'épaisseur du système

qu'ils constituent, variable à son gré ; il n'a qu'à faire glisser les deux
lames l'une sur l'autre à l'aide d'un pignon. Une graduation marquée
sur la monture du compensateur, le long de laquelle se meut un index
ou repère porté par la lame mobile, permet d'apprécier l'épaisseur de
quartz lævogyre employée. Si les deux prismes ont une position telle

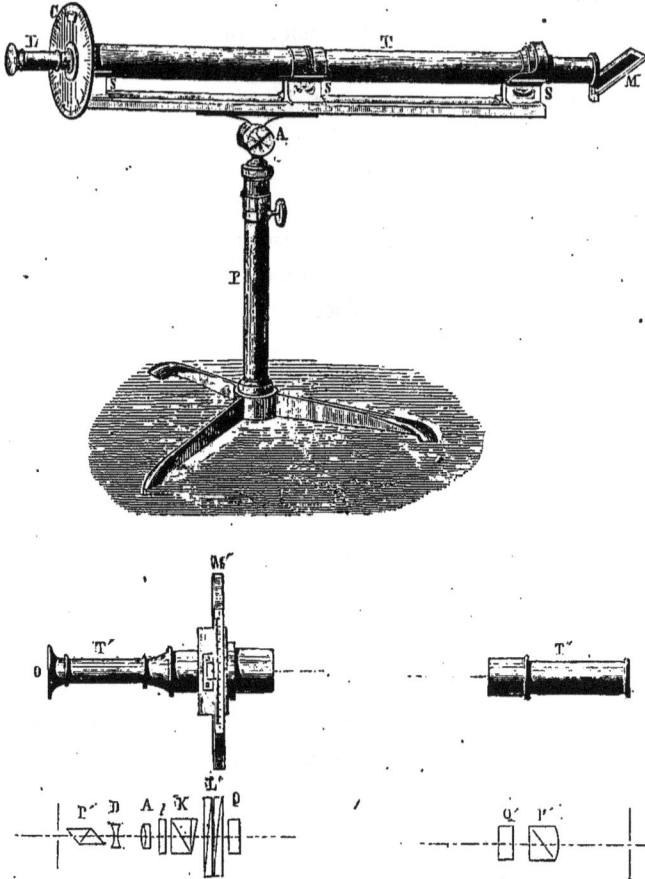

Fig. 816.

que l'épaisseur du système lævogyre soit de 5 millimètres, il se produit une compensation exacte de l'effet produit par la lame dextrogyre, c'est comme si le compensateur n'existait pas. Le repère porté par
l'alidade est alors en regard du zéro de la graduation. Si, par le mouvement du pignon on diminue l'épaisseur du système, l'action du quartz
dextrogyre reprend la prépondérance ; si par un mouvement inverse on

augmente l'épaisseur, c'est l'effet du quartz lævogyre qui est dominant.

1678. Emploi du saccharimètre. — On peut comprendre maintenant sans difficulté le mode d'emploi de l'instrument. Le tube médian T
étant rempli d'eau pure, on met au point, c'est-à-dire qu'après avoir
amené le compensateur au zéro, on vérifie, en plaçant l'œil à l'extrémité
0, derrière l'analyseur P′, que la plaque à deux rotations Q′ offre bien
une teinte uniforme, celle de la teinte sensible. La mise au point se
réalise très-bien par l'emploi de la petite lunette de Galilée T″, dont les
deux verres sont figurés en A et D; cette lunette est placée en avant de
l'appareil, et l'on peut à volonté faire mouvoir son oculaire. On arrive
ainsi à distinguer nettement, quelle que soit la distance de la vision
distincte, l'image de la ligne de séparation des deux demi-disques sur
la plaque à deux rotations. On substitue alors au tube plein d'eau un
tube de même longueur rempli de la dissolution sucrée. Cette dissolution doit être rendue, autant que possible, parfaitement incolore. Aussitôt l'image de l'un des disques passe au rouge, celle de l'autre passe
au bleu. On agit à ce moment sur le pignon du compensateur, et le sens
suivant lequel on est obligé de le faire tourner pour ramener les deux
images à acquérir une teinte uniforme indique déjà si la liqueur soumise à l'essai est dextrogyre ou lævogyre. Quand la teinte sensible reparaît identique sur les deux demi-disques, on lit sur la graduation la position du repère, et l'on a l'épaisseur de quartz équivalente optiquement
à la colonne du liquide actif interposée. Des essais préalables, faits sur
des liqueurs saccharines titrées avec soin, permettent de déduire immédiatement du chiffre obtenu la valeur numérique qui exprime la
richesse saccharine de la solution.

. Le prisme biréfringent achromatique K et la lame de quartz perpendiculaire à l'axe *l* forment un système qui a pour but de donner aux
images obtenues la teinte la plus convenable dans les expériences.

1679. La méthode expérimentale, appliquée avec persévérance pendant plusieurs siècles, a amené les physiciens à reconnaître que les phénomènes variés que la lumière présente dans sa marche, peuvent se déduire, par de simples calculs mathématiques, de quelques phénomènes élémentaires, en somme peu nombreux, et dont les lois sont parfaitement connues. La propagation de la lumière en ligne droite, les lois de la réflexion, celles de la réfraction, ont suffi pour expliquer la plupart des faits qui sont l'objet des chapitres qui précèdent, et les déductions de ces lois sont tellement mathématiques, que la partie de l'optique qui s'y rapporte a pris le nom d'optique géométrique.

Quelque brillants que soient ces premiers succès, cependant la simplification réalisée n'est encore qu'incomplète. La cause de la lumière, quelle qu'elle soit, est *une :* si un phénomène particulier permettait de reconnaître quelle est cette cause, quelle est la constitution des corps que la lumière rencontre, il serait possible de substituer un principe unique aux principes multiples qui nous ont guidés dans nos études. La science serait alors achevée : il ne resterait plus qu'à imaginer toutes les combinaisons des circonstances possibles, où la lumière pourrait se trouver ; un simple raisonnement suffirait pour prévoir les phénomènes qui devraient se produire.

Une ou plusieurs expériences bien choisies, une loi qui s'en déduirait, domineraient donc toute l'optique ; mais si l'optique devenait mathématique dans son développement, il ne faut pas oublier qu'elle aurait l'expérience comme base première, et qu'en outre l'expérience devrait toujours être appelée à vérifier les déductions tirées des principes.

1680. Des deux théories de la lumière. — Dans l'impuissance où les savants se sont trouvés, jusqu'ici, de déterminer par des expériences directes la nature de la lumière, ils ont essayé de la deviner en examinant les actions par lesquelles elle se révèle. Par un procédé bien naturel à l'esprit humain, et même que l'esprit humain met en œuvre involontairement, ils ont conclu de l'acte à la nature de l'agent : procédé sujet à erreur, on le conçoit, et l'histoire va nous le prouver ; mais procédé qui peut conduire aussi à la vérité, comme la suite nous le montrera.

Deux théories différentes ont été imaginées : l'une, dite théorie de l'*émission*, qui explique un certain nombre de phénomènes, mais qui est impuissante à les expliquer tous : elle n'est plus intéressante qu'au point de vue historique ; la seconde, dite théorie des *ondulations*, qui, rendant un compte très-simple de tous les faits, les rattachant intimement les uns aux autres, en ayant même fait prévoir de nouveaux, constatés ensuite par l'expérience, peut être regardée comme vraie. Elle est du moins unie par de tels liens avec la théorie vraie qu'elle lui est certainement identique, à quelques détails près.

1681. Théorie de l'émission. — Lorsque la physique n'était qu'à ses débuts, la lumière fut considérée comme produite par le choc sur la rétine de corpuscules d'une ténuité excessive lancés par le corps lumineux. D'après cette théorie, ces fragments sont projetés en tous sens dans l'espace, et quoique de masse insensible, ils agissent à cause de leur grande vitesse ; ils traversent les divers milieux qui se présentent sur leur passage ; et les traversent en proportions variables selon la constitution de ces milieux. Arrivés à la surface de séparation de deux corps différents, ils se réfléchissent en partie comme une balle élastique rebondit lorsqu'elle choque un corps résistant ; ceux qui ne se réfléchissent pas, cheminent dans le second milieu avec une vitesse nouvelle, dont la valeur provient des forces moléculaires mises en jeu dans le voisinage des surfaces. Les lois de la réflexion, celles de la réfraction, ainsi que les lois relatives à l'intensité et à la propagation, ont pu être expliquées à l'aide de cette hypothèse sur la lumière.

1682. Théorie des ondulations. — Cependant Huyghens, vers le milieu du dix-septième siècle, proposa une autre théorie, la théorie des ondulations, ainsi appelée parce que la propagation de la lumière y est considérée comme due à un mouvement ondulatoire, analogue à celui que nous observons à la surface des eaux tranquilles lorsqu'un ébranlement est communiqué à l'un des points de cette surface. L'ébranlement en question se transmet, comme tout le monde a pu le voir, par ondes circulaires qui rident la surface primitivement immobile. Les ondes qui cheminent forment des cercles de plus en plus larges qui envahissent un espace toujours grandissant; elles se suivent en nombre égal à celui des ébranlements; elles se manifestent par une alternance d'élévations et de dépressions qui se propagent, et après leur passage, elles laissent au repos les points du liquide qu'elles avaient agités, pour en agiter d'autres plus éloignés. Ainsi, un mouvement excité en un point se transmet au loin, et peut exercer une action sur un corps qui est à distance.

Ces ondulations, l'acoustique nous a appris à les connaître (1280-1293): l'ébranlement du corps sonore a été rendu sensible par des expériences nombreuses qui ont fait voir que ces ébranlements sont périodiques, qu'ils se produisent isochrones alternativement dans un sens, alternativement dans un autre, avec des vitesses égales et de sens contraires. Ces oscillations se transmettent à l'air ou plus généralement au milieu environnant : des expériences irréfutables nous les ont fait reconnaitre, il n'est pas possible de douter de leur réalité. La théorie de l'acoustique a été établie sur les bases solides d'une expérience qui atteint le fait même servant de point de départ à cette théorie.

1685. **De l'éther.** — La théorie d'Huygens complétée par Young, qui, le premier, a fait voir l'importance méconnue avant lui de la périodicité des ébranlements, admet que les particules d'un corps lumineux sont en vibration, et que les vibrations se propagent au loin dans le milieu environnant. Le milieu propre à cette propagation existe dans tout l'espace, même dans le vide des espaces planétaires : on lui donne le nom d'*éther*. Il a une très-grande élasticité et aussi une masse très-petite sous un grand volume; c'est-à-dire une densité très-faible. Il est répandu jusque dans les interstices des corps solides, liquides ou gazeux ; mais dans chaque corps, son état de condensation varie par suite des attractions des molécules des corps sur les molécules d'éther, et dans un même corps cette densité change selon les contractions, dilatations et autres modifications auxquelles le corps est soumis.

Entre ces deux théories, les deux seules que l'on ait pu imaginer, il n'y a pas aujourd'hui d'hésitation possible. Des faits nombreux, absolument inexplicables dans la théorie de l'émission qu'ils contredisent, découlent, au contraire, le plus naturellement possible, de la théorie des ondulations. Parmi ces phénomènes, le plus simple est celui que Fresnel a fait connaitre, et qui prouve que deux sources de lumière, en agissant simultanément, peuvent produire de l'obscurité en certains points d'une surface qu'elles éclairent toutes deux.

1684. **Expérience de Fresnel.** — Fresnel obtient l'éclairement de la surface au moyen de miroirs qui réfléchissent la lumière vers elle. Les rayons solaires tombent sur une lentille convergente qui concentre en S la lumière (*fig.* 817 et 819). Deux miroirs plans verticaux MN, NP faisant entre eux un angle fortement obtus MNP, produisent deux images A et B de S : ces images forment comme deux sources lumineuses distinctes. Les rayons qui frappent le premier miroir et qui donnent l'image A couvrent un espace M'MNN' qui a le point A pour sommet et dont les génératrices passent par M et N. De même le point B éclaire l'espace N"NPP'. Sur l'écran ces deux groupes de rayons ont une partie

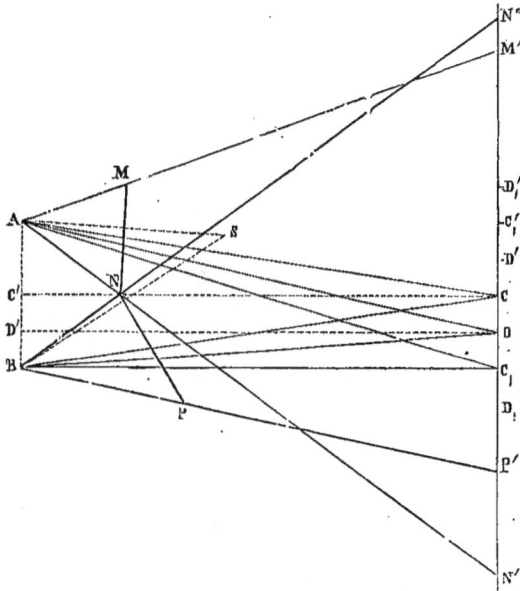

Fig. 817.

commune M'P' : c'est dans cette partie commune que s'aperçoit le phénomène. Au lieu d'une clarté uniforme à laquelle on pourrait s'attendre, on voit des bandes verticales alternativement brillantes et obscures (*fig.* 818). Si l'on a employé une lumière S monochromatique, c'est-à-dire formée de rayons d'une seule espèce, des rayons rouges par exemple (lumière qu'il est facile d'obtenir, en plaçant à l'ouverture de la chambre noire un verre qui ne laisse passer que ces rayons), les bandes sont alternativement noires et rouges. Si l'on emploie d'autres rayons, tels que les rayons violets, ces bandes sont violettes et plus serrées. Mais si la lumière blanche des rayons solaires est concentrée en S, les bandes verticales, qu'on appelle *franges*, présentent, à partir

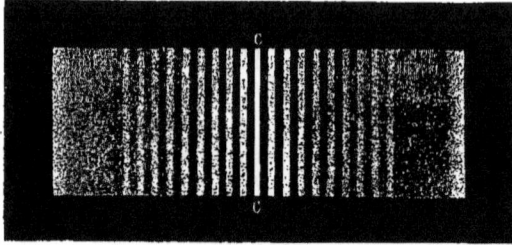

Fig. 818.

de la plus brillante, C, dite *frange centrale*, la succession des couleurs spectrales séparées par des lignes obscures. De là ce fait sur lequel doit se porter en ce moment notre attention : aux points D, D_1, D_2, les deux lumières, en agissant simultanément, ont produit de l'obscurité.

Une expérience très-simple montre sans équivoque que l'obscurité est due à la simultanéité des deux lumières. Il suffit en effet de recouvrir un des miroirs pour que les points D, D_1, D_2 soient éclairés.

1685. La théorie de l'émission ne peut pas expliquer l'expérience de Fresnel. — La théorie de l'émission ne peut pas rendre compte de ce phénomène : il est à peine besoin de le dire. Deux molécules qui partent de S et vont, l'une frapper le miroir MN, l'autre le miroir NP, et qui, d'après la théorie des miroirs plans, arrivent en D en suivant la même route que si elles partaient des points A et B, ne peuvent que frapper l'écran d'un choc redoublé, la lumière n'en doit apparaître que plus vive en ce point : l'obscurité ne peut résulter de la rencontre de ces molécules, puisqu'elles sont dans les conditions de deux billes qui marchent à peu près dans la même direction (AD et BD font un angle assez petit) et dont les mouvements ne peuvent se contrarier.

La théorie des ondulations, au contraire, trouve dans ce phénomène sa justification. Mais avant de le prouver, il est nécessaire d'entrer dans quelques détails nouveaux sur la partie expérimentale.

1686. Comment Fresnel mesure la distance des franges. — Si l'on trace avec Fresnel la ligne NC' (*fig.* 817) qui joint le point N au mi-

lieu de AB, les deux lignes NC′ et AB sont perpendiculaires entre elles.
En effet, le triangle ABN est isocèle, car AN et NB sont tous deux égaux
à SN, d'après les lois de la réflexion : donc NC′ prolongée a tous ses
points également éloignés des points A et B. Or, on reconnaît par l'expérience que le centre C du phénomène est un des points de cette droite.
Le milieu de la frange centrale brillante se trouve donc à égale distance
des deux sources lumineuses.

Les autres franges ne sont pas dans les mêmes conditions, et en mesurant la différence des chemins parcourus par la lumière arrivant de
A et de B aux points D, C_1, D_1, on trouve des résultats dignes de notre
attention. Cette mesure ne s'effectue pas directement; on l'obtient en
déterminant les longueurs CD, CC_1, etc. A cet effet, Fresnel employait

Fig. 819.

une vis micrométrique V (*fig.* 819) qui faisait mouvoir une loupe L placée derrière un écran en verre dépoli sur lequel venaient apparaître les
franges. L'écran ne fut employé que dans la première expérience.
Fresnel constata bientôt qu'il était inutile, et qu'à travers la loupe seule
le phénomène apparaissait plus net et plus lumineux : il supprima donc
l'écran. Pour exécuter une mesure, il tourne d'abord la vis de telle
sorte que le fil du réticule de la loupe corresponde exactement au milieu de la frange centrale, puis il déplace la loupe au moyen de la vis,
jusqu'à ce que le fil corresponde au milieu D de la première bande
obscure, et il lit sur la division du micromètre le déplacement, c'est-
à-dire la distance CD; les longueurs CC_1, CD_1, etc., sont mesurées par le
même procédé.

1687. **Calcul.** — Les nombres qui résultent de ces mesures rendent possible la connaissance des distances des points D, C_1, D_1, etc., aux deux sources lumineuses A et B.

En effet, abaissons du point D la perpendiculaire DD′ sur AB et posons pour abréger :

$$AB = 2a \qquad CD = b \qquad DD' = CC' = d$$

Les triangles rectangles ADD′ et BDD′ donnent : le premier

$$\overline{AD}^2 = d^2 + (a+b)^2$$

le second

$$\overline{BD}^2 = d^2 + (a-b)^2$$

D'où retranchant, on a :

$$\overline{AD}^2 - \overline{BD}^2 = 4ab$$

ou bien

$$AD - BD = \frac{4ab}{AD + BD}.$$

Mais comme CD est très-petit et que le triangle ABC a un angle très-aigu, l'angle C, on peut écrire sans erreur sensible

$$AD + BD = 2AC$$

et il vient

$$AD - BD = 2b \times \frac{a}{AC} = 2b \sin \frac{1}{2} C$$

et à cause de la petitesse de C, il reste définitivement, en prenant l'arc C pour le sinus,

$$AD - BD = bC$$

De même on aurait les valeurs de $AC_1 - BC_1$ celles de $AD_1 - BD_1$, etc. Or, en faisant les calculs, et en désignant par λ une quantité constante, on trouve le tableau suivant :

DIFFÉRENCES

ENTRE LES DISTANCES DU MILIEU DE CHAQUE FRANGE AUX DEUX SOURCES LUMINEUSES

FRANGES BRILLANTES	FRANGES OBSCURES
$AC - BC = 0 \dots$	$AD - BD = \frac{\lambda}{2}.$
$AC_1 - BC_1 = 2\frac{\lambda}{2} \dots$	$AD_1 - BD_1 = 3\frac{\lambda}{2},$
$AC_2 - BC_2 = 4\frac{\lambda}{2} \dots$	$AD_2 - BD_2 = 5\frac{\lambda}{2}.$
$AC_3 - BC_3 = 6\frac{\lambda}{2} \dots$	$AD_3 - BD_3 = 7\frac{\lambda}{2}.$
$AC_n - BC_n = 2n\frac{\lambda}{2} \dots$	$AD_n - BD_n = (2n+1)\frac{\lambda}{2}.$

1688. Conséquences qui se déduisent de ces résultats. — Comment ces résultats inexplicables dans la théorie de l'émission se déduisent-ils de la théorie des ondulations? c'est ce qu'il est facile de voir. Reportons-nous, en effet, aux notions déjà données en acoustique sur la propagation des ondes. Les mouvements oscillatoires périodiques qui s'exécutent en A se transmettant en C, la molécule du milieu, qui se trouve en ce point C, prendra successivement toutes les vitesses qu'a possédées antérieurement la molécule A. Si en B ont lieu des ébranlements concordants avec ceux qui s'exécutent en A, si à chaque instant les vitesses des deux molécules A et B sont égales et de même sens, ces vitesses arriveront concordantes en C, l'une Cm (*fig.* 820), l'autre Cn,

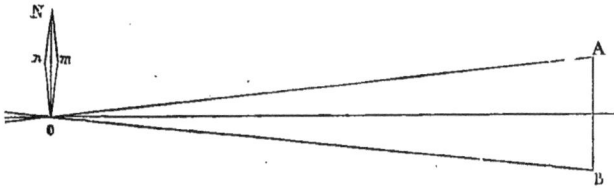

Fig. 820.

et en vertu du théorème connu de la composition des vitesses, le point C sera animé d'une vitesse CN, à peu près double de chaque vitesse composante, car les lignes AC et BC se coupent sous un très-petit angle : tel est le cas de l'expérience de Fresnel. La lumière produite par les vibrations de l'éther sera donc plus vive en C, par suite de ces oscillations dont chaque phase s'exécute avec une vitesse doublée alternativement dans un sens et dans un autre.

Lorsque AC$_1$ — BC$_1$ est égal à une longueur d'ondulation $2\frac{\lambda}{2}$, les vitesses qui à un moment quelconque arrivent en C$_1$, sont de même valeur, à cause de la périodicité du mouvement. En effet, au moment où la vitesse antérieurement possédée par le point A arrive en C$_1$, en ce point C$_1$ parvient également la vitesse que possédait B lorsque l'oscillation précédente se trouvait dans la même phase de son mouvement. Donc C$_1$ doit osciller et produire le phénomène de lumière par l'effet de ces deux vitesses concordantes. Il en sera de même pour tous les points C$_2$, C$_3$, etc. La quantité que nous avons désignée par λ (1687) serait donc la longueur de l'ondulation.

Quant aux franges obscures leur explication est certainement déjà comprise du lecteur : les molécules A et B oscillent en concordance : à une molécule d'éther D tellement située que $AD - BD = \frac{\lambda}{2}$ (*fig.* 821) se transmet la vitesse Dn que possédait le point B; au même moment parvient à ce point la vitesse Dm que possédait le point A (ou le point

Fig. 821.

B à cause de la concordance) quand il exécutait le mouvement qui précède le premier d'une demi-ondulation ; cette vitesse, égale et de sens contraire à la précédente, l'annule à très-peu près entièrement, d'autant plus complétement que les directions AD et BD sont plus voisines du parallélisme. Les mêmes explications conviennent aux points D_1, D_2, etc.

Ces phénomènes ont été nommés *phénomènes d'interférence.* Ils sont analogues à ceux que nous avons étudiés en acoustique dans les paragraphes 1294 et suivants.

1689. **Des résultats obtenus avec diverses espèces de rayons lumineux.** — Les divers rayons du spectre peuvent être reçus successivement sur la lentille et former la source lumineuse S : le phénomène des franges se présente toujours avec des caractères généraux identiques aux précédents ; mais une différence saillante se montre immédiatement à l'observateur. Avec les rayons les plus réfrangibles, tels que les rayons bleus et violets, les franges sont plus serrées que lorsqu'on emploie la lumière rouge. Ce qui, rapporté aux longueurs d'ondes, signifie que ces longueurs sont d'autant plus petites que les rayons qui leur correspondent sont plus réfrangibles.

La lumière blanche donne un phénomène qui résulte de la juxtaposition et de la superposition des phénomènes partiels produits par chaque espèce de rayon. La frange centrale blanche est colorée en rouge à ses bords verticaux ; puis, vient une bande noire ; puis une bande colorée en violet du côté de la frange centrale ; en rouge, en sens inverse, et ainsi de suite jusqu'à des bandes qui présentent toutes les couleurs spectrales.

1690. **Longueurs d'ondes.** — Ces expériences ont donné les longueurs d'ondes des différents rayons lumineux, du moins ces longueurs dans l'air. Fresnel en a fait le tableau. Le voici :

COULEURS	LONGUEUR D'ONDE DANS L'AIR EN MILLIMÈTRES
	mm
Violet.	0,000423
Indigo.	0,000449
Bleu.	0,000475
Vert.	0,000512
Jaune.	0,000551
Orangé.	0,000583
Rouge.	0,000620

Les nombres contenus dans ce tableau montrent combien est petite la longueur d'une ondulation. Si l'on voulait que les courbes ondulées représentatives des vitesses fussent tracées en vraie grandeur on devrait,

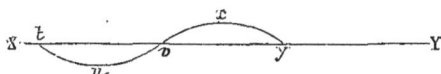

Fig. 822.

par exemple, dans l'espace d'un seul millimètre dessiner pour les rayons verts environ 2,000 (exactement 1,957) arcs semblables à ceux de la figure 822.

De ce tableau on peut en déduire un autre, celui de la durée de chaque oscillation de la molécule vibrante, ou, ce qui revient au même, le nombre d'oscillations qu'elle exécute en une seconde. En effet, la vitesse de propagation de la lumière est de 298,000,000 mètres par seconde (1418) : ce qui veut dire que la vibration d'une molécule met une seconde à se transmettre à une molécule placée à une distance égale à 298,000,000 mètres. Au bout de cette seconde, si la première molécule n'a pas cessé de vibrer, les vitesses actuelles de toutes les molécules situées sur la droite de 298,000,000 mètres, qui joint le centre d'ébranlement et la molécule extrême, figurent autant de fois la courbe représentée (*fig.* 822) que la première molécule a fait d'oscillations. Pour la lumière verte nous avons trouvé 2,000 de ces courbes dans un millimètre, ou 2,000,000 dans un mètre, le nombre total de ces courbes sera à très-peu près .

$$2,000,000 \times 298,000,000 = 596,000,000,000,000$$

c'est-à-dire 596 trillions. C'est le nombre d'oscillations que fait en une
seconde une molécule d'éther qui, par son mouvement, produit sur notre
rétine la sensation de la lumière verte ; c'est le nombre de fois que le
mouvement vibratoire excite le nerf optique en une seconde.

Voici le tableau complet :

COULEURS	NOMBRE DE VIBRATIONS EN UNE SECONDE ÉVALUÉE EN TRILLIONS
Violet..	704
Indigo..	663
Bleu.	628
Vert.	583
Jaune.	540
Orangé.	511
Rouge.	480

1691. Compléments relatifs à l'expérience de Fresnel. — L'expérience de Fresnel ne réussit que si les deux sources A et B ont une origine commune ; il faut qu'elles soient constituées avec le même foyer
lumineux ; celui-ci, dans l'expérience précédente, est converti par un
artifice en deux centres d'ébranlement distincts ; elle ne réussit jamais
si deux flammes ou deux corps portés à des températures élevées sont
mis l'un, à la place de A et l'autre à celle de B. Au premier abord cet
insuccès surprend étrangement. Il semble que, si deux points lumineux
existent et sont en concordance de vibration, ils doivent donner des
franges identiques à celles de Fresnel, et que s'ils ne vibrent pas d'accord, il ne doive en résulter qu'un déplacement de la frange centrale.
Si, par exemple, la phase du mouvement de A est en avance sur celle
de B d'une demi-oscillation, la frange centrale viendra se placer en D,
et ainsi il y aurait recul de chaque frange sans autre modification du
phénomène. Mais Fresnel a parfaitement fait voir qu'une flamme quelconque était une source de lumière sujette à des perturbations nombreuses même dans l'air le plus calme ; le moindre accident la trouble
à nos yeux, soit que cet accident ait pour cause les mouvements de l'air
environnant, soit qu'il résulte de ce que le combustible ne demeure pas
identique à lui-même pendant toute la durée de la combustion. Outre
ces accidents visibles (et pour qu'ils soient visibles il leur faut une durée extrêmement grande par rapport à celle d'une oscillation de la molécule lumineuse), combien dans l'air le plus calme, avec les matériaux
les plus purs, n'y aura-t-il pas, durant quelques millionièmes ou billio-
nièmes de seconde, de perturbations tout à fait insaisissables pour nos

sens, qui changeront subitement le mouvement périodique, le ralentissant, l'accélérant ou l'arrêtant? Puis après ce temps inappréciable, la périodicité reprendra ; mais alors les deux points lumineux servant d'origine aux ébranlements de l'éther, n'auront plus la même différence de phase, et un changement dans la position de la frange centrale et de toutes les autres franges en sera la conséquence nécessaire. Pour peu qu'une perturbation arrive après quelques trillions d'oscillations, les bandes brillantes se déplaçant à droite et à gauche un grand nombre de fois par seconde, auront remplacé les bandes obscures : une teinte uniforme nous semblera éclairer l'écran. Or une perturbation de ce mouvement vibratoire arrivant après un trillion de vibrations n'est-elle pas plus que probable dans les conditions indiquées? Ce n'est pas une probabilité, c'est une certitude.

Il est vrai que tous les corps lumineux ne sont pas aussi sujets qu'une flamme à des perturbations ; mais si l'on prend un cas des plus favorables, celui d'un fil de platine porté au rouge par une pile dans le vide, les variations accidentelles de l'intensité du courant, l'action du gaz qui se trouve toujours en quantité sensible même dans le vide le plus parfait que nous puissions obtenir, les rayonnements du dehors, les altérations de la structure du fil, sont des causes perturbatrices permanentes qui détruisent les conditions de stabilité du phénomène.

1692. **Expérience d'Young**. — Avant Fresnel, Young avait fait une expérience analogue. Mais, outre le phénomène simple que nous avons analysé, l'expérience d'Young se complique d'autres phénomènes, et c'est pour cela que nous ne l'avons pas prise pour base de notre théorie. Cependant elle mérite d'être rapportée : elle est la première en date, et la facilité avec laquelle elle peut être réalisée permet à chacun de la répéter sans aucun appareil.

Une plaque mince de métal percée de deux trous très-étroits est placée devant une lentille qui donne une très-petite image du soleil et se trouve adaptée au volet d'une chambre noire. Les rayons solaires, qu'il sera bon de rendre horizontaux par la réflexion sur un miroir extérieur, traversent la lentille, puis les deux ouvertures, et forment deux cônes de lumière qui, à une petite distance en avant des ouvertures, se recouvrent en partie sur l'écran placé pour les recevoir. Dans la portion commune des faisceaux se rencontrent alors des ondes lumineuses émises de la même source, le soleil, et ayant parcouru des chemins égaux jusqu'à leur arrivée à la plaque métallique. Les mouvements concordants vibratoires qui animent l'éther des molécules situées à chaque ouverture se transmettent à l'intérieur et agissent comme s'il existait réellement deux sources de lumière analogues à celles qu'employait Fresnel. Toutes les apparences que nous connaissons peuvent s'observer. La frange centrale se voit brillante à la place qui nous est connue ; puis à droite et à gauche, une frange obscure, et ainsi de suite, sans aucune modification.

Mais à ces franges s'en joignent d'autres, qui bordent l'ombre géométrique. Celles qui nous occupent actuellement se distinguent aisément à ce caractère, qu'elles disparaissent toujours dès qu'une des ouvertures est bouchée au moyen d'un corps opaque. Quant aux autres, par quelle cause sont-elles produites ? Nous ne tarderons pas à l'expliquer (1698).

CHAPITRE XIII

PROPAGATION DE LA LUMIÈRE — DIFFRACTION
RÉFLEXION — RÉFRACTION

La théorie des ondulations vient de nous être rendue probable par la facilité avec laquelle elle rend compte de l'expérience de Fresnel. Nous allons montrer, dans ce chapitre, comment elle explique tous les phénomènes anciennement connus et de plus, exposer les phénomènes nouveaux qu'elle a fait découvrir.

1693. **Principe d'Huyghens.**—Les explications qui vont suivre reposent sur un principe évident de lui-même, qu'Huyghens a formulé. Le voici :

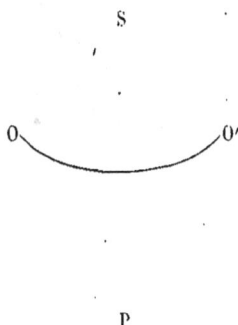

Le mouvement vibratoire transmis au point P (*fig.* 823) par une source lumineuse S peut être considéré comme étant la résultante des vitesses partielles envoyées par tous les points de l'une quelconque des ondes sphériques qu'engendrent les oscillations de la source dans l'éther situé autour d'elle. Ces points en effet constituent alors chacun, comme un centre lumineux distinct.

Ce principe est évident : le mouvement vibratoire de la source S se transmet autour d'elle avec une égale vitesse dans tous les sens ; il arrive, en même temps, à toutes les molécules situées sur une même sphère OO'. Chacune de ces molécules étant ainsi ébranlée peut être considérée comme formant elle-même un centre d'ébranlement qui

Fig. 823.

transmettra son mouvement à l'éther environnant et le fera entrer en
vibration. Si la source S n'existait pas, mais si les molécules de la
sphère oscillaient comme elles le font sous son influence, rien évidemment ne serait changé pour les molécules qui suivent. Étudier le mouvement qui, venant de S, est transmis en P, c'est donc étudier le mouvement qui venant de la sphère OO' est transmis en ce même point P.

1694. Études géométriques préliminaires. — De ce principe découlent un grand nombre de conséquences
physiques, mais pour les en déduire, il
est nécessaire d'exposer quelques résultats
géométriques.

Faisons passer un plan quelconque par
S et P (*fig.* 824), OO' représente l'arc de
grand cercle qui rencontre ce plan; joignons SP; on appelle *pôle* du point P le
point A où SP rencontre la sphère. Si de
plus l'on divise l'arc AO' aux points M,
M', M'' en une série de petits arcs, choisis
avec des longueurs telles que l'on ait :

$$MP - AP = M'P - MP = M''P - M'P = \frac{1}{2}\lambda,$$

c'est-à-dire de telle sorte que la différence des distances de P aux points de
division successifs soit égale à une demi-
longueur d'ondulation, et qu'on opère les
mêmes divisions sur l'arc AO; l'arc ainsi
divisé est dit *arc gradué*, et on appelle
arcs élémentaires l'un quelconque des
arcs AM, MM', M'M''. Enfin, si l'on imagine que la sphère se reconstitue
par la rotation de l'arc OO' autour de SP, les zones décrites par les
arcs élémentaires sont dites *zones élémentaires*.

La grandeur absolue de ces arcs élémentaires, grandeur que nous désignerons par a, a', a'', se détermine sans peine par le calcul, lorsque
les positions de S, de P et de la sphère sont données. On peut aussi les
obtenir par une construction géométrique n'exigeant que la règle et le
compas; mais, dans ce cas, il faut employer pour l'exécution une échelle
singulièrement amplifiée. En effet, la demi-longueur d'ondulation a une

valeur moyenne égale à $\frac{1}{2}$ millième de millimètre; sur la figure elle pa-

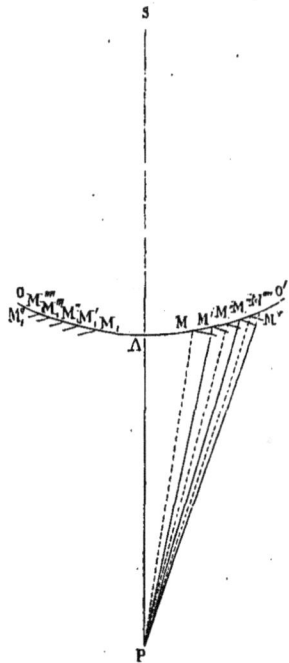

Fig. 824.

raîtrait égale à $\frac{1}{2}$ millimètre, si l'on employait un grossissement égal à

mille ; alors une distance SP, égale à 1 mètre, devrait être représentée par une ligne de 1,000 mètres. Quoi qu'il en soit cependant, on peut se convaincre à l'aide d'une construction géométrique que, si au lieu de prendre la différence en question égale à la valeur vraie de λ, on lui donne une valeur arbitraire très-petite, le premier arc est notablement plus grand que chacun des autres ; que les arcs suivants diminuent de longueur à mesure qu'ils sont plus éloignés du pôle A ; enfin, qu'à une distance du pôle qui même n'est pas très-grande, les arcs deviennent sensiblement égaux. La figure ci-contre le prouve, et toutes les figures analogues confirmeraient ce fait. La grandeur des zones élémentaires varie en suivant une loi analogue à celle des arcs.

Les rapports de grandeur ne sont pas les mêmes entre les zones et entre les arcs, mais les plus grandes zones sont encore celles qui sont voisines de A, et les autres tendent vers l'égalité à mesure qu'on s'éloigne de ce pôle.

1695. Transmission du mouvement vibratoire. — L'onde lumineuse qui arrive à la sphère et dont OO' est une intersection devrait être considérée tout entière, si l'on voulait déterminer avec exactitude le mouvement du point P ; mais nous nous bornerons à étudier ce qui a lieu dans le seul plan OO'. On comprendra, par la suite, que les conséquences restent les mêmes en étudiant ce cas restreint.

Comparons les vitesses transmises en P par les molécules qui composent deux arcs élémentaires successifs quelconques $a^{(n)}$ et $a^{(n+1)}$ très-éloignés du pôle. A un point quelconque N, choisi sur le premier, correspond sur le second un point N' tel que N'P — NP soit égal à $\frac{1}{2} \lambda$; les

molécules d'éther placées en ces points N et N' sont animées de mouvements vibratoires qui arriveront au point P à peu près dans la même direction, mais avec une différence de marche d'une demi-longueur d'ondulation, c'est-à-dire que ces mouvements tendront à imprimer à la molécule P deux vitesses égales et de sens contraire qui se détruiront. Il en sera de même de deux autres points des mêmes arcs ; et, comme ces arcs sont presque égaux à cause de leur grande distance au pôle, leurs actions totales seront détruites. Cette destruction n'aura plus lieu au contraire pour les vitesses qui sont envoyées en P par deux arcs voisins du pôle A ; les vitesses de sens contraires transmises ne seront plus égales, puisque les deux arcs ont des longueurs très-différentes.

Celui qui est le plus voisin du pôle a la plus grande longueur; il imprimera donc en P des vitesses qui ne seront pas complétement détruites par celles de l'arc suivant. Il suit de ces observations que, si la résultante des vitesses imprimées par le premier arc a est choisie pour unité, la résultante relative au deuxième arc sera une fraction plus petite que 1 et de signe contraire à la précédente, nous l'appellerons $-u_2$, le troisième arc fournira une résultante $+u_3$, la quatrième $-u_4$, la cinquième $+u_5$, et ainsi de suite, les signes alternant toujours et chaque terme de la série étant plus petit que celui qui précède.

Ces termes si nombreux se réduisent aisément à une partie seulement du premier terme. En effet, partons d'un terme de rang n tellement éloigné que les arcs $a^{(n)}$ et $a^{(n-1)}$ soient égaux à moins d'une quantité insensible. Le terme $\mp u_{n-1}$ est détruit presque entièrement par le terme $\pm u_n$, ce qui en subsiste détruit une partie du terme précédent $\pm u_{n-2}$; le reste nouveau détruit une partie du terme $\mp u_{n-3}$, et ainsi toujours de même. Mais cependant, à mesure que l'on revient vers le premier terme, la différence de deux termes consécutifs allant en augmentant, le reste s'accroît toujours. Enfin, la valeur du second terme $-u_2$ est en partie détruite, le résidu est moindre que $-u_2$, et le premier terme, celui qui est égal à 1, se trouve diminué de valeur par ce dernier résidu. Ce qui conduit à ces conséquences : 1° chaque moitié AO, AO' de l'onde anime la molécule P d'une vitesse moindre que 1 ; la vitesse de ce point est donc moindre que 2 ; 2° le mouvement vibratoire qui est transmis par toute onde sphérique à un point P se réduit à celui que transmettrait une portion de chacun des deux premiers arcs élémentaires de cette onde.

Cette conclusion est féconde en conséquences ; nous allons en étudier quelques-unes.

1696. Propagation de la lumière. — Si l'on place un écran qui intercepte l'onde, mais qui soit percé d'une très-petite ouverture correspondant à la partie de la première zone à laquelle on peut théoriquement admettre que l'action se réduise, alors le mouvement vibratoire en P sera le même que si l'écran n'existait pas. La lumière qui part de S agira donc comme si elle traversait l'ouverture placée sur la ligne droite SP pour notre vue; tout se passera comme si la lumière était due à une action qui irait se propageant d'un point à un autre en suivant la ligne droite qui réunit ces deux points. Tel est le sens que l'on doit attribuer à l'expression de rayon lumineux.

1697. Passage de la lumière à travers une ouverture très-petite.

— L'idée à laquelle nous venons de parvenir conduit à d'autres conséquences. La partie active de la première zone a été seule mise à découvert et la lumière parvenue en P n'a subi aucune modification. Qu'arrivera-t-il si l'on augmente les dimensions de l'ouverture, et qu'on laisse
les deux premières zones agir sur le point P? Que répondra la théorie de
l'émission? Que la lumière se répandra autour de P sur une plus grande
surface; c'est tout ce que l'hypothèse des molécules lumineuses pourra
faire prévoir. Eh bien! le résultat est tout autre. L'ouverture s'est
élargie, un plus libre accès a été donné à l'action de la lumière; au
point P cependant, apparaît un phénomène qui étonne toujours : en P se
fait l'obscurité.

L'expérience est très-facile à réaliser. Une lentille à court foyer
(*fig.* 825) reçoit les rayons solaires, et donne en S une très-petite image
du soleil;

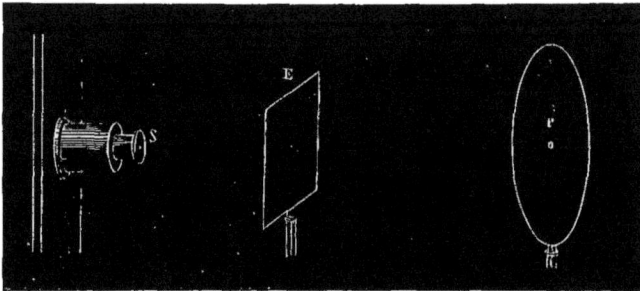

Fig. 825

du soleil; cette image joue le rôle de point lumineux; au delà est placée une lame opaque E percée d'un trou de très-petites dimensions. A
distance, on reçoit sur un écran la lumière qui a traversé l'ouverture,
et l'on voit une tache circulaire obscure qui est entourée d'un anneau
de lumière. Dans des conditions déterminées, des anneaux alternativement brillants et obscurs enveloppent la tache centrale; et si la source
est composée de lumière blanche, les cercles blancs sont colorés sur
leurs bords.

1698. **Explication du phénomène.** — La théorie des ondulations a
permis de prévoir le phénomène, et c'est elle, en réalité, qui l'a fait
découvrir. Poisson, qui d'abord était l'adversaire de cette théorie, établit par le calcul la conséquence qu'il fallait en déduire, et Fresnel, à
la fois mathématicien distingué et expérimentateur habile, n'hésita pas
à tenter l'expérience, qui réussit comme il vient d'être dit. Voici l'explication élémentaire qu'on peut donner de ce phénomène : nous la don-

nons en raisonnant sur les arcs au lieu de raisonner sur les zones. L'effet des deux premiers arcs gradués agissant seuls au point P (*fig.* 826) est $+ 1 - u_2$, d'après les notations adoptées (1695). Puisque les arcs suivants n'existent pas, le terme $- u_2$ ne se trouve pas partiellement détruit comme il l'était dans le premier cas ; et ce terme négatif, dont la valeur absolue n'est pas très-petite par rapport à l'unité, annule une partie considérable du premier. Le reste donné par la soustraction $1 - u_2$, est de valeur peu élevée. Ainsi, le point P doit être non pas obscur, mais presque obscur. Dans la pratique, l'œil qui ne possède pas une grande perfection lorsqu'il s'agit d'apprécier les intensités lumineuses, éprouve une impression assez peu vive, d'où l'observateur conclut à l'obscurité ; mais s'il est prévenu, il s'aperçoit que l'obscurité n'est pa absolue.

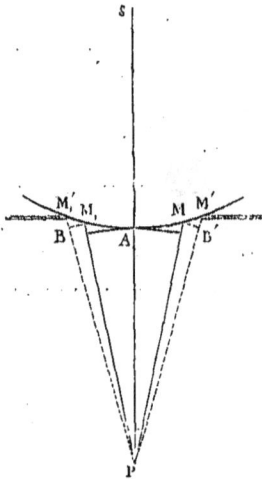

Fig. 826.

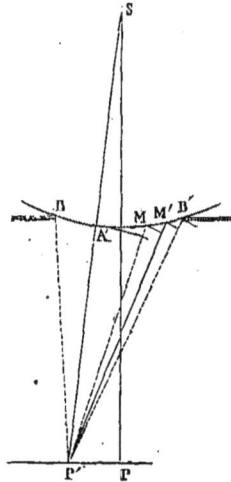

Fig. 827.

1699. Explication des anneaux. — Ce qui fait paraître l'obscurité plus profonde qu'elle n'est en réalité, c'est le contraste produit par l'anneau brillant qui enveloppe la tache centrale. L'explication de ce cercle est encore une des plus faciles par la théorie des ondulations. En effet soit l'ouverture BB′ (*fig.* 827), prenons P′ voisin de P, menons SP′ qui coupe la sphère en A′ pôle de P′, et admettons que P′ ait été tellement choisi, que $P'B - P'A'$ soit égal à $\frac{\lambda}{2}$. Le point A′, qu'on le remarque bien, ne se confond pas avec le point M_1 marqué dans l'une des figures précédentes, car l'arc BA′ est dans le cas actuel un premier arc élémentaire, et de plus le point P′ n'occupe pas la même place que le point P. Entre A′ et B′ faisons la division en arcs élémentaires ; cette division donnera à *peu près* 3 arcs, mais non pas 3 exactement, et on en voit bien la raison : BB′ (*fig.* 827) avait d'abord été divisible en 4 arcs, dont 2 premiers et 2 seconds ; actuellement nous avons 2 premiers arcs, il est vrai, mais un second et un troisième à droite, pas de second à gauche. Les vitesses qui parviennent en P′ ont donc une résultante $+1$ qui est imprimée par l'arc élémentaire A′B à laquelle doit s'ajouter la résultante, à une petite erreur près, $+1 - u_2 + u_3$ qui vient des arcs A′B′. Or, dans cette somme $+1 - u_2 + u_3$, le terme $+u_3$ ne se trouvant plus partiellement détruit comme dans le cas général (1695), il en résulte que $-u_2$ l'est presque entièrement, et que cette somme n'est pas très-différente de 1 ; la molécule située en P′ prend donc une vitesse totale qui est assez voisine de 2, et en P′ apparaît un éclat plus considérable que si aucune partie de l'onde n'était interceptée. Telle est la raison du cercle lumineux.

Un nouveau cercle obscur suivant passera par un point P″, tel que SP″ rencontre l'onde sphérique au pôle A″, et que A″B′ soit à peu près divisible en quatre arcs élémentaires : A″B sera alors très-petit, et l'action se réduira presque entièrement à celle des termes $1 - u_2 + u_3 - v_4$ qui se détruisent à peu près deux à deux.

Un cercle brillant enveloppe-t-il cette bande obscure ? Oui en théorie, car, puisque les arcs élémentaires vont en diminuant à mesure que l'on s'éloigne du pôle, on pourra trouver un point P‴, tel que la division opérée en arcs élémentaires à partir du pôle A‴ donne à peu près de B en B′, cinq arcs élémentaires. Des cinq termes qui impriment la vitesse transmise en P‴, quatre s'annulent à peu près les uns les autres ; il en reste donc un de ces termes dont la valeur subsiste, et la molécule P‴ prend un mouvement oscillatoire. D'où nouveau cercle lumineux ; puis nouveau cercle obscur, et ainsi indéfiniment. La théorie poussée plus loin enseigne que la clarté des cercles brillants va en décroissant rapidement : l'œil n'en aperçoit qu'un petit nombre ; mais il voit nettement de la clarté dans l'espace marqué par l'ombre géométrique de l'écran.

1700. Autres circonstances du phénomène. — Ne quittons pas ce sujet sans indiquer quels changements se manifestent dans le phénomène, quand les dimensions de l'ouverture augmentent. Prend-elle un diamètre tel, que, de chaque côté de A, le nombre des arcs élémentaires soit pair 2, 4, 6, 8, etc., le phénomène sera celui que nous venons d'étudier dans le cas de 2 arcs élémentaires ; ce nombre est-il impair, le point P se trouvera dans la lumière, et entouré d'anneaux alternativement obscurs et lumineux.

1701. **Cas où la source de lumière est de grandes dimensions.** — Dans les circonstances ordinaires, où l'on éclaire une plaque percée d'une ouverture par une source lumineuse de dimensions notables, le phénomène des anneaux obscurs et brillants n'apparaît pas. Cela s'explique : chaque point, qui compose la source, tend à animer la molécule d'éther P, P′ ou P″, située sur l'écran, d'un mouvement dont la vitesse dépend de la position du pôle. Or, cette position varie avec celle du point que l'on considère sur la source. L'un des points lumineux tend à imprimer à la molécule une vitesse considérable ; un autre, une vitesse moindre ; un troisième, une vitesse de sens contraire, et ainsi de suite. L'effet dû à la résultante de ces vitesses, dans le cas où la source est considérable, ne s'écarte pas beaucoup, pour toute partie éclairée de l'écran, d'une certaine moyenne : anneaux brillants et anneaux obscurs sont comme mêlés et confondus dans un éclat uniforme. C'est le phénomène tel qu'il apparaît dans les conditions où l'on se place d'habitude pour vérifier la propagation de la lumière en ligne droite : on sait maintenant ce que cette vérification signifie.

1702. Le phénomène exige une autre condition : l'ouverture ne doit pas avoir des dimensions très-considérables. Autrement, en un point de l'écran agit, à droite et à gauche de la ligne qui joint la source S à ce point, une multitude d'arcs élémentaires dont la résultante est la même que si l'onde passait tout entière, sauf toutefois au voisinage des bords, où l'on aperçoit le phénomène décrit dans un des paragraphes suivants (1705).

1703. **Résumé.** — En résumé, tout ce qui vient d'être dit nous donne la signification vraie de cette loi si souvent énoncée de la propagation de la lumière en ligne droite. Nous avons vu comment elle se vérifiait quand la lumière traversait une ouverture assez large. Mais nous avons reconnu aussi, guidés par la théorie, qu'elle cessait de se vérifier dans des cas qui peuvent se présenter fréquemment, mais où l'observation est plus délicate. Avec des ouvertures étroites, nous avons constaté que certains points étaient dans l'obscurité, et que d'autres se trouvaient éclairés, contrairement à la loi de la propagation en ligne droite. Cette loi ne subsiste donc que dans les cas où l'on n'étudie pas les phénomènes dans tous leurs détails ; mais, sauf les corrections signalées, elle suffit dans la partie de l'optique dite optique géométrique.

1704. La propagation de la lumière en ligne droite a été la base de la théorie des ombres dont quelques notions ont été données dans un des chapitres précédents. Il est certain que la concordance des conséquences de cette théorie avec les faits n'a pas été, dans les temps antérieurs, la preuve la moins convaincante de l'exactitude de la loi de propagation en ligne droite. Il est même probable que la vue des phénomènes naturels, où les ombres se produisent, a éveillé l'esprit des observateurs et a contribué à leur donner l'idée de la loi avant que des vérifications aient servi à la confirmer. Que dit la théorie des ondulations sur ce phénomène des ombres? Va-t-elle l'expliquer? Après l'avoir expliqué, nous révélera-t-elle quelques circonstances particulières qui auraient échappé? Recherchons-le.

1705. **Franges produites par le bord d'un corps opaque.** — Soient donc A (*fig.* 828) l'un des bords rectilignes d'un disque opaque AB de grandes dimensions, S un point lumineux, puis un écran. Menons la droite SA qui rencontre l'écran au point P. Décrivons la sphère dont SA est le rayon et dont S le centre; la surface de cette sphère est une surface de l'onde dans l'une de ses positions ; et d'après le principe d'Huyghens, cette surface peut être substituée au centre d'ébranlement S. Opérons les divisions en arcs élémentaires correspondant au point P : la moitié AO de ces arcs est interceptée par l'écran : donc elle est annulée. L'autre moitié subsiste ; le point P est donc éclairé, et la vitesse de la molécule d'éther située en P sera la moitié de ce qu'elle eût été si l'écran n'avait pas été interposé. Jusqu'ici, rien de contradictoire avec la théorie des ombres. Il n'en est pas de même du fait suivant : dans l'espace que l'ombre géométrique devrait occuper on voit une lueur qui va se dégradant à partir

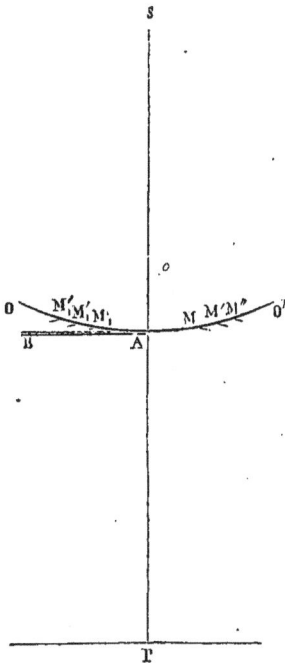

Fig. 828.

de P et s'éteint à une faible distance. Cette lueur, on le conçoit, est produite par l'action exercée sur les points voisins de P par les molécules vibrantes situées sur la zone AO'; aucune frange ne la sillonne.

Mais, en dehors des limites de l'ombre géométrique, des franges nombreuses apparaissent là où devrait se trouver la lumière complète. Voici l'explication qu'on peut donner de leur existence : Considérons un point P' (*fig.* 829) tellement placé, que par la division en arcs élémentaires, il ne se trouve qu'un arc entre le pôle A' et le bord A. Les termes de la série exprimant les vitesses qui parviennent en P' auront d'une part une valeur relative aux actions de A'O' :

$$1 - u_2 + u_3 - u_4 + \text{etc.},$$

qui imprimeraient à P' la vitesse qui appartient au point P ; mais à cette vitesse il faut ajouter $+1$, terme qui provient de l'action de l'arc AA'.

Le point P' sera donc beaucoup plus éclairé que le point P ; la molécule qui s'y trouve acquerra une vitesse qui est plus que le double de celle que prend ce dernier point, et brillera avec un éclat très-vif. Le phénomène ne nous présenterait cependant rien de bien saillant si au delà de P' il ne se produisait, en un point convenablement choisi P'', une obscurité relative qui fait ressortir l'intensité lumineuse que la théorie a mise en évidence. Si un point P'' est pris de telle sorte que A'', pôle de ce point, soit à une distance du bord égale à deux arcs gradués, alors la vitesse qui vient en ce point P'' est

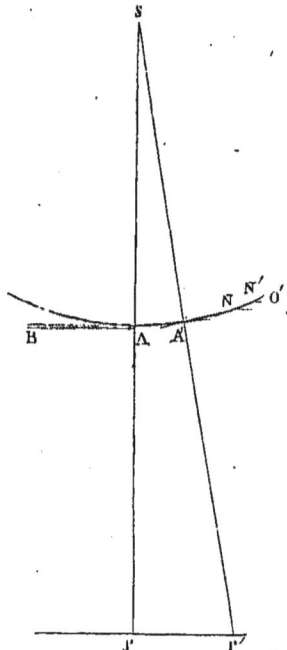

Fig. 829.

$$1 - u_2 + 1 - u_2 + u_3 - u_4 + \dots \text{etc.}$$

Or $1 - u_2$ est très-petit, donc P'' est beaucoup moins éclairé que P'. Le point P'' d'ailleurs paraît encore obscur, parce qu'au delà il existe un point P''' dont le pôle A''' est distant de A de trois arcs gradués, et la vitesse de la molécule située en ce point est presque égale à celle que possède le point P'. Si l'on continue le raisonnement, on verra qu'une série de bandes alternativement brillantes et obscures se forment au delà du bord opaque, ou, pour nous en tenir à ce qu'il y a de plus saillant, des bandes obscures apparaissent aux points où la loi de la propagation en ligne droite exigerait qu'il y eût lumière.

A la prendre en termes absolus, cette loi de la propagation serait donc fausse ; elle est inexacte en théorie, et les franges sont faciles à observer. Mais qu'on ne s'exagère rien ; en pratique la loi peut et doit subsister, car dès que la source lumineuse a les dimensions que nous avons l'habitude de lui donner, le phénomène des franges se perd dans la pénombre ; il n'est plus possible de l'observer et on ne le voit qu'en prenant pour point de départ une source de dimension excessivement faible. Décrivons l'expérience.

1706. **Expérience.** — Une lentille (*fig.* 830), placée sur le trajet des rayons solaires qui pénètrent dans la chambre noire, donne une image

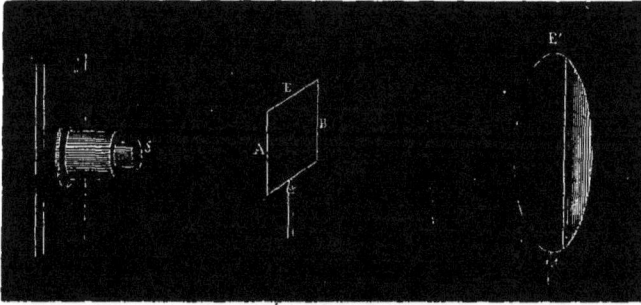

Fig. 830,

lumineuse de très-petites dimensions. Plus loin est disposée une plaque métallique brunie dont un bord est vertical. Sur un écran placé à distance on reçoit les franges. Si l'on veut prendre des mesures, le support de chacune des trois pièces de l'appareil doit pouvoir glisser sur

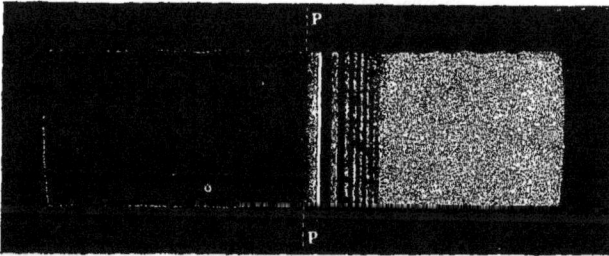

Fig. 831.

une règle graduée, pour être ensuite fixée par une vis de pression dans une position déterminée. De plus, la loupe micrométrique de Fresnel remplace l'écran. La largeur de la plaque étant mesurée, la distance de cette plaque au foyer de la loupe et au fil du réticule étant données par des lectures faites sur la règle graduée, on observe au moyen de la loupe la position des franges, et l'on peut reconnaître qu'elles se trouvent aux distances indiquées par la théorie. A l'œil nu, on les aperçoit telles qu'elles sont représentées dans la figure 831, qui montre une portion de l'écran éclairé.

Si l'on change la distance relative des trois pièces qui constituent l'appareil, si par exemple la loupe est rapprochée de la plaque, le phénomène change d'aspect, mais le changement est exactement celui que les indications de la théorie auraient fourni. Ainsi, que l'on s'attache à suivre une frange P_n, celle par exemple qui correspond à une différence de marche égale à n fois $\frac{\lambda}{2}$ c'est-à-dire la n^e frange à partir du bord, on verra en l'observant avec la loupe, approchée ou éloignée du bord à cet effet, que le milieu de cette frange se trouve sur un arc d'hyperbole dont A et S sont les foyers. En effet, la condition relative à cette frange est $SA + AP_n - SP_n = n\frac{\lambda}{2}$ qui revient à la suivante $SP_n - AP_n = SA - n\frac{\lambda}{2}$. Cette dernière équation est caractéristique de l'hyperbole indiquée, car $SA - n\frac{\lambda}{2}$ est constant.

1707. Autres phénomènes de diffraction. — Le mode de raisonnement, qui vient d'être employé pour expliquer les anomalies apparentes relatives à la propagation de la lumière, s'applique aux cas très-variés où une partie de l'onde sphérique est interceptée par un corps opaque. Les phénomènes qui se présentent alors forment un groupe nombreux, connu sous le titre général de phénomènes de *diffraction*. Les apparences que le bord de l'écran nous a offertes, celles que nous avons constatées au passage d'une ouverture étroite, sont comprises parmi celles dont la théorie de la diffraction s'occupe. Nous les avons choisies entre toutes, parce qu'elles sont simples à déduire des principes; mais tout autre phénomène de diffraction, après des raisonnements plus ou moins complexes, prouve irréfutablement que la raison des choses est trouvée, que la théorie est complète.

Sans vouloir développer ces raisonnements, qui n'introduiraient dans l'esprit du lecteur aucun principe nouveau, nous devons faire connaître l'une des principales expériences de diffraction, celle des *réseaux*, parce qu'elle fournit le meilleur procédé à employer pour la détermination des longueurs des ondes lumineuses.

1708. Phénomène des réseaux. — Si l'on place devant l'œil une plaque de verre sur laquelle sont tracés des traits parallèles [très-voisins, éloignés, par exemple, l'un de l'autre de $\frac{1}{100}$ de millimètre, et que l'on regarde dans la chambre noire une source lumineuse éloignée, on voit apparaître une série de spectres solaires distribués symétriquement de part et d'autre de la source éclairante. Ces spectres ont tous leur partie violette du côté de la source; ils vont, se serrant de plus en plus, à mesure qu'ils sont plus éloignés du plan médian; enfin, à une grande distance, ils s'effacent et se confondent en une lueur incertaine. Le phénomène, tout en restant le même, varie dans ses dimensions et son éclat, selon la distance des traits. Il n'est guère besoin de dire qu'il se réduit à une série d'espaces noirs séparés par des espaces brillants d'une seule couleur, si la source est monochromatique. Enfin, des dispositions convenables permettent de le projeter ou de l'observer avec une lunette. .

1709. Considérations préliminaires. — Avant d'aller plus loin dans l'étude des réseaux, il est nécessaire de rappeler la sensation que produit une onde plane : c'est, on le sait, celle d'un point lumineux. Sans en chercher l'explication dans la théorie des ondes, nous pouvons nous en rapporter sur ce sujet à notre observation journalière. En effet, une source très-éloignée, comme l'est une étoile, et qui, à cause de sa distance, donne naissance à une onde que l'on peut regarder comme plane à son arrivée à l'œil, produit sur nous la sensation d'un point lumineux. Nous pouvons aussi, en nous servant de l'étude de l'œil que nous avons déjà faite, reconnaître que cette sensation résulte de ce que sur la rétine se peint un point lumineux. Nous savons également que si l'étoile est devant notre œil, c'est-à-dire si le plan de l'onde est perpendiculaire à l'axe de l'œil, le point lumineux nous paraît sur cet axe. Mais si l'étoile est dans une direction oblique, c'est-à-dire si l'onde plane est oblique par rapport à l'axe optique de l'œil, le point lumineux paraît toujours dans la direction où se trouve l'étoile, c'est-à-dire dans une direction normale à la surface de l'onde.

1710. Théorie des réseaux. — Les traits gravés sur le verre ne laissent passer la lumière qui parvient sur ce verre qu'en faible quantité, nous les regarderons comme tout à fait opaques, et des réseaux construits avec des fils tendus sont dans ce cas; ils laissent voir le phénomène comme ceux dont nous avons parlé et même avec plus d'éclat. Dans un millimètre de longueur, nous avons donc cent espaces alterna-

tivement opaques et transparents. Faisons une coupe qui passe par la
source et qui soit perpendiculaire à chacune des lignes du réseau en
passant par leur point milieu. Cette coupe, dont les dimensions sont
considérablement exagérées, est représentée par AB dans la figure 852.
L'onde lumineuse qui vient en AB est une onde sphérique émanant de
la source. Mais la distance de la source, comparée à la largeur AB du
réseau, est toujours extrêmement grande; l'onde sphérique, qui est tangente au réseau disposé normalement au rayon incident, peut donc être
considérée comme le touchant en tous les points; c'est-à-dire que le

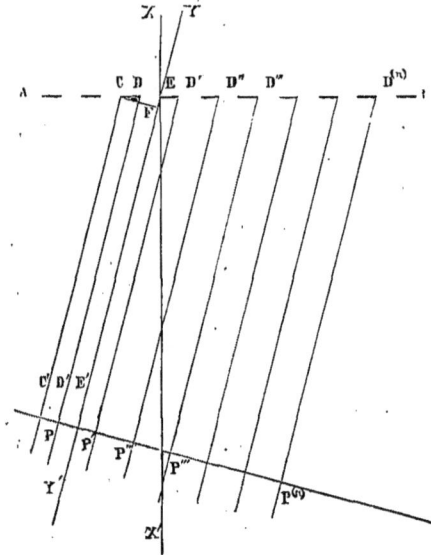

Fig. 852.

mouvement qui, à un moment donné, anime les différents points de AB,
est le même pour tous; c'est le mouvement que possédait à une époque
antérieure la source lumineuse. A l'onde sphérique est ainsi substituée
une onde plane se confondant avec AB.

Ceci posé, l'apparition de la lumière à travers le réseau, à la place
même où on la verrait si le réseau n'était pas interposé, résulte de ce
que l'onde plane continue sa route. Les parties opaques n'ont d'autre
effet que de diminuer les vitesses des molécules d'éther mises en mouvement dans les points éloignés. C'est un résultat qu'il était facile de
prévoir : il ne doit pas nous arrêter.

1711. Explication de la première image. — Quant à la première image déviée, pour l'expliquer, admettons qu'on opère avec une lumière monochromatique, et considérons un intervalle CE dont la longueur soit la somme d'un intervalle opaque et d'un intervalle transparent, et menons par les points C, D, E trois parallèles CC′, DD′, EE′ dans une direction telle que si, du point C, on abaisse une perpendiculaire CF sur EE′, la longueur EF soit égale à la longueur λ d'une ondulation. Enfin, considérons sur la parallèle DD′ un point P si éloigné du réseau que les lignes menées de ce point puissent être regardées comme parallèles. La molécule d'éther située en ce point P ne recevrait de la portion de l'onde transmise aucune vitesse si le réseau n'existait pas, et cependant tous les points de l'onde plane AB sont les centres de mouvements vibratoires qui se propagent en ondes sphériques, et dont un nombre considérable vient atteindre cette molécule; l'absence de mouvement résulte de la destruction des vitesses égales et de signes contraires. Mais par l'intervention du réseau, cette destruction cesse de s'effectuer. Parmi les vitesses égales et de signes contraires que communiquaient en P les ondes incidentes, celles qui viennent de l'espace transparent DE continuent à produire leur impulsion; mais l'espace opaque CD n'exerce plus d'impulsions en discordance avec les premières : la molécule située en P est animée d'un mouvement oscillatoire qu'elle n'aurait pas eu si la lumière n'avait pas été interceptée.

Le même raisonnement s'applique aux autres espaces composés d'un intervalle transparent et d'un intervalle opaque; des lignes parallèles aux précédentes étant tracées, les points P′, P″, P‴, obtenus comme l'a été le point P, paraîtront éclairés par suite des vibrations qu'y exécutent les molécules d'éther.

Les mouvements vibratoires de tous ces points sont d'ailleurs concordants sur un plan mené perpendiculairement aux lignes telles que CC′. En effet, menons par le point P un plan perpendiculaire à CC′, et prenons P′, P″,... $P^{(n)}$ dans ce plan; les distances PD, P′D′, P″D″,... $P^{(n)}D^{(n)}$ ne diffèrent entre elles que de λ ou de ses multiples; donc les mouvements qui animent les molécules P, P′, P,″... $P^{(n)}$ sont concordants, PY est la surface de l'onde, et il en sera de même de tous les plans parallèles à celui-ci. L'onde qui se propage est donc une onde plane, et l'œil apercevra un point lumineux dans une direction inclinée par rapport à la normale XX′ au réseau. Telle est la raison de la première image qui se voit, soit à droite, soit à gauche de la fente centrale.

1712. Explication des autres images. —Pour expliquer une des

autres images quelle qu'elle soit, prenons les lignes parallèles CC′, EE′
(*fig.* 833) dans une telle direction que la longueur EF, qui est déterminée
par la perpendiculaire CF, soit égale à un nombre entier d'ondulations;
les vitesses, transmises au point éloigné P, se détruiraient si l'onde plane

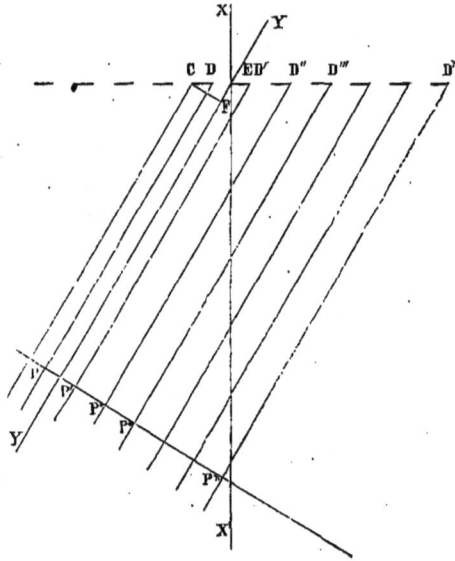

Fig. 833.

AB agissait tout entière; mais, à cause de l'intervalle opaque CD, il ne
reste que l'action des parties DE de cette onde; et comme toutes les actions de DE ne se détruiront pas exactement l'une l'autre, le point P sera
lumineux; de même pour P′, etc. Une onde plane perpendiculaire à CC′
se propagera, et l'œil verra une droite éclairée dans une direction parallèle à cette ligne CC′.

La théorie exige que la distance du point D à la ligne CF ne soit pas
égale à un nombre entier de fois λ; autrement les vitesses excitées par
une moitié de DE détruiraient celles de l'autre moitié. L'image correspondant à ce cas particulier manquerait entièrement. Ce fait a été vérifié.

La formation des autres images s'explique par les mêmes raisonnements.

1713. Calcul de la déviation. — Les directions suivant lesquelles
la lumière s'aperçoit peuvent se calculer en considérant l'un des triangles rectangles CEF (*fig.* 832), qui donne EF = CE sin ECF; mais l'angle
ECF est l'angle sous lequel YY′ coupe XX′. Appelons i_1 cet angle; posons

$S = CE$ la somme faite d'un intervalle opaque et d'un intervalle transparent, et il viendra :

$$\lambda = S \sin i_1;$$

d'où :

$$\sin i_1 = \frac{\lambda}{S}.$$

La position de la seconde image s'obtiendra par la formule

$$\sin i_2 = \frac{2\lambda}{S}.$$

et ainsi la n^e

$$\sin i_n = \frac{n\lambda}{S}.$$

Cette formule a été mise à profit pour la détermination de la longueur
de l'onde. Elle nous fait voir que la longueur de l'onde est donnée par
l'une ou l'autre des formules.

$$\lambda = S \sin i_1 \quad \lambda = \frac{S}{2} \sin i_2 \ldots \quad \lambda = \frac{S}{n} \sin i_n.$$

Pour obtenir λ, il suffit de mesurer S et de déterminer la valeur de i
correspondant à une image quelconque : nous donnerons la méthode
expérimentale en considérant la seconde image.

1714. Méthodes d'observation et de mesure. — La mesure de
l'angle i s'obtient aisément si, au lieu d'observer le phénomène directement en plaçant le réseau devant l'œil, on
dispose le réseau près de l'objectif d'une
lunette au foyer de laquelle se forme une
petite image pareille à celle qu'aurait
reçue la rétine ; cette image observée avec
l'oculaire offrira le phénomène dans des
conditions où les mesures de position se-

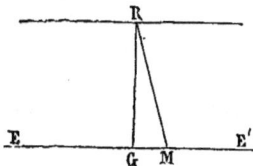

Fig. 834.

ront faciles à exécuter. On peut aussi faire tomber sur le réseau R (*fig.* 834)
un faisceau solaire très-intense : le phénomène se trouve alors projeté
sur un écran. On note le point M où, par exemple, se projette la deuxième
image déviée ; la connaissance de ce point donne l'angle de déviation
$i_2 = GRM$: on a en effet $tg\, GRM = \frac{GM}{GR}$. Or RG a une longueur de plus
d'un mètre en général, GM est de plusieurs centimètres ; la mesure de
ces longueurs est facile, et c'est avec une extrême précision que la valeur de $\sin i_2$ et par suite la valeur de λ, pourront être obtenues. Les ré-

seaux sont donc particulièrement propres à la détermination des valeurs de λ, relatives aux différents rayons du spectre. Ce sont eux qui ont donné les valeurs auxquelles on peut se fier avec le plus d'assurance.

La mesure de S n'offre pas de difficulté et même en général l'observateur n'a pas à s'en occuper. Le réseau, s'il a été fourni par un constructeur habile, est exact à une très-petite erreur près. C'est en suivant cette méthode que Fraunhofer a déterminé pour la première fois les longueurs d'onde des rayons correspondants aux principales raies du spectre solaire. Avec des réseaux plus parfaits, M. Mascart a repris les mesures de Fraunhofer, et même il a déterminé les longueurs d'onde de plusieurs raies du spectre ultra-violet.

1715. Couleurs des lames minces. — Les phénomènes de coloration que l'on aperçoit toutes les fois qu'une lame transparente très-mince est soumise à l'action de la lumière trouvent leur explication dans les théories qui viennent d'être établies.

Une onde lumineuse atteint une surface BD : les rayons lumineux qu'elle donne peuvent être normaux ou obliques à BD : nous nous contenterons de traiter le cas où ils sont presque normaux ;
nous les représenterons un peu obliques, tout en
ne tenant aucun compte de cette obliquité dans
le raisonnement. Le rayon AB qui arrive à la surface BD se réfracte suivant BC, qui est presque
sur le prolongement de AB : BC traverse la lame
mince, arrive à la seconde surface, se réfléchit
suivant CD ; enfin il sort un rayon émergent DE.

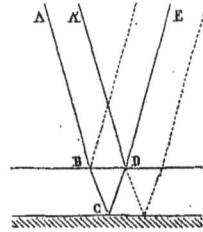
Fig. 855.

Mais le rayon AB ne tombe pas seul sur la sur-
face ; un rayon incident voisin A'D tombe en D, subit les mêmes modifications dans sa route que AB : en particulier il se réfléchit en atteignant la surface BD, comme l'avait d'ailleurs fait AB, et un rayon réfléchi DE suit une direction prise également par le rayon qui a parcouru la route ABCDE. Ces deux rayons DE vont interférer. Ils sont parvenus en concordance aux points B et D ; mais le premier a parcouru de plus que le second le chemin BCD $= 2e$; e désignant l'épaisseur de la lame mince.

Donc pour les valeurs de $2e$ égales à 1, 3, 5, 7 fois $\frac{\lambda}{2}$, l'œil situé sur le trajet des rayons réfléchis sera dans l'obscurité. Au contraire, pour les valeurs de $2e$ égales à 0, 2, 4, 6 fois $\frac{\lambda}{2}$, on doit apercevoir de la lumière.

1716. Anneaux colorés. — Newton, qui le premier a étudié le phénomène des anneaux colorés, a adopté une disposition qui donne d'une manière permanente, avec le même appareil, diverses épaisseurs de la lame mince. Il lui a suffi de poser une lentille à courbure de très-grand rayon sur une plaque de verre réfléchissante et opaque (*fig. 856*). Entre la lentille et la plaque se trouve interposée une lame d'air d'épaisseur croissante à mesure que l'on s'éloigne du point de contact. Si l'on envoie de la lumière homogène et parallèle sur l'appareil, on voit apparaitre, autour du point de contact, des anneaux alternativement obscurs et brillants. Au point où les deux verres se touchent se montre une tache noire.

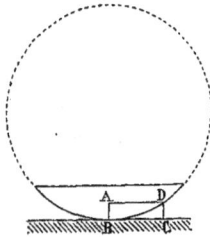

Fig. 856.

En appelant d le diamètre $2AD$ de l'un des anneaux et r le rayon de la face BD de la lentille, l'épaisseur DC de la lame d'air correspondante est donnée par la relation : $\dfrac{d^2}{4} = DC\,(2r - DC)$ ou approximativement $= 2re$. Si donc on connait d et r, qui sont facilement mesurables, on en conclura la valeur correspondante de e.

1717. Lois relatives à ces anneaux. — Avec un compas, Newton avait mesuré les diamètres; il avait trouvé que les lois des variations étaient pour les uns, suivant les nombres 1, 3, 5, 7 ; pour les autres, comme les nombres 0, 4, 6, 8. Mais ce sont les anneaux brillants qui occupent la place que, d'après notre théorie, nous aurions assignée aux anneaux obscurs.

Cette opposition entre les résultats indiqués par la théorie et ceux que fournit l'expérience n'est qu'apparente.

Fresnel a fait voir qu'à la réflexion sur la seconde surface, une perte d'une demi-longueur d'ondulation avait lieu; si bien qu'à la différence de marche $2e$, il faut ajouter $\dfrac{\lambda}{2}$: on retrouve alors les lois de Newton.

1ʳᵉ *loi*. Les carrés des diamètres des anneaux brillants consécutifs sont entre eux comme la série des nombres impairs;

2ᵉ *loi*. Les carrés des diamètres des anneaux obscurs sont entre eux comme la série des nombres pairs.

L'influence exercée par la longueur d'onde de la lumière employée se montre aussi : les carrés des diamètres doivent être proportionnels à la longueur de l'onde; ou, ce qui revient au même, en raison inverse de l'indice de réfraction. De là se déduisent immédiatement les deux lois suivantes :

3e *loi.* Les carrés des diamètres des anneaux sont en raison inverse des indices de réfraction des substances qui forment la lame mince.

4e *loi.* Les carrés des diamètres des anneaux sont en raison inverse des indices de réfraction des rayons homogènes qui leur donnent naissance, lorsque la lame mince reste la même.

Cette dernière loi explique la coloration des anneaux obtenus avec la lumière blanche, anneaux qui résultent de la superposition de ceux que donne chaque rayon homogène.

La troisième loi fait comprendre ce qui arrive lorsque l'on introduit une goutte de liquide entre les deux verres, les anneaux se serrent d'autant plus que l'indice de réfraction du liquide est plus grand.

1718. **Anneaux observés par transmission.** — Si la lame de verre sur laquelle repose la lentille est transparente, on peut, en plaçant l'œil sur le trajet de la lumière qui a traversé les deux verres, apercevoir un système d'anneaux : ce sont les anneaux transmis. Ils suivent les mêmes lois que les précédents, mais ils alternent avec eux, les anneaux obscurs occupant la place des anneaux brillants et réciproquement. Cela s'explique par l'interférence des rayons qui ont directement traversé l'appareil et de ceux qui se sont réfléchis deux fois intérieurement dans la lame mince. Dans ce cas, la perte égale à $\frac{\lambda}{2}$ que produit la réflexion se répète deux fois, la perte totale égale à λ est donc comme nulle : c'est ce qui explique l'alternance.

II — RÉFLEXION — RÉFRACTION

Fresnel, qui, le premier, a établi par des expériences très-nettes le principe de l'interférence des ondes lumineuses, a aussi démontré que les lois de la réflexion étaient, comme celle de la propagation, les conséquences de ce principe.

1719. **Première démonstration des lois de la réflexion.** — Fresnel considère une onde plane, c'est-à-dire qu'il suppose la source lumineuse située à une distance infinie du miroir plan AB (*fig.* 837). La surface de l'onde étant figurée par GI, les perpendiculaires FG et EI à cette surface représentent la direction de deux rayons incidents ; cette direction étant comprise comme il a été dit. Le miroir intercepte cette onde, qui atteint d'abord le point G ; puis les divers points de la surface AB jusqu'en D.

D'après le principe d'Huyghens, ces points ainsi atteints deviennent des centres nouveaux d'ébranlement, et des ondes sphériques partent de chacun de ces points comme centre et se propagent en toutes directions ; par conséquent elles progressent du côté du miroir d'où arrive l'onde incidente.

Or, considérons un point P assez éloigné pour que les droites GK et DL qui aboutissent à ce point soient parallèles. Si ce point P est tellement choisi que ces droites fassent avec la normale les mêmes angles que les rayons incidents, il est facile de démontrer que les ondes réfléchies impriment des vitesses concordantes à ce point, qui sera éclairé : les droites GK et DL représenteront les rayons réfléchis. En effet, menons la perpendiculaire DH à la droite GK ; les triangles rectangles GID, GHD sont égaux comme ayant l'hypoténuse égale et tous les angles égaux ; donc GH = DI. Les mouvements vibratoires, concordants en I et en G, arriveront donc en P après avoir parcouru : le premier, la distance GH, puis la distance HP, et le second, les distances ID et DP qui leur sont égales ; les rayons concordants en G et en I parviendront ainsi en concordance au point P, qui paraîtra éclairé. Ce que nous venons de dire s'applique aux mouvements de tous les points tels que G′, du plan AB ; car, sans autre démonstration, on voit que si l'on mène F′G′ et G′K′, parallèles aux lignes précédentes, l'égalité G′H′ = G′I′ conduira au résultat déjà obtenu.

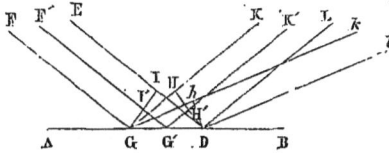

Fig. 857.

Le point P est éclairé. Tout point Q pris en dehors de ces conditions restera dans l'obscurité. En effet, menons les lignes G*h*, D*l*, allant de G et D en ce point Q. La longueur G*h* sera alors différente de DI, et l'on pourra diviser GD en parties telles que, si l'on joint les points de division au point Q par des droites, la différence de marche comptée à partir de GI sur deux droites consécutives soit égale à une demi-longueur d'ondulation ; les vitesses qui parviendront en Q se détruiront alors deux à deux comme égales, et de signes contraires, sauf un faible résidu si la division laisse un reste. Par l'effet de ce résidu, un peu de lumière peut parvenir en Q ; Fresnel a calculé exactement quelle était son intensité, et l'a trouvée insensible.

Le raisonnement qui précède a été suivi tout entier dans le plan d'incidence. Il faut pour la démonstration complète des lois de la réflexion

prouver qu'il n'y a pas de lumière hors de ce plan; c'est ce que l'on fait
par un raisonnement identique à celui qui a servi à reconnaître qu'aucune lumière n'éclaire un point quelconque pris en dehors des rayons
tracés comme les lois de la réflexion l'exigent.

1720. **Autre démonstration des mêmes lois.** — On simplifie beaucoup les explications en mettant à profit les raisonnements antérieurs ;
et, par surcroît, on arrive à une démonstration plus générale. C'est ce
que nous allons montrer.

Soit un point lumineux S situé devant le miroir AB (*fig.* 838) ; soit P
un des points qui reçoit la lumière réfléchie. Considérons les différents
points CEFG de la surface du miroir qui sont ébranlés par les ondes
sphériques venant de S ; ces ondes arrivent en ces points au moment
même où elles le feraient si une source lumineuse S′, symétrique de S
par rapport à AB, existait réellement, et
que le miroir fût supprimé. Donc ces ébranlements peuvent être considérés comme
émanant de S′, et la lumière arrivera en P
comme sous l'action de cette source S′.
Or, nous savons que, dans ce cas, la lumière
viendrait en P en suivant la direction S′P
qui coupe le miroir en G ; donc elle parvient en ce point P comme si elle suivait
la direction GP. Ainsi GP est un rayon réfléchi, et SGP est la route suivie par le

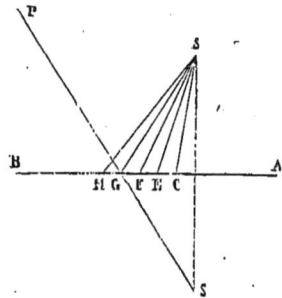

Fig. 838.

rayon incident et par le rayon réfléchi, comme les démonstrations géométriques l'établissent.

1721. **Diverses particularités du phénomène.** — On voit que les
rayons réfléchis sont, sauf l'intensité, exactement dans les mêmes conditions que si l'onde incidente était remplacée par une onde symétrique,
et le miroir percé d'une ouverture de la largeur du faisceau qui tombe
sur la surface réfléchissante. De là Fresnel a conclu qu'un faisceau réfléchi très-mince offrirait tous les caractères du faisceau lumineux qui
a traversé une fente étroite : la réflexion ne serait plus régulière. C'est
ce qu'il a constaté en opérant, dans une chambre bien obscure, sur une
surface réfléchissante étroite que l'on avait obtenue en enlevant par un
trait très-fin le noir de fumée sur un miroir noirci totalement à l'a-
vance. La lumière en tombant sur la partie découverte du miroir, mais
non entamée, se diffusait au delà de l'espace où elle aurait dû se li-
miter par la réflexion régulière.

Par la même théorie, Fresnel explique l'influence du poli. Si la surface présente des aspérités et des cavités comparables en élévation à une ou plusieurs longueurs d'ondes, les mouvements oscillatoires, excités à la surface des aspérités par l'onde incidente, peuvent ne plus être concordants, dans la direction de la réflexion régulière, avec ceux qui sont excités dans les profondeurs des cavités voisines; la concordance n'est qu'accidentelle, elle a tout aussi bien lieu en dehors du rayon régulièrement réfléchi. Si les aspérités sont en très-grand nombre, irrégulièrement distribuées et inégales dans leur hauteur, la diffusion de la lumière se fait dans tous les sens. Nous le voyons lorsque la lumière frappe une surface dépolie. Mais dans ce cas, on voit également que si le rayon incident, d'abord normal, est incliné de plus en plus, la réflexion régulière a lieu sous une inclinaison déterminée. La lumière paraît rouge lorsque le phénomène de la réflexion géométrique commence à s'apercevoir : ce qui montre que les rayons dont la longueur d'onde est la plus grande, suivent les premiers, la loi ordinaire. Ce fait s'explique par cela seul que les rayons incidents pénètrent de moins en moins jusqu'aux profondeurs des cavités à mesure que l'inclinaison est plus grande : ils en sont empêchés par les monticules avoisinants. La réflexion devient régulière, parce que la surface est comme changée en un miroir de mieux en mieux poli.

1722. **Imperfection nécessaire des miroirs.** — La théorie de la réflexion a conduit enfin à une connaissance plus parfaite de l'effet des miroirs employés dans la construction des instruments d'optique ; elle établit une limite de leur puissance, qui est bien au-dessous de celle que l'optique géométrique leur attribuait. Un miroir sphérique concave, quelque parfait qu'il soit, donne et doit donner pour image d'un point lumineux un petit cercle lumineux, bordé d'anneaux alternativement brillants et obscurs. Deux points lumineux voisins ont donc leurs images qui empiètent l'une sur l'autre : il se fait une confusion qu'aucun appareil ne pourra détruire, qui résistera à toutes les amplifications de l'image, et empêchera l'observateur d'aller jusqu'aux derniers détails de l'objet.

Contentons-nous de montrer ce fait pour les miroirs les plus parfaits, les miroirs paraboliques dont la construction, comme nous l'avons dit (§ 1612), est due à Foucault.

Un point lumineux se trouve extrêmement éloigné : il est le centre d'une onde sphérique PP′ (*fig.* 839), qui peut être considérée comme plane, et qui tombe sur un miroir parabolique dont l'axe est dirigé vers le point lumineux en question : l'optique géométrique dit que toute la lumière converge au foyer F du miroir. Cela est-il d'une vérité absolue ? Certes, il est exact de dire que les rayons parallèles à l'axe qui vont de cette onde plane PP′ au miroir, puis se réfléchissent et

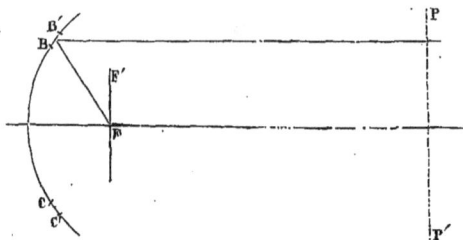

Fig. 859.

viennent au foyer, ont tous parcouru un même chemin, et que les vibrations qui s'exécutent concordantes sur PP′ arrivent concordantes en F. Des vitesses toutes égales et presque de même sens s'accumulent pour se composer en une seule qui fait accomplir à la molécule d'éther située en F des mouvements vibratoires d'une amplitude considérable.

Mais la molécule F n'oscille pas seule. Sur le plan perpendiculaire à l'axe, mené par le point F, une molécule voisine F′ est animée d'un mouvement oscillatoire ; car les vibrations transmises par l'onde PP′ en ce point ne sont pas en désaccord complet entre elles ; la résultante des vitesses sera même très-grande si le point est très-voisin du foyer. Ainsi tout autour de F se forme un cercle lumineux. Toutefois, à mesure que l'on s'éloigne du foyer, la résultante change de valeur : elle diminue ; on conçoit qu'à une distance convenable cette résultante devienne nulle : un anneau noir enveloppera alors le cercle brillant. Plus loin de F, sur le plan focal, la différence de marche des rayons, provenant de l'onde PP′, cessera d'être nulle ; d'où un nouvel anneau brillant. Ainsi, en théorie, des anneaux nombreux doivent se succéder. Dans la pratique, le cercle brillant est possible à apercevoir ainsi que deux ou trois anneaux ; les autres sont si pâles qu'il est très-difficile de les observer.

Ces explications mettent en évidence une cause d'imperfection sans remède, que porte avec lui tout télescope ; elles vont nous servir à montrer la prodigieuse perfection à laquelle arrive le travail de l'homme lorsqu'il est bien dirigé. Dans la construction de ses télescopes (1612), Foucault parvient à enlever sur la surface du miroir des

couches dont l'épaisseur ne dépasse pas quelques centièmes de millimètre.

En effet, si un anneau BB', CC' du miroir était saillant au-dessus du
paraboloïde, ou creusé au-dessous de lui, les rayons qu'il réfléchit arri-
veraient au foyer F en discordance avec les autres, et la différence de
marche serait égale (avec une approximation grossière, mais suffisante
pour le cas actuel) à peu près au double de l'élévation ou de la dépression. Si cette différence atteignait une valeur égale à $\frac{1}{2}$ λ, c'est-à-dire à
0^{mm},000255, la lumière réfléchie par cet anneau viendrait détruire en
partie celle qui a frappé les autres anneaux du miroir; et même si elle
ne descendait pas beaucoup au-dessous de cette quantité, il y aurait une
perte notable de l'intensité lumineuse. Le travail du verre doit donc
être conduit de façon que l'on puisse enlever des couches successives
dont l'épaisseur ne dépasse guère quelques cent-millièmes de millimètre, et de façon surtout que l'on puisse presque à chaque instant vérifier l'effet produit. Un dix-millième de millimètre en plus ou en moins
amène déjà un effet sensible.

1723. Vitesse de la lumière dans les différents milieux. — L'explication de la réfraction repose, comme les précédentes, sur le principe des interférences ; mais elle exige, en outre, la connaissance d'un
fait que nous n'avons pas encore signalé : la vitesse de la lumière est
différente dans les différents milieux. Dans le vide, dans l'air, elle est
plus grande que dans l'eau, dans le verre ; en un mot, que dans les milieux les plus réfringents.

Ce fait a été pendant longtemps à l'état d'hypothèse. Les partisans at-
tardés de la théorie de l'émission le niaient, car leur théorie supposait
un phénomène exactement inverse. L'expérience a enfin décidé, grâce
aux ingénieuses recherches de Foucault: La théorie de l'émission fut
alors détruite sans retour, et la théorie des ondulations trouva un de
ses points d'appui les plus solides.

1724. Expérience de Foucault. — C'est par l'expérience de
Foucault que nous commencerons, bien que, dans l'ordre historique,
elle soit postérieure à l'explication de Fresnel. L'appareil du miroir tournant déjà décrit (1448) a fourni le moyen de comparer la vitesse de la lumière dans l'air et dans l'eau. Pour cette expérience, la
disposition en était plus simple que celle dont il a été parlé : on employait un seul miroir concave au lieu des cinq déjà indiqués. La déviation de l'image O produite par la rotation du miroir M peut être ob-

servée, nous le savons, quand, entre le miroir concave et le miroir
tournant, se trouve interposée soit une colonne d'eau, soit une colonne
d'air. L'expérience pourrait, à la rigueur, être réalisée ainsi, en opérant successivement sur l'eau et sur l'air, mais elle se trouve singulièrement perfectionnée si l'on combine les deux observations en une
seule. De chaque côté du miroir tournant se placent deux miroirs sphé-

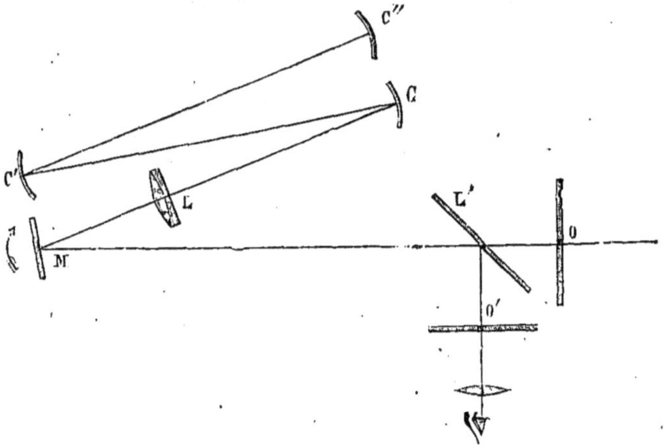

Fig. 840.

riques concaves symétriquement placés par rapport à la ligne MO ; devant l'un d'eux, on dispose une colonne d'eau. Deux images déviées
O', O'' se produisent alors par suite de la rotation du miroir M ; l'une
d'elles, O', correspond à la lumière qui chemine à travers l'eau ; la seconde, O'', correspond à la lumière qui a suivi, à travers l'air, un chemin de même longueur.

Ces deux images, quoique simultanées, se distinguent l'une de l'autre
par un artifice simple. L'un des miroirs concaves est couvert d'une substance opaque qui ne laisse qu'une bande horizontale réfléchissante ; le
second n'est réfléchissant qu'aux parties correspondantes à celles de
l'autre qui sont noircies. Alors de l'image O' d'un fil vertical tendu sur
l'ouverture, on ne voit que le milieu : de l'image O'', on aperçoit la
partie supérieure et la partie inférieure. L'expérience montre que la déviation la plus considérable correspond au passage de la lumière dans
l'eau ; elle établit donc que, dans l'eau, la lumière se propage moins
rapidement que dans l'air.

1725. **Explication des lois de la réfraction.** — Nous allons maintenant donner la raison des lois auxquelles obéit le rayon réfracté ; mais,

comme Fresnel, nous le ferons « en ramenant cette explication aux considérations les plus simples et en sacrifiant à la brièveté les développements un peu compliqués dans lesquels il faudrait entrer pour donner à la démonstration toute la généralité et la rigueur dont elle est susceptible. »

Sur AB surface de séparation des deux milieux (*fig.* 841), le premier étant l'air et le second l'eau, la surface de l'onde GI qui arrive peut être considérée comme plane. Les lignes FG et EI, perpendiculaires à cette surface, représentent les rayons lumineux incidents. L'ébranlement qui se produit en G, lorsque l'onde atteint la surface de séparation AB des deux milieux, excite deux systèmes d'ondes, les unes revenant dans le premier milieu produisent la réflexion déjà étudiée, les autres se propagent dans le second milieu et donnent le phénomène de réfraction. L'onde plane GI avance avec la vitesse de la lumière, tous les points de G en D sont successivement ébranlés, et une série d'ondes sphériques ayant leur origine sur GD se propagent au delà de AB en interférant entre elles. A partir du moment où l'onde plane a atteint la surface du miroir en G, elle a employé pour arriver au point D, c'est-à-dire pour parcourir ID un temps t, et l'on a : $vt = $ ID, si v représente la vitesse de la lumière dans l'air. Dans le même temps, t, la lumière animée de la vitesse v' parcourra dans l'eau un espace $v't = $ GM. Or, portons cette longueur GM dans le second milieu et dans le plan d'incidence, en la dirigeant de telle sorte qu'elle soit l'un des côtés de l'angle droit d'un triangle rectangle dont l'hypoténuse soit GD ; alors GM, prolongé suivant GK, ainsi que sa parallèle DL formeront les rayons réfractés.

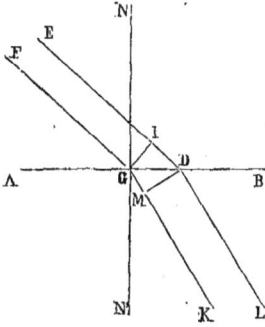
Fig. 841.

En effet, les mouvements vibratoires des points G et I qui sont concordants en G et I mettent le même temps pour arriver en un point P très-éloigné, situé entre les parallèles GK et DL. Ils ont tous deux à parcourir dans l'eau des distances égales MP et DP ; en outre, l'un a fait dans l'air un chemin ID, et l'autre doit franchir dans l'eau l'espace GM : ce qu'ils font tous deux pendant le même temps t, ainsi que nous venons de l'établir. En P arrivent donc à un moment quelconque des vitesses qui concordaient à une époque antérieure, et qui conspirent à accélérer le mouvement de la molécule. La même action sera exercée par tous les points de l'onde GI. Donc P sera un point éclairé.

Prenons, au contraire, un point Q en dehors de ces rayons et, comme nous l'avons dit dans l'étude de la réflexion : en ce point, les interférences détruiront les vitesses les unes par les autres, en ce point il n'y aura pas de lumière.

Le chemin suivi par le rayon réfracté est donc trouvé : il est représenté par la ligne GK. Les lois de Descartes en découlent. En effet, les triangles rectangles GID et GMD donnent l'un ID $=$ GD sin IGD, l'autre GM $=$ GD sin GDM. Divisons terme à terme, il vient $\dfrac{\text{ID}}{\text{GM}} = \dfrac{\sin \text{IGD}}{\sin \text{GDM}}$. Or, si l'on mène la normale en G, on voit que le second membre de cette dernière égalité n'est autre que $\dfrac{\sin i}{\sin r}$, tandis que le premier membre est $\dfrac{v}{v'}$. Donc on a, quelle que soit l'inclinaison : $\dfrac{\sin i}{\sin r} = \dfrac{v}{v'}$. Le rapport des sinus des angles d'incidence et de réflexion est constant, et l'indice de réfraction n est égal au rapport des vitesses de la lumière dans le vide et dans le milieu considéré.

1726. Images données par les lentilles. — La question des images obtenues par les lentilles soulève les remarques que nous avons faites lorsqu'il s'est agi des miroirs. Les rayons concordants au foyer d'une lentille aussi parfaite que possible forment un cercle lumineux qui est entouré d'un cercle brillant qu'environne une série d'anneaux. Comme le pouvoir des miroirs, celui des lentilles est donc limité par la confusion qui naît de l'empiètement des images des points voisins. Aucun artifice ne peut empêcher un pareil défaut. C'est ce qu'il ne faut pas perdre de vue quand il s'agit du perfectionnement des lunettes.

1727. Autre expression de la loi de réfraction. — La loi des sinus qui a été trouvée en fonction des vitesses v et v' de la lumière dans les deux milieux, se transforme en une autre qui contient les longueurs d'ondulations au lieu de ces vitesses. La longueur de l'ondulation λ est donnée par les formules $\lambda = \dfrac{v}{n}$ (1289), dans laquelle v désigne la vitesse de la lumière, et n le nombre d'oscillations par seconde de la molécule vibrante. Ce nombre ne change pas quand la lumière passe d'un milieu dans un autre, on a donc pour le second milieu $\lambda' = \dfrac{v'}{n}$ d'où l'on déduit $\dfrac{\sin i}{\sin r} = \dfrac{v}{v'} = \dfrac{\lambda}{\lambda'}$. L'indice de réfraction d'un corps est égal au rapport des longueurs d'onde dans le vide et dans ce corps.

CHAPITRE XIV

POLARISATION DE LA LUMIÈRE

1728. Les mouvements vibratoires qui constituent un système d'ondes peuvent s'exécuter, dans la direction même de la propagation des ébranlements, ou bien encore, elles peuvent avoir lieu dans un plan perpendiculaire à cette direction. Dans le premier cas, les vibrations sont dites longitudinales, dans le second elles sont dites transversales. Un son émis en A, se propage-t-il dans la direction AB (*fig.* 842); une mo-

A ——————————————— M′ M M″ ——————————— B

Fig. 842.

lécule M effectue des vibrations qui la déplacent de M′ en M″, puis de M″ vers M′, en la maintenant toujours sur AB; les vibrations sont donc longitudinales. Mais un système d'ondes se forme-t-il à la surface de l'eau, en partant de A, et ces ondes se propagent-elles dans la direction

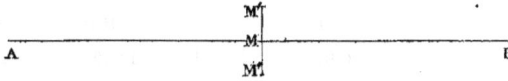

A ——————————————— M′/M/M″ ——————————— B

Fig. 845.

AB (*fig.* 843); chaque molécule ébranlée monte et descend tour à tour, suivant M′M″ qui est perpendiculaire à la ligne suivant laquelle la propagation a lieu : le mouvement vibratoire est alors transversal.

De ces deux mouvements, quel est celui qu'exécutent les molécules d'éther dont les vibrations produisent la lumière? Jusqu'ici cette question ne s'est pas présentée à nous ; car la solution, quelle qu'elle soit, n'avait aucune importance au point de vue des phénomènes qui nous ont occupés dans les chapitres précédents. Que les vibrations soient longitudinales ou transversales, la réflexion, la réfraction, les interférences ne se conçoivent pas moins bien ; elles sont des conséquences de tout mouvement ondulatoire. Mais quand il s'est agi de se rendre compte de la polarisation de la lumière, Fresnel a été conduit à admettre que les oscillations de la molécule vibrante avaient lieu perpendiculairement à la direction des rayons lumineux.

1729. Direction des vibrations d'un rayon polarisé. — Voici comment Fresnel conçoit un rayon AB (*fig.* 844) polarisé dans le plan PP'. Il admet que les vibrations des molécules d'éther, qui à l'état de repos

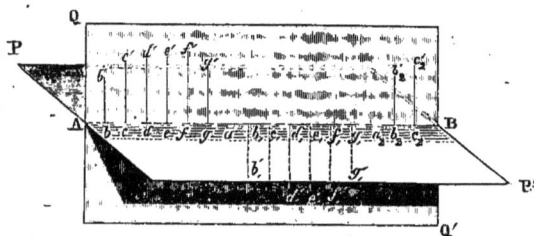

Fig. 844.

se trouvent sur AB, exécutent des vibrations perpendiculairement à cette droite dans un plan QQ', normal au plan de polarisation PP'. Les molécules b, c,...,g, etc., par exemple, qui se seraient trouvées sur AB au repos si aucun phénomène lumineux n'avait eu lieu, occupent à un moment donné les positions b', c', d', g', etc., comme le montre la figure. A un moment suivant, chaque molécule prend le déplacement que subissait la précédente antérieurement, et ainsi la courbe des déplacements chemine tout d'une pièce, de A vers B, avec la vitesse de la lumière.

1730. Expérience à l'appui de cette théorie. — Fresnel a justifié cette conception par des expériences entreprises avec Arago, qui ont prouvé que deux rayons de lumière polarisés à angle droit ne peuvent pas interférer. De ces expériences nous exposerons la plus simple.

L'appareil d'interférence qui a été choisi est celui des deux ouvertures d'Young, qui donne, ainsi que nous l'avons vu, les franges de l'appareil des deux miroirs. Fresnel et Arago reconnurent l'influence qu'exerce la polarisation primitive des rayons lumineux sur les interférences de ces rayons, en plaçant un polariseur derrière chacune des fentes. Deux piles de glace bien identiques étaient formées d'une même pile coupée en deux moitiés; chacune d'elles recevait sous l'angle de polarisation la lumière qui avait traversé l'ouverture correspondante, et ainsi les deux faisceaux, en interférant, étaient polarisés, sans que rien fût changé à leur différence de marche, puisque tous deux avaient cheminé dans des milieux réfringents identiques. Fresnel et Arago ont constaté que les franges se montraient très-nettes quand les faisceaux étaient polarisés dans le même plan; et que jamais les franges n'apparaissaient quand les faisceaux étaient polarisés dans des plans perpendiculaires.

1751. **Théorie.** — La théorie de Fresnel explique ce résultat. Soit en effet C (*fig.* 845) un point de l'écran EE′, que les deux rayons qui vont in-

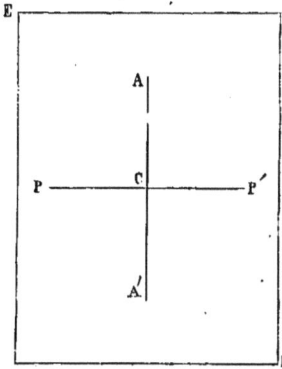
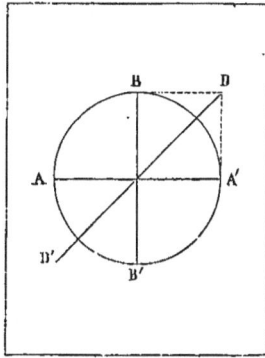

Fig. 845.   Fig. 846.

terférer viennent rencontrer normalement. Si les deux rayons sont polarisés dans un même plan, dont la trace soit PP′, les deux mouvements vibratoires de ces rayons s'exécutent suivant AA′ qui est perpendiculaire à PP′; et, selon qu'il y aura concordance ou discordance entre ces mouvements, il se produira un renforcement ou une extinction de lumière.

Les deux plans de polarisation sont-ils à angle droit (*fig.* 846)? Les vibrations s'exécutent alors dans les directions rectangulaires AA′ et BB′, et qu'il y ait concordance complète ou discordance absolue, jamais le mouvement de la molécule d'éther ne sera annulé. Dans le premier cas, les deux mouvements se composeront en un seul suivant DD′; dans le second cas, il y aura mouvement circulaire continu.

Il est évident d'ailleurs que les vibrations longitudinales ne pourraient pas rendre compte de pareils faits.

1752. **Loi de Malus. — Son explication par la théorie.** — Cette théorie rend compte de la loi de Malus, que nous avons énoncée (§ 1659).

Un rayon de lumière polarisée marche normalement à la face d'entrée d'un cristal, et sort par une autre face parallèle à la première. Le plan de la section principale XX' (*fig.* 847) et le plan de .polarisation PP' font un angle α. Le rayon polarisé d'intensité I se divise alors en deux autres, l'un ordinaire d'intensité b_o; l'autre extraordinaire d'intensité b_e. Malus a trouvé que l'on avait :

$$b_o = \text{I} \cos^2 \alpha \qquad b_e = \text{I} \sin^2 \alpha.$$

Voici l'explication de Fresnel. Soit à un instant quelconque, CA la vitesse de la molécule vibrante du rayon incident : remarquons que CA est perpendiculaire à PP'. Cette vitesse peut, d'après les principes de la mécanique, être décomposée en deux ; l'une CD = CA sin α dirigée suivant XX'. l'autre CB = CA cos α suivant la perpendiculaire à XX'. Cette décomposition possible en théorie, Fresnel est conduit par la vue du phénomène même à admettre qu'elle s'effectue réellement, lorsque la vibration arrive au cristal. La vitesse CA cos α, qui est dirigée perpendiculairement à la section principale, est relative au rayon ordinaire, l'autre CA sin α au rayon extraordinaire.

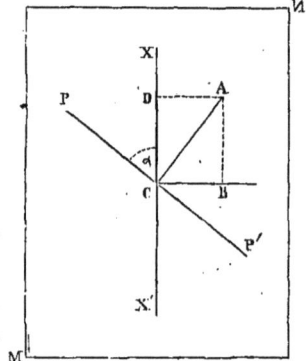

Fig. 847.

Mais, d'après le principe des forces vives, l'action exercée, l'intensité, est proportionnelle au carré de la vitesse ; on a donc :

$$\text{I} = m\overline{\text{AC}}^2 \qquad b_o = m\overline{\text{AC}}^2 \cos^2 \alpha \cdot \qquad b_e = m\overline{\text{AC}}^2 \sin^2 \alpha,$$

ou en substituant :

$$b_o = \text{I} \cos^2 \alpha \qquad b_e = \text{I} \sin^2 \alpha$$

1753. **Rayon de lumière naturelle.** — Cette théorie de la lumière polarisée nous fait concevoir l'idée que nous devons nous former d'un rayon de lumière naturelle. Un rayon de lumière naturelle est produit par des vibrations, qui sont toujours normales au rayon, mais qui s'exécutent dans des directions sans cesse variables. Les changements de direction sont extrêmement rapides, et l'œil armé d'un analyseur ne peut distinguer aucun phénomène d'extinction de lumière, à cause de la per-

sistance et de la superposition des impressions; les variations d'intensité
sont dissimulées; tout se mêle dans un ensemble indécomposable.

1734. **Polarisation rotatoire.** — Fresnel a aussi expliqué la polarisation rotatoire. Il a montré qu'elle s'effectuait par une décomposition
de vitesse déduite des théorèmes de la mécanique, décomposition que
son génie lui a fait concevoir, et il a trouvé moyen de vérifier que les
phénomènes physiques étaient bien réellement tels qu'il se les était
figurés.

1735. **Théorèmes préliminaires.** — Un mot d'abord sur les théorèmes de mécanique qui vont être utilisés.

Une molécule dont la position d'équilibre est en M, est sollicitée par un
ensemble d'actions tel que sous leur influence elle décrirait indéfiniment
et d'un mouvement uniforme une circonférence dont M est le centre; le
sens du mouvement est indiqué par la flèche. Aux
temps 0, 1, 2, 3, etc., cette molécule serait parvenue
aux points A, B, C, D, etc. D'ailleurs, par l'effet
d'autres causes cette molécule aurait parcouru la
même circonférence avec la même vitesse, mais en
sens contraire; si bien que si l'on prend $AB' = AB$,
$AC' = AC$, etc., la molécule, sous l'influence de ces
causes nouvelles, serait au temps 0, 1, 2, 3, etc., parvenue aux points A', B', C', D', etc. On demande quelle
sera la position de la molécule, lorsque l'ensemble
des deux systèmes de causes agiront simultanément.

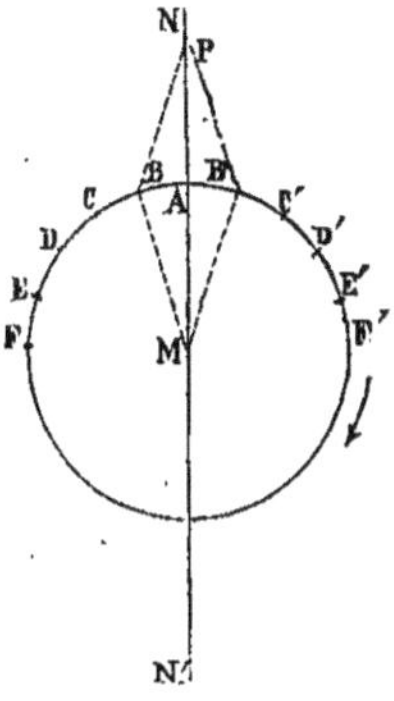

Fig. 848.

Au temps 0, d'après le principe de l'indépen-
dance de l'effet des forces simultanées, la molécule se trouvera sur le
prolongement de MA au point N distant de M d'une longueur 2 MA; au
temps 1 la position de la molécule sera à l'extrémité P de la diagonale du
losange construit sur MB et MB', cette extrémité, par une raison de symétrie, se trouve être un point de MN; de même au temps 2, la molécule
se placera sur un autre point de MN, et ainsi le mouvement résultant
sera un mouvement vibratoire qui s'effectuera sur la ligne NN'. La loi
de ce mouvement, on peut le reconnaître, sera d'ailleurs donnée par la

formule $x = a \cos 2\pi \dfrac{t}{\tau}$ dans laquelle x désigne la distance de la molé-

cule au point M, a une constante égale à MN, t le temps actuel et τ la
durée d'une oscillation. C'est la loi même de l'oscillation d'une molécule d'éther faisant partie d'un rayon de lumière polarisée.

Réciproque. — Le mouvement vibratoire d'une molécule d'éther ap-

partenant à un rayon de lumière polarisée, peut être réciproquement décomposé en deux mouvements circulaires uniformes. Les points de rencontre A et A' de ces mouvements, étant pris sur la ligne NN' que
décrit réellement la molécule oscillante.

1736. **Application de ces théorèmes.** — Cette composition et cette
décomposition de mouvements que l'on conçoit en mécanique rationnelle,
Fresnel a pensé que tout se passait, *comme si* elles s'effectuaient véritablement lorsqu'un rayon de lumière polarisée traverse (*fig.* 849 et 850) un
milieu doué du pouvoir rotatoire. Selon lui, à l'entrée dans ce milieu, la
vibration rectiligne MM' du rayon qui progresse de *a* vers *l* dans le sens de
la flèche S se change en deux mouvements circulaires ABCD,... A'B'C'D'...

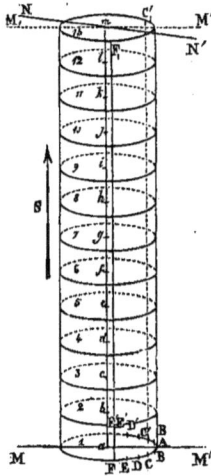

Fig. 849.

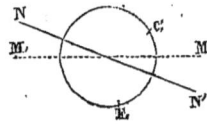

Fig. 851.

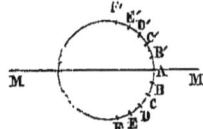

Fig. 850.

Chacun de ces deux mouvements se communique de molécule à molécule, successivement aux molécules d'éther *a*, *b*, *c*,...,*l*, mais avec une
vitesse différente dans la direction de la propagation *al*. Par l'effet de la
communication du premier mouvement vibratoire, la molécule *a* tourne
toujours suivant la circonférence 1 et transmet, sur la circonférence 2,
son déplacement circulaire à la molécule *b* qui la suit; *c* parcourt la
circonférence 3, et ainsi des autres. Il en serait de même du second mouvement circulaire. Ainsi se trouvent constitués deux rayons lumineux :
les molécules *a*, *b*, *c*,...,*l* du milieu sont comme animées de deux mouvements simultanés, suivant les circonférences 1, 2, 2,..., 13, mais le
rayon dont la vibration s'exécute dans le sens ABCD se propage plus rapidement de *a* vers *l* que le rayon dont la vibration a lieu dans le sens

AB'C'D'. De là il résulte que la molécule l occuperait à un instant donné la position F_1 (*fig.* 849 et 851), qui se trouve sur la génératrice FF_1 passant par le point F, si le premier mouvement circulaire existait seul; tandis que par suite de la propagation moins rapide du mouvement circulaire qui caractérise le second rayon, le même point ne serait sollicité qu'à prendre la position C'_1 correspondante au point C'. En conséquence, cette molécule l, par la composition des mouvements circulaires, prendra le mouvement rectiligne NN' qui n'est pas parallèle à MM'; le plan de polarisation a changé. Dans l'exemple que représente la figure, la rotation du plan de polarisation s'est effectuée de gauche à droite. Elle s'effectue, de droite à gauche, lorsque le mouvement AB'C', mouvement direct, se propage plus rapidement que le mouvement ABC.

1757. Preuve expérimentale. —Ces deux rayons circulaires, Fresnel a été conduit à les imaginer pour les besoins de l'explication. Sont-ils réellement existants? Fresnel a prouvé, du moins, que tout se passait comme s'ils existaient réellement. Il a réussi à les séparer. Dans ce but, il a profité de leur inégale vitesse et obtenu leur séparation par voie de réfraction. Il a fait constituer, dans ce but, un parallélipipède de quartz avec trois prismes ABC, DAB, EAC dont la figure 852 représente une sec-

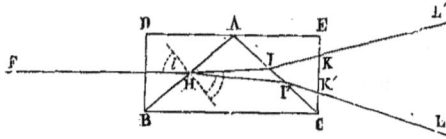

Fig. 852.

tion faite perpendiculairement aux arêtes. Ce parallélipipède est droit et les axes de chacun des trois prismes sont dirigés suivant une même direction perpendiculaire à la face DB. Ils diffèrent entre eux, non-seulement par leur forme, mais surtout par cette particularité que le quartz ABC possède le pouvoir de faire tourner le plan de polarisation de droite à gauche, tandis que les deux autres produisent une action inverse.

De là il suit, si la théorie de Fresnel est vraie, qu'un rayon polarisé F qui entre perpendiculairement à la face BD se décompose en deux rayons qui cheminent suivant la même direction FH, mais avec des vitesses différentes V et v; ces deux rayons arrivés à la face AB se séparent, car ils tombent sur cette face en faisant le même angle i, et le premier, qui cheminait avec la vitesse V, rencontre un milieu où il ne peut s'avancer qu'avec la vitesse v; l'angle de réfraction r correspondant sera moindre que l'angle d'incidence; pour le second rayon, l'inverse a lieu. Fresnel a prévu que la séparation des deux rayons devait être faible; il a disposé le troisième prisme EAC pour l'augmenter; et à la sortie, elle s'accroît encore. Un rayon qui a pénétré dans le cristal en suivant l'axe, doit donc donner deux rayons réfractés, contrairement à ce qui arrive pour les cristaux qui ne jouissent pas du pouvoir rotatoire.

L'expérience s'accorde pleinement avec ces prévisions théoriques et les confirme.

COULEURS PRODUITES PAR LA LUMIÈRE POLARISÉE

1738. Couleurs fournies par la lumière polarisée. — Arago a, le premier, signalé, en 1811, les faits suivants : quand un faisceau de lumière blanche BC (*fig.* 853), polarisée par un polariseur quelconque P, a traversé une lame mince L *parallèle à l'axe*, appartenant à un cristal biréfringent, et qu'on l'étudie ensuite avec un analyseur quelconque A, un prisme de spath, par exemple, on reconnaît que les deux images fournies par le spath sont colorées de teintes complémentaires. Dans les points où les images se superposent en partie, la teinte résultante est, en effet, parfaitement blanche. Le mica,

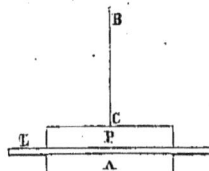

Fig. 853.

le sulfate de chaux, le quartz donnent, dans ces conditions, des couleurs qui dépendent, pour chaque substance, de l'épaisseur employée et de l'inclinaison des rayons sur la surface de la lame. Au delà d'une certaine limite d'épaisseur, limite qui est variable pour chaque corps, toute coloration disparaît. Les couleurs sont surtout très-vives, quand la lame est très-mince.

Quand la section principale de l'analyseur est rendue parallèle ou perpendiculaire au plan primitif de polarisation du rayon incident, et qu'on fait tourner sur son support la lame cristallisée autour du rayon lumineux polarisé qui lui demeure perpendiculaire, on reconnaît que dans quatre positions il ne se produit qu'une seule image blanche; c'est quand la section principale de la lame est elle-même parallèle ou perpendiculaire à celle de l'analyseur.

1739. Théorie de Fresnel. — Action de la lame mince. — Ces faits curieux ont été étudiés par Fresnel, qui en a donné la théorie. Il a montré que chaque rayon soit ordinaire, soit extraordinaire est, à la sortie de l'analyseur, composé de deux rayons qui interfèrent par suite d'une différence de marche : les couleurs résultent de ce que les interférences ne font pas subir aux divers éléments de la lumière blanche un chan-gement d'intensité, dans les mêmes pro-portions.

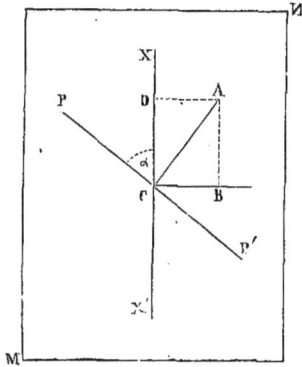

Un rayon de lumière *homogène* BC (*fig.* 853) qui passe à travers le polariseur P n'arrive sur la lame mince, *taillée paral-lèlement à l'axe* qu'après avoir été pola-risé dans le plan PP′ (*fig.* 854), ce qui si-gnifie que ses vibrations normales à ce rayon s'exécutent dans la direction CA perpendiculaire au plan PP′. Dès qu'il pé-nètre dans la lame L, dont l'axe est dirigé suivant XX′, il se divise en deux rayons polarisés à angle droit dont les vitesses de vibration sont CD et CB, comme nous l'avons déjà dit (1752). Ces deux rayons traversent la lame mince, l'un comme rayon ordinaire, l'autre comme rayon extraordi-naire. A leur entrée, tous deux, provenant d'un même rayon incident, étaient en concordance de marche : à la sortie tout est changé ; car leur vitesse de propagation n'est plus la même ; ils n'ont pas mis le même temps à passer de la première face à la seconde. L'un est en avance sur l'autre d'un certain nombre d'ondulations et de fractions d'ondulation.

Fig. 854.

1740. Effet de l'analyseur.—Bien qu'entre ces deux rayons qui, dans le prolongement de BC (*fig.* 853), cheminent, sans se séparer sensiblement, il existe une différence de marche, ils ne peuvent pas interférer, parce qu'ils sont polarisés dans deux plans perpendiculaires entre eux (1730). L'analyseur ramène leurs éléments dans le même plan de polarisation.

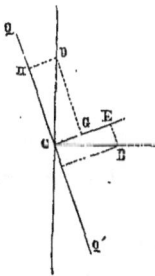

En effet, il agit sur chacun d'eux, comme la lame mince sur le rayon incident. La vitesse CD de la vibra-tion (*fig.* 855) se décompose en deux, dont l'une est dirigée suivant la section principale de l'analyseur que j'appellerai QQ′ ; l'autre CG normale à cette section ; la vitesse de vibration CB se décompose de même. Dès l'entrée dans l'analyseur, il existe donc suivant QQ′ deux vibrations : la première provient de la lumière qui a traversé la lame mince comme rayon ordinaire ; et la seconde, de celle qui l'a traversée comme rayon

Fig. 855.

extraordinaire; ces deux vibrations ne sont pas concordantes, elles interfèrent : une clarté, plus ou moins vive, selon la différence de marche,
éclaire l'image extraordinaire qui en résulte. La composition de l'image
ordinaire est analogue.

1741. Clarté des deux images. — Ces deux images n'ont pas le
même éclat; car, dans la décomposition effectuée, la vitesse CD n'a pas
donné deux composantes égales suivant la droite QQ' et suivant la normale à cette droite; la vitesse CB non plus; les deux rayons émergents
sont donc composés d'éléments distribués en proportions toutes différentes; de là vient leur différence d'éclat.

Ces deux rayons renferment d'ailleurs en eux toute la lumière incidente; cela est évident : car ce n'est que par des transformations ou des
communications de mouvement que le rayon incident a donné naissance
aux deux rayons émergents; aucune perte de force vive (Σmv^2) n'est
possible; la somme des intensités est donc égale à l'intensité du rayon
incident.

1742. Couleurs complémentaires des images. — Un rayon de lumière blanche vient-il à atteindre le polariseur? Chaque rayon homogène est soumis aux transformations que nous venons de faire connaître.
Tous subissent les mêmes modifications; les composantes des vitesses
suivant QQ' et suivant la normale CE varient dans le rapport de la vitesse
primitive que la vibration possède dans la lumière blanche, et les images
obtenues seraient blanches, n'était cette circonstance que, pour les
divers rayons, la différence de marche n'est pas la même. D'après la
théorie de la réfraction, en effet, la vitesse de propagation du rayon ordinaire et celle du rayon extraordinaire à l'intérieur de la lame mince
dépendent de la couleur de ces rayons, et les intensités relatives des
rayons diversement colorés émergeant de l'analyseur, intensités qui dépendent des différences de marche, ont des valeurs tout autres, selon la
longueur d'onde de la lumière que l'on considère.

Chacune des images, l'image ordinaire, par exemple, renferme une
fraction inégale des couleurs qui composent la lumière blanche incidente; le mélange qui s'effectue produit une image colorée. Quant à
l'image extraordinaire, que renferme-t-elle? Toute la lumière qui ne
constitue pas la première : elle en est donc la couleur complémentaire.

1743. Pourquoi la lame doit-elle être mince? — Chaque rayon vrai-
ment simple du spectre solaire a une longueur d'onde invariable quand
il chemine dans le même milieu; mais ce que l'imperfection de notre
œil nous conduit à appeler une couleur du spectre se compose en réa-

lité de rayons différents dont la longueur d'onde moyenne, égale à $0^{mm},000620$, varie de $0^{mm},000645$ à $0^{mm},000596$, si l'on va du bord extrême du spectre au rouge orangé.

Cette remarque explique pourquoi la lame cristalline doit avoir une faible épaisseur. En effet, si la lame est mince, la différence de marche sera à peu près la même pour les divers rayons qui composent une même couleur, le rouge, par exemple, et rien de ce que nous avons dit n'est à modifier. Mais si la lame est épaisse, si la différence de marche des rayons extrêmes est un nombre considérable de longueurs d'ondulation, tel que 10,000, qui correspond au nombre d'ondulations qui se comptent dans une lame d'air épaisse de $6^{mm},20$, alors la valeur de la différence de marche pour les autres rayons rouges, différence qui s'obtient en divisant 6,20 par la longueur λ relative au rayon considéré, passera par toutes les grandeurs possibles. On peut le voir en faisant la division de $6^{mm},20$ par toutes les valeurs de λ depuis 0,000 596 jusqu'à 0,000 620. Chaque image ordinaire ou extraordinaire contiendra des rayons rouges dans des proportions telles que les suivantes :

$$0,001 \qquad 0,002 \qquad 0,003 \quad . . . . .$$

et ainsi jusqu'à l'unité; ces proportions étant relatives chacune à un rayon rouge de longueur d'onde particulière. De même, chaque image violette renferme du violet dans ces mêmes proportions :

$$0,001 \qquad 0,002 \qquad 0,003 \quad . . . . .$$

et ainsi des autres couleurs.

Le premier millième de chacune de ces couleurs se réunissant, du blanc se produit, les 0,002 également, et ainsi de suite; l'image formée par la réunion de tout cet ensemble sera donc blanche elle-même.

1744. Cas particuliers. — Examinons maintenant quelques cas particuliers. Le polariseur est une tourmaline de coloration peu intense, taillée parallèlement à son axe AA', ou bien un prisme de Nicol, ou encore un système incolore jouant le même rôle : le rayon extraordinaire seul passe et ses vibrations s'exécutent suivant cette ligne AA'. Disposons l'axe de la lame mince parallèle à cette même ligne : la vitesse AA' sera transmise sans décomposition à l'analyseur qui, recevant un rayon polarisé, le divisera en deux rayons suivant la loi de Malus. En particulier, si l'analyseur est une tourmaline ou un prisme de Nicol dont l'axe se trouve dans le plan des deux précédents, le rayon émergent aura l'intensité du rayon incident. Le phénomène n'est pas différent quand l'axe de la lame mince est perpendiculaire à ceux des tourmalines; seulement le rayon passe, à travers cette lame, comme rayon ordinaire.

Par des raisons semblables, le rayon émergent sera éteint, si l'axe de la tourmaline servant d'analyseur est à angle droit avec celui du polariseur. Ainsi toute lumière est interceptée, quand les axes des tourmalines sont croisés, et que la lame mince a son axe perpendiculaire ou parallèle à l'un de ces axes.

1745. Cristaux taillés perpendiculairement à l'axe. — Expériences avec la lumière convergente. — Cette théorie explique les anneaux colorés et les croix noires ou blanches que l'observateur aperçoit, lorsque plaçant près de l'œil le système des deux tourmalines, il interpose une plaque d'un cristal taillé *perpendiculairement* à l'axe AA' (*fig.* 857). La portion visible du faisceau incident forme alors un cône lumineux dont le sommet est sur la pupille. Quand les tourmalines ont leurs axes croisés, un sys-

Fig. 856.

tème d'anneaux colorés se montre; il est coupé en quatre parties par une croix noire de teinte dégradée; les branches de la croix sont parallèles aux axes croisés. Si les axes des tourmalines sont parallèles entre eux, une croix blanche apparaît. La figure 856 montre ce dernier phénomène.

Le phénomène se projette sur un écran, si le système des trois cristaux est placé au foyer d'une lentille convergente qui reçoit les rayons solaires. Le cône de lumière qui s'épanouit après l'entre-croisement des rayons au foyer colore l'écran de la magnifique image d'anneaux noirs et blancs frangés sur leurs bords des vives couleurs du spectre et séparés en quatre parties par la croix qui les divise.

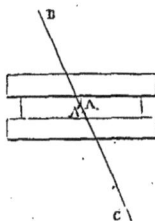
Fig. 857.

1746. Explication des anneaux. — Fresnel a pu ramener ces phénomènes aux précédents. La plaque cristallisée joue le rôle de la lame mince qui nous a occupés et qui a été placée entre le polariseur et l'analyseur. Le rayon BC (*fig.*857), polarisé par la première tourmaline, traverse la plaque interposée, et, comme dans la lame mince (1759), il s'y divise en deux rayons polarisés à angle droit, qui sortent avec une différence de marche.

La seconde tourmaline ramène dans un même plan de polarisation les éléments de chacun de ces rayons, et l'interférence a lieu. Si la différence de marche est autre qu'une demi-longueur d'onde, la lumière se propage d'après les lois déjà données (1743); si la différence est d'une demi-longueur d'onde ou voisine de cette demi-longueur, les interférences amènent l'obscurité. Des alternatives de lumière et d'obscurité, qui produisent les anneaux, résultent de ces interférences. En effet, la différence de marche est nulle quand la lumière traverse le cristal en suivant l'axe; le rayon ordinaire et le rayon extraordinaire se réduisent à un seul. A mesure que le rayon incident plus incliné s'écarte de l'axe, elle va en croissant pour deux causes : d'abord, parce que la différence des vitesses de propagation de ces deux rayons augmente, et ensuite parce que leur parcours est plus grand à l'intérieur de la plaque. Toutes les fois que, par cet accroissement, un multiple d'une demi-oscillation est atteint, l'obscurité se fait; au contraire, la lumière est aussi vive que possible lorsque la différence vaut un nombre entier d'ondulations.

Le phénomène des anneaux résulte de la symétrie du cristal par rapport à l'axe. Tous les rayons de même inclinaison que BC, soumis aux mêmes modifications, émergeront avec la même intensité. Quant à la croix noire et à la croix blanche, elles sont dues aux causes que nous avons étudiées au § 1744.

1747. Cristaux à deux axes. — Les cristaux à deux axes, quand ils sont taillés perpendiculairement à la bissectrice de ces axes, présentent des phénomènes analogues; deux systèmes d'anneaux en s'unissant, figurent des courbes en forme de 8, appelées *lemniscates*. L'explication de ces apparences est analogue à celle des phénomènes précédents.

Ces phénomènes servent aux physiciens et aux minéralogistes pour la détermination des formes cristallines ; ils leur font reconnaître promptement si le cristal étudié est dans la classe des cristaux à un axe, ou dans celle des cristaux à deux axes.

CHAPITRE XV

POLARISATION DE LA CHALEUR

1748. Chaleur rayonnante et lumière. — L'étude des phénomènes nous a conduit à reconnaître l'identité de la chaleur rayonnante et de la lumière. Mais cette identité nous ne l'avons établie que par un nombre restreint de phénomènes : la propagation, la transmission, la réflexion, la réfraction. Alors il ne nous était pas possible de faire plus ; nous ne pouvions mettre à profit que les connaissances les plus générales de l'optique. Maintenant nous devons rechercher si les expériences relatives aux interférences, à la polarisation, à la double réfraction de la chaleur ont été tentées, et si elles ont réussi.

1749. Interférences de la chaleur. Franges de Fresnel. — MM. Fizeau et Foucault ont fait, en 1847, diverses expériences pour démontrer les interférences de la chaleur. Ils ont employé dans ce but les deux miroirs de Fresnel, au moyen desquels ils produisaient des franges ayant près de 4^{mm} de largeur, et ils ont placé successivement dans les franges obscures et dans les franges brillantes, un petit thermomètre dont le réservoir sphérique avait un diamètre de 1^{mm},1 ; et dont cependant la tige était si fine, que le degré occupait une longueur de 8^{mm}. Au moyen d'un microscope, on pouvait lire exactement $\frac{1}{400}$ de degré. L'instrument, d'ailleurs, était placé dans une enceinte exactement close, afin qu'il fût à l'abri des mouvements de l'air et des changements brusques de température. Plusieurs ouvertures fermées par des glaces permettaient d'introduire les rayons soumis à l'expérience, et d'observer la colonne avec le microscope placé extérieurement. On a trouvé les nombres suivants pour les élévations de température en divisions de micromètre :

9 35 9.

Le nombre le plus élevé correspond à la frange centrale, et les deux autres à la première frange obscure qui limite à droite et à gauche la précédente. Si dans cette dernière frange le thermomètre a monté de 9 divisions, il ne faut pas s'en étonner ; car la destruction de mouvement n'a lieu théoriquement que sur la partie centrale de la frange ; à droite et à gauche, le mouvement, quoique faible, n'est pas nul. Pour l'œil même, l'obscurité n'est pas complète.

Une expérience analogue a été répétée par MM. Fizeau et Foucault, en plaçant leur thermomètre dans les franges formées par le bord d'un corps opaque.

1750. Expériences de M. Desains. — Enfin, dans ces derniers temps, M. Desains a reproduit l'expérience des réseaux avec la chaleur obscure. Par la méthode donnée, il obtint sur un écran, et avec beaucoup de pureté, les phénomènes observés par Fraunhofer; puis il interposa sur la route des rayons incidents une petite auge renfermant une solution d'iode dans le sulfure de carbone, qui ne laisse passer que les rayons obscurs, et la pile de Melloni lui révéla l'existence d'une série de plages chaudes qui se succédaient suivant la loi des réseaux donnée par Fraunhofer.

Ainsi, quant aux interférences, identité complète dans les résultats, entre le mode d'agir de la lumière et de la chaleur.

1751. Polarisation de la chaleur. Expérience de M. Bérard. — Les phénomènes de polarisation de la chaleur ont été découverts par M. Bérard, en 1813, peu de temps après que Malus eût fait connaître la polarisation de la lumière. M. Bérard ne s'est occupé que de rechercher la polarisation par réflexion.

Sur un miroir plan de verre A (*fig.* 858) tombent les rayons solaires qui arrivent sous l'angle de 35°25', angle de polarisation. Ces rayons se réfléchissent, tombent sur un second miroir plan de verre B et le frappent sous ce même angle 35°25' ; après une nouvelle réflexion, les rayons qui marchent parallèlement entre eux arrivent enfin à un miroir concave métallique, et les rayons, réfléchis une nouvelle fois, convergent au foyer F, où l'on a placé le réservoir d'un thermomètre. Le système composé du miroir concave et du thermomètre est fixé à la monture du miroir plan B. Lorsque l'on fait tourner le tambour qui porte ce miroir plan, les rayons réfléchis continuent toujours à converger là où le thermomètre est placé.

L'appareil étant ainsi disposé, on voit que lorsque les deux plans d'incidence sur les miroirs plans se trouvent sur le prolongement l'un de l'autre, le thermomètre monte et, par l'élévation de sa température, indique qu'il reçoit une grande quantité de chaleur. A mesure que le

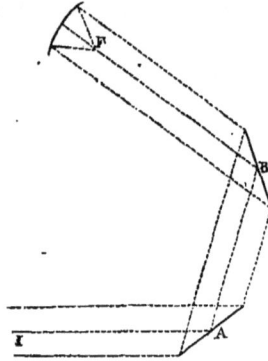

Fig. 858.

tambour tourne, et que l'angle des deux plans s'approche de 90°, l'élévation de température diminue; quand cet angle est de 90°, le thermomètre ne marque plus que la température du milieu environnant, comme si tout miroir était supprimé. La chaleur se polarise exactement dans les mêmes conditions que la lumière.

1752. Polarisation par réfraction. — M. Forbes s'est occupé, vingt ans plus tard, de polariser la chaleur au moyen des tourmalines et des piles de feuilles de mica, qui jouent le même rôle que les piles de glace; et il a pris pour source de chaleur, non pas seulement la chaleur solaire, mais aussi la chaleur d'une lampe.

La figure 859 représente l'expérience. Au volet de la chambre noire est placé un porte-lumière qui renvoie les radiations solaires dans une direction horizontale. La pile de Melloni, disposée à la hauteur convenable et dans la direction du rayonnement, reçoit la chaleur qui atteint l'une de ses faces; mais perpendiculairement aux rayons incidents on place deux tourmalines taillées parallèlement à l'axe; ce sont les tourmalines qui ont servi dans les expériences d'optique. Lorsque leurs axes sont parallèles, l'aiguille du galvanomètre indique un flux de chaleur; mais si l'on fait tourner la seconde tourmaline de 90° sur elle-même,

comme nous l'avons fait en optique, de telle sorte que les axes soient
croisés, l'aiguille de la pile revient vers le zéro, la chaleur transmise
devient nulle dans les conditions où la lumière transmise est nulle.

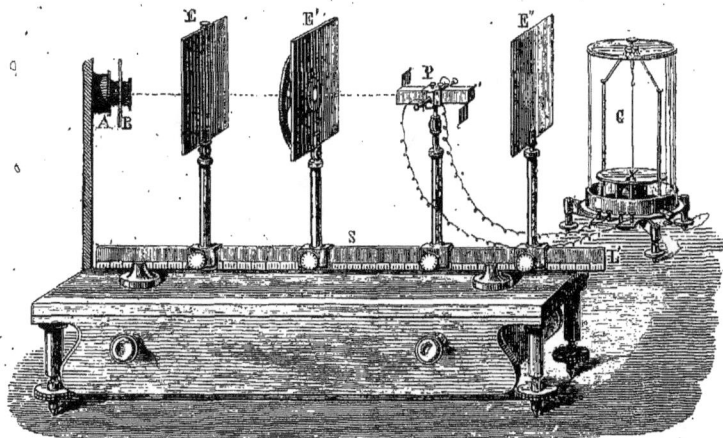

Fig. 859.

1753. Loi de Malus. — MM. Laprovostaye et Desains ont même vérifié que la loi de Malus s'appliquait aux faisceaux transmis ; ils avaient
pour but de rechercher si « la ressemblance entre les agents calorifiques et lumineux se soutient encore dans les lois qui règlent les *variations d'intensité* que ces deux agents éprouvent dans des circonstances
semblables. » Leur travail, qui date de 1849, est le premier où la question ait été traitée à ce point de vue. Il a résolu le problème et nous a
fait conclure à l'identité.

1754. Polarisation rotatoire de la chaleur. — Melloni et Biot ont
démontré, vers la même époque, que le plan de polarisation de la chaleur
tournait comme celui de la lumière quand le rayon polarisé traversait
une lame de quartz. L'expérience se réalise avec les rayons rouges qui
traversent deux piles de mica disposées de telle sorte que, l'une des
faces de la pile de Melloni étant placée sur le trajet du rayon transmis,
l'aiguille du galvanomètre indique une élévation de température aussi
faible que possible. Dans ces conditions, si l'on interpose une plaque de
quartz entre les deux piles, on voit une brusque déviation de l'aiguille
du galvanomètre. Le plan de polarisation de la chaleur a donc tourné
par cette interposition.

MM. Laprovostaye et Desains sont allés plus loin dans la question. En opérant avec des faisceaux aussi homogènes que possible, ils ont mesuré cette rotation. A cet effet, ils ont cherché quelle nouvelle position devait être donnée à la pile de mica servant d'analyseur, pour que la déviation de l'aiguille du galvanomètre redevint minimum. Ils ont trouvé que toujours l'extinction de la chaleur avait lieu dans les conditions où l'on obtenait l'extinction de la lumière. Ils opéraient d'ailleurs, nonseulement avec le quartz, mais aussi avec les divers liquides qui jouissent du pouvoir rotatoire.

1755. Rotation du plan de polarisation par les aimants. — L'identité des phénomènes se prolonge aussi loin que l'on pousse les recherches et, sans vouloir épuiser le sujet, nous devons toutefois encore signaler un fait découvert par Faraday. L'illustre physicien a reconnu que le plan de polarisation de la lumière subissait une déviation sous l'influence des aimants. M. Wartmann, MM. Laprovostaye et Desains ont fait voir immédiatement que le même phénomène avait lieu pour le plan de polarisation de la chaleur.

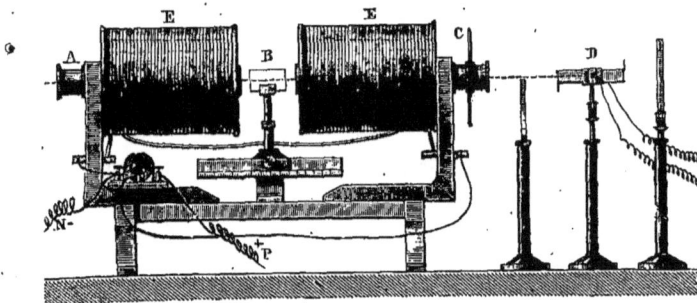

Fig. 860.

L'appareil que l'on emploie pour ces expériences se compose d'un fort électro-aimant dont les branches sont représentées en E et E (*fig.* 860) ; des pièces de fer doux les réunissent. Les noyaux de fer doux, semblables à des tuyaux de lunette, se font suite l'un à l'autre, et un rayon lumineux horizontal qui passe par le premier traverse le second. Voici l'usage de l'appareil : Un rayon de lumière homogène est polarisé à l'entrée par un prime de Nicol A, et il est analysé à la sortie par un prime semblable C. Les deux prismes ont leurs sections principales perpendiculaires entre elles : la lumière est par conséquent éteinte ; l'œil de l'observateur n'en reçoit plus, et il en est ainsi, que l'électro-aimant soit en activité, ou qu'il ne le soit pas. Mais si l'on interpose un parallélipipède de verre B (le verre au borate de plomb est préférable), et qu'une forte aimantation soit donnée au fer doux par un courant énergique, la lumière, primitivement éteinte, reparait aussitôt. Que s'est-il passé? On reconnait qu'il y a eu un changement du plan de polarisation, car en tournant l'analyseur d'un angle convenable, la lumière s'éteint de nouveau.

1756. — Cette action des aimants, qui modifie le mouvement lumineux, intervient de même pour modifier le faisceau calorifique. On le constate avec la pile de Melloni, que l'on met à la suite de l'analyseur, là même où l'œil était placé dans la précédente expérience.

CONCLUSION

De toutes les expériences qui précèdent, il résulte maintenant avec évidence que les phénomènes de la chaleur rayonnante, comme ceux de la lumière, sont dus aux vibrations de l'éther; il nous reste dès lors à rechercher quelle est l'origine de ces vibrations. Quand il s'est agi de la lumière, nous n'avons pas hésité à dire que des mouvements agitent les molécules du corps lumineux et se communiquent au milieu éthéré. Nous pouvons affirmer maintenant que c'est le corps chaud qui vibre lui-même, lui et l'éther qu'il renferme, et c'est encore par communication de mouvement que les rayonnements ont lieu. Ces vibrations, transmises au milieu environnant, sont évidemment celles des molécules situées à la surface, ou du moins dans le voisinage immédiat de cette surface. Mais, comme les fragments d'un corps chaud rayonnent aussi bien que le tout lui-même, le mouvement vibratoire est commun à toutes les molécules. De là ce fait établi : un corps chaud est un corps dont toutes les molécules sont en vibration ; ce que l'on exprime quelquefois par ce mot : la chaleur est un mouvement. D'ailleurs la durée de chaque vibration dépend de la nature des corps et aussi de leur température : de leur nature, car les différents corps n'émettent pas les mêmes espèces de rayons à une même température; de leur température, car l'espèce de rayonnement change lorsque la température éprouve des variations. A une température peu élevée, un corps n'émet que des rayons obscurs dont la longueur d'onde est considérable et dont la vibration a une grande durée; quand il s'échauffe davantage, il devient lumineux, et, sans cesser d'envoyer des rayons obscurs, il émet des rayons de moindre longueur d'onde, d'abord des rayons rouges, puis des rayons orangés, jaunes,.... et enfin des rayons ultra-violets, lorsque l'incandescence est le plus vive.

A une température quelconque, d'ailleurs, tout corps a ses molécules agitées de ce mouvement vibratoire, même ceux que notre organisation physiologique nous fait considérer comme froids. Les mots *chaud* et *froid* n'expriment que des dégrés différents d'un même état. Jusqu'à ce jour, en effet, il n'est pas un corps, quelque froid qu'il soit, qui, par des dispositions convenables, ne manifeste les mêmes phénomènes que les corps chauds ; il n'est pas un corps qui n'échauffe, par son contact ou son voisinage, un corps plus froid que lui ; il n'en est pas un qui ne se prête même, si on le veut, à toutes les expériences de la chaleur rayonnante. Jusqu'à ce jour, en un mot, on ne peut pas dire que l'on ait trouvé un corps privé de ce mouvement moléculaire qu'on appelle chaleur.

Comment ce mouvement se communique-t-il d'un corps à un autre ? Quelles sont les actions qui peuvent l'exciter ? Quelles sont celles qui peuvent l'anéantir ? Quelles relations peut-on établir entre ces actions et leurs effets ? C'est ce que nous allons rechercher, et nous serons amenés par cette recherche à passer en revue les divers sujets suivants : 1° Conductibilité ; 2°. Calorimétrie ; 5° Équilibre de température ; 4° Dilatation ; 5° Transformation en chaleur du mouvement appréciable et mesurable ; 6° Constitution des gaz et des vapeurs ; 7° Transformation de la chaleur en mouvement ; 8° Chaleur latente ; 9° Affinité ; 10° Électricité.

1° La communication du mouvement de molécule à molécule, dans un corps dont les divers points sont à des températures différentes, explique les phénomènes de *conductibilité* (601) avec une simplicité remarquable. Les molécules, dont les vibrations sont les plus intenses, ou plus exactement, dont la force vive est la plus grande, provoquent l'accroissement de force vive des autres molécules, et perdant une partie de la leur, elles les échauffent à leurs propres dépens.

2° La communication du mouvement, d'ailleurs, peut se faire entre les molécules de deux corps à différentes températures. Lorsque, par l'emploi de la méthode des mélanges ou par toute autre expérience analogue, deux corps, qui ne sont pas de même nature, ont été mis en contact, un gain et une perte de force vive ont lieu jusqu'à ce que l'équilibre de température soit établi. Ce gain et cette perte se constatent lorsque l'on détermine les *chaleurs spécifiques* (490).

5° Quant à l'*équilibre de température* dont il vient d'être question, on sait déjà qu'il n'est qu'un cas particulier du phénomène des échanges de chaleur : c'est le cas de l'égalité entre la force vive perdue et gagnée par les molécules en mouvement qui choquent les corps au contact desquels ils se trouvent, et l'éther qui les environne, mais qui reçoivent aussi une impulsion réparatrice par les chocs qui les atteignent elles-mêmes.

4° Ne pourrait-on pas expliquer ainsi les phénomènes de *dilatation?* Lorsqu'un corps s'échauffe, l'amplitude des oscillations des particules s'agrandit; chaque molécule vibrante oscille dans un plus grand espace, alors le volume total occupé par le corps s'accroît; peut-être faut-il chercher dans ces oscillations la cause de ces actions répulsives que l'étude de l'élasticité nous a amenées à reconnaître entre les molécules.

5° La chaleur est un mouvement : ce mouvement est périodique et moléculaire comme celui d'un corps sonore. Il est possible, nous le savons, de le communiquer à un corps froid, soit par contact avec un corps chaud, soit par l'effet du rayonnement. Mais n'existe-t-il pas d'autres moyens d'accroître les vibrations d'un corps à basse température? Ne peut-on pas échauffer un corps, comme on fait vibrer un instrument de musique, par le frottement ou le choc? Tout le monde sait déjà comment l'analogie dont nous parlons est exacte. Les observations journalières, celles de l'industrie, les expériences des physiciens, et en particulier celles de Rumford (630) font voir quelle quantité de chaleur est dégagée par un frottement énergique. Le choc nous donne un autre exemple de production de chaleur : la barre de fer que bat le marteau de l'ouvrier, la balle qui atteint la cible, l'acier qui frappe la pierre à fusil produisent un développement de chaleur. Dans ces deux cas, frottement et choc, une communication de mouvement s'effectue nécessairement; les molécules du corps passent de leur état vibratoire précédent à un état nouveau dont les vitesses sont supérieures. Le marteau par le choc, l'essieu par le frottement ont joué, le premier le rôle du battant qui fait rendre un son à la cloche métallique; l'autre, de l'archet qui fait vibrer la corde sonore.

Ces communications de mouvement obéissent nécessairement aux lois générales que le calcul a déduites des principes fondamentaux de la mécanique. Ces lois veulent que, si aucune déformation permanente n'est imprimée aux corps en action, la force vive $\left(\sum mv^2 \right)$ reste constante dans le système; que la force vive perdue en apparence par les chocs ou les frottements se retrouve tout entière dans les corps échauffés; qu'un travail mécanique déterminé, se transformant en chaleur, ait pour effet le dégagement d'une quantité déterminée de calorique, quelque varié que soit le mode suivant lequel s'opère la transformation, pourvu évidemment que le travail disparu soit employé tout entier à la transformation calorifique. Ces lois, en un mot, expriment la nécessité de cette *théorie de l'équivalent mécanique de la chaleur*, qui, révélée par M. Mayer, de Heilbronn, en 1848, a été développée depuis vingt ans par les physiciens les plus éminents de notre époque, MM. Joule, Clausius, William Thompson, Hirn, dans le cours des années suivantes. L'expérience leur a prouvé qu'une force vive, équivalant à un travail mécanique de 425 kilogrammètres, développait une calorie en s'anéantissant. Dans ce traité, nous avons exposé l'expérience de M. Joule de préférence à toutes les autres, à cause de sa simplicité.

6° Nous avons été amenés à reconnaître, par les vibrations constatées de l'éther, qu'un corps chaud possédait un mouvement moléculaire. Ce mouvement, nous l'avons considéré jusqu'ici comme un mouvement vibratoire ; cependant il peut parfaitement ne pas être tel. Ce qui précède, en effet, montre que l'éther, s'il est choqué, doit résonner comme un corps que l'on frappe d'un coup de marteau, et transmettre des ondes calorifiques. Pourvu que les molécules d'un corps agitent celles de l'éther ou celles des corps en contact, ce corps produira les mêmes phénomènes qu'un corps chaud. Ces considérations nous font concevoir que le mouvement moléculaire d'un gaz ou d'une vapeur peut être parfaitement un mouvement de translation rapide ; les molécules, animées d'une grande vitesse, impriment un choc aux corps qui les arrêtent : ce choc produit la chaleur, comme Bernouilli l'a pressenti il y a près d'un siècle, et comme M. Kroenig et M. Clausius ont cherché à l'établir de leur côté, en faisant voir que toutes les propriétés des gaz se déduisent de cette manière de concevoir leur constitution.

Dans leur course, d'ailleurs, les molécules se rencontrent, et quand la rencontre se fait obliquement, un mouvement de rotation prend naissance. Le mouvement moléculaire est donc nécessairement de deux espèces : translation et rotation. Enfin la molécule, qui forme un système complexe, doit vibrer sur elle-même par chacun des chocs qu'elle reçoit : ce qui ajoute un troisième mouvement aux précédents.

Cette conception probable, mais hypothétique, de la *constitution des gaz et des vapeurs* ne peut pas s'appliquer évidemment aux solides et aux liquides au milieu desquels des mouvements de translation sont impossibles à concevoir. Dans ces corps les molécules ne peuvent qu'aller et venir autour d'une position moyenne ; toutefois comme elles se choquent,

leur rotation, leur mouvement vibratoire autour d'une position d'équilibre sont tout aussi probables que celles des molécules gazeuses.

7° Qu'arrive-t-il maintenant lorsque la température d'un corps s'a-
baisse? Il est clair qu'alors la vitesse du mouvement de ses molécules
diminue, et cette diminution de vitesse ne peut avoir lieu que si un
travail résistant est effectué et que ce travail soit de 425 kilogrammètres par chaque calorie perdue. C'est ainsi que la chaleur est employée
comme force motrice ; dans une machine à vapeur (728), le mouvement,
que possèdent les molécules de vapeur échauffées, se communique au
piston : la vitesse perdue est transmise aux mécanismes divers qui se
meuvent, aux outils qui agissent ; elle accomplit en se transformant les
travaux de toute espèce de l'usine, elle est la source des forces vives
qu'il faut obtenir. M. Clausius a pu calculer dans quelles proportions ces transformations de forces vives s'exécutent par une machine
thermique quelconque : de cette théorie, il a même déduit des formules
qui s'appliquent à toutes les machines que nous connaissons déjà et aussi
à toutes celles que l'homme pourra jamais inventer.

8° La machine thermique a-t-elle servi à soulever un poids qui, arrivé à une certaine hauteur, est demeuré au repos : une partie de la vitesse des molécules chaudes et motrices a été détruite et remplacée par
l'élévation de ce corps qui est au repos, il est vrai, mais qui, abandonné
à lui-même, regénérera les forces vives détruites ; d'après une expression reçue, ce corps contient de la force vive ou du travail *en puissance*.
Cette consommation partielle de vitesse, par laquelle la chaleur a accompli un travail extérieur et apparent, peut aussi bien servir à réaliser
un travail intérieur très-réel, quoique moins sensible. Un travail semblable s'effectue, par exemple, toutes les fois qu'un corps subit une modification quelconque et que les molécules ne conservent ni leurs situa-
tions primitives ni leurs distances premières. Quand la chaleur opère
une telle modification, une consommation de force vive est nécessaire :
une partie du calorique devient *latente* (518 et suivants). Cette perte de
haleur, qui a lieu toutes les fois que l'état moléculaire d'un corps est
altéré, se manifeste nettement surtout dans les changements d'état,
ainsi que nous l'avons vu.

9° Suivons cet ordre d'idées. Deux corps qui vont se combiner sont en
présence ; une cause qui nous est inconnue dans son origine et que nous
nommons *affinité*, sollicite les molécules de ces corps à s'unir entre elles.
Elles sont voisines, elles s'approchent, elles se précipitent les unes contre
les autres, leur combinaison finale en est la preuve. A un moment elles

possèdent une vitesse de translation, mais cette vitesse s'annule, car la combinaison effectuée laisse dans un état de repos relatif les molécules de chacun des corps. Alors au mouvement de translation se substitue un autre mouvement, et l'expérience montre que la vitesse anéantie reparaît sous forme de chaleur. Si aucun travail ni intérieur ni extérieur (ce qui est rare) ne s'est exécuté pendant la combinaison chimique, tout l'effet de cette vitesse perdue se retrouve comme chaleur dans le mouvement vibratoire du composé. Sous la forme de chaleur, se retrouvent également dans ce composé les variations de force vive relatives aux autres mouvements (6°) des molécules, variations qui peuvent être très-considérables.

Telle est du moins l'explication qui se déduit immédiatement des idées que nous avons antérieurement acquises. Cependant, d'après l'étude de certains phénomènes, étude dans laquelle nous ne sommes pas entrés, on a été conduit à supposer que chaque molécule est un système formé d'atomes qui ont leur mouvement à l'intérieur de la molécule même : ce mouvement tout intérieur ne serait pas sensible à l'extérieur tant que le corps ne changerait pas de constitution chimique. Mais, pendant la combinaison, l'anéantissement partiel du mouvement des atomes, quand il a lieu, se manifesterait au dehors par un dégagement de chaleur qui s'ajoute à celui que les molécules ont déjà fait apparaître.

10° Jusqu'ici les phénomènes électriques sont les seuls dont il n'ait pas été question. Sont-ils en dehors de ce mécanisme ? Certainement non, et déjà dans le cours de ce traité, les expériences de M. Joule, celles de M. Favre (1049-1050) en ont fourni la preuve expérimentale. Dans une pile qui fonctionne, l'origine de l'électricité vient de l'action chimique ; du zinc est brûlé dans chacun des éléments, de la chaleur se dégage, cela revient à dire que la vitesse des mouvements oscillatoires des corps s'accroît. Par l'expérience, M. Joule et M. Favre (1050) ont trouvé ce que devenaient ces vibrations, cette chaleur, quand le courant était en activité ; ils ont reconnu que c'étaient elles qui servaient à réaliser tous les effets par lesquels l'électricité se manifeste à l'extérieur. L'échauffement d'un fil, le travail mécanique qu'exige l'élévation d'un poids, la décomposition chimique d'un composé, tous ces effets ne sont réalisés que par une dépense de la chaleur que donne le zinc en brûlant, c'est-à-dire par une communication de mouvement, et à chaque calorie perdue équivaut un travail de 425 kilogrammètres. C'est le résultat même auquel conduit l'étude de tout phénomène de chaleur.

Les phénomènes inverses des précédents sont aussi connus ; par des actions mécaniques un développement d'électricité se produit. La machine de Clarke (1223), celle de Wilde (1227), qui n'en est qu'une transformation, ne deviennent une source d'électricité que par suite d'une dépense de travail mécanique; et la dépense est en relation nécessaire avec l'intensité du courant produit, avec la chaleur qu'il peut dégager sur sa route. Les machines électriques fonctionnent aux mêmes conditions; la machine de Holtz (833), en particulier, le montre très-simplement. Facile à mettre en activité lorsque les disques ne sont pas chargés, elle oppose au contraire une résistance notable à l'action du moteur quand le dégagement d'électricité a lieu, et absorbe une force vive que des expériences bien conduites pourront sans doute mesurer un jour. On trouvera que, pour obtenir la quantité d'électricité capable d'échauffer un fil métallique jusqu'à produire un dégagement de chaleur égal à une calorie, il faut une dépense de travail égale à 425 kilogrammètres.

Nous savons maintenant qu'il existe une relation mécanique entre tous les phénomènes physiques et chimiques, quels qu'ils soient, et cette relation a pu s'exprimer en nombres. Une théorie unique coordonne tous les phénomènes du monde physique, théorie qui est celle de la transformation et de la communication du mouvement; et cette théorie est si complétement terminée en certaines de ses parties, qu'elle permet d'établir des relations mathématiques entre les transformations mutuelles auxquelles se prêtent les phénomènes de la pesanteur, de la chaleur, de l'électricité, du son, de la lumière, de l'affinité chimique; en un mot, de tout le monde physique.

C'est le monde physique tout entier que cette conception embrasse; non-seulement le monde avec lequel nous sommes en contact immédiat, mais aussi celui des espaces planétaires : l'univers visible obéit aux mêmes lois que notre globe; non-seulement le monde privé de vie, dont les mouvements, se prêtant plus simplement aux mesures, rentrent plus directement dans les études habituelles des physiciens, mais aussi le monde vivant, le monde des physiologistes, où le domaine de la physique et de la chimie gagne du terrain à chaque progrès nouveau. Il est entendu que le monde matériel seul est ici en question.

Tandis que, dans les siècles précédents, les physiciens ne voyaient partout que la pluralité des forces et des agents, la science, aujourd'hui. aidée de l'expérience et du calcul, nous révèle partout l'unité. Le résultat est magnifique sans doute, mais que de choses demeurent encore inconnues! A la vérité, les seules lois de la communication du mouvement règlent les phénomènes, mais combien arrive-t-il souvent que l'origine même de ces mouvements nous échappe! Un corps tombe, et nous savons transformer la force vive de sa chute en son, en chaleur, en lumière, en électricité ; nous suivons même souvent le mécanisme de la transformation ; nous savons produire les transformations inverses, mais nous ignorons complétement la raison du mouvement primitif. Est-ce par une communication de mouvement, par des impulsions de l'éther, par exemple, qu'un corps est sollicité à se diriger vers la terre? Peut-être ; mais avancer que les choses se passent ainsi, c'est énoncer une hypothèse non justifiée encore, car elle repose seulement sur le besoin que notre esprit éprouve de généraliser une théorie; on n'aura le droit de la regarder comme vraie que si l'expérience en prouve l'exactitude. Et la cohésion, et l'affinité, que sont-elles? Que de questions à résoudre! La chaleur, dégagée sous forme d'électricité par les corps que l'affinité a sollicités, comment chemine-t-elle dans le fil métallique de fort diamètre qui la conduit en restant froid lui-même? Comment apparaît-elle de nouveau, quand un fil fin se trouve sur le trajet de ce courant électrique? Enfin, quant à la communication du mouvement elle-même, quelle en est l'explication? Et la vibration, comment se produit-elle? Quelles sont les actions qui font aller et venir une molécule d'un lieu à un autre? A toutes ces questions, la seule réponse possible est celle-ci : le champ de l'inconnu semble reculer ses limites à mesure que la science multiplie ses efforts pour le parcourir.

En tout cas, ce qui ressort clairement des recherches les plus récentes des physiciens, c'est que la grande idée de Descartes, idée que ce génie de premier ordre n'avait pu établir faute de faits, se confirme tous les jours davantage: Les transformations du monde physique s'expliquent toutes par les lois de la mécanique. Ces lois, n'oublions pas d'en rendre hommage à celui qui les a trouvées, à celui qui, ayant le premier ouvert à la physique la voie qu'elle a suivie si heureusement, depuis trois siècles, a dans l'étude d'un fait particulier, la chute des corps, découvert les principes qui contenaient la science tout entière : nous avons nommé Galilée.

PROBLÈMES

SECTION I

LOIS DE LA PESANTEUR

La solution de la plupart de ces problèmes s'obtient en appliquant les formules relatives au mouvement uniformément varié qui ont été données aux § 82 et suivants.

PROBLÈME 1. — Un corps est lancé de haut en bas dans la direction de la verticale avec une vitesse de 50 mètres par seconde. On demande au bout de quel temps sa vitesse sera devenue égale à 99 mètres, et quel espace il aura alors parcouru. On ne tiendra pas compte de la résistance de l'air.

Solution. — Il suffit, pour résoudre la première partie de la question, d'appliquer la formule (§ 89) $v = v_0 + gt$, dans laquelle v est égal à 99 mètres; v_0 égale 50^m; g est l'accélération de la pesanteur $9^m,8$ et t l'inconnue x. On aura donc :

$$99 = 50 + 9,8x \quad \text{d'où} \quad x = \frac{99 - 50}{9,8} = 5.$$

Ainsi la vitesse demandée sera acquise au bout de 5 secondes.

L'espace parcouru s'obtiendra en appliquant la formule $e = vt + \frac{gt^2}{2}$ qui deviendra :

$$x = 50 \times 5 + 4,9 \times 25 = 372^m,5.$$

PROBLÈME 2. — Quelle est la vitesse initiale que doit posséder un mobile lancé de bas en haut dans le vide pour s'élever à une hauteur de $510^m,2$?

Solution. — D'après ce qui a été dit (§ 82), on voit qu'il suffit de chercher la vitesse qu'acquerra un mobile en tombant d'une hauteur de $510^m,2$. La formule $v = \sqrt{2ge}$ se rapporte à ce cas particulier, il suffira de faire $v = x$ et $e = 510,2$; on aura :

$$x = \sqrt{2 \times 9,8 \times 510,2} = 100.$$

La vitesse initiale devra être de 100 mètres.

PROBLÈME 3. — Combien de temps un mobile, lancé de bas en haut dans le vide avec une vitesse de 100 mètres, emploie-t-il pour revenir à son point de départ ?

Solution. — L'égalité $v = v_0 - gt$ nous permet d'obtenir le temps qu'il emploie pour monter, il faut y faire $v = 0$, $v_0 = 100$, $t = x$; on a donc :

$$x = \frac{100}{9,8} = 10^s,2$$

D'autre part, pour redescendre il met le même temps que pour monter. En effet;

il tombe alors en chute libre, la formule $v = gt$ est applicable ; en y faisant $v = 100$.
$t = x$, on a encore :

$$x = \frac{100}{9,8} = 10^{s},2.$$

La durée totale du mouvement est donc $20^{s},4$.

Problème 4. — Deux mobiles sont successivement lancés de bas en haut avec une même vitesse égale à 100 mètres. Quel est l'intervalle de temps x qui doit séparer les époques de leur départ pour que le second mobile se meuve pendant $8^{s},7$ avant de rencontrer le premier? On ne tiendra pas compte de la résistance de l'air.

Solution. — Ce problème nous fournit l'occasion d'appliquer le principe démontré § 86, à savoir que : dans le mouvement retardé, le mobile, en redescendant, reprend, à chaque point de sa trajectoire, la vitesse qu'il y avait en montant. Il faudra donc écrire que le corps qui descend possède, au moment de la rencontre, la même vitesse que le mobile qui monte. La vitesse de ce dernier est donnée par l'égalité $v = v_{0} - gt$, dans laquelle $t = 8,7$ et $v_{0} = 100$; on a donc $v = 100 - 9,8 \times 8,7$. La vitesse du mobile qui descend est donnée par l'équation $v = g\theta$, puisqu'il tombe en chute libre ; θ représentant cette fois le temps employé par lui pour descendre du point le plus haut de son ascension jusqu'au point de rencontre ; ce temps est égal à $8^{s},7 + x$, moins le temps qu'il a employé pour son ascension totale, lequel est égal à

$$\frac{v_{0}}{g} \quad \text{ou} \quad \frac{100}{9,8}.$$

On aura donc, pour la vitesse du mobile qui descend, au moment du choc :

$$v = 9,8\left(8,7 + x - \frac{100}{9,8}\right),$$

et finalement :

$$100 - 9,8 \times 8,7 = 9,8\left(8,7 + x - \frac{100}{9,8}\right); \quad \text{d'où} \quad x = \frac{200}{9,8} - 2 \times 8,7 = 3.$$

L'intervalle qui sépare les deux départs est de 3 secondes.

Problème 5. — Rechercher comment la sensibilité d'une balance se trouve modifiée par cette circonstance que les axes de suspension des bassins ne sont pas dans un plan commun avec l'axe de suspension du fléau (109).

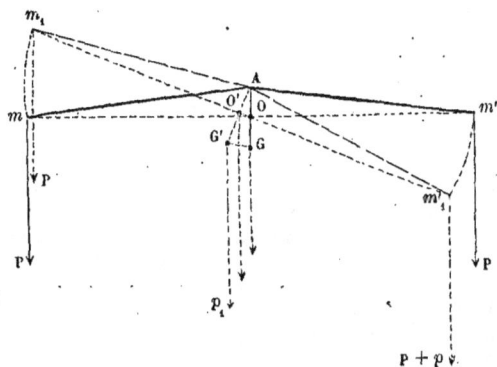

Fig. 861.

Supposons d'abord qu'au moment de l'équilibre du système, produit par l'égalité des poids placés dans les deux bassins, l'axe A soit au-dessus du plan horizontal passant par les axes m et m' (fig. 861). Si l'on ajoute une surcharge p dans le bassin de droite, le fléau s'incline, et lorsque p est assez petit, le fléau prend une nouvelle position d'équilibre $m_1 A m'_1$. On a alors trois forces agissant sur le système : le poids du fléau P_1, appliqué au centre de gravité G' de ce fléau ; la force $2P$ appliquée au milieu O de la droite $m\,m'_1$; et enfin la force p appliquée en m'_1. P_1 et 2P tendent à ramener le fléau dans la position initiale, et par conséquent à diminuer l'angle G'AG ou α, qui mesure l'inclinaison du fléau. On voit donc que, à mesure que 2P augmente, l'inclinaison du fléau pour un même excès de charge p décroîtra; la sensibilité de la balance diminue si la charge augmente.

En faisant : AG ou AG' $= d$, la droite $m_1 m'_1 = 2l$, et AO $= d'$, on trouve aisément la relation :

$$P_1 d \sin \alpha + 2P d' \sin \alpha = p\,(l \cos \alpha - d' \sin \alpha),$$

d'où :

$$\tan \alpha = \frac{pl}{P_1 d + (2P + p)d'},$$

et l'on voit en effet que lorsque 2P augmente, α diminue.

Supposons en second lieu que l'axe A soit au-dessous du plan, passant par les axes m, m', (fig. 862), on voit de suite, à l'inspection de la figure, que lorsque le fléau s'incline, par suite d'un excès de charge p, la force 2P appliquée en O' tend à augmenter l'inclinaison. Cette fois, par conséquent, la sensibilité croît quand la charge augmente.

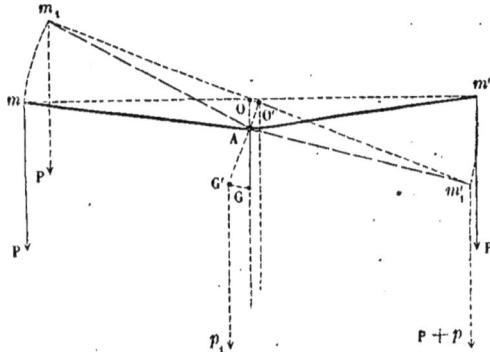

Fig. 862.

PROBLÈME 6. — Un corps pesant est lancé verticalement, de haut en bas, avec une vitesse initiale de 3 mètres. Au bout de combien de temps aura-t-il parcouru 30 mètres? L'unité de temps est la seconde. $g = 9{,}8088$.

(Paris, 1866.)

PROBLÈME 7. — On lance un corps verticalement, de bas en haut, en lui imprimant une vitesse de 35 mètres par seconde : quelle sera la durée de la chute? On fait abstraction de la résistance de l'air, et on suppose la gravité égale à 9,80896.

(Paris, 1866.)

PROBLÈME 8. — Un corps, partant du repos, tombe sous l'influence de la pesanteur seule. On demande de calculer les vitesses de ce corps après une et deux minutes de chute.

On demande aussi de calculer les distances parcourues par le corps pendant la seconde qui suit la première et la deuxième minute.

On sait que dans le lieu de l'expérience l'accélération de la pesanteur est $9^m,8088$.

(Amiens, 1864.)

PROBLÈME 9. — Deux mobiles sont lancés de bas en haut, à 3 secondes d'intervalle, avec une vitesse de 100 mètres. A quelle distance du point de départ se rencontreront-ils?

PROBLÈME 10. — Un corps est lancé horizontalement avec une vitesse de 20 mètres par seconde. On demande quelle est, au bout de 2 secondes, la grandeur et la direction de sa vitesse. On donne l'accélération de la pesanteur, $9^m,8$.

PROBLÈME 11. — Des gouttes d'eau tombent avec une vitesse constante en suivant la verticale. Un tube cylindrique, ouvert aux deux bouts et incliné de 30° sur l'horizon, est transporté parallèlement à lui-même dans une direction horizontale avec une vitesse de 16^m,989 par seconde. On demande quelle doit être la vitesse de chute des gouttes d'eau pour qu'elles puissent suivre le tube dans toute sa longueur, parallèlement à son axe.

PROBLÈME 12. — Une pierre est tombée au fond d'un puits. On a entendu le bruit de sa chute 4' 1/2 après son départ. Quelle est la profondeur du puits? — On sait que le son parcourt 340 mètres par seconde.   (*Poitiers*, 1800.)

PROBLÈME 13. — Dans une machine d'Atwood, les deux poids invariables sont chacun de 50 grammes, et le poids additionnel de 5 grammes. Calculer: 1° le rapport des accélérations g et g' (g' étant = 9^m,8088); 2° l'espace parcouru pendant les cinq premières secondes de la chute. — Par logarithmes.   (*Poitiers*, 1858.)

PROBLÈME 14. — Dans une machine d'Atwood, les poids suspendus aux deux extrémités du fil sont chacun égaux à 100 grammes. On demande ce que doit peser la masse additionnelle pour que l'espace parcouru dans les deux premières secondes de chute par celui des deux poids sur lequel cette masse est posée soit 4 décimètres. On sait que la vitesse acquise, en une seconde de temps, par les corps qui tombent librement est 9^m,8088. On néglige l'influence de la poulie et le poids du fil.   (*Paris*,1867.)

PROBLÈME 15. — Un pendule d'horloge retarde de 5 secondes par jour. De quelle quantité faut-il faire varier sa longueur pour qu'il batte la seconde exactement ?

PROBLÈME 16. — Une boîte à poids est composée de poids dont les valeurs sont, en commençant par les plus petits :

1mgr.				
1mgr.	1centigr.	1décigr.	1gr.	
2mgr.	2centigr.	2décigr.	2gr.	
2mgr.	2centigr.	2décigr.	2gr.	
5mgr.	5centigr.	5décigr.	5gr.	etc...

Comment vérifier l'exactitude relative de ces poids?

PROBLÈME 17. — L'aiguille d'une balance chargée est au zéro ; elle marche de 5 divisions quand on ajoute 1^{mgr} dans l'un des plateaux. A quel poids correspondra un déplacement de 1 division $\frac{1}{2}$?

PROBLÈME 18. — On doit faire 20 pesées, et l'on sait que le poids du corps le plus lourd n'atteint pas 300^{gr}. Comment faut-il employer, dans ce cas, la méthode de la double pesée pour réduire les opérations au moins grand nombre possible, qui est 21 ?

PROBLÈME 19. — Les diverses pièces d'une balance sont constituées ainsi qu'il suit : Poids du fléau, 878^{gr}. — Longueur de chaque bras de levier, 27^{cm}. — Rayon de la circonférence que décrit l'extrémité de l'aiguille, 46^{cm}. — Distance des divisions devant lesquelles se meut cette extrémité, 5^{mm}. — On observe que l'aiguille étant au zéro lorsque la balance est chargée, une addition de 1^{mgr} dans l'un des plateaux amène un déplacement de 5 divisions. Quelle est la distance du centre de gravité du fléau au point d'appui?

PROBLÈME 20. — On trouve dans les mémoires de Lavoisier que pour écarter, en déterminant le poids des corps avec la balance, l'erreur provenant d'une différence de longueur des deux bras de levier, il plaçait successivement le corps dans les deux plateaux, il cherchait les poids marqués qui lui faisaient équilibre, il prenait ensuite la

moyenne arithmétique de ces deux poids pour la vraie valeur cherchée. Voici quelques-uns de ses nombres :

Poids trouvé dans le bassin A : 5^{liv} 9^{onces} 4^{gros} 44^{grains},5.

Poids trouvé dans le bassin B : 5^{liv} 9^{onces} $\frac{1}{4}$^{gros} 39^{grains}.

Moyenne : 5^{liv} 9^{onces} 4^{gros} 41^{grains},75.

La correction était-elle exacte? S'il restait une erreur, était-elle supérieure ou inférieure à l'erreur de 5 milligrammes, qui était, nous le supposerons, la limite de sensibilité de l'appareil?

On sait que la livre vaut 16 onces, l'once 8 gros, le gros 72 grains, et que la livre
ancienne équivalait à 489^{gr},506.

SECTION II

PRINCIPE DE PASCAL ET SES CONSÉQUENCES

Les problèmes que nous avons groupés dans cette deuxième section se résolvent en
appliquant le principe de Pascal (§ 113 et suivants).

PROBLÈME 21. Deux corps de pompe verticaux et cylindriques communiquent entre
eux par un tube horizontal; l'un a une section de 10 centimètres carrés, l'autre de
2 décimètres carrés; de l'eau se trouve en équilibre dans l'appareil. Si l'on vient à
poser sur la surface de l'eau, dans le grand corps de pompe, un piston du poids de
200 kilogrammes, avec quelle force faudra-t-il presser sur la surface du liquide dans le
petit corps de pompe pour empêcher le piston de descendre?

Solution. — La pression exercée sur le piston du grand corps de pompe est, par centimètre carré, $\frac{200^k}{200} = 1$ kilogramme. Pour empêcher l'autre piston de descendre, il
faudra exercer cette même pression sur chaque centimètres carré de sa surface : ce
qui donne pour la pression cherchée :

$$1^k \times 10 = 10 \text{ kilogr.}$$

PROBLÈME 22. — Au centre de la base supérieure d'un tonneau plein d'eau est fixé un
long tube vide ouvert aux deux bouts. On demande quel est l'accroissement de pression
sur la base inférieure de ce tonneau qui résultera de l'introduction dans ce tube de
1 kilogramme d'eau. Le rayon de la base du tonneau est de 30 centimètres, celui du tube
est de 1 centimètre.

Solution. — Le tube étant cylindrique, l'accroissement de pression sera de 1 kilogramme sur la tranche de liquide qui soutient le kilogramme d'eau (§ 125). Cette pression se transmettra au fond du tonneau, et proportionnellement aux surfaces. Or le
rapport de la base du tonneau et de celle du tube est $\frac{50^2}{1^2}$; or, $1^k \times \frac{50^2}{1^2} = 900$ kilogrammes, telle est donc la pression cherchée.

PROBLÈME 23. — On suppose une presse hydraulique ayant deux corps de pompe dont
le grand a 4 décimètres de diamètre et le petit 3 centimètres de diamètre. La course
du piston dans ce dernier corps de pompe est de 2 centimètres. On demande de combien
de millimètres le piston s'est élevé dans le grand corps de pompe après sept coups de
piston; et quelle est la pression exercée sur un corps par le grand piston, quand on
maintient sur la tige du petit piston un poids de 100 kilogrammes.

(*Paris*, 1858.)

PROBLÈME 24. — On a un vase conique plein d'eau, sa base est de 275 centimètres carrés et son volume 2475 centimètres cubes. On demande quelle est, en grammes, la pression du liquide sur le fond du vase.

PROBLÈME 25. — On a placé dans l'un des bassins d'une balance un vase plein d'eau et on l'a équilibré par une tare déposée dans l'autre bassin. On introduit ensuite dans l'eau un cylindre vertical de verre que l'on tient à la main, et dont le diamètre est égal à 25 millimètres. On demande si l'équilibre persistera, et s'il est détruit, quels seraient les poids nécessaires pour le rétablir en supposant que le cylindre fût enfoncé dans l'eau de quantités égales à 3, 5, 7 centimètres.   (CONCOURS GÉNÉRAL, 1862.)

PROBLÈME 26. — A la partie supérieure d'un vase cylindrique ayant pour diamètre $0^m,10$ et pour hauteur $0^m,18$, on adapte un tube cylindrique de $0^m,002$ de diamètre. On verse dans l'appareil du mercure qui s'élève dans ce tube jusqu'à une hauteur de $0^m,50$ au-dessus du vase. Quelles sont les pressions que supporte la paroi inférieure et la paroi supérieure du vase?   (Lille, 1866.)

PROBLÈME 27. — Dans deux vases communiquants se trouve de l'eau qui s'élève à une certaine hauteur dans chaque vase. On verse dans l'un une colonne d'huile de $0^m,642$ de hauteur, et l'on demande quelle sera la hauteur de la colonne d'eau qui lui fera équilibre, sachant que la densité de l'huile est 0,9.

PROBLÈME 28. — Un vase a la forme d'un tronc de cône. Sa base inférieure a un diamètre de $0^m,50$; sa base supérieure, de $0^m,25$; la hauteur est de $0^m,30$. On remplit complètement ce vase avec deux liquides, l'eau et le mercure, qui se superposent suivant leur ordre de densité : le mercure occupe une hauteur de $0^m,1$. On demande quel est le poids de chaque liquide et quelle est la pression totale supportée par la base inférieure. On sait qu'un litre de mercure pèse $13^{kil},596$.

SECTION III

PRINCIPE D'ARCHIMÈDE — CORPS FLOTTANTS — POIDS SPÉCIFIQUES

Dans les problèmes qui se rapportent au principe d'Archimède, la valeur de l'inconnue se déduit toujours directement du principe lui-même. Quand il s'agit de corps flottants, il faut écrire qu'au moment de l'équilibre le poids du corps, immergé en totalité ou en partie dans le liquide, est égal au poids du volume de liquide déplacé.

Dans les problèmes sur les poids spécifiques, c'est la relation établie au § 141 qui est le plus souvent utilisée.

PROBLÈME 29. — Une masse de cuivre est soupçonnée d'être creuse à son intérieur. Son poids dans l'air est de 523 grammes; dans l'eau, il n'est plus que de $447^{gr},5$. Sachant que le poids spécifique du cuivre est de 8,8, on demande si le soupçon est fondé et, en ce cas, quel est, en centimètres cubes, le volume de la cavité intérieure.

Solution. — D'après le principe d'Archimède, le volume de la masse métallique est $523 — 447,5 = 75^{cc},5$. D'autre part, un morceau de cuivre massif pesant 523 grammes a pour volume $\dfrac{523^{cc}}{8,8} = 59^{cc},4$. Par conséquent, le volume apparent $75^{cc},5$ dépasse le volume réel $59^{cc},4$; la masse est creuse, et la cavité est de

$$75^{cc},5 — 59^{cc},4 = 16^{cc},1.$$

PROBLÈME 30. — Un bloc de glace prismatique flottant sur la mer s'élève à 6 mètres au-dessus de sa surface. On demande la hauteur totale x du bloc; on suppose la densité de l'eau de mer égale à 1,026 et celle de la glace à 0,93.

Solution. — Puisque le bloc de glace est flottant, le poids de l'eau déplacée est égal au poids du bloc entier. Le bloc de glace et l'eau déplacée forment donc deux colonnes de même poids ayant aussi même base : leurs hauteurs doivent être en raison inverse de leurs poids spécifiques. Or, si x est la hauteur du bloc de glace, $x - 6$ sera celle de l'eau, et l'on aura :

$$\frac{x}{x-6} = \frac{1,026}{0,93}; \quad \text{d'où} \quad x = \frac{6 \times 1,026}{1,026 - 0,93} = 64,1.$$

Ainsi, la hauteur totale du prisme de glace est de $64^m,1$.

Problème 31. — Une sphère de platine ayant 3 centimètres de rayon est suspendue au-dessous d'un des plateaux d'une balance très-exacte, et plonge complètement dans le mercure. Au-dessous de l'autre plateau est suspendu un cylindre de cuivre droit à base circulaire, ayant aussi 3 centimètres de rayon. Ce cylindre plonge complètement dans l'eau ; on demande quelle doit être sa hauteur pour que l'équilibre ait lieu.

Densité de l'eau . . . . = 1
— du mercure . . . . = 13,59
— du cuivre . . . . = 8,8
— du platine . . . . = 22

(Concours général, 1861.)

Solution. — L'action exercée sur le premier plateau de la balance est égale au poids de la sphère de platine ou

$$\frac{4}{3} \pi \times 3^3 \times 22,$$

moins le poids du volume de mercure qu'elle déplace, c'est-à-dire moins

$$\frac{4}{3} \pi \times 3^3 \times 13,59.$$

L'action sur ce plateau est donc :

$$\frac{4}{3} \pi \times 27 \,(22 - 13,59) \quad \text{ou} \quad \frac{4}{3} \pi \times 27 \times 8,41.$$

D'autre part, l'action exercée sur le second plateau est égale au poids du cylindre de cuivre de hauteur x ou $\pi \times 3^2 \times x \times 8,8$, moins le poids d'un égal volume d'eau ou $\pi \times 3^2 \times x$. Elle sera donc cette fois :

$$\pi \times 3^2 \times x \,(8,8 - 1) \quad \text{ou} \quad \pi \times 3^2 \times 7,8 \times x.$$

Puisque l'équilibre existe, ces actions sont égales, on a donc :

$$\frac{4}{3} \pi \times 27 \times 8,41 = \pi \times 9 \times 7,8 \times x; \quad \text{d'où} \quad x = \frac{4 \times 8,41}{7,8} = 4,3.$$

La hauteur du cylindre de cuivre doit être de $4^{cm},3$.

Problème 32. — Deux fragments, l'un de marbre, l'autre de fer, étant suspendus chacun à l'un des plateaux de la balance hydrostatique, se font mutuellement équilibre, quand ils sont plongés tous les deux dans l'huile. On donne le rapport de leurs poids réels 1,31 ; on donne le poids spécifique du marbre 2,8 ; celui du fer 7,7. On demande de déduire de ces résultats le poids spécifique de l'huile.

Solution. — La question est évidemment indépendante des poids absolus des corps et ne dépend que de leur rapport. Je prends pour unité le poids absolu du fer ; le poids absolu du marbre sera 1,31.

Mais dans l'huile, le premier pèsera 1, moins le poids de l'huile déplacée, c'est-à-dire

$$1 - \frac{1}{7,7}\, x,$$

x étant le poids spécifique de l'huile; le second pèsera :

$$1,31 - \frac{1,31}{2,8}\, x.$$

Comme, dans ces conditions, les deux corps se font équilibre, on aura :

$$1 - \frac{1}{7,7}\, x = 1,31 - \frac{1,31}{2,8}\, x;$$

d'où

$$2,8 \times 7,7 - 2,8\, x = 1,31 \times 2,8 \times 7,7 - 1,31 \times 7,7\, x$$

$$x = \frac{2,8 \times 7,7 \times 0,31}{1,31 \times 7,7 - 2,8} = 0,9.$$

Problème 53. — Prouver que les aréomètres de Baumé, gradués à la façon ordinaire (150 et 151), sont de véritables volumètres, à l'aide desquels on peut estimer la densité d'un liquide quelconque. On sait que le point 15 du pèse-sels s'obtient, en plongeant l'instrument dans un liquide de densité 1,116, et que le point zéro, dans le pèse-esprits, s'obtient en plongeant le flotteur dans un liquide de densité, 1,0847.

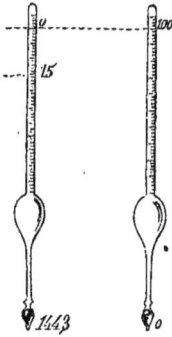

Fig. 865.

Solution. — 1° Pèse-acides. — Tandis que, dans les volumètres ordinaires, une division de la tige représente la centième partie du volume total plongé dans l'eau, dans le pèse-acides, une division de la tige est $\frac{1}{144,3}$ de ce même volume. Pour le prouver, soit V le volume de la partie de l'aréomètre plongé dans l'eau, V — 15 sera le volume de la partie immergée dans le liquide dont le poids spécifique est 1,116 (en prenant pour unité de volume le volume d'une des divisions de la tige); le poids de l'aréomètre étant constant dans les deux cas, on aura la relation :

$$\frac{V}{V-15} = \frac{1,116}{1}, \qquad \text{d'où} \qquad V = \frac{15 \times 1,116}{0,116} = 144,3.$$

Le pèse-acides ressemble donc à un volumètre à échelle renversée; le chiffre 144,3 (fig. 865), au lieu d'être inscrit au point d'affleurement dans l'eau, comme cela a lieu pour le chiffre 100 du volumètre ordinaire, correspond au contraire au point le plus bas du pèse-acides. Mais, dans un volumètre ordinaire à échelle renversée, le poids spécifique d du liquide où plonge l'instrument serait égal à $\frac{100}{100-N}$, N étant l'indication du flotteur dans ce liquide; donc dans le cas des pèse-acides, on aura :

$$d = \frac{144,3}{144,3 - N}$$

2° Pèse-esprits. — Ici, une division de la tige représente $\frac{1}{128}$ du volume total qui plonge dans l'eau; car on a :

$$\frac{V}{V-10} = \frac{1,0847}{1}, \qquad \text{d'où} \qquad V = \frac{10 \times 1,0847}{0,0847} = 128.$$

On voit de suite par la figure 864 que, d'après la disposition de l'échelle, le nombre de divisions immergées dans le liquide examiné est égal à $118 + n$, en appelant n l'indication de l'aréomètre. Comme le poids de l'aréomètre est constant, la densité d du liquide sera à la densité 1 de l'eau dans le rapport inverse des volumes et on aura

$$d = \frac{128}{118 + n}.$$

PROBLÈME 34. — Quel effort exigerait, pour être soutenu dans du mercure à 0°, un décimètre cube de platine, la densité du mercure étant supposée égale à 13,6 et celle du platine à 21,5?

PROBLÈME 35. — Un vase contient du mercure et de l'eau; un cube de fer plonge en partie dans le mercure, le reste est complétement immergé dans l'eau : son arête est de 0^m,17. On demande la longueur de la partie qui se trouve dans le mercure.
La densité du fer est 7,8.; celle du mercure 13,6.

(Lille, 1865.)

PROBLÈME 36. — Un morceau de bois dont la densité est de 0,729 a la forme d'un cône droit; on le fait flotter sur l'eau, de manière que l'axe du cône soit vertical, en mettant d'abord le sommet en bas, puis le sommet en haut. On demande, dans chaque cas, quelle est la fraction de la hauteur du cône qui s'enfoncera dans l'eau.

Fig. 864.

PROBLÈME 37. — La densité de la substance qui forme un triangle pesant est 2,40: sa hauteur 0^m,35. On le plonge parallèlement à sa base dans un liquide dont la densité est 3,28. On demande la hauteur du trapèze immergé quand le triangle est en équilibre.

PROBLÈME 38. — Un corps, dont le poids absolu est 550 grammes, a pour poids apparent dans l'eau 420 grammes; on demande : 1° quel est son volume; 2° quel sera son poids apparent dans un liquide dont le poids spécifique est 1,8.

(CONCOURS GÉNÉRAL, 1856.)

PROBLÈME 38 *bis.* — Dans une boule en bois d'orme, on a coulé du plomb. Le poids total de la boule et du plomb qu'elle renferme est de 413^{gr},5 dans l'air et de 28^{gr},5 dans l'eau. — On donne la densité du bois d'orme 0,80; celle du plomb 11,35, et l'on demande de calculer le poids de plomb contenu dans la boule.

PROBLÈME 39. — Quelle est la longueur du cylindre de platine que l'on doit fixer au bout d'un cylindre d'acier de deux décimètres de long, pour que le système se soutienne verticalement dans le mercure, lorsque la base supérieure du cylindre d'acier sera à 3 centimètres au-dessus du niveau du mercure?

Densité du platine . . . . = 21,12
— de l'acier. . . . . = 7,8
— du mercure. . . . . = 13,6

(Poitiers, 1855.)

Ce problème se rapporte à l'appareil décrit au § 1192.

PROBLÈME 40. — On a un cylindre de bois de 3 décimètres de longueur; le poids spécifique du bois est 0,65; on ajoute à la partie inférieure un cylindre de fer de 0^m,01 de longueur, dont le poids spécifique est 8. On demande : 1° de quelle longueur plon-

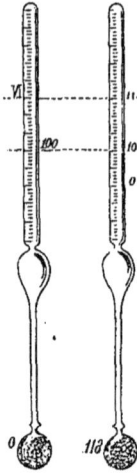

gent les deux cylindres dans un vase plein d'eau ; 2° si le centre de poussée est placé au-dessus ou au-dessous du centre de gravité.   (*Nancy*, 1860.)

PROBLÈME 41. — On veut lester un cylindre de bois de longueur égale à 1 mètre, de manière qu'il affleure dans l'eau jusqu'à sa partie supérieure. On prend pour lest un cylindre de platine de même section droite que le cylindre de bois, et qu'on dispose dans son prolongement ; la densité du bois est 0,5 ; celle du platine est 21,5. On demande quelle longueur il faut donner au cylindre de platine pour satisfaire à la condition énoncée.   (*Paris*, 1858.)

PROBLÈME 42. — Un corps pèse 35 grammes dans l'eau, 41^{gr},91 dans l'alcool. Calculer son poids et sa densité : la densité de l'alcool est 0,8.   (*Lille*, 1866.)

PROBLÈME 43. — En pesant successivement un morceau de cuivre dans l'air, dans l'eau et dans l'alcool absolu, on a obtenu les poids suivants :

Dans l'air. . . . . 55^{gr},25
Dans l'eau. . . . . 49^{gr},09
Dans l'alcool. . . . . 50^{gr},56

On demande quelle est, d'après ces expériences, le poids spécifique de l'alcool.
(CONCOURS GÉNÉRAL 1867.)

PROBLÈME 44. — Il s'est déclaré, à fond de cale d'un navire, une voie d'eau de forme circulaire et d'un rayon de 0^m,1. La hauteur verticale de l'eau depuis son niveau extérieur jusqu'au centre de l'ouverture est de 3^m,03. L'eau de mer a une densité 1,026. On demande, à un hectogramme près, le poids qu'il faudrait maintenir sur le tampon qui bouche cette voie, pour empêcher l'eau d'entrer.   (*Paris*, 1858.)

PROBLÈME 45. — Quel est le diamètre d'un fil de platine qui pèse 27 grammes par mètre de longueur ? On prendra pour densité du platine 21,53.   (*Paris*, 1855.)

PROBLÈME 46. — Un fil cylindrique en argent de 0^m,0015 de diamètre pèse 5^{gr},2875 ; on veut le recouvrir d'une couche d'or de 0^m,0002 d'épaisseur. On demande quel sera le poids de l'or ainsi employé, sachant que la densité de l'argent est 10,47 celle, de l'or 19,26.   (*Paris*, 1854.)

PROBLÈME 47. — Un morceau de cuivre de forme cubique et du poids de 1^{kil},75 est placé sur un tour et réduit à une sphère dont le diamètre est égal aux $\frac{75}{100}$ de la longueur du côté du cube primitif ; la densité du cuivre est 8,88. Calculer le poids de la tournure de cuivre que l'on a obtenue.   (*Paris*, 1854.)

PROBLÈME 48. — Un cylindre massif de cuivre revêtu d'une couche d'argent d'égale épaisseur sur toute sa surface extérieure pèse 105^{gr},97 dans l'air. Il pèse, dans l'eau, 54^{gr},671. Sa hauteur est 1 décimètre. On demande l'épaisseur de la couche d'argent.

Le poids spécifique du cuivre. . . . . . . = 8.88
—   de l'argent . . . , . . = 10,5

PROBLÈME 49. — Une couronne pesant 300 grammes est formée d'or ou d'argent, ou bien d'un alliage de ces deux métaux ; on la pèse dans l'eau et l'on trouve qu'elle a perdu 20 grammes de son poids ; on demande quelle est la composition de la couronne, sachant que la densité de l'or est 19,5 et celle de l'argent 10,5.   (*Paris*, 1865.)

On suppose ici que l'alliage s'est opéré sans changement de volume : ce qui n'est pas tout à fait exact.

PROBLÈME 50. — Un morceau de liége verni pèse 50 grammes dans l'air. Une boule de plomb pèse 110 grammes dans l'eau. Le liége et le plomb liés ensemble, suspendus par un fil à l'un des plateaux d'une balance et plongés entièrement dans l'eau ne pèsent plus que 15 grammes.

Quel est le poids spécifique du liége?   (*Paris*, 1859.)

PROBLÈME 51. — L'une des branches d'un siphon renversé est remplie de mercure jusqu'à 0^m,275 au-dessus du canal de communication; l'autre branche est remplie d'un liquide jusqu'à 1^m,42. Ces deux colonnes se font équilibre. On demande la densité du dernier liquide par rapport au mercure et à l'eau.   (*Paris*, 1855.)

PROBLÈME 52. — Un cylindre de verre creux a pour diamètre extérieur 0^m,02, pour longueur totale 0^m,50 et pour diamètre intérieur 0^m,018.

Il est fermé inférieurement par un fond de verre plat, perpendiculaire à l'axe, et dont l'épaisseur, comptée parallèlement à cet axe, est 0,001. Quelle est la longueur de la colonne de mercure qu'il faut verser dans son intérieur pour que le cylindre s'enfonce dans l'eau jusqu'à 2 millimètres de son bord supérieur; le cylindre est ouvert par le haut. Dans les circonstances où l'on opère, on suppose que le poids spécifique :

De l'eau, est.   1
Du mercure. 13 59
Du verre..   2,488
(CONCOURS GÉNÉRAL, 1857.)

PROBLÈME 53. — Pour exploiter une mine de sel gemme, on a percé dans un terrain salifère un trou de sonde dans lequel on a introduit un tuyau de 100 mètres de long qui ne remplit pas exactement l'ouverture et qui dépasse le sol de 1 mètre; il plonge de 0^m,75 dans une dissolution saline dont la densité est 1,3 : on verse de l'eau douce, dans l'intervalle qui sépare le tuyau des parois du trou de sonde. On demande à quelle hauteur la dissolution s'élèvera dans le tuyau.   (*Paris*, 1853.)

PROBLÈME 54. — Un baromètre à siphon, dont les deux branches ont le même diamètre, marque 760 millimètres. On le plonge dans un liquide dont la densité, par rapport à l'eau est 0,9; le sommet de la colonne barométrique s'élève de 10 millimètres au-dessus de sa position primitive. On demande quelle est la hauteur du liquide au-dessus du niveau du mercure dans la branche ouverte. Le liquide et le mercure sont à 0°, et la pression extérieure ne change pas pendant l'expérience.   (CONCOURS GÉNÉRAL, 1848.)

PROBLÈME 55. — La perte de poids éprouvée par un corps solide est de 10 gramme quand on le plonge dans l'eau, de 18^{gr},4 quand on le plonge dans l'acide sulfurique, de 15^{gr},75 quand on le plonge dans un mélange formé de 5 parties d'eau et de 5 parties d'acide sulfurique. On demande de montrer qu'il y a eu contraction au moment du mélange et de déterminer la valeur de cette contraction.

PROBLÈME 56. — Un vase de verre plein de mercure pèse 54^{gr},643 dans l'air; il pèse 5^{gr},732 dans l'eau. Quel est le poids du mercure contenu dans le vase ? Quel est le poids du verre ?

Poids spécifique du mercure. . . . . $=$ 13,56
—   du verre. . . . . $=$ 2,5

C'est en résolvant ce problème que l'on peut obtenir le poids du mercure contenu dans un thermomètre déjà construit : question importante pour la détermination des chaleurs spécifiques (§ 497).

PROBLÈME 57. — Un thermomètre à réservoir sphérique et à tige intérieurement cylindrique, pèse, vide, 15 grammes; il pèse 45 grammes, quand à la température de 0° il est plein de mercure jusqu'à l'origine de la tige. Il pèse 46 grammes quand, toujours à la température de 0°, le réservoir est plein de mercure, ainsi que la tige dans une longueur de 1 décimètre. La tige est divisée en millimètres. Ceci posé, on demande quelles sont, à 0° : 1° la capacité du réservoir ; 2° la capacité de chaque division de la tige ; le poids spécifique du mercure à 0° étant 13,59. On calculera le rayon du réservoir et celui de la tige.   (*Paris*, 1858.)

PROBLÈME 58. — Un aréomètre de Baumé, à tige bien cylindrique, s'enfonce jusqu'à la 66ᵉ division dans l'acide sulfurique, dont la densité est 1,8. On demande : 1° la densité de l'eau salée qui sert à la graduation de l'instrument ; 2° quel est le rapport du volume de l'aréomètre jusqu'au zéro à celui d'une division.   (*Paris*, 1865.)

PROBLÈME 59. — Un aréomètre de Baumé, à tige cylindrique, marque 0° dans l'eau pure, et 66° dans un liquide dont le poids spécifique est 1,8. On demande quel sera le nouveau point d'affleurement dans le liquide dont le poids spécifique est 1,8, si l'aréomètre, tout en restant semblable, se contracte de la 10ᵉ partie de son volume.

(CONCOURS D'ADMISSION *à l'École normale*, 1858.)

SECTION IV

PRESSION ATMOSPHÉRIQUE — BAROMÈTRE

Dans les problèmes qui concernent le baromètre, on a généralement à passer de la pression atmosphérique, représentée par une colonne de mercure, à la valeur effective de cette pression exprimée en kilogrammes, quand elle s'exerce sur une surface donnée. La question se ramène, dans tous les cas, à déterminer quel est le poids d'une colonne de mercure qui aurait pour base la surface choisie, et pour hauteur la hauteur barométrique au moment voulu.

PROBLÈME 60. — Trouver la valeur numérique de la pression qu'exerce l'atmosphère sur un rectangle dont le côté est égal à 0ᵐ,14 et la diagonale à 0ᵐ,26. On suppose que la hauteur barométrique est égale à 0ᵐ,76 et la température à 0°.

(*Paris*, 1855.)

Solution. — Prenons le centimètre pour unité. L'aire de ce rectangle sera égale à

$$14 \times \sqrt{\overline{26^2} - \overline{14^2}} \quad \text{ou} \quad 306,7 \text{ centimètres carrés.}$$

Or, une colonne de mercure de 76 centimètres de hauteur et de 1 centimètre carré de base, pèse 1ᵏⁱˡ,033 (§ 174) ; donc la pression sur le rectangle donné sera

$$306,7 \times 1^{kil},033 \quad \text{ou} \quad 316^{kil},8.$$

PROBLÈME 61. — Le baromètre marque 760 millimètres. On demande quelle est en kilogrammes la valeur de l'effort nécessaire pour séparer deux hémisphères de Magdebourg dans l'intérieur desquels la force élastique de l'air a été ramenée à 12 millimètres. Le rayon des hémisphères est 0ᵐ,1, et le poids spécifique du mercure, 13,596.

PROBLÈME 62. — La pression atmosphérique étant 733 millimètres, on demande par quel nombre elle serait indiquée dans un baromètre construit avec de l'acide sulfurique, sachant que la densité du mercure est 13.59 et celle de l'acide sulfurique 1,841.

PROBLÈME 63. — Le tube d'un baromètre à cuvette a un diamètre de 2ᵐᵐ,5, la cuvette dans laquelle il est plongé est exactement cylindrique comme le tube. On demande quel doit être le diamètre de cette cuvette pour que, dans le cas d'une variation de 5 centimètres dans la pression atmosphérique, il n'y ait qu'un changement de hauteur de$\frac{1}{10}$ de millimètre dans le niveau du mercure de la cuvette. On ne tiendra pas compte de l'épaisseur des parois du tube.

PROBLÈME 64. — Les deux branches cylindriques d'un baromètre à siphon ont des diamètres inégaux ; celui de la plus courte branche est 7 fois plus grand que celui de la plus longue. On place le zéro de la graduation au point où le mercure affleure dans la petite branche quand la pression est 760, et l'on demande quelle est la variation de ce niveau au-dessus ou au-dessous de zéro, quand la pression devient 735 et 785 millimètres.

PROBLÈME 65. — Un baromètre à siphon dont les deux branches ont le même diamètre, marque à Paris 760 millimètres, le mercure et l'air étant à une même température connue t ; à ce moment on ferme à la lampe la petite branche, de manière à la clore hermétiquement. On transporte le baromètre à l'équateur, on le replace dans un milieu qui a exactement la température t et l'on demande de prévoir, à l'avance, quelle sera la hauteur barométrique indiquée cette fois par l'appareil. Le rayon du tube est $1^{mm},5$ et la longueur de la chambre à air placée au-dessus du mercure dans la petite branche était, à Paris, de $0^{m},1$. On sait que l'accélération de la pesanteur, à Paris, est de $9^{m},8088$ et à l'équateur de $9^{m},7855$.

PROBLÈME 66. — Au lieu d'un tube de verre, on a employé, pour la construction du baromètre, un tube en fer creux. Ce dernier est suspendu verticalement par son extrémité supérieure qui est fermée, au-dessous de l'un des plateaux d'une balance sensible, tandis que son extrémité inférieure ouverte plonge dans le mercure d'une large cuvette. On fait équilibre à ce système avec des poids gradués placés dans l'autre bassin de la balance. On demande d'expliquer comment, dans ces conditions, l'appareil pourra servir à mesurer la pression atmosphérique ; quels seront ses avantages, ses inconvénients ; par quelle particularité de construction on peut en faire un appareil doué d'une grande sensibilité.

Ce baromètre est employé par le P. Secchi, directeur de l'Observatoire romain.

SECTION V

LOI DE MARIOTTE — LOI DU MÉLANGE DES GAZ ET APPLICATIONS

La marche à suivre pour résoudre les problèmes qui se rapportent à la loi de Mariotte est toujours la même. On représente les inconnues de la question par des lettres et, se servant de ces lettres comme des nombres fournis par l'énoncé, on écrit que le produit du volume de la masse gazeuse par la pression qu'elle supporte est constant :

$$V_0 \Pi_0 = V_1 \Pi_1.$$

Cette égalité, nous l'avons vu (§ 197), est la traduction, en langue algébrique, de la loi de Mariotte.

Quand il s'agit d'un mélange de plusieurs gaz, c'est la formule

$$V'''\Pi''' = V\Pi + V'\Pi' + V''\Pi'' \quad (\S\ 201).$$

qui doit être employée.

PROBLÈME 67. — Un vase à parois élastiques contient $6^{lit},354$ d'air sous la pression de $0^{m},76$. Déterminer le volume de cet air à la pression de $0^{m},64$, la température restant constante.

Solution. — Si l'on appelle x le volume cherché, on a, d'après la formule que nous venons de rappeler :

$$6,354 \times 76 = 64\,x$$
$$x = \frac{6,354 \times 76}{64} = 7,545.$$

On peut aussi raisonner de la manière suivante : Si la pression devenait 1 centimètre, c'est-à-dire 76 fois plus petite que la pression primitive, le volume deviendrait 76 fois plus grand ou 6,354 × 76. Cette pression réduite à 1 centimètre devient-elle égale à la pression finale, qui est 64 fois plus grande, le volume cherché sera 64 fois plus petit ou

$$\frac{6,354 \times 76}{64} = 7,545.$$

Problème 68. — Un tube barométrique, plongé verticalement dans une cuvette profonde, renferme de l'air sec dans sa partie supérieure. Le volume de cet air est de 3 centimètres cubes et la hauteur du mercure dans le tube, au-dessus du niveau dans la cuvette, est de 588 millimètres. On soulève le tube jusqu'à ce que l'air de la chambre barométrique occupe 4 centimètres cubes. La hauteur du mercure dans le tube est alors de 630 millimètres. On demande quelle est la pression extérieure.

Solution. — Le volume de l'air devient, dans la seconde expérience, les $\frac{3}{4}$ du premier volume, donc sa force élastique est devenue les $\frac{4}{3}$ de la force élastique primitive.

Elle a donc diminué du quart de ce qu'elle était précédemment. Mais alors le mercure s'est élevé de 630ᵐᵐ — 588ᵐᵐ = 42ᵐᵐ qui ont remplacé cette force élastique supprimée. Ainsi le quart de la pression exercée primitivement par l'air est égal à 42ᵐᵐ ; la force élastique totale était donc 42ᵐᵐ × 4 = 168ᵐᵐ et la pression atmosphérique était de

$$588^{\text{mm}} + 168^{\text{mm}} = 756^{\text{mm}}.$$

Autre solution. — Soit x la pression atmosphérique : dans le premier cas, on peut écrire :

$$x = 588 + y \qquad \text{ou} \qquad y = x - 588$$

en appelant y la force élastique de l'air contenu dans la chambre barométrique. Dans le second cas, on a :

$$x = 630 + \frac{3}{4}\,y = 630 + \frac{3}{4}\,x - \frac{3}{4}\,588$$
$$4x = 630 \times 4 + 3x - 3 \times 588$$
$$x = 630 \times 4 - 588 \times 3 = 750^{\text{mm}}.$$

Problème 69. — Un récipient plein d'air, à la pression de 77ᶜᵐ, est ajusté, à l'aide d'une monture à robinet, à la partie supérieure d'un baromètre à cuvette, dont le tube a une section de 20 centimètres carrés, et une longueur de 90 centimètres. La pression extérieure est de 75ᶜᵐ. On ouvre le robinet, et le mercure tombe dans le baromètre à 40 centimètres du niveau de la cuvette. On demande quelle est la capacité du récipient. La longueur du tube barométrique se compte à partir du niveau de la cuvette, lequel est supposé invariable. La température est aussi invariable pendant l'expérience.

Solution. — Appelons x la capacité du récipient évaluée en centimètres cubes.

À l'origine, l'air du récipient occupe un volume x, sous la pression 77ᶜᵐ.

Lorsque le robinet est ouvert, cet air occupe un volume $x + (90 - 40) \times 20$ sous la pression 75 — 40 = 35ᶜᵐ.

On a donc :

$$77x = 35 \times (x + 20 \times 50)$$

$$42x = 35000, \quad \text{et} \quad x = \frac{35000}{42} = 833 \text{ cent. cubes.}$$

PROBLÈME 70. — On a un ballon plein d'air sous la pression indiquée par le baromètre; on y fait le vide, ou plutôt on réduit l'élasticité à être seulement x, et l'on y laisse entrer de l'hydrogène pour rétablir la pression barométrique. On réduit de ouveau l'élasticité du mélange à la même valeur x, et on fait de nouveau rentrer de l'hydrogène pour rétablir la pression initiale. Il arrive, après cette dernière opération, que le ballon contient un mélange dans lequel le poids de l'air est 1 millième du poids de l'hydrogène. On demande quelle est la valeur de x à $\frac{1}{10}$ de millimètre près.

La température est constante et le baromètre se maintient à 75^{cm} de hauteur.

La densité de l'hydrogène par rapport à l'air est 0,0691.

Solution. — Après la première opération, l'air contenu dans le ballon conserve une force élastique x. Par la seconde opération, cette force élastique se trouve réduite : elle n'est plus que $x \times \frac{x}{75} = \frac{x^2}{75}$. Par conséquent, la force élastique de l'hydrogène est $75 - \frac{x^2}{75} = \frac{75^2 - x^2}{75}$, et le rapport des forces élastiques des deux gaz est devenu $\frac{75^2 - x^2}{x^2}$. Ce rapport serait celui de leur poids, si les deux gaz avaient même densité; mais comme la densité de l'hydrogène est les 0,0691 de celle de l'air, il faut, pour avoir le rapport des poids, multiplier l'expression précédente par 0,0691.

$$\frac{75^2 - x^2}{x^2} 0,0691 = 1000$$

$$x = 0^{\text{cm}},62.$$

PROBLÈME 71. — Trouver la loi suivant laquelle décroît la force élastique de l'air dans le récipient d'une machine pneumatique en tenant compte de l'espace nuisible (§ 222). On donne le volume V du récipient, v celui du corps de pompe, u celui de l'espace nuisible, la pression initiale est H.

Solution. — Appelons H_1, H_2,... H_n la pression de l'air, après le premier, le second, le n^{e} coup de piston.

Pour déterminer l'effet produit par le premier coup de piston, écrivons les conditions de la question :

Volume initial de l'air. . . . .   (V + u)   Pression initiale. . . . . .   H
Volume de la même masse gazeuse quand le piston est au
haut de sa course. . . . . .   (V + v)   Pression correspondante. . H_1

On a donc

$$(V + u) H = (V + v) H_1 \quad \text{d'où} \quad H_1 = \frac{V}{V + v} H + \frac{u}{V + v} H.$$

La pression totale, après le second coup de piston, déterminée comme nous venons de le faire déjà, sera :

$$H_2 = \frac{V}{V + v} H_1 + \frac{u}{V + v} H$$

de même, après le troisième :

$$H_3 = \frac{V}{V + v} H_2 \;\; + \frac{u}{V + v} H;$$

après le n^e :

$$H = \frac{V}{V + v} H_{n-1} + \frac{u}{V + v} H.$$

De ces égalités, l'on tire en éliminant H_1, H_2, etc.

$$H_n = \left(\frac{V}{V + v}\right)^n H + \left(\frac{u}{V + v}\right) H \left\{ \left(\frac{V}{V + v}\right)^{n-1} + \left(\frac{V}{V + v}\right)^{n-2} + \ldots + 1 \right\}.$$

La quantité entre parenthèses est la somme des termes d'une progression géométrique dont la raison est $\dfrac{V}{V + v}$; en substituant et en réduisant il vient :

$$H_n = \left(\frac{V}{V + v}\right)^n H + \frac{u}{v} \left[1 - \left(\frac{V}{V + v}\right)^n \right] H.$$

Telle est la loi véritable de la raréfaction de l'air dans le récipient de la machine pneumatique. On peut voir, comme vérification, que si l'on ne tient pas compte de l'espace nuisible, c'est-à-dire que si l'on fait $u = 0$, on retombe sur la loi ordinaire que nous avons donnée au § 221.

$$H_n = \left(\frac{V}{V + v}\right)^n H.$$

De même, on en déduit la valeur limite de H_n, qui exprime le pouvoir raréfiant de la machine ; il suffit de faire $n = \infty$ on a :

$$H_n = \frac{u}{v} H.$$

C'est la valeur donnée au § 222.

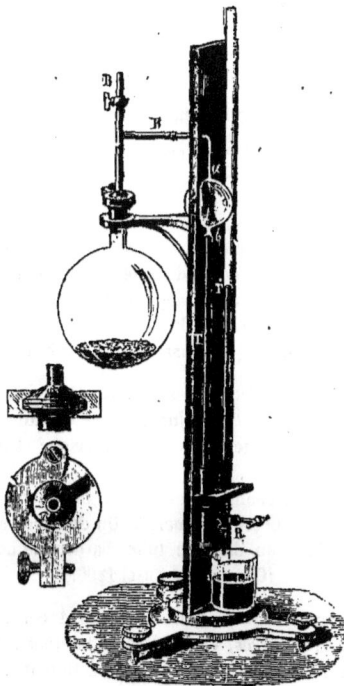

Fig 865.

PROBLÈME 72. — Pour obtenir le poids spécifique d'un corps sans le plonger dans un liquide, on opère de la manière suivante : on en place un fragment dont le poids est P. dans un vase de verre (*fig.* 865), de capacité connue V, de telle sorte que $V - x$ soit le volume initial de l'air contenu dans le ballon (x représentant le volume inconnu du fragment introduit). La pression intérieure de l'air est, à ce moment, la pression atmosphérique H, car le ballon communique librement avec l'atmosphère par le tube B ; le manomètre à air libre TT' a d'ailleurs les niveaux du mercure dans les deux tubes qui le constituent, sur le même plan horizontal α. On ferme le robinet de B, on ouvre R et on laisse couler du mercure, jusqu'à ce que le volume de l'air du ballon ait augmenté de toute la capacité connue v de la boule $\alpha\delta$. Quand ce résultat est obtenu, ce qui est facile par l'emploi du robinet à trois voies R, on constate que le niveau dans T′ est au-dessous du niveau dans T et on mesure la distance des deux niveaux 6T′, soit *h*. L'expérience est dès lors complète.

La valeur de *x* est donnée par l'équation suivante qui résulte de la loi de Mariotte, et de l'hypothèse que la pression extérieure n'a pas changé :

$$(V - x) \, \Pi = (V + v - x) \, (H - h).$$

$$x = \frac{Vh - v \, (H - h)}{h}$$

le quotient $\frac{P}{x}$ donnera donc le poids spécifique demandé.

L'idée de cette méthode et sa réalisation expérimentale appartiennent au capitaine Say ; M. Regnault a perfectionné la mise en œuvre du procédé.

PROBLÈME 73. — Un tube reposant sur une cuve à mercure contient une colonne d'air de 1ᵐ,85, à la pression de 0ᵐ,75 ; on demande la pression qu'il faudra exercer sur le mercure pour que la colonne se réduise à 0ᵐ,35.   (*Paris*, 1854.)

PROBLÈME 74. — Un tube barométrique de 1 mètre de longueur, renversé sur la cuve à mercure, contient un certain volume d'air sous la pression de 252ᵐᵐ de mercure. On enfonce le tube dans le mercure jusqu'à ce que la pression intérieure devienne de 336ᵐᵐ. On demande quelle sera la longueur du tube occupée par l'air. La température est 0⁰, et la pression extérieure 760ᵐᵐ.   (*Lille*, 1865.)

PROBLÈME 75. — On a un baromètre à siphon dont la chambre contient de l'air sec et où la différence des niveaux est *h* ; on enlève du mercure dans la branche ouverte, de façon à augmenter la capacité de la chambre dans un rapport connu $\frac{m}{n}$. On observe alors que la différence des niveaux est devenue *h′*. Calculer, d'après ces données, la pression H de l'atmosphère.

PROBLÈME 76. — Un tube barométrique, purgé d'humidité, mais non privé d'air, est dressé sur une cuve à mercure. La hauteur de la colonne de ce liquide dans le tube, au-dessus du niveau dans la cuve est $h = 0^m,552$. On introduit dans le tube barométrique autant d'air qu'il y en a déjà ; la chambre barométrique augmente de moitié et la hauteur de la colonne mercurielle diminue de $h' = 0^m,072$. On demande quelle est la pression atmosphérique *x* sous laquelle on opère.   (CONCOURS GÉNÉRAL, 1852.)

PROBLÈME 77. — Un tube cylindrique de 4ᵐ,50 de long, ouvert à ses deux extrémités, est plongé dans l'eau de manière que son axe soit vertical. Une portion du tube, de 1 mètre de long, sort du liquide. Les niveaux sont les mêmes à l'intérieur et à l'extérieur. La pression $= 0^m,76$.

On bouche le tube à sa partie supérieure sans en changer la capacité. On le soulève verticalement jusqu'à ce qu'il ne reste plus que 0ᵐ,50 d'immergé. On demande à quelle distance du niveau extérieur sera celui de l'eau dans le tube. La densité de l'eau est 1, et celle du mercure 13,59.   (CONCOURS GÉNÉRAL, 1866.)

PROBLÈME 78. — Un tube cylindrique de verre a pour section intérieure 1 centimètre carré, pour section extérieure 2 centimètres carrés, et 1 mètre de hauteur ; il plonge par sa partie inférieure dans un autre tube cylindrique dont la section intérieure est de 4 centimètres carrés. Les deux tubes sont verticaux et ouverts tous deux à leur partie supérieure. Le plus large est fermé à sa partie inférieure, l'autre y est ouvert et repose sur le fond du plus large, avec lequel il communique. Ils renferment du mercure qui, dans l'un et dans l'autre, s'élève originairement à 3 décimètres au-dessus de leur fond commun.

Ceci posé, on met le plus étroit en communication, par sa partie supérieure, avec un récipient primitivement vide de 40 centimètres cubes de capacité. Le tube étroit ne communique plus alors avec l'air extérieur. La pression diminue, et on demande de combien le mercure s'y élève au-dessus de son niveau primitif. La pression extérieure est égale à $0^m,76$ de mercure.   (Concours général, 1865.)

Problème 79. — Un ballon A (*fig.* 866), de 10 litres de capacité, contenant de l'air à 20 atmosphères, peut être mis en communication par un robinet d avec un tube CB dont la section est égale à 1 décimètre carré. Au commencement de l'opération, CB est plein d'eau. On plonge l'appareil dans l'eau de la mer, dont la densité est supposée constante et égale à 1,026, à toute profondeur. Quand il est arrivé à 150 mètres au-dessous du niveau de cette mer, on ouvre le robinet d. Le gaz chasse l'eau qui descend dans le tube jusqu'en B. On demande de calculer : 1° la hauteur BC; 2° le poids du gaz qui restera dans A; 3° la profondeur à laquelle il faudrait descendre l'appareil pour que tout le gaz restât dans le ballon A.

On sait qu'un litre d'air pèse $1^{gr},293$ à 760^{mm} de pression.   (Concours général, 1864.)

Fig. 866.   Fig. 867.

Problème 80. — Un tube barométrique (*fig.* 867) est formé de deux parties AB, BC de diamètres inégaux d et d'; le diamètre d' de la partie inférieure BC est assez petit pour que la colonne mercurielle puisse être soutenue dans cet appareil par la pression atmosphérique. Lorsque cette pression est égale à une valeur donnée H, la colonne de mercure dans le tube supérieur occupe BM $= l$. On demande : 1° quel sera le déplacement des extrémités M et N de la colonne pour une variation donnée h de la pression atmosphérique; 2° entre quelles limites de pression pourra fonctionner l'appareil. On supposera en particulier $d = 0^m,006$, $d' = 0^m,005$, H $= 0^m,755$, $l = 0^m,238$, $h = 0^m,001$. On admettra que la température demeure constamment égale à 0°, et on fera abstraction des effets de la capillarité.   (École normale, 1865.)

Problème 81. — On prend un tube de verre, bien cylindrique, de 1 mètre de long, dont la section intérieure est de 1 centimètre carré et dont la section extérieure est de 2 centimètres carrés, en sorte que la section du verre soit de 1 centimètre carré.

Le tube étant supposé fermé à l'une de ses extrémités par un fond plat sans épaisseur et sans poids, on remplit ce tube de mercure, on le renverse sur une cuve profonde, on y introduit 10 centimètres cubes d'air à la pression et à la température ambiantes, et on l'abandonne à lui-même dans une position verticale. On demande : 1° quel sera le volume de l'air intérieur; 2° quelle sera la différence des niveaux du mercure dans l'intérieur du tube et à l'extérieur.

On prendra pour densité du mercure 13,6, pour densité du verre 2,49, et pour pression extérieure $0^m,66$.   (Concours général, 1866.)

Problème 82. — Deux tubes cylindriques verticaux de même section peuvent être mis en communication par un conduit à robinet qui débouche à la partie inférieure de l'un et de l'autre.

L'un de ces tubes est fermé à sa partie supérieure; il a 1 mètre de long et renferme une couche d'air de 25 centimètres d'épaisseur, à la [pression atmosphérique, et une couche de mercure ayant 75 centimètres d'épaisseur; le robinet de communication est d'abord fermé et le conduit plein de mercure. On ouvre le robinet : une partie du mercure passe dans le second tube, lequel est ouvert dans l'air à sa partie supérieure; bientôt l'équilibre s'établit. On demande alors quelle est la différence des niveaux du mercure dans les deux tubes; les fonds de ces tubes sont dans un même plan horizontal. La pression extérieure est $0^m,75$.

(Concours général, 1861.)

PROBLÈME 83. — Deux cylindres m et n (fig. 868), de même base, sont placés l'un au-dessus de l'autre, de manière à être en contact par toute l'étendue de l'une de leurs bases; leur axe commun est vertical. La hauteur a du cylindre m est donnée : celle du cylindre n est inconnue et est représentée par x.

Un tube recourbé de petite dimension $\alpha\beta\gamma$ fait communiquer les deux cylindres; il part de la base commune en α, est muni d'un robinet en β, et son extrémité γ, située dans le cylindre n, est à une distance verticale d du plan de la base commune. Dans le cylindre supérieur m, il y a une couche de mercure dont la hauteur comptée verticalement au-dessus de pq est e; au-dessus de ce mercure, se trouve une couche d'air d'épaisseur b, à une pression p.

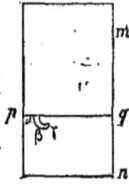

Fig. 868.

Le cylindre m est fermé à sa partie supérieure, et comme on néglige les épaisseurs des bases, sa hauteur intérieure totale est $a = b + c$.

Le cylindre inférieur n est primitivement plein d'air à la pression p. On ouvre le robinet β. Du mercure s'écoule dans le cylindre n, et quand l'écoulement s'arrête, on constate que la pression dans le cylindre n est devenue $2p$. La couche de mercure qui a pénétré dans le cylindre n possède, au moment où l'équilibre est établi, une épaisseur y.

On propose de déterminer x et y : on négligera le volume du tube $\alpha\beta\gamma$. On discutera le problème, et on examinera spécialement le cas où l'on a :

$$p = 0^m,76,$$
$$b = 0^m,38,$$
$$e = 1^m,52,$$
$$d = 1^m. \qquad \text{(Concours général, 1862.)}$$

PROBLÈME 84. — Un cylindre vertical de 1 décimètre de diamètre et de 3 décimètres de hauteur communique, par sa partie inférieure, avec un tube de 1 centimètre de diamètre qui se recourbe et s'élève verticalement à une hauteur suffisante. Ce tube est ouvert à sa partie supérieure, le cylindre est fermé et il contient des volumes égaux d'air et de mercure; l'air s'y trouve sous la pression atmosphérique, de telle sorte que le mercure est au même niveau dans le cylindre et dans le tube; alors, avec une pompe de compression, l'on introduit de l'air dans le cylindre, le niveau du mercure s'y abaisse tandis qu'il s'élève dans le tube ouvert; on continue cette opération jusqu'à ce que le niveau du mercure soit abaissé de 10 centimètres dans le cylindre, et l'on demande : 1° quel est le poids de l'air qui a été introduit; 2° quelle est en kilogrammes la pression qui s'est ajoutée à celle que supportait primitivement la surface du mercure dans le cylindre. On suppose que le thermomètre s'est maintenu à zéro et le baromètre à $0^m,76$.

(Concours général, 1847.)

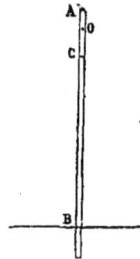

Fig. 869.

PROBLÈME. 85. — Un tube barométrique AB (fig. 869), renversé sur un bain de mercure, contient une certaine quantité d'air sec et le niveau du mercure est en C quand le tube est vertical. On incline ce tube d'un angle A autour d'un axe horizontal passant par un point O. On demande le niveau du mercure dans le tube.

Examiner ce qui se passe quand on donne au point O différentes positions sur le tube AB.

(Le tube est cylindriqué et le diamètre est très-petit. Le niveau extérieur du mercure ne change pas. On néglige les dépressions capillaires.)   (École normale, 1866.)

Problème 86. — Un tâte-vin est en partie plongé verticalement dans l'eau ; on bouche l'ouverture supérieure et on le retire. On demande quel sera le poids du liquide qui restera dans le tube lorsque l'écoulement s'arrêtera.

Longueur du tâte-vin.. . . . . 50 centimètres.
  —   de la partie plongée.. 20
Pression atmosphérique.. . . . . , 72
Le tube est supposé cylindrique.   (Clermont, 1865.)

Problème 87. — Un ballon A (fig. 870) de 10 litres est mis en communication par le tube C avec une machine de compression, et par le tube B avec un manomètre à air comprimé MNP, dont le diamètre est assez petit pour que sa capacité soit négligeable. Au commencement, la pression en A égale 760^{mm}. Les niveaux sont les mêmes en M et en N dans les deux branches, et l'espace NP est plein d'air et a 1 mètre de longueur. On condense de l'air en A, et le mercure monte dans NP de 0^m,40. On demande quel est à ce moment le poids de l'air contenu dans A. (1 litre d'air à 760^{mm} pèse 1^{gr},293.)   (Concours général, 1863.)

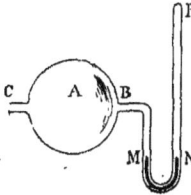

Fig. 870.

Problème 88. — Deux tubes de verre A et B, verticaux, cylindriques, ayant une section de 5 centimètres carrés, peuvent être mis en communication à leur partie inférieure par un tube horizontal, muni d'un robinet R.

A leur partie supérieure, ils peuvent aussi être mis en communication, à l'aide d'un tube à robinet R'. Le robinet R étant fermé et les deux tubes A et B renfermant du mercure jusqu'à un même niveau, on achève de remplir le tube A avec de l'air à pression x, et le tube B avec de l'air à pression y. Les volumes de ces deux masses d'air, comptées de part et d'autre du robinet R', sont égaux entre eux et à 100 centimètres cubes. R' étant fermé et R étant ouvert, on voit le mercure baisser de 10 centimètres dans le tube A. Cela fait, R restant ouvert, on ouvre à son tour R', et on constate que la pression commune, qui s'établit alors dans les deux tubes, est égale à 80 centimètres. On demande, d'après ces données, de calculer les valeurs primitives de x et de y.   (Concours général, 1858.)

Problème 89. — Un ballon de verre, muni d'un robinet, contient de l'air sec à la pression de 0^m,20, on y laisse rentrer de l'hydrogène sec de manière que la pression du mélange devienne 0^m,76, on fait ensuite le vide dans le ballon dans le but de ramener de nouveau le mélange à la pression initiale de 0^m,20. On laisse encore cette fois rentrer de l'hydrogène ; la pression redevient 0^m,76. On demande quelle est la composition centésimale, en volume, du dernier mélange ainsi constitué.

Problème 90. — Un récipient de 5 litres de capacité est maintenu à une température constante. On y introduit 2 litres d'hydrogène à la pression de 1^m,20, 1 litre d'acide carbonique à la pression de 0^m,59, et 5 litres d'azote à la pression de 0^m,25. On demande la pression finale du mélange. Les gaz introduits sont et restent à la température du récipient.   (Lille, 1865.)

PROBLÈME 91. — Un flacon entièrement clos, d'une capacité de 3 litres, est rempli aux deux tiers d'une solution saturée, sous la pression normale, d'acide carbonique dans l'eau. Au-dessus du liquide, est de l'air atmosphérique à la pression de $0^m,760$. On agite plusieurs fois le flaçon, on le laisse reposer pendant plusieurs heures, et on demande de déduire la composition de l'atmosphère du flacon de la connaissance des coefficients de solubilité : de l'acide carbonique, 1,797 ; de l'azote, 0,020 ; de l'oxygène 0,041.

On suppose que la température est invariablement 0°.

PROBLÈME 92. — Un manomètre est composé de deux branches verticales cylindriques de même hauteur et de même diamètre : l'une est fermée, l'autre est munie d'un robinet, et peut être mise en communication, soit avec une machine pneumatique, soit avec une machine de compression. L'appareil est disposé de telle sorte que le mercure qui en remplit la partie inférieure soit au même niveau dans les deux branches quand la pression est d'une atmosphère et quand, en même temps, l'air occupe dans la branche fermée une longueur de 50 centimètres. La température étant constante, on demande :

1° Quelle doit être la hauteur de l'appareil pour que l'air de la branche fermée ne puisse passer dans la branche à robinet, même quand on y fait le vide au-dessus du mercure ;

2° Quelles sont les pressions de l'air dans la branche à robinet, lorsque l'air de la branche fermée occupe les longueurs de 10, 30, 60 et 70 centimètres.

(CONCOURS GÉNÉRAL, 1846.)

PROBLÈME 93. — Un manomètre à air comprimé, destiné à mesurer la pression d'un gaz, se compose d'un tube vertical cylindrique et d'une cuvette pareillement cylindrique ; la cuvette a un diamètre intérieur de 5 centimètres ; le tube, coupé horizontalement à son extrémité inférieure, a 5 centimètres de diamètre extérieur, 1 centimètre de diamètre intérieur et 40 centimètres de hauteur verticale intérieure. Il est fixé dans la cuvette de telle sorte que l'air du tube et le gaz de la cuvette étant l'un et l'autre sous la pression d'une atmosphère, l'extrémité inférieure du tube plonge de 2 centimètres au-dessous du niveau du mercure dans la cuvette.

On demande : 1° quelle sera la pression de l'air du manomètre ; 2° quelle sera la pression du gaz de la cuvette, lorsque le niveau du mercure dans celle-ci, refoulé par la pression, sera descendu au point d'affleurer l'extrémité inférieure du tube.

On suppose que l'air et le gaz ne changent pas de température, et que, dans leur compression, ils suivent la loi de Mariotte. (CONCOURS GÉNÉRAL, 1849.)

PROBLÈME 94. — Soient d et d' les diamètres intérieurs de la branche ouverte et de la branche fermée d'un manomètre à air comprimé, v le volume de l'air contenu dans la branche fermée, h la différence des niveaux du mercure dans les deux branches, H la pression atmosphérique. On demande ce qui se passera si l'on ajoute un poids p de mercure dans la branche ouverte.

On calculera numériquement l'exemple suivant : $d=5^{mm},3$, $d'=11^{mm},2$, $H=752,9$ $h=213^{mm},4$, $v=13^{cc},28$, $p=151^{gr},22$.

On admettra pour la densité du mercure 13,60. (ÉCOLE NORMALE, 1862.)

PROBLÈME 95. — Dans une machine pneumatique, la somme des volumes du récipient et du corps de pompe entier est de 3 litres et le volume de l'espace nuisible est de 5 centimètres cubes.

On demande quelle doit être la capacité du corps de pompe pour que, après deux coups de piston, la densité de l'air dans le récipient soit devenue la moitié de ce qu'elle était d'abord.

Cette valeur trouvée, on calculera la densité qu'aura l'air dans le récipient, après quatre coups de piston.

Problème 96. — La force élastique de l'air contenu dans le récipient d'une machine pneumatique est originairement $0^m,76$, après 4 coups de piston elle est devenue $0^m,30$. Quel est le rapport de la capacité du corps de pompe à celle du récipient ?

(*Paris*, 1865.)

Problème 97. — Connaissant la somme des capacités du récipient d'une machine pneumatique et du canal de communication de ce récipient avec les corps de pompe, déterminer expérimentalement par le jeu même de la machine la capacité de l'un des corps de pompe.

Problème 98. — La cloche d'une machine pneumatique renferme $5^{lit},17$ d'air ; un tube barométrique recourbé communiquant d'une part avec la partie supérieure de cette cloche et plongeant, d'autre part, dans un bain de mercure, marque zéro quand la cloche est en communication avec l'air ; on ferme la cloche et on fait jouer la machine : le mercure s'élève dans le tube à $0^m,65$. Un baromètre placé dans la chambre où se fait l'expérience est resté à $0^m,76$ pendant toute sa durée. On demande combien on a retiré d'air de la cloche et combien il en reste sous la cloche. On suppose que la température qui était $0°$ n'a pas varié. (*Paris*, 1855.)

Problème 99. — La capacité du corps de pompe d'une machine de compression est les 0,015 de la capacité du récipient. On donne 95 coups de piston ; quel est le rapport entre la densité primitive de l'air et sa densité actuelle ? A quel volume sera réduit le volume d'air de l'éprouvette ?

Cette éprouvette plonge dans le mercure, elle est tellement disposée qu'à mesure que marche l'expérience, le tube s'enfonce dans le bain de manière que le niveau est toujours le même et dans le tube et dans le bain. Le volume primitif de l'air de l'éprouvette est de 100 parties ; cette éprouvette est parfaitement cylindrique.

La pression extérieure n'a pas changé pendant l'expérience. Si l'éprouvette était invariablement fixe, pourrait-on calculer la hauteur à laquelle s'élèverait le mercure dans le tube au-dessus du bain ? (Concours général, 1842.)

Problème 100. — Un siphon destiné à transvaser de l'eau est formé par un tube cylindrique en verre deux fois recourbé à angle droit. La petite branche verticale plonge dans l'eau et est remplie d'air sous la pression extérieure $0^m,76$; sa hauteur au-dessus du niveau de l'eau est de $0^d,25$; la partie horizontale du siphon, dont la longueur est de $0^m,12$, et la grande branche sont remplies d'eau. On demande quelle est la longueur minimum que doit avoir cette grande branche, pour qu'en débouchant son ouverture inférieure, le siphon s'amorce de lui-même.

SECTION VI

PRINCIPE D'ARCHIMÈDE APPLIQUÉ AUX GAZ — AÉROSTATS

Le mode de solution de ces problèmes est tout à fait analogue à celui qui déjà a été indiqué pour la troisième section. Il faut toujours écrire que lorsqu'un corps plongé dans un gaz est en équilibre, son poids absolu est le même que celui d'un volume du gaz égal au volume du corps. Ce dernier poids doit être d'ailleurs estimé, en tenant compte des conditions actuelles de température et de pression où se trouve le fluide élastique. Quand il s'agit des aérostats, l'équation du problème s'obtient en exprimant que la force ascensionnelle est égale à la différence entre le poids de l'air déplacé par le ballon et le poids total du ballon et de ses annexes. (Voir § 211.)

PROBLÈME 101. — Pour faire équilibre au poids d'un lingot de platine placé dans le plateau d'une balance, on a placé dans l'autre plateau un poids de 27 grammes en cuivre jaune ; combien aurait-il fallu en mettre, si cette pesée avait été faite dans le vide ? On sait que le poids spécifique du platine est 22, celui du cuivre jaune 8,3, celui de l'air à 0° et sous la pression de 0ᵐ,76 (conditions de température et de pression dans lesquelles on opère) est 0,0013. (*Paris*, 1855.)

Solution. — Soit x le poids absolu du lingot, $\frac{x}{22}$ sera son volume ; $\frac{x}{22} \times 0,0013$ sera le poids du volume d'air déplacé ; donc la pression exercée actuellement par le lingot sur le plateau de la balance est :

$$x \left(1 - \frac{0,0013}{22} \right),$$

de même, la pression effective exercée dans l'air par les poids gradués sur l'autre plateau est :

$$27 \left(1 - \frac{0,0013}{8,3} \right).$$

On aura donc

$$x \left(1 - \frac{0,0013}{22} \right) = 27 \left(1 - \frac{0,0013}{8,3} \right)$$

d'où

$$x = 27 \left(\frac{(8,3 - 0,0013)22}{(22 - 0,0013)8,3} \right) = 26^{gr},997.$$

Ainsi, dans le vide, il eût fallu mettre sur le plateau de la balance 26ᵍʳ,997, en admettant, *comme exacts*, les poids spécifiques donnés pour le cuivre et le platine.

PROBLÈME 102. — On veut construire un aérostat capable d'enlever 1,250 kilogrammes avec une force ascensionnelle de 10 kilogrammes. On demande quel devra être son volume :

1° Pour le cas où l'on se servirait d'hydrogène pour le remplir ;

2° Pour le cas où l'on se servirait, à cet effet, de gaz d'éclairage, d'une densité de 0,408.

On négligera, dans le calcul, le volume de l'enveloppe et celui de la nacelle.

On cherchera de plus, dans l'hypothèse où l'on se servirait d'hydrogène, combien il faut employer de zinc et d'acide sulfurique pour produire ce gaz.

(CONCOURS GÉNÉRAL, 1855.)

Solution. — Soit x le volume du ballon exprimé en mètres cubes ; 1 mètre cube d'air sec à 0° et sous la pression 0ᵐ,76 pèse 1ᵏⁱˡ,293 ; donc 1 mètre cube d'hydrogène dans les mêmes conditions pèse 1ᵏⁱˡ,293 × 0,0693, car on sait que la densité de l'hydrogène par rapport à l'air est 0,0693. Le poids d'hydrogène contenu dans le ballon sera donc $x \times 1,293 \times 0,0693$. La masse totale qui s'élèvera dans l'air, aura donc pour poids : $(x \times 1,293 \times 0,0693 + 1,250)$ kilogrammes. D'autre part, la poussée de l'air sera $x \times 1,293$. La force ascensionnelle sera la différence entre la poussée et le poids total. On aura donc :

$$x \times 1,293 - x \times 1,293 \times 0,0693 - 1250 = 10,$$

d'où

$$x = \frac{1260}{1,293 \, (1 - 0,0693)} = 1047^{mc}.$$

Si le ballon est gonflé avec le gaz de l'éclairage dont la densité est 0,408, comme le poids d'un mètre cube de ce gaz est de 0^{kil},527, on aura cette fois, pour le volume y du ballon :

$$y = \frac{1260}{1,293\,(1 - 0,408)} = 1645^{mc} .$$

Le poids d'hydrogène nécessaire pour remplir le ballon est

$$1047 \times 1,293 \times 0,0693 = 93^{kil},816.$$

Comme l'équivalent du zinc rapporté à celui de l'hydrogène est 33, il faudra, pour préparer cet hydrogène, un poids z de zinc égal à

$$(93,816 \times 331) ; \quad \text{d'où} \quad z = 3095^{kil},9.$$

Enfin l'équivalent de l'acide sulfurique monohydraté étant 49, le poids u de cet acide qu'il faudra employer sera égal à

$$(93,816 \times 49) ; \quad \text{d'où} \quad u = 4597 \text{ kil.}$$

PROBLÈME 103. — Un morceau d'or pèse 3 kilogrammes dans le vide, on demande la valeur des poids apparents qu'on lui trouverait en le pesant d'abord dans l'air, puis dans l'eau, comme si on voulait en déterminer le poids spécifique. On admettra que, dans les conditions de l'expérience, le poids d'un litre d'air est 1^{gr},293, celui d'un litre d'eau est 1 kilogramme ; celui d'un litre d'or est 19^{kil},5. Enfin, on supposera que les poids employés sont en laiton, de poids spécifique 8,4. (CONCOURS GÉNÉRAL, 1855.)

PROBLÈME 104. — On demande quelle perte de poids éprouvent, par le seul fait de la pression de l'air, 100 kilogr. de bois dont le poids spécifique rapporté à l'eau est 0,6. Le litre d'air, dans les conditions de l'expérience, pèse 1^{gr},293. (Paris, 1867.)

PROBLÈME 105. — On veut avoir 150 grammes de mercure, on fait la pesée dans l'air ; on demande quels sont les poids de laiton qu'il faudra placer dans le plateau de la balance pour obtenir, en valeur absolue, les 150 grammes de mercure. La pression, le jour de l'expérience, est de 755 millimètres. Le poids spécifique du laiton est 8,39, celui du mercure 13,596.

PROBLÈME 106. — Un corps pèse 33^{gr},9 dans le vide et 32^{gr},8 dans l'hydrogène, combien pèsera-t-il dans l'acide carbonique, sachant que le poids spécifique de l'hydrogène est 0,0693 et celui de l'acide carbonique 1,529 ? (Paris, 1865.)

PROBLÈME 107. — Une boule de cire et une boule de platine suspendues dans l'air aux deux extrémités du fléau d'une balance, se font équilibre. Trouver le rapport des poids réels de ces deux boules ? Le poids spécifique du platine = 22 ; celui de la cire = 0,96, et celui de l'air = 0,0013. (Poitiers, 1859.)

PROBLÈME 108. — Sous le récipient d'une machine pneumatique contenant de l'air sec à 0° et sous la pression de 0^m,76, on place un fléau de balance aux extrémités duquel sont suspendus deux cubes. L'un a 5 centimètres de côté et pèse 26^{gr},324 ; l'autre a 5 centimètres de côté et pèse 26^{gr},2597. Par suite de cette inégalité de poids, le fléau n'est pas en équilibre. On fait le vide dans l'appareil et on demande quelle pression indiquera l'éprouvette de la machine quand l'équilibre sera rétabli. On suppose d'ailleurs que la température de l'air est restée constante et que les deux bras du fléau sont d'égal volume. On sait de plus que le poids d'un litre d'air sec à 0° et sous la pression de 0^m,76 est de 1^{gr},293. (*Paris*, 1858.)

PROBLÈME 109. — On propose de construire un ballon sphérique qui, plein d'hydrogène pur et sec à la température 0° et à la pression 0^m,76, se trouve en équilibre au milieu de l'air, ne tendant ni à monter ni à descendre. On suppose l'air à 0° et à la pression de 0^m,76 et l'on sait que, dans ces circonstances, il pèse 1^{gr},293 par litre; on sait de plus que la densité de l'hydrogène par rapport à l'air est 0,0693. On sait que le taffetas, dont le ballon doit être fait, pèse 240 grammes par mètre carré; il s'agit de calculer le diamètre du ballon, pour que la condition du problème soit satisfaite : on néglige la différence qui existe entre le volume de l'air intérieur, et le volume de l'air déplacé. (*Paris*, 1857.)

PROBLÈME 110. — On demande quel doit être le rayon d'un ballon sphérique formé d'un taffetas qui pèse 250 grammes le mètre carré, pour que, plein d'hydrogène à 20° et à la pression de 0^m,75, il ait une force ascensionnelle nulle, lorsqu'il se trouve dans l'air sec à la même température et à la même pression.

Le litre d'air à zéro et sous la pression de 0^m,76 pèse 1^{gr},293, et le poids spécifique de l'hydrogène rapporté à l'air est 0,0693. On sait d'ailleurs que le coefficient de dilatation des gaz est 0,00367. (CONCOURS GÉNÉRAL, 1858.)

PROBLÈME 111. — Un ballon est fabriqué avec du taffetas qui pèse 200 grammes par mètre carré. Son poids est de 80 kilogr. Quelle sera la force ascensionnelle de ce ballon, quand il sera entièrement plein d'hydrogène. L'air dans lequel il est plongé est à la température de 0° et à la pression 0^m,700.

La densité de l'hydrogène est 0,0692. (*Paris*, 1867.)

SECTION VII

DILATATION DES SOLIDES, DES LIQUIDES ET DES GAZ

Les problèmes sur les dilatations se résolvent en appliquant les formules qui ont été données dans les §§ 291 jusqu'au 296. L'inconnue du problème peut être le volume du corps à une certaine température, ou bien la température elle-même à laquelle ce volume atteint une certaine valeur, ou bien enfin le coefficient de dilatation de la substance. Quelquefois, la quantité que l'on veut obtenir est la densité d'un corps, densité qui dépend de la température dans les solides et dans les liquides; et, en outre, de la pression dans les gaz. Dans tous les cas, on applique les formules générales, en introduisant à la place des lettres qui y sont contenues, soit les données numériques de la question, soit d'autres lettres qui représenteront les inconnues dont on cherche la valeur.

Quand il s'agira, dans un problème, d'un liquide qui se dilate dans un vase et qu'il faudra tenir compte de la variation de volume du vase, on évitera toute erreur, en appliquant le principe évident par lui-même dont nous avons souvent tiré parti dans l'étude de la chaleur : *Le contenant dilaté est égal au contenu dilaté.*

Quand il s'agira d'estimer le poids d'un gaz dont on connaît le volume et la densité, on pourra multiplier le volume exprimé en litres par le poids spécifique du gaz *rapporté à celui de l'eau*, et alors le produit représentera le poids cherché en kilogrammes. Mais, comme on rapporte généralement la densité des gaz à celle de l'air, il vaudra mieux, pour éviter toute erreur, multiplier cette densité par le poids du litre d'air sec dans les mêmes conditions de température et de pression; comme ce dernier poids ost exprimé en grammes, le produit du nombre de litres qui représentera le volume du gaz, par le poids du litre de ce gaz, donnera, en grammes, le poids cherché.

PROBLÈME 112. — Une barre de métal a 5 mètres de longueur, à la température de 12°; on demande ses longueurs à 8° et à 40°.

Le coefficient de dilatation est $\dfrac{1}{1500}$. *(Paris, 1858.)*

Solution. — Si l'on désigne par l_0 la longueur de la barre à 0°, on aura de suite, d'après les règles connues :

$$l_0 = \frac{5}{1 + \dfrac{12}{1500}},$$

d'où l'on tire l_8, l_{40}, qui expriment les longueurs à 8° et à 40°

$$l_8 = 5 \left(\frac{1 + \dfrac{8}{1500}}{1 + \dfrac{12}{1500}} \right) = 5 \times \frac{1508}{1512} = 2,99.$$

$$l_{40} = 5 \times \frac{1540}{1512} = 5,06.$$

On prendrait, avec une approximation suffisante, les formules plus simples que nous avons indiquées § 291.

$$l_8 = 5 \left(1 + \frac{8 - 12}{1500} \right) = 5 \times \frac{1296}{1500} \quad \text{et} \quad l_{40} = 5 \left(1 + \frac{40 - 12}{1500} \right) = 5 \times \frac{1328}{1500}.$$

PROBLÈME 112 *bis*. — Un litre d'air pèse 1gr,20 à 0° et sous la pression de 76cm : on demande ce que serait le poids du même volume de gaz à la température de 15° et à la pression de 77cm. Le coefficient de dilatation de l'air est 0,00367.

Solution. — La masse d'air qui à 0°, sous la pression de 76cm, occupait un litre, occupera $1 + 15 \times 0,00366$ à 15°; et comme les volumes sont en raison inverse des pressions, ce volume deviendra à la pression 77cm :

$$\frac{(1 + 15 \times 0,00366) \times 76}{77}.$$

D'un autre côté, nous savons que ce volume d'air pèse 1gr,20; il suffira donc, pour avoir le poids d'un litre d'air à 15° et sous la pression 77cm, de diviser 1gr,29 par

$$\frac{(1 + 15 \times 0,00366) \times 76}{77},$$

ce qui donne pour résultat :

$$\frac{1,29 \times 77}{1,0549 \times 76} = 1gr,24.$$

Ce qui revient en définitive, on le voit, à traduire en chiffres la formule générale (*e*) que nous avons démontrée § 295.

PROBLÈME 113. — On demande de déterminer la température x d'un bain liquide dans les conditions suivantes : Un thermomètre à mercure a son réservoir seulement plongé dans ce bain, tandis que sa tige est entourée d'eau froide dont la température θ est connue. Le mercure du thermomètre indique, par la position de l'extrémité de la colonne sur la graduation, une température T; le nombre n des degrés qu'il occupe dans la tige se trouve à la température θ, tandis que le reste de la masse mercurielle est à la température x du bain. On donne le coefficient de dilatation apparente δ du mercure dans le verre employé.

Solution. — Prenons pour unité de volume, le volume d'une des divisions de la tige; si le mercure qui remplit ces n divisions, au lieu d'être à θ, se trouvait à x, c'est-à-dire si le thermomètre tout entier était plongé dans le bain, le volume apparent de ce mercure s'accroîtrait de $n\delta(x - \theta)$, en prenant la formule approximative (b) (§ 291). Il suffira donc d'ajouter cet accroissement à T pour avoir la température cherchée. On aura alors

$$x = T + n\delta(x - \theta); \quad \text{d'où} \quad x = \frac{T - n\delta\theta}{1 - n\delta}.$$

PROBLÈME 114. — Un vase de verre renferme à 0° un morceau de fer du poids de 100 grammes, et en outre 120 grammes de mercure. Il est complétement plein. On chauffe à 100°, et on demande quel est le poids du mercure qui sort.

La densité du fer à 0° est 7,78, son coefficient de dilatation cubique est $\frac{1}{28200}$; la densité du mercure à 0° est 13,59; son coefficient de dilatation absolue est $\frac{1}{5550}$.

Le coefficient de dilatation cubique du verre est $\frac{1}{38700}$.   (*Paris*, 1858.)

Solution. — Nous allons écrire que le fer dilaté, plus le mercure qui reste dans le vase de verre, quand il est porté lui-même à la température de 100°, représentent un volume total égal à celui du vase dilaté.

Le volume du fer à 0° est

$$\frac{100}{7,78}; \text{ à 100° il devient } \frac{100}{7,78}\left(1 + \frac{1}{282}\right).$$

Le volume du mercure restant dans le vase est

$$\text{à 0° égal à } \frac{120 - x}{13,59}; \text{ à 100°, } \frac{120 - x}{13,59}\left(1 + \frac{1}{55,5}\right)$$

en appelant x le poids de mercure qui est sorti.

Le volume du vase à 0° est égal à la somme des volumes du fer et du mercure qui le remplissaient à 0°, ou

$$\frac{100}{7,78} + \frac{120}{13,59}; \text{ à 100°, il sera } \left(\frac{100}{7,78} + \frac{120}{13,59}\right)\left(1 + \frac{1}{387}\right);$$

on aura donc l'égalité

$$\frac{100}{7,78}\left(1 + \frac{1}{282}\right) + \frac{120 - x}{13,59}\left(1 + \frac{1}{55,5}\right) = \left(\frac{100}{7,78} + \frac{120}{13,59}\right)\left(1 + \frac{1}{387}\right);$$

d'où

$$x = 1,9.$$

Il sortira donc à la température de 100° un poids de mercure égal à 1gr,9.

PROBLÈME 115. — Un tube de verre fermé par un bout et effilé à l'autre, tout à fait semblable pour la forme et les dimensions au réservoir d'un thermomètre à poids, est plongé, après avoir été, au préalable, rempli d'air sec, dans une enceinte dont on veut déterminer la température. Quand il s'est mis en équilibre de température avec le milieu qui l'entoure, on ferme à la lampe la pointe effilée, et on note, en même temps, la hauteur barométrique H. Puis, on le dispose verticalement, au-dessus d'un bain de mercure, la pointe plongeant dans le bain; on casse celle-ci avec des pinces, de manière à éviter toute rentrée d'air, et après avoir enveloppé le tube de glace fondante, on mesure, au cathétomètre, la hauteur h du mercure soulevé dans le tube. Enfin, on ferme la pointe avec de la cire, on relève le tube pour évaluer le poids du mercure qui y est entré. — Soit p ce poids; on a d'avance mesuré le poids P du mercure qui, à 0°, le remplit complétement; on demande de déduire de ces données et de la connaissance des coefficients de dilatation de l'air et du verre α et K, la température de l'enceinte.

Solution. — Le volume d'air resté dans l'appareil chauffé à $x°$ est, lorsqu'on ramène cet air à 0° et à la pression $(H - h)$:

$$\frac{P - p}{D_0};$$

D_0 étant la densité du mercure à 0°. Cette même masse d'air a dû prendre à $x°$ et sous la pression H, le volume :

$$\left(\frac{P - p}{D_0}\right)\left(\frac{H - h}{H}\right)(1 + \alpha x);$$

à cette même température, le volume du contenant était devenu :

$$\frac{P}{D_0}(1 + Kx);$$

on aura donc :

$$(P - p)\frac{H - h}{H}(1 + \alpha x) = P(1 + Kx);$$

d'où on déduira la valeur de x.

Un procédé de ce genre a été effectivement employé par Dulong pour mesurer des températures élevées.

PROBLÈME 116. — Le coefficient de la dilatation linéaire du platine est $\frac{1}{116100}$; on demande quelle est à 100° la longueur d'une barre de platine dont la longueur à 10° est 5 mètres.   (*Paris*, 1867.)

PROBLÈME 117. — La longueur d'une barre de cuivre rouge à 25° est de $2^m,315$. On demande quelle devra être la longueur d'une barre de fer à 0°, pour qu'à 60° la longueur de chaque barre soit devenue la même?

Coefficient de dilatation du fer $= 0,0000122$; coefficient de dilatation du cuivre $= 0,0000173$.   (*Nancy*, 1857.)

PROBLÈME 118. — On suppose une barre métallique de 3 mètres de longueur, ayant pour coefficient de dilatation $\frac{1}{75400}$; une autre barre de 5 mètres d'un autre métal se dilate autant que la première pour la même élévation de température; quel est le coefficient de dilatation de ce métal?   (*Nancy*, 1858.)

PROBLÈME 119. — Une barre métallique longue de 3 mètres, à la température de 0°, est formée de deux règles, l'une de cuivre, l'autre de platine, mises bout à bout à la suite l'une de l'autre. A 110°, la longueur totale de la règle est 3,0043. On demande quelle est à 0° la longueur de la règle de cuivre et celle de la règle de platine.

Le coefficient de dilatation linéaire du platine est 0,0000088; celui du cuivre 0,0000172.   (*Paris*, 1865.)

PROBLÈME 120. — Une règle dite de Borda est, en réalité, composée de deux règles; l'une de platine divisée en millimètres à 0°, a une longueur de 1ᵐ,5475, et l'autre de cuivre a une longueur de 1ᵐ,4533 à 0°. On demande : 1° la longueur de la règle de platine et de celle de cuivre à 20°;

2° A quelle division de la règle de platine le bout de la règle de cuivre s'arrêtera, lorsque le système sera porté à cette température de 20°.   (*Paris*, 1866.)

PROBLÈME 121. — Un pendule se compose d'une tige de platine d'une longueur l à 0°. Sur un renflement de la partie inférieure de la tige, s'appuie une lentille de zinc. Quel doit être à 0° le diamètre de la lentille, pour que son centre reste toujours à la même distance du point de suspension, quelle que soit la température. Coefficient de dilatation du platine, 0,0000088; coefficient de dilatation du zinc, 0,0000294.

PROBLÈME 122. — On a un carré de 3 mètres à 0°; on porte sa température à 64°; calculer ce que devient sa surface en sachant que le coefficient de dilatation linéaire du fer est de 0,0000122.   (*Paris*, 1853.)

PROBLÈME 122 *bis*. — Quel est à 20° le volume de 1 kilogramme de platine, et quelle perte de poids éprouve-t-il par son immersion dans l'air, en supposant la pression égale à 752ᵐᵐ ?

Le poids d'un litre d'air normal est 1ᵍʳ,293.

La densité du platine à zéro est 22.

Le coefficient de dilatation linéaire de ce métal est $\dfrac{1}{55700}$.   (*Paris*, 1865.)

PROBLÈME 123. — Une barre de fer de 4ᵐᵐˢ de section, s'allonge de $\dfrac{1}{81200}$ de sa longueur quand elle est tirée par un poids de 1 kilogramme. Quel poids faudrait-il employer pour faire qu'une barre du même métal ayant 9ᶜᵐˢ de section ne changeât pas de longueur, lorsque la température varie depuis 20° jusqu'à 0°? Le coefficient de dilatation du fer étant 0,000012204.

PROBLÈME 124. — Le poids spécifique du cuivre est 8,878, son coefficient de dilatation linéaire est $\dfrac{1}{58300}$. On demande quelle sera à 30° la longueur d'un paquet de fil de ce métal pesant 15 kilogrammes et ayant à 10° une section de 4 millimètres carrés.

(*Paris*, 1867.)

PROBLÈME 125. — Le poids spécifique du cuivre à 0° est 8,878; le coefficient de dilatation cubique de ce métal est $\dfrac{1}{19400}$; le poids spécifique de l'eau à 15° est 0,991; ceci posé, on demande quelle perte de poids éprouvera, par son immersion dans l'eau à 15°, un morceau de cuivre du poids de 496 grammes.   (*Paris*, 1858.)

PROBLÈME 126. — Deux vases communiquants renferment deux liquides : dans l'une des branches est de l'eau qui s'y élève à la hauteur de 1ᵐ,55; dans l'autre branche se trouve un liquide dont la hauteur est de 3ᵐ,17. Ces deux colonnes liquides se font équilibre et sont à la température de 10°. On demande de trouver la densité du second liquide; on demande, en outre, à quelle hauteur s'élèverait ce liquide, si on portait sa température à 25°, en laissant celle de l'eau à 10°. On suppose qu'il ait un coefficient de dilatation égal à $\frac{1}{6000}$.   (*Paris*, 1854.)

PROBLÈME 127. — Un baromètre a été observé à deux époques différentes et a donné 0ᵐ,770 à la température de 25°, et 0ᵐ,760 à 5°. On demande le rapport entre les deux hauteurs corrigées, le coefficient de dilatation absolue du mercure est $\frac{1}{5550}$.
                                        (*Paris*, 1867.)

PROBLÈME 128. — Un vase ayant la forme d'un cône dont le sommet est à la partie inférieure et dont l'axe est vertical, contient du mercure dont la hauteur est de 15 millimètres à 5°. On demande à quelle température doit être porté le système pour que la hauteur du liquide dans le vase augmente de 0ᵐᵐ,15. On donne le coefficient de dilatation absolue du mercure $\frac{1}{5550}$.

PROBLÈME 129. — Un tube cylindrique en verre, de 2 centimètres de rayon, contient une colonne de mercure de 150 millimètres à la température de 20°. L'air atmosphérique, dont la pression est 752 millimètres, et cette colonne de mercure exercent sur la base du tube une pression. On demande de l'évaluer en kilogrammes. (*Paris*, 1865.)

PROBLÈME 130. — Un tube cylindrique en verre, ouvert par un bout et fermé par l'autre, est en partie rempli par du mercure à 0°, dans une étendue de 95 centimètres. La longueur du tube est de 1 mètre. A quelle température faudra-t-il porter à la fois le tube et le mercure, pour que ce liquide remplisse toute la capacité intérieure?
On prendra pour le coefficient de dilatation cubique du verre, 0,000026, et pour celui du mercure, 0,00018.   (*Toulouse*, 1856.)

PROBLÈME 131. — Un vase de verre ayant la forme d'un cylindre droit à base circulaire renferme une certaine quantité de mercure qui à 0° s'élève en EF à 2 décimètres au-dessus de la base BC (*fig.* 871). On chauffe le tout à 100°. Quelle sera à cette température la distance comprise entre la base BC et le niveau E' F' du mercure?

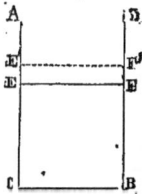
Fig. 871.

Le coefficient de dilatation cubique du verre $\frac{1}{58700}$; celui du mercure $\frac{1}{5550}$.

                                        (*Paris*, 1865.)

PROBLÈME 132. — Un tube cylindrique en verre, de 12 centimètres de longueur à 20°, contient exactement 4 grammes de mercure à cette température. On demande quel est son diamètre à zéro. Le coefficient de dilatation cubique du mercure est $\frac{1}{5550}$, celui du verre $\frac{1}{58700}$.
La densité du mercure à 0° est 13.59.   (*Paris*, 1867.)

PROBLÈME 133. — Un ballon de verre contient, à 0°, 3 kilogrammes de mercure et se trouve complétement rempli par ce métal ; on le chauffe à 100° ; on demande quel poids de mercure en sort. Le coefficient de dilatation cubique du verre est de $\frac{1}{38700}$; le coefficient de dilatation absolue du mercure est de $\frac{1}{5550}$; le poids spécifique du mercure à 0° est de 13,59. *(Paris, 1866.)*

Problème 134. — On a deux thermomètres à mercure construits avec le même verre ; l'un a une boule dont le diamètre intérieur est $7^{mm},5$ et un tube dont le diamètre intérieur est $2^{mm},5$; l'autre a une boule de $6^{mm},2$ et un tube de $1^{mm},5$ de diamètre intérieur. On demande quel est le rapport de longueur d'un degré dans les deux thermomètres. *(Paris, 1855.)*

Problème 135. — Un réservoir de 250^{cc} de capacité à 0° se trouve soudé à un tube divisé en parties égales, de la contenance de 2 millimètres cubes. A 0°, le réservoir est plein de mercure, ainsi que les cinquante premières divisions de la tige. On demande quel sera à 20° le nombre total des divisions de la tige remplies par le mercure.

Coefficient de dilatation cubique du verre $\frac{1}{38700}$; du mercure, $\frac{1}{5550}$.

(Concours général, 1855.)

Problème 136. — Un tube capillaire en verre est divisé en parties d'égale capacité ; chaque division à 0° correspond à un volume de $0^{mmc},012$. On veut souffler à l'extrémité de ce tube un réservoir cylindrique de 3 centimètres de hauteur pour en faire un thermomètre à mercure, et l'on demande quel doit être le diamètre intérieur de ce réservoir, pour que le degré centigrade corresponde à 10 divisions du tube. On donne le coefficient de dilatation apparente du mercure dans le verre $\frac{1}{6480}$.

Problème 137. — Dans un tube cylindrique, divisé en parties d'égal volume, une colonne de mercure occupe 247 divisions à 0°. On demande le nombre de divisions occupées à 140°. Coefficient de dilatation du mercure, 0,00018 ; coefficient de dilatation linéaire du verre, 0,000007.

Problème 138. — Un tube de verre creux, cylindrique, est divisé en 100 parties de longueurs égales. Il est lesté avec du mercure, de façon que dans l'eau, à 40°, il s'enfonce jusqu'à la 50° division. On demande quelle sera sur l'échelle la position du point d'affleurement dans l'eau à 50°. Le coefficient de dilatation cubique du verre est $\frac{1}{38700}$. Les volumes occupés par un même poids d'eau à 10° et à 50° sont entre eux comme 1,000268 et 1,012050. *(Concours général, 1866.)*

Problème 139. — On demande quel accroissement de volume prend en s'élevant à 25°, sans changement de pression, une quantité d'air qui occupe 8 litres à la température de 10°.
Le coefficient de dilatation de l'air est 0,00367. *(Paris, 1867.)*

Problème 140. — Un ballon de verre primitivement plein d'air sec à 0° et sous la pression de $0^m,76$, est chauffé à 100°, il s'échappe 1 gramme de gaz et la pression ne change pas. On demande quel était le volume du ballon à 0° et quel poids de gaz il renfermait. Le poids du litre d'air sec à 0° et sous la pression de $0^m,76$ égale $1^{gr},293$;

le coefficient de dilatation cubique du verre est $\dfrac{1}{38700}$; le coefficient de dilatation de l'air est 0,00367.   (*Paris*, 1866.)

PROBLÈME 141. — Un ballon de 5 litres à la température de 0° a été rempli d'acide carbonique à la température de 0° et à la pression de $0^m,76$; on le chauffe à 100° après l'avoir ouvert pour permettre la sortie du gaz. A ce moment, la pression extérieure est $0^m,75$. On demande quel poids d'acide carbonique sortira du ballon. Le coefficient de dilatation du gaz est 0,00367, celui de dilatation cubique du verre $\dfrac{1}{38700}$; le poids d'un litre d'air à 0° et sous la pression $0^m,76$ est $1^{gr},293$; la densité de l'acide carbonique rapportée à celle de l'air est 1,526.   (*Paris*, 1866.)

PROBLÈME 142. — On demande quelle différence il y a entre le poids de 1 litre d'acide carbonique sec à 100° et sous la pression $1^m,76$, et celui de 1 litre d'air sec à 10° et sous la pression $6^m,75$.
Le poids d'un litre d'air sec à 0° et sous la pression $0^m,76$ est $1^{gr},293$. Le coefficient de dilatation du gaz sera pris égal à 0,00367. La densité de l'acide carbonique estimée par rapport à celle de l'air prise pour unité est 1,526.   (*Paris*, 1866.)

PROBLÈME 143. — Deux ballons sphériques en verre se font équilibre dans les plateaux d'une balance bien juste. La température est zéro, et la pression atmosphérique est $0^m,76$. Le diamètre de l'un de ces ballons est $0^m,34$, celui de l'autre $0^m,18$, la température devient 30° et la pression atmosphérique devient $0^m,74$.
On demande si l'équilibre subsistera encore : dans le cas où il serait troublé quel poids faudra-t-il pour le rétablir, et dans quel plateau faudra-t-il faire agir ce poids? Les ballons sont et restent fermés, de sorte qu'il ne peut survenir aucune variation dans le poids de gaz qu'ils renferment.   (*Paris*, 1865.)

PROBLÈME 144. — Un vase de verre que l'on peut ouvrir ou fermer à volonté, à l'aide d'un robinet, est rempli d'air sec à 0°, sous la pression de $0^m,750$. Il est plongé dans une atmosphère d'acide carbonique possédant la même pression. On porte le vase à 100°, on ouvre le robinet pour que l'air puisse s'échapper en partie, on ferme, on fait redescendre la température du ballon à 0° et on ouvre le robinet, le ballon étant toujours plongé dans l'atmosphère d'acide carbonique. Une certaine portion de ce dernier gaz pénétrera dans le ballon. On reproduit une seconde fois les mêmes opérations, et on demande de calculer la quantité d'acide carbonique qui a pénétré dans le ballon. On donne le coefficient de dilatation du verre 0,0000258 et celui du gaz 0,00371.

PROBLÈME 145. — A Paris, la pression atmosphérique a varié de $0^m,713$ à $0^m,781$, et la température de $+19°$ à $+36°$. On demande, d'après cela, quelle serait la variation possible du poids apparent de 1 kilogramme en laiton, le rapport de la densité normale de l'air à la densité du laiton étant 0,000514.   (CONCOURS GÉNÉRAL, 1867.)

PROBLÈME 146. — On a enfermé un baromètre dans un large tube plein d'air qu'on a ensuite fermé à la lampe. La température de ce tube et du baromètre, au moment de la fermeture du tube, était de 13°; la hauteur du baromètre était, en ce moment, de $0^m,76$. On demande à 0,0001 près, à quelle hauteur le mercure s'élèvera dans le baromètre, quand la température de cet air et du baromètre sera portée à 50°. On prendra pour coefficient de dilatation absolue du mercure $\dfrac{1}{5550}$, et pour celui de l'air, 0,00566.
On négligera la dilatation du verre.   (*Paris*, 1865.)

Problème 147. — On a deux baromètres A et B, qui marquent tous les deux une pression de 0m,76, le thermomètre centigrade marquant 15°. Dans le baromètre A on introduit une quantité d'air qui réduit la hauteur du mercure à 0m,70. Cet air occupe un volume correspondant à 0m,14, le tube du baromètre ayant 0,84 de hauteur. La pression barométrique et la température viennent à varier ; le baromètre B marque 0m,745 et le thermomètre 25°. Quel est alors l'espace qu'occupera l'air du baromètre A?

(Concours général, 1811.)

Problème 148. — Un thermomètre différentiel est formé par deux boules sphériques de même rayon A et B, dont on néglige la dilatation ; elles sont réunies par un tube de communication deux fois recourbé à angle droit, comme dans le thermomètre de Leslie. La boule A est remplie de gaz à la pression de 0m,15, la boule B est à moitié remplie du même gaz ; et l'autre moitié de la capacité de cette boule, ainsi que le tube de communication, sont occupés par le mercure ; ceci a lieu quand la température est de part et d'autre égale à 0°. On établit ensuite, entre les deux boules, une différence de température telle que le mercure que contenait l'une d'elles soit passé entièrement dans l'autre. On demande quelle sera la valeur de cette différence, sachant que le rayon de chaque sphère est de 8 millimètres.

Problème 149. — Les expériences faites pour déterminer le poids spécifique du mercure ont été exécutées par M. Regnault, au moyen de la méthode du flacon. Le flacon était rempli à 0° successivement d'eau et de mercure : mais les pesées s'exécutaient à la température ordinaire : ce qui est indispensable pour éviter les courants d'air et les précipitations de vapeur d'eau. Les résultats ont été les suivants :

Poids apparent du mercure dans l'air 5156gr,613, les pesées étant faites à 17°5 et sous la pression 754mm,00.

Poids apparent de l'eau dans l'air, 231gr,888, les pesées étant faites à 18°6 et sous la pression 755mm,01. On sait d'ailleurs que le poids spécifique de l'eau à 0° est 0,099881.

Quel est le poids spécifique du mercure ?

SECTION VIII

DENSITÉ DES GAZ

Les problèmes concernant les densités des gaz se résolvent comme ceux de la septième section en appliquant les mêmes formules. Il ne faut pas oublier que le mot densité a ici une signification particulière : c'est le rapport des poids de volumes égaux du gaz considéré et de l'air, dans les mêmes conditions de température et de pression (§ 346).

Problème 150. — Dix litres d'un certain gaz à 27°, sous la pression 0m,684, pèsent 16gr,15, quelle est la densité de ce gaz ; et, d'après la densité, quel peut être le gaz? 1 litre d'air à 0° et sous la pression 0m,76 pèse 1gr,293. Le coefficient de dilatation du gaz est $\frac{1}{273}$.

(Poitiers, 1860.)

Solution. — Il faut chercher ce que pèseraient 10 litres du gaz en question à 0° et sous la pression 0m,76. Le quotient de ce poids par 12gr,93, poids de 10 litres d'air dans les mêmes conditions, sera la densité cherchée. Soit x le poids de 10 litres du gaz à 0° et à la pression 0^m,76. On aura, en appliquant la formule (e) (295) :

$$x = 16,15\ \frac{760}{684} \left(1 + \frac{27}{273} \right) = 19^{gr},72.$$

la densité cherchée sera donc égale à

$$\frac{19,72}{12,93} = 1.526.$$

Le gaz en question est donc l'acide carbonique ou le prótoxyde d'azote.

PROBLÈME 151. — Trouver le poids de 10 litres d'acide carbonique à 20° et sous la pression de 3 atmosphères.   (*Paris*, 1866.)

PROBLÈME 152. — A quelle température faut-il porter de l'acide carbonique pour que sous la pression de 3^m,50 le litre de ce gaz pèse 0^{gr},7? La densité de l'acide carbonique prise par rapport à l'air est 1,5.   (*Paris*, 1866.)

PROBLÈME 153. — Un ballon renferme de l'air sec à 10°, et sous la pression de 756^{mm}; le poids de cet air est 6^{gr},32, on demande quel serait le poids d'acide carbonique qui remplirait le même ballon à la température de 0° et sous la pression 760^{mm}. On donne la densité de l'acide carbonique, 1,526 ; le coefficient de dilatation cubique du verre $\frac{1}{38700}$; celui du gaz $\frac{1}{273}$.   (*Paris*, 1856.)

PROBLÈME 154. — Cinq litres d'un gaz analogue par ses propriétés physiques à l'air atmosphérique, pèsent 7^{gr},529 à la température de 15°,2 et à la pression de 0^m,745 ; on demande : 1° combien 5 litres de ce gaz pèseraient à la température de 0° et à la pression de 0^m,76; 2° à la température de 25°,4 et à la pression de 0^m,65. Le coefficient de dilatation de ce gaz est $\frac{1}{273}$.   (*Paris,* 1858.)

PROBLÈME 155. — Une sphère solide dont le rayon est 0^m,6 pèse 5^{kil},640 dans l'air sec à 30°, sous la pression de 0^m,780 ; quel serait le poids de cette sphère dans le vide?
Le poids du litre d'air sec, à 0°, sous la pression de 0^m,760, est de 1^{gr},3.
On ne tiendra pas compte de la variation de volume de la sphère par le fait du changement de température.   (*Nancy*, 1855.)

PROBLÈME 156. — Dans quelle proportion en volume faut-il mêler l'air à l'acide carbonique pour que le litre du mélange pèse 1^{gr},4 à 20° et sous la pression 0^m,74? Le litre d'air à 0° et sous la pression 0^m,76 pèse 1^{gr},293. La densité de l'acide carbonique a pour expression 1,5 quand on prend pour unité celle de l'air dans les mêmes conditions. Le coefficient de dilatation des gaz est 0,00367.   (*Paris*, 1866.)

PROBLÈME 157. — Un ballon de 5 litres, à 0°, a été rempli d'acide carbonique à cette température et à la pression de 0^m,76. On le chauffe à 100°, après l'avoir ouvert pour permettre la sortie du gaz. A ce moment la pression extérieure est 0^m,75. On demande quel poids d'acide carbonique sortira du ballon.
Coefficient de dilatation de l'acide carbonique, 0,00367 ; coefficient de dilatation cubique du verre, $\frac{1}{38700}$; poids d'un litre d'air à 0° et 0^m,76, 1^{gr},293; densité de l'acide carbonique par rapport à l'air, 1,526.   (*Paris*, 1866.)

PROBLÈME 158. — Un ballon de verre plein d'air à 0° est porté à la température de 152° ; on ouvre le robinet du ballon, il sort un certain poids d'air. Le même ballon plein d'acide carbonique à 0° est porté à une température telle qu'il s'en échappe un poids d'acide carbonique égal au poids d'air sorti. Quelle est cette température ? La pression extérieure est demeurée la même, et, dans les deux cas, le robinet n'a été fermé que lorsque l'équilibre existait entre le gaz intérieur et l'air ambiant.

On donne la densité de l'acide carbonique rapportée à l'air, 1,526 ; le coefficient de dilatation cubique du verre $\frac{1}{38700}$, et celui du gaz $\frac{1}{273}$.

PROBLÈME 159. — On a pesé successivement dans le même ballon deux gaz : le premier gaz pesait $1^{gr},543$, le second $1^{gr},789$, la température de la première pesée était $18°5$, celle de la seconde était $17°,8$. On demande le rapport entre la densité du premier gaz et celle du second ; on prendra 0,00366 pour le coefficient de dilatation des deux gaz. *(Paris, 1858.)*

PROBLÈME 160. — La densité du bromhydrate d'amylène est égale à 5,25, celle de l'acide bromhydrique à 2,730 ; celle de l'amylène à 2,58. On chauffe du bromhydrate d'amylène à la température de 230°,5. On trouve que la densité du mélange gazeux est 3,83. On demande si le bromhydrate d'amylène s'est décomposé, et dans quelles proportions. (M. SAINTE-CLAIRE DEVILLE, *Mémoire sur la dissociation.*)

PROBLÈME 161. — Les opérations faites par M. Regnault pour obtenir le poids spécifique de l'acide carbonique ont donné les résultats suivants, que nous copions textuellement :

Pour l'air :

Ballon plein d'air dans la glace. Hauteur du baromètre réduite à 0 degré, au moment de la fermeture du robinet. . . . } $H_0 = 747^{mm},21$

Poids ajouté au ballon. $p = 1^{gr},699$

Ballon vide dans la glace. Force élastique de l'air resté dans le ballon au moment de la fermeture du robinet. . . . } $h_0 = 7^{mm},56$

Poids ajouté au ballon. $P = 14^{gr},1345$

Pour l'acide carbonique :

Ballon plein. . . . . { $H'_0 = 756^{mm},34$
{ $p' = 0^{gr},808$

Ballon vide. . . . . { $h'_0 = 1^{mm},71$
{ $P' = 20^{gr},2085$

On demande quelle est la densité de l'acide carbonique.

PROBLÈME 161 *bis.* — A la suite de l'expérience précédente, M. Regnault a chauffé à $99°,85$ le ballon plein d'acide carbonique sous la pression de $755^{mm},68$; il en est sorti un poids de gaz égal à $5^{gr},247$. On demande de combiner ces résultats avec ceux de l'expérience qui précède, pour trouver la valeur du coefficient de dilatation de l'acide carbonique.

PROBLÈME 162. — Dans une autre série d'expériences, M. Regnault, en opérant à la température de l'eau bouillante, a trouvé :

Ballon rempli de gaz acide carbonique dans l'eau bouillante à la température 100°,04 et sous la pression H_0. . . . . . } $H_0 = 760^{mm},34$
$P' = 5^{gr},901$

Ballon dans l'eau bouillante, à 99°,92, le gaz ayant une force élastique F_o . . . . $\left\{ \begin{array}{l} F_o = 343^{mm},08 \\ P = 13^{gr},7405 \end{array} \right.$

Ballon vide dans l'eau bouillante, à 99°,97, le gaz ayant la force élastique h . . . . $\left\{ \begin{array}{l} h = 4^{mm},69 \\ P = 20^{gr},091 \end{array} \right.$

On demande de vérifier si, à la température de l'eau bouillante, l'acide carbonique suit la loi de Mariotte.

PROBLÈME 163. — Un flacon plein d'air sec sous la pression de 76 centimètres et à la température de 0° pèse 740 grammes; plein d'un autre gaz, $724^{gr},4$, et plein d'eau distillée, 2.020 grammes, toujours à la même température et sous la même pression.

On suppose que la densité de l'air, dans ces mêmes circonstances, est égale à $\dfrac{1}{773}$ de celle de l'eau. On demande le rapport de la densité du gaz à celle de l'air.

PROBLÈME 164. — Déterminer le poids du litre d'air sec à 0°, sous la pression de $0^m,76$.

Ballon plein d'air à la pression de $761^{mm},19$ . . . . $P = 1^{gr},487$

Ballon vide dans la glace. Force élastique de l'air restant : $8^{mm},45$. Poids ajouté au ballon . . . . $\left\{ \begin{array}{l} P' = 14^{gr},151 \end{array} \right.$

Poids du ballon ouvert à 1°,2 et à $757^{mm},89$ . . . . 1.258^{gr},55

Poids du ballon plein d'eau à 0°, pesé dans l'air à 6°et $761^{mm},77$. 11.126^{gr},06

La densité de l'eau à 0° étant 1, elle est à 4° de . . . . . $\left\{ \begin{array}{l} \dfrac{1}{0,999884} \end{array} \right.$

(CONCOURS GÉNÉRAL, 1854.)

Les nombres donnés dans cette question sont ceux que M. Regnault a obtenus lorsqu'il a déterminé le poids du litre d'air.

SECTION IX

VAPEURS — MÉLANGES DES GAZ ET DES VAPEURS — LIQUÉFACTION DES GAZ

Dans les calculs que l'on fait sur les vapeurs, on admet (ce qui n'est qu'approximatif) que la loi de Mariotte et celle de Gay-Lussac sont applicables à ces fluides élastiques, tant qu'il n'y a pas saturation. En un mot, dès l'instant qu'une vapeur n'est pas saturée, on lui applique les formules qui ont été données à propos de la dilatation des gaz.

Quand il s'agit des mélanges de gaz et de vapeur et qu'il faut estimer des variations de volumes tenant à des changements de pression ou de température, on ne tient compte que du gaz, en supposant qu'il occupe tout le volume du mélange et en lui attribuant la pression qui lui est propre. S'il est question d'évaluer les poids de mélanges de ce genre, on estime séparément le poids du gaz et celui de la vapeur qui sont considérés comme occupant l'un et l'autre le volume total du mélange; on attribue à chacun la force élastique qui lui appartient; force élastique qui est constante, quand la température ne change pas, s'il s'agit d'une vapeur saturée; force élastique qui dépend du volume, si la vapeur n'est pas à saturation.

La solution des deux problèmes généraux (§ 426) indique la marche à suivre dans la majorité des cas.

PROBLÈME 165. — Sachant qu'un litre d'air à 0°, sous la pression de $0^m,76$, pèse $1^{gr},293$, sachant que la densité de la vapeur d'eau est les $\frac{5}{8}$ de celle de l'air ; on demande le poids d'un mètre cube d'air humide à 20°, sous la pression de 0m,77. L'état hygrométrique est $\frac{3}{4}$ et la tension maximum de la vapeur d'eau à 20° est 17mm,39.

(*Paris*, 1855.)

Solution. — Un mètre cube d'air sec à 0° et sous la pression 760mm pèse 1kil,293. Un mètre cube d'air sec à 20° et sous la pression $770 - \frac{3}{4}$ (17mm,39), pèse x. On a d'après la formule (*c*) (§ 205).

$$x = 1,293 \left(\frac{770 - 13,04}{760}\right) \frac{1}{1 + 20 \times 0,00366}$$

Un mètre cube de vapeur à 20° et sous la pression 13mm,04 pèsera y.

$$y = 1,293 \left(\frac{13,04}{760}\right) \left(\frac{1}{1 + 20 \times 0,00366}\right) \times \frac{5}{8}.$$

Le mètre cube d'air humide pèsera donc :

$$x + y = \frac{1,293}{760(1 + 20 \times 0,00366)} \left\{ 770 - \frac{3}{8} \times 13,04 \right\} = 1,213.$$

Ainsi le mètre cube d'air humide pèse 1kil,213.

PROBLÈME 166. — Un mélange d'acide carbonique et de vapeur d'eau qui pèse 5gr,25 remplit un ballon de verre à la température de 24°, sous la pression totale de 0m,758 ; la tension de la vapeur d'eau est de 22mm. On demande quel serait le poids d'acide carbonique sec qui remplirait le même ballon à la même pression et à la même température ? La densité de l'acide carbonique rapportée à celle de l'air est 1,52 ; celle de la vapeur d'eau, 0,622.

Solution. — Si on appelle V le volume inconnu du ballon, le poids x d'acide carbonique sec qui le remplirait à 24° et sous la pression 0m,758 s'obtiendra en appliquant la formule (*e*) donnée au § 295.

$$x = V \times 1,29 \times 1,52 \frac{758}{760} \left(\frac{1}{1 + 0,00366 \times 24}\right).$$

La valeur de V peut se déduire aisément des données de l'expérience ; car le poids du mélange qui est de 5gr,25 se compose du poids de l'acide carbonique qui occupe le volume V du ballon et possède la force élastique (758 — 22mm) ou 736mm et du poids de la vapeur qui occupe le même volume avec la pression de 22mm ; on aura donc :

$$5,25 = V \times 1,29 \times 1,52 \frac{736}{760} \left(\frac{1}{1 + 0,00366 \times 24}\right) + V \times 1,29 \times \ldots$$

$$\ldots \times 0,622 \frac{22}{760} \left(\frac{1}{1 + 0,00366 \times 24}\right);$$

ou bien

$$5,25 = \frac{V \times 1,29}{760(1 + 0,00366 \times 24)} (1,52 \times 736 + 22 \times 0,622);$$

divisant la première équation qui donne la valeur de x par cette dernière, V se trouve éliminé, on a :

$$\frac{x}{5,25} = 1,52 \times 758 \left(\frac{A}{1,52 \times 736 + 22 \times 0,622} \right);$$

d'où

$$x = \frac{5,25 \times 1,52 \times 758}{1,52 \times 736 + 22 \times 0,622} = 5,5.$$

Ainsi le poids d'acide carbonique sec qui remplirait le ballon dans les mêmes conditions serait 5^{gr},5; on pourrait obtenir aussi le volume du ballon en litres, en substituant à la place de x sa valeur dans la première égalité.

Problème 167. — Nous introduisons, dans un corps de pompe, au-dessous du piston dont ce corps de pompe est muni: 6 litres d'azote, 10 litres d'hydrogène, 4 litres de gaz ammoniac, les trois gaz étant pris à la pression d'une atmosphère. On fait alors descendre le piston jusqu'à ce que le gaz ammoniac commence à se liquéfier; à ce moment, un manomètre qui communique avec le corps de pompe marque 32^{atm},75. On demande de déduire de là la valeur de la pression nécessaire pour liquéfier le gaz ammoniac.

Solution. — Nous partons de ce principe que la loi du mélange des gaz nous conduit à admettre, à savoir : que dans un mélange de plusieurs gaz, chaque gaz se conduit comme s'il était seul. Ainsi la force expansive que pourront acquérir l'azote et l'hydrogène n'influera en rien sur le gaz ammoniac pour le liquéfier.

Les trois gaz occupaient un volume initial 6 + 10 + 4 ou 20, avec une pression initiale de 1^{atm}, quel est leur volume y, quand la pression devient 32^{atm},75? Appliquant la loi de Mariotte, on a :

$$y \times 32,75 = 20, \quad \text{ou} \quad y = \frac{20}{32,75}.$$

Tel est aussi le volume occupé par le gaz ammoniac, au moment de sa liquéfaction, nous dirons donc : le gaz ammoniac avait

Un volume initial. . . . 4 sous la pression de 1^{atm},

Un volume final. . . . $\dfrac{20}{32,75}$ sous la pression x,

on en déduira :

$$x = \frac{4 \times 32,75}{20} = 6^{atm},5.$$

Ainsi le gaz ammoniac s'est liquéfié sous la pression de 6^{atm},5.

Problème 168. — On détermine le poids de vapeur d'eau contenu dans un volume connu d'air humide en employant la méthode chimique. On déduit des données fournies par cette expérience (§ 488) que, dans l'air ambiant qui possédait la température de 20°, l'état hygrométrique était de 0,50. A une autre époque, on a refait la même expérience et retrouvé le même poids de vapeur dans un égal volume d'air; mais, cette fois, la température de l'air ambiant n'est plus que 15°. Comment peut-on déduire de ces résultats le nouvel état hygrométrique de l'air? On sait que la force élastique maximum de la vapeur d'eau à 20° est 17^{mm},39, et à 15°, 12^{mm},70.

Solution. — Puisque, à 20° et à 15°, la même masse de vapeur occupe le même volume, sa tension doit varier proportionnellement aux binômes de dilatation. Car, lorsque dans la formule (d) (§ 204), on fait $V_{t'} = V_t$, on a $\dfrac{H'}{H} = \dfrac{1 + \alpha\, t'}{1 + \alpha\, t}$. Or, dans la première expérience, à 20°, la force élastique de la vapeur est connue : elle est le produit de la force élastique maximum à cette température par l'état hygrométrique ou $17,39 \times 0,50$. Dans la seconde expérience à la température de 15°, la force élastique de la vapeur doit être $12,70 \times x$, en appelant x l'état hygrométrique ; on aura donc l'égalité :

$$12,70 \times x = 17,39 \times 0,5 \left(\frac{1 + 0,00366 \times 15}{1 + 0,00366 \times 20} \right);$$

$$x = \frac{17,39 \times 0,5\,(1 + 0,00366 \times 15)}{12,7\,(1 + 0,00366 \times 20)} = 0,7.$$

L'état hygrométrique nouveau était donc 0,7.

Problème 169. — Un appareil ayant la forme d'un thermomètre à mercure se compose d'un réservoir cylindrique de verre, à parois épaisses, muni d'un tube cylindrique et très-résistant formé par la même substance. Le réservoir, à la température de 0°, est plein de mercure; le tube est rempli par un gaz que l'on veut liquéfier et qui s'y trouve d'abord, avec la pression d'une atmosphère, à la température de 0°. On ferme le tube à la lampe et on le maintient invariablement dans la glace fondante, pendant qu'on chauffe progressivement le réservoir. On demande à quelle température il faudra porter ce réservoir pour que le gaz demeuré à 0° acquière la pression de 200 atmosphères. Le tube et le réservoir ont même longueur, leurs diamètres sont dans le rapport de 1 à 30. On sait que le coefficient de dilatation absolue du mercure est $\dfrac{1}{5550}$ et le coefficient de dilatation apparente dans le verre employé $\dfrac{1}{6480}$. On admet que, même dans le cas de la pression de 200 atmosphères, le gaz suive la loi de Mariotte.

L'énoncé de ce problème donne une application numérique de la méthode employée par M. Berthelot pour liquéfier les gaz (§ 470).

Solution. — Soit l la longueur du tube et par suite celle du réservoir; soit r le rayon du tube, $30r$ sera celui du réservoir; enfin, appelons λ la longueur occupée dans le tube par le mercure qui sort du réservoir, quand on chauffe ce dernier et qu'on le porte à la température x.

$\pi r^2 l$ est le volume primitif du gaz et a pression correspondante est 1^{atm}; $\pi r^2 (l - \lambda)$ est son volume final, et 200^{atm} la pression correspondante. On a donc la relation

$$\pi r^2 l = \pi r^2 (l - \lambda)\,200; \quad \text{d'où} \quad \lambda = \frac{199}{200}\,l.$$

D'une autre part, le mercure occupe à 0° le volume $\pi(30r)^2 l$; pour une élévation de température de x degrés, il sort de ce réservoir un volume

$$\pi\,(30r)^2 l \times \frac{x}{6480};$$

ce mercure qui passe dans la tige se trouvant ramené à 0°, y occupe un volume

$$\frac{\pi\,\overline{(30r)}^2\; l \times \dfrac{x}{6480}}{1 + \dfrac{x}{5550}},$$

mais ce même volume a encore pour expression πr^2), ou bien :

$$\pi r^2 \times \frac{199}{200} \times l.$$

On a donc l'égalité :

$$\frac{\pi \overline{(30r)}^2 \; l \times \dfrac{x}{6480}}{1 + \dfrac{x}{5550}} = \pi r^2 \times \frac{199}{200} \, l. \quad \text{ou} \quad \frac{900 \times x \times 5550}{6480 \, (x + 5550)} = \frac{199}{200};$$

$$x = \frac{199 \times 6480 \times 5550}{180000 \times 5550 - 199 \times 6480} = 7,2.$$

Ainsi, il suffira, pour déterminer cette pression si considérable, d'une élévation de température de 7°,2. Il est vrai que nous n'avons pas tenu compte de l'augmentation de la capacité de l'enveloppe, qui est cependant notable, sous l'effort d'une pression intérieure aussi puissante.

Problème 170. — Un tube barométrique cylindrique est renversé dans une cuve à mercure. La partie supérieure contient de l'air sec dans une longueur de 30 centimètres. La longueur de la colonne mercurielle est de 61 centimètres au-dessus du niveau dans la cuve. On introduit de l'éther sans laisser entrer d'air. Le mercure baisse, l'équilibre s'établit, le mélange d'air et de vapeur occupe alors un espace de 60 centimètres, et la colonne de mercure n'est plus que de 31 centimètres.

Quelle est la force élastique de la vapeur d'éther? La pression extérieure vaut 0m,76.

(*Paris*, 1859.)

Problème 171. — A la température de 0°, une auge de forme cylindrique a une base égale à 1 décimètre carré et une hauteur de 0m,002 (ces dimensions sont, bien entendu, prises à l'intérieur); elle est pleine d'éther dont le poids spécifique, à cette température, est 0,715. On verse cet éther dans un tube cylindrique maintenu à la température de 38°, et renfermant à cette température de l'air à 0,08 de pression, à la température de l'expérience; la base du tube est de 1 décimètre carré et la hauteur 1 mètre. On demande que deviendra la pression intérieure. La densité de la vapeur d'éther, rapportée à l'air, est 2,5. On sait que l'éther bout à 36°. (*Paris*, 1867.)

Problème 172. — Un tube barométrique renversé sur une cuvette à mercure contient de l'air humide, et ses parois sont assez mouillées pour que cet air soit toujours saturé. On l'observe successivement aux deux températures de 8° et de 28°, pour lesquelles les forces élastiques maxima de la vapeur d'eau sont 8mm et 28mm. A 8°, la pression extérieure est de 761mm, et le niveau s'élève dans le tube à 480mm. Le niveau du mercure dans le tube restant le même à 28°, on demande quelle a dû être la variation de la pression extérieure (on ne tiendra pas compte de la dilatation du verre ni de celle du mercure, on prendra pour coefficient de dilatation de l'air $\alpha = \dfrac{1}{273}$, et on négligera les termes qui contiennent des puissances de α supérieures à la première). Le tube ayant 1 centimètre carré de section et 1 mètre de hauteur au-dessus du niveau du mercure dans la cuvette, on demande quel est le poids de l'air qu'il renferme.

(Concours général, 1867.)

Problème 173. — Quel serait en kilogrammes le poids dont il faudrait charger une soupape circulaire de 0m,7 de diamètre pour l'empêcher de se soulever avant que la pression dans la chaudière ait atteint la force élastique de 8 atmosphères, la pression extérieure étant 1 atmosphère. On sait que 1 atmosphère correspond au poids d'un colonne de mercure de 0m,76 de hauteur; la densité du mercure est 13,59.

PROBLÈME 174. — On mêle 7227 mètres cubes de gaz saturé d'humidité à 25°, et à la pression de 0m,767, avec 6235 mètres cubes de gaz saturé d'humidité à 30° et à la pression de 0m,702. On demande ce que deviendra le volume du mélange mesuré à 0m,644 et à 50° sur l'eau.

Tension maximum de la vapeur d'eau. . à 25° = 23mm,6
Id.   id.   . . à 30° = 31mm,6
Id.   id.   . . à 50° = 92mm,0
(CONCOURS GÉNÉRAL. 1854.)

PROBLÈME 175. — 15 litres d'air primitivement à 0° et sous la pression 0m,76 sont élevés à 50° et se saturent d'humidité à cette température. On demande ce que devient leur volume. La pression reste toujours égale à 0m,76. La tension maximum de la vapeur à 50° est 31mm,6. Le coefficient de dilatation des gaz est 0.00367. (*Paris*, 1867.)

PROBLÈME 176. — Étant donnés 4lit,5 d'un gaz saturé d'humidité à 15° sous la pression 0m,759, on demande le volume du gaz à 27° sous la pression 0m,748, en supposant le gaz sec. La tension de la vapeur d'eau à 15° est de 12mm,099. (*Paris*, 1864.)

PROBLÈME 177. — 12 litres d'air à 10°, sous la pression extérieure de 760 millimètres sont en contact avec de l'eau. On chauffe le tout à 50° sous la même pression. Quel sera le volume occupé par le mélange d'air et de vapeur? Tension maximum de la vapeur à 10°,9mm,16; à 50°,92mm. (*Poitiers*.)

PROBLÈME 178. — Un mélange d'air et de vapeur d'eau, à la température de 15° et sous la pression de 0m,73, occupe un volume de 50 décimètres cubes. Quel sera le volume du mélange à la température de 30° et sous la pression de 0m,78.

On supposera, dans les deux cas, l'air saturé de vapeur.

Tension de la vapeur d'eau. . . . . à 15° = 12mm,7
Id.   Id. . . . . à 30° = 31mm,6
(*Paris*, 1867.)

PROBLÈME 179. — Dans l'appareil de M. Despretz (§ 192), pour comparer la compressibilité des gaz, on introduit dans l'une des éprouvettes de l'air sec et dans l'autre un mélange d'acide sulfureux et d'air. Ce dernier gaz représente la fraction $\frac{1}{n}$ du volume total, quand on le ramène à la même pression que le mélange. Les volumes des gaz dans les deux éprouvettes sont égaux à l'origine et ils supportent la pression H de l'atmosphère. On demande si, en exerçant une pression croissante, il arrivera un moment où les deux volumes gazeux qui se montrent inégaux quand on commence à les comprimer, redeviendront rigoureusement égaux ; et, dans le cas d'une réponse affirmative, quelle sera alors la valeur de la pression commune. On sait que l'acide sulfureux se liquéfie sous une pression de 5 atmosphères.

PROBLÈME 180. — 100 mètres cubes d'air saturés d'humidité à 30° sont refroidis à 10° en restant saturés. On demande ce que devient leur volume. La pression qu'ils supportent est dans les deux cas 0m,76. On veut encore savoir quel poids d'eau ils laisseront déposer, en se refroidissant ainsi. (*Paris*, 1865.)

PROBLÈME 181. — La tension maximum de la vapeur d'eau à 20° est 0m,0174. La densité de cette vapeur est les $\frac{5}{8}$ de celle de l'air dans les mêmes conditions. Le litre d'air à 0° et sous la pression 0ᵐ,76 pèse 1ᵍʳ,293. On demande quel est le poids de vapeur d'eau que contient à 20° un espace cubique de 1200 mètres de côté, complétement saturé à cette température.   (*Paris*, 1867.)

PROBLÈME 182. — Calculer le poids de 15 litres d'air saturé de vapeur d'eau à la température de 20° et sous la pression 0ᵐ,750. On sait qu'un litre d'air pèse 1ᵍʳ,293 à 0° et sous la pression 0ᵐ,760, que la densité de la vapeur d'eau est les $\frac{5}{8}$ de celle de l'air dans les mêmes conditions ; que la tension maximum de la vapeur d'eau à 20° est 17ᵐᵐ,39, et que le coefficient de dilatation des gaz est 0,00367.   (*Paris*, 1867.)

PROBLÈME 183. — Quel est le poids de 10 litres d'un gaz à 50° composé :
1° Par de l'air à la pression de 235 millimètres ;
2° Par de l'acide carbonique à la pression de 521 millimètres ;
3° Par de l'hydrogène à la pression de 552 millimètres ;
4° Par de la vapeur d'eau à la tension de 18 millimètres.
Les densités de l'acide carbonique, de l'hydrogène et de la vapeur d'eau sont respectivement 1,52 ; 0,06 ; 0,622.   (*Paris*, 1866.)

PROBLÈME 184. — Étudier le phénomène physique résultant du mélange intime dans l'atmosphère de deux masses d'air saturées de vapeur d'eau, mélange qui est effectué par l'action de deux vents contraires. L'une des masses a un volume de 3 mètres cubes, une température de 10° ; l'autre, un volume de 5 mètres cubes, une température de 18°. Y aura-t-il précipitation d'eau et, dans ce cas, quel sera le poids de l'eau précipitée ? On donne la force élastique maximum de la vapeur d'eau :

$$\text{à } 10° = 9^{mm},16,$$
$$\text{à } 15° = 12^{mm},699,$$
$$\text{à } 18° = 15^{mm},357.$$

PROBLÈME 185. — On fait passer dans un tube en U rempli de pierre ponce imbibée d'acide sulfurique, 20 litres d'air à 20° sous la pression 0ᵐ,76 et saturé d'humidité. En ces conditions, quel sera l'accroissement de poids que le tube éprouvera ? On suppose qu'il dessèche complétement le gaz : le poids spécifique de la vapeur d'eau rapporté à l'air est $\frac{5}{8}$. Le coefficient de dilatation du gaz est 0,00367. Le poids du litre d'air sec à 0ᵐ,76 de pression et à la température de 0° est 1ᵍʳ,293. La tension maximum de la vapeur d'eau à 20° est 0ᵐ,0175.   (*Paris*, 1864.)

PROBLÈME 186. — Un ballon de verre dont le volume extérieur est de 10 litres à 0° es en équilibre dans l'air sec, à cette température et à la pression de 0ᵐ,75.
Ceci posé, on admet que la température s'élève à 30° ; que l'air se sature d'humidité à cette température ; que la pression totale devienne 0ᵐ,745. On demande d'exprimer en grammes la variation que ces changements de conditions atmosphériques auront apportée à la perte de poids que le ballon éprouve, par le fait de son immersion dans l'air. Coefficient cubique de dilatation du verre, $\frac{1}{58700}$; tension maximum de la vapeur à 30°, 31ᵐᵐ,5 ; densité de la vapeur par rapport à l'air, $\frac{5}{8}$.   (*Paris*, 1856.)

PROBLÈME 187. — Un récipient complétement clos renferme de l'air identique à celui de l'atmosphère; il communique avec un tube manométrique et est fermé par un robinet analogue à celui de Gay-Lussac'(§ 423) ; au commencement, l'air intérieur est à la pression de l'atmosphère; par le robinet, on introduit de l'eau, de manière à saturer l'espace. On demande de déduire l'état hygrométrique de l'augmentation de pression qui en résulte.   (Concours général, 1867.)

Problème 187 *bis*. — On introduit dans un vase dont la capacité est 10 litres, 3 litres d'hydrogène dont l'état hygrométrique est $\frac{1}{5}$; 2 litres d'air dont l'état hygrométrique est $\frac{1}{2}$ et 7 litres d'azote sec. On demande : 1° l'état hygrométrique du mélange.

L'expérience a été faite à 20°; à cette température, la tension maximum de la vapeur est 17^{mm},39. On demande : 2° le poids de la vapeur contenue dans le mélange. On sait que la vapeur d'eau pèse les 0,622 d'un même volume d'air sec à la même pression et à la même température. On calculera : 3° quelle est la force élastique du mélange.

Problème 188. — La force élastique d'un mélange de gaz et de vapeur est 760 millimètres, celle de la vapeur seule est 6 millimètres. La température restant constamment égale à 10°, on demande la force élastique du mélange quand son volume sera réduit au tiers. La tension maximum de la vapeur à 10° est de 9^{mm},16.

Problème 189. — Dans un vase ayant une capacité de 2 litres et rempli d'air sec à 30° et sous la pression 0^{m},76, on introduit 20 milligrammes d'eau. Après l'introduction, on ferme le vase et on demande :

1° Quel est l'état hygrométrique ?

2° Quelle sera la pression du mélange après que la vaporisation de l'eau aura été aussi complète que possible ?

Tension maximum de la vapeur d'eau à 30°, 31^{mm},5; densité de la vapeur d'eau, 0,622; poids spécifique de l'air, 0,001293.   (Concours général, 1857.)

Problème 190. — Un courant d'air sec et un courant d'hydrogène saturé d'humidité passent avec des vitesses constantes dans un récipient où ils se mêlent exactement.

Lorsque tout l'air primitivement renfermé dans le récipient a été expulsé par le courant mixte, on recueille une certaine portion du mélange et on l'analyse dans l'eudiomètre à eau, après lui avoir laissé le temps de se saturer ; l'analyse indique que, dans le mélange saturé, il y a volumes égaux d'air et d'hydrogène. Ceci posé, on demande quel était l'état hygrométrique du courant gazeux mixte, dans le récipient où on a puisé le mélange à analyser.

On demande, en outre, quel était le poids de la vapeur renfermée dans un litre de ce mélange.

La pression sous laquelle on opère est 0^{m},760; la température 20°; la tension maximum de la vapeur d'eau à 20°, 17^{mm},39; le coefficient de dilatation des gaz, 0,00367; le poids spécifique de la vapeur $\frac{5}{8}$ de celui de l'air, dans les mêmes conditions de pression et de température.

Le litre d'air sec pèse 1^{gr},293 à 0° et à 760 millimètres de pression.

(Concours général, 1857.)

SECTION X

CALORIMÉTRIE — CHALEURS SPÉCIFIQUES — CHALEUR LATENTE

La plupart des problèmes se rapportant à cette section se résolvent par l'application de ce principe très-simple : Lorsqu'on fait un mélange de divers liquides inégalement chauds ; ou bien, lorsqu'on introduit dans un liquide un corps solide qui n'a pas la même température que lui, la quantité de chaleur cédée par le corps le plus chaud pour que sa température descende jusqu'à celle du mélange, est égale à la quantité de chaleur absorbée par le corps le plus froid, pour que sa température atteigne aussi celle du mélange. Dans cette égalité, entrent à la fois les données numériques de la question et les inconnues qui peuvent être : la chaleur spécifique de l'un des corps, sa chaleur latente de fusion ou de volatilisation, sa température initiale ou finale, ou enfin son poids.

On n'oubliera pas que, pour obtenir le nombre de calories absorbé ou dégagé par un corps dont la température s'élève ou s'abaisse, il suffit de faire le produit de son poids exprimé en kilogrammes, par sa chaleur spécifique et par la variation de température qu'il a subie (voir à ce sujet §§ 495 et suivants).

PROBLÈME 191. — 100 grammes de cuivre à 100° plongés dans 500 grammes d'eau à 5°,1 ont élevé la température de cette masse liquide à 6°,8. La même expérience étant répétée avec 800 grammes d'essence de térébenthine à 6°, la température de l'essence s'est élevée à 8°,5.

On demande quelle est la chaleur spécifique de l'essence.

. (CONCOURS GÉNÉRAL, 1859.)

Solution. — Soient x la chaleur spécifique du cuivre et y celle de l'essence de térébenthine. Dans la première expérience, le cuivre a abandonné

$$0,1 \ (100 — 68) \ x \text{ calories.}$$

Nous mettons 0,1 pour représenter les 100 grammes de cuivre, parce que, comme nous l'avons dit au § 492, nous appelons chaleur spécifique d'un corps le nombre de calories nécessaire pour élever de 1 degré la température de 1 *kilogramme* de ce corps.

L'eau en a absorbé

$$0,5(6,8 — 5,1),$$

on a donc l'égalité :

$$0,1 \ (100 — 6,8) \ x = 0,5 \ (6,8 — 5,1) \quad \text{ou} \quad 0,52 \times x = 0,85. \qquad (a)$$

Dans la seconde expérience, le cuivre a abandonné

$$0,1 \ (100 — 8,5) \ x \quad \text{ou} \quad 9,15 \times x \text{ calories.}$$

L'essence en a absorbé

$$0,8(8,5 — 6)y \quad \text{ou} \quad 2y,$$

on a donc :

$$9,15 \times x = 2y. \qquad (b)$$

Divisant membre à membre (b) par (a), pour éliminer x, on a

$$\frac{2y}{0,85} = \frac{9,15}{9,52} \quad \text{ou} \quad y = \frac{9,15 \times 0,85}{2 \times 9,52} = 0,417.$$

La chaleur spécifique de l'essence de térébenthine est donc 0,42.

PROBLÈME 192. — Dans une masse d'eau liquide à 0°, entourée d'air à 0°, on a introduit 100 grammes de glace dont la température avait été préalablement abaissée à — 12°. Un poids d'eau égal à 7ᵍʳ,6 s'est congelé autour du glaçon immergé, pendant que sa température remontait à 0°. On demande de déduire de là la chaleur spécifique de la glace. La chaleur latente que dégage un kilogramme d'eau en se solidifiant est 79,2.

Solution. — Soit x cette chaleur spécifique. La chaleur absorbée par 0ᵏⁱˡ,1 de glace pour monter de — 12° à 0° sera :

$$0,1 \times 12 \times x.$$

La chaleur dégagée par les 0ᵏⁱˡ,0076 de glace formée sera :

$$0,0076 \times 79,2;$$

on aura donc l'égalité :

$$0,1 \times 12 \times x = 0,0076 \times 79,2,$$

$$x = \frac{0,0076 \times 79,2}{1,2} = 0,5.$$

Ainsi la chaleur spécifique de la glace est 0,5, la moitié de celle de l'eau.

PROBLÈME 193. — On a 1 kilogramme de glace à 0° plongeant dans 2 kilogrammes d'eau liquide à 0°; on demande quel est le poids de vapeur d'eau à 100° nécessaire pour fondre la glace et porter le mélange à 30°. La chaleur latente de fusion de la glace est 79,2; celle de vaporisation de l'eau, 537.

Appelons x le poids (en kilogrammes) de vapeur d'eau à 100° nécessaire pour obtenir le résultat voulu. La quantité de chaleur qu'elle abandonne pour se liquéfier et pour descendre ensuite à la température de 30°, quand elle est liquide, est représentée par

$$x \times 537 + x (100 - 30).$$

La quantité de chaleur absorbée par la glace pour fondre est 79,2; celle qui est prise par les 3 kilogrammes d'eau liquide pour s'élever à 30° est 3×30. On aura donc l'égalité :

$$x \times 537 + x(100 - 30) = 79,2 + 3 \times 30;$$

d'où

$$x = \frac{169,2}{607} = 0^{\text{kil}},278.$$

Il faudra 0ᵏⁱˡ,278 de vapeur d'eau.

PROBLÈME 194. — Dans un vase de laiton du poids de 30 grammes et renfermant 500 grammes d'eau à 20°, on plonge un morceau d'un métal inconnu pesant 100 grammes et chauffé à 100°. La température finale du mélange est 21°,845. Quelle est la chaleur spécifique du métal sur lequel on a opéré ?

La chaleur spécifique du laiton est 0,0939.   (*Paris*, 1865.)

PROBLÈME 195. — 293ᵍʳ,65 de zinc à la température de 99°,11 ont été plongés dans 462ᵍʳ,59 d'eau distillée à 0°. Il résulte de cette immersion une variation de température de 5°,22; le zinc étant renfermé dans une corbeille de laiton du poids de 8ᵍʳ,48 qui partageait sa température, l'eau était contenue dans un vase en laiton du poids de 55ᵍʳ,15 qui partageait la sienne. La température était donnée par un thermomètre qui contenait 7ᵍʳ,62 de mercure et dont le verre pesait 1ᵍʳ,27.

On demande quelle est la chaleur spécifique du zinc, celle du laiton étant 0,094; du mercure, 0,033 ; du verre, 0,198. (Concours général, 1859.)

(Extrait du premier mémoire de M. Regnault sur les chaleurs spécifiques.)

PROBLÈME 196. — Deux anneaux plats de même métal, qui pèsent : l'un 300 grammes, l'autre 350 grammes, ont été chauffés à la même température x inconnue, et plongés à cette même température : le premier dans 940^{gr},8 d'eau à 10°; le second dans 540 grammes d'eau à la même température de 10°. La température de l'eau, dans le premier cas, s'est élevée à 20°, et dans le second à 30°. On admet que toute la chaleur perdue par le métal a été prise par l'eau dans les deux cas. On demande la température x et la chaleur spécifique du métal. (*Poitiers*, 1857.)

PROBLÈME 197. — On a deux morceaux de métal dont les capacités calorifiques sont inconnues. L'échantillon du premier métal pèse 2 kilogrammes. Il est chauffé à 80°; l'échantillon du second métal pèse 3 kilogrammes et est chauffé à 50°. On plonge ces deux échantillons ainsi chauffés dans 1 kilogramme d'eau à 10° ; et la température finale du mélange est 26°,3.

On recommence l'expérience, en chauffant le premier métal à 100° et le second à 40°, et en les plongeant toujours ensemble dans un kilogramme d'eau à 10°; cette fois la température finale est 28°,4.

On demande de déterminer, d'après ces données, les capacités calorifiques des deux métaux; on néglige les pertes de chaleur qui se font à l'extérieur, ainsi que l'influence du vase dans lequel le mélange s'opère. (Concours général, 1860.)

PROBLÈME 198. — La chaleur spécifique du sulfure de cuivre est 0,1212, celle du sulfure d'argent 0,0746. Ceci posé, on constate qu'un mélange de ces deux corps pesant 5 kilogrammes porté à 40° et plongé dans 6 kilogrammes d'eau à 7°,669 en élève la température à 10°. On demande combien ce mélange contient de sulfure d'argent et combien il contient de sulfure de cuivre. (*Paris*, 1865).

PROBLÈME 199. — La chaleur spécifique du verre est 0,198 : celle du laiton est 0,093. Ceci posé, on chauffe à la température de 100° deux poids inconnus, x et y, de verre et de laiton, et en les plongeant dans 8 kilogrammes d'eau à 10°,378, on constate que la température finale du mélange est de 15°. On fait une seconde expérience, dans laquelle on plonge toujours dans 8 kilogrammes d'eau à 10°,378 le poids x de verre porté à 100° et le poids y de laiton chauffé à 200°. On constate alors que la température finale est 16°6. On demande : 1° quelle est la valeur numérique du poids x du verre; 2° quelle est la valeur numérique du poids y du laiton.

(Concours général, 1867.)

PROBLÈME 200. — Une pièce métallique, formée d'un morceau de fer et d'un morceau de cuivre, pèse 21^{kil},54. Cette pièce, portée à une température de 50°, est plongée dans 5 kilogrammes d'eau à 30°; elle en élève la température à 31°,686. On demande quel volume elle occupait à 50°.

Poids spécifique du fer à 0° 7,79
— du cuivre. 8,87
Capacité calorifique du fer 0,11
— du cuivre. 0,095
Coefficient de dilatation cubique du fer. . . . 0,00000366
— — du cuivre. . . 0,00000515

On demande à quelle erreur, sur le volume demandé, répond une erreur de 0°,1 dans la mesure de l'élévation de température de l'eau. On suppose rigoureusement connues les températures initiales du métal et de l'eau.   (Concours général, 1864.)

PROBLÈME 201. — Déterminer la chaleur spécifique du marbre blanc en partant des données suivantes :

M′ Poids du marbre = 130gr,46.

p Équivalent en eau de la corbeille qui contient le marbre = 0gr,601.

T′ Température du marbre = 96°,85.

A′ Poids de l'eau = 462gr,45.

θ′ Température finale maximum de l'eau = 9°,02. Température de l'air extérieur = 7°,4.

Δθ′ Accroissement de température produit = 5°,36.

t′ Temps écoulé depuis l'observation de la température initiale jusqu'à celle de la température maximum = 0h2m30s.

Valeur en eau du vase contenant l'eau et de son thermomètre = 5gr,70.

Ces nombres sont extraits d'un mémoire de M. Regnault sur les chaleurs spécifiques des corps composés.   (Concours général, 1854.)

PROBLÈME 202.—Désignant par C et par D la chaleur spécifique et la densité du mercure; par C′ et par D′ la chaleur spécifique et la densité de l'alcool, on propose de calculer le rayon extérieur x qu'il faut donner au réservoir cylindrique d'un thermomètre à alcool, pour que ce réservoir possède pour la chaleur une capacité égale à celle que possède le réservoir cylindrique d'un thermomètre à mercure donné, sachant que le rayon extérieur du réservoir de celui-ci est r, et supposant du reste un mode de construction tel que l'épaisseur de la paroi vitreuse soit la même dans les deux thermomètres.

PROBLÈME 203. — Comment peut-on calculer la chaleur spécifique d'un corps solide après avoir opéré de la manière suivante :

Le corps dont le poids est p et la température initiale T est plongé dans un poids d'eau froide P, à la température t_1. On cherche par tâtonnement quel est le poids π d'eau plus froide que la précédente et de température t qu'il faut ajouter au mélange, pour que la température de ce dernier se maintienne à t_1. Connaissant p, P, π, T, t_1 et t, trouver x.

On discutera la méthode pour apprécier ses avantages et ses inconvénients.

PROBLÈME 204. — La chaleur spécifique du cuivre est 0,095, le coefficient de dilatation de ce métal est $\frac{1}{58100}$ et son poids spécifique est 8,87 à 0°. Ceci posé, on demande quel volume de cuivre à 100° il faut mettre dans 1 kilogramme d'eau à 4° pour que la température du mélange soit 10°.   (*Paris*, 1867.)

PROBLÈME 205. — On a trouvé dans une expérience relative à la détermination de la chaleur latente de fusion de la glace les résultats suivants : Poids de l'eau servant au mélange (le vase et le thermomètre réduits en eau entrant dans ce résultat), 667gr,619; température initiale de cette eau, 28°,55; poids de la glace fondante, 65gr,657. On demande quelle a dû être la température finale du mélange, sachant que, sous l'influence du milieu environnant, cette température s'est élevée de 0°,12.

PROBLÈME 206. — Une masse d'eau pesant 45 kilogrammes est contenue dans un vase de cuivre du poids de 2kil,538; la température est 28°,5; on y fait fondre 7kil,250 de glace à 0°. On demande la température du mélange ; la chaleur spécifique du cuivre étant $\frac{1}{10}$.   (*Paris*, 1858.)

II.   41

PROBLÈME 206 *bis.* — On demande le poids de glace nécessaire pour ramener de 27°,4 à 11°,5 une masse d'eau égale à 45 kilogrammes 5 hectogrammes, et contenue dans un vase de cuivre dont le poids est de 10 kilogrammes : la chaleur spécifique du cuivre est 0,094.   (*Paris*, 1856.)

PROBLÈME 207. — Un corps qui fond à 10° est introduit dans 500 grammes d'eau à 30°; la température finale du mélange est 22°. On demande quelle est la chaleur latente de fusion du corps, son poids étant 7 grammes, sa température initiale 10° ; la chaleur spécifique du liquide qu'il produit est 0,3; enfin l'eau se trouve contenue dans un vase de laiton dont la température initiale est aussi 10° et qui pèse 40 grammes. La chaleur spécifique du laiton est 0,09.

PROBLÈME 208. — La terre étant recouverte d'une couche de 2 centimètres d'épaisseur de neige à 0°, quelle est l'épaisseur de la couche de pluie tombant à 12°15 qui serait nécessaire pour en déterminer la liquéfaction? On sait qu'un décimètre cube de cette neige pèse 0^{kil},783.   (CONCOURS GÉNÉRAL, 1853.)

PROBLÈME 209. — 65^{gr},5 de glace à — 20° ont été plongés dans un poids x d'essence de térébenthine à + 3°; la température finale du mélange est —1°. La chaleur spécifique de l'essence est 0,4; le vase qui contenait l'essence pesait 25 grammes et sa chaleur spécifique est 0,1. La chaleur spécifique de la glace est 0,5. On demande de déterminer la valeur de x, c'est-à-dire le poids d'essence employé.

(CONCOURS GÉNÉRAL, 1867.)

PROBLÈME 210. — Le phosphore fond à 44°,2. Dans le voisinage de son point de fusion il a pour chaleur spécifique 0,20; et, cela aussi bien à l'état solide qu'à l'état liquide. On admet que 40 grammes de phosphore liquide, contenus dans un vase de laiton pesant 10 grammes et recouverts d'une couche d'eau pesant 15 grammes, se soient refroidis jusqu'à 30° sans cesser d'être liquides. A cette température, on agite le vase. Quelle sera la température commune de l'eau, du vase et du phosphore quand la solidification sera aussi complète que possible? On négligera les pertes de chaleur qui se font à l'extérieur. On sait que la chaleur spécifique du laiton est 0,093 et que la chaleur latente de fusion du phosphore = 5,4.   (CONCOURS GÉNÉRAL, 1857.)

PROBLÈME 211. — On abaisse du phosphore liquide jusqu'à une température de 30° ; à ce moment, on y détermine un commencement de solidification. On demande si la solidification sera complète; si elle ne l'est pas, on demande quelle sera la portion du poids total qui se solidifiera. Le phosphore fond à 44°, 2; sa chaleur latente de fusion est 5,4, sa chaleur spécifique à l'état liquide ou à l'état solide dans le voisinage du point de fusion est 0,2.   (*Paris*, 1867.)

PROBLÈME 212. — On sait que, dans des conditions convenablement choisies, un corps peut rester liquide à des températures inférieures à celle de sa solidification normale. Ceci posé, on demande de combien de degrés au-dessous de son point de fusion il faut refroidir du phosphore liquide pour que, par sa solidification brusque et complète, il remonte à son point de fusion.

La chaleur latente de fusion du phosphore est 5,4, sa chaleur spécifique dans le voisinage de son point de fusion est 0,20.   (*Paris*, 1867.)

PROBLÈME 213. — Une couche de neige a 1 centimètre d'épaisseur à 0°, combien devra-t-elle recevoir d'unités de chaleur solaire par mètre carré de surface pour passer à l'état de vapeur à 15°?

79,2 est la chaleur latente de fusion ; 540 la chaleur latente de vaporisation ; 0,68 la densité de la neige. (*Poitiers*, 1855.)

PROBLÈME 214. — On demande quel volume d'eau résulterait de la fonte de la couche de neige qui recouvre une surface d'un hectare, sachant que l'épaisseur de la couche est de 8 centimètres et que le poids spécifique de la neige, un peu variable avec son état d'agrégation spontanée, est en moyenne de 0,092.

PROBLÈME 215. — On propose de trouver quelle quantité d'eau à + 100°, il faudrait ajouter à la couche de neige, dont il est question dans le problème précédent, pour la fondre entièrement et donner de l'eau à 0°; sachant d'ailleurs que la chaleur spécifique de l'eau à l'état solide est de 0,5, et que cette neige se trouve à la température de — 12°.

PROBLÈME 216. — On fait condenser dans 2 kilogrammes d'eau à 10°, 100 grammes de vapeur d'eau sous la pression de 0ᵐ,76, et l'on demande quelle sera la température finale du mélange. On admettra que la quantité de chaleur nécessaire pour volatiliser à 100° 1 kilogramme d'eau sous la pression de 0ᵐ,76, est 537 calories.

PROBLÈME 217. — Une cuve cylindrique à fond plat et horizontal a 1ᵐ,30 de diamètre et 0ᵐ,75 de hauteur, mesurée à l'intérieur : elle est à moitié pleine d'eau à la température de 4° et on chauffe ce liquide, en y faisant arriver la vapeur à 100° fournie par 5ᵏⁱˡ,25 d'eau. On demande quelle sera la température du bain ainsi chauffé et quel en sera le volume ; on négligera la température du vase et on prendra pour coefficient moyen de dilatation de l'eau $\frac{1}{2200}$. (*Paris*, 1854.)

PROBLÈME 218. — On distille de l'eau dans un alambic dont le réfrigérant, a une capacité de 60ˡⁱˡ,7 ; l'eau y est introduite à 10° et on la renouvelle graduellement, de manière que l'eau qui entoure le serpentin se maintienne à la température moyenne de 50°. Combien de fois se sera renouvelée l'eau du réfrigérant, quand on aura distillé 10 kilogrammes d'eau ? L'eau distillée sort du serpentin à la température de 50° et y entre en vapeur à 100°. (On néglige la chaleur prise par le vase réfrigérant et celle qui se perd dans l'air ambiant, pendant l'expérience.) (*Poitiers*, 1860.)

PROBLÈME 219. — Le corps de pompe d'une machine à vapeur a un diamètre intérieur de 1ᵐ,90 ; le piston a une course de 2ᵐ,30 et il bat 20 doubles coups à la minute. La pression de la vapeur est de 1 atmosphère et demie, sa température de 112°,2. On demande quel est, par heure, le poids d'eau froide à 15° nécessaire à la condensation, pour que, dans le condenseur, la température se maintienne à 35°.

Ces nombres se rapportent à la machine d'un bâtiment à vapeur de 220 chevaux de force.

PROBLÈME 220. — Combien faut-il d'eau froide à 0° pour condenser un volume de 1,000 litres de vapeur d'eau à 100° sous une pression de 0ᵐ,76, de façon que cette eau, par suite de la condensation de la vapeur, ne s'élève qu'à la température de 40° ?

Chaleur latente de la vapeur d'eau à 100°, 537 calories. Poids du litre d'air sec à 0° sous la pression de 0ᵐ,76, 1ᵍʳ,5. Densité de la vapeur d'eau ; $\frac{5}{8}$ de celle de l'air.

Coefficient de dilatation du gaz, $\frac{1}{273}$. (*Poitiers*, 1859.)

Problème 221. — Une machine à vapeur de Newcomen (machine atmosphérique) donne 20 coups de piston par minute; le corps de pompe a une hauteur de 1ᵐ,20; le piston un diamètre de 0ᵐ,80. Combien faut-il dépenser d'eau froide par heure pour en condenser la vapeur qui est à 100° sous le piston? L'eau froide injectée est prise à la température de 12°, et sort, après la condensation, à la température de 35°. La chaleur de vaporisation de l'eau est égale à 537 calories. La densité de la vapeur d'eau à 100°, sous la pression extérieure, est égale à 0,0006 de celle de l'eau. (*Poitiers*, 1857.)

Problème 222. — Dans quelle proportion faut-il partager 1 kilogramme d'eau à 50° pour que la chaleur que l'une de ses parties abandonnerait en passant à l'état de glace à 0° fût suffisante pour transformer l'autre en vapeur à 100° sous la pression 0ᵐ,76 ?

La chaleur latente de fusion de la glace est 79,25, celle de volatilisation de l'eau est 537. (*Paris*, 1867.)

Problème 223. — Dans un vase de cuivre pesant 400 grammes on introduit d'abord 60 grammes de glace à 0°, puis 600 grammes d'eau liquide à 10°, et enfin 20 grammes de vapeur d'eau à 100°. On demande la température finale du mélange.

Problème 224. — On fait arriver de la vapeur d'eau à 100° dans un vase clos qui renferme 5 kilogrammes de neige à 0°. Il faut 572 grammes de vapeur pour fondre cette neige sans en élever la température. Il faudrait 2ᵏⁱˡ,37 d'eau à 100° pour en fondre la même quantité.

On demande la chaleur latente de vaporisation de l'eau et la chaleur latente de fusion de la glace. (*Poitiers*, 1860.)

Problème 225. — Un vase poreux contient de l'eau que l'on veut rafraîchir. La température est 20°. et l'état hygrométrique est $\frac{1}{2}$, on demande quelle sera la température la plus basse à laquelle l'eau pourra descendre, en admettant que le vase ne s'échauffe, ni par le rayonnement, ni par le contact du milieu environnant.

On suppose que l'on ait à sa disposition la table des forces élastiques maxima de la vapeur d'eau.

Problème 226. — On a refroidi de 50° à 10° un volume d'air saturé d'humidité et qui occupe un volume de 500 litres sous 760 millimètres de pression.

1° Quel est le poids de la vapeur condensée?

2° Quel sera le volume de l'air refroidi à 10° à la même pression ?

3° Quel est le nombre de calories dégagées?

Densité de la vapeur d'eau, $\frac{5}{8}$ de celle de l'air.

Tension de la vapeur à 50°, 31ᵐᵐ,5; à 10°, 9ᵐᵐ,2.

Poids d'un litre d'air à 0° sous 0ᵐ,76; 1ᵍʳ,293.

Coefficient de dilatation de l'air, $\frac{1}{273}$. (*Paris*, 1858.)

Problème 227. — Un mètre cube d'air est complétement saturé de vapeur d'eau; sa température est de 50° et sa force élastique de 0ᵐ,753. On abaisse la température de cet air jusqu'à 19° et l'on réduit sa force élastique à 0ᵐ,670.

On demande : 1° Quel sera le volume occupé par l'air humide dans ces nouvelles conditions de température et de pression.

2° Quel est le poids de la vapeur d'eau qui prendra l'état liquide;

3° Quelle est la quantité de chaleur que l'air humide primitif aura perdue en subissant ce changement de température et de pression.

La formule qui lie les forces élastiques de la vapeur d'eau avec la température est (voir § 419) :

$$\text{Log } F = a - b\alpha_1{}^T - c\mathcal{E}_1{}^T,$$

dans laquelle

$$a = + 4,7384380,$$
$$\text{Log } \alpha_1 = 0,0068650$$
$$\text{Log } \mathcal{E}_1 = 1,9967249$$
$$\text{Log } b = 2,1340339$$
$$\text{Log } c = 6,1106485$$

et $T = t + 20$, t étant la température comptée à partir de celle de la glace fondante

(Concours général, 1865.)

SECTION XI

DIVERS PROBLÈMES SUR LA CHALEUR

PROBLÈME 228. — L'air sec sous un volume de 10^{mcc}, est à la température de 12°. On demande ce que deviendrait sa température si toute la chaleur que dégagent en brûlant 300 grammes d'huile de colza était employée à échauffer cette masse gazeuse.

On sait que l'huile de colza dégage en brûlant 9,307 calories par kilogramme. La chaleur spécifique de l'air est les 0,26 de celle de l'eau quand on prend les deux corps sous le même poids.

PROBLÈME 229. — Un vase en cuivre mince renfermant 250 grammes d'eau est à la température de 20° dans une enceinte qu'on maintient à 0° (dans ce chiffre 250^{gr} est compris le poids d'eau nécessaire pour produire le même effet calorifique que le vase). S'il était abandonné à lui-même, il se refroidirait d'un degré dans la première minute; mais il est traversé par un tube métallique contourné en spirale et d'une longueur suffisante, pour que la vapeur qui y pénètre à 100°, sous la pression d'une atmosphère, s'y liquéfie en partie et prenne finalement la température du bain. On demande quel est le volume de vapeur qui doit passer par minute pour que la température de l'eau se maintienne invariablement à 20°.

PROBLÈME 230. — Les profondeurs de trois puits artésiens sont respectivement : $A = 220^m$, $B = 395^m$, $C = 543^m$; on demande : si, pour ces trois puits, il est exact de dire que l'accroissement de température soit proportionnel à l'accroissement de la profondeur. Quelle serait la température de l'eau fournie par C si la loi précédente était exacte ? La température de l'eau est pour A de 19°,75, pour B de 25°,33, pour C de 30°,50.

PROBLÈME 231. — La profondeur d'où jaillit la colonne d'eau du puits artésien de Passy est de $586^m,5$: sa température a été trouvée de 28°. Sachant que la température moyenne de la couche terrestre située à 30 mètres au-dessous du sol est, à Paris, de 11°,8; on demande quelle est, en moyenne, l'épaisseur de la croûte terrestre, qui correspond pour les terrains traversés à Passy, à un accroissement de 1° dans la température.

PROBLÈME 232. — L'air d'une cheminée qui a 60 mètres de hauteur a une température moyenne de 100°, tandis que celle de l'air extérieur est de 0°; on demande d'exprimer, en millimètres de mercure, le tirage de cette cheminée. On demande de plus quel serait le tirage si l'air extérieur était à 10°. On prendra pour coefficient de dilatation de l'air 0,00300.   (*Paris*, 1858.)

PROBLÈME 233. — Le corps de pompe d'une machine à vapeur a 755^{mm} de hauteur et 428^{mm} de diamètre. On demande quel sera le poids de vapeur nécessaire pour le remplir, lorsque la machine marchera sous la pression de 5 atmosphères.

Température de la vapeur = 154°.

Densité de la vapeur $= \frac{5}{8}$ de celle de l'air.

PROBLÈME 234. — Quel poids de charbon faudra-t-il brûler théoriquement pour que la machine précédente marche 12 heures dans les conditions indiquées ? On sait, de plus, qu'elle donne 40 coups de piston par minute.

On supposera l'eau de la chaudière primitivement à 16°. On sait que 1 kilogramme d'eau à 0° exige une quantité de chaleur représentée par $607 + \frac{1}{5}$ T pour passer de 0'
à l'état de vapeur à T°. On sait de plus que 1 kilogramme de charbon, en brûlant, dégage 6,000 calories, dont la moitié se dissipe avec la fumée.

PROBLÈME 235. — Les dimensions d'un hygromètre à cheveu sont les suivantes :
Distance de l'axe de la poulie à l'extrémité de la pince qui porte le cheveu, 35 centimètres. Diamètre de la poulie, 8 millimètres. Longueur de l'aiguille, 7 centimètres. Distance de deux degrés successifs, 1^{mm},5. On sait que c'est à une tige de laiton que la pince et l'axe de la poulie sont fixés. On a marqué la centième division lorsque la température était 30°; on demande à quelle division s'arrêterait l'aiguille dans l'air saturé à la température de 0°. On admettra, ce qui est suffisamment exact, que le cheveu ne change pas de longueur lorsque la température varie, et on prendra, pour coefficient de dilatation du laiton, 0,0000188.

SECTION XII

PROBLÈMES D'ÉLECTRICITÉ ET DE MAGNÉTISME

PROBLÈME 236. — Deux sphères conductrices de faibles dimensions, A et B, ont leurs centres, α et β (fig. 872), situés sur la ligne XY; la distance $\alpha\beta$ est égale à *d;* les sphères sont chargées d'électricité de même nom, et la répulsion qui s'exerce entre elles à la distance *d* est égale à *r*. Ceci posé, on prend une troisième sphère de même nature et de même dimension que A et B, on en place le centre sur la ligne XY en un point α' symétrique de α par rapport à β, et on lui donne une quantité d'électricité double de celle que possède A. Enfin, on rend mobile la sphère B et on demande à quelle distance de α le centre de B viendra se fixer. Le rayon des sphères A, B, C est très-petit par rapport à la distance $\alpha\beta$. On suppose nulles les déperditions du fluide par l'air et les supports.   (CONCOURS GÉNÉRAL, 1865.)

Fig. 872.

PROBLÈME 237. — Lorsque l'on charge par influence un électroscope à feuilles d'or, on observe qu'au moment où l'on retire le doigt que l'on avait posé sur le bouton, les lames divergent, même avant que le corps électrisé qui provoque la charge soit enlevé.

Comment pourrait-on reconnaître que la divergence est produite par de l'électricité de même nom que celle du corps? Pourquoi cette électricité se développe-t-elle? Où aurait-il fallu placer le doigt pour qu'elle ne se fût pas développée?

PROBLÈME 238. — Une grosse épingle est implantée dans un bâton de résine; on lui donne une charge d'électricité, et on la met en rapport avec un électroscope ordinaire dont les lames divergent. L'expérience est recommencée, mais avec un autre appareil; on met l'épingle ainsi chargée en rapport avec un excellent électroscope condensateur. Les opérations nécessaires pour la condensation sont exécutées; et l'on trouve, après avoir enlevé le plateau supérieur, que les lames d'or ne divergent pas. Expliquer le phénomène.

PROBLÈME 239. — Un électroscope condensateur est chargé par une source mise en rapport avec le plateau inférieur, tandis que le plateau supérieur communique avec le sol. Ce dernier plateau étant enlevé, les lames divergent. Qu'arrivera-t-il si, dans ces conditions, on vient à rétablir la communication entre la source et le plateau inférieur?

PROBLÈME 240. — Un électroscope condensateur est formé de trois plateaux métalliques qui sont vernis sur les faces qui se touchent : les deux plateaux supérieurs peuvent s'enlever à volonté. Comment, utiliser cet appareil pour réaliser une double condensation de l'électricité et pour obtenir ainsi une divergence des lames qui n'aurait pas eu lieu avec l'électroscope condensateur ordinaire, en se servant d'ailleurs de la même source? (Électroscope de Péclet.)

PROBLÈME 241. — Une source d'électricité est trop faible pour charger sensiblement un électroscope condensateur. Comment pourra-t-on utiliser un condensateur à très-large surface, pour donner, au moyen de cette source, une charge assez puissante à l'électroscope? (Méthode de M. Gaugain.)

PROBLÈME 242. — On a une sphère électrisée A ; à une certaine distance est placé un pendule isolé, chargé d'électricité contraire et dont le poids est p; l'attraction est telle que le centre de la boule A et celui du pendule dévié sont sur une même horizontale et à une distance d, l'un de l'autre.
On demande de calculer d, connaissant l'intensité de l'attraction exercée à l'unité de distance par la sphère sur le pendule.

PROBLÈME 243. — Une aiguille aimantée est traversée par un axe perpendiculaire à la ligne des pôles. Quelle position faut-il donner à cet axe pour que la terre ne déplace pas cette aiguille quelle que soit l'inclinaison qu'on lui donne? (Aiguille astatique d'Ampère.)

PROBLÈME 244. — On fait tourner autour de son axe vertical le plan de la boussole d'inclinaison de 90°, à partir du plan du méridien magnétique. Trouver la courbe que tracerait le prolongement de l'aiguille sur le limbe horizontal qui supporte la boussole.

PROBLÈME 245. — Une boussole d'inclinaison est mobile dans un plan qui peut faire avec le méridien magnétique un angle α. La ligne des pôles passe par le milieu de l'axe de suspension et par le centre de gravité de la boussole, qui est à une distance d de cet axe. On demande :
1° Quelle sera l'inclinaison β de l'aiguille dans ces conditions ;

2° Quelle serait son inclinaison β', si on l'aimantait en sens contraire ;

3° β et β' étant connus, quelle serait l'inclinaison vraie que l'on observerait dans le méridien magnétique, si l'aiguille était suspendue par son centre de gravité ?

(École normale, 1867.)

PROBLÈME 246. — Pourquoi le système de deux aiguilles aimantées dont les axes font un petit angle entre eux, et dont les moments magnétiques diffèrent un peu l'un de l'autre, prend-il une position d'équilibre où sa direction est d'autant plus voisine de la perpendiculaire au plan du méridien magnétique, que les moments magnétiques des deux aiguilles diffèrent moins l'un de l'autre ?

PROBLÈME 247. — Quelle est la charge qu'on peut, avec une pile de Volta de 11 couples, donner à un condensateur ?

Examiner : 1° le cas de la pile non isolée ; 2° celui de la pile isolée, et comparer les deux résultats.

PROBLÈME 248. — Quel est, dans le cas de la pile isolée en communication avec un condensateur par son extrémité supérieure, le rang de la pièce à l'état naturel ? Que se passe-t-il si on met le condensateur en communication avec la pièce de rang m ?

PROBLÈME 249. — Une cloche de verre pesant 20 grammes quand elle est vide est remplie d'eau et placée au-dessus des fils de platine d'un voltamètre. On l'attache à l'extrémité A du fléau d'une balance. L'eau du voltamètre recouvre entièrement la cloche, qui repose sur le fond du vase. En E, à une distance du point d'appui C du fléau telle que $CE = \dfrac{CA}{2}$ est une boule de 16 grammes, pouvant glisser sans frottement sensible le long de CB, quand le fléau cesse d'être horizontal. Quelle est la quantité d'eau à décomposer pour que la cloche se soulève et que la boule E glisse le long de CB ? — Le fléau est horizontal au commencement de l'expérience.

L'eau acidulée du voltamètre, à cette température, a une densité 1.

Densité de l'air, $\dfrac{1}{773}$ de celle de l'eau ; densité de l'oxygène par rapport à l'air, 1,1056 ; densité de l'hydrogène par rapport à l'air, 0,0693 ; densité du verre par rapport à l'eau, 2,50.

On tiendra compte de la perte de poids du verre plongé dans l'eau.

(Poitiers, 1860.)

PROBLÈME 250. — Un fil d'argent très-flexible, qui est attaché par l'un de ses bouts à un barreau aimanté fixe, est tenu à la main, mais on lui laisse assez de liberté pour qu'il puisse aisément obéir aux actions qui le sollicitent. On fait passer un courant dans ce fil et on le voit aussitôt s'enrouler sur l'aimant. Expliquer le phénomène.

PROBLÈME 251. — Un rectangle est composé de deux métaux ; l'un forme le côté horizontal inférieur, l'autre forme les trois autres côtés. Ce rectangle est mobile autour d'un axe passant par un de ses côtés verticaux, au-dessous duquel est placé un aimant vertical. Tout étant au repos, on place une lampe au-dessous du second côté vertical. Quel phénomène observera-t-on ? (Appareil de M. CUMMING.)

PROBLÈME 252. Une petite pile de Wollaston, fixée à une plaque de liége, flotte sur l'eau acidulée dans laquelle plongent les métaux qui la composent. Les rhéophores qui s'élèvent au-dessus du liquide, sont réunis après avoir été recourbés de manière à former par leur ensemble une circonférence. Quels phénomènes pourra-t-on étudier avec cet appareil ? (Disposition imaginée par M. DE LA RIVE.)

PROBLÈME 253. — Un électro-aimant porte deux fils enroulés : un bout de chacun des fils est en communication avec le pôle positif de la même pile. Il reste deux bouts libres : l'un communique avec un fil de ligne télégraphique, l'autre avec la terre par un fil très-fin. Les dispositions ont été combinées de telle sorte que les deux courants qui circulent agissent pour aimanter l'électro-aimant avec une même force, mais en sens contraire, si bien que l'aimentation n'a pas lieu. Un appareil semblable est placé à une station éloignée et communique avec le même fil de ligne. Montrer que par cette disposition on peut théoriquement transmettre deux dépêches simultanées en sens contraire.

PROBLÈME 254. — Une aiguille aimantée horizontale oscille d'abord sous l'action de la terre et loin de tout corps métallique ; on la fait ensuite osciller en plaçant au-dessous d'elle une plaque de cuivre. Quel sera l'effet de l'intervention de cette plaque?   (Observation de GAMBEY.)

PROBLÈME 255. — Une sphère de cuivre placée entre les deux pôles d'un électro-aimant dont les branches sont convenablement écartées, est mise en mouvement de rotation autour d'un axe parallèle à la droite qui joint les pôles. Pourquoi éprouve-t-on une résistance très-grande à continuer le mouvement de rotation dès que l'électro-aimant est en activité? D'où vient le développement de chaleur qui se manifeste sur la boule dans les mêmes circonstances?   (Expérience de FOUCAULT.)

PROBLÈME 256. — Le cadre d'une fenêtre est formé par quatre tiges métalliques assemblées. Elle est tournée vers le midi et les gonds qui la soutiennent sont à l'est. Quels sont les phénomènes électriques qui ont lieu : 1° au moment où on vient à l'ouvrir? 2° au moment où on la ferme? Comment peut-on les reconnaître?

PROBLÈME 257. — Un électro-aimant droit est placé dans la direction de l'aiguille d'inclinaison; on le retourne bout pour bout. Quels sont les phénomènes d'induction qui ont lieu? La terre s'oppose-t-elle au mouvement donné?

PROBLÈME 258. — Un cube de cuivre suspendu à un fil tordu, prend un mouvement de rotation par l'action du fil qui se détord. On le dispose entre les branches d'un électro-aimant très-puissant. Pourquoi le mouvement de rotation cesse-t-il aussitôt que l'on fait passer un courant énergique à travers l'électro-aimant?

PROBLÈME 259. — L'étincelle de la machine de M. Ruhmkorff passe à travers un courant de vapeur d'eau qui circule dans un appareil disposé pour que l'on puisse recueillir les gaz : on obtient de l'hydrogène et de l'oxygène mélangés; mais l'oxygène se dégage en plus grande quantité sur le fil qui amène l'électricité positive, l'hydrogène en plus grande quantité sur l'autre fil. Expliquer comment le passage de l'étincelle peut produire cette décomposition.   (Expérience de M. PERROT.)

PROBLÈME 260. — Deux lames de plomb de plusieurs décimètres carrés sont séparées par une toile grossière : leur ensemble forme un rouleau que l'on plonge dans de l'eau acidulée. Plusieurs appareils semblables sont placés à la suite l'un de l'autre et réunis comme des éléments de pile. L'une des lames extrêmes est mise en rapport avec le pôle positif d'une petite pile, l'autre lame extrême en rapport avec le pôle négatif. Puis, les pôles étant enlevés, on fait communiquer les deux lames extrêmes par un fil métallique : une étincelle jaillit. Expliquer la cause de ce phénomène.
                                         (Expérience de M. PLANTÉ.)

PROBLÈME 261. — Un kilomètre du câble transatlantique pèse :

Dans l'air.. . . . . 982 ^{kilogr}.

Dans l'eau. 464,635

On sait que ce câble se rompt quand il est tiré par un poids de 8.241^{kilos},784.

On demande quelle longueur du câble on peut dérouler verticalement dans l'eau sans qu'il y ait rupture.

La profondeur maximum que l'on ait rencontrée dans le trajet, adopté pour la ligne télégraphique, est de 4^{kilom},5.

Prouver, d'après les données précédentes, que théoriquement l'opération de la pose du câble était possible.

(Rapport des ingénieurs de la Compagnie du câble transatlantique.)

SECTION XIII

ACTIONS MOLÉCULAIRES — ACOUSTIQUE

PROBLÈME 262. — Une boule massive de verre est plongée dans l'acide sulfurique. On demande quelle est, en atmosphères, la pression à laquelle le liquide et la boule qui y est immergée devraient être soumis pour que celle-ci pût venir flotter à la surface du liquide.

On donne le coefficient de compressibilité du solide, 0,0000024 ; et celui du liquide, 0,0060320 ; la densité du verre, 2,5 ; celle de l'acide, 1,84.

PROBLÈME 263. — Une corde vibrant tout entière donne la note $ré_3$ quand elle est tendue avec un poids de 235 grammes ; par quel poids faudrait-il la tendre pour qu'elle rendît la note si_2? En la laissant chargée de ce nouveau poids, quelle longueur faudrait-il lui donner pour qu'elle donnât ut_1 dièze?

PROBLÈME 264. — Une corde de cuivre de 1^{mm},25 de diamètre et une corde de platine de 0^{mm},75 de diamètre sont tendues par des poids égaux. On demande quel rapport on devra établir entre les longueurs des cordes, si l'on veut que, le son de la corde de cuivre étant représenté par ut, celui de la corde de platine le soit par le fa dièze de la même gamme ; la densité du cuivre est 8,95, celle du platine 22,06.

(CONCOURS GÉNÉRAL, 1859.)

PROBLÈME 264 bis. — Une corde de cuivre est tendue sur un sonomètre par un poids de 900 grammes ; elle fait entendre le si_3, quand elle vibre dans toute sa longueur. On demande quelle tension il faudrait donner à une corde de fer de même longueur et de même section pour qu'elle fît entendre le la_3. On donne la densité du cuivre 8,9 et celle du fer 7,7.

PROBLÈME 265. — Une corde métallique fait entendre le $ré$ quand elle vibre dans toute sa longueur. Quelles fractions de sa longueur faut-il faire vibrer successivement pour qu'elle rende d'abord le sol dièze puis le si bémol de la même gamme?

PROBLÈME 266. — On partage l'intervalle d'octave en 12 intervalles égaux entre eux qu'on nomme demi-tons. Comment peut-on trouver la valeur numérique du demi-ton ainsi défini ?

PROBLÈME 267. — Un tuyau d'orgue ouvert à sa partie supérieure fait entendre le cinquième harmonique qui est le si_3. On demande quel est le son fondamental que doit rendre ce tuyau.

Problème 268. — Le troisième harmonique que fait entendre un tuyau ouvert est $ré_5$. On demande quelle est la longueur approchée de ce tuyau, en la comptant depuis la bouche jusqu'à l'ouverture supérieure.

Problème 269. — Avec 1 kilogramme d'alliage de densité 7,6, on fait deux tuyaux cylindriques donnant l'accord de quinte. L'épaisseur de la paroi est $0^m,002$; le diamètre est $0^m,04$. On demande quelles notes ces tuyaux donneront, la température étant 10°. On admet que les lois de Bernouilli sont rigoureusement applicables en ces circonstances et que la vitesse de la propagation du son dans l'air à 0° est $331^m,33$ par seconde. On sait que le *la* normal donne 870,5 vibrations à la seconde. Les deux tuyaux rendent leurs sons fondamentaux.   (Concours général, 1862.)

Problème 270. — L'étude de l'organe de la voix a fait reconnaître que l'on peut généralement prononcer quatre syllabes en une seconde. On demande de trouver à quelle distance un observateur devra se placer d'un écho pour que cet observateur puisse prononcer cinq syllabes durant le temps qui s'écoule entre le moment où il commence à émettre le son et celui du retour de la première syllabe.

SECTION XIV

PROBLÈMES D'OPTIQUE

Problème 271. — Quelle est la longueur du cône d'ombre projeté par la terre éclairée par le soleil, et quel est le diamètre de la section faite dans ce cône à une distance de la terre égale à celle de la lune?

Le rayon du soleil égale 112 rayons terrestres; la distance du soleil à la terre, 24,000 rayons terrestres; la distance de la lune à la terre, 60 rayons terrestres.

On ne tiendra pas compte de la réfraction atmosphérique qui diminuerait les dimensions du cône cherché.   (*Nancy*, 1857.)

Problème 272. — Une lampe et une bougie sont distantes, l'une de l'autre, de $4^m,15$, et on sait que les intensités des deux lumières sont entre elles comme 6 est à 1. A quelle distance de la lampe, sur la ligne droite qui joint les deux lumières, doit-on placer un écran, pour qu'il soit également éclairé par l'une et par l'autre?
(*Paris*, 1856.)

Problème 273. — Un corps opaque est éclairé par une bougie et par une lampe. Les ombres projetées par ce corps sur un écran ont la même intensité.

Les distances à l'écran sont: pour la bougie, 1 mètre; pour la lampe, $2^m,50$. Quel est le rapport des intensités des deux lumières?   (*Poitiers*, 1860.)

Problème 274. — Un point lumineux L éclaire un petit écran placé en A; un miroir est placé de manière à envoyer sur A de la lumière réfléchie. Calculer dans quelle proportion l'interposition du miroir accroîtra la lumière directement reçue par A. On admet que le miroir réfléchit toute la lumière incidente.   (*Lyon*, 1866.)

Problème 275. — Un spectateur qui tient ouvert un œil seulement se regarde dans un miroir plan de trop petites dimensions pour qu'il puisse voir sa figure tout entière. Quelle sera l'étendue qu'il pourra en apercevoir?

Problème 276. — L'arbre d'une sirène acoustique porte un miroir plan, mince, poli sur ses deux faces, et parallèle à l'axe de l'arbre.

La sirène rend un son caractérisé par 690 vibrations simples à la seconde, le plateau mobile est percé de 15 trous ; une source de lumière fixe envoie sur le miroir un faisceau de rayons parallèles horizontaux et dirigés vers l'axe de rotation. On demande quel chemin parcourt en une minute un point du faisceau réfléchi situé à 4 mètres de l'axe de la sirène : cet axe est supposé vertical. (Concours général, 1861.)

Problème 277. — Un objet est placé devant une lentille, son image est reçue sur un écran. Démontrer que la lumière émanée de cette image formera une image nouvelle qui coïncidera avec l'objet et lui sera égale. Comment pourrait-on constater le fait par expérience? Quel inconvénient y aurait-il à employer un miroir plan comme écran? Quel avantage trouverait-on à prendre comme écran un miroir concave?

(Foucault, *Vitesse de la lumière.*)

Problème 278. — Un point lumineux envoie un rayon qui frappe un miroir plan tournant autour d'un axe vertical, et qui se réfléchit. Le rayon réfléchi tombe perpendiculairement sur un second miroir plan, revient alors sur lui-même, atteint de nouveau le miroir tournant, et retourne vers le point lumineux. Quelle doit être la vitesse du miroir tournant pour que le rayon de retour passe à $0^{mm},1$ du point lumineux. Distance du point lumineux au miroir tournant, $2^m,5$; distance des deux miroirs, 3 mètres. (Foucault, *Vitesse de la lumière.*)

Problème 279. — Un miroir plan est fixé à une aiguille aimantée mobile autour d'un axe vertical. Au-devant du miroir et parallèlement à sa direction est disposée une règle divisée en centimètres à droite et à gauche d'un point marqué 0. Une lunette perpendiculaire à la règle placée au point 0 permet de viser l'image des divisions. On voit d'abord la division 0 en coïncidence avec la croisée des fils de la lunette. Mais l'aiguille ayant subi une déviation, le miroir tourne avec elle, et à travers la lunette on voit la division 20. On demande de déterminer l'angle de déviation. On sait que la distance de l'échelle au miroir est de 3 mètres.

(Méthode de Gauss pour la mesure des petites déviations.)

Problème 280. — Indiquer : 1° le nombre et la position des images produites par un corps lumineux placé entre deux miroirs inclinés entre eux de 45° ; 2° le nombre et la position des images entre deux miroirs parallèles distants de 5 mètres, le corps lumineux étant supposé placé dans leur intervalle, à 2 mètres de l'un d'eux.

(*Nancy*, 1858.)

Problème 281. — Des rayons émanés d'un point lumineux, situé très-près du centre de courbure d'un miroir sphérique concave viennent, après leur réflexion, former une petite image circulaire voisine du centre: l'œil est placé un peu au delà de cette image, de manière à recevoir tous les rayons réfléchis; il voit alors le miroir entièrement éclairé, car la lumière lui vient de tous les points de ce miroir. L'observateur étant dans cette position, on fait passer un écran perpendiculairement à l'axe et dans la région de l'image: à un moment donné toute lumière est subitement interceptée. Montrer que c'est là une preuve de la régularité de la surface réfléchissante.

Qu'arriverait-il si le miroir présentait une éminence accidentelle dans l'un des points de sa surface?

(Mémoire de Foucault, sur la construction des miroirs.)

Problème 282. — Une bougie est placée entre le centre et le foyer principal d'un miroir concave et son image réelle va se peindre, grossie et renversée, sur un mur situé au loin. Cachée en partie par un petit disque opaque, cette bougie ne peut envoyer de lumière que sur le miroir; elle n'en envoie pas directement vers la muraille. Sur le trajet des rayons lumineux, entre le mur et le miroir, on interpose un écran percé d'une petite ouverture, derrière laquelle on dispose, à une petite distance, une feuille de papier. On observe alors sur cette feuille une image renversée et très-nette de la bougie. Expliquer ce phénomène.

PROBLÈME 283. — Entre le foyer principal et le centre d'un miroir sphérique concave se trouve placée une bougie; indépendamment de l'image réelle et renversée qui se forme au delà du centre, un spectateur peut encore apercevoir une image droite et agrandie de la même bougie, quand il regarde dans le miroir. Expliquer le phénomène.

PROBLÈME 284. — Une flèche de 0ᵐ,15 de longueur est placée devant un miroir concave, dans une direction perpendiculaire à l'axe principal, et elle se trouve divisée en deux parties égales par cet axe; sa distance au miroir est de 5 mètres. On demande à quelle distance de ce miroir se formera son image et quelle sera la grandeur de cette image. Le miroir a un rayon de courbure égal à 1ᵐ,80.

PROBLÈME 285. — Une lampe munie d'une cheminée cylindrique de verre est posée sur une table. On demande d'expliquer la formation des cercles lumineux qu'on voit se dessiner au plafond, et dont le centre commun est sur le prolongement de l'axe de la cheminée.

PROBLÈME 286. — 1° Un rayon lumineux tombe perpendiculairement sur la surface d'un prisme de verre équilatéral dont l'angle réfringent est de 60°. Quelle sera la déviation du rayon à sa sortie du prisme? Indice de réfraction du verre : 1,51.

(Poitiers, 1866.)

PROBLÈME 287. — Une lentille plan-convexe est étamée comme une glace sur sa face plane. Quelle sera l'image d'un objet placé devant la partie convexe de cette lentille.

PROBLÈME 288. — Un rayon de lumière blanche tombe obliquement sur l'une des faces de l'angle droit d'un prisme à réflexion totale; il subit une première réfraction et se colore. Démontrer que le rayon qui émerge par l'autre face après la réflexion totale sort sans coloration.

PROBLÈME 289. — Un prisme à réflexion totale n'est pas isocèle; démontrer que les rayons de lumière blanche qui ont subi la réflexion totale émergeront, en donnant un spectre.

PROBLÈME 290. — L'indice de réfraction du flint-glass qui forme un prisme est égal à 1,576. On demande quelle est la valeur minimum de l'angle réfringent de ce prisme, pour laquelle aucun des rayons lumineux tombant sur l'une des faces ne pourra émerger par l'autre.

PROBLÈME 291. — On donne deux lentilles convergentes de 5 centimètres de distance focale; les lentilles, montées d'ailleurs de manière que leurs axes coïncident, sont distantes l'une de l'autre de 3 centimètres. On demande d'étudier les différentes variations de grandeur et de position de l'image d'un cercle de 1 centimètre de diamètre placé successivement à diverses distances, hors de l'intervalle des deux lentilles.

(CONCOURS GÉNÉRAL, 1863.)

PROBLÈME 292. — Pour redresser l'image donnée par l'objectif d'une lunette, on emploie deux lentilles convergentes dont nous avons indiqué la fonction, en décrivant la lunette terrestre (1605). On demande, comment un seul verre convergent devrait être placé pour remplir le même but.

Dans la pratique, l'ensemble des deux verres est préféré pour éviter les déformations de l'image.

PROBLÈME 293. — Quand un myope regarde avec une lorgnette de spectacle dont un presbyte vient de se servir, il est obligé de changer la mise au point. Doit-il enfoncer ou tirer l'oculaire? Le rechercher : 1° au moyen de la construction géométrique; 2° en appliquant les formules des lentilles.

PROBLÈME 294. — Comment peut-on éclairer la rétine avec un miroir concave? L'image de la rétine éclairée se forme en dehors de l'œil. Comment peut-on voir cette image avec une loupe? Pourrait-on l'examiner avec une lentille divergente?

(Ophthalmoscope de M. HELMHOLTZ.)

ERRATA PRINCIPAUX

SECOND VOLUME

Page 10, ligne 15. — *Au lieu de :* l'expériences, *lisez :* l'expérience.

Page 68. — La lettre *o*, dont il est question dans le texte, manque sur la figure 452. Il est facile d'y suppléer.

Page 102, ligne 18. — *Au lieu de :* leur peu d'immobilité, *lisez :* leur peu de mobilité.

Page 267. — La figure 628 doit être redressée.

TABLE DES MATIÈRES

DU SECOND VOLUME

LIVRE IV — ÉLECTRICITÉ

SECONDE PARTIE

LIVRE V — ACOUSTIQUE

CHAPITRE PREMIER.

Actions moléculaires.

CHAPITRE II.

Production et p pagation du son.

I. — PRODUCTION DU SON.

II. — PROPAGATION DU SON.

III. — THÉORIE DE LA PROPAGATION DU SON.

IV. — INTERFÉRENCES DU SON.

CHAPITRE III.

Qualités du son.

I. — INTENSITÉ.

II. — HAUTEUR DU SON.

III. — DE LA GAMME.

I.   42

LIVRE VI — OPTIQUE

PROBLÈMES

FIN DE LA TABLE DU TOME SECOND

PARIS. — IMP. SIMON RAÇON ET COMP., RUE D'ERFURTH, 1.

www.ingramcontent.com/pod-product-compliance
Lightning Source LLC
Chambersburg PA
CBHW031450210326
41599CB00016B/2172